Schaltungen und Systeme

Grundlagen, Analyse und Entwurfsmethoden

von
Peter Klein

Oldenbourg Verlag München Wien

Prof. Dr.-Ing. Peter Klein lehrt an der FH München im Fachbereich Elektro- und Informationstechnik. Seine Spezialgebiete sind die Modellierung von Halbleiterbauelementen, HF-Analog-Schaltungstechnik sowie Mobile Kommunikationstechnik.

Bibliografische Information Der Deutschen Bibliothek

Die Deutsche Bibliothek verzeichnet diese Publikation in der Deutschen Nationalbibliografie; detaillierte bibliografische Daten sind im Internet über <http://dnb.ddb.de> abrufbar.

© 2005 Oldenbourg Wissenschaftsverlag GmbH
Rosenheimer Straße 145, D-81671 München
Telefon: (089) 45051-0
www.oldenbourg.de

Lektorat: Kathrin Mönch, Dr. Silke Bromm
Herstellung: Anna Grosser
Umschlagkonzeption: Kraxenberger Kommunikationshaus, München
Gedruckt auf säure- und chlorfreiem Papier
Druck: Grafik + Druck, München
Bindung: R. Oldenbourg Graphische Betriebe Binderei GmbH

ISBN 3-486-20017-8

Vorwort

Zu den wichtigsten Kenntnissen eines Ingenieurs der Elektrotechnik und Informationstechnik gehören die Analyse und der Entwurf von Schaltungen und Systemen mit Hilfe geeigneter mathematischer Methoden. Die dazu benötigte Mathematik hängt vom Betrieb des elektrischen Netzwerkes ab.

Im Gleichstromfall, Thematik von Kapitel 1 des vorliegenden Buches, genügt für die Berechnung gesuchter Größen, wie Spannungen und Ströme, die Lösung eines linearen algebraischen Gleichungssystems. Selbst wenn sich nichtlineare Halbleiterbauelemente in der Schaltung befinden, greift man auf die lineare Matrizenrechnung zurück. Allerdings muss in diesem Fall ein Iterationszyklus durchlaufen werden, d.h. eine vorab festgesetzte Simulationsgenauigkeit wird erst nach mehreren Lösungsschritten erzielt (numerische Lösung, DC-Analyse).

In Kapitel 2 wird die komplexe Rechnung in der Elektrotechnik vorgestellt, die für die Analyse sinusförmiger Vorgänge benötigt wird. Wichtige Sonderfälle und technische Anwendungen sowie graphische Darstellungsverfahren und Entwurfsmethoden werden ebenso diskutiert wie der Umgang mit rechnergestützten Analysetools (AC-Analyse), wie z.B. „PSPICE".

Zeitvariante, nichtsinusförmige Vorgänge sind die Schwerpunkte in Kapitel 3. Liegt ein lineares Netzwerk vor, also ein Netzwerk das ausschließlich aus linearen Bauelementen besteht, ist dieses analytisch analysierbar. Dazu wird die zugehörige Differentialgleichung entweder direkt gelöst (klassisches Verfahren) oder man bedient sich geeigneter Transformationsmethoden, wie der Fourier-Reihen-Darstellung (periodische Vorgänge), der Fourier-Transformation bzw. der häufig verwendeten Laplace-Transformation (nichtperiodische Vorgänge). Im Allgemeinen befinden sich in den meisten Schaltungen nichtlineare Bauelemente wie Dioden und Transistoren. Ist dies der Fall, kommen häufig nur doch rechnergestützte, numerische Berechnungsverfahren in Betracht (Transienten-Analyse); eine analytische Lösung ist leider nicht mehr möglich.

Durch die stürmische Entwicklung der Mikroelektronik und der damit verbundenen Hochintegration werden immer mehr Aufgabenstellungen digital bewältigt (digitale Signalverarbeitung). Dazu tastet man analoge Signale in äquidistanten Zeitintervallen ab, speichert die Daten und verarbeitet diese anschließend. Diese zeitdiskreten Vorgänge werden in Kapitel 4 eingehend betrachtet.

Somit liegt ein Werk vor, das neben den Grundlagen der Schaltungs- und Systemanalyse auch die Umsetzung in die Praxis in Form rechnergestützter Entwurfs- und Analysetools beinhaltet. Auch wenn heutzutage Schaltungen und Systeme am Computer entworfen werden, ist eine grobe Vorabdimensionierung der verwendeten Bauelemente von Hand unerlässlich. Das erfordert jedoch ein solides Fachwissen dieses Kerngebietes der Elektro- und Informationstechnik. Der erfahrene Schaltungsentwickler verwendet Schaltungssimulatoren hauptsächlich zur Schaltungsoptimierung, für worst-case Analysezwecke und andere rechenaufwendige Untersuchungen.

Dieses Buch entstand aus den Grundlagenvorlesungen des Studienganges Elektrotechnik und Informationstechnik der Fachhochschule München, die sich über vier Semester im Vordiplom erstrecken. Es ist vorlesungsbegleitend und zum Selbststudium einsetzbar. Die zahlreichen Übungsbeispiele mit ausführlichen Musterlösungen am Ende jedes Kapitels dienen sowohl der Vertiefung des Stoffes als auch der Selbstkontrolle.

Bedanken möchte ich mich bei allen Kollegen im Fachbereich, die in Gesprächen und durch Skriptenaustausch wesentlichen zum Gelingen dieses Buches beigetragen haben. Namentlich sind an dieser Stelle die Herren Prof. Dr. G. Meyer und Prof. Dr. W. Tinkl zu den Beiträgen der Kapitel 1 und 2 zu nennen. Für die Anregungen zur Darstellung sowie für die Überlassung von Aufgaben und Lösungen zu den Kapiteln 3 und 4 bin ich Herrn Prof. Dr. K. Walliser und vor allem Herrn Prof. Dr. E. Müller zu großem Dank verpflichtet. Auch die zeitaufwendige und sorgfältige Korrekturlesung durch meinen Kollegen E. Müller hat sich als unverzichtbar herausgestellt.
Zu betonen ist außerdem die sehr gute und unkomplizierte Zusammenarbeit mit Frau Dr. Bromm und Frau Mönch vom Oldenbourg Verlag.
Bei meiner Frau Angelika möchte ich mich neben der Korrekturlesung vor allem für ihr Verständnis für die (frei)zeitraubende Arbeit zu diesem Buch bedanken.

Am Ende möchte ich noch eine Bitte an Sie, liebe Leserin oder lieber Leser, richten. Lassen Sie mir Ihre Anmerkungen und Anregungen zum Inhalt des Buches bitte zukommen. Dies gilt insbesondere auch dann, wenn Sie irgendwo einen Fehler entdecken. Am einfachsten erreichen Sie mich per E-Mail unter klein@ee.fhm.edu.

München   P. Klein

Inhaltsverzeichnis

1   Gleichstromlehre

Dieses Kapitel erläutert wichtige Grundbegriffe aus der Elektrotechnik, wie Spannung, Strom und elektrische Leistung. Die Funktionsweise passiver und aktiver Schaltungskomponenten wird erklärt und deren mathematische Beschreibung hergeleitet. Verbindet man aktive und passive Schaltungselemente elektrisch miteinander, entstehen galvanisch gekoppelte Stromkreise, die mit Hilfe der Kirchhoff'schen Gesetze berechenbar sind. Verschiedene Analyseverfahren werden vorgestellt und diskutiert. Das Kapitel rundet mit der Einführung in die rechnergestützte Schaltungssimulation (DC-Analyse) ab.

1.1   Grundbegriffe

1.1.1   Das internationale Einheitensystem (SI)

Physikalische Größen werden im Allgemeinen mit einer Maßzahl und einer Einheit angegeben. Seit 1969 gilt in der Bundesrepublik Deutschland das internationale Einheitensystem SI (Système International d'Unités). Es besteht aus folgenden Basiseinheiten, aus denen alle weiteren abgeleitet sind:

Physikalische Größe:	Formelzeichen	Einheit	Kurzzeichen
Länge	x, l	Meter	m
Masse	m	Kilogramm	kg
Zeit	t, τ	Sekunde	s
Stromstärke	I	Ampere	A
Temperatur	T	Kelvin	K
Lichtstärke	I_v	Candela	cd
Stoffmenge	- - -	Mol	mol

Tabelle 1.1: SI Basiseinheiten

Bemerkenswert ist, dass lediglich eine einzige Basiseinheit, die Stromstärke I, nötig ist, um das große Gebiet der Elektrotechnik abzudecken.

Definition 1.1:   *Definition des Ampere*

Fließt ein Strom von 1 Ampere durch zwei im Vakuum parallel im Abstand von einem Meter angeordneten, geradlinigen, unendlich langen und dünnen Leitern mit

kreisförmigen Querschnitt, so wirkt zwischen diesen Leitern auf je 1 Meter Lei-
terlänge eine Kraft von $2 \cdot 10^{-7}$ Newton ($1\text{N} = 1\,\text{kg·m/s}^2$).

Von den Basiseinheiten lassen sich eine Vielzahl weiterer kohärent abgeleiteter Einheiten
angeben. Einige Wichtige sind in der folgenden Tabelle aufgelistet.

Physikalische Größe:	Formelz.	Einheit	Kurzz.	Beziehung
Elektrische Spannung	U	Volt	V	$\text{m}^2\text{·kg·s}^{-3}\text{·A}^{-1}$
Elektrische Ladung	Q	Coulomb	C	A·s
Elektrischer Widerstand	R	Ohm	Ω	$\text{V/A} = \text{m}^2\text{·kg·s}^{-3}\text{·A}^{-2}$
Elektrischer Leitwert	G	Siemens	S	$\text{A/V} = \text{m}^{-2}\text{·kg}^{-1}\text{·s}^3\text{·A}^2$
Elektrische Kapazität	C	Farad	F	$\text{As/V} = \text{m}^{-2}\text{·kg}^{-1}\text{·s}^4\text{·A}^2$
Induktivität	L	Henry	H	$\text{Vs/A} = \text{m}^2\text{·kg·s}^{-2}\text{·A}^{-2}$
Magnetischer Fluss	Φ	Weber	Wb	$\text{Vs} = \text{m}^2\text{·kg·s}^{-2}\text{·A}^{-1}$
Magnetische Flussdichte	B	Tesla	T	$\text{Wb/m}^2 = \text{kg·s}^{-2}\text{·A}^{-1}$
Leistung	P	Watt	W	$\text{V·A} = \text{m}^2\text{·kg·s}^{-3}$
Energie, Arbeit	W	Joule	J	$\text{Ws} = \text{m}^2\text{·kg·s}^{-2}$

Tabelle 1.2: *Beispiele für abgeleitete Einheiten in der Elektrotechnik*

Der Zahlenwert einer physikalischen Größe ist in vielen Fällen recht unhandlich, wenn
die zugehörige Einheit in ihrer Grundform verwendet wird. Dann benutzt man oftmals
Vorsätze, um zu praktikablen Zahlenbereichen zu kommen, wie z.B.

$$15300\text{m} = 15,3\text{km} \ .$$

Folgende Vorsätze sind genormt:

Vorsatz	Zeichen	Wert	Vorsatz	Zeichen	Wert
Exa	E	10^{18}	Atto	a	10^{-18}
Peta	P	10^{15}	Femto	f	10^{-15}
Tera	T	10^{12}	Piko	p	10^{-12}
Giga	G	10^9	Nano	n	10^{-9}
Mega	M	10^6	Mikro	μ	10^{-6}
Kilo	k	10^3	Milli	m	10^{-3}
Hekto	h	10^2	Zenti	c	10^{-2}
Deka	da	10^1	Dezi	d	10^{-1}

Tabelle 1.3: *Genormte Vorsätze für Einheiten*

Bei der Verwendung von Vorsätzen ist darauf zu achten, dass je Einheit nur ein Vorsatz
verwendet werden darf und dass sie nicht mit den Einheiten verwechselt werden (z.B.
steht m für Milli und Meter).

1.1.2 Elektrische Ladung, Coulomb'sches Gesetz

Die elektrische Ladung ist, wie die Masse, eine Materieeigenschaft. Nach dem Bohr-Sommerfeld'schen Atommodell besteht ein Atom aus einem Atomkern und aus Elektronen, die den Atomkern auf kreisförmigen Bahnen (Atomschalen) umkreisen. Der Atomkern besteht aus ungeladenen Neutronen und einfach positiv geladenen Protonen. Die Elektronen sind einfach negativ geladen. Besitzt ein Atom genauso viele Protonen im Kern wie Elektronen, ist er nach außen elektrisch neutral. Die Ladung eines Protons $+e$ bzw. eines Elektrons $-e$ stellt die kleinste nicht weiter teilbare Ladungsmenge dar und wird deshalb als Elementarladung

$$e = 1,602 \cdot 10^{-19} \mathrm{C} \qquad (1.1)$$

bezeichnet. Alle anderen Ladungsmengen sind ganzzahlige Vielfache der Elementarladung, man sagt auch die Ladung ist quantisiert.

Die elektrische Ladung ist Ursache jeder elektrischen und magnetischen Erscheinung. In einem abgeschlossenen (= materieundurchlässigen) System gilt der Satz der Ladungserhaltung, d.h. die Summe aller positiven und negativen Ladungen bleibt konstant. Einzelne Ladungen können also nicht von selbst entstehen oder verschwinden. Es können lediglich Ladungen getrennt werden, z.B. ein Atom in ein Elektron und ein positives Ion, was an der Gesamtsumme der Ladung nichts ändert.

Coulomb'sches Gesetz

Ladungen üben Kräfte aufeinander aus. Gleiche Ladungen stoßen sich ab, unterschiedliche Ladungen ziehen sich an. Um qualitative Aussagen über diese Kraftwirkung zu machen, betrachte man den in Abbildung 1.1 skizzierten, theoretisch einfachsten Fall zweier kugelförmiger Punktladungen (Punktladung: Kugelradius vernachlässigbar klein gegenüber Ladungsabstand).

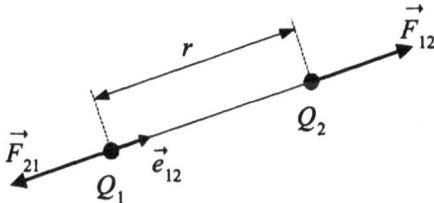

Abb. 1.1: Kraftwirkung auf Punktladungen

Experimentielle Befunde liefern folgende Aussagen:

- Die Richtung der Kräfte $\vec{F}_{12}$ und $\vec{F}_{21}$ entspricht der Richtung der Verbindungslinie zwischen den Punktladungen.

- $\vec{F}_{12} = -\vec{F}_{21}$, d.h. die Beträge sind exakt gleich, ihre Richtung ist entgegengesetzt (actio = reactio).

- $|\vec{F}| \sim Q_1 \cdot Q_2$ bzw. $|\vec{F}| \sim \dfrac{1}{r^2}$.

Das Coulomb'sche Gesetz fasst obige Erkenntnisse in der Gleichung

$$\vec{F}_{12} = \frac{1}{4\pi\epsilon_0\epsilon_r} \cdot \frac{Q_1 Q_2}{r^2} \cdot \vec{e}_{12} \qquad [F] = \mathrm{N} \tag{1.2}$$

zusammen. Die Größe

$$\epsilon_0 = 8,8542 \cdot 10^{-12} \mathrm{F/m} \tag{1.3}$$

ist die Dielektrizitätskonstante des Vakuums, ϵ_r die relative Dielektrizitätskonstante (materialabhängig) und $\vec{e}_{12}$ ist der Einheitsvektor in Richtung der Kraftwirkung. Werden in das Coulomb'sche Gesetz (1.2) die beiden Ladungen Q_1 und Q_2 mit ihrem Vorzeichen eingesetzt, so erhält man die tatsächliche Richtung der Kraft. Bei einem negativen Ergebnis wirkt die Kraft entgegen der eingezeichneten Pfeilrichtung, die Ladungen ziehen sich an.

Die elektrische Feldstärke

Offensichtlich verändern Ladungen, wie z.B. Q_1, den sie umgebenden Raum, sie bilden ein elektrisches Feld aus. Zur Beschreibung dieser Raumeigenschaft könnte man die wirksame Kraft auf eine Probeladung, im vorliegenden Fall Q_2, verwenden. Dies ist jedoch unpraktisch, weil die Kraft nicht nur von Q_1, sondern nach Gleichung (1.2) auch von der Probeladung Q_2 abhängt. Man definiert daher die elektrische Feldstärke

$$\vec{E}_1 = \frac{\vec{F}_{12}}{Q_2} = \frac{1}{4\pi\epsilon_0\epsilon_r} \cdot \frac{Q_1}{r^2} \cdot \vec{e}_{12} \qquad [E] = \frac{\mathrm{V}}{\mathrm{m}} \tag{1.4}$$

am Ort der Probeladung als Quotient aus Kraft und Probeladung.

Felder werden häufig durch Feldlinien veranschaulicht. Die Richtung der Feldlinien entspricht der Richtung des elektrischen Feldes. Die Anzahl der Feldlinien ist willkürlich, wobei große Feldstärken im Allgemeinen durch eng gesetzte Feldlinien verdeutlicht werden und kleine Feldstärken durch einen großen Feldlinienabstand gekennzeichnet sind. Elektrische Feldlinien entspringen, wie Abbildung 1.2 zeigt, an positiven Ladungen und enden an negativen.

1.1.3   Elektrische Spannung, Potential

Elektrische Spannung

Befindet sich die Ladung Q in einem ortsabhängigen elektrischen Feld $\vec{E}$, wirkt auf sie die Kraft

$$\vec{F} = Q \cdot \vec{E} \, . \tag{1.5}$$

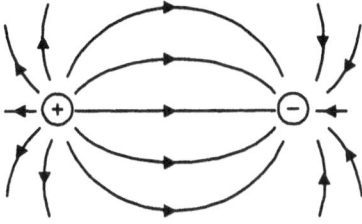

Abb. 1.2: *Feldliniendarstellung zweier Punktladungen*

Bewegt sich nun diese Ladung von einem Punkt P_1 zu einem Punkt P_2, wie in Abbildung 1.3 skizziert, nimmt sie die Energie

$$dW = \vec{F} \cdot d\vec{s} = Q \cdot \vec{E} \cdot d\vec{s}$$

entlang eines infinitesimal kleinen Wegstückes $d\vec{s}$ auf. Die Multiplikation $\vec{E} \cdot d\vec{s}$ ist ein Vektorprodukt, entscheidend für die Energieänderung dW ist demnach nur die Projektion des Feldes auf den Streckenvektor $d\vec{s}$ (cos des Zwischenwinkels α).

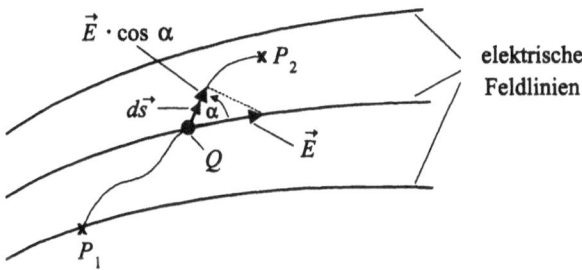

Abb. 1.3: *Definition der elektrischen Spannung*

Die elektrische Spannung zwischen zwei Punkten P_1 und P_2 im felderfüllten Raum ist definiert als die verrichtete (oder gewonnene) Arbeit bei der Verschiebung dividiert durch die Ladung.

$$\boxed{U_{12} = \frac{W_{12}}{Q} = \int_{P_1}^{P_2} \vec{E} \cdot d\vec{s}} \qquad [U] = \text{V} \qquad (1.6)$$

Beispiel 1.1

Abbildung 1.4 zeigt eine Probeladung Q, die vom Punkt P_1 nach P_2 auf zwei unterschiedlichen Wegen 1 und 2 verschoben wird. Der kürzeste Abstand zwischen den Punkten P_1 und P_2 betrage s. Zu berechnen ist jeweils die daraus resultierende Spannung.

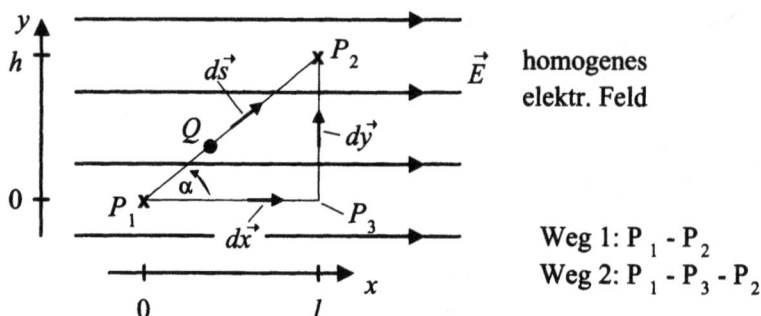

Abb. 1.4: *Berechnung der Spannung zwischen zwei Punkten in einem homogenen elektrischen Feld*

Lösung:

Weg 1: $U_{12} = \int_{P_1}^{P_2} \vec{E} \cdot d\vec{s} = \int_{P_1}^{P_2} |\vec{E}| \cdot \cos\alpha \cdot ds = E \cdot \cos\alpha \cdot s = E \cdot l$

Weg 2: $U_{12} = \int_{P_1}^{P_3} |\vec{E}| \cdot dx + \int_{P_3}^{P_2} |\vec{E}| \cdot \cos 90° \cdot dy = E \cdot l$

Erkenntnis: Die Spannung zwischen zwei Punkten ist generell unabhängig vom Integrationsweg!

Potential

Das elektrische Potential φ kennzeichnet das Arbeitsvermögen (potentielle Energie) pro Ladungsmenge in einem Punkt P_1 im felderfüllten Raum, die gewonnen werden kann, wenn die Ladungseinheit von diesem Punkt P_1 zu einem Bezugspunkt P_0, wo keine Energie mehr gewonnen werden kann, verschoben wird.

$$\varphi_1 = U_{10} = \frac{W_{10}}{Q} = \int_{P_1}^{P_0} \vec{E} \cdot d\vec{s} = -\int_{P_0}^{P_1} \vec{E} \cdot d\vec{s} \qquad [\varphi] = \text{V} \qquad (1.7)$$

Die Differenz zweier Potentiale

$$\varphi_1 - \varphi_2 = \int_{P_1}^{P_0} \vec{E} \cdot d\vec{s} + \int_{P_0}^{P_2} \vec{E} \cdot d\vec{s} = \int_{P_1}^{P_2} \vec{E} \cdot d\vec{s} = U_{12} \qquad (1.8)$$

gibt die Spannung zwischen den Punkten P_1 und P_2 wieder.

Beispiel 1.2

Ein elektrisches Feld $\vec{E}(r)$ wird durch die Punktladung Q hervorgerufen. Zu berechnen ist das Potential im Punkt P_1, wenn das Bezugspotential φ_0, wie in Abbildung 1.5 gezeichnet, im Unendlichen liegt.

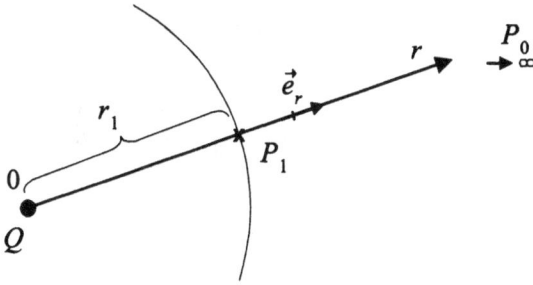

Abb. 1.5: *Berechnung des Potentials einer Punktladung Q*

Lösung:

$$\varphi_1 = -\int_{\infty}^{P_1} \vec{E}(r) \cdot d\vec{r} = -\int_{\infty}^{P_1} \frac{Q}{4\pi\epsilon_0\epsilon_r} \frac{1}{r^2} \cdot \vec{e}_r \cdot \vec{e}_r dr$$

$$= -\frac{Q}{4\pi\epsilon_0\epsilon_r}\left[-\frac{1}{r}\right]_{\infty}^{r_1} = \frac{Q}{4\pi\epsilon_0\epsilon_r \cdot r_1}$$

Beispiel 1.3

In der abgebildeten Schaltung 1.6 sind die Potentiale gegeben. Gesucht sind die Spannungen U_{AC}, U_{AB}, U_{AD}, U_{DC} und U_{FC}.

Lösung:
$U_{AC} = 4\text{V}$; $U_{AB} = 20\text{V}$; $U_{AD} = 12\text{V}$; $U_{DC} = -8\text{V}$; $U_{FC} = -5\text{V}$

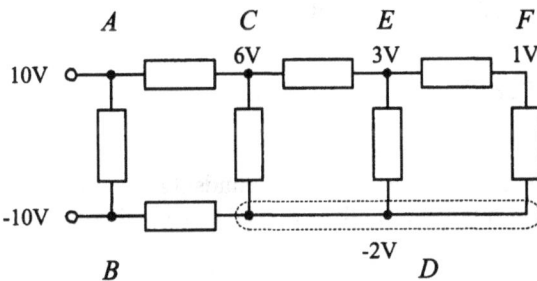

Abb. 1.6: *Schaltung mit gegebenen Knotenpotentialen*

Äquipotentialfläche

Alle Punkte konstanten Potentials ergeben eine Äquipotentialfläche. In Abbildung 1.7 sind zwei Beispiele für Äquipotentialflächen gezeichnet. Bei einer punktförmigen oder kugelförmigen Ladung sind die Äquipotentialflächen Kugeloberflächen mit Radius r. Ist die Punktladung (oder Kugelladung) positiv, erhöht sich das Potential zur Ladung hin;

Äquipotentialflächen (Kugeloberflächen)   Äquipotentialflächen

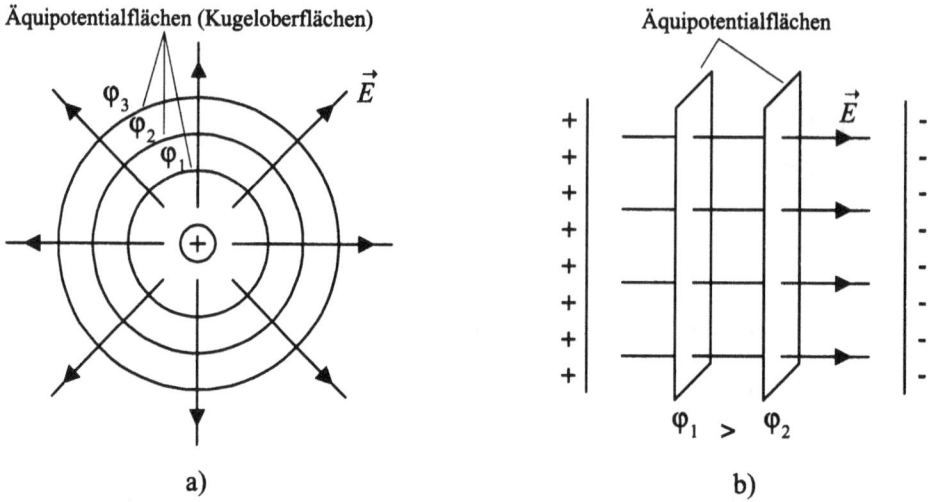

a)   b)

Abb. 1.7: *Beispiele für Äquipotentialflächen*

in Abbildung 1.7a) ist $\varphi_1 > \varphi_2 > \varphi_3$.
Bei einem homogenen elektrischen Feld, wie in Abbildung 1.7b), ergeben sich Äquipotentialebenen senkrecht zu den Feldlinien.

Allgemein gilt:

- Die Richtung des $\vec{E}$-Feldes zeigt vom höheren zum niedrigeren Potential.

- Die elektrischen Feldlinien durchstoßen die Äquipotentialflächen im 90°-Winkel.

1.1.4   Elektrische Stromstärke, Stromdichte

Stromstärke

Bewegen sich Ladungsträger, so fließt ein elektrischer Strom. Grundsätzlich können sich die Ladungsträger im Vakuum befinden oder innerhalb von gasförmiger, flüssiger bzw. fester Materie.

Im Vakuum erfahren die Ladungsträger in einem elektrischen Feld $\vec{E}$ die Kraft $\vec{F} = Q \cdot \vec{E}$ und werden dadurch beschleunigt. Die Geschwindigkeit $\vec{v}$ der Ladungsträger im Vakuum wächst ständig an und ist nach der klassischen Physik (keine relativistische Betrachtung) durch

$$\frac{1}{2}m \cdot v^2 = F \cdot \underbrace{v \cdot t}_{x} \quad \Rightarrow \quad v = \frac{2}{m} \cdot t \cdot \underbrace{Q \cdot E}_{F}$$

gegeben. Dabei stellt x die Beschleunigungsstrecke dar.

In einem elektrisch leitfähigen Material ist die maximal erreichbare Geschwindigkeit begrenzt. Die beweglichen Ladungsträger werden nach einer gewissen Beschleunigungsphase (bestimmt durch die mittlere freie Weglänge) durch Stöße an Atomkernen, an Störstellen und am Gitter immer wieder abgebremst und erreichen nur eine mittlere Driftgeschwindigkeit, die durch

$$\vec{v}_i = b_i \cdot \vec{E} \tag{1.9}$$

gegeben ist. Die Ladungsträgerbeweglichkeit b_i mit $[b_i] = \mathrm{m^2 V^{-1} s^{-1}}$ ist eine Materialeigenschaft und ist für unterschiedliche Ladungsträgersorten verschieden. So haben beispielsweise in einem Halbleiter, wie Silizium, Elektronen eine höhere Beweglichkeit als positiv geladene Löcher (Defektelektronen). Bei positiven Ladungsträgern ist $b_i = b_p > 0$, bei negativ geladenen Ladungsträgern gilt $b_i = b_n < 0$. Eine negative Beweglichkeit bedeutet, dass die Bewegungsrichtung der Ladungsträger der Richtung des elektrischen Feldes entgegengesetzt ist.

Leitfähige Materialien sind:

- Metalle: Jedes Atom lässt auf Grund der Metallbindung ein oder mehrere Elektronen ungebunden. Diese können sich frei bewegen.

- Halbleiter: Bei reinen Halbleitern sind bei niedriger Temperatur praktisch alle Ladungträger gebunden. Durch Energiezufuhr (Wärme, Licht) können einige Elektronen von ihren Atomen getrennt werden. Es entsteht ein freies Elektron und eine positiv geladene Fehlstelle (Loch). Beide Ladungsträgersorten stehen zum Stromtransport zur Verfügung. Werden Halbleiter gezielt verunreinigt (dotiert), erhält man je nach Dotierstoff zusätzliche Elektronen (n-Dotierung) oder Löcher (p-Dotierung).

- Elektrolyten und ionisierte Gase besitzen freie positiv oder negativ geladene Ionen.

Nicht leitende Materialien bezeichnet man als Isolatoren. Sie beinhalten keine frei beweglichen Ladungsträger.

Abbildung 1.8 zeigt einen elektrischen Leiter, der zwei Sorten von Ladungsträgern besitzt, einfach negativ geladene ($\ominus$) und einfach positiv geladene ($\oplus$).

Der unregelmäßigen thermischen Bewegung von Ladungsträgern ist eine mittlere Driftgeschwindigkeit $\vec{v}_p$ und $\vec{v}_n$, hervorgerufen durch ein elektrisches Feld, überlagert, wodurch ein gerichteter elektrischer Strom I fließt.

Definition 1.2: *Definition der Stromstärke*

Der elektrische Strom ist die Ladungsmenge dQ, die in einem Zeitintervall dt in bestimmter Richtung durch eine Kontrollfläche A transportiert wird.

$$\boxed{I = \frac{dQ}{dt}} \qquad [I] = \frac{\mathrm{C}}{\mathrm{s}} = \mathrm{A} \tag{1.10}$$

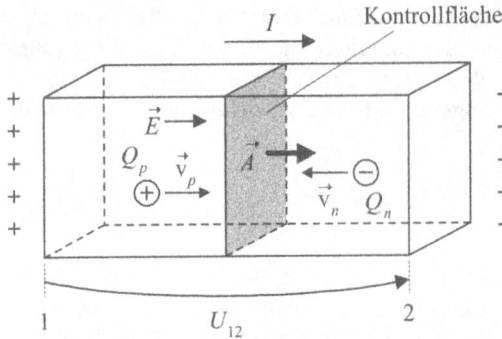

Abb. 1.8: *Stromtransport in Leitern*

Die technische Stromrichtung entspricht der Bewegungsrichtung der positiven Ladungträger.

Bezeichnet man die Zahl der Ladungsträger pro Volumeneinheit mit n_p bzw. n_n, ergibt sich

$$I = \frac{dQ}{dt} = \frac{n_p \cdot Q_p \cdot \overbrace{\vec{A} \cdot \vec{v}_p}^{A \cdot v_p} \cdot dt + n_n \cdot Q_n \cdot \overbrace{\vec{A} \cdot \vec{v}_n}^{-A \cdot v_n} \cdot dt}{dt}$$
$$= A \cdot (n_p \cdot Q_p \cdot v_p + n_n \cdot |Q_n| \cdot v_n) \ . \tag{1.11}$$

Nach Gleichung (1.11) tragen beide Ladungsträgersorten positiv zum Gesamtstrom I bei.

Stromdichte

Die Stromdichte $\vec{j}$ gibt die Stromstärke pro Flächeneinheit an und ist allgemein definiert über

$$\boxed{I = \iint_A \vec{j} \cdot d\vec{a}} \ . \tag{1.12}$$

Bei homogener (gleichmäßiger) Stromverteilung im Leiter mit der Querschnittsfläche A vereinfacht sich (1.12) und mit den Gleichungen (1.11) und (1.9) erhält man

$$j = \frac{I}{A} \quad \text{bzw.}$$
$$\vec{j} = (n_p \cdot Q_p \cdot b_p + n_n \cdot Q_n \cdot b_n) \cdot \vec{E} \qquad [j] = \frac{\text{A}}{\text{m}^2} \ . \tag{1.13}$$

Die Stromdichte stellt eine wichtige Belastungsgröße elektrischer Leiter dar. Da die Erwärmung von Leitern mit der Stromdichte ansteigt, können diese bei hohen Stromdichten unzulässig stark erwärmt und u.U. zerstört werden. Die maximal zulässige Stromdichte unterschiedlicher Leiter ist in VDE 0100, Teil 523 geregelt.

Beispiel 1.4

Durch einen Kupferdraht mit der Querschnittsfläche $A = 1,5\,\text{mm}^2$ fließt ein Strom von $I = 10\,\text{A}$.
Wie viele Ladungsträger z_n (Elektronen) strömen pro Sekunde durch den Draht?
Wie groß ist die Stromdichte?

Lösung:

$$I = \frac{dQ}{dt} = \frac{z_n \cdot 1,602 \cdot 10^{-19}\,\text{As}}{1\text{s}} \Rightarrow z_n = 6,2422 \cdot 10^{19}$$
$$j = I/A = 10\,\text{A}/1,5\,\text{mm}^2 = 6,667\,\text{A}/\text{mm}^2$$

Anwendungsbeispiel 1.5: *Ionisationsrauchmelder*

Luft wird durch α-Strahler ionisiert und dadurch leitfähig gemacht. Zwischen zwei leitenden, parallel angeordneten Platten wird eine elektrische Spannung angelegt. Infolge der elektrischen Feldstärke fließt ein elektrischer Strom. Befinden sich kleinste Rauchpartikel (Aerosole) in der Luft, lagern sich die Ionen an diese an. Die Beweglichkeit der beschwerten Ionen ist wesentlich geringer, der Strom sinkt. Mit dem Stromrückgang wird der Alarm ausgelöst.

1.1.5 Spezifische(r) elektrische(r) Leitfähigkeit/Widerstand

Nach Gleichung (1.13) hängt die Stromdichte und damit die Stromstärke von Materialeigenschaften wie den Ladungsträgerdichten n_p und n_n, der Ladung pro Trägerteilchen Q_p und Q_n sowie den Beweglichkeiten b_p und b_n ab. Diese Abhängigkeit fasst man in einer neuen Größe, der spezifischen elektrischen Leitfähigkeit

$$\kappa = n_p \cdot Q_p \cdot b_p + n_n \cdot Q_n \cdot b_n \qquad [\kappa] = \frac{\text{S}}{\text{m}} \quad \text{bzw.} \quad \frac{\text{S m}}{\text{mm}^2} \qquad (1.14)$$

zusammen.

Der Kehrwert der spezifischen elektrischen Leitfähigkeit heißt spezifischer elektrischer Widerstand.

$$\rho = \frac{1}{\kappa} \qquad [\rho] = \Omega\text{m} \quad \text{bzw.} \quad \frac{\Omega\text{mm}^2}{\text{m}} \qquad (1.15)$$

Die Temperaturabhängigkeit des spezifischen elektrischen Widerstandes wird oftmals durch die Temperaturkoeffizienten erster und zweiter Ordnung genähert.

$$\rho(\vartheta) = \rho_{20} \cdot (1 + \alpha_{20}(\vartheta - 20°C) + \beta_{20}(\vartheta - 20°C)^2 + ...) \tag{1.16}$$

Die Bezugstemperatur ist nach VDE 0201 20°C. In nachstehender Tabelle sind für einige Materialien die spezifischen elektrischen Widerstände und Temperaturkoeffizienten angegeben.

Stoff	ρ in $\Omega\text{mm}^2/\text{m}$	α_{20} in $1/\text{K}$	β_{20} in $1/\text{K}^2$
Silber	0,016	0,00380	$7 \cdot 10^{-7}$
Kupfer	0,01786	0,00393	$6 \cdot 10^{-7}$
Gold	0,023	0,004	$5 \cdot 10^{-7}$
Aluminium	0,02857	0,00377	$13 \cdot 10^{-7}$
Wolfram	0,055	0,0041	$1 \cdot 10^{-6}$
Zink	0,063	0,0037	$2 \cdot 10^{-6}$
Messing	0,08	0,0015	-
Nickel	0,1	0,0048	$9 \cdot 10^{-6}$
Eisen	0,1	0,006	$6 \cdot 10^{-6}$
Zinn	0,11	0,0042	$6 \cdot 10^{-6}$
Platin	0,11	0,002	$6 \cdot 10^{-7}$
Blei	0,2	0,004	$2 \cdot 10^{-6}$
Manganin	0,43	0,00002	-
Konstantan	0,49	0,00001	-
Kohle	40	-0,001	-
Papier	$10^{15} - 10^{16}$	-	-
Quarz	ca. 10^{20}	-	-

Tabelle 1.4: *Spezifischer Widerstand und Temperaturkoeffizienten verschiedener Leiter und Isolatoren [1], [2]*

Mit der Definition der spezifischen elektrischen Leitfähigkeit κ lautet das lokale Ohm'sche Gesetz

$$\vec{j} = \kappa \cdot \vec{E} \,. \tag{1.17}$$

1.1.6   Leistung und Energie

Elektrische Leistung

Nach Gleichung (1.6) wird bei der Verschiebung einer Ladung im felderfüllten Raum die Arbeit $W = Q \cdot U$ verrichtet. In der Technik interessiert man sich häufig für die pro Zeiteinheit umgewandelte bzw. übertragene Energie, die Leistung. Durch Zeitableitung bei konstanter Spannung U erhält man die elektrische Leistung

$$P = \frac{dW}{dt} = \frac{dQ}{dt} \cdot U = I \cdot U \qquad [P] = \text{W} \tag{1.18}$$

als Produkt von Spannung und Strom. Obige Gleichung ist nur für stationäre, d.h. zeitlich unveränderliche Spannungen und Ströme gültig. Bei zeitlich veränderlichen Größen gilt allgemein

$$\boxed{p(t) = u(t) \cdot i(t)} \ . \tag{1.19}$$

Das Produkt aus den Augenblickswerten von Spannung und Strom wird Momentanleistung genannt und beschreibt die zum Zeitpunkt t verbrauchte oder erzeugte Leistung.

Elektrische Energie

Aus dem zeitlichen Verlauf der Momentanleistung lässt sich die erzeugte oder verbrauchte elektrische Energie aus der Integration

$$\boxed{W = \int p(t) \cdot dt = \int u(t) \cdot i(t) \cdot dt} \qquad [W] = \mathrm{J} \tag{1.20}$$

ermitteln.

Beispiel 1.6

Abbildung 1.9a) zeigt den Strom- und Spannungsverlauf an einer Schaltung, Abbildung 1.9b) die daraus resultierende Momentanleistung.
Gesucht ist die elektrische Energie im Zeitraum $0 \le t \le T$.

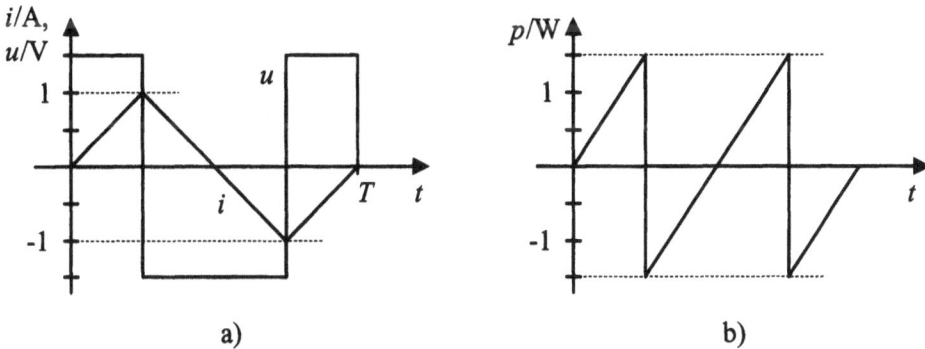

Abb. 1.9: a) Strom- und Spannungsverlauf; b) resultierende Momentanleistung

Lösung:

Es wird keine elektrische Energie umgewandelt, da $W = \displaystyle\int_0^T p(t) \cdot dt = 0$.

1.2   Elektrische Schaltungskomponenten

In diesem Abschnitt werden die wichtigsten Schaltungskomponenten vorgestellt und ihre Wirkungsweise erklärt. Generell wird zwischen aktiven und passiven sowie linearen und nichtlinearen Elementen unterschieden. Bei der Berechnung elektrischer Netzwerke ergeben sich im Allgemeinen nur dann analytische Lösungen, wenn alle Komponenten linear sind, andernfalls erhält man lediglich numerische Näherungslösungen. Die erreichbare Genauigkeit dieser Näherungen hängt dabei hauptsächlich von der Qualität der mathematischen Modelle ab, welche die nichtlinearen Bauelemente beschreiben.

1.2.1   Widerstand und Leitwert

Schaltzeichen

Elektrische Widerstände sind passive Zweipole, d.h. Verbraucher mit zwei Anschlüssen, die elektrische Energie unmittelbar in thermische umwandeln. Sie werden in elektrischen Netzwerken durch die in Abbildung 1.10 skizzierten Schaltzeichen dargestellt.

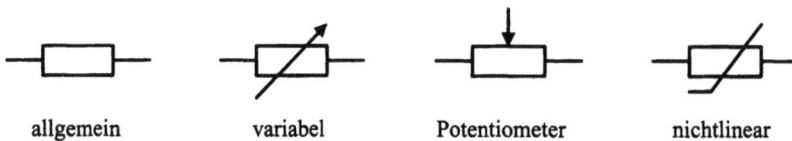

allgemein   variabel   Potentiometer   nichtlinear

Abb. 1.10: *Häufig verwendete Schaltzeichen elektrischer Widerstände*

Berechnung von Widerständen, Ohm'sches Gesetz

Für das in Abbildung 1.11 gezeichnete, homogene Leitungsstück soll der elektrische Widerstand exemplarisch ermittelt werden. Homogen bedeutet, dass der spezifische Widerstand an jeder Stelle exakt gleich und der Querschnitt entlang des Leitungsstücks konstant ist.

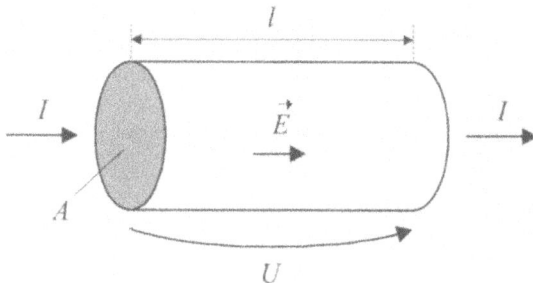

Abb. 1.11: *Skizze zur Berechnung des elektrischen Widerstandes eines Leiterstücks*

Aus Gleichung (1.12) und dem lokalen Ohm'schen Gesetz (1.17) folgt

$$I = A \cdot |\vec{j}| = A \cdot \kappa \cdot |\vec{E}| = \kappa \cdot A \cdot \underbrace{|\vec{E}| \cdot l}_{U} \cdot \frac{1}{l} = \frac{\kappa \cdot A}{l} \cdot U = G \cdot U \ . \qquad (1.21)$$

Den Ausdruck

$$G = \frac{\kappa \cdot A}{l} \qquad [G] = \mathrm{S} \quad \text{(USA: mho)} \qquad (1.22)$$

nennt man elektrischen Leitwert, den Kehrwert

$$\boxed{R = \frac{1}{G} = \frac{\rho \cdot l}{A}} \qquad [R] = \Omega \qquad (1.23)$$

elektrischen Widerstand. Der elektrische Widerstand ist, neben der Materialeigenschaft ρ, nur von der Geometrie abhängig. Je länger und/oder dünner ein Leiter ist, desto größer ist sein elektrischer Widerstand.
Bei inhomogenen Leitern, wie in Abbildung 1.12, muss der Gesamtwiderstand aus der Integration

$$R = \int_{x=0}^{x=l} dR \cdot dx$$

der infinitesimalen Widerstände dR berechnet werden.

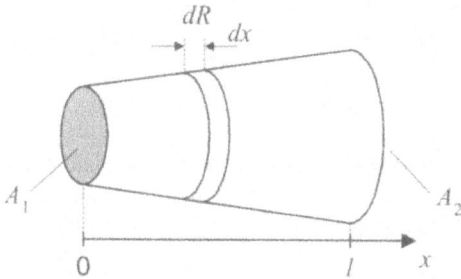

Abb. 1.12: *Berechnung des Widerstandes bei inhomogenen Leitern*

Aus Gleichung (1.21) und (1.23) folgt das bekannte Ohm'sche Gesetz

$$U = R \cdot I \ . \qquad (1.24)$$

Sind Spannung und Strom zeitabhängige Größen, gilt

$$\boxed{u(t) = R \cdot i(t)} \ . \qquad (1.25)$$

Anwendungsbeispiel 1.7: *Dehnungsmessstreifen (DMS)*

Die Abhängigkeit des elektrischen Widerstandes von der Geometrie macht man sich in der elektrischen Messtechnik zur Ermittlung der mechanischen Dehnung/Stauchung zu Nutze. Das Wirkungsprinzip eines DMS zeigt Abbildung 1.13a).

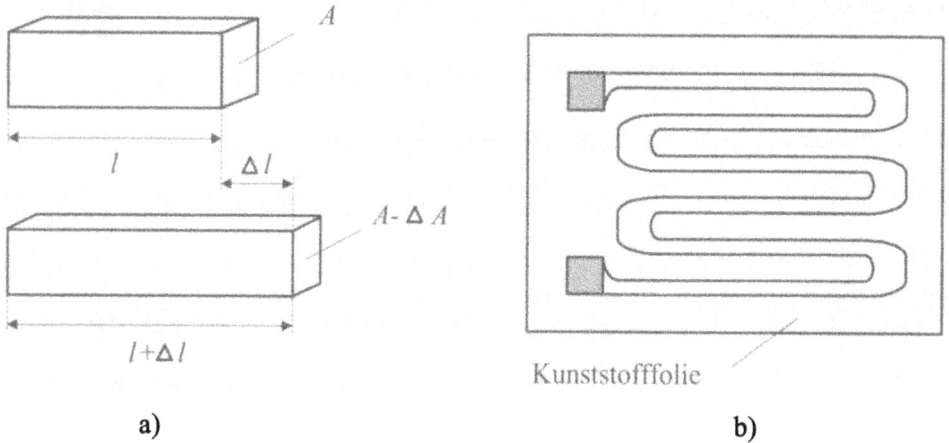

a)   b)

Abb. 1.13: Dehnungsmessstreifen: a) Wirkungsprinzip; b) technische Realisierung

Wird das Leitungsstück gedehnt, erhöht sich einerseits seine Länge um Δl, andererseits verringert sich der Leitungsquerschnitt $A \rightarrow A - \Delta A$, was in beiden Fällen zu einer Erhöhung des elektrischen Widerstandes führt. Das Volumen

$$A \cdot l = (A - \Delta A) \cdot (l + \Delta l) \quad \text{oder} \quad \frac{A}{A - \Delta A} = \frac{l + \Delta l}{l}$$

des Leitungsstücks bleibt in jedem Fall konstant. Die relative Widerstandsänderung ergibt sich aus dem Quotienten der beiden Widerstände im ursprünglichen und gedehnten Zustand und Einsetzten letzter Gleichung.

$$\frac{R + \Delta R}{R} = 1 + \frac{\Delta R}{R} = \underbrace{\frac{\rho(l + \Delta l)}{(A - \Delta A)}}_{R+\Delta R} \cdot \underbrace{\frac{A}{\rho l}}_{1/R} = \left(1 + \frac{\Delta l}{l}\right)^2 \Rightarrow$$

$$\frac{\Delta R}{R} \approx 2 \cdot \frac{\Delta l}{l}$$

Die relative Widerstandsänderung $\Delta R/R$ ist also doppelt so groß wie die Dehnung $\Delta l/l$. Dieses Ergebnis gilt aber nur dann, wenn der spezifische elektrische Widerstand unabhängig von der Dehnung ist, was bei vielen Materialien gut erfüllt ist. Manche Materialien, insbesondere Halbleiter, sind piezoresistiv, d.h. ihr spezifischer Widerstand ist zum Teil sehr stark von mechanischen Belastungen abhängig. Dadurch kann die relative Widerstandsänderung 100–200 mal größer sein als die Längenänderung. Ein typisches Layout eines DMS zeigt Abbildung 1.13b). Durch Feinätztechnik wird ein elektrischer Leiter, bestehend aus einer speziellen Legierung, strukturiert. Als Trägermaterial dient eine Kunststofffolie, die zur Durchführung von Messungen auf das zu untersuchende Teil (z.B. Flugzeugtragfläche, Brückenkonstruktionsteil usw.) geklebt wird.

Temperaturabhängigkeit von Widerständen

Der Widerstandswert eines elektrischen Widerstandes ändert sich im Allgemeinen mit der Temperatur. Aus der Beziehung (1.23) ist ersichtlich, dass in erster Linie die Temperaturabhängigkeit des spezifischen Widerstandes Grund für diese Widerstandsänderung ist, da der thermische Längenausdehnungskoeffizient im Vergleich vernachlässigbar klein ist. Ursachen für die Temperaturabhängigkeit des spezifischen Widerstandes sind

- Änderung der Ladungsträgerdichten n_p bzw. n_n und

- Änderung der Beweglichkeit.

Abhängig davon, welcher Effekt überwiegt, können Widerstände mit steigender Temperatur ihren Wert erhöhen (Kaltleiter und PTC-Widerstände) oder vermindern (Heißleiter und NTC-Widerstände).

Kaltleiter und PTC-Widerstände (positive temperature coefficient):

Kaltleiter haben bei niedrigen Temperaturen einen geringeren Widerstand als bei hohen. Ein Vergleich mit der Tabelle 1.4 auf Seite 12 zeigt, dass praktisch alle Metalle unter diese Kategorie fallen. Bei Metallen vermindert sich bei Erwärmung die mittlere freie Weglänge der Ladungsträger, weil die Stoßwahrscheinlichkeit mit den sich schneller thermisch bewegenden Atomen zunimmt. Die Beweglichkeit sinkt.
Diesen Effekt hat sicher schon jeder einmal selbst erlebt. Befinden sich viel Leute in einem Kaufhaus, die sich zudem noch schnell bewegen, kommt man selbst nur sehr langsam voran. Zusammenstöße sind praktisch unvermeidlich. Bewegen sich die Leute hingegen nicht oder nur sehr langsam, kann man sich viel leichter und schneller durch die Menschenmassen hindurchschlängeln, man ist „beweglicher".

PTC-Widerstände haben in einem bestimmten Temperaturbereich einen besonders hohen positiven Temperaturkoeffizienten. Sie bestehen aus polykristallinen Titanat-Keramiken wie $BaTiO_3$ und $SrTiO_3$, die mit Metallsalzen dotiert (verunreinigt) werden. Abbildung 1.14 zeigt die Abhängigkeit des Widerstandswertes von der Temperatur. Bei niedriger Temperatur ist zunächst eine schwache Widerstandsabnahme festzustellen, weil sich die Ladungsträgerdichte erhöht. Ab der so genannten Sprungtemperatur erhöht sich der Widerstand im Vergleich zu Metallen allerdings wesentlich stärker. Ursache ist die Verringerung der Beweglichkeit durch Bilden von Sperrschichten an den Korngrenzen.

Heißleiter und NTC-Widerstände (negative temperature coefficient):

Bei Heißleitern sinkt der elektrische Widerstand mit steigender Temperatur, wie z.B. bei Kohle (vgl. Abbildung 1.15).

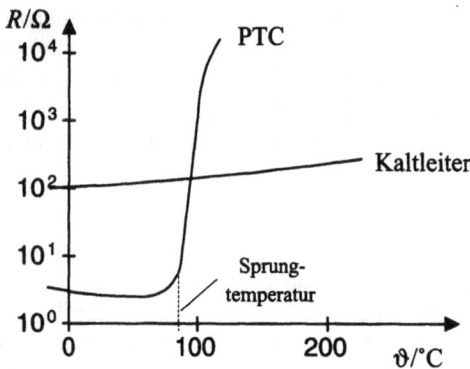

Abb. 1.14: *Temperaturverlauf von Kaltleitern und PTC-Widerständen*

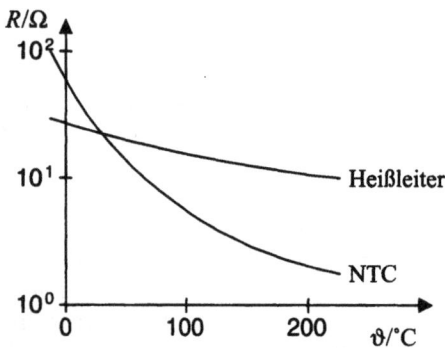

Abb. 1.15: *Temperaturverlauf von Heißleitern und NTC-Widerständen*

Bei NTC-Widerständen ist dieses Verhalten sehr stark ausgeprägt. Sie bestehen aus Halbleitermaterialien, meist Metalloxiden wie $MgCrO_4$, Fe_2O_3, TiO_2 oder NiO, bei denen durch Temperaturerhöhung zusätzliche freie Ladungträger entstehen. Ihr Temperaturkoeffizient ist betragsmäßig etwa zehnmal größer als der von Metallwiderständen.

Anwendungsbeispiel 1.8:   *Temperaturabhängige Widerstände*

Temperaturabhängige Widerstände finden unter anderem Anwendung als

- Temperatursensoren,

- zur Temperaturstabilisierung,

- zur Temperaturkompensation und

- zur Strombegrenzung.

Leistungsverbrauch Ohm'scher Widerstände

Die in einem Ohm'schen Widerstand umgesetzte Leistung ergibt sich unmittelbar aus Gleichung (1.18)

$$P = U \cdot I = R \cdot I^2 = \frac{U^2}{R} \, . \tag{1.26}$$

Bei zeitabhängigen Strom- und Spannungsgrößen gilt:

$$p(t) = u(t) \cdot i(t) = R \cdot i(t)^2 = \frac{u(t)^2}{R} \tag{1.27}$$

1.2.2 Kondensator

Schaltzeichen

Ein Kondensator ist eine Anordnung aus zwei Leitern, die, durch einen Isolator getrennt, gleiche Ladung entgegengesetzten Vorzeichens tragen. Kondensatoren werden in Schaltungen durch die in Abbildung 1.16 gezeichneten Schaltzeichen dargestellt.

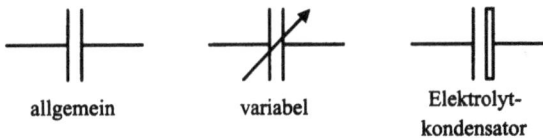

allgemein   variabel   Elektrolyt-kondensator

Abb. 1.16: *Häufig verwendete Schaltzeichen von Kondensatoren*

Kapazität

Das Speichervermögen von Ladungsträgern eines Kondensators wird in der Kapazität

$$C = \frac{Q}{U} \qquad [C] = \mathrm{F} \tag{1.28}$$

ausgedrückt. Q ist der Betrag der auf einem Leiter gespeicherten Ladung und U die Spannung zwischen den Kondensatorplatten. Bei zeitlich veränderlichen Größen wird aus (1.28)

$$\boxed{C = \frac{q(t)}{u(t)}} \, . \tag{1.29}$$

Abbildung 1.17 zeigt zwei verschiedene Ausführungsformen, Plattenkondensator und Zylinderkondensator.

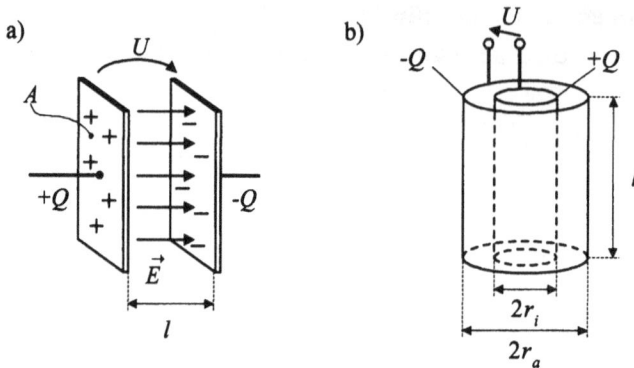

Abb. 1.17: *a) Plattenkondensator; b) Zylinderkondensator*

Kondensatorgleichungen

Zur Berechnung von Schaltungen benötigt man die Strom-Spannungsbeziehung, die aus der mathematischen Ableitung von Gleichung (1.29)

$$q(t) = C \cdot u(t) \quad \Rightarrow$$

$$\frac{dq(t)}{dt} = i(t) = \underbrace{\frac{dC}{dt}}_{=0} \cdot u(t) + C \cdot \frac{du(t)}{dt}$$

$$\boxed{i(t) = C \cdot \frac{du(t)}{dt}} \tag{1.30}$$

gewonnen wird.

In einem geladenen Kondensator ist die Energie gespeichert, die als Arbeit zum Aufbau des elektrischen Feldes bzw. zur Ladungstrennung notwendig war. Trägt ein Kondensator die momentane Ladung $q = C \cdot u$ und vergrößert man diese um dq, ist dazu gemäß Gleichung (1.6) die differentielle Arbeit

$$dw_e = u \cdot dq = \frac{q}{C} \cdot dq$$

zu verrichten. Wird ein ungeladener Kondensator $q(t = 0) = 0$ auf die Ladung $q = Q$ aufgeladen, ist in ihm die elektrische Energie

$$W_e = \int_{q=0}^{Q} \frac{q}{C} \cdot dq = \frac{1}{2}\frac{Q^2}{C} = \frac{1}{2}CU^2 \tag{1.31}$$

gespeichert.

Berechnung von Kapazitäten

Zur Berechnung der Kapazität einer gegebenen Anordnung, wie z.B. eines Platten-kondensators oder Zylinderkondensators (vgl. Abbildung 1.17), benötigt man die erste Maxwell'sche Gleichung in integraler Form. Dieses fundamentale Gesetz kann aus der bekannten Beziehung (1.4) zwischen dem elektrischen Feld $\vec{E}(r)$ und einer Punktladung Q im Abstand r

$$\vec{E}(r) = \underbrace{\frac{1}{4\pi r^2}}_{Kugeloberfläche} \cdot \frac{Q}{\epsilon_0 \epsilon_r} \cdot \vec{e}_r \qquad (1.32)$$

und der Definition der dielektrischen Verschiebung $\vec{D}$

$$\vec{D} = \epsilon_0 \epsilon_r \vec{E} \qquad [\vec{D}] = C/m^2 \qquad (1.33)$$

abgeleitet werden. Setzt man Gleichung (1.33) in (1.32) ein, ergibt sich der Zusammen-hang zwischen der dielektrischen Verschiebung $\vec{D}$ und der in einer geschlossenen Fläche, hier Kugeloberfläche A_{Kugel}, enthaltenen Ladung Q

$$\vec{D}(r) = \underbrace{\frac{1}{4\pi r^2}}_{A_{Kugel}} \cdot Q \cdot \vec{e}_r \quad \text{bzw.} \quad |\vec{D}| \cdot A_{Kugel} = Q \; . \qquad (1.34)$$

Die dielektrische Verschiebung $\vec{D}$ ist neben $\vec{E}$ ein weiterer elektrischer Feldvektor, der im Gegensatz zu $\vec{E}$ unabhängig vom Material ist. Befinden sich innerhalb einer geschlos-senen Fläche (Hüllfläche) mehrere Punktladungen (Q_1, Q_2, Q_3), wie in Abbildung 1.18 skizziert, muss Gleichung (1.34) verallgemeinert werden und man erhält eine verein-fachte Darstellung der ersten Maxwell'schen Gleichung

$$\iint_{A_H} \vec{D} \cdot d\vec{a} = Q_{eing.} \qquad (1.35)$$

in integraler Form.

A_H stellt hierbei eine in sich geschlossene Fläche (Hüllfläche, wie z.B. Kugeloberfläche) dar. Die gewählte Form der Hüllfläche bei der Berechnung der dielektrischen Verschie-bung hängt von der Aufgabenstellung ab.

Die elektrische Spannung U zwischen den Kondensatorplatten berechnet sich aus der Integration des elektrischen Feldes $\vec{E}$ entlang eines (beliebigen) Weges von einem Punkt P_1 auf der positiv geladenen Platte zu einem Punkt P_2 auf der negativ geladenen Platte. Damit kann die Kapazität einer beliebigen Anordnung aus der Feldberechnung

$$C = \frac{Q}{U} = \frac{\iint_{A_H} \vec{D} \cdot d\vec{a}}{\int_{P_1}^{P_2} \vec{E} \cdot d\vec{s}} \qquad (1.36)$$

Hüllfläche A_H

Von der Hüllfläche
eingeschlossene Ladung:
$Q_{eing.} = Q_1 + Q_2 + Q_3$

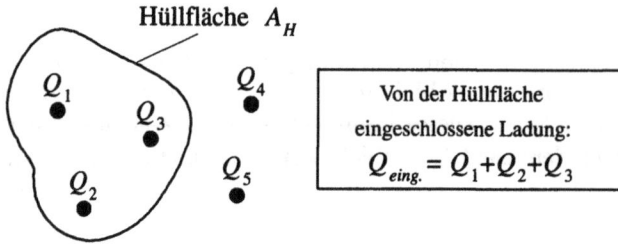

Abb. 1.18: *Punktladungen innerhalb und außerhalb einer (geschlossenen) Hüllfläche A_H*

ermittelt werden.

Beispiel 1.9

Die Kapazität C_P des in Abbildung 1.17 skizzierten Plattenkondensators ist zu berechnen.

Lösung bei Vernachlässigung von Randeffekten (Streukapazitäten):
Ein elektrisches Feld existiert nur zwischen den Kondensatorplatten, da sich außerhalb dieses Bereiches die Felder der positiven und negativen Platte destruktiv überlagern und damit auslöschen. Des Weiteren wird ein homogenes, elektrisches Feld zwischen den Platten vorausgesetzt. Daraus folgt:

$$C_P = \frac{Q}{U} = \frac{D \cdot A}{E \cdot l} = \frac{\epsilon_0 \epsilon_r E \cdot A}{E \cdot l} = \epsilon_0 \epsilon_r \cdot \frac{A}{l}$$

1.2.3   Spule

Schaltzeichen
Spulen sind Bauelemente, die in der Lage sind magnetische Energie zu speichern. Die gebräuchlichsten Schaltzeichen sind in Abbildung 1.19 dargestellt.

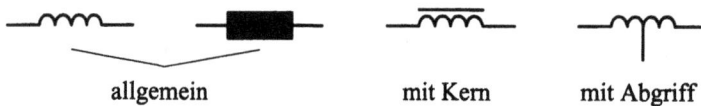

allgemein   mit Kern   mit Abgriff

Abb. 1.19: *Häufig verwendete Schaltzeichen von Spulen*

Selbstinduktionskoeffizient
Zur Charakterisierung von unabhängigen Spulen definiert man, ähnlich wie beim Kondensator die Kapazität C, den Selbstinduktionskoeffizienten L über die Gleichung:

$$L = \frac{w \cdot \Phi(t)}{i(t)} \qquad [L] = \text{H} \tag{1.37}$$

w steht für die Windungszahl und Φ für den magnetischen Fluss. Abbildung 1.20 zeigt verschiedene Ausführungsformen von Spulen.

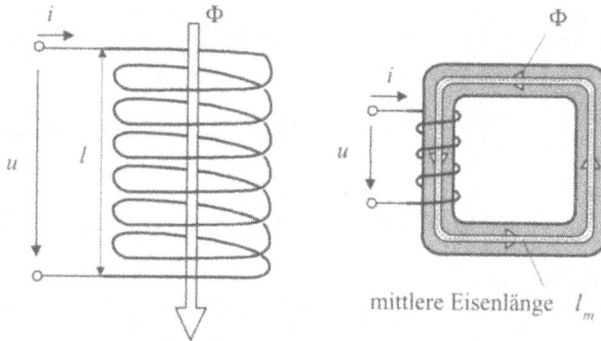

a) Zylinderspule in Luft   b) Zylinderspule mit Kern
   mit w=7 Windungen

Abb. 1.20: *a) Zylinderspule in Luft; b) Spule mit Eisenkern*

Mathematische Beschreibung

Zur Herleitung der Strom-Spannungsbeziehung von Spulen wird das Induktionsgesetz benötigt.

Abbildung 1.21 zeigt eine Leiterschleife, die vom magnetischen Fluss Φ durchdrungen ist. Das Induktionsgesetz

$$u(t) = w \cdot \frac{d\Phi}{dt} \tag{1.38}$$

liefert die zwischen den Anschlussklemmen induzierte Spannung bei Flussänderung. w gibt die Anzahl der Windungen an, bei einer einfachen Leiterschleife ist diese eins.

Als Ursachen für eine Änderung des magnetischen Flusses kommen in Frage:

- Das Magnetfeld ist von außen eingeprägt und ändert sich.

- Die Leiterschleife bewegt sich und taucht in ein Magnetfeld ein bzw. verlässt es.

- Das Magnetfeld wird durch einen eingeprägten, zeitlich veränderlichen Stromfluss durch die Leiterschleife erzeugt ($\Rightarrow$ Selbstinduktion).

Mit dem Induktionsgesetz (1.38) und der Definition des Selbstinduktionskoeffizienten (1.37) folgt die wichtige Strom-Spannungsbeziehung

$$\boxed{u(t) = L \cdot \frac{di(t)}{dt}} \cdot \tag{1.39}$$

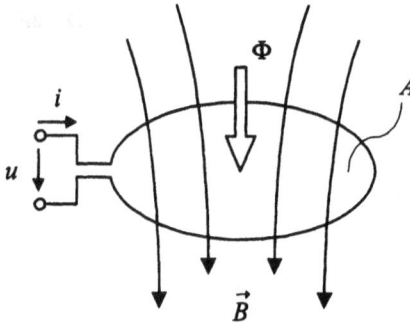

Abb. 1.21: *Skizze zur Darstellung des Induktionsgesetzes*

Zum Aufbau des magnetischen Feldes einer Spule benötigt man Energie. Im Zeitintervall dt wird von außen die Energie

$$dw_m = u(t) \cdot i(t) \cdot dt$$

zugeführt. Mit Gleichung (1.39) wird daraus

$$dw_m = L \cdot i \cdot di \ .$$

Die in der Spule gespeicherte magnetische Energie ergibt sich schließlich aus der Integration

$$W_m = \int_{i=0}^{I} L \cdot i \cdot di = \frac{1}{2} L I^2 \qquad (1.40)$$

von einem energielosen Anfangszustand $i = 0$ bis zu einem Endwert $i = I$.

Berechnung von Selbstinduktionskoeffizienten

Für die Berechnung des Selbstinduktionskoeffizienten L einer Anordnung sind einige Grundbegriffe aus dem Gebiet des Elektromagnetismus nötig. Im Rahmen dieses Buches wird lediglich auf die für die Berechnung von Spulen relevanten Gesetze eingegangen.

Die magnetische Feldstärke $\vec{H}$

Jeder stromdurchflossene Leiter baut um sich herum ein magnetisches Feld auf, das durch die magnetische Feldstärke $\vec{H}$ beschrieben wird. Den einfachsten, in Abbildung 1.22 skizzierten Fall, stellt ein unendlich langer, gerader Leiter dar, durch den ein konstanter Strom I fließt.

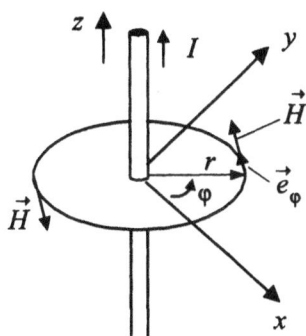

Abb. 1.22: *Magnetische Feldstärke $\vec{H}$ eines unendlich langen, geraden, stromdurchflossenen Leiters*

Experimentielle Befunde liefern:

- Die Feldlinien verlaufen auf konzentrischen Kreisen,

- $|\vec{H}| \sim I$,

- $|\vec{H}| \sim 1/r$,

- $|\vec{H}|(z) = $ konstant.

Der Betrag der magnetischen Feldstärke ist demnach auf einer Kreisbahn um den stromdurchflossenen Leiter konstant (vgl. Abbildung 1.22). Durch Hinzufügen der Proportionalitätskonstante $\dfrac{1}{2\pi}$ erhält man die magnetische Feldstärke

$$\vec{H} = \frac{I}{2\pi r} \cdot \vec{e}_{\varphi} \qquad [H] = \frac{\mathrm{A}}{\mathrm{m}} \qquad\qquad (1.41)$$

eines geraden, unendlich langen Leiters, die umgekehrt proportional zum Kreisumfang $2\pi r$ ist. Die Richtung von Strom und Magnetfeld legt die Rechte-Hand-Regel fest. Zeigt der Daumen der rechten Hand in Stromrichtung, geben die Finger den Umlaufsinn des Magnetfeldes an.

Durchflutungsgesetz

Befinden sich mehrere, beliebig geformte, stromdurchflossene Leitungen im Raum, überlagern sich die einzelnen Magnetfelder. Abbildung 1.23a) zeigt das resultierende Magnetfeld $\vec{H}$, das sich aus der vektoriellen Addition der Felder $\vec{H}_1$ und $\vec{H}_2$, hervorgerufen durch die Ströme I_1 und I_2, ergibt.

Abbildung 1.23b) veranschaulicht das Durchflutungsgesetz stromdurchflossener Leiter. Es beschreibt den Zusammenhang zwischen dem Magnetfeld $\vec{H}$ und den innerhalb eines

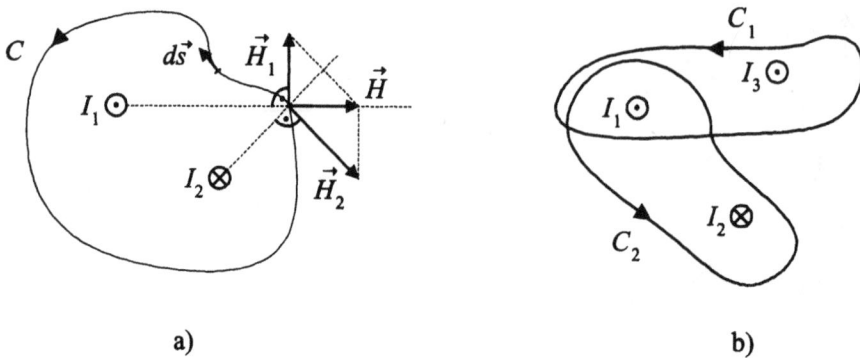

a)   b)

Abb. 1.23: a) *Überlagerung magnetischer Felder;* b) *Durchflutungsgesetz:* $\oint_{C_1} \vec{H} \cdot d\vec{s} = I_1 + I_3$
bzw. $\oint_{C_2} \vec{H} \cdot d\vec{s} = I_1 - I_2$

geschlossenen Integrationsweges $C_{1(2)}$ eingeschlossenen Strömen. Es gilt:

$$\oint_C \vec{H} \cdot d\vec{s} = I_{eing.} \tag{1.42}$$

Beispielsweise ergibt die Auswertung des Linienintegrals entlang der geschlossenen Kurve C_1 die Summe der Ströme $I_1 + I_3$, da sich der Leiter mit dem Stromfluss I_2 außerhalb der Hüllkurve C_1 befindet.

Gesetz von Biot-Savart

Bisher wurden bei der Berechnung der magnetischen Feldstärke $\vec{H}$ unendlich lange, gerade Leiter vorausgesetzt. Dieser Idealfall kommt in der Praxis natürlich nicht vor. Bei technischen Spulen ist der Leiter oftmals um einen Eisenkern gewickelt, wie in Abbildung 1.20b). Die Berechnung des Magnetfeldes für beliebig geformte Leiter erfolgt am einfachsten mit Hilfe des Gesetzes von Biot-Savart. Es beschreibt den Beitrag zum Magnetfeld, der in einem Punkt P vom Leitungsstück $d\vec{s}$ hervorgerufen wird (vgl. Abbildung 1.24). Es gilt:

$$d\vec{H} = \frac{I}{4\pi} \cdot \frac{d\vec{s} \times d\vec{r}}{r^3} \tag{1.43}$$

Auf die relativ aufwendige Herleitung des Gesetzes (1.43) wird im Rahmen dieses Buches verzichtet.

Magnetische Flussdichte und Permeabilität

In Anlehnung an die Elektrostatik, bei der die beiden Feldgrößen $\vec{E}$ und $\vec{D}$ definiert sind, wird auch in der Magnetfeldlehre eine zweite Feldgröße, die magnetische Flussdichte

$$\vec{B} = \mu_0 \cdot \mu_r \cdot \vec{H} \qquad [B] = \text{T} \tag{1.44}$$

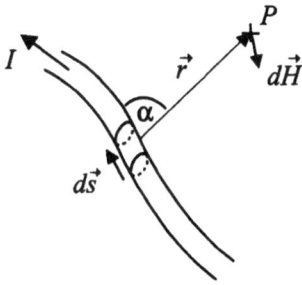

Abb. 1.24: *Gesetz von Biot-Savart*

eingeführt. Die Permeabilität eines Stoffes ist das Produkt aus der magnetischen Feldkonstante in Vakuum

$$\mu_0 = 4\pi 10^{-7} \frac{\text{Vs}}{\text{A m}} \qquad (1.45)$$

und der relativen Permeabilität μ_r, die dimensionslos und materialabhängig ist. Man unterscheidet verschiedene Materialien:

- Diamagnetische Stoffe: $\mu_r < 1$ (Beispiel: Wismut $\mu_r = 0,999843$);

- paramagnetische Stoffe: $\mu_r > 1$ (Beispiel: Aluminium $\mu_r = 1,0000208$);

- ferromagnetische Stoffe: $\mu_r \gg 1$ (Beispiel: Eisen, Nickel, Kobalt),
  Wertebereich: $100 \leq \mu_r \leq 300000$.

Oberhalb einer bestimmten Temperatur, der Curietemperatur, werden alle ferromagnetische Stoffe paramagnetisch. Grundsätzlich ist die relative Permeabilität μ_r bei ferromagnetischen Stoffen keine Konstante, sondern vom Magnetfeld $\vec{H}$ abhängig. Bei magnetisch weichen Materialien, wie z.B. Dynamoblechen, zeigt sich ein Kennlinienverlauf $\mu_r = f(|\vec{H}|)$ (Abbildung 1.25a)). Bei magnetisch harten Materialien tritt Hysterese auf (Abbildung 1.25b)).

Weitere Informationen zu diesem Thema findet der interessierte Leser in Physikbüchern und Grundlagenbüchern der Elektrotechnik [1], [3].

Magnetischer (Kraft-) Fluss
Der magnetische (Kraft-) Fluss

$$\Phi = \iint_A \vec{B} \cdot d\vec{a} \qquad [\Phi] = \text{Wb} \qquad (1.46)$$

wird analog zum Stromfluss I als Flächenintegral definiert.

a)

b)

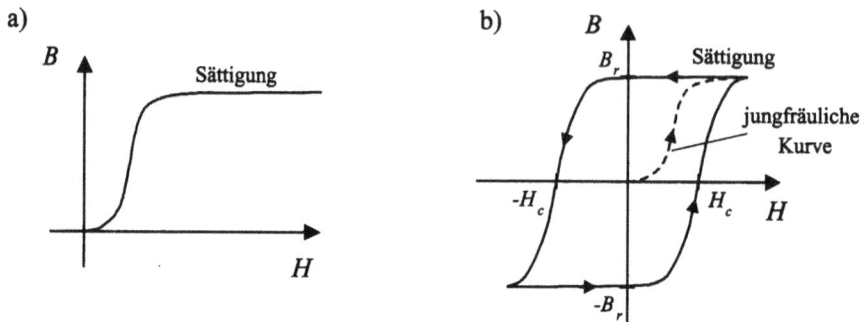

Abb. 1.25: *Magnetische Flussdichte als Funktion der magnetischen Feldstärke; a) magnetisch weiches Material; b) magnetisch hartes Material, Dauermagnetwerkstoffe (H_c: Koerzitivkraft, B_r: Remanenz)*

Zusammenfassend sind für die Berechnung eines Selbstinduktionskoeffizienten folgende Schritte auszuführen:

1) magnetische Feldstärke als Funktion des Ortes und des Stromes berechnen (mittels des Gesetzes von Biot-Savart oder in speziellen Fällen mit dem Durchflutungsgesetz),

2) magnetische Feldstärke mittels Gleichung (1.44) in magnetische Flussdichte umrechnen,

3) magnetischen Fluss aus der Flächenintegration (1.46) berechnen,

4) Selbstinduktionskoeffizienten aus Definitionsgleichung (1.37) bestimmen.

Beispiel 1.10: *Magnetischer Kreis*

Anordnungen, bei denen die magnetischen Feldlinien vorwiegend in ferromagnetischen Stoffen wie z.B. Eisen verlaufen, bilden einen magnetischen Kreis. Ein Beispiel hierfür zeigt Abbildung 1.20b). Ein elektrischer Leiter ist viermal ($w = 4$) um einen Eisenkern gewickelt.
Zu berechnen ist der Selbstinduktionskoeffizient L der Anordnung.

Lösung mit folgenden Näherungen:
- Alle Feldlinien verlaufen im Eisen (umso besser, je größer μ_r des Eisenkerns).
- Das magnetische Feld im Eisen ist homogen.

1) Durchflutungsgesetz: $\oint_C \vec{H} \cdot d\vec{s} = I_{eing.} \Rightarrow H \cdot l_m = w \cdot i \Rightarrow H = \dfrac{w \cdot i}{l_m}$;
   l_m stellt die mittlere Eisenlänge dar (= Integrationsweg, Abbildung 1.20b))

2) $B = \mu_0 \cdot \mu_r \cdot H$

3) Magnetischer Fluss: $\Phi = \iint\limits_A \vec{B} \cdot d\vec{a} \Rightarrow \Phi = A \cdot B = A \cdot \mu_0 \cdot \mu_r \cdot \dfrac{w \cdot i}{l_m}$;

   A ist die Querschnittsfläche des Eisenringes.

4) Selbstinduktionskoeffizient: $L = \dfrac{w \cdot \Phi}{i} = \dfrac{w \cdot A \cdot \mu_0 \cdot \mu_r \cdot w \cdot i}{i \cdot l_m} \Rightarrow$

$$L = \frac{w^2 \cdot A \cdot \mu_0 \cdot \mu_r}{l_m}$$

1.2.4 Verkopplung von Spulen

Befinden sich zwei oder mehrere unabhängige Spulen in unmittelbarer Umgebung zueinander, überlagern sich die magnetischen Feldlinien, und es kommt zu einer Verkopplung der magnetischen Flüsse. Dies wird beim Transformator (vgl. Kapitel 2) technisch genutzt. Abbildung 1.26 zeigt die Verkopplung der magnetischen Flüsse zweier benachbarter Leiterschleifen.

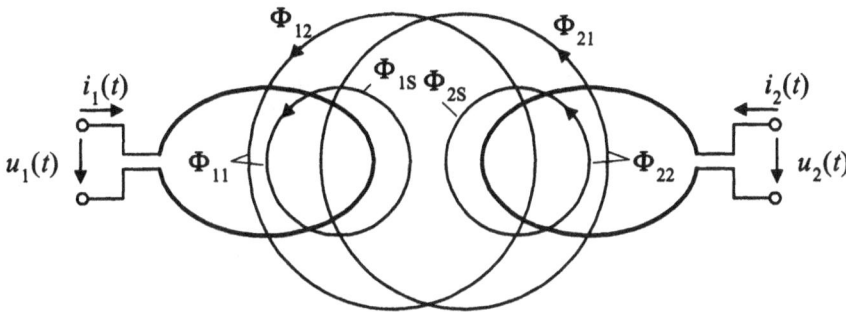

Abb. 1.26: Verkopplung der magnetischen Flüsse zweier Leiterschleifen

Leiterschleife 1 wird von den magnetischen Flüssen

$$\Phi_{11} = \Phi_{12} + \Phi_{1S} \quad \text{und}$$
$$\Phi_{21} = \Phi_{22} - \Phi_{2S} \tag{1.47}$$

durchdrungen. Analog dazu wird Leiterschleife 2 von

$$\Phi_{22} = \Phi_{21} + \Phi_{2S} \quad \text{und}$$
$$\Phi_{12} = \Phi_{11} - \Phi_{1S} \tag{1.48}$$

durchflossen. Dabei bedeuten:

- Φ_{11}: magnetischer Fluss durch Spule 1 erzeugt vom Strom i_1;

- Φ_{12}: magnetischer Fluss durch Spule 2 erzeugt vom Strom i_1;

- Φ_{1S}: gestreuter magnetischer Fluss erzeugt vom Strom i_1;

- Φ_{22}: magnetischer Fluss durch Spule 2 erzeugt vom Strom i_2;

- Φ_{21}: magnetischer Fluss durch Spule 1 erzeugt vom Strom i_2;

- Φ_{2S}: gestreuter magnetischer Fluss erzeugt vom Strom i_2.

Das Induktionsgesetz (1.38) liefert zusammen mit den Gleichungen (1.47) und (1.48) sowie den Windungszahlen w_1 und w_2 der Leiterschleifen (im skizzierten Fall $w_1 = 1$ und $w_2 = 1$)

$$u_1(t) = w_1 \frac{d\Phi_{11}}{dt} + w_1 \frac{d\Phi_{21}}{dt} \quad \text{und}$$

$$u_2(t) = w_2 \frac{d\Phi_{22}}{dt} + w_2 \frac{d\Phi_{12}}{dt} \; . \tag{1.49}$$

Man definiert den primären und sekundären Selbstinduktionskoeffizienten

$$L_{11} = L_1 = \frac{w_1 \Phi_{11}}{i_1} \quad \text{Selbstinduktionskoeffizienten der Spule 1 ,}$$

$$L_{22} = L_2 = \frac{w_2 \Phi_{22}}{i_2} \quad \text{Selbstinduktionskoeffizienten der Spule 2} \tag{1.50}$$

sowie die Gegeninduktionskoeffizienten

$$L_{12} = M = \frac{w_2 \Phi_{12}}{i_1} \quad \text{und}$$

$$L_{21} = M = \frac{w_1 \Phi_{21}}{i_2} \; . \tag{1.51}$$

Mit dem Energieerhaltungssatz der Physik lässt sich beweisen, dass beide Gegeninduktionskoeffizienten den gleichen Wert haben. Daher ist es gebräuchlich, das gemeinsame Formelzeichen M mit

$$M = L_{12} = L_{21}$$

zu verwenden. Den Grad der Verkopplung zweier Spulen gibt der Kopplungsfaktor

$$k = \frac{\sqrt{L_{12} \cdot L_{21}}}{\sqrt{L_1 \cdot L_2}} = \frac{M}{\sqrt{L_1 \cdot L_2}} \tag{1.52}$$

an. Der Kopplungsfaktor

$$k^2 = \frac{L_{12} \cdot L_{21}}{L_1 \cdot L_2} = \frac{(w_2 \Phi_{12}/i_1)(w_1 \Phi_{21}/i_2)}{(w_1 \Phi_{11}/i_1)(w_2 \Phi_{22}/i_2)}$$

$$= \frac{\Phi_{12} \Phi_{21}}{\Phi_{11} \Phi_{22}} = \frac{\Phi_{12} \Phi_{21}}{(\Phi_{12} + \Phi_{1S})(\Phi_{21} + \Phi_{2S})}$$

ist eins ($k = 1$), wenn die Streuflüsse Φ_{1S} und Φ_{2S} null sind. In diesem Fall liegt 100%-ige Kopplung vor. Der Kopplungsfaktor ist null, wenn die verkoppelten Flüsse Φ_{12} bzw. Φ_{21} null sind, d.h. die magnetischen Felder der einzelnen Spulen sich nicht überlagern.

Häufig findet man auch den Begriff des Streufaktors

$$\sigma = 1 - k^2 \ . \tag{1.53}$$

Setzt man die Gleichungssätze (1.50) und (1.51) in Gleichung (1.49) ein, ergeben sich die Transformatorgleichungen

$$\boxed{\begin{aligned} u_1(t) &= L_1 \frac{di_1(t)}{dt} + M \frac{di_2(t)}{dt} \\ u_2(t) &= M \frac{di_1(t)}{dt} + L_2 \frac{di_2(t)}{dt} \end{aligned}} \ . \tag{1.54}$$

Alle Ströme und Spannungen sind so zu wählen, dass es zu einer positiven (konstruktiven) Überlagerung der magnetischen Flüsse kommt. In Schaltungen werden nicht immer die Zählerpfeile für Spannung und Strom angegeben, sondern der Wicklungssinn der Spulen durch einen Markierungspunkt gekennzeichnet (vgl. Abbildung 1.27). Fließt der Strom in das mit dem Punkt gekennzeichnete Wicklungsende beider Spulen hinein, überlagern sich die magnetischen Flüsse konstruktiv (Ströme und Spannungen werden positiv gezählt), andernfalls destruktiv. Im Falle einer destruktiven Überlagerung (vgl. untere Abbildung 1.27) ist die Spannung und der Strom eines Klemmenpaares negativ zu zählen! Die Transformator-Gleichungen lauten dann

$$u_1(t) = L_1 \frac{di_1(t)}{dt} + M \frac{d(-i_2(t))}{dt} \quad \text{und}$$

$$-u_2(t) = M \frac{di_1(t)}{dt} + L_2 \frac{d(-i_2(t))}{dt} \quad \text{bei destruktiven magnetischen Flüssen.}$$

1.2.5 Nichtlineare Bauelemente

Neben den bereits besprochenen Basisbauelementen Widerstand, Kondensator und Spule gibt es eine große Anzahl von elektronischen (Halbleiter-) Bauelementen, die eine nichtlineare Strom-Spannungsbeziehung aufweisen. Abbildung 1.28 zeigt die I-U-Kennlinie einer Diode und das Ausgangskennlinienfeld eines N-Typ MOS-Transistors (MOS = metal oxide semiconductor).

Formale Beschreibung nichtlinearer Bauelemente

Die mathematische Beschreibung nichtlinearer Bauelemente hängt vom Betrieb in der Schaltung ab.

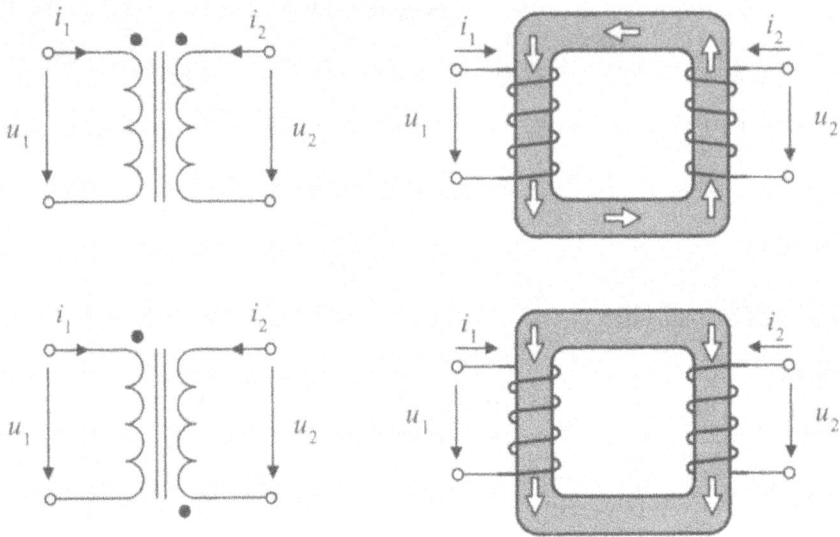

Abb. 1.27: *Schaltzeichen gekoppelter Spulen*

Beschreibung um einen Arbeitspunkt, Kleinsignalverhalten

Das elektronische Bauelement wird in der Schaltung nur kleinsignalmäßig ausgesteuert, d.h. Strom und Spannung ändern sich nur geringfügig. Dies lässt sich, wie in Abbildung 1.29 angedeutet, durch Überlagerung einer Konstantspannungsquelle und einer Wechselquelle geringer Spannungsamplitude bewerkstelligen.

Liegt die konstante Spannung $u = U_{AP}$ an einem nichtlinearen Bauelement, fließt der Strom I_{AP}. Der Punkt (U_{AP}, I_{AP}) wird Arbeitspunkt, der Quotient

$$R_{stat} = \frac{U_{AP}}{I_{AP}} \tag{1.55}$$

statischer Widerstand oder Gleichstromwiderstand genannt. Der statische Widerstand lässt sich auch so interpretieren: Ersetzte man den nichtlinearen Widerstand durch einen linearen Widerstand, müsste dieser den Wert R_{stat} aufweisen, damit ein gleich großer Strom im Arbeitspunkt fließt.

Der Konstantspannung wird nun eine Wechselspannung überlagert, d.h. die Spannung U_{AP} wird geringfügig um den Betrag ΔU geändert. Gesucht ist die resultierende Stromänderung ΔI. Es darf nun nicht $\Delta I = \Delta U / R_{stat}$ gerechnet werden, da sonst die nichtlinearen Eigenschaften vollkommen unberücksichtigt blieben. Stattdessen muss im Arbeitspunkt mit der Steigungsgeraden, dem so genannten differentiellen oder dynamischen Leitwert, gerechnet werden. Der differentielle Leitwert bzw. Widerstand ergibt sich aus der ersten Ableitung

$$G_{diff} = \frac{dI}{dU}\bigg|_{U=U_{AP}} \quad \text{bzw.} \quad R_{diff} = \frac{dU}{dI}\bigg|_{I=I_{AP}} . \tag{1.56}$$

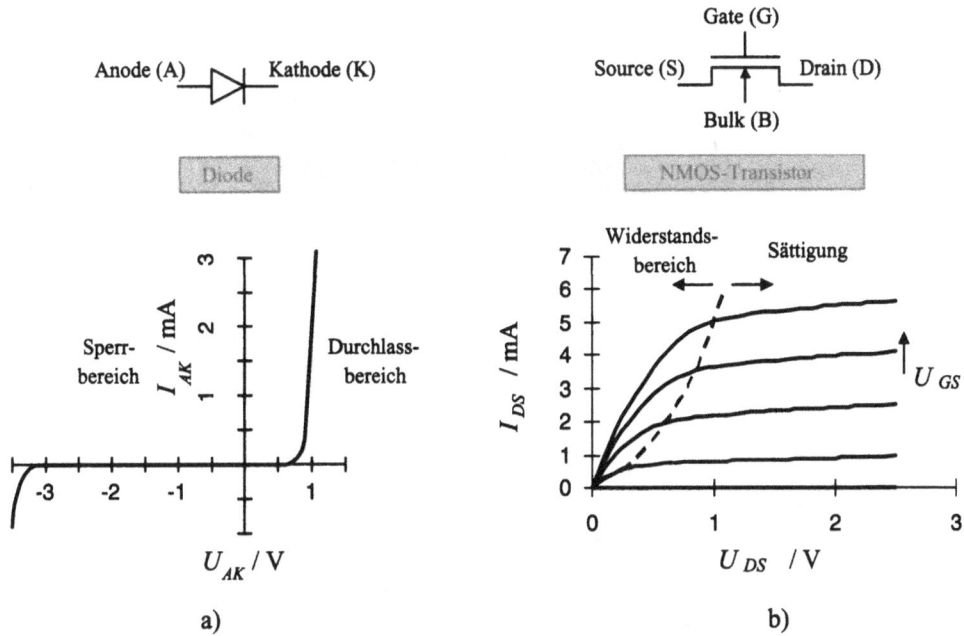

Abb. 1.28: *a) I-U-Kennlinien einer Diode; b) Ausgangskennlinienfeld eines NMOS-Transistors*

Beispiel 1.11

Ein nichtlinearer Widerstand sei durch die Funktion $U = a \cdot I + b \cdot I^2$ mit den Koeffizienten $a = 1\text{V/mA}$ und $b = 0,1\text{V/mA}^2$ beschrieben.

Zu berechnen ist jeweils der statische und der differentielle Widerstand in den Punkten $I_{AP} = 1\text{mA}$, $I_{AP} = 2\text{mA}$, $I_{AP} = 5\text{mA}$ und $I_{AP} = 10\text{mA}$.

Welcher prozentuale Spannungsfehler ergibt sich für die Linearisierung bei Variation des Stromes um $\Delta I = 0,01\text{mA}$ und $\Delta I = 0,1\text{mA}$ im Arbeitspunkt $I_{AP} = 2\text{mA}$?

Lösung:

Es gilt: $R_{stat} = \dfrac{U_{AP}}{I_{AP}} = a + bI_{AP}$; $R_{diff} = \left.\dfrac{dU}{dI}\right|_{I=I_{AP}} = a + 2bI_{AP}$.

Es ergeben sich folgende Widerstände:

$R_{stat}(I = 1\text{mA}) = 1,1\text{k}\Omega$, $R_{diff}(I = 1\text{mA}) = 1,2\text{k}\Omega$,
$R_{stat}(I = 2\text{mA}) = 1,2\text{k}\Omega$, $R_{diff}(I = 2\text{mA}) = 1,4\text{k}\Omega$,
$R_{stat}(I = 5\text{mA}) = 1,5\text{k}\Omega$, $R_{diff}(I = 5\text{mA}) = 2,0\text{k}\Omega$,
$R_{stat}(I = 10\text{mA}) = 2,0\text{k}\Omega$, $R_{diff}(I = 10\text{mA}) = 3,0\text{k}\Omega$.

Die prozentuale Abweichung beträgt für $\Delta I = +0,01\text{mA}$:

Exakter Wert: $U = 1\text{V/mA} \cdot 2,01\text{mA} + 0,1\text{V/mA}^2 \cdot (2,01\text{mA})^2 = 2,41401\text{V}$.

Genäherter Wert: $U = U_{AP} + R_{diff} \cdot \Delta I = 2,4\text{V} + 1,4\text{k}\Omega \cdot 0,01\text{mA} = 2,414\text{V}$.

Der prozentuale Fehler beträgt 0,0004142%.

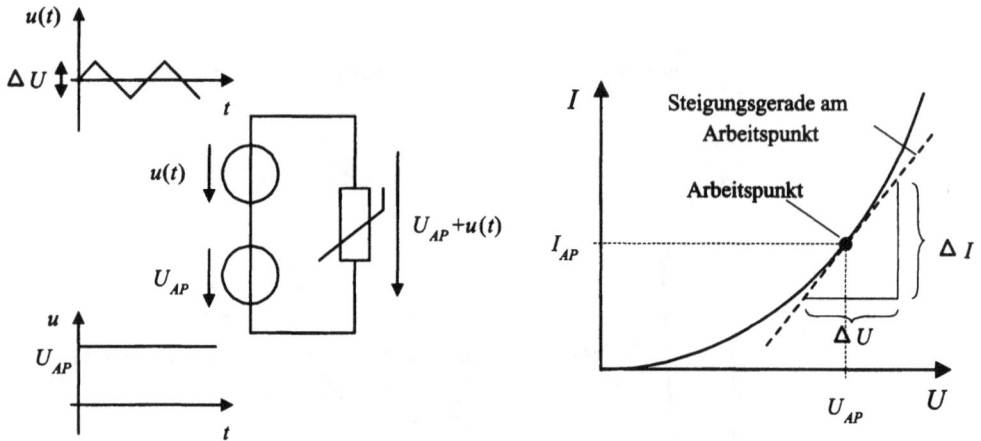

Abb. 1.29: *Mathematische Beschreibung nichtlinearer Widerstände*

Analog dazu ergibt sich ein prozentualer Fehler bei einer Gesamtaussteuerung um $\Delta I = +0,1\text{mA}$ von 0,03937%.

Erkenntnis:
Der Fehler ist umso geringer, je kleiner die Aussteuerung um den Arbeitspunkt ist.

Beschreibung des Großsignalverhaltens

Wird ein nichtlineares Bauelement großsignalmäßig ausgesteuert, d.h. ändern sich Strom und Spannung in einem weiten Bereich, muss der gesamte Kennlinienverlauf mathematisch geschlossen dargestellt werden. Dies ist z.B. bei digitalen Schaltungen beim Übergang von einer logischen „0" auf eine logische „1" und bei Schaltvorgängen der Fall. Folgende Ansätze sind gebräuchlich:

• Näherung durch Geradenstücke:
  Der nichtlineare Kennlinienverlauf wird im gesamten Spannungsbereich durch mehrere differentielle Widerstände (oder Leitwerte) an geeigneten Arbeitspunkten beschrieben. Zu beachten ist dabei, dass an den Bereichsgrenzen, also beim Übergang benachbarter Geraden, Stetigkeit herrscht. Unvermeidbar ist jedoch die Unstetigkeit der ersten Ableitung an den Übergangsstellen.

• Näherung durch Polynomfunktionen:
  Für den Einsatz in Netzwerkanalyseprogrammen werden nichtlineare Bauelemente häufig durch analytische, parametrisierte Funktionen, wie z.B. Polynomfunktionen, charakterisiert. Diese sind im Allgemeinen stetig und differenzierbar.
  Im obigen Beispiel wurde eine solche Funktion ($U = a \cdot I + b \cdot I^2$) mit den Parametern a und b verwendet.

1.2.6 Elektrische Quellen

Als elektrische Quellen werden Anordnungen bezeichnet, in denen Ladungen entgegen ihres elektrischen Feldes und der damit verbundenen Kraft getrennt werden. Innerhalb einer Quelle fließen positive Ladungen vom Minuspol zum Pluspol und neutralisieren so die von der äußeren Beschaltung heranfließenden Elektronen. Um den Strom entgegen der Potentialdifferenz in der Quelle aufrecht zu erhalten, ist Energie bzw. eine Kraft auf die Ladungsträger nichtelektrischer Natur notwendig. Einige der wichtigsten Kräfte, die in elektrischen Quellen wirken, sind:

- Magnetische Kraft:
  Bewegt sich ein Ladungsträger mit der Ladung q und der Geschwindigkeit $\vec{v}$ in einem Magnetfeld, wirkt auf ihn die Kraft $\vec{F} = q \cdot \vec{v} \times \vec{B}$ (Lorenzkraft). Ladungsträger unterschiedlicher Polarität werden in entgegengesetzte Richtungen abgelenkt, es kommt zur Ladungstrennung. Dieser Mechanismus findet Anwendung in Wechselstromgeneratoren (Erzeugung elektrischer Energie in Kraftwerken) und MHD-Generatoren (Magnetohydrodynamischer Generator).

- Chemische Kraft:
  Berühren sich zwei Materialien mit unterschiedlicher Ladungsträgerkonzentration, kommt es an der Kontaktstelle aufgrund der thermischen Bewegung der Teilchen zum Ladungsträgeraustausch. Im Mittel wandern mehr Ladungsträger vom Material mit der höheren Ladungsträgerkonzentration zum Material mit der niedrigeren Ladungsträgerkonzentration. Dies führt zur Ladungstrennung und an der Grenzschicht zu einer Potentialdifferenz.

  Taucht ein Metall in einen Elektrolyten, so stellt sich eine Spannung ein, deren Größe stoffabhängig ist. Zwischen zwei verschiedenen, in die Flüssigkeit getauchten Metallen muss also die Differenz zweier Spannungen entstehen, die sich aus der Stellung der Metalle in der elektrochemischen Spannungsreihe ergibt (vgl. Tabelle 1.5).

Au	Hg	Ag	Cu	H	Pb	Ni	Cd	Fe	Zn	Mg	Li
1,4	0,86	0,80	0,34	0,0	-0,13	-0,24	-0,40	-0,44	-0,76	-2,34	-3,02

Tabelle 1.5: *Elektrochemische Spannungsreihe (U/V) [1]*

Galvanische Elemente bestehen im Allgemeinen aus zwei Elektroden und einem Elektrolyten. Sie werden bezüglich ihrer Regenerierbarkeit eingeteilt in:

- Primärelemente: Elektrolyt und Elektroden werden chemisch irreversibel umgewandelt, eine Aufladung ist nicht mehr möglich (z.B. Taschenlampenbatterie).
- Sekundärelemente: In Akkumulatoren ist die chemische Umwandlung umkehrbar. Solche Elemente lassen sich wieder aufladen (z.B. Autobatterie). Als Beispiel ist die chemische Reaktion eines Bleiakkumulators angegeben.

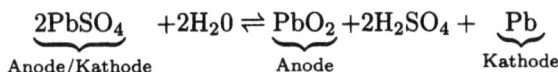

$$\underbrace{2PbSO_4}_{\text{Anode/Kathode}} + 2H_2O \rightleftharpoons \underbrace{PbO_2}_{\text{Anode}} + 2H_2SO_4 + \underbrace{Pb}_{\text{Kathode}}$$

– Brennstoffzellen: Der Mechanismus ist zwar irreversibel, die Reaktionsprodukte können aber kontinuierlich aus getrennten Vorratsbehälter nachgeliefert werden (z.B. H_2 und O_2 verbrennt zu H_2O).

- Mechanische Kraft:
  Beispiel: Van-de-Graaff-Generator (Bandgenerator) zur Erzeugung sehr hoher Spannungen für physikalische Experimente.

- Thermische Kraft:
  Die thermischen Schwingungen der Elektronen steigen mit der Temperatur. Erwärmt man einen Leiter an einem Ende, bewegen sich dort die Elektronen relativ stark in alle Richtungen. Am kalten Ende ist die Schwingungsweite der Elektronen erheblich geringer. Im Mittel befinden sich daher mehr Elektronen im kalten Bereich als im warmen. Die dadurch entstandene elektrische Spannung ist nähungsweise proportional zur Temperaturdifferenz $T_{heiß} - T_{kalt}$ und kann mit dem Seebeck-Koeffizienten k mittels $U_{hk} = k \cdot (T_{heiß} - T_{kalt})$ berechnet werden. Der Seebeck-Effekt wird in Thermoelementen genutzt, indem zwei verschiedene Materialien mit unterschiedlichen Koeffizienten k_1 und k_2 an je einem Ende in Kontakt gebracht werden. Befindet sich die Verbingungsstelle in der wärmeren Umgebung, kann die Spannungsdifferenz $U_d = (k_1 - k_2) \cdot (T_{heiß} - T_{kalt})$ zwischen den nicht verbundenen kalten Enden gemessen werden.
  Anwendung: Temperaturmessung, Infrarotsensor, Isotopenbatterie (bis ca. 100kW).

Spannungsquellen

Ideale Spannungsquelle

Ideale Spannungsquellen liefern unabhängig von ihrer Belastung eine konstante Spannung, die Quellenspannung U_q. Sind Strom und Spannung gemäß des Zählpfeilsystems in Abbildung 1.30a) positiv, gibt die Quelle Leistung ab, ist also aktiv. Fließt der Strom in die Quelle (Strom negativ), nimmt die Quelle Leitung auf.
Bei Leistungsabgabe ist der Stromfluss $I = U_q/R$ abhängig vom Widerstandswert des Verbrauchers. Es ist offensichtlich, dass bei Kurzschluss die Quellenspannung U_q nicht an den äußeren Klemmen auftreten kann, da dies zu einem unendlich hohen Stromfluss und unendlich hoher Leistungsabgabe führen würde. Daher lassen sich ideale Spannungsquellen nur bis zu einem Grenzstrom betreiben. Bei Überschreitung bricht die Spannung sehr schnell zusammen.

Reale, lineare Spannungsquelle

In den meisten Fällen lassen sich reale Spannungsquellen durch einen konstanten Innenwiderstand R_i, wie in Abbildung 1.30b) skizziert, beschreiben. Die Spannungsquelle liefert zwar immer die Quellenspannung U_q, bei Stromfluss $I > 0$ fällt jedoch ein Teil der Spannung $U_i = R_i \cdot I$ am Innenwiderstand R_i der Quelle ab. Die restliche Spannung

$$U = U_q - U_i = U_q - R_i \cdot I \tag{1.57}$$

steht dem Verbraucher zur Verfügung.
Bei Kurzschluss ist die äußere Spannung $U = 0$. Setzt man diese Bedingung in (1.57)

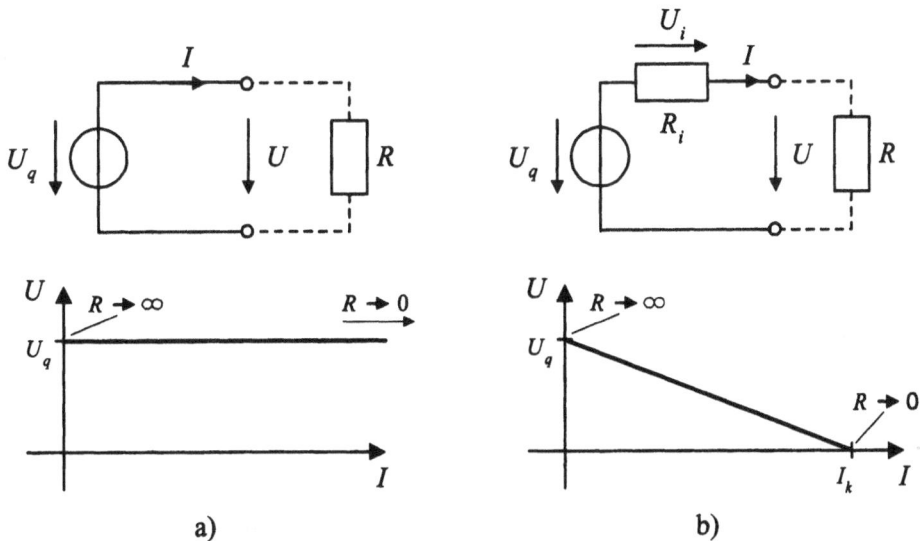

Abb. 1.30: *Ersatzschaltbild und U-I-Kennlinie: a) ideale Spannungsquelle; b) lineare Spannungsquelle*

ein, ergibt sich der Kurzschlussstrom

$$I_k = \frac{U_q}{R_i} \ . \tag{1.58}$$

Bei ausgangsseitigem Leerlauf ($I = 0$) tritt die gesamte Quellenspannung an den äußeren Klemmen auf ($U = U_q$). Es ergibt sich die in Abbildung 1.30b) skizzierte, charakteristische, lineare U-I-Kennlinie.

Stromquellen

Ideale Stromquelle

Ideale Stromquellen liefern einen konstanten Quellenstrom I_q, der unabhängig von der Beschaltung aus einer Anschlussklemme austritt und über die Beschaltung durch die andere Klemme wieder zurückfließt. Sind Strom und Spannung gemäß des in Abbildung 1.31 gezeichneten Zählerpfeilsystems positiv, handelt es sich um einen aktiven Zweipol (Erzeuger). Ist die Spannung negativ, so wirkt die Quelle als passiver Zweipol und nimmt Leistung auf.

Wie bei einer idealen Spannungsquelle kann eine ideale Stromquelle nur bis zu einer Grenzspannung betrieben werden. Andernfalls würde im Extremfall, bei Leerlauf ($R \to \infty$), eine (theoretisch) unendlich hohe Spannung und damit ein unendlich hoher Leistungsverbrauch entstehen.

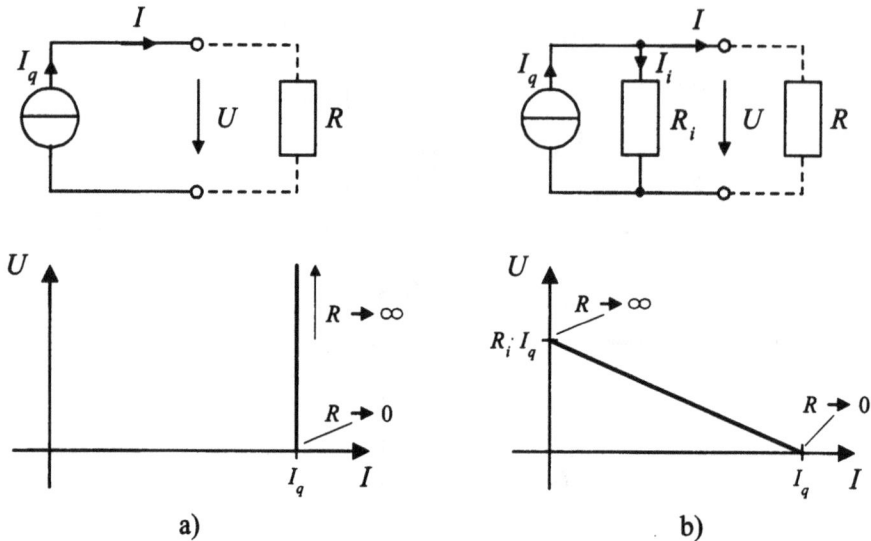

Abb. 1.31: *Ersatzschaltbild und U-I-Kennlinie: a) ideale Stromquelle; b) lineare Stromquelle*

Reale, lineare Stromquelle

Lineare, verlustbehaftete Quellen lassen sich durch Berücksichtigung ihres Innenwiderstandes R_i beschreiben. Bei Stromquellen liegt dieser parallel zur Quelle, sodass der Quellenstrom I_q selbst bei offenen Klemmen fließen kann. Es ergibt sich die Leerlaufspannung ($R \to \infty$)

$$U_l = R_i \cdot I_q \,. \tag{1.59}$$

Bei Kurzschluss fließt der gesamte Strom I_q durch die Anschlussklemmen. Dann gilt $I = I_q$.

Schaltet man an die Klemmen einer realen Stromquelle einen Widerstand R, teilt sich der Strom I_q in die beiden Anteile I_i und I durch den Innenwiderstand der Quelle und den äußeren Widerstand R auf. Der U-I-Kennlinienverlauf kann mittels

$$U = R_i \cdot I_i = R_i \cdot (I_q - I) = R_i I_q - R_i I = U_l - R_i \cdot I \tag{1.60}$$

berechnet werden. Es ergibt sich die gleiche charakteristische U-I-Kennlinie wie bei realen Spannungsquellen.

Die Ersatzschaltungen einer linearen Quelle durch eine Spannungs- oder Stromquelle sind bezüglich ihres Verhaltens an den Klemmen gleichwertig. Beide Typen können durch Gleichsetzen von

$$U_l = U_q \quad \text{bzw.} \quad I_k = I_q \tag{1.61}$$

ineinander umgerechnet werden.

Beispiel 1.12

Gegeben ist eine reale, lineare Spannungsquelle mit den Daten $U_q = 5V$ sowie
$R_i = 10\Omega$. Gesucht ist die äquivalente Darstellung durch eine reale Stromquelle.

Lösung:

$$I_q = I_k = \frac{U_q}{R_i} = 0,5A$$

Der Innenwiderstand der Stromquelle entspricht dem Innenwiderstand der Spannungsquelle; $\Rightarrow R_i = 10\Omega$.

1.3 Berechnung von Netzwerken

In diesem Abschnitt werden Methoden und Gesetze zur Berechnung von Schaltungen vorgestellt. Um die Wirkungsweise komplexer Netzwerke besser zu verstehen und eine gezielte Optimierung bestimmter Eigenschaften bei der Entwicklung durchführen zu können, ist es sinnvoll Teilschaltungen zusammenzufassen bzw. zu vereinfachen. Dazu werden verschiedene Verfahren, wie das Helmholtz'sche Überlagerungsprinzip, die Zweipolersatzschaltung sowie die Zusammenfassung von parallel und in Reihe geschalteter Komponenten, beschrieben. Weiterer Inhalt sind die Begriffe Wirkungsgrad und Leistungsanpassung.

1.3.1 Zählpfeilsystem

Elektrische Stromkreise bestehen im Allgemeinen aus aktiven Elementen (Erzeuger), das sind Quellen, bei denen nichtelektrische Energie in elektrische Energie umgewandelt wird, und passiven Komponenten (Verbraucher), wie Widerstände, die elektrische Energie meist in nichtelektrische Energieformen (z.B. Wärme) umformen. Es gibt auch Bauelemente, die sich in einem Zeitintervall als Quelle, in einem anderen Zeitraum jedoch wie Verbraucher verhalten. Beispiel hierfür sind aufladbare Batterien (Akkumulatoren). Woran erkennt man nun, ob es sich bei einem Element in einer Schaltung um einen Erzeuger oder um einen Verbraucher handelt? Zur Klärung dieser Frage muss die Richtung von Strom und Spannung bekannt sein.

- Haben Strom und Spannung dieselbe Richtung, fliegt also ein positiver Ladungsträger vom höheren Potential zum niedrigeren, handelt es sich um einen Verbraucher. Das Produkt aus Spannung und Strom ist größer null ($u \cdot i > 0$), d.h. elektrische Leistung wird verbraucht.

- Ist der Strom der Spannung entgegengesetzt, liegt ein aktives Element, also ein Erzeuger vor. Es gilt $u \cdot i < 0$, elektrische Leistung wird abgegeben.

Dementsprechend unterscheidet man zwischen dem in Abbildung 1.32 skizzierten Erzeuger- und Verbraucher-Zählpfeilsystem.

Bei der Berechnung von Schaltungen ist in der Regel anfangs noch nicht bekannt, welche Richtung Spannungen und Ströme haben. Daher wird für jede Größe (Spannung und

Verbraucher-Zählpfeil-System
(VZS)

$u\,i > 0$:   Leistungsaufnahme

$I > 0$

Ladegerät

U

VZS
(Batterie wird geladen)

EZS
(Laden der Batterie)

Erzeuger-Zählpfeil-System
(EZS)

$u\,i < 0$:   Leistungsabgabe

$I > 0$

Widerstand R

U

EZS
(Batterie gibt Leistung ab)

VZS
(R verbraucht Leistung)

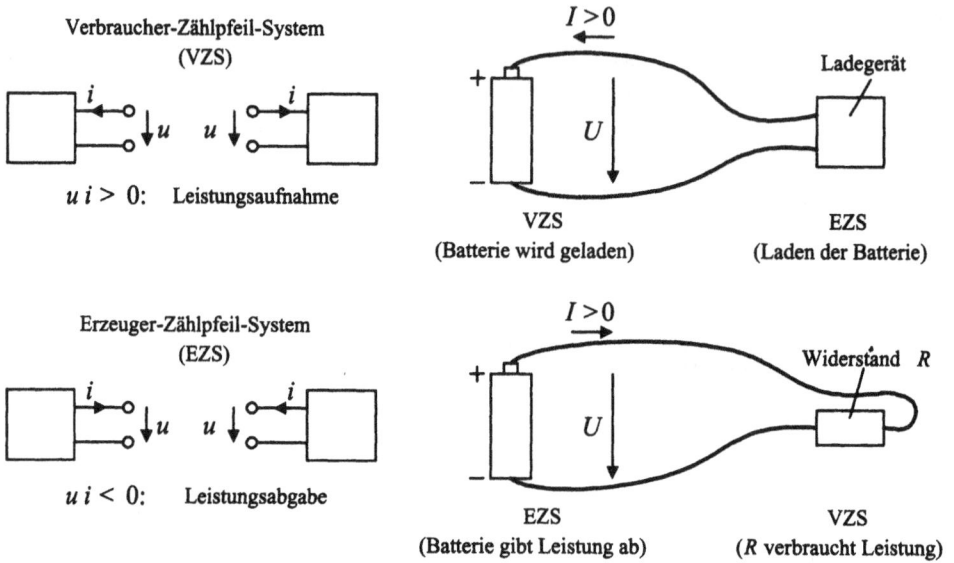

Abb. 1.32: *Verbraucher- und Erzeuger-Zählpfeilsystem*

Strom) ein Zählpfeil vergeben. Die Pfeilrichtung ist grundsätzlich beliebig, sie gibt nur an, in welcher Richtung Spannung oder Strom positiv gezählt werden. Es ist demnach auch möglich, einem rein passiven Bauelement wie einem Widerstand ein Erzeuger-Pfeilsystem zuzuordnen. Allerdings ändert sich dann auch das Vorzeichen in den Elementgesetzen (vgl. Abbildung 1.33).

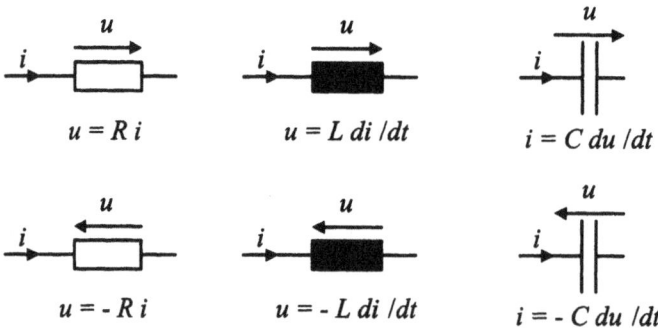

$u = R\,i$

$u = L\,di\,/dt$

$i = C\,du\,/dt$

$u = -R\,i$

$u = -L\,di\,/dt$

$i = -C\,du\,/dt$

Abb. 1.33: *Elementgesetze im Verbraucher- (oben) und Erzeuger-Zählpfeilsystem (unten)*

Die Schaltungsberechnung liefert für alle Größen vorzeichenbehaftete Ergebnisse. Erst aus diesem Vorzeichen kann die tatsächliche Richtung einer Spannung oder eines Stromes bestimmt werden.

- Ist das Ergebnis positiv, stimmt die tatsächliche Richtung mit der Zählpfeilrichtung überein.

- Ist das Ergebnis negativ, ist die tatsächliche Richtung der Zählpfeilrichtung entgegengesetzt.

Zur vollständigen Festlegung einer Schaltungsgröße gehören also immer die Richtung des Zählpfeils und der vorzeichenbehaftete Wert.

1.3.2 Kirchhoff'sche Gleichungen

Die Elementgesetze, wie z.B. das Ohm'sche Gesetz eines linearen Widerstandes, beschreiben die Strom-Spannungsbeziehung von aktiven und passiven Bauelementen. Die Kirchhoff'schen Gesetze, Knotenpunktsatz und Maschensatz, beziehen sich auf die Struktur von Schaltungen (elektrischen Netzwerken). Beide Sätze gelten für Gleich- und Wechselspannung gleichermaßen und unabhängig davon, ob lineare oder nichtlineare Komponenten verwendet werden.

Knotenpunktsatz

Der Knotenpunktsatz basiert auf dem Prinzip der Ladungserhaltung, d.h. in Leitern und deren Verbindungsstellen gehen weder Ladungsträger verloren noch werden neue erzeugt. Zur Herleitung betrachtet man einen Kreuzungspunkt (Knotenpunkt) eines Netzwerkes und zählt die Ladungszu- bzw. Ladungsabflüsse durch eine geschlossene Hüllfläche (in Abbildung 1.34a) gestrichelt angedeutet).

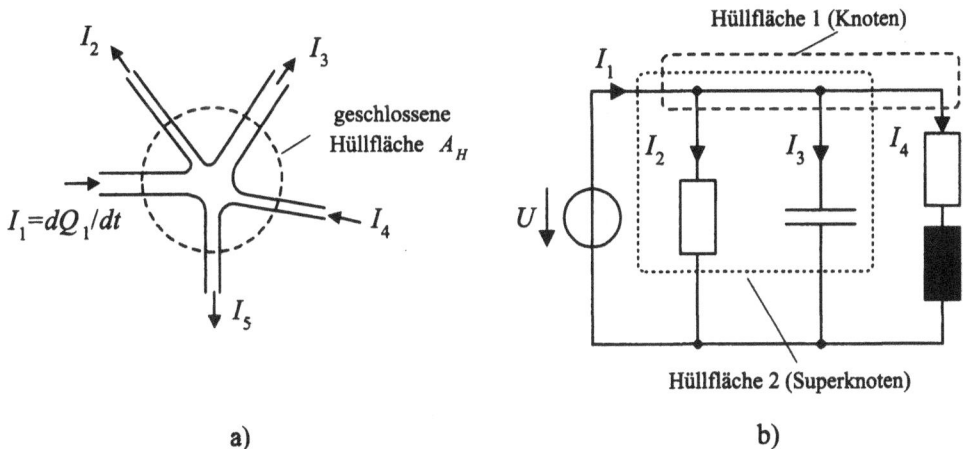

Abb. 1.34: Veranschaulichung des Knotenpunktsatzes

Nach dem Ladungserhaltungssatz bleibt die Ladung innerhalb der Hüllfläche konstant, es muss also gelten:

$$\sum_{n=1}^{5} \frac{dQ_n}{dt} = \sum_{n=1}^{5} I_n = 0$$

Bei der Aufstellung einer Knotenpunktgleichung ist wie folgt vorzugehen:

- Zählpfeile der Leiterströme (Zweigströme) festlegen.

- An Knotenpunkten gilt dann:

  - Zufließende Ströme positiv, abfließende Ströme negativ zählen
    $\Rightarrow I_1 - I_2 - I_3 + I_4 - I_5 = 0$
  - oder umgekehrt
    $\Rightarrow -I_1 + I_2 + I_3 - I_4 + I_5 = 0$
  - oder Summe der zufließenden Ströme gleich Summe der abfließenden Ströme
    $\Rightarrow I_1 + I_4 = I_2 + I_3 + I_5.$

An Stelle eines einzelnen Knotens kann die Hüllfläche eine ganze Teilschaltung beinhalten (vgl. Abbildung 1.34b) Hüllfläche 2). Auch in diesem Fall muss die Summe aller Ladungen in dieser Hülle konstant bleiben und damit die erste Ableitung (= Summe aller Ströme) gleich null sein und das zu jedem beliebigen Zeitpunkt t.

Zusammenfassend lautet der Kirchhoff'sche Knotenpunktsatz:

$$\sum_{n=1}^{k} I_n = 0 \qquad k = \text{Anzahl der Ströme eines Knotens} \qquad (1.62)$$

oder bei zeitabhängigen Strömen

$$\boxed{\sum_{n=1}^{k} i_n(t) = 0} \qquad k = \text{Anzahl der Ströme eines Knotens.} \qquad (1.63)$$

Beispiel 1.13

Die Knotenpunktgleichung für die skizzierten Hüllflächen 1 und 2 der Schaltung in Abbildung 1.34b) sind aufzustellen.

Lösung:
Beide Hüllflächen liefern die Gleichung $I_1 = I_2 + I_3 + I_4$.

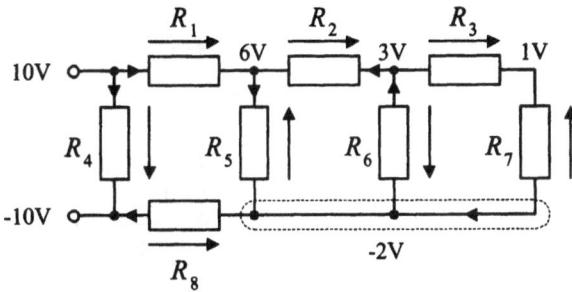

Abb. 1.35: *Berechnung von Spannung und Strom bei gegebenem Zählpfeilsystem*

Beispiel 1.14

In der abgebildeten Schaltung 1.35 sind alle Potentiale gegeben. Zu berechnen sind alle Spannungen und Ströme bezüglich des skizzierten Zählpfeilsystems.

Gegeben:
$R_1 = 1\text{k}\Omega$, $R_2 = 2\text{k}\Omega$, $R_3 = 2\text{k}\Omega$, $R_4 = 10\text{k}\Omega$

Lösung:
$U_1 = 4\text{V}$, $U_2 = 3\text{V}$, $U_3 = 2\text{V}$, $U_4 = 20\text{V}$, $U_5 = -8\text{V}$, $U_6 = 5\text{V}$, $U_7 = -3\text{V}$, $U_8 = -8\text{V}$
$I_1 = U_1/R_1 = 4\text{mA}$, $I_2 = -U_2/R_2 = -1,5\text{mA}$,
$I_3 = U_3/R_3 = 1\text{mA}$, $I_4 = U_4/R_4 = 2\text{mA}$,
$I_5 = I_1 + I_2 = 2,5\text{mA} \Rightarrow R_5 = -U_5/I_5 = 3,2\text{k}\Omega$,
$I_6 = I_2 + I_3 = -0,5\text{mA} \Rightarrow R_6 = -U_6/I_6 = 10\text{k}\Omega$,
$I_7 = I_3 = 1\text{mA}, \Rightarrow R_7 = -U_7/I_7 = 3\text{k}\Omega$,
$I_8 = I_5 - I_6 + I_7 = 4\text{mA} \Rightarrow R_8 = -U_8/I_8 = 2\text{k}\Omega$

Maschensatz

Als Masche wird jeder geschlossene Streckenzug von Maschenzweigen in einem Netzwerk in eine Richtung bezeichnet, wobei ein Maschenzweig die Verbindung zweier Knoten darstellt. Die Maschenzweige dürfen beliebige Elemente (Quellen, Verbraucher) beinhalten. Abbildung 1.36a) zeigt die Masche M entlang der Knoten 1, 2, 3, 4, 5, 1. Der Kirchhoff'sche Maschensatz besagt, dass die Summe aller Spannungen in einer Masche null ist

$$U_1 + U_2 + U_3 - U_4 - U_q = 0 \ . \tag{1.64}$$

Beim Aufstellen einer Maschengleichung ist zu beachten, dass alle Spannungen positiv gezählt werden, deren Zählpfeil mit dem Maschenumlaufsinn übereinstimmt, und alle Spannungen, deren Zählpfeil nicht in Richtung des Umlaufsinns gerichtet ist, negativ. Der Zahlenwert der Spannung kann dabei positiv oder negativ sein.
Gleichung (1.64) lässt sich leicht beweisen, indem alle Spannungen durch die entspre-

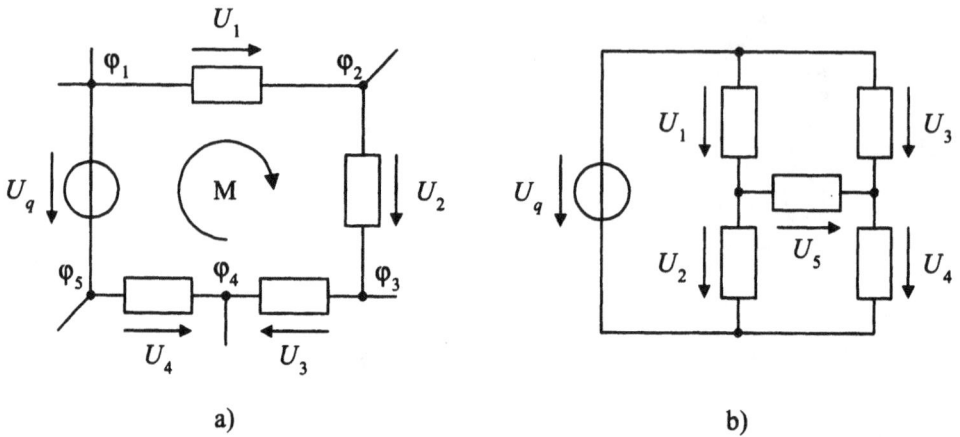

a)   b)

Abb. 1.36: *Veranschaulichung des Kirchhoff'schen Maschensatzes*

chenden Potentialdifferenzen

$$\underbrace{\varphi_1 - \varphi_2}_{U_1} + \underbrace{\varphi_2 - \varphi_3}_{U_2} + \underbrace{\varphi_3 - \varphi_4}_{U_3} - \underbrace{(\varphi_5 - \varphi_4)}_{U_4} - \underbrace{(\varphi_1 - \varphi_5)}_{U_q} = 0$$

ersetzt werden. Um Fehler beim Aufstellen von Maschengleichungen zu vermeiden, geht man am besten wie folgt vor:

- Spannungs-Zählpfeile in die Schaltung eintragen;

- Umlaufsinn der Maschen festlegen;

- vorzeichenrichtige Spannungssumme bilden:
  Spannung positiv zählen, wenn Umlaufsinn = Zählpfeilrichtung,
  Spannung negativ zählen, wenn Umlaufsinn $\neq$ Zählpfeilrichtung.

Der Kirchhoff'sche Maschensatz

$$\sum_{n=1}^{m} U_n = 0 \qquad m = \text{Anzahl der Zweigspannungen einer Masche} \qquad (1.65)$$

oder bei zeitabhängigen Spannungen

$$\boxed{\sum_{n=1}^{m} u_n(t) = 0} \qquad m = \text{Anzahl der Zweigspannungen einer Masche} \quad (1.66)$$

gilt nicht nur für Gleichspannungen, sondern auch für zeitabhängige Spannungen.

Beispiel 1.15

Man stelle alle Maschengleichungen der in Abbildung 1.36b) skizzierten Schaltung auf.
Wie viele voneinander unabhängige Maschen ergeben sich für die Schaltung?

Lösung:
Innenmaschen: M_1: $U_q - U_2 - U_1 = 0$; M_2: $U_1 + U_5 - U_3 = 0$; M_3: $U_2 - U_4 - U_5 = 0$.
Weitere Maschen: M_4: $U_q - U_4 - U_5 - U_1 = 0$; M_5: $U_q - U_2 + U_5 - U_3 = 0$;
M_6: $U_1 + U_2 - U_4 - U_3 = 0$; M_7: $U_q - U_4 - U_3 = 0$.
Es existieren genau drei unabhängige Maschen. Alle anderen folgen aus diesen (z.B.
$M_4 = M_1 + M_3$)!

1.3.3 Serien- und Parallelschaltung von Widerständen

Bei der Berechnung von elektrischen Netzwerken ist es oftmals hilfreich Teilschaltungen zu vereinfachen.

Serienschaltung

In Abbildung 1.37 sind n Ohm'sche Widerstände in Reihe bzw. Serie geschaltet. Durch alle Widerstände fließt derselbe Strom I, an den Widerständen fallen die Teilspannungen U_1, U_2, ..., U_n ab. Nach dem Maschensatz gilt

$$U = U_1 + U_2 + ... + U_n = I \cdot (R_1 + R_2 + ... + R_n) = I \cdot R_e .$$

In vielen Fällen interessiert man sich nicht für alle Teilspannungen, sodass die entsprechenden, in Serie liegenden Widerstände zu einem Ersatzwiderstand

$$R_e = \sum_{i=1}^{n} R_i \qquad n = \text{Anzahl der in Serie liegenden Widerstände} \qquad (1.67)$$

zusammengefasst werden können.

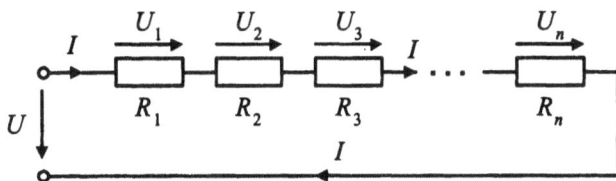

Abb. 1.37: *Serienschaltung von Ohm'schen Widerständen*

Eine Anwendung von in Serie geschalteten Widerständen ist die Spannungsteilung. Eine beliebige Teilspannung U_i lässt sich sehr einfach durch die Spannungsteilerformel

$$\frac{U_i}{U} = \frac{I \cdot R_i}{I \cdot R_e} = \frac{R_i}{R_e} \qquad (1.68)$$

berechnen.

Parallelschaltung

Bei der Parallelschaltung sind alle Widerstände je an einem Anschluss miteinander verbunden. Abbildung 1.38 zeigt n parallel geschaltete, lineare Widerstände.

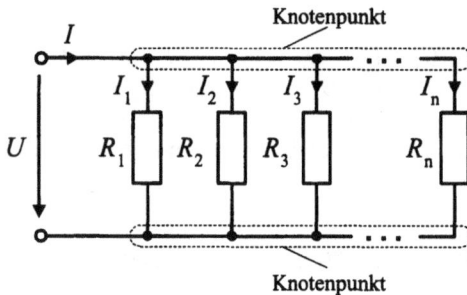

Abb. 1.38: *Parallelschaltung von Ohm'schen Widerständen*

An allen Widerständen liegt die gleiche Spannung U an, und der Gesamtstrom I teilt sich in die Teilströme I_1 bis I_n auf. Nach dem Knotenpunktsatz gilt

$$I = I_1 + I_2 + ... + I_n = U \cdot (G_1 + G_2 + ... + G_n) = U \cdot G_e \; .$$

Bei Parallelschaltungen ergibt sich der Ersatzleitwert

$$G_e = \sum_{i=1}^{n} G_i \quad n = \text{Anzahl der parallel liegenden Leitwerte} \qquad (1.69)$$

aus der Summe der Einzelleitwerte G_i.

Die Teilströme durch die einzelnen Widerstände R_i berechnen sich aus der Stromteiler-formel

$$\frac{I_i}{I} = \frac{U \cdot G_i}{U \cdot G_e} = \frac{G_i}{G_e} = \frac{R_e}{R_i} \; . \qquad (1.70)$$

Anwendungsbeispiel 1.16

Parallel und in Reihe geschaltete Widerstände werden in der Messtechnik zur Messbe-reichserweiterung verwendet. Große Spannungen werden zuerst mit einem Span-nungsteiler (vgl. Abbildung 1.39a)) reduziert, hohe Ströme mit einem Stromteiler (vgl. Abbildung 1.39b)) skaliert und dann gemessen. So ist es möglich einen großen Messbereich mit nur einem Messwerk abzudecken.

Gegeben:
Ein Messwerk zeigt Vollausschlag bei einer Spannung von $U_M = 0,1\text{V}$ und einem Strom von $I_M = 1\text{mA}$.

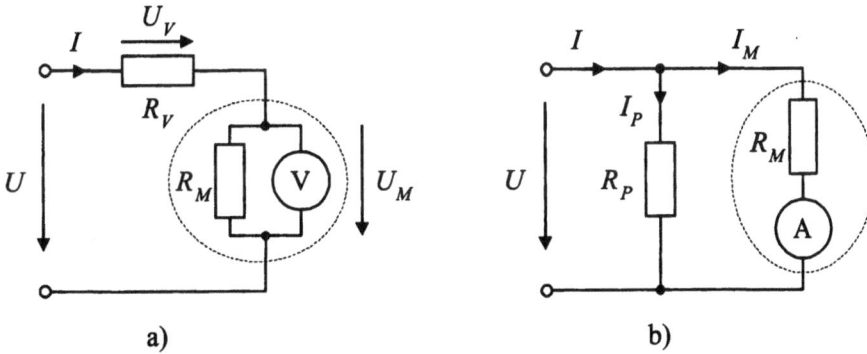

Abb. 1.39: *a) Messbereichserweiterung bei Spannungsmessungen; b) Messbereichserweiterung bei Strommessungen*

Gesucht:
Wie groß ist der Ohm'sche Widerstand des Messwerks R_M?
Welcher Vorwiderstand R_V ist zu wählen, um Spannungsmessungen bis 20V zu ermöglichen?
Welcher Parallelwiderstand R_P ist zu wählen, um Strommessungen bis 1A zu ermöglichen?

Lösung:

$$R_M = \frac{0,1\text{V}}{1\text{mA}} = 100\Omega$$

$$\frac{U_M}{U} = \frac{0,1\text{V}}{20\text{V}} = \frac{R_M}{R_V + R_M} \Rightarrow R_V = 199 \cdot R_M = 19,9\text{k}\Omega$$

(Bemerkung: Ein ideales Voltmeter hat einen unendlichen hohen Innenwiderstand!)

$$\frac{I_M}{I} = \frac{1\text{mA}}{1\text{A}} = \frac{G_M}{G_P + G_M} \Rightarrow G_P = 999 \cdot G_M = 9,99\text{S} \Rightarrow R_P = 100,1\text{m}\Omega$$

(Bemerkung: Der Innenwiderstand eines ideales Amperemeters ist null!)

Kombination von Serien- und Parallelschaltung

Beispiel 1.17

Zu berechnen ist der Gesamtwiderstand der Kombination aus Reihen- und Parallelschaltung der in Abbildung 1.40 skizzierten Widerstände $R_1 - R_3$.

Lösung:

$$R_S = R_1 + R_2 \text{ und } G_{ges} = G_S + G_3 = \frac{1}{R_1 + R_2} + \frac{1}{R_3} \Rightarrow$$

$$R_{ges} = \frac{1}{G_{ges}} = \frac{(R_1 + R_2) \cdot R_3}{R_1 + R_2 + R_3}$$

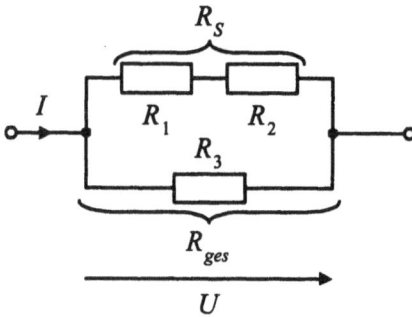

Abb. 1.40: *Reihen-Parallelschaltung von Widerständen*

1.3.4   Serien- und Parallelschaltung von Kondensatoren

Analog zu den Überlegungen bei Widerständen wird im Folgenden die Serien- und Parallelschaltung von Kondensatoren behandelt.

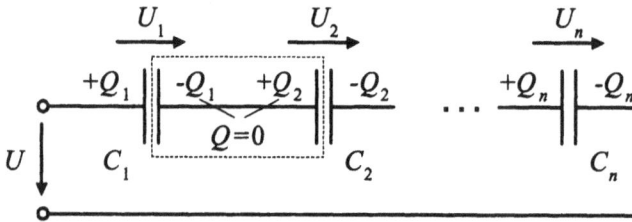

Abb. 1.41: *Serienschaltung von Kondensatoren*

Serienschaltung

In Abbildung 1.41 sind n Kondensatoren in Reihe geschaltet. Es wird vorausgesetzt, dass anfangs alle Kondensatoren ungeladen sind, d.h. die Ladung Q zwischen benachbarten Kondensatorplatten null ist. Durch Anlegen einer Spannung U laden sich die einzelnen Kondensatoren auf die Teilspannungen U_i mit $i = 1, 2, ..., n$ auf, die Ladung $Q = Q_i - Q_{i-1}$ zweier leitend verbundener Kondensatorplatten benachbarter Kondensatoren bleibt auch während und nach dem Ladevorgang null, da kein Strom fließen kann. Es findet lediglich eine Ladungstrennung von positiven und negativen Ladungen durch Influenz statt. Somit gilt $Q_1 = Q_2 = ... = Q_n$ und mit dem Maschensatz ergibt sich

$$U = U_1 + U_2 + ... + U_n = Q_1 \cdot \sum_{i=1}^{n} \frac{1}{C_i} = Q_1 \cdot \frac{1}{C_e} \ .$$

Die Ersatzkapazität C_e in Serie geschalteter Kondensatoren

$$\frac{1}{C_e} = \sum_{i=1}^{n} \frac{1}{C_i} \quad n = \text{Anzahl der in Serie liegenden Kondensatoren} \quad (1.71)$$

ist somit immer kleiner als die kleinste Einzelkapazität.

Parallelschaltung

Abbildung 1.42 zeigt n parallel geschaltete Kondensatoren, die alle auf die gleiche Spannung U aufgeladen werden.

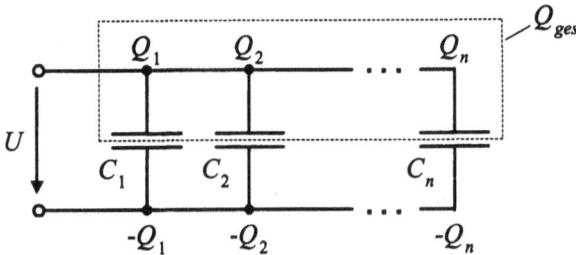

Abb. 1.42: Parallelschaltung von Kondensatoren

Die positive Gesamtladung

$$Q_{ges} = Q_1 + Q_2 + ... + Q_n = U \cdot (C_1 + C_2 + ... + C_n) = U \cdot C_e$$

berechnet sich aus der Summe der Einzelladungen, die Ersatzkapazität

$$C_e = \sum_{i=1}^{n} C_i \quad n = \text{Anzahl der parallel liegenden Kondensatoren} \quad (1.72)$$

aus der Summe der Einzelkapazitäten.

Anwendungsbeispiel 1.18

Einzelbauelemente, wie Widerstände und Kondensatoren, sind in genormten Wert-Reihen erhältlich. Wird in einer Schaltung ein bestimmter Widerstands- oder Kapazitätswert benötigt, der nicht in der Reihe enthalten ist, muss dieser aus einer Serien- oder Parallelschaltung genormter Bauteile zusammengesetzt werden.

Einen Kondensator mit dem Kapazitätswert $C = 2\text{pF}$ erhält man beispielsweise aus einer Serienschaltung von zwei Kondensatoren $C_1 = 2, 2\text{pF}$ und $C_2 = 22\text{pF}$ oder aus einer Parallelschaltung von zwei gleichen Kondensatoren mit den Werten $C_1 = C_2 = 1\text{pF}$.

1.3.5   Serien- und Parallelschaltung von Spulen

Dieser Abschnitt behandelt zunächst die Serien- und Parallelschaltung von ungekoppelten Spulen, d.h. die Spulen sind räumlich so weit voneinander entfernt, dass ihre Magnetfelder sich nicht überlagern. Anschließend wird kurz auf die Serienschaltung verkoppelter Induktivitäten eingegangen.

Serienschaltung unabhängiger Spulen

Durch die in Abbildung 1.43 dargestellten, in Serie liegenden, unabhängigen Spulen fließt derselbe Strom $i(t)$. Ändert sich dieser Strom mit der Zeit, werden die Teilspannungen $u_i(t) = L_i \cdot \dfrac{di(t)}{dt}$ induziert. Die Gesamtspannung

$$u(t) = u_1(t) + u_2(t) + \ldots + u_n(t) = \frac{di(t)}{dt} \cdot (L_1 + L_2 + \ldots + L_n) = \frac{di(t)}{dt} \cdot L_e$$

ergibt sich aus dem Kirchhoff'schen Maschensatz. Die Ersatzinduktivität L_e unabhängiger Spulen berechnet sich also aus der Summe der Einzelinduktivitäten

$$L_e = \sum_{i=1}^{n} L_i \quad n = \text{Anzahl der in Serie liegenden, unabh. Spulen.} \qquad (1.73)$$

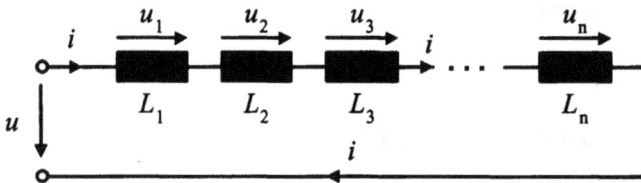

Abb. 1.43: *Serienschaltung unabhängiger Spulen*

Parallelschaltung unabhängiger Spulen

An den in Abbildung 1.44 parallel geschalteten Spulen liegt dieselbe Spannung $u(t)$. Die Knotenpunktgleichung liefert

$$i(t) = i_1(t) + i_2(t) + \ldots + i_n(t) \quad \Rightarrow$$
$$\frac{di(t)}{dt} = \frac{di_1(t)}{dt} + \frac{di_2(t)}{dt} + \ldots + \frac{di_n(t)}{dt} = u(t) \left(\frac{1}{L_1} + \frac{1}{L_2} + \ldots + \frac{1}{L_n} \right),$$

woraus sich die Ersatzinduktivität L_e

$$\frac{1}{L_e} = \sum_{i=1}^{n} \frac{1}{L_i} \quad n = \text{Anzahl der parallel liegenden, unabh. Spulen} \qquad (1.74)$$

ergibt.

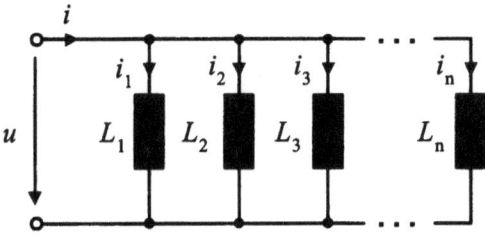

Abb. 1.44: *Parallelschaltung unabhängiger Spulen*

Serienschaltung gekoppelter Spulen

Sind, wie in Abbildung 1.45 dargestellt, zwei Spulen miteinander verkoppelt, muss die Ersatzinduktivität mit Hilfe der Transformatorgleichungen (1.54) berechnet werden.

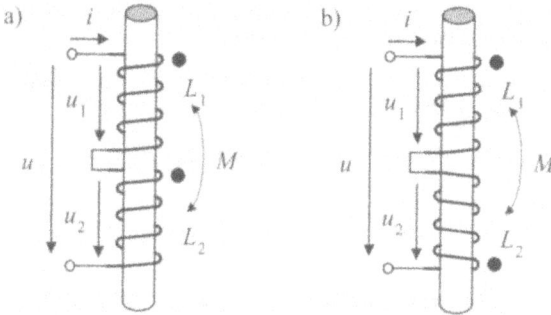

Abb. 1.45: *Serienschaltung gekoppelter Spulen: a) gleichsinnige Kopplung; b) gegensinnige Kopplung*

Man unterscheidet zwei Fälle:

- gleichsinnige Kopplung: Die magnetischen Felder beider Spulen überlagern sich konstruktiv.

- gegensinnige Kopplung: Die magnetischen Felder beider Spulen überlagern sich destruktiv.

In beiden Fällen gilt $i_1(t) = i_2(t) = i(t)$ und $u(t) = u_1(t) + u_2(t)$; bei gegensinniger Kopplung sind jedoch der Strom und die Spannung der zweiten Spule mit negativem Vorzeichen in die Transformator-Gleichungen einzusetzen.
Im Falle der gleichsinnigen Kopplung gilt

$$u(t) = u_1(t) + u_2(t) = L_1 \frac{di(t)}{dt} + M \frac{di(t)}{dt} + M \frac{di(t)}{dt} + L_2 \frac{di(t)}{dt}$$

$$= \frac{di(t)}{dt} \cdot (L_1 + L_2 + 2M)$$

und bei gegensinniger Kopplung

$$u(t) = u_1(t) + u_2(t) = L_1 \frac{di(t)}{dt} - M \frac{di(t)}{dt} - M \frac{di(t)}{dt} + L_2 \frac{di(t)}{dt}$$

$$= \frac{di(t)}{dt} \cdot (L_1 + L_2 - 2M) \, ,$$

woraus sich die Ersatzinduktivitäten

$$\begin{aligned} L_{e+} &= L_1 + L_2 + 2M \qquad \text{gleichsinnige Kopplung} \\ L_{e-} &= L_1 + L_2 - 2M \qquad \text{gegensinnige Kopplung} \end{aligned} \qquad (1.75)$$

ergeben.

1.3.6   Wirkungsgrad und Leistungsanpassung

Wirkungsgrad bei der Übertragung elektrischer Energie

Jedes energieumformende System (Maschine) nimmt eine größere Leistung auf als sie abgibt, weil in ihr Leistungsverluste $P_{verlust}$ in Form von Reibung, Wärme usw. auftreten. Unter dem Wirkungsgrad

$$\eta = \frac{P_{ab}}{P_{zu}} = \frac{P_{zu} - P_{verlust}}{P_{zu}} = 1 - \frac{P_{verlust}}{P_{zu}} \qquad (1.76)$$

versteht man in der Physik das Verhältnis der abgegebenen Leistung P_{ab} zur zugeführten Leistung P_{zu}.

In Tabelle 1.6 sind die typischen Wirkungsgrade einiger Energieumformer aufgelistet.

Energieumformer	Wirkungsgrad η in %
Solarzelle (Si)	15–20
Brennstoffzelle (H_2-O_2)	50–70
Synchronmaschine	90–99
Transformator	bis ca. 99

Tabelle 1.6: Beispiele für Wirkungsgrade

Neben den Leistungsverlusten in Maschinen, meist in Form von Wärme, ist der Verlust im elektrischen Stromkreis von großer Bedeutung. In der Energietechnik ist man bemüht, diesen so gering wie möglich zu halten, um so den Gesamtwirkungsgrad zu maximieren. Die elektrischen Verluste entstehen an den Leitungswiderständen R_L (z.B. Überlandleitungen) und den Quellenwiderständen R_q (Innenwiderstand von Generatoren). In Abbildung 1.46 sind die beiden Verlustwiderstände zu einem Widerstand

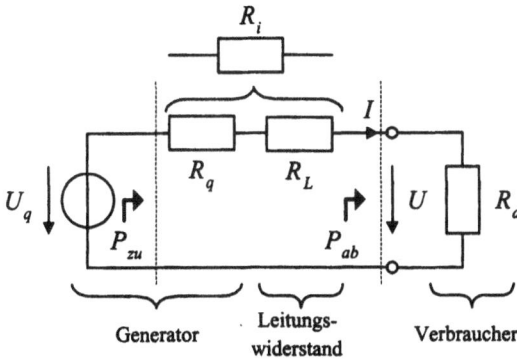

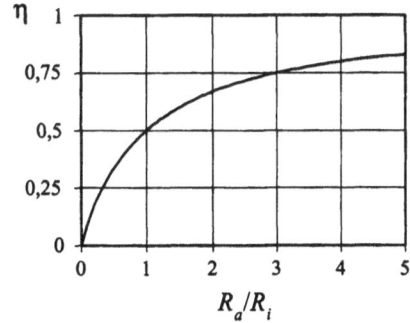

Abb. 1.46: *Wirkungsgrad elektrischer Stromkreise*

$R_i = R_q + R_L$ zusammengefasst. Am Abschlusswiderstand R_a wird die Nutzleistung P_{ab} abgegeben.

Der Wirkungsgrad der Übertragung

$$\eta = \frac{P_{ab}}{P_{zu}} = \frac{I^2 \cdot R_a}{I^2 \cdot (R_a + R_i)} = \frac{R_a}{R_a + R_i} = \frac{1}{1 + \dfrac{R_i}{R_a}} = \frac{1}{1 + \dfrac{R_q + R_L}{R_a}} \qquad (1.77)$$

ist umso höher, je größer das Verhältnis von $R_a/R_i = R_a/(R_q + R_L)$ gewählt wird.

Anwendungsbeispiel 1.19

In der Wechselstromtechnik (Kapitel 2) wird ein großes Verhältnis von $R_a/(R_q + R_L)$ dadurch erreicht, dass man zwischen Generator und Leitung sowie zwischen Leitung und Verbraucher Transformatoren schaltet. Dies führt zu einer Erhöhung der Widerstände R_q und R_a gegenüber dem Leitungswiderstand R_L. Da bei idealen Transformatoren die Erhöhung des transformierten Widerstandes vom Quadrat des Übersetzungsverhältnisses $\ddot{u}$ abhängt (vgl. Abschnitt 2.6), lässt sich bei ausreichend großem $\ddot{u} \gg 1$ ein Wirkungsgrad von bis zu

$$\eta = \frac{1}{1 + \dfrac{\ddot{u}^2 \cdot R_q + R_L}{\ddot{u}^2 \cdot R_a}} \approx \frac{1}{1 + \dfrac{R_q}{R_a}}$$

erzielen. Ohne Widerstandstransformation und der damit verbundenen Hochspannungstechnik würde ein Großteil der elektrischen Leistung in den Leitungen in Wärme umgesetzt werden und damit verloren gehen.

Leistungsanpassung

Neben der Maximierung des Wirkungsgrades gibt es in der Elektrotechnik eine weitere Problemstellung. Vor allem in der Nachrichtentechnik und der Mikroelektronik besteht häufig die Anforderung, einer realen Quelle maximale Leistung zu entnehmen. Die Problemstellung ist in Abbildung 1.47 skizziert.

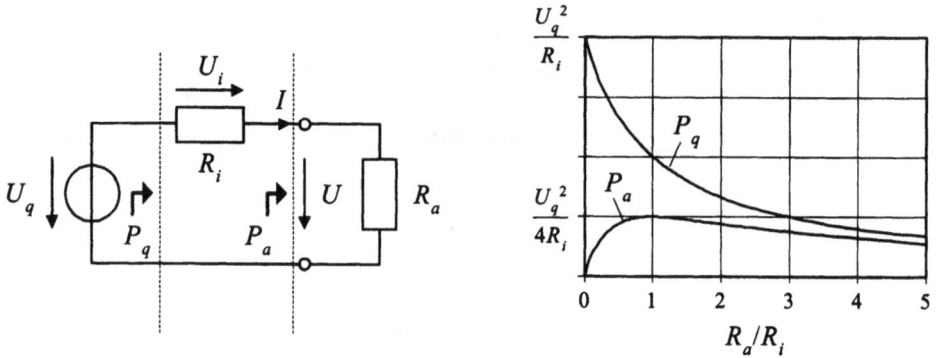

Abb. 1.47: *Schaltbild zur Ermittlung der Leistungsanpassung und Leistungsdiagramm*

Fest vorgegeben sind die Quellengrößen U_q und R_i, gesucht ist der Wert des Abschlusswiderstandes R_a, bei dem die umgesetzte Leistung $P_a = U \cdot I = I^2 \cdot R_a$ maximal wird. Setzt man für den Strom $I = U_q/(R_i + R_a)$, ergibt sich

$$P_a = \frac{U_q^2 \cdot R_a}{(R_i + R_a)^2} = \frac{U_q^2}{R_i} \frac{R_a/R_i}{(1 + R_a/R_i)^2} \, . \tag{1.78}$$

Bei den lokalen Maximal- oder Minimalstellen einer Funktion $f(x)$ ist deren erste Ableitung gleich null. Wird die erste Ableitung von (1.78)

$$\frac{dP_a}{dR_a} = \frac{(R_i + R_a)^2 \cdot U_q^2 - U_q^2 \cdot R_a \cdot 2 \cdot (R_i + R_a)}{(R_i + R_a)^4} = 0 \quad \Rightarrow$$
$$(R_i + R_a) - R_a \cdot 2 = 0$$

null gesetzt, ergibt sich die Bedingung

$$R_a = R_i \tag{1.79}$$

für Leistungsanpassung. Damit beträgt die maximal mögliche Leistung am Abschlusswiderstand bei Anpassung

$$P_{aMax} = P_a|_{(R_a = R_i)} = \frac{U_q^2}{4R_i} \, . \tag{1.80}$$

Auf eine mathematische Beweisführung mit Hilfe der zweiten Ableitung, dass tatsächlich ein Maximum (und kein Minimum) an der Stelle $R_a = R_i$ vorliegt, soll an dieser Stelle verzichtet werden.

In Abbildung 1.47 ist zusätzlich zu P_a die von der Quelle abgegebene Gesamtleistung

$$P_q = \frac{U_q^2}{(R_i + R_a)}$$

als Funktion von R_a/R_i dargestellt. Bei Anpassung ist die in R_i und R_a umgesetzte Leistung exakt gleich groß, die von der Quelle abgegebene Leistung also insgesamt $2 \cdot P_{aMax}$.

Anwendungsbeispiel 1.20

Ein Anwendungsbeispiel für Leistungsanpassung ist die Eingangsempfängerstufe eines Mobilfunktelefons. Hier möchte man der Antenne, die in erster Näherung als lineare Quelle aufgefasst werden kann, möglichst viel Leistung entnehmen, um ein hohes Signal/Rauschverhältnis auch bei schlechtem Empfang zu erzielen. Dies erreicht man laut Gleichung (1.79) dadurch, dass der Eingangswiderstand der nachfolgenden Stufe (meist SAW-Filter: *vom engl. surface acoustic wave*) dem Innenwiderstand der Antenne angepasst wird.

1.3.7 Netzwerkanalyse: Direkte Anwendung der Kirchhoff'schen Gleichungen

Ströme und Spannungen in elektrischen Netzwerken können durch direktes Aufstellen entsprechender Knotenpunkt- und Maschengleichungen berechnet werden.

Schaltungsbeispiel

Gegeben ist das in Abbildung 1.48 gezeichnete Netzwerk aus drei Widerständen R_1, R_2, R_3 und zwei Spannungsquellen U_{q1} und U_{q2}.
Gesucht sind alle unbekannten Größen I_1, I_2, I_3 und U_1, U_2, U_3, zusammen also sechs Unbekannte. Folglich sind sechs unabhängige Gleichungen nötig.

- Elementgleichungen (hier Ohm'sches Gesetz):
  $U_1 = R_1 \cdot I_1$ (1); $U_2 = R_2 \cdot I_2$ (2); $U_3 = R_3 \cdot I_3$ (3).

- Knotenpunktgleichungen:
  Das Netzwerk beinhaltet zwei Knoten K_1 und K_0.
  Knoten K_1 liefert $I_1 + I_2 - I_3 = 0$ (4);
  Knoten K_0 liefert $-I_1 - I_2 + I_3 = 0 = -$Gl.(4); $\Rightarrow$ keine unabhängige Gleichung!

  Allgemein gilt: Zu k Knoten gibt es genau $k - 1$ unabhängige Knotenpunktgleichungen.

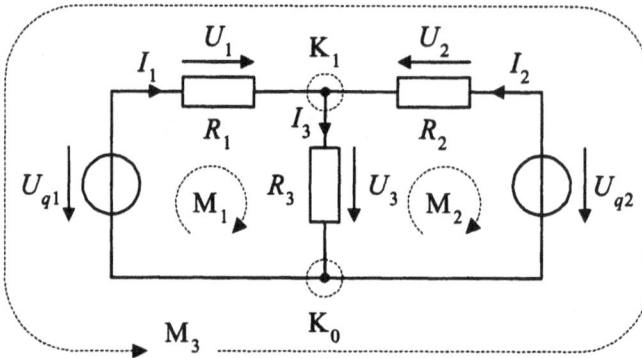

Abb. 1.48: *Berechnung eines Netzwerkes mittels Knotenpunkt- und Maschengleichungen*

- Maschengleichungen:

  Masche M_1: $-U_{q1} + U_1 + U_3 = 0$ (5);

  Masche M_2: $U_{q2} - U_2 - U_3 = 0$ (6);

  Masche M_3: $-U_{q2} + U_2 - U_1 + U_{q1} = 0 = -[(5) + (6)]$; $\Rightarrow$ keine unabhängige Gleichung!

Aus den Elementgleichungen und den Kirchhoff'schen Gesetzen ergeben sich genau sechs unabhängige Gleichungen für sechs Unbekannte. Somit können alle gesuchten Größen berechnet werden.

Graphentheorie

In der Praxis ist es vor allem bei größeren Schaltungen nicht immer ganz einfach alle notwendigen, voneinander unabhängigen Maschengleichungen zu finden. Im Folgenden wird ein einfaches Verfahren vorgestellt, mit dessen Hilfe auch bei komplexen Netzwerken alle notwendigen, unabhängigen Maschengleichungen gefunden werden. Zunächst sind noch einige Begriffe zu klären:

- Knoten: Knoten sind Leitungsverzweigungen, bei denen mindestens drei Leitungen miteinander verbunden sind. Befindet sich zwischen zwei Knoten eine widerstandslose, leitende Verbindung, so bilden diese Knoten zusammen nur einen Knoten. Die Anzahl der Knoten in einer Schaltung sei k.

- Zweig: Die Verbindung zweier Knoten durch einen aktiven oder passiven Zweipol bezeichnet man als Zweig. Die Anzahl der Zweige in einem Netzwerk sei z.

- Zweigstrom/Zweigspannung: Der Strom in einem Zweig wird als Zweigstrom, die Spannung als Zweigspannung bezeichnet.

Besteht eine Schaltung aus z Zweigen, sind für eine vollständige Analyse z unabhängige Knotenpunkt- und Maschengleichungen nötig. Bei passiven Komponenten ist die Beziehung zwischen Spannung und Strom durch die Elementegleichung (z.B. Ohm'sches

Gesetz) gegeben, bei aktiven Elementen (Quellen) ist eine Größe, Spannung oder Strom, fest vorgegeben.

Mit Hilfe des Knotenpunktsatzes lassen sich $k - 1$ unabhängige Gleichungen aufstellen. Für eine eindeutige Berechnung eines Netzwerkes sind somit noch $z - (k - 1)$ voneinander unabhängige Maschengleichungen erforderlich, was genau der Anzahl der tatsächlich vorhandenen unabhängigen Maschen entspricht, obwohl mehr Maschen gebildet werden können. Um alle unabhängigen Maschen sicher zu finden, wendet man die Graphentheorie an. Dazu wird wie folgt vorgegangen:

- Es werden alle Knotenpunkte durchnummeriert, wobei bei Null begonnen wird. Für den Knoten mit der Ziffer Null wird keine Knotenpunktgleichung aufgestellt. Das ergibt $k - 1$ unabhängige Gleichungen.

- Werden alle Zweige durch eine Linie ersetzt, ergibt sich ein ungerichteter Graph, der die Netzwerkstruktur repräsentiert. Zur Vereinfachung des Graphen ist es sinnvoll, parallel liegene Elemente (z.B. zwei parallel liegende Widerstände) zu einem Ersatzelement zusammenzufassen und somit die Anzahl der Zweige zu reduzieren.

- Werden alle Knotenpunkte miteinander verbunden, ohne dass dabei geschlossene Maschen entstehen, erhält man einen vollständigen Baum .

- Alle Zweige, die nicht zum vollständigen Baum gehören, sind unabhängige Zweige.

- Die voneinander unabhängigen Maschengleichungen ergeben sich, wenn für jeden unabhängigen Zweig Maschen gebildet werden, in denen jeweils nur der unabhängige Zweig und beliebig viele Zweige des vollständigen Baumes vorkommen.

Beispiel 1.21

In Abbildung 1.49 ist der ungerichtete Graph und alle möglichen zugehörigen Bäume der Schaltung 1.48 abgebildet. Aus der Topologie ergeben sich, wie bereits bekannt, eine Knotengleichung und zwei unabhängige Maschengleichungen.

Beispiel 1.22

Gegeben: Schaltung in Abbildung 1.50.
Gesucht: Alle notwendigen Gleichungen zur Berechnung des Netzwerkes und alle vollständigen Bäume.

Lösung:
Die unabhängigen Knotenpunktgleichungen lauten:
Knoten 1: $I_q - I_1 - I_2 = 0$;
Knoten 2: $I_1 - I_3 - I_5 = 0$;
Knoten 3: $I_2 + I_5 - I_4 = 0$.
Der groß gezeichnete Graph/Baum liefert die Maschengleichungen:
Masche 1: $-U_q + U_1 + U_3 = 0$;
Masche 2: $-U_q + U_1 + U_5 + U_4 = 0$;
Masche 3: $-U_1 + U_2 - U_5 = 0$.

Es gibt insgesamt 16 vollständige Bäume (vgl. Abbildung 1.50).

ungerichteter Graph

zugehörige Bäume (fett gedruckt) und unabhängige Maschen

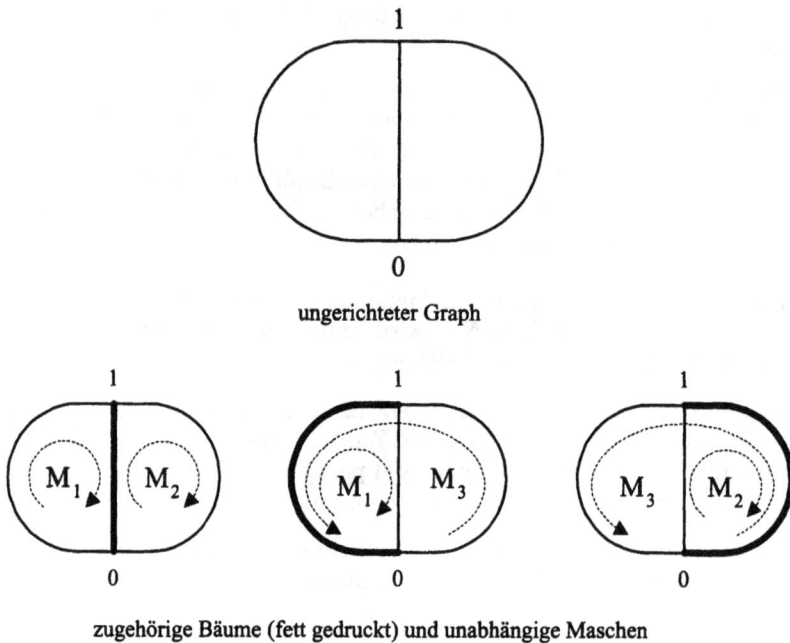

Abb. 1.49: *Ungerichteter Graph zur Schaltung 1.48 und zugehörige Bäume (fett gedruckt)*

1.3.8   Helmholtz'scher Überlagerungssatz (Superpositionsprinzip)

Der Überlagerungssatz von Helmholtz ist nur für lineare Netzwerke anwendbar. Er besagt, dass sich die Wirkung jeder einzelnen Quelle in einem linearen Netzwerk additiv überlagert.

Bei der Anwendung dieses Prinzips werden zunächst alle Teilströme und Teilspannungen, hervorgerufen von jeweils nur einer Quelle, berechnet, indem die Quellenspannung aller anderen Spannungsquellen und der Quellenstrom aller anderen Stromquellen zu null gesetzt werden. Inaktive Spannungsquellen werden also kurzgeschlossen, inaktive Stromquellen aufgetrennt. Am Ende werden alle Teilströme und Teilspannungen aller Zweige zum Gesamtzweigstrom bzw. zur Gesamtzweigspannung aufsummiert (überlagert).

Beispiel 1.23

Die Spannung U_3 der Schaltung aus Abbildung 1.48 soll unter Anwendung des Helmholtz'schen Überlagerunssatzes berechnet werden.

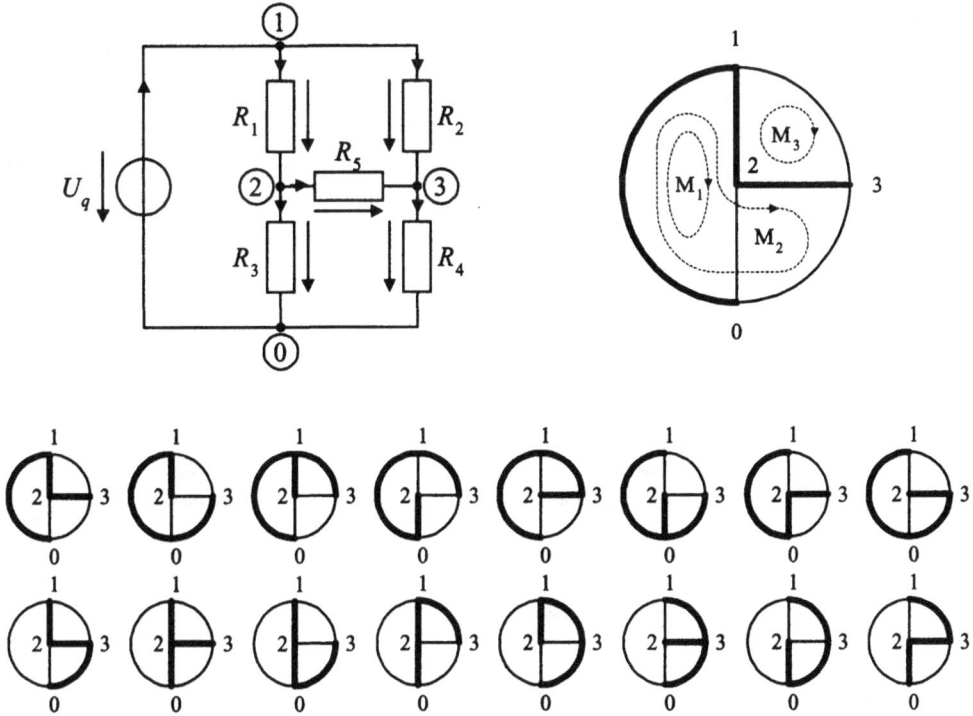

Abb. 1.50: *Schaltung mit zugehörigen Graphen und Bäumen (fett gedruckt)*

Lösungsschritte:

1) Einfluss der Spannungsquelle U_{q1} bei kurzgeschlossener Spannungsquelle U_{q2}:

$$U_3(U_{q1}) = \frac{R_2 \parallel R_3}{R_1 + R_2 \parallel R_3} \cdot U_{q1} = \frac{R_2 R_3}{R_1(R_2 + R_3) + R_2 R_3} \cdot U_{q1}$$

oder einfacher mit Leitwerten

$$U_3(U_{q1}) = \frac{G_1}{G_1 + G_2 + G_3} \cdot U_{q1}$$

2) Einfluss der Spannungsquelle U_{q2} bei kurzgeschlossener Spannungsquelle U_{q1}:

$$U_3(U_{q2}) = \frac{G_2}{G_1 + G_2 + G_3} \cdot U_{q2}$$

3) Gesamtergebnis: $U_3 = U_3(U_{q1}) + U_3(U_{q2})$

1.3.9   Zweipole

Zweipolersatzschaltungen

Werden in einem linearen Netzwerk zwei Knoten als Klemmenpaar ausgezeichnet, ist

das Netzwerk bezüglich dieses Klemmenpaares als linearer Zweipol erklärt. Beinhaltet
das Netzwerk Energiequellen erhält man einen aktiven Zweipol, andernfalls ergibt sich
ein passiver Zweipol, der keine Energie abgeben kann. Jeder aktive Zweipol lässt sich,
wie in Abbildung 1.51 skizziert, durch eine reale Spannungsquelle mit der Ersatzquel-
lenspannung U_{qe} und dem Ersatzinnenwiderstand R_{ie} oder durch eine reale Stromquelle
mit dem Ersatzquellenstrom I_{qe} und dem Ersatzinnenwiderstand R_{ie} darstellen. Beide
Ersatzquellendarstellungen sind gleichwertig und verhalten sich an den Klemmen völlig
identisch zum Netzwerk. Es gilt der Zusammenhang

$$U_{qe} = R_{ie} \cdot I_{qe} \ . \tag{1.81}$$

Ein passiver Zweipol wird nur durch seinen Ersatzwiderstand R_{ie} charakterisiert.

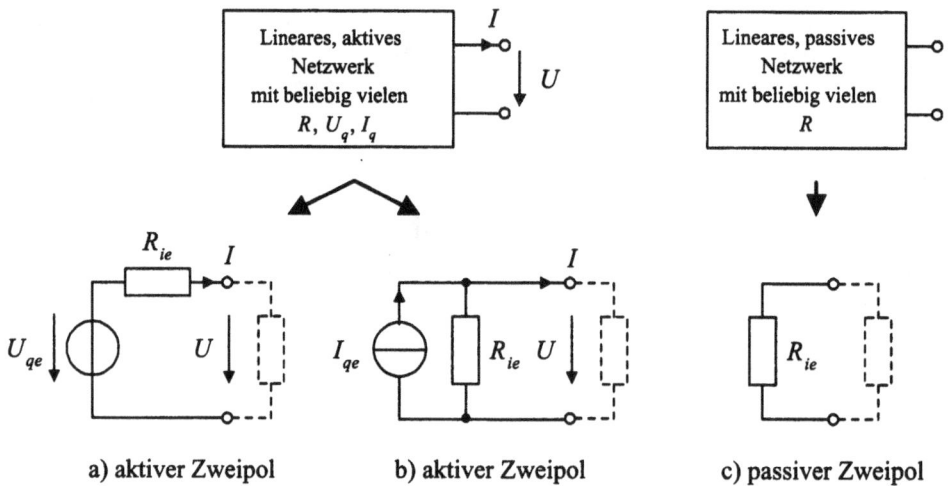

a) aktiver Zweipol   b) aktiver Zweipol   c) passiver Zweipol

Abb. 1.51: *Zweipolersatzschaltungen*

Das Ersatzquellenverfahren wird angewendet, wenn

- nur ein Strom oder eine Spannung zwischen zwei Knoten gesucht ist,

- ganze Netzwerke oder umfangreichere Schaltungsteile vereinfacht dargestellt werden sollen

- oder zur Schaltungsoptimierung ein Bauelementewert bestimmt werden soll.

Bestimmung der Ersatzquellenelemente

Abbildung 1.52 zeigt die Strom- und Spannungsverhältnisse eines Netzwerkes an den
Klemmen des Zweipols bei Leerlauf und Kurzschluss, woraus sich unmittelbar die Berechnungsvorschrift für die Ersatzspannungsquelle

$$U_{qe} = U_{Leerlauf} \tag{1.82}$$

und die Ersatzstromquelle

$$I_{qe} = I_{Kurzschluss} \tag{1.83}$$

ergibt.

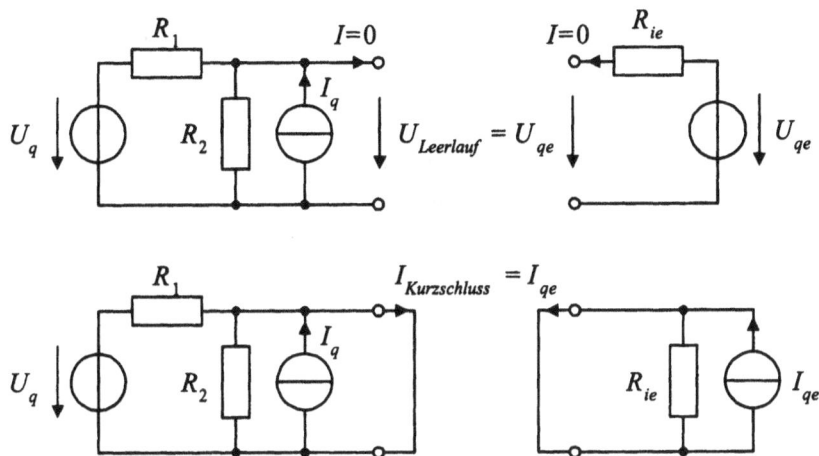

Abb. 1.52: *Bestimmung der Ersatzspannungs- und Ersatzstromquelle*

Der Ersatzinnenwiderstand

$$R_{ie} = \frac{U_{qe}}{I_{qe}} = \frac{U_{Leerlauf}}{I_{Kurzschluss}} \tag{1.84}$$

kann aus Gleichung (1.81) berechnet werden. Dazu ist das vollständige Gleichungssystem mit allen Maschen- und Knotenpunktgleichungen zweimal, für Kurzschluss und Leerlauf, zu berechnen.
R_{ie} kann auch direkt aus der Schaltung, ohne vorherige Bestimmung von U_{qe} und I_{qe}, ermittelt werden. Dazu berechnet man den Ersatzklemmenwiderstand, der sich aus der Kombination von Serien- und Parallelschaltungen aller Widerstände des Netzwerks ergibt. Dabei sind alle Spannungsquellen des Netzwerks kurzzuschließen und alle Stromquellen abzutrennen (vgl. Abbildung 1.53).

Begründung:

- Bei der Messung von Widerständen wird ein geringer Messstrom ΔI eingeprägt und die resultierende Spannungsänderung ΔU ermittelt. Eine ideale Spannungsquelle liefert unabhängig vom Strom eine konstante Spannung, d.h. $\Delta U = 0$. Der Innenwiderstand (oder besser der differentielle Widerstand) einer idealen Spannungsquelle ist somit null. Das entspricht einem Kurzschluss.

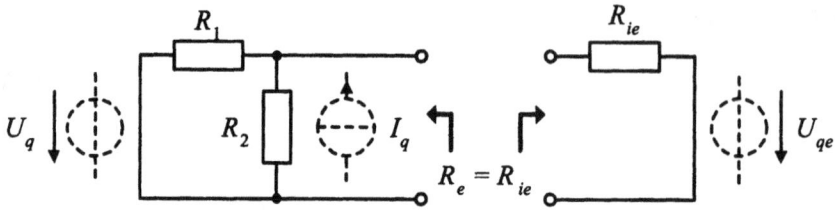

Abb. 1.53: *Direkte Bestimmung des Ersatzinnenwiderstandes eines Zweipols durch Kurzschlie-ßen aller Spannungsquellen und Abtrennen aller Stromquellen*

- Der differentielle Leitwert einer idealen Stromquelle $G_{diff} = dI/dU$ ist null, da eine ideale Stromquelle immer einen konstanten Strom ($\Rightarrow dI = 0$) liefert. Daraus folgt für den differentiellen Widerstand $R_{diff} = 1/G_{diff} \to \infty$. Das entspricht einer offenen Leitung.

Beispiel 1.24

Für die Schaltung 1.52 ist die Ersatzspannungsquelle sowie die Ersatzstromquelle zu ermitteln.

Lösung:
Die Ersatzspannung U_{qe} entspricht der Leerlaufspannung der Originalschaltung. Diese ergibt sich unmittelbar aus dem Helmholtz'schen Überlagerungssatz:

$$U_{Leerlauf} = U_{qe} = \underbrace{\frac{R_2}{R_1 + R_2}}_{\text{Spannungsteiler}} \cdot U_q + \underbrace{\frac{R_1 R_2}{R_1 + R_2}}_{=(R_1 \| R_2)} \cdot I_q$$

Der Ersatzinnenwiderstand

$$R_{ie} = R_1 \parallel R_2 = \frac{R_1 R_2}{R_1 + R_2}$$

kann aus Abbildung 1.53 direkt bestimmt werden.

Der Übergang zur Ersatzstromquelle ist nun sehr einfach durch den Zusammenhang $I_{qe} = U_{qe}/R_{ie}$ möglich.

1.4   Knotenpotentialanalyse (KPA)

Die KPA ist das am häufigsten verwendete Netzwerkanalyseverfahren und findet vor allem in Schaltungssimulatoren wie z.B. PSPICE [4] Anwendung. Der große Vorteil der KPA gegenüber dem direkten Aufstellen aller unabhängigen Maschen- und Knotenpunktgleichungen liegt in der geringeren Anzahl der Unbekannten und der damit verbundenen Vereinfachung der Aufgabenstellung.
Werden bei der Schaltungsanalyse die Kirchhoff'schen Gesetze in ihrer ursprünglichen

Form verwendet, sind z (z = Anzahl der Zweige) unabhängige Maschen- und Knotenpunktgleichungen zur Problemlösung nötig. Als Ergebnis erhält man die Ströme (oder Spannungen) in den z Netzwerkzweigen.

Bei der KPA werden die Spannungen aller Knotenpunkte berechnet. Dazu wird zunächst ein beliebiger Knoten als Bezugsknoten deklariert, ihm wird in der Regel das Potential 0V zugeordnet. Unbekannt sind somit nur $k-1$ Potentiale (k = Anzahl der Knoten). Diese Zahl entspricht exakt der Anzahl der unabhängigen Knotenpunktgleichungen eines Netzwerks. Sie werden beim KPA-Verfahren in modifizierter Form verwendet. Auf ein Aufstellen von Maschengleichungen kann komplett verzichtet werden.

Generell ist es empfehlenswert vor dem Beginn der KPA, die Schaltung so weit wie möglich zu vereinfachen.

1.4.1 Aufstellen der modifizierten Knotenpunktgleichungen

Die KPA bei Netzwerken ohne Spannungsquellen wird anhand der in Abbildung 1.54a) dargestellten Schaltung exemplarisch erläutert.

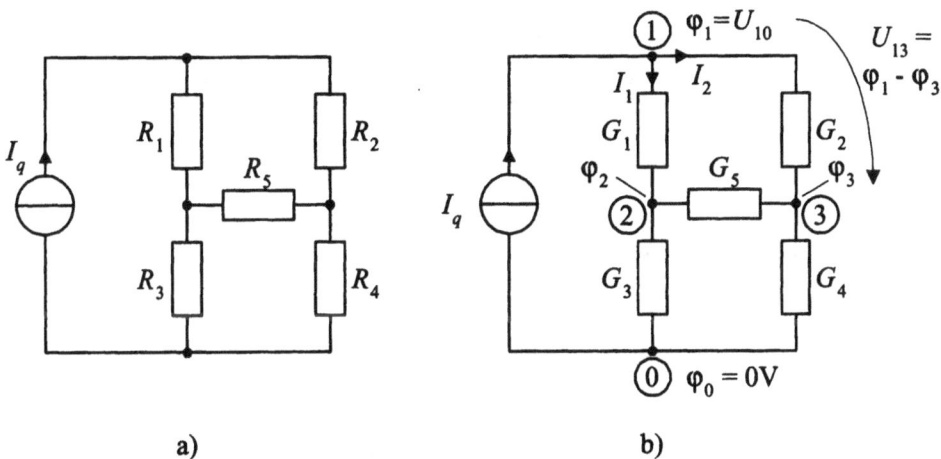

a)   b)

Abb. 1.54: *a) Gegebene Schaltung; b) vorbereitende Schritte für eine KPA*

Für eine KPA sind zunächst folgende Schritte durchzuführen:

- Bezugsknoten „0" festlegen,

- restliche $k-1$ Knoten nummerieren,

- alle Widerstände in Leitwerte umrechnen.

Abbildung 1.54b) zeigt die für eine KPA vorbereitete Schaltung.
Jetzt werden die Knotenpunktgleichungen an den $k-1$ Knoten in modifizierter Form

aufgestellt, d.h. die unbekannten Zweigströme werden durch die Leitwerte und Knotenpotentiale ausgedrückt. Aus der Regel „Summe aller vom Knoten abfließenden Ströme ist gleich null" ergibt sich:

Knoten 1: $-I_q + I_1 + I_2 = -I_q + G_1 \cdot \underbrace{(\varphi_1 - \varphi_2)}_{U_{12}} + G_2 \cdot \underbrace{(\varphi_1 - \varphi_3)}_{U_{13}} = 0;$

Knoten 2: $G_1 \cdot (\varphi_2 - \varphi_1) + G_5 \cdot (\varphi_2 - \varphi_3) + G_3 \cdot (\varphi_2 - 0) = 0;$

Knoten 3: $G_2 \cdot (\varphi_3 - \varphi_1) + G_5 \cdot (\varphi_3 - \varphi_2) + G_4 \cdot (\varphi_3 - 0) = 0.$

Alle Quellenströme (im vorliegenden Beispiel I_q) werden auf die rechte Seite der entsprechenden Gleichung gebracht und die Potentiale durch die Knotenspannungen ersetzt.

$$G_1 \cdot (U_{10} - U_{20}) + G_2 \cdot (U_{10} - U_{30}) = I_q$$
$$G_1 \cdot (U_{20} - U_{10}) + G_5 \cdot (U_{20} - U_{30}) + G_3 \cdot U_{20} = 0$$
$$G_2 \cdot (U_{30} - U_{10}) + G_5 \cdot (U_{30} - U_{20}) + G_4 \cdot U_{30} = 0$$

Das resultierende, lineare Gleichungssystem wird nun in Matrixschreibweise dargestellt.

$$\begin{bmatrix} G_1 + G_2 & -G_1 & -G_2 \\ -G_1 & G_1 + G_3 + G_5 & -G_5 \\ -G_2 & -G_5 & G_2 + G_4 + G_5 \end{bmatrix} \cdot \begin{bmatrix} U_{10} \\ U_{20} \\ U_{30} \end{bmatrix} = \begin{bmatrix} I_q \\ 0 \\ 0 \end{bmatrix}$$

Die allgemeine Form der KPA lautet

$$[G] \cdot U_{n0}] = I_q] \,. \tag{1.85}$$

Das Gleichungssystem (1.85) besteht auf der linken Seite aus dem Produkt von Leitwertmatrix $[G]$ und Knotenspannungsvektor $U_{n0}]$ und auf der rechten Seite aus dem Stromquellenvektor $I_q]$.

Direktes Aufstellen der Leitwertmatrix und des Stromquellenvektors

Die Leitwertmatrix und der Stromquellenvektor haben folgende Eigenschaften, woraus sich Regeln für ein direktes Aufstellen ableiten lassen:

- Die Hauptdiagonalelemente G_{ii} (i-te Zeile und Spalte) der Leitwertmatrix enthalten jeweils die Summe aller am Knoten i angeschlossenen Leitwerte.

- Das Matrixelement $G_{ij} = G_{ji}$ mit $i \neq j$ besteht aus dem negativen Leitwert des zwischen dem Knoten i und j befindlichen Verbrauchers.

- Ein Quellenstrom, der gemäß Zählpfeilsystem dem Knoten i zufließt, wird im Stromquellenvektor positiv in der i-ten Zeile berücksichtigt, ein abfließender Strom negativ.

1.4.2 Berücksichtigung von Spannungsquellen

Spannungsquellen sind in der KPA artfremd, da der Strom durch Spannungsquellen von der Beschaltung abhängt und somit eine weitere Unbekannte darstellt. Im Folgenden wird die Fragestellung geklärt, wie Spannungsquellen berücksichtigt werden können, ohne die Leitwertmatrix erweitern zu müssen.

Reale, lineare Spannungsquelle

Liegt eine lineare Spannungsquelle zwischen zwei Knoten i und j, wie in Abbildung 1.55 dargestellt, wird diese in die entsprechende lineare Stromquelle umgewandelt. Dabei ist auf die Stromrichtung zu achten.

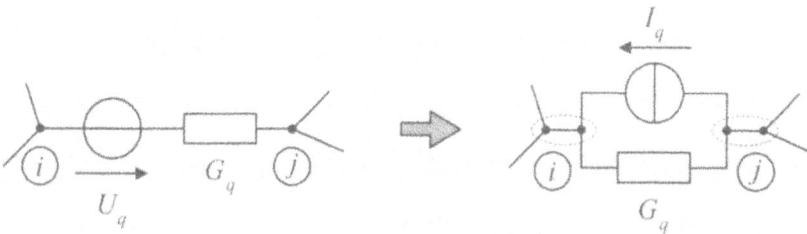

Abb. 1.55: *Berücksichtigung einer realen Spannungsquelle in der KPA durch Umwandlung in eine reale Stromquelle*

Ideale Spannungsquelle

Abbildung 1.56 zeigt eine ideale Spannungsquelle zwischen den Knoten i und j. Für den Einbau idealer Spannungsquellen wird an Stelle der beiden Knotenpunktgleichungen für die Knoten i und j eine Knotenpunktgleichung bezüglich des skizzierten Superknotens und eine Spannungsgleichung verwendet. Dies ist möglich, weil eine ideale Spannungsquelle die Potentialdifferenz zwischen den beiden Knoten stets konstant hält. Unbekannt ist daher nur eine der beiden Potentiale, das jeweils andere Potential ist nur um den Wert U_q verschoben.

Für das abgebildete Beispiel sind demnach die Gleichungen

$$I_k + I_l + I_m + I_n = 0 =$$
$$G_k \cdot (U_{i0} - U_{k0}) + G_l \cdot (U_{i0} - U_{l0}) + G_m \cdot (U_{j0} - U_{m0}) + G_n \cdot (U_{j0} - U_{n0})$$

und

$$\varphi_i - \varphi_j = U_{i0} - U_{j0} = U_q$$

in Zeile i und j zu verwenden. Welche der beiden Gleichungen in Zeile i oder j steht, ist frei wählbar.

Praktisch sind beim Einbau einer idealen Spannungsquelle mit dem Wert U_q Leitwertmatrix und Stromquellenvektor wie folgt zu modifizieren:

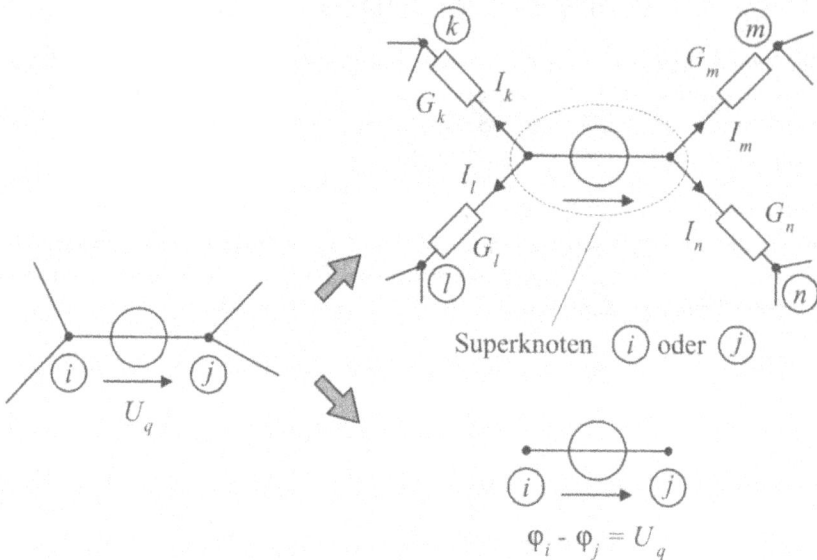

Abb. 1.56: *Berücksichtigung einer idealen Spannungsquelle in der KPA durch Modifizierung des Gleichungssystems*

- In $[G]$ und $I_q]$ wird die Zeile i auf die Zeile j addiert (oder umgekehrt).

- Die „frei gewordene" Zeile i (oder j) in $[G]$ und $I_q]$ wird gelöscht und die entsprechende Spannungsgleichung $U_{i0} - U_{j0} = \pm U_q$ eingebaut. Dies geschieht durch Setzen der Elemente $G_{ii} = 1$ und $G_{ij} = -1$ (oder $G_{ji} = 1$ und $G_{jj} = -1$) in der Leitwertmatrix und $\pm U_q$ in Zeile i (oder j) des Stromquellenvektors.

Sind mehrere Spannungsquellen miteinander verbunden, wie in Abbildung 1.57 dargestellt, wird ein Superknoten um alle Spannungsquellen gebildet.

Im skizzierten Fall entstehen die Knotenpunktgleichung $I_k + I_l + I_m + I_n + I_o = 0$, d.h. z.B. Addition der Zeilen i und j auf h und die beiden Spannungsgleichungen $U_{i0} - U_{j0} = U_{q1}$ und $U_{h0} - U_{j0} = U_{q2}$, die in den Zeilen i und j berücksichtigt werden.

Beispiel 1.25

Das Netzwerk aus Abbildung 1.50 soll mit Hilfe der KPA berechnet werden. Dazu ist die modifizierte Leitwertmatrix und der Stromquellenvektor aufzustellen.

Lösung:
Das unmodifizierte Gleichungssystem lautet:

$$\begin{bmatrix} G_1 + G_2 & -G_1 & -G_2 \\ -G_1 & G_1 + G_3 + G_5 & -G_5 \\ -G_2 & -G_5 & G_2 + G_4 + G_5 \end{bmatrix} \cdot \begin{bmatrix} U_{10} \\ U_{20} \\ U_{30} \end{bmatrix} = \begin{bmatrix} 0 \\ 0 \\ 0 \end{bmatrix}$$

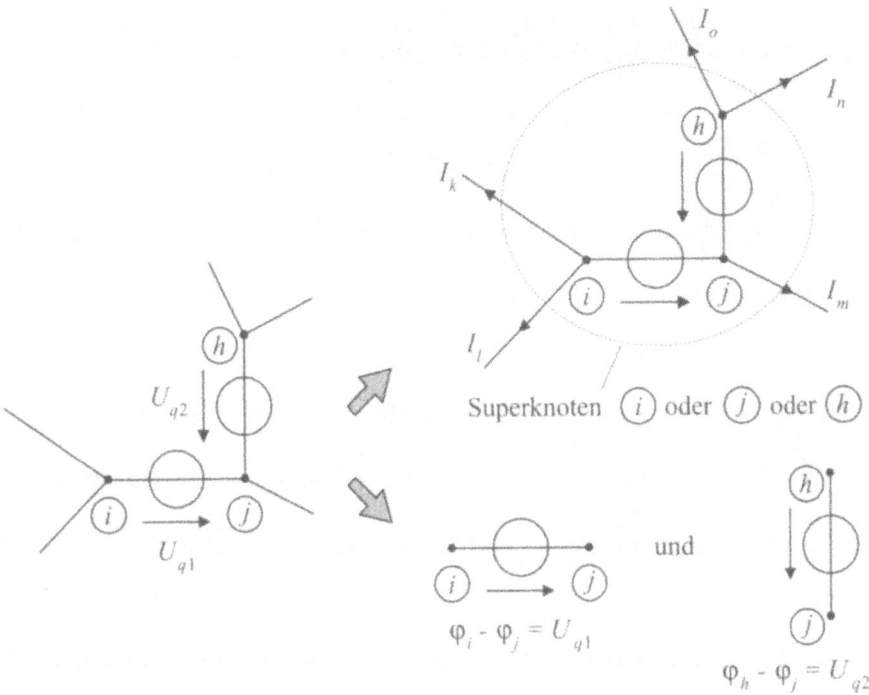

Abb. 1.57: *Berücksichtigung verschalteter, idealer Spannungsquellen*

Folgende Modifikation (Einbau der Spannungsquelle) ist vorzunehmen:

1.) Zeile 1 auf Zeile 0 addieren. Da die Zeile 0 nicht existiert, muss also nichts getan werden.

2.) Zeile 1 löschen und Spannungsgleichung $U_{10} - 0 = U_q$ einbauen.

Hinweis: Liegt eine ideale Spannungsquelle am Bezugsknoten, ist eine Umkehrung der Zeilenfolge nicht möglich, da die Spannungsgleichung nur in Zeile 1 berücksichtigt werden kann (Zeile 0 gibt es nicht!).

Man erhält:

$$\begin{bmatrix} 1 & 0 & 0 \\ -G_1 & G_1 + G_3 + G_5 & -G_5 \\ -G_2 & -G_5 & G_2 + G_4 + G_5 \end{bmatrix} \cdot \begin{bmatrix} U_{10} \\ U_{20} \\ U_{30} \end{bmatrix} = \begin{bmatrix} U_q \\ 0 \\ 0 \end{bmatrix}$$

1.4.3 Berücksichtigung gesteuerter Quellen

In vielen Fällen ist eine Spannungsquelle oder eine Stromquelle von einer anderen Größe (Spannung oder Strom) gesteuert. Beispielsweise hängt die Ausgangsspannung eines Operationsverstärkers über den Spannungsverstärkungsfaktor von der Differenzeingangsspannung ab. Weiterhin stellen viele aktive elektronische Bauelemente bei entsprechender Dimensionierung in erster Näherung gesteuerte Quellen dar. So hängt der

Ausgangsstrom eines MOS-Transistors I_{DS} in Sättigung im Wesentlichen nur noch von der Gate-Source Spannung U_{GS} ab (vgl. Abbildung 1.28b)). Prinzipiell gibt es vier Möglichkeiten gesteuerter Quellen (vgl. Abbildung 1.58).

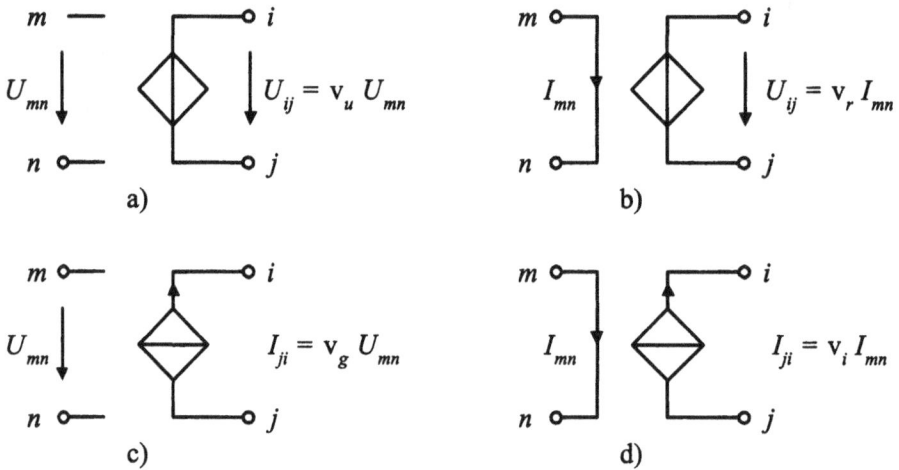

Abb. 1.58: *Schaltbilder gesteuerter Quellen: a) Spannungsgesteuerte Spannungsquelle; b) stromgesteuerte Spannungsquelle; c) spannungsgesteuerte Stromquelle; d) stromgesteuerte Stromquelle*

a) Spannungsgesteuerte Spannungsquelle

Eine spannungsgesteuerte Spannungsquelle verhält sich elektrisch gesehen wie eine ideale Spannungsquelle. Folglich muss das Gleichungssystem bezüglich der Ausgangsklemmen i und j wie bei idealen Spannungsquellen modifiziert werden (Addition der Zeile i (j) auf j (i)). Der einzige Unterschied besteht darin, dass die Quellenspannung nicht konstant ist und daher die Spannungsgleichung

$$U_{ij} = v_u \cdot U_{mn}$$
$$U_{i0} - U_{j0} = v_u \cdot U_{m0} - U_{n0}$$
$$U_{i0} - U_{j0} - v_u U_{m0} + v_u U_{n0} = 0 \tag{1.86}$$

in Zeile i (j) zu berücksichtigen ist.

b) Stromgesteuerte Spannungsquelle

Die Vorgehensweise bei stromgesteuerten Spannungsquellen ist analog zu spannungsgesteuerten Spannungsquellen. Unterschiedlich ist lediglich die Spannungsgleichung

$$U_{ij} = v_r \cdot I_{mn}$$
$$U_{i0} - U_{j0} = v_r \cdot G_{mn} \cdot (U_{m0} - U_{n0})$$
$$U_{i0} - U_{j0} - v_r G_{mn} U_{m0} + v_r G_{mn} U_{n0} = 0 \quad , \tag{1.87}$$

die in Zeile i (j) einzubauen ist.

c) Spannungsgesteuerte Stromquelle

Die spannungsgesteuerte Stromquelle in Abbildung 1.58c) ist durch die Gleichung $I_{ji} = v_g \cdot U_{mn} = v_g \cdot (U_{m0} - U_{n0})$ bestimmt. In Zeile i bzw. j des Stromquellenvektors steht im Gegensatz zu einer ungesteuerten Quelle kein fester Wert I_q bzw. $-I_q$, sondern $v_g \cdot (U_{m0} - U_{n0})$ bzw. $-v_g \cdot (U_{m0} - U_{n0})$. Bringt man die beiden letzten Ausdrücke auf die linke Seite des Gleichungssystems, ergibt sich folgende Regel:
In der i-ten Zeile der Leitwertmatrix wird

- zu G_{im} $-v_g$ und zu G_{in} v_g

und in der j-ten Zeile der Leitwertmatrix

- zu G_{jm} v_g und zu G_{jn} $-v_g$

addiert.

d) Stromgesteuerte Stromquelle

Die Bestimmungsgleichung der stromgesteuerten Stromquelle lautet:
$I_{ji} = v_i \cdot I_{mn} = v_i \cdot G_{mn} \cdot (U_{m0} - U_{n0})$.
Folglich sind in der i-ten Zeile der Leitwertmatrix

- die Elemente G_{im} um $-v_i G_{mn}$ und G_{in} um $v_i G_{mn}$

sowie in der j-ten Zeile der Leitwertmatrix

- die Elemente G_{jm} um $v_i G_{mn}$ und G_{jn} um $-v_i G_{mn}$

zu ergänzen.

Beispiel 1.26

Abbildung 1.59 zeigt eine nichtinvertierende Verstärkerschaltung. Die modifizierte Leitwertmatrix und der Stromquellenvektor sind aufzustellen.

Lösung:
1. Schritt: Gleichungssystem ohne Quellen aufstellen.

$$\begin{bmatrix} G_e & -G_e & 0 \\ -G_e & G_e + G_1 + G_2 & -G_2 \\ 0 & -G_2 & G_2 \end{bmatrix} \begin{bmatrix} U_{10} \\ U_{20} \\ U_{30} \end{bmatrix} = \begin{bmatrix} 0 \\ 0 \\ 0 \end{bmatrix}$$

2. Schritt: Spannungsquelle U_e einbauen. Dazu Zeile 1 auf 0 addieren und Gleichung $U_{10} = U_e$ in Zeile 1 einbauen.

$$\begin{bmatrix} 1 & 0 & 0 \\ -G_e & G_e + G_1 + G_2 & -G_2 \\ 0 & -G_2 & G_2 \end{bmatrix} \begin{bmatrix} U_{10} \\ U_{20} \\ U_{30} \end{bmatrix} = \begin{bmatrix} U_e \\ 0 \\ 0 \end{bmatrix}$$

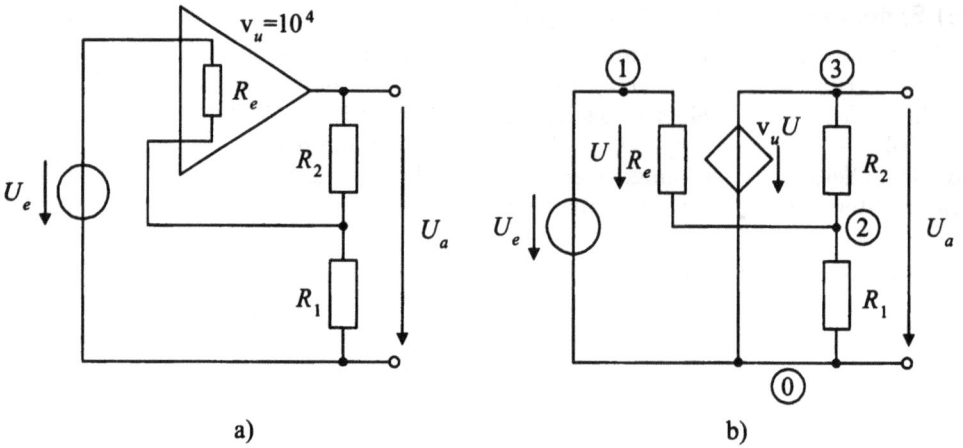

Abb. 1.59: *Einbau einer spannungsgesteuerten Spannungsquelle*

3. Schritt: Gesteuerte Spannungsquelle einbauen. Zeile 3 auf 0 addieren und Gleichung $U_{30} = v_u \cdot (U_{10} - U_{20})$ in Zeile 3 einbauen.

$$
\begin{bmatrix} 1 & 0 & 0 \\ -G_e & G_e + G_1 + G_2 & -G_2 \\ -v_u & v_u & 1 \end{bmatrix} \cdot \begin{bmatrix} U_{10} \\ U_{20} \\ U_{30} \end{bmatrix} = \begin{bmatrix} U_e \\ 0 \\ 0 \end{bmatrix}
$$

Für einen idealen Verstärker ($G_e = 0$ und $v_u \to \infty$) ergibt sich nach kurzer Zwischenrechnung eine Spannungsverstärkung von $\dfrac{U_a}{U_e} = \dfrac{U_{30}}{U_{10}} = \dfrac{G_1 + G_2}{G_2} = \dfrac{R_1 + R_2}{R_1}$.

1.4.4   Berücksichtigung nichtlinearer Bauelemente

Der Einbau nichtlinearer Zweipole in die KPA wird anhand des in Abbildung 1.60 dargestellten Beispiels demonstriert.

Bei sehr einfachen Schaltungen (beschalteten Zweipolen) ist der in Abbildung 1.60b) skizzierte, graphische Lösungsweg möglich. Dazu trägt man die U-I-Kennlinie des nichtlinearen Bauelements auf. In einem zweiten Schritt zeichnet man in dasselbe Diagramm die entsprechende lineare Kennlinie des Leitwertes G. Der U-Achsenabschnitt bezüglich des Schnittpunktes beider Kennlinien, also der Punkt, bei dem durch beide Verbraucher der gleiche Strom fließt, liefert das gesuchte Mittenpotential $\varphi_1 = U_{10} = 1\text{V}$.

Da die graphische Lösungsmethode von der Ablesegenauigkeit abhängt und nur für sehr kleine Schaltungen brauchbar ist, wird eine Methode vorgestellt, mit der man nichtlineare Bauelemente in einer KPA berücksichtigen kann. Da die KPA für die rechnergestützte Schaltungsanalyse gut geeignet ist, können auch sehr große, nichtlineare Schaltungen schnell berechnet werden.

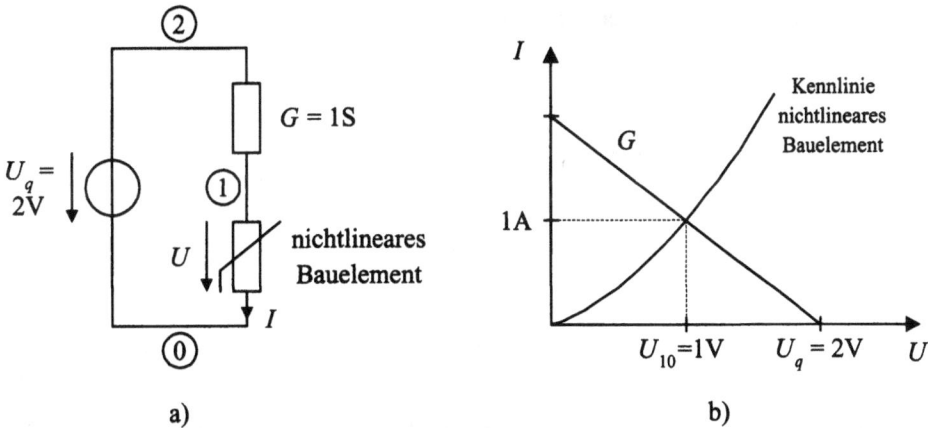

Abb. 1.60: *Netzwerkanalyse mit nichtlinearen Bauelementen: a) Beispielschaltung; b) graphische Lösung mit der U-I-Beziehung des nichtlinearen Bauelementes $I = a \cdot U + b \cdot U^2$ und $a = 0,5A/V$, $b = 0,5A/V^2$*

Lösungsansatz:

Der nichtlineare Zweipol wird wie eine spannungsgesteuerte Stromquelle behandelt und die U-I-Gleichung, im vorliegenden Fall $I = 0,5A/V \cdot U_{10} + 0,5A/V^2 \cdot U_{10}^2$ im Stromquellenvektor berücksichtigt. Es ergibt sich das nichtlineare, modifizierte Gleichungssystem

$$\begin{bmatrix} G & -G \\ 0 & 1 \end{bmatrix} \cdot \begin{bmatrix} U_{10} \\ U_{20} \end{bmatrix} = \begin{bmatrix} -(0,5A/V \cdot U_{10} + 0,5A/V^2 \cdot U_{10}^2) \\ 2V \end{bmatrix}$$

bzw.

$$\begin{bmatrix} G + 0,5A/V + 0,5A/V^2 \cdot U_{10} & -G \\ 0 & 1 \end{bmatrix} \cdot \begin{bmatrix} U_{10} \\ U_{20} \end{bmatrix} = \begin{bmatrix} 0 \\ 2V \end{bmatrix} .$$

In vielen Fällen lassen sich nichtlineare Gleichungssysteme nicht analytisch lösen. Daher wird die nichtlineare Bauelementgleichung in einer Taylorreihe im Punkt $(I_0; U_0)$ entwickelt und nach dem ersten Glied abgebrochen. Diese Linearisierung führt bei Zweipolen auf die allgemeine Form

$$I = I_0 + \left. \frac{dI}{dU} \right|_{(U=U_0)} \cdot (U - U_0) = I_0 + G_{diff}|_{(U=U_0)} \cdot (U - U_0) , \qquad (1.88)$$

mit dem aus Abschnitt 1.2.5 bekannten differentiellen Leitwert G_{diff}. Für das gegebene Beispiel lautet der linearisierte Ausdruck

$$I = I_0 + (a + 2b \cdot U_0) \cdot (U - U_0) = I_0 + (0,5A/V + 1A/V^2 \cdot U_0) \cdot (U - U_0)$$
$$I = I_0 + (0,5A/V + 1A/V^2 \cdot U_0) \cdot (U_{10} - U_0) .$$

Baut man obigen Ausdruck in das Gleichungssystem der KPA ein, ergibt sich das lineare, rekursive Gleichungssystem

$$\begin{bmatrix} G & -G \\ 0 & 1 \end{bmatrix} \cdot \begin{bmatrix} U_{10} \\ U_{20} \end{bmatrix} = \begin{bmatrix} -[I_0 + (0,5\text{A/V} + 1\text{A/V}^2 \cdot U_0) \cdot (U_{10} - U_0)] \\ 2\text{V} \end{bmatrix}$$

und nach Umstellung

$$\begin{bmatrix} G + (0,5\text{A/V} + 1\text{A/V}^2 \cdot U_0) & -G \\ 0 & 1 \end{bmatrix} \cdot \begin{bmatrix} U_{10} \\ U_{20} \end{bmatrix} =$$

$$\begin{bmatrix} -I_0 + (0,5\text{A/V} + 1\text{A/V}^2 \cdot U_0) \cdot U_0 \\ 2\text{V} \end{bmatrix} .$$

Um die Knotenspannungen U_{10} und U_{20} zu finden, wird nun in einem iterativen Prozess das letzte Gleichungssystem gelöst. Dazu wird mit einem sinnvollen Startpunkt (U_0; I_0) z.B. (0;0) begonnen und die Werte für U_{10} und U_{20} berechnet. Die Ergebnisse aus diesem ersten Schritt dienen als neue Startwerte für einen zweiten Iterationsschritt usw. Im Folgenden ist das Ergebnis der ersten drei Iterationszyklen aufgelistet.

1.: Startpunkt (U_0; I_0)=(0;0)
   $U_{10} = 1,3333333\text{V} \Rightarrow I = 1,5555555\text{A}$

2.: Startpunkt für zweiten Durchlauf (U_0;I_0)=(1,3333333V; 1,5555555A)
   $U_{10} = 1,0196078\text{V} \Rightarrow I = 1,029604\text{A}$

3.: Startpunkt für dritten Durchlauf (U_0;I_0)=(1,0196078V; 1,029604A)
   $U_{10} = 1,0000763\text{V} \Rightarrow I = 1,0001145\text{A}$

Es ist zu erkennen, dass bereits nach drei Zyklen das Knotenpotential U_{10} auf 0,007% genau bestimmt ist. Wählt man einen Startpunkt der von Anfang an näher an der exakten Lösung $U_{10} = 1\text{V}$ und $I = 1\text{A}$ liegt, reduziert sich die Anzahl der Iterationen.

1.5 Rechnergestützte Gleichstromanalyse (DC-Analyse)

Die professionelle Entwicklung elektronischer Schaltungen ist heute ohne rechnergestützte Netzwerkanalysetools nicht mehr denkbar. Voraussetzung ist die mathematische Beschreibung des Betriebsverhaltens nichtlinearer Bauelemente in parametrisierten Modellen.

Ein einfaches Beispiel für ein solches Modell eines nichtlinearen Widerstandes, $I = a \cdot U + b \cdot U^2$ mit den beiden Parametern $a = 0,5\text{A/V}$ und $b = 0,5\text{A/V}^2$, wurde im vorigen Abschnitt 1.4.4 bereits verwendet. In modernen Schaltungssimulatoren werden zur Charakterisierung elektronischer Bauelemente meist wesentlich komplexere Modelle verwendet. So weisen beispielweise heute industriell eingesetzte MOS-Transistor-Modelle weit über 100 Parameter auf.

Bei der analogen (im Gegensatz zur digitalen) Schaltungssimulation unterscheidet man drei Grundsimulationsarten, die Gleichstrom- (DC), Wechselstrom- (AC) und Transienten-Analyse (TRAN). Bei der DC-Analyse werden Schaltungen bezüglich ihres Gleichstromverhaltens berechnet. Eine AC-Analyse wird durchgeführt, wenn Schaltungen mit sinusförmigen Strom- und/oder Spannungsquellen betrieben werden (Näheres dazu in Kapitel 2). Enthält eine Schaltung zeitlich veränderliche, nichtsinusförmige Quellen, kommt die TRAN-Analyse zum Einsatz (vgl. Kapitel 3).

1.5.1 Zeichnen von Schaltplänen

Zu jedem Schaltungssimulator gibt es in der Regel einen zugehörigen Schaltplaneditor, mit dem Schaltpläne gezeichnet werden. Es empfielt sich folgendes Vorgehen:

- Aus einer Bibliothek (*engl.: Library*) werden die gewünschten Bauelemente (Widerstände, Kondensatoren, Quellen, ...) entnommen und auf der Zeichenoberfläche positioniert.

- Den Bauelementen werden entsprechende Parameter (Attribute) zugeordnet, also z.B. einem Widerstand der Widerstandswert oder einer Spannungsquelle der Spannungswert.

- Sind alle Bauelemente positioniert, werden sie korrekt verdrahtet.

- Zum Schluss wird das Bezugspotential (Knoten „0") festgelegt.

Abbildung 1.61 zeigt die schrittweise Eingabe eines einfachen Spannungsteilers mit dem Schaltplaneditor „SCHEMATICS" des PSPICE-Simulators [4].

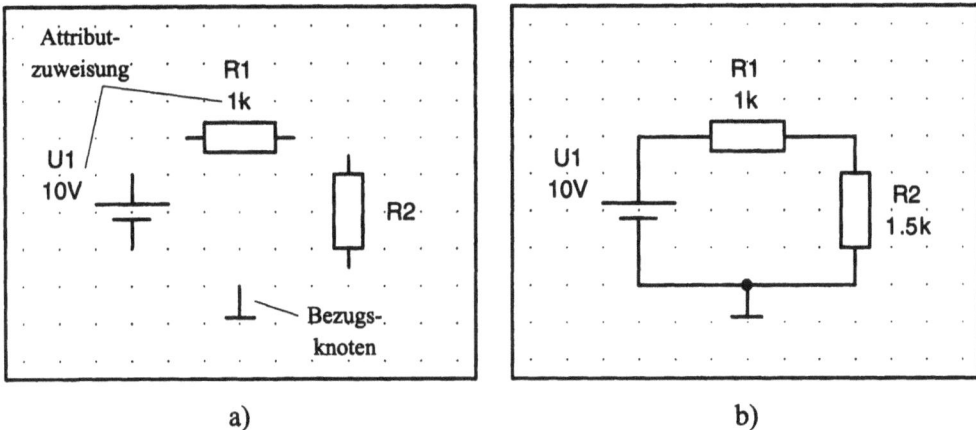

a)   b)

Abb. 1.61: *Eingabe einer Schaltung mit SCHEMATICS: a) Positionieren der Bauelemente und Attributzuweisung; b) Verdrahtung und Festlegung des Bezugspotentials*

Vor der anschließenden Simulation wird automatisch eine Netzliste generiert, die alle Informationen über das Netzwerk enthält. Es werden automatisch alle Knoten nummeriert. Die zu Schaltung 1.61 zugehörige Netzliste ist in Abbildung 1.62 dargestellt.

```
**** INCLUDING Schematic1.net ****
* Schematics Netlist *                          Knoten 2
                                                Knoten 1

R_R1          $N_0002  $N_0001   1k
R_R2          0  $N_0002   1k
V_U1          $N_0001  0   10V
                                                Bezugs-
**** RESUMING Schematic1.cir ****               knoten
```

Abb. 1.62: Zugehörige Netzliste der Schaltung aus Abbildung 1.61

1.5.2   DC-Analyse

Wie bereits erwähnt, wird in den meisten Schaltungssimulatoren das KPA-Verfahren verwendet. Als Ergebnis einer DC-Simulation (Gleichstromanalyse) erhält man Knotenpotentiale. Daraus können alle Zweigspannungen und Zweigströme unmittelbar durch Bilden der Potentialdifferenz und Auswerten der Bauelementgesetze berechnet werden. Das Resultat einer DC-Analyse obiger Schaltung zeigt Abbildung 1.63.

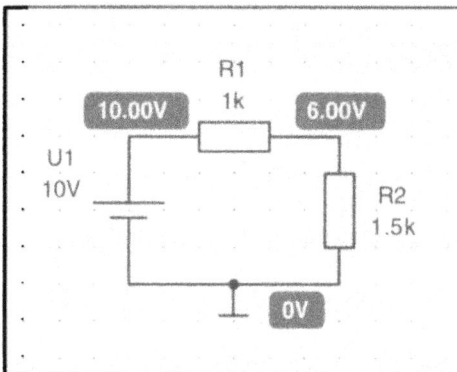

Abb. 1.63: Ergebnis einer DC-Analyse

Nach erfolgreicher Simulation lassen sich Schaltungen weiter untersuchen. Oftmals wird zum eigentlichen Simulator ein umfangreiches Auswertepaket mitgeliefert, mit dem z.B. Leistungen berechnet, Kurven differenziert und integriert werden können usw.

Abbruchbedingung

Kommen in der Schaltung nichtlineare Bauelemente vor, werden bei der DC-Analyse mehrere Iterationszyklen durchlaufen. Wie viele hängt neben dem Startpunkt und dem verwendeten Algorithmus von den Abbruchbedingungen ab. Häufig bietet sich die Möglichkeit, absolute oder relative Toleranzgrenzen für Spannung und Strom zu definieren. Ist die Differenz zweier Iterationsergebnisse kleiner als eine dieser Grenzen, ist die erforderliche Genauigkeit erreicht und der Berechnungsalgorithmus wird beendet. Setzt man die Abbruchgrenzen sehr eng, geht das zu Lasten der Simulationszeit, in Extremfällen kommt es sogar zu Konvergenzproblemen. Zu weite Grenzen führen generell zu Genauigkeitsverlusten. Mit den Voreinstellungen seitens der Simulatorhersteller werden im Allgemeinen gute Simulationsergebnisse erzielt.

In Abschnitt 1.4.4 wurde bei einem nichtlinearen Spannungsteiler nach drei Iterationsschritten eine Genauigkeit von 0,007% für das gesuchte Potential U_{10} erzielt. Hätte man in einem Schaltungssimulator eine relative Knotenspannungstolleranz von 10^{-4} definiert, wäre die DC-Analyse nach drei Iterationen erfolgreich abgeschlossen.

Sonderfälle

Bei sehr großen Netzwerken oder bestimmten Bauelementeanordnungen kann es bei der DC-Analyse zu Konvergenzproblemen kommen. Einige kritische Fälle zeigt Abbildung 1.64.

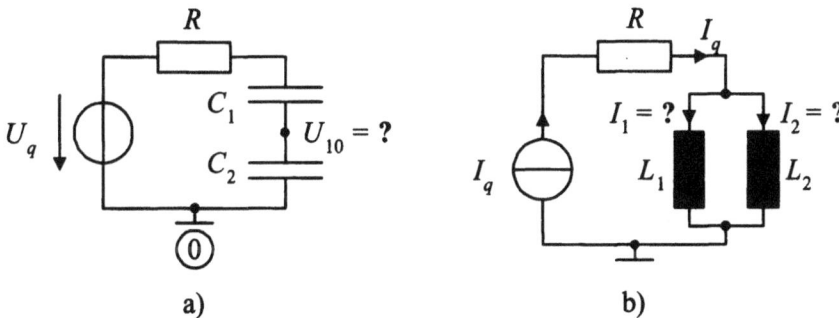

Abb. 1.64: *Sonderfälle: a)Serienschaltung von Kondensatoren; b) Parallelschaltung von unabhängigen Spulen*

Bei der Serienschaltung von Kapazitäten hängt das Potential zwischen den Kondensatoren von der Vorladung der einzelnen Komponenten ab. Ohne diese Information könnte das Mittenpotential U_{10} beliebige Werte annehmen. Die Aufgabenstellung ist nicht eindeutig lösbar. Daher können in allen Simulatoren Anfangsbedingungen (*engl.: initial conditions*) definiert werden, also z.B. die Anfangsspannung eines Kondensators. Als Voreinstellung gilt bei den meisten Simulatoren: (Gesamt-) Ladung zwischen den Kondensatorplatten ist gleich null. In der Praxis schaltet man oftmals (sehr) hochohmige Widerstände zu den Kondensatoren parallel. Dadurch wird eine Gleichstromverbindung zum schwebenden Knoten erzeugt und Konvergenzproblemen vorgebeugt.

Ein ähnliches Problem taucht im Falle parallel geschalteter Spulen auf. Bei Gleichstrombetrieb bilden Induktivitäten Kurzschlüsse, d.h. die abfallende Spannung ist immer null, unabhängig vom Stromfluss. Damit ist die Stromaufteilung zwischen den parallel liegenden Spulen nicht definiert. Abhilfe schaffen hier entweder sinnvolle Anfangsbedingungen oder man berücksichtigt bei Spulen neben dem Induktivitätswert auch die in Serie liegenden Wicklungswiderstände und schafft somit realistische Verhältnisse.

1.6   Übungsaufgaben

Aufgabe 1.1

Gegeben ist die skizzierte Anordnung zweier Punktladungen $Q_1 = Q_2 = Q$ (Abbildung 1.65).

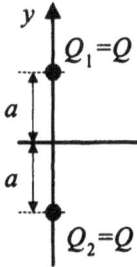

Abb. 1.65: *Feldberechnung von Punktladungen*

a) Wie groß ist die elektrische Feldstärke (Betrag und Richtung) in einem beliebigen Punkt auf der x-Achse ($x > 0$)?

b) Berechnen Sie die Spannung U_{01} zwischen dem Koordinatenursprung $(0;0)$ und einem beliebigen Punkt $(x;0)$ auf der x-Achse ($x > 0$).

c) Welche Arbeit ist erforderlich, um eine Probeladung $q = 10^{-6}$C aus dem Unendlichen zum Koordinatenursprung zu bringen, wenn $Q = 10^{-4}$C?

Aufgabe 1.2

a) Berechnen Sie die Ladungsträgerdichte n_n der Elektronen und die Beweglichkeit b_n für das Metall Silber (Ag). Es wird vorausgesetzt, dass jedes Atom genau ein Elektron für den Stromtransport zur Verfügung stellt.
Gegeben: Atomgewicht $A_{Ag} = 108$g/mol; Dichte $\varrho_{Ag} = 10,5$g/cm^3; Leitfähigkeit $\kappa_{Ag} = 62,5$Sm/mm^2; Avogadrokonstante $L = 6,02 \cdot 10^{23}$ Atome/mol.

b) Das Halbleitermaterial Silizium (Si) wird mit Phosphor (P) dotiert, wodurch pro Phosphoratom ein freies Elektron für den Stromtransport zur Verfügung steht. Die Elektonendichte sei $n_n = 10^{15}$cm^{-3}, die Beweglichkeit der Elektronen $b_n = -800$cm^2/Vs.
Gesucht sind die spezifische Leitfähigkeit und der spezifische Widerstand.

Aufgabe 1.3

Ein Kupferleiter ist durch einen längen- und widerstandsgleichen Aluminiumleiter zu ersetzen.
Wie verhalten sich die Querschnittsflächen A_{Al}/A_{Cu}, die Volumina V_{Al}/V_{Cu} und die Massen m_{Al}/m_{Cu} zueinander?

Aufgabe 1.4

Gegeben ist eine Überlandleitung (Abbildung 1.66a)), die sich aus zwanzig einzelnen Aluminiumleitern mit einer Querschnittsfläche von je $A_{Al} = 0,15\text{cm}^2$ und vier Stahlseelen (Zugfestigkeitsgründe) mit $A_{Stahl} = 0,1\text{cm}^2$ zusammensetzt.

Abbildung 1.66b) zeigt ein Halbleiterplättchen mit der Fläche A und der Dicke d. Der spezifische Leitwert des Halbleiters $\kappa = \kappa_0 \cdot e^{5x/d}$ ist ortsabhängig. Der Halbleiter ist auf Vorder- und Rückseite großflächig kontaktiert. Der Kontaktwiderstand sei vernachlässigbar gering.

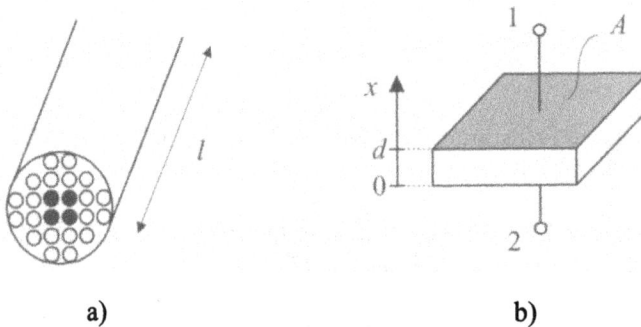

Abb. 1.66: *a) Querschnitt einer Überlandleitung; b) Halbleiterplättchen*

a) Wie groß ist der Widerstandsbelag (Widerstandswert pro Längeneinheit) der Überlandleitung ($\rho_{Stahl} = 0,12\Omega\text{mm}^2/\text{m}$)?

b) Wie groß ist der elektrische Widerstand des Halbleiterplättchens zwischen den Anschlussklemmen 1 und 2.

Aufgabe 1.5

Ab welchem Temperaturunterschied $\Delta\vartheta$ muss für Kupfer, neben dem linearen Temperaturkoeffizienten α_{20}, der quadratische Beiwert β_{20} berücksichtigt werden, wenn eine maximale Abweichung der berechneten Widerstandswerte von 1% gerade noch tolerierbar ist?

Aufgabe 1.6

Berechnen Sie die Kapazität eines Zylinderkondensators (vgl. Abbildung 1.17b) auf Seite 20) mit den Maßen: Länge l, Innenkreisradius r_i, Außenkreisradius r_a.
Hinweis: Randeffekte (Streukapazitäten) sind zu vernachlässigen.

Aufgabe 1.7

Ein Plattenkondensator (Abbildung 1.67) mit Luft als Dielektrikum hat die Fläche $A = 1 \mathrm{dm}^2$ und den Plattenabstand $d = 1\mathrm{cm}$. Zwischen den Platten liegt eine konstante Spannung $U = 100\mathrm{V}$.

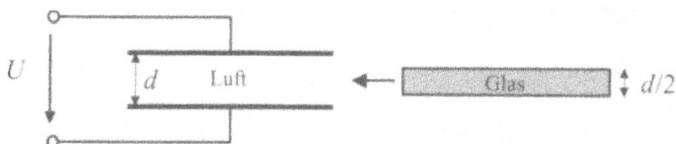

Abb. 1.67: *Plattenkondensator mit geschichtetem Dielektrikum*

a) Wie groß ist die Kapazität C und die elektrische Feldstärke E?

b) Eine Glasplatte gleicher Fläche wird parallel zu den Kondensatorplatten bündig eingeführt. Die Dicke der Glasplatte beträgt $d/2 = 0,5\mathrm{cm}$, die relative Dielektrizitätskonstante $\epsilon_r = 12$. Berechnen Sie die Kapazität C' und die elektrische Feldstärke E_L in Luft bzw. E_G in Glas.

c) Wie groß ist die Kapazität C'', wenn die Glasplatte nur zur Hälfte eingeschoben wird?

Aufgabe 1.8

Zu berechnen ist der Selbstinduktionskoeffizient L einer Zylinderspule in Luft (vgl. Abbildung 1.20a) auf Seite 23) mit der Windungszahl w, der Länge l und dem Radius r. Der Einfachheit halber wird vorausgesetzt, dass die Spule sehr lang und dünn ist, d.h. es gilt $l \gg r$.

a) Überlegen Sie zunächst, welche Auswirkung die Idealisierung $l \gg r$ auf das magnetische Feld $\vec{H}$ außerhalb der Spule hat.

b) Berechnen Sie nun L mittels sinnvoller Näherungen.
   Hinweis: Im Inneren einer langen, dünnen Zylinderspule ist das $\vec{H}$-Feld nahezu homogen.

Aufgabe 1.9

Eine unendlich lange Hochspannungsleitung liegt genau auf der z-Achse eines kartesischen Koordinatensystems und führt den Strom $i(t) = 10^5 A \cdot \sin(\omega \cdot t)$ mit der
Kreisfrequenz $\omega = 315\mathrm{s}^{-1}$. In der xz-Ebene liegt parallel dazu im Abstand $r = 1\mathrm{m}$
eine am Ende kurzgeschlossene, unverdrillte Fernsprechleitung der Länge $l = 1\mathrm{km}$
und dem Leitungsabstand $d = 1\mathrm{cm}$ (vgl. Abbildung 1.68). Die Dicke aller Leitungen
ist für die nachfolgenden Rechengänge zu vernachlässigen.

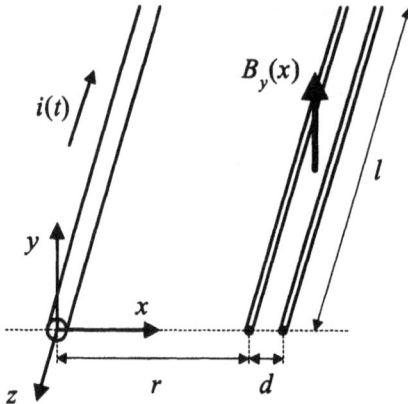

Abb. 1.68: *Aufgabe zum Induktionsgesetz*

a) Berechnen Sie den Ausdruck für die magnetische Flussdichte $B_y(x)$ in der xz-
Ebene (also für $y = 0$) abhängig von x.

b) Wie groß ist der magnetische Fluss Φ, der die Fernsprechleitungsanordnung
durchdringt?

c) Welche Spannung wird in der Fernsprechleitung induziert?

Aufgabe 1.10

Ermitteln Sie für die gezeichnete Schaltung in Abbildung 1.69, deren Widerstände
R_i ($i = 1, 2, ..., 9$) die Werte R und $2R$ haben, den Ersatzwiderstand R_e bezüglich
der Klemmen A und B.

Aufgabe 1.11

Ein Messwerk hat den Innenwiderstand $R_M = 100\Omega$ und zeigt Vollausschlag bei
einem Strom von $I_M = 0,5\mathrm{mA}$. Abbildung 1.70 zeigt eine typische Schaltung zur
Messbereichserweiterung. Die Parallelwiderstände R_{P1}–R_{P3} dienen der Stromaufteilung bei Messung hoher Ströme, die in Serie liegenden Vorwiderstände R_{V1}–R_{V3}
der Spannungsaufteilung bei Spannungsmessungen in den Bereichen 0,1V–10V.

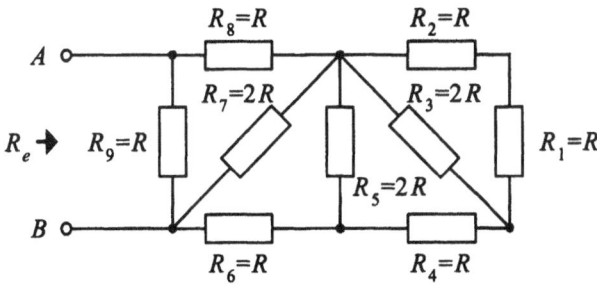

Abb. 1.69: *Bestimmung des Ersatzwiderstandes einer Schaltung*

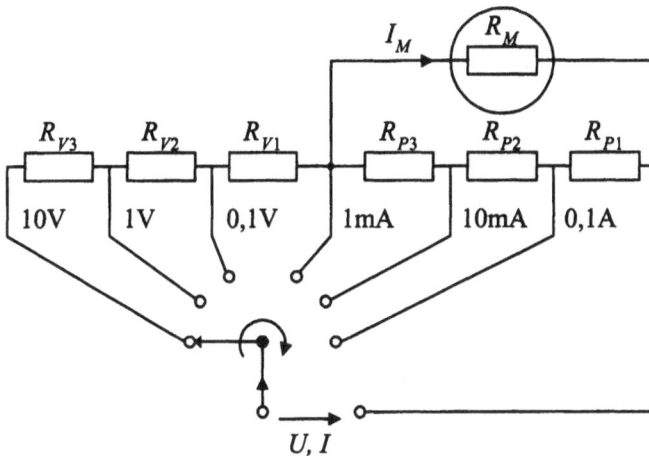

Abb. 1.70: *Prinzipschaltung zur Messbereichserweiterung*

a) Dimensionieren Sie die Widerstände R_{P1}–R_{P3} und R_{V1}–R_{V3} so, dass beim jeweiligen Messbereich Vollausschlag herrscht.

b) Welchen Gesamtwiderstand sieht das Messobjekt in jedem Messbereich?

Aufgabe 1.12

Anfangs sind alle Kondensatoren der gezeichneten Schaltung 1.71 ungeladen und beide Schalter sind offen.

Gegeben:
$U_q = 100\text{V}$; $R_1 = R_2 = 1\text{k}\Omega$; $C_1 = C_2 = C_3 = C_4 = 60\mu\text{F}$.

a) Zunächst wird nur Schalter 1 geschlossen. Nach genügend langer Wartezeit stellt sich ein statischer Zustand ein. Welche Anfangswerte U_{ai} mit $i = 1, 2, ..., 4$ haben die Kondensatorspannungen U_i danach erreicht (Zählpfeile beachten!)?

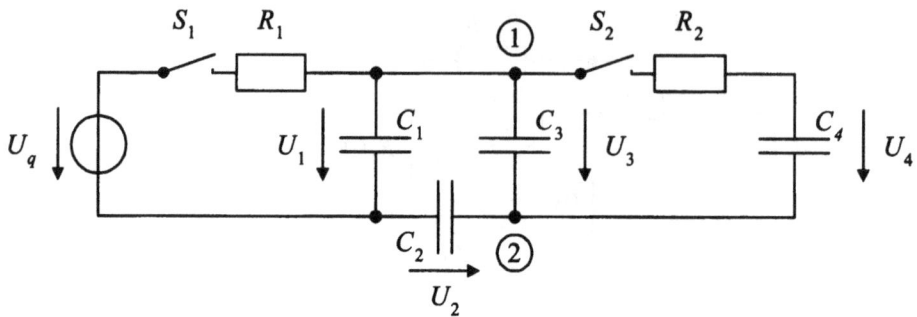

Abb. 1.71: *Umladen von Kondensatoren*

b) Berechnen Sie die Ersatzkapazität C_e bezüglich der Knoten 1 und 2.

c) Schalter 1 wird wieder geöffnet und dann Schalter 2 geschlossen, worauf sich nach einiger Zeit erneut ein statischer Zustand mit veränderten Kondensatorspannungen U_i einstellt.
Berechnen Sie alle Spannungen U_i ($i = 1, 2, ..., 4$).

d) Nach dem Schließen des Schalters 2, wie in c) beschrieben, hat R_2 während der Einstellung des neuen statischen Zustandes eine bestimmte Menge elektrischer Energie ΔW in Wärme umgewandelt. Berechnen Sie ΔW.

Aufgabe 1.13

Eine elektrische Maschine hat bezüglich ihrer Anschlussklemmen einen elektrischen Widerstand von $R_a = 15\Omega$. Sie wird über ein 200m langes Verlängerungskabel mit einem Drahtquerschnitt $A = 1,5\text{mm}^2$ an die Spannung 230V angeschlossen.

a) Berechnen Sie den Spannungsabfall auf der Leitung sowie die an der Maschine zu Verfügung stehende Spannung.

b) Wie groß ist der Wirkungsgrad η der Anordnung?

c) Durch welche Maßnahme lässt sich der Wirkungsgrad erhöhen?

Aufgabe 1.14

Abbildung 1.72 zeigt eine Brückenschaltung, die aus aus drei Widerständen $R_1 = R_2 = R_3 = R$ und einem temperaturabhängigen Widerstand $R(\vartheta) = R_0 \cdot [1 + \alpha_{20}(\vartheta - 20°C)]$ besteht. Bei der Temperatur $\vartheta = 20°C$ gilt $R(\vartheta) = R_0 = R$. Die Brücke wird mit einer idealen Gleichspannungsquelle gespeist.

a) Berechnen Sie die Diagonalspannung U_d in Abhängigkeit von U_q, R und $R(\vartheta)$.

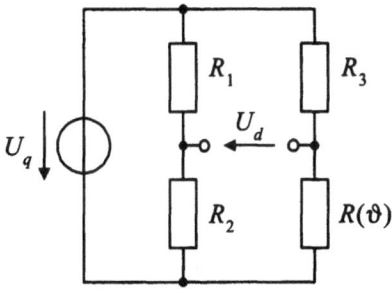

Abb. 1.72: *Brückenschaltung*

b) Der lineare Temperaturkoeffizient des Widerstandes $R(\vartheta)$ beträgt $\alpha_{20} = 0,04/K$. Berechnen Sie die Temperaturempfindlichkeit $dU_d/d\vartheta$ der Brücke.

c) Wie groß ist die Quellenspannung U_q zu wählen, um eine Empfindlichkeit von $0,1 \mathrm{V}/^\circ \mathrm{C}$ bei $\vartheta = 20^\circ \mathrm{C}$ zu erhalten?

Aufgabe 1.15

Gegeben ist die Schaltung 1.73 aus vier Widerständen, einer idealen Stromquelle und einer idealen Spannungsquelle. An den Klemmen A, B ist ein veränderbarer Widerstand R_a angeschlossen.

Gegeben:
$U_q = 18\mathrm{V}$; $I_q = 5\mathrm{mA}$; $R_1 = 1\mathrm{k}\Omega$; $R_2 = 2\mathrm{k}\Omega$; $R_3 = 4\mathrm{k}\Omega$; $R_4 = 2\mathrm{k}\Omega$.

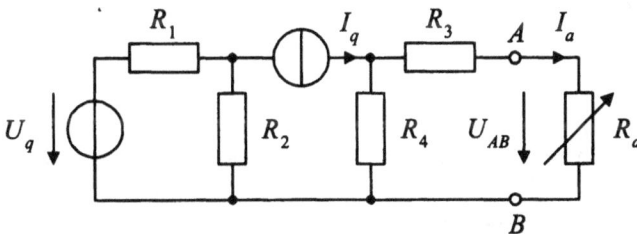

Abb. 1.73: *Gegebene Schaltung*

a) Berechnen Sie den Ausdruck für den Strom I_a zunächst allgemein in Abhängigkeit von U_q, I_q, R_1 bis R_4 und R_a.

b) Wie groß ist die Leerlaufspannung U_{AB_0} zwischen den Klemmen A und B?

c) Welcher Wert muss für den Ausgangswiderstand R_a gewählt werden, damit darin die maximale Leistung P_{aMax} umgesetzt wird? Wie groß ist P_{aMax}?

d) Welche Leistungen P_{U_q} und P_{I_q} werden von den beiden Quellen abgegeben bzw. aufgenommen, wenn die Klemmen A, B kurzgeschlossen sind?

Aufgabe 1.16

Gegeben sind die in Abbildung 1.74 dargestellten Schaltungen. Mit Hilfe des Helmholtz'schen Überlagerungssatzes sind zu berechnen:

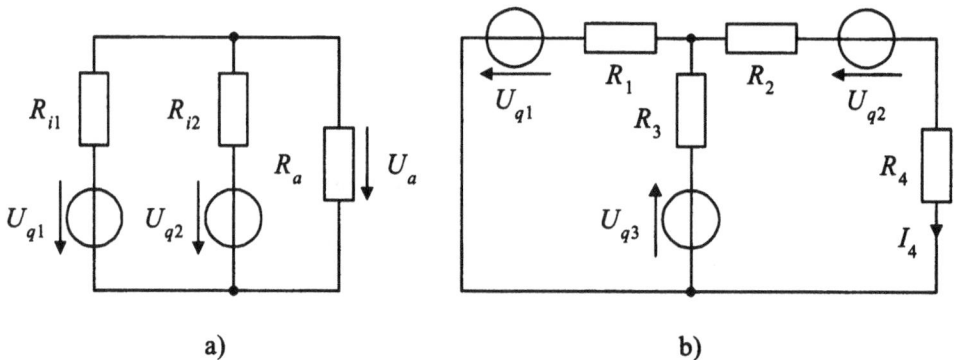

a)   b)

Abb. 1.74: Anwendung des Helmholtz'schen Überlagerungssatzes

a) Für die Schaltung a) die Spannung U_a allgemein in Abhängigkeit von U_{q1}, U_{q2}, R_{i1}, R_{i2} und R_a.

b) Für die Schaltung b) der Strom I_4 zahlenmäßig.
   Gegeben: $U_{q1} = 4,5\text{V}$; $U_{q2} = 6\text{V}$; $U_{q3} = 7,5\text{V}$; $R_1 = 3\text{k}\Omega$; $R_2 = 5\text{k}\Omega$; $R_3 = 4\text{k}\Omega$; $R_4 = 1\text{k}\Omega$.

Aufgabe 1.17

Die in Abbildung 1.75 skizzierte Schaltung dient der Spannungsstabilisierung mittels einer in Sperrrichtung parallel geschalteten Zener-Diode. Die Zener-Diode hat eine Durchbruchspannung von -10V und (nach Durchbruch) einen differentiellen Widerstand $R_{diff} = 20\Omega$. Die Quellenspannung U_q kann im Bereich $15\text{V} \leq U_q \leq 20\text{V}$ schwanken.

a) Wie groß muss der Widerstand R_1 mindestens sein, damit die Verlustleistung P_Z der Zener-Diode in keinem Belastungsfall größer als 1W wird?

b) Berechnen Sie allgemein die Spannung U_a als Funktion von R_1, R_a, R_{diff} und U_q.

c) Um wie viel ändert sich die Ausgangsspannung im Fall $R_a = 1\text{k}\Omega$, wenn sich die Eingangsspannung um 1V erhöht (für R_1 gilt der unter a) berechnete Wert)?

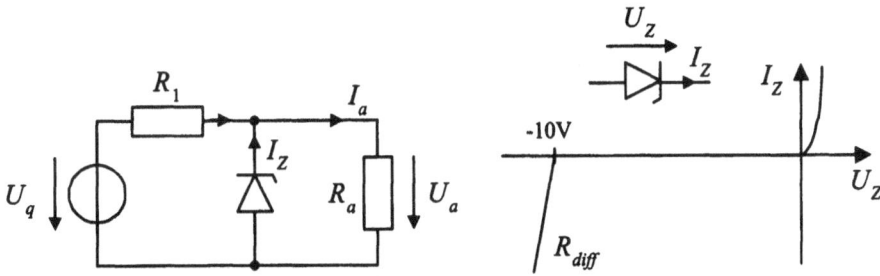

Abb. 1.75: *Schaltung zur Spannungsstabilisierung*

Aufgabe 1.18

Die in Abbildung 1.76 gegebenen Schaltungen sind mittels Ersatzquellenverfahren zu analysieren.

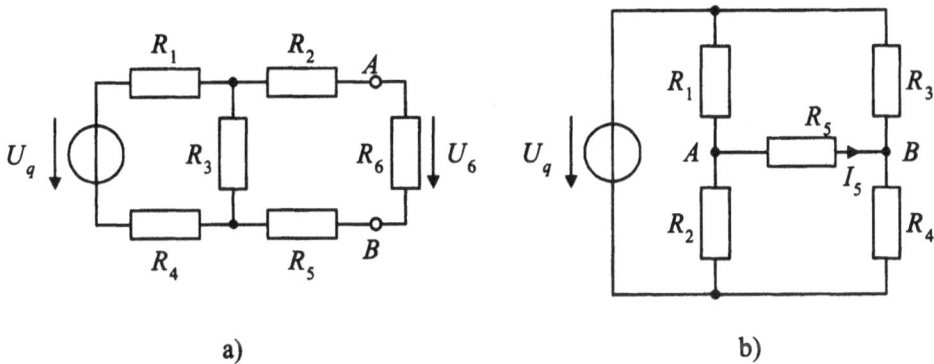

a)									b)

Abb. 1.76: *Netzwerkanalyse mittels Zweipolersatzschaltungen*

a) Berechnen Sie für die Schaltung a) die Spannung U_6, indem Sie den linken Teil des Netzwerks bezüglich der Klemmen A und B zu einer Ersatzspannungsquelle zusammenfassen.

b) Ermitteln Sie für die Brückenschaltung b) den Querstrom I_5 auf analoge Weise.

Aufgabe 1.19

Der Strom I_a in Abbildung 1.77 ist zu messen. Wie groß darf der Messgerätewiderstand R_M maximal sein, damit die durch den Strommesser verursachte Stromänderung höchstens 0,5% beträgt?

Gegeben: $R_i = 30\Omega$; $R_1 = 10\Omega$; $R_2 = 40\Omega$; $R_a = 10\Omega$.

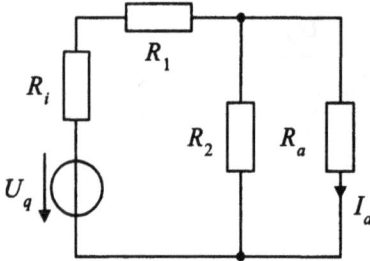

Abb. 1.77: *Gegebene Schaltung*

Aufgabe 1.20

Gesucht sind die Ströme durch alle Widerstände und der Spannungsabfall an der Stromquelle für die in Abbildung 1.78 skizzierte Schaltung.

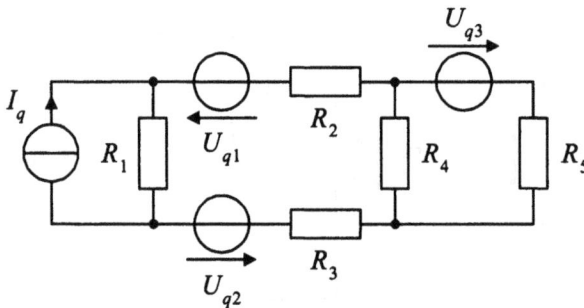

Abb. 1.78: *Gegebene Schaltung*

a) Zeichnen Sie den Graphen des Netzwerkes und tragen Sie einen vollständigen Baum ein.

b) Geben Sie alle notwendigen Gleichungen zur Bestimmung der gesuchten Größen an.

Aufgabe 1.21

Berechnen Sie den Ersatzwiderstand R_e bezüglich der Klemmen 1–0 für die in Abbildung 1.79 gezeichnete Schaltung mit Hilfe der KPA.

Gegeben:
$R_1 = 0,2\text{k}\Omega$; $R_2 = 0,5\text{k}\Omega$; $R_3 = 1/3\text{k}\Omega$; $R_4 = 0,5\text{k}\Omega$; $R_5 = 1\text{k}\Omega$.

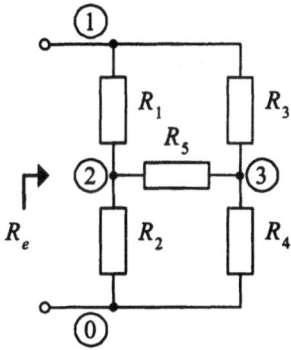

Abb. 1.79: *Berechnung eines Ersatzwiderstandes mittels KPA*

Aufgabe 1.22

a) Wie groß ist der Strom I und die Knotenspannung U_{20} in der Schaltung in Abbildung 1.80? Berechnen Sie die Werte ohne KPA.

b) Führen Sie eine KPA durch und berechnen Sie alle Knotenspannungen.

c) Welche Leistung wird von den Quellen abgegeben bzw. aufgenommen?

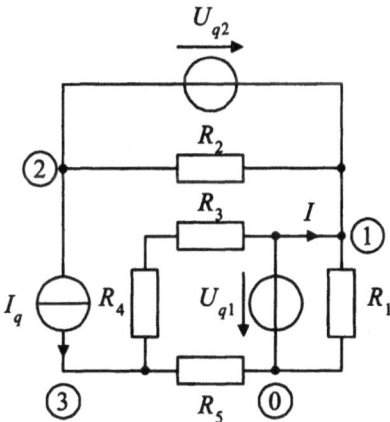

Abb. 1.80: *Gegebene Schaltung*

Gegeben:
$U_{q1} = 5\text{V};\ U_{q2} = -10\text{V};\ I_q = 1\text{mA};$
$R_1 = 5\text{k}\Omega;\ R_2 = 1\text{k}\Omega;\ R_3 = 2\text{k}\Omega;\ R_4 = 3\text{k}\Omega;\ R_5 = 4\text{k}\Omega.$

Aufgabe 1.23

Berechnen Sie alle Knotenspannungen mit Hilfe der KPA für die in Abbildung 1.81 skizzierte Schaltung.

Gegeben:
$U_{q1} = 5V$; $U_{q2} = 10V$; $U_{q3} = 10V$; Leitwerte in S $= 1/\Omega$.

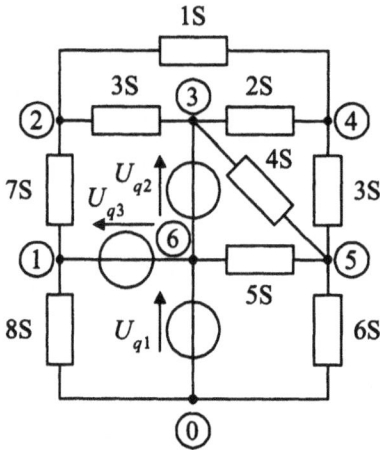

Abb. 1.81: Netzwerk mit zusammengeschalteten Spannungsquellen

Aufgabe 1.24

Stellen Sie das Gleichungssystem der KPA für die in Abbildung 1.82 dargestellte Schaltung auf.

Gegeben:
$R_q = R_{eo} = R_2 = 10k\Omega$; $R_{ao} = R_1 = 1k\Omega$; $U_q = 1V$; $v_u = 10^4$.

a) Wie groß ist das Spannungsverhältnis U_{30}/U_{10}?

b) Wie groß ist der Ausgangswiderstand zwischen den Klemmen 3 und 0?

c) Welchen Widerstand sieht die reale, lineare Quelle zwischen den Klemmen 1 und 0?

Aufgabe 1.25

Gegeben ist die Schaltung in Abbildung 1.83 mit den Werten:
$U_q = 5V$; $R = 1k\Omega$; Diodenmodell: $I = I_S \cdot (e^{U/U_T} - 1)$ mit dem Sperrsättigungsstrom $I_S = 1fA$ und der Temperaturspannung $U_T = 25mV$.

a) Ermitteln Sie graphisch die Spannung U_R und den Strom I.

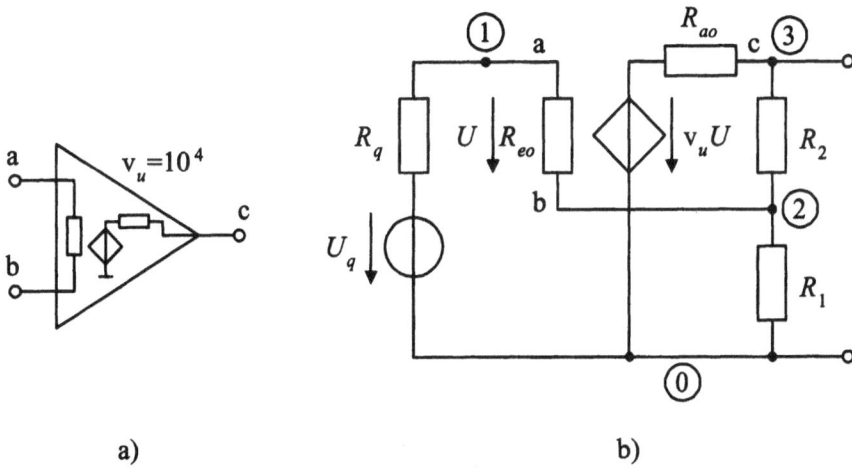

Abb. 1.82: *Berechnung einer nichtinvertierenden Verstärkerschaltung mittles KPA: a) Schaltbild des Operationsverstärkers; b) Schaltung*

b) Berechnen Sie nun U_R und I mit einer KPA, indem Sie die Diodenkennlinie in einer Taylorreihe entwickeln und nach dem linearen Glied abbrechen.

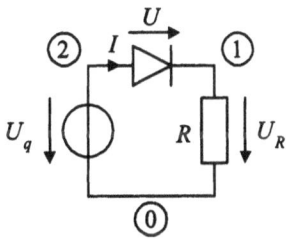

Abb. 1.83: *Serienschaltung einer Diode und eines Widerstandes*

1.7   Lösungen

Aufgabe 1.1

a) Die elektrischen Felder $\vec{E}_1$ und $\vec{E}_2$, hervorgerufen durch die Ladungen Q_1 und Q_2 werden vektoriell überlagert.

$$\vec{E}_1 = \frac{Q_1}{4\pi\epsilon_0} \cdot \frac{1}{r_1^2} \cdot \vec{e}_{r_1} = \frac{Q}{4\pi\epsilon_0} \cdot \frac{1}{\sqrt{x^2+a^2}^2} \cdot \begin{pmatrix} x/\sqrt{x^2+a^2} \\ -a/\sqrt{x^2+a^2} \end{pmatrix}$$

$$\vec{E}_2 = \frac{Q_2}{4\pi\epsilon_0} \cdot \frac{1}{r_2^2} \cdot \vec{e}_{r_2} = \frac{Q}{4\pi\epsilon_0} \cdot \frac{1}{\sqrt{x^2+a^2}^2} \cdot \begin{pmatrix} x/\sqrt{x^2+a^2} \\ a/\sqrt{x^2+a^2} \end{pmatrix}$$

$$\vec{E} = \vec{E}_1 + \vec{E}_2 = \frac{Q}{4\pi\epsilon_0} \cdot \frac{1}{\sqrt{x^2+a^2}^2} \cdot \begin{pmatrix} 2x/\sqrt{x^2+a^2} \\ 0 \end{pmatrix}$$

$$= \frac{Q}{4\pi\epsilon_0} \cdot \frac{1}{(x^2+a^2)^{3/2}} \cdot \begin{pmatrix} 2x \\ 0 \end{pmatrix}$$

$\vec{E}$ zeigt in $+x$ -Richtung!

b) $$U_{01} = \int_{P_0}^{P_1} \vec{E}(r)d\vec{r} = \int_0^x E_x(x')dx' = \int_0^x \frac{Q}{4\pi\epsilon_0} \cdot \frac{2x'}{(x'^2+a^2)^{3/2}}dx'$$

Die Lösung des Integrals ergibt:

$$U_{01} = \frac{Q}{2\pi\epsilon_0}\left(\frac{1}{a} - \frac{1}{\sqrt{x^2+a^2}}\right)$$

c) $$W_{\infty 0} = q \cdot U_{\infty 0} = -q \cdot U_{0\infty} = \lim_{x\to\infty} -q \cdot U_{01} = -\frac{q \cdot Q}{2\pi\epsilon_0 a} = \frac{-1,8J}{a/m}$$

$W_{\infty 0} < 0$ bedeutet: Arbeit muss aufgewendet werden.

Aufgabe 1.2

a) $$n_n = \frac{L \cdot \varrho_{Ag}}{A_{Ag}} = 5,85 \cdot 10^{22}\text{cm}^{-3}$$

$$b_n = \frac{\kappa_{Ag}}{Q_n \cdot n_n} = \frac{\kappa_{Ag}}{-e \cdot n_n} = -66,7\text{cm}^2/\text{Vs}$$

b) $\kappa = b_n \cdot n_n \cdot (-e) = 12,8\text{ S/m} = 1,28\cdot10^{-5}\text{Sm/mm}^2 \Rightarrow \rho = 7,81\cdot10^4\Omega\text{mm}^2/\text{m}$

Aufgabe 1.3

Gegeben:
Spezifische Widerstände: $\rho_{Al} = 0,02857\Omega\text{mm}^2/\text{m}$ und $\rho_{Cu} = 0,01786\Omega\text{mm}^2/\text{m}$
Dichte: $\varrho_{Al} = 2,70\text{kg/dm}^3$ und $\varrho_{Cu} = 8,93\text{kg/dm}^3$

$$\frac{R_{Al}}{R_{Cu}} = 1 = \frac{\rho_{Al} \cdot l/A_{Al}}{\rho_{Cu} \cdot l/A_{Cu}} \Rightarrow A_{Al}/A_{Cu} = \rho_{Al}/\rho_{Cu} = 1,6$$

$$V_{Al}/V_{Cu} = (A_{Al} \cdot l)/(A_{Cu} \cdot l) = 1,6$$

$$m_{Al}/m_{Cu} = (V_{Al} \cdot \varrho_{Al})/(V_{Cu} \cdot \varrho_{Cu}) = 0,48$$

Ein längen- und widerstandsgleicher Leiter aus Aluminium wiegt nur die Hälfte eines Leiters aus Kupfer und ist zudem noch preisgünstiger.

Aufgabe 1.4

a) *Gegeben:* $\rho_{Al} = 0,02857 \Omega mm^2/m$ und $\rho_{Stahl} = 0,12 \Omega mm^2/m$

$R_{Al}/l = \rho_{Al}/A_{Al} = 1,905 m\Omega/m$
$R_{Stahl}/l = \rho_{Stahl}/A_{Stahl} = 12,0 m\Omega/m$
$G_{Kabel} \cdot l = 20 \cdot G_{Al} \cdot l + 4 \cdot G_{Stahl} \cdot l = 10,832 kS \cdot m \Rightarrow$
$R_{Kabel}/l = 0,0923 m\Omega/m$

b) $R = \int_{x=0}^{x=d} \frac{1}{\kappa \cdot A} dx = \frac{1}{\kappa_0 \cdot A} \int_{x=0}^{x=d} e^{-5x/d} dx = \frac{d}{5\kappa_0 \cdot A} \cdot (1 - e^{-5}) \approx \frac{d}{5\kappa_0 \cdot A}$

Aufgabe 1.5

$R_{lin} = R_{20} \cdot (1 + \alpha_{20} \cdot \Delta\vartheta)$; $R_{quadr} = R_{20} \cdot (1 + \alpha_{20} \cdot \Delta\vartheta + \beta_{20} \cdot \Delta\vartheta^2)$
Relativer Fehler: $\dfrac{R_{lin} - R_{quadr}}{R_{quadr}} = \dfrac{R_{lin}}{R_{quadr}} - 1 = -0,01 \Rightarrow$

$\dfrac{R_{lin}}{R_{quadr}} = 0,99 \Rightarrow 1 + \dfrac{\beta_{20} \cdot \Delta\vartheta^2}{1 + \alpha_{20} \cdot \Delta\vartheta} = \dfrac{1}{0,99} \Rightarrow$
$\beta_{20} \cdot \Delta\vartheta^2 - (1/0,99 - 1) \cdot \alpha_{20} \cdot \Delta\vartheta - (1/0,99 - 1) = 0 \Rightarrow$
$\Delta\vartheta = +167°C$ bzw. $\Delta\vartheta = -101°C$

Aufgabe 1.6

Allgemein gilt $C = \dfrac{Q}{U} = \dfrac{\displaystyle\iint_{A_{Zyl}} \vec{D}(r) \cdot d\vec{a}}{\displaystyle\int_{r_i}^{r_a} \vec{E}(r) \cdot d\vec{r}}$,

wobei A_{Zyl} eine Zylindermantelfläche mit dem Radius $r_i \leq r \leq r_a$ darstellt.

Zunächst wird die elektrische Feldstärke $\vec{E}(r)$ berechnet.

$Q = \iint_{A_{Zyl}} \vec{D}(r) \cdot d\vec{a} \Rightarrow Q = 2\pi \cdot r \cdot l \cdot D(r) \Rightarrow E(r) = \dfrac{D(r)}{\epsilon_0 \epsilon_r} = \dfrac{Q}{2\pi \cdot r \cdot l \cdot \epsilon_0 \epsilon_r}$

Mit dem Ausdruck für das $\vec{E}$-Feld kann die Spannung zwischen den Kondensatorplatten berechnet werden.

$U = \int_{r_i}^{r_a} \vec{E}(r) \cdot d\vec{r} = \int_{r_i}^{r_a} \dfrac{Q}{2\pi \cdot l \cdot \epsilon_0 \epsilon_r} \cdot \dfrac{1}{r} \cdot d\vec{r} = \dfrac{Q}{2\pi \cdot l \cdot \epsilon_0 \epsilon_r} \cdot \ln \dfrac{r_a}{r_i} \Rightarrow$
$C = \dfrac{Q}{U} = \dfrac{2\pi \cdot l \cdot \epsilon_0 \epsilon_r}{\ln(r_a/r_i)}$

Aufgabe 1.7

a) $C = \dfrac{\epsilon_0 \cdot A}{d} = 8,854\text{pF}$

$E = U/d = 100\text{V}/0,01\text{m} = 1 \cdot 10^4 \text{V/m}$

b) Die Anordnung kann als Reihenschaltung aus drei einzelnen Kondensatoren (Luft–Glas–Luft) aufgefasst werden. Der Abstand zwischen der oberen Kondensatorplatte und der Glasoberseite sei a. Die Glasdicke ist $d/2$, somit beträgt der Abstand zwischen der Glasunterseite und der unteren Kondensatorplatte $d - d/2 - a = d/2 - a$.

$\dfrac{1}{C'} = \dfrac{a}{\epsilon_0 \cdot A} + \dfrac{d/2}{\epsilon_0 \epsilon_r \cdot A} + \dfrac{d/2 - a}{\epsilon_0 \cdot A} = \dfrac{d/2}{\epsilon_0 \cdot A} + \dfrac{d/2}{\epsilon_0 \epsilon_r \cdot A} \Rightarrow C' = 16,35\text{pF}$

$U = 100\text{V} = E_L \cdot d/2 + E_G \cdot d/2 = D/\epsilon_0 \cdot d/2 + D/(\epsilon_0 \epsilon_r) \cdot d/2 \Rightarrow$

$D = 1,635 \cdot 10^{-7}\text{C/m}^2$ (Die dielektrische Verschiebung ist materialunabhängig!)

$E_L = D/\epsilon_0 = 1,85 \cdot 10^4 \text{V/m}; \ E_G = D/(\epsilon_0 \epsilon_r) = 1,54 \cdot 10^3 \text{V/m}$

c) Die Anordnung entspricht einer Parallelschaltung aus $C/2$ (Kondensatorteil ohne Glasplatte) und der Serienschaltung $C_{Luft} \oplus C_{Glas}$.

$C/2 = 4,427\text{pF}; \ C_{Luft} = \dfrac{\epsilon_0 \cdot A/2}{d/2} = 8,854\text{pF}; \ C_{Glas} = \dfrac{\epsilon_0 \epsilon_r \cdot A/2}{d/2} = 106,25\text{pF}$

$C'' = \left(4,427 + \dfrac{8,854 \cdot 106,25}{8,854 + 106,25} \right) \text{pF} = 12,6\text{pF}$

Aufgabe 1.8

a) Abbildung 1.84 zeigt den magnetischen Feldlinienverlauf einer langen, dünnen Zylinderspule. Das $\vec{H}$-Feld der einzelnen Windungen überlagert sich im Inneren der Spule konstruktiv, während es außen zu einer Teilauslöschung kommt.
$\Rightarrow H_i \gg H_a$

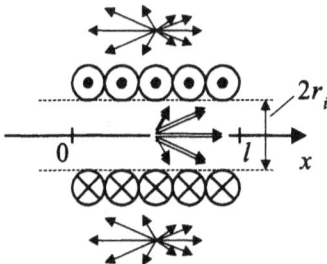

Abb. 1.84: Magnetisches Feld einer langen, dünnen Zylinderspule

b) Aus dem Durchflutungsgesetz folgt

$$\oint_C \vec{H} \cdot d\vec{s} = I_{eing.} \Rightarrow \int_0^l \vec{H}_i \cdot d\vec{x} + \int_{C_a} \vec{H}_a \cdot d\vec{s} = w \cdot i \,,$$

wobei C_a die Reststrecke des geschlossenen Weges C außerhalb des Spuleninneren darstellt. Das Integral $\int_{C_a} \vec{H}_a \cdot d\vec{s}$ lässt sich nicht elementar lösen, da der Feldverlauf im Außenraum stark inhomogen ist. Da $H_i \gg H_a$ ist, kann dieses Integral gegenüber $\int_0^l \vec{H}_i \cdot d\vec{x}$ vernachlässigt werden. Wird im Inneren der Spule ein homogenes Feld vorausgesetzt, folgt:

$$\int_0^l \vec{H}_i \cdot d\vec{x} = H_i \cdot l = w \cdot i \Rightarrow H_i = \frac{w \cdot i}{l}.$$

Die magnetische Flussdichte im Spuleninneren beträgt damit:

$$B_i = \mu_0 \cdot \mu_r \cdot H_i = \mu_0 \cdot \mu_r \cdot \frac{w \cdot i}{l}.$$

Berechnung des magnetischen Flusses (B_i im Spuleninneren homogen):

$$\Phi = \iint_A \vec{B}_i \cdot d\vec{a} = B_i \cdot r_i^2 \pi = \mu_0 \cdot \mu_r \cdot \frac{w \cdot i}{l} \cdot r_i^2 \pi.$$

Es ergibt sich der Selbstinduktionskoeffizient L:

$$L = \frac{w \cdot \Phi}{i} = \mu_0 \cdot \mu_r \cdot w^2 \cdot \pi \cdot \frac{r_i^2}{l}.$$

Aufgabe 1.9

a) $\vec{B} = \dfrac{\mu_0 \cdot i(t)}{2\pi r} \cdot \vec{e}_\varphi$

Es gilt: $x = r$; $\vec{e}_y = \vec{e}_\varphi \Rightarrow B_y(x) = \dfrac{\mu_0 \cdot i(t)}{2\pi x}$

b) $\Phi = \displaystyle\iint \vec{B} \cdot \vec{a} = \frac{\mu_0 \cdot i(t)}{2\pi} \cdot \int_{z=0}^l \int_{x=r}^{r+d} \frac{1}{x} \cdot dz dx = \frac{\mu_0 \cdot i(t)}{2\pi} \cdot l \cdot \ln\frac{r+d}{r}$

c) $U_{ind} = \dfrac{d\Phi}{dt} = \dfrac{\mu_0}{2\pi} \cdot l \cdot \ln\dfrac{r+d}{r} \cdot \dfrac{di(t)}{dt} \Rightarrow$

$U_{ind} = \dfrac{\mu_0}{2\pi} \cdot l \cdot \ln\dfrac{r+d}{r} \cdot 10^5 \text{A} \cdot \omega \cdot \cos(\omega \cdot t) = 62,7\text{V} \cdot \cos(315 \cdot t/\text{s})$

Aufgabe 1.10

Bei der Berechnung des Ersatzwiderstandes R_e beginnt man am besten mit der Serienschaltung aus R_1 und R_2. $\Rightarrow$

$R_{e1} = R_1 + R_2 = 2R$

R_{e1} liegt parallel zu R_3. $\Rightarrow$

$R_{e2} = \dfrac{R_{e1} \cdot R_3}{R_{e1} + R_3} = R$; $R_{e3} = R_{e2} + R_4 = 2R$; $R_{e4} = \dfrac{R_{e3} \cdot R_5}{R_{e1} + R_5} = R$;

$R_{e5} = R_{e4} + R_6 = 2R$; $R_{e6} = \dfrac{R_{e5} \cdot R_7}{R_{e5} + R_7} = R$; $R_{e7} = R_{e6} + R_8 = 2R$;

$R_e = R_{AB} = \dfrac{R_{e7} \cdot R_9}{R_{e7} + R_9} = \dfrac{2}{3} \cdot R$

Aufgabe 1.11

a) Strommessung bis 1mA:
$$\frac{I_M}{1\text{mA}} = \frac{R_{P1} + R_{P2} + R_{P3}}{R_M + R_{P1} + R_{P2} + R_{P3}} \Rightarrow R_{P1} + R_{P2} + R_{P3} = 100\Omega$$
Strommessung bis 0,1A:
$$\frac{I_M}{0,1\text{A}} = \frac{R_{P1}}{R_M + R_{P1} + R_{P2} + R_{P3}} = \frac{R_{P1}}{200\Omega} \Rightarrow R_{P1} = 1\Omega$$
Strommessung bis 10mA:
$$\frac{I_M}{10\text{mA}} = \frac{R_{P1} + R_{P2}}{R_M + R_{P1} + R_{P2} + R_{P3}} = \frac{1\Omega + R_{P2}}{200\Omega} \Rightarrow R_{P2} = 9\Omega$$
Mit $R_{P1} + R_{P2} + R_{P3} = 100\Omega$ folgt $R_{P3} = 90\Omega$

Spannungsmessung bis 0,1V:
Messgerät zeigt Vollausschlag bei $U_M = R_M \cdot I_M = 50\text{mV}$. $\Rightarrow$
$$\frac{0,05\text{V}}{0,1\text{V}} = \frac{100\Omega \parallel 100\Omega}{100\Omega \parallel 100\Omega + R_{V1}} = \frac{50\Omega}{50\Omega + R_{V1}} \Rightarrow R_{V1} = 50\Omega$$
Analoge Rechnung liefert die restlichen Werte $R_{V2} = 900\Omega$ und $R_{V3} = 9\text{k}\Omega$.

b) 0,1A Bereich: $R_e = R_{P1} \parallel (R_{P2} + R_{P3} + R_M) = \dfrac{1\Omega \cdot 199\Omega}{1\Omega + 199\Omega} = 0,995\Omega$
10mA Bereich: $R_e = (R_{P1} + R_{P2}) \parallel (R_{P3} + R_M) = 9,5\Omega$
1mA Bereich: $R_e = (R_{P1} + R_{P2} + R_{P3}) \parallel R_M = 50\Omega$

0,1V Bereich: $R_e = R_{V1} + [(R_{P1} + R_{P2} + R_{P3}) \parallel R_M] = 50\Omega + 50\Omega = 100\Omega$
1V Bereich: $R_e = 900\Omega + 50\Omega + 50\Omega = 1\text{k}\Omega$
10V Bereich: $R_e = 9000\Omega + 900\Omega + 50\Omega + 50\Omega = 10\text{k}\Omega$

Aufgabe 1.12

a) $U_{1a} = U_q = 100\text{V}; U_{4a} = 0\text{V}$
Die Ersatzkapazität $C_{23} = \dfrac{C_2 \cdot C_3}{C_2 + C_3} = 30\mu\text{F}$ der Serienschaltung aus C_2 und C_3 wird auf die Spannung $U_{3a} - U_{2a} = U_q = 100\text{V}$ aufgeladen. $\Rightarrow$
$Q_{23} = 30\mu\text{F} \cdot 100\text{V} = 3\text{mC}$
Beide Kondensatoren tragen jeweils diese Ladung! $\Rightarrow$
$U_2 = -Q_{23}/C_2 = -50\text{V}; U_3 = Q_{23}/C_3 = 50\text{V}$

b) $C_e = C_3 + \dfrac{C_1 \cdot C_2}{C_1 + C_2} = 90\mu\text{F}$

c) Die Ersatzkapazität C_e ist auf 50V aufgeladen. Damit beträgt die Ladung der Ersatzkapazität $Q_{e+} = -Q_{e-} = 90\mu\text{F} \cdot 50\text{V} = 4,5\text{mC}$. Nach Schließen des Schalters 2 verteilt sich diese Ladung auf C_e und C_4. $\Rightarrow$
$$U_3 = U_4 = \frac{Q_{e+}}{C_e + C_4} = 30\text{V}$$

Durch Öffnen des Schalters 1 bleibt die Ladung $-(C_1 \cdot U_{1a}) + C_2 \cdot U_{2a} = -9\text{mC}$
zwischen den Kondensatoren C_1 und C_2 auch nach Schließen des Schalters 2
erhalten. Nach Schließen des Schalters 2 gilt also:
$-Q_1 + Q_2 = -9\text{mC}$ und $U_1 + U_2 = Q_1/C_1 + Q_2/C_2 = 30\text{V}$ ⇒
$Q_1/C_1 + (Q_1 - 9\text{mC})/C_2 = 30\text{V}$ ⇒
$Q_1 = 5,4\text{mC}; U_1 = 5,4\text{mC}/60\mu\text{F} = 90\text{V}; U_2 = 30\text{V} - 90\text{V} = -60\text{V}$

d) Vor dem Schließen des Schalters 2 ist die Ersatzkapazität $C_e = 90\mu\text{F}$ auf $U_{3a} = 50\text{V}$ geladen. ⇒ Gespeicherte elektrische Energie $W_{ea} = \frac{1}{2}C_e U_{3a}^2 = 0,1125\text{J}$.
Nach Schließen des Schalters 2 speichern die Kondensatoren C_e und C_4 die
Energie $W_e = \frac{1}{2}C_e U_3^2 = 0,0405\text{J}$ und $W_4 = \frac{1}{2}C_4 U_3^2 = 0,027\text{J}$.
Nach dem Energieerhaltungssatz muss die Energiedifferenz
$\Delta W = 0,1125\text{J} - 0,0405\text{J} - 0,027\text{J} = 0,045\text{J}$
im Widerstand R_2 in Wärme umgesetzt werden.

Aufgabe 1.13

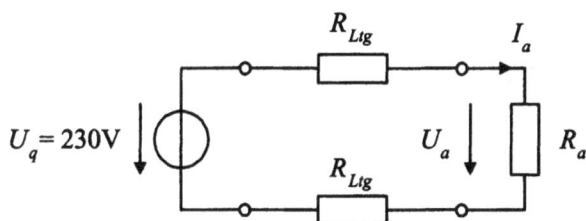

Abb. 1.85: Schaltung

a) Schaltung vgl. Abbildung 1.85
$R_{Ltg} = \rho_{\text{Cu}} \cdot l/A = 0,01786 \Omega\text{mm}^2/\text{m} \cdot 200\text{m}/1,5\text{mm}^2 = 2,38\Omega$
$I_a = U_q/(2 \cdot R_{Ltg} + R_a) = 11,64\text{A}$ ⇒
$U_{Ltg} = 2 \cdot R_{Ltg} \cdot I_a = 55,4\text{V}; U_a = R_a \cdot I_a = 174,6\text{V}$

b) $\eta = \dfrac{1}{1 + \dfrac{2R_{Ltg}}{R_a}} = 0,759 = 75,9\%$

c) Der Wirkungsgrad lässt sich durch Verringerung der Leitungswiderstände erhöhen.
⇒ Kabel mit größerem Querschnitt verwenden!

Aufgabe 1.14

a) Maschengleichung: $U_d = U_{R(\vartheta)} - U_{R_2}$
Spannungsteiler: $U_{R_2} = U_q \cdot \dfrac{R_2}{R_1 + R_2} = U_q \cdot \dfrac{R}{R + R} = 0,5 \cdot U_q;$

$$U_{R(\vartheta)} = U_q \cdot \frac{R(\vartheta)}{R_3 + R(\vartheta)} = U_q \cdot \frac{R(\vartheta)}{R + R(\vartheta)} \Rightarrow$$

$$U_d = U_q \cdot \left(\frac{R(\vartheta)}{R + R(\vartheta)} - 0,5 \right)$$

b) $\dfrac{dU_d}{d\vartheta} = U_q \cdot \dfrac{(R + R(\vartheta)) \cdot dR(\vartheta)/d\vartheta - R(\vartheta) \cdot dR(\vartheta)/d\vartheta}{(R + R(\vartheta))^2} = U_q \cdot \dfrac{R \cdot dR(\vartheta)/d\vartheta}{(R + R(\vartheta))^2}$

Mit $dR(\vartheta)/d\vartheta = R_0 \alpha_{20}$ folgt:

$$\frac{dU_d}{d\vartheta} = U_q \cdot \frac{R \cdot R_0 \alpha_{20}}{(R + R(\vartheta))^2}$$

c) $\dfrac{dU_d}{d\vartheta}(\vartheta = 20°\text{C}) = \dfrac{1}{4} \cdot U_q \cdot \alpha_{20} = 0,1\text{V}/°\text{C} \Rightarrow U_q = 10\text{V}$

Aufgabe 1.15

Es wird das abgebildete Zählpfeilsystem 1.86 verwendet.

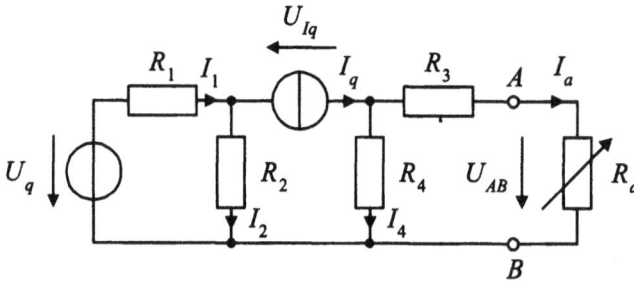

Abb. 1.86: *Schaltung mit Zählpfeilsystem*

a) Maschengleichung: $R_3 \cdot I_a + R_a \cdot I_a - R_4 \cdot I_4 = 0$ (1)
   Knotenpunktgleichung: $I_q = I_a + I_4 \Rightarrow I_4 = I_q - I_a$ (2)
   (2) in (1) einsetzen: $I_a = \dfrac{R_4 \cdot I_q}{R_3 + R_a + R_4}$
   I_a hängt nicht von der Spannung U_q ab!

b) Leerlauf: $I_a = 0 \Rightarrow I_4 = I_q \Rightarrow U_{AB_0} = R_4 \cdot I_q = 10\text{V}$

c) Leistungsanpassung: $R_a = R_i$ mit $R_i = R_3 + R_4 = 6\text{k}\Omega$
   (Berechnung von R_i: Stromquelle abtrennen und Spannungsquelle kurzschließen!)

$$P_{aMax} = R_a \cdot I_a^2 = 6\text{k}\Omega \cdot \left(\frac{2\text{k}\Omega \cdot 5\text{mA}}{(4 + 6 + 2)\text{k}\Omega} \right)^2 = 4,167\text{mW}$$

d) Maschengleichung: $-U_q + R_1 \cdot I_1 + R_2 \cdot I_2 = 0$ (3)
   Knotenpunktgleichung: $I_1 = I_q + I_2 \Rightarrow I_2 = I_1 - I_q$ (4)

(4) in (3) einsetzen: $I_1 = \dfrac{U_q + R_2 \cdot I_q}{R_1 + R_2} = 9,333\text{mA} \Rightarrow$

$P_{U_q} = U_q \cdot (-I_1) = -168\text{mW}$ (Leistungsabgabe!)

Maschengleichung: $-R_2 \cdot I_2 - U_{I_q} + R_4 \cdot I_4 = 0 \Rightarrow U_{I_q} = -R_2 \cdot I_2 + R_4 \cdot I_4 = 0$

Aus (4): $I_2 = I_1 - I_q = (9,333 - 5)\text{mA} = 4,333\text{mA}$

$I_4 \cdot R_4 = I_q \cdot (R_3 \parallel R_4) \Rightarrow I_4 = I_q \cdot \dfrac{R_3}{R_3 + R_4} = 3,333\text{mA}$

$U_{I_q} = -2\text{k}\Omega \cdot 4,333\text{mA} + 2\text{k}\Omega \cdot 3,333\text{mA} = -2\text{V} \Rightarrow$

$P_{I_q} = -U_{I_q} \cdot I_q = 10\text{mW}$ (Leistungsaufnahme!)

Aufgabe 1.16

a) Quelle 1: U_{q2} kurzschließen, dann Spannungsteilerformel (hier mit Leitwerten)

$U_{a1} = \dfrac{G_{i1}}{G_{i1} + G_{i2} + G_a} \cdot U_{q1}$

Vergleichsrechnung: Spannungsteiler mit Widerständen:

$U_{a1} = \dfrac{\dfrac{R_{i2} \cdot R_a}{R_{i2} + R_a}}{R_{i1} + \dfrac{R_{i2} \cdot R_a}{R_{i2} + R_a}} \cdot U_{q1} = \dfrac{1/R_{i1}}{1/R_{i1} + 1/R_{i2} + 1/R_a} \cdot U_{q1}$ (vgl. oben)

Quelle 2: U_{q1} kurzschließen

$U_{a2} = \dfrac{G_{i2}}{G_{i1} + G_{i2} + G_a} \cdot U_{q2}$

Superposition:

$U_a = U_{a1} + U_{a2}$

b) Quelle 1: $I_{41} = U_{q1} \cdot \dfrac{G_1}{G_1 + G_3 + 1/(R_2 + R_4)} \cdot \dfrac{1}{R_2 + R_4} = \dfrac{1}{3}\text{mA}$

Quelle 2: $I_{42} = \dfrac{U_{q2}}{R_4 + \dfrac{R_1 \cdot R_3}{R_1 + R_3} + R_2} = \dfrac{7}{9}\text{mA}$

Quelle 3: $I_{43} = -U_{q3} \cdot \dfrac{G_3}{G_3 + G_1 + 1/(R_2 + R_4)} \cdot \dfrac{1}{R_2 + R_4} = -\dfrac{5}{12}\text{mA}$

Superposition:

$I_4 = I_{41} + I_{42} + I_{43} = 25/36\text{mA} = 0,694\text{mA}$

Aufgabe 1.17

Ersatzschaltung unter Berücksichtigung des nichtlinearen Bauelementes siehe Abbildung 1.87

a) Verlustleistung P_Z maximal für $U_q = 20\text{V}$ und $R_a \rightarrow \infty$: $\Rightarrow$

$P_{Zmax} = 1\text{W} = (10\text{V} + R_{diff} \cdot I_{diff}) \cdot I_{diff} = (10\text{V} + 20\Omega \cdot I_{diff}) \cdot I_{diff} \Rightarrow$

$I_{diff} = 85,4\text{mA} \Rightarrow U_a = 10\text{V} + 85,4\text{mA} \cdot 20\Omega = 11,71\text{V} \Rightarrow$

$U_{R_1} = 20\text{V} - 11,71\text{V} = 8,29\text{V} \Rightarrow$

$R_1 = R_{1min} = 8,29\text{V}/85,4\text{mA} = 97,1\Omega$

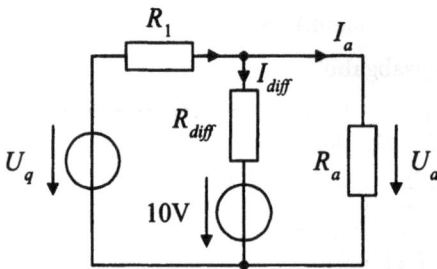

Abb. 1.87: *Ersatzschaltung*

b) Helmholtz'scher Überlagerungssatz:
Einfluss der Quelle U_q (10V-Quelle kurzschließen):
$$U_{a1} = U_q \frac{G_1}{G_1 + G_{diff} + G_a}$$
Einfluss der 10V-Quelle:
$$U_{a2} = 10\text{V} \frac{G_{diff}}{G_{diff} + G_1 + G_a}$$
Überlagerung:
$$U_a = U_{a1} + U_{a2} = \left(\frac{U_q}{R_1} + \frac{10\text{V}}{R_{diff}} \right) \cdot \frac{1}{1/R_{diff} + 1/R_1 + 1/R_a}$$

c) $\Delta U_a = \dfrac{\Delta U_q}{R_1} \cdot \dfrac{1}{1/R_{diff} + 1/R_1 + 1/R_a} = 168\text{mV}$

Aufgabe 1.18

a) Ersatzquelle bezüglich A–B bestimmen:
$$U_{qe} = U_{Leerlauf} = U_q \cdot \frac{R_3}{R_1 + R_3 + R_4}$$
$$R_{ie} = R_2 + \frac{R_3 \cdot (R_1 + R_4)}{R_3 + R_1 + R_4} + R_5$$
U_6 aus Spannungsteilerformel:
$$U_6 = U_{qe} \cdot \frac{R_6}{R_{ie} + R_6}$$

b) Ersatzquelle bezüglich A–B bestimmen (R_5 weglassen):
$$U_{qe} = U_{Leerlauf} = U_{R_2} - U_{R_4} = U_q \cdot \frac{R_2}{R_1 + R_2} - U_q \cdot \frac{R_4}{R_3 + R_4}$$
$$R_{ie} = \frac{R_1 \cdot R_2}{R_1 + R_2} + \frac{R_3 \cdot R_4}{R_3 + R_4} \quad \Rightarrow I_5 = U_{qe}/(R_{ie} + R_5)$$

Aufgabe 1.19

Ersatzquelle bezüglich der Anschlussklemmen von R_a:

$$U_{qe} = U_{Leerlauf} = U_q \cdot \frac{R_2}{R_i + R_1 + R_2} = 0,5 \cdot U_q$$

$$R_{ie} = \frac{R_2 \cdot (R_1 + R_i)}{R_2 + R_1 + R_i} = 20\Omega$$

$$I_a = U_{qe}/(R_{ie} + R_a + R_M) = 0,5 \cdot U_q/(30\Omega + R_M)$$

Prozentuale Änderung:

$$\frac{\Delta I_a}{I_a} = \frac{0,5 \cdot U_q/30\Omega - 0,5 \cdot U_q/(30\Omega + R_M)}{0,5 \cdot U_q/30\Omega} = 1 - \frac{30\Omega}{30\Omega + R_M} < 0,005 \Rightarrow$$

$$R_M < \frac{0,005}{0,995} \cdot 30\Omega = 0,151\Omega$$

Aufgabe 1.20

a) Lösung siehe Abbildung 1.88

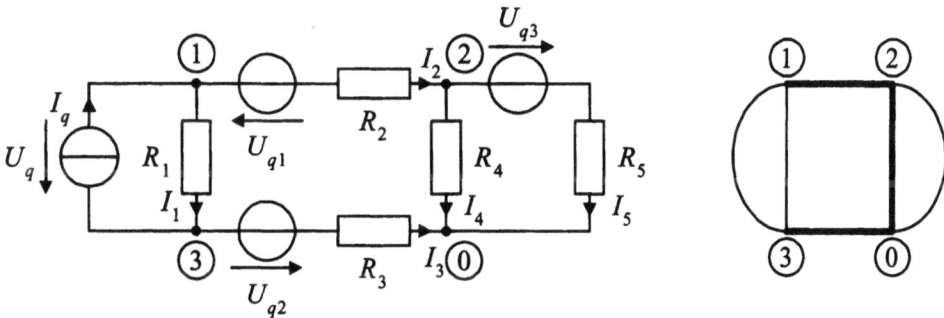

Abb. 1.88: *Netzwerk mit Zählpfeilsystem, zugehörigem Graph sowie vollständigem Baum*

b) Gesucht sind die in Abbildung 1.88 gezeichneten Größen I_1–I_5 sowie $U_q \Rightarrow 6$ unabhängige Gleichungen werden benötigt.

Knoten 1: $I_q = I_1 + I_2$
Knoten 2: $I_2 = I_4 + I_5$
Knoten 3: $I_1 = I_q + I_3$
Masche 1: $U_q + U_{q2} + R_3 \cdot I_3 - R_4 \cdot I_4 - R_2 \cdot I_2 + U_{q1} = 0$
Masche 2: $R_1 \cdot I_1 + U_{q2} + R_3 \cdot I_3 - R_4 \cdot I_4 - R_2 \cdot I_2 + U_{q1} = 0$
Masche 3: $U_{q3} + R_5 \cdot I_5 - R_4 \cdot I_4 = 0$

Eine übersichtliche Darstellung liefert die Matrixschreibweise:

$$
\begin{bmatrix}
1 & 1 & 0 & 0 & 0 & 0 \\
0 & 1 & 0 & -1 & -1 & 0 \\
1 & 0 & -1 & 0 & 0 & 0 \\
0 & -R_2 & R_3 & -R_4 & 0 & 1 \\
R_1 & -R_2 & R_3 & -R_4 & 0 & 0 \\
0 & 0 & 0 & -R_4 & R_5 & 0
\end{bmatrix}
\cdot
\begin{bmatrix}
I_1 \\ I_2 \\ I_3 \\ I_4 \\ I_5 \\ U_q
\end{bmatrix}
=
\begin{bmatrix}
I_q \\ 0 \\ I_q \\ -U_{q1} - U_{q2} \\ -U_{q1} - U_{q2} \\ -U_{q3}
\end{bmatrix}
$$

Aufgabe 1.21

Widerstände in Leitwerte umrechnen:
$G_1 = 5\text{mS}$; $G_2 = 2\text{mS}$; $G_3 = 3\text{mS}$; $G_4 = 2\text{mS}$; $G_5 = 1\text{mS}$.

Zur Ermittlung des Ersatzwiderstandes R_e Stromquelle an die Klemmen 1–0 anschließen (z.B. Strom $I_q = 1\text{mA}$ fließt in die Klemme 1) und Spannung U_{10} berechnen: $\Rightarrow R_e = U_{10}/I_q$.

$$
\begin{bmatrix}
G_1 + G_3 & -G_1 & -G_3 \\
-G_1 & G_1 + G_2 + G_5 & -G_5 \\
-G_3 & -G_5 & G_3 + G_4 + G_5
\end{bmatrix}
\cdot
\begin{bmatrix}
U_{10} \\ U_{20} \\ U_{30}
\end{bmatrix}
=
\begin{bmatrix}
I_q \\ 0 \\ 0
\end{bmatrix}
$$

$$
\begin{bmatrix}
8 & -5 & -3 \\
-5 & 8 & -1 \\
-3 & -1 & 6
\end{bmatrix}
\cdot
\begin{bmatrix}
U_{10} \\ U_{20} \\ U_{30}
\end{bmatrix}
=
\begin{bmatrix}
1 \\ 0 \\ 0
\end{bmatrix}
$$

Bemerkung: G in mS und I_q in mA ergibt Knotenspannungen in V.
Die Lösung der Matrixgleichung liefert den Knotenspannungsvektor

$$
\begin{bmatrix}
U_{10} \\ U_{20} \\ U_{30}
\end{bmatrix}
=
\begin{bmatrix}
0,379\text{V} \\ 0,266\text{V} \\ 0,234\text{V}
\end{bmatrix}.
$$

$\Rightarrow R_e = 0,379\text{V}/1\text{mA} = 379\,\Omega$

Aufgabe 1.22

a) $U_{20} = U_{q2} + U_{q1} = -10\text{V} + 5\text{V} = -5\text{V}$
   $I = I_q + I_{R_1} = 1\text{mA} + 5\text{V}/5\text{k}\Omega = 2\text{mA}$

b) G in mS; I_q in mA; U_{q1} und U_{q2} in V
   Schaltung vereinfachen: R_3 und R_4 zusammenfassen zu $R_{34} = R_3 + R_4 = 5\text{k}\Omega$.

$$
\begin{bmatrix}
G_1 + G_2 + G_{34} & -G_2 & -G_{34} \\
-G_2 & G_2 & 0 \\
-G_{34} & 0 & G_{34} + G_5
\end{bmatrix}
\cdot
\begin{bmatrix}
U_{10} \\ U_{20} \\ U_{30}
\end{bmatrix}
=
\begin{bmatrix}
0 \\ -I_q \\ I_q
\end{bmatrix}
$$

Gleichungssystem modifizieren (Spannungsquellen einbauen): $\Rightarrow$
Zeile 1 und 2 auf 0 addieren und $U_{q1} = U_{10}$ bzw. $U_{q2} = U_{20} - U_{10}$ einbauen.

$$\begin{bmatrix} 1 & 0 & 0 \\ -1 & 1 & 0 \\ -G_{34} & 0 & G_{34} + G_5 \end{bmatrix} \cdot \begin{bmatrix} U_{10} \\ U_{20} \\ U_{30} \end{bmatrix} = \begin{bmatrix} U_{q1} \\ U_{q2} \\ I_q \end{bmatrix}$$

Obige Matrixgleichung liefert die Knotenpotentiale:
$U_{10} = 5\mathrm{V}$; $U_{20} = -10\mathrm{V} + 5\mathrm{V} = -5\mathrm{V}$; $U_{30} = 4,4444\mathrm{V}$.

c) Gewählt: Erzeugerpfeilsystem für U_{q1} $\Rightarrow$
$I_{q1} = I + I_{R_{34}} = 2\mathrm{mA} + (5\mathrm{V} - 4,4444\mathrm{V})/5\mathrm{k\Omega} = 2,1111\mathrm{mA}$ $\Rightarrow$
Leistungsabgabe der Quelle U_{q1}: $P_{q1} = 5\mathrm{V} \cdot 2,1111\mathrm{mA} = 10,5556\mathrm{mW}$

Gewählt: Erzeugerpfeilsystem für U_{q2} $\Rightarrow$
$I_{q2} = I_q + U_{q2}/R_2 = 1\mathrm{mA} + (-10\mathrm{V})/1\mathrm{k\Omega} = -9\mathrm{mA}$ $\Rightarrow$
Leistungsabgabe der Quelle U_{q2}: $P_{q2} = (-10\mathrm{V}) \cdot (-9\mathrm{mA}) = 90\mathrm{mW}$
Leistungsabgabe der Stromquelle I_q:
$P_q = (4,4444 - (-5))\mathrm{V} \cdot 1\mathrm{mA} = 9,4444\mathrm{mW}$

Aufgabe 1.23

Gleichungssystem ohne Spannungsquellen:

$$\begin{bmatrix} 15 & -7 & 0 & 0 & 0 & 0 \\ -7 & 11 & -3 & -1 & 0 & 0 \\ 0 & -3 & 9 & -2 & -4 & 0 \\ 0 & -1 & -2 & 6 & -3 & 0 \\ 0 & 0 & -4 & -3 & 18 & -5 \\ 0 & 0 & 0 & 0 & -5 & 5 \end{bmatrix} \cdot \begin{bmatrix} U_{10} \\ U_{20} \\ U_{30} \\ U_{40} \\ U_{50} \\ U_{60} \end{bmatrix} = \begin{bmatrix} 0 \\ 0 \\ 0 \\ 0 \\ 0 \\ 0 \end{bmatrix}$$

Die Spannungsquelle U_{q1} liegt am Bezugsknoten! $\Rightarrow$
Die Zeilen 1, 3 und 6 <u>müssen</u> auf Zeile 0 addiert werden.
In Zeile 1, 3 und 6 die Gleichungen $U_{60} - U_{10} = U_{q3} = 10\mathrm{V}$, $U_{60} - U_{30} = U_{q2} = 10\mathrm{V}$
und $0 - U_{60} = U_{q1} = 5\mathrm{V}$ einbauen. $\Rightarrow$

$$\begin{bmatrix} -1 & 0 & 0 & 0 & 0 & 1 \\ -7 & 11 & -3 & -1 & 0 & 0 \\ 0 & 0 & -1 & 0 & 0 & 1 \\ 0 & -1 & -2 & 6 & -3 & 0 \\ 0 & 0 & -4 & -3 & 18 & -5 \\ 0 & 0 & 0 & 0 & 0 & -1 \end{bmatrix} \cdot \begin{bmatrix} U_{10} \\ U_{20} \\ U_{30} \\ U_{40} \\ U_{50} \\ U_{60} \end{bmatrix} = \begin{bmatrix} 10\mathrm{V} \\ 0 \\ 10\mathrm{V} \\ 0 \\ 0 \\ 5\mathrm{V} \end{bmatrix}$$

Die Lösung der Matrixgleichung (z.B. mittels Gauß'schem Algorithmus) liefert den
Knotenspannungsvektor:

$$\begin{bmatrix} U_{10} \\ U_{20} \\ U_{30} \\ U_{40} \\ U_{50} \\ U_{60} \end{bmatrix} = \begin{bmatrix} -15\mathrm{V} \\ -14,6\mathrm{V} \\ -15\mathrm{V} \\ -10,7\mathrm{V} \\ -6,5\mathrm{V} \\ -5\mathrm{V} \end{bmatrix}$$

Aufgabe 1.24

Lineare Spannungsquellen in Stromquellen umrechnen (vgl. Abbildung 1.89) $\Rightarrow$
$I_q = U_q/R_q = 0,1\text{mA}$; $I_{qa} = (v_u \cdot U)/R_{ao} = 10^4\text{mS} \cdot U$.

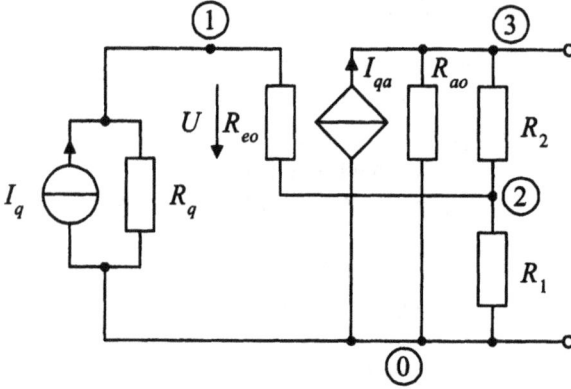

Abb. 1.89: *Schaltung mit linearen Stromquellen*

1. Schritt: Gesteuerte Quelle wie ideale Quelle behandeln.

$$\begin{bmatrix} G_q + G_{eo} & -G_{eo} & 0 \\ -G_{eo} & G_1 + G_2 + G_{eo} & -G_2 \\ 0 & -G_2 & G_2 + G_{ao} \end{bmatrix} \cdot \begin{bmatrix} U_{10} \\ U_{20} \\ U_{30} \end{bmatrix} = \begin{bmatrix} I_q \\ 0 \\ I_{qa} \end{bmatrix}$$

Mit den Zahlenwerten (G in mS und Ströme in mA) ergibt sich

$$\begin{bmatrix} 0,2 & -0,1 & 0 \\ -0,1 & 1,2 & -0,1 \\ 0 & -0,1 & 1,1 \end{bmatrix} \cdot \begin{bmatrix} U_{10} \\ U_{20} \\ U_{30} \end{bmatrix} = \begin{bmatrix} 0,1 \\ 0 \\ I_{qa} \end{bmatrix}.$$

2. Schritt: Gleichung $I_{qa} = 10^4\text{mS} \cdot (U_{10} - U_{20})$ einbauen.

$$\begin{bmatrix} 0,2 & -0,1 & 0 \\ -0,1 & 1,2 & -0,1 \\ -10^4 & 10^4 - 0,1 & 1,1 \end{bmatrix} \cdot \begin{bmatrix} U_{10} \\ U_{20} \\ U_{30} \end{bmatrix} = \begin{bmatrix} 0,1 \\ 0 \\ 0 \end{bmatrix} \Rightarrow \begin{bmatrix} U_{10} \\ U_{20} \\ U_{30} \end{bmatrix} = \begin{bmatrix} 0,99880\text{V} \\ 0,99760\text{V} \\ 10,97247\text{V} \end{bmatrix}$$

a) Spannungsverstärkung: $U_{30}/U_{10} = 10,97247/0,99880 = 10,986$

b) Ausgangswiderstand R_{30}:
   Stromquelle I_q am Eingang abtrennen; Stromquelle $I_{30} = 1\text{mA}$ am Ausgang
   zwischen Knoten 3 und 0 anschließen und Spannungen neu berechnen:

$$\begin{bmatrix} 0,2 & -0,1 & 0 \\ -0,1 & 1,2 & -0,1 \\ -10^4 & 10^4 - 0,1 & 1,1 \end{bmatrix} \cdot \begin{bmatrix} U_{10} \\ U_{20} \\ U_{30} \end{bmatrix} = \begin{bmatrix} 0 \\ 0 \\ 1 \end{bmatrix} \Rightarrow \begin{bmatrix} U_{10} \\ U_{20} \\ U_{30} \end{bmatrix} = \begin{bmatrix} 99\mu\text{V} \\ 199\mu\text{V} \\ 2,3\text{mV} \end{bmatrix}.$$

$R_{30} = U_{30}/I_{30} = 2,3\Omega$

c) Eingangswiderstand R_{10}:
Lineare Stromquelle am Eingang durch eine ideale Stromquelle ($I_{10} = 1$mA) ersetzen (R_q weglassen!) und Spannungen neu berechnen:

$$\begin{bmatrix} 0,1 & -0,1 & 0 \\ -0,1 & 1,2 & -0,1 \\ -10^4 & 10^4 - 0,1 & 1,1 \end{bmatrix} \cdot \begin{bmatrix} U_{10} \\ U_{20} \\ U_{30} \end{bmatrix} = \begin{bmatrix} 1 \\ 0 \\ 0 \end{bmatrix} \quad \Rightarrow \quad \begin{bmatrix} U_{10} \\ U_{20} \\ U_{30} \end{bmatrix} = \begin{bmatrix} 8344\text{V} \\ 8344\text{V} \\ 91666\text{V} \end{bmatrix} .$$

$R_{10} = U_{10}/I_{10} = 8,344\text{M}\Omega$

Aufgabe 1.25

a) Graphische Lösung (vgl. Abbildung 1.90) liefert die Näherungswerte:
$U_R = 4,3$V; $I = 4,3$mA.

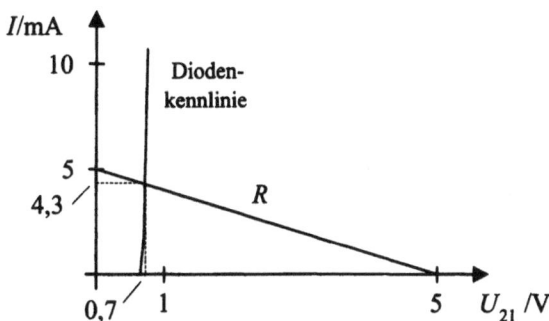

Abb. 1.90: *Graphische Lösung*

b) Diodenkennlinie linearisieren um den Arbeitspunkt $(I_0; U_0)$:

$$I = I_0 + \underbrace{\frac{I_S}{U_T} \cdot e^{U_0/U_T}}_{dI/dU} \cdot (U - U_0) = I_0 + G_{diff} \cdot (U - U_0) .$$

Das nichtlineare Bauelement wird zunächst wie eine Stromquelle behandelt. Das modifizierte Gleichungssystem (Spannungsquelle eingebaut) lautet

$$\begin{bmatrix} G & 0 \\ 0 & 1 \end{bmatrix} \cdot \begin{bmatrix} U_{10} \\ U_{20} \end{bmatrix} = \begin{bmatrix} I \\ 5\text{V} \end{bmatrix} \quad \Rightarrow$$

$$\begin{bmatrix} G & 0 \\ 0 & 1 \end{bmatrix} \cdot \begin{bmatrix} U_{10} \\ U_{20} \end{bmatrix} = \begin{bmatrix} I_0 + G_{diff} \cdot (U - U_0) \\ 5\text{V} \end{bmatrix} .$$

Mit der Diodenspannung $U = U_{20} - U_{10}$ ergibt sich

$$\begin{bmatrix} G + G_{diff} & -G_{diff} \\ 0 & 1 \end{bmatrix} \cdot \begin{bmatrix} U_{10} \\ U_{20} \end{bmatrix} = \begin{bmatrix} I_0 - U_0 \cdot G_{diff} \\ 5\text{V} \end{bmatrix} .$$

Startwert: $U_0 = 0,7\text{V} \Rightarrow I_0 = I_S \cdot (e^{U_0/U_T} - 1) = 1,4463\text{mA}$
Lösung aus 1. Iteration: $U_{10} = 4,2515\text{V} \Rightarrow I = 10,064\text{mA}$

Neue Werte: $U_0 = 0,7485\text{V}$ und $I_0 = 10,064\text{mA}$
Lösung aus 2. Iteration: $U_{10} = 4,2657\text{V} \Rightarrow I = 5,6928\text{mA}$

Neue Werte: $U_0 = 0,7343\text{V}$ und $I_0 = 5,6928\text{mA}$
Lösung aus 3. Iteration: $U_{10} = 4,2720\text{V} \Rightarrow I = 4,4353\text{mA}$

Neue Werte: $U_0 = 0,7280\text{V}$ und $I_0 = 4,4353\text{mA}$
Lösung aus 4. Iteration: $U_{10} = 4,2729\text{V} \Rightarrow I = 4,2758\text{mA}$
usw.

2 Sinusförmige Vorgänge

Im ersten Abschnitt von Kapitel 2 werden zunächst wichtige Grundbegriffe sinusförmiger Vorgänge erläutert und ein Berechnungsverfahren von Schaltungen mittels reeller Rechnung vorgestellt. Der zweite Abschnitt führt den Leser in die Grundlagen der komplexen Rechnung und der komplexen Netzwerkanalyse ein. Im weiteren Verlauf des Kapitels wird auf wichtige Betriebsfälle in der Elektrotechnik und auf graphische Darstellungsverfahren eingegangen. Bei hohem Leistungsverbrauch kommen häufig mehrphasige Systeme zum Einsatz, welche in Abschnitt fünf behandelt werden. Abschließend wird auf wichtige Einzelbauelemente wie Transformator und technische Grundbauelemente (R, C, L) eingegangen. Das Kapitel rundet mit der rechnergestützten Schaltungssimulation bei sinusförmigen Vorgängen (AC-Analyse) ab.

2.1 Einführung, Grundbegriffe

2.1.1 Wechselgrößen

Eine wichtige Rolle in der Elektrotechnik spielen zeitlich veränderliche Vorgänge, bei denen die betrachtete Größe (Wechselgröße) den Betrag und/oder ihre Richtung ändert. Wechselgrößen lassen sich, wie in Abbildung 2.1 dargestellt, wie folgt klassifizieren:

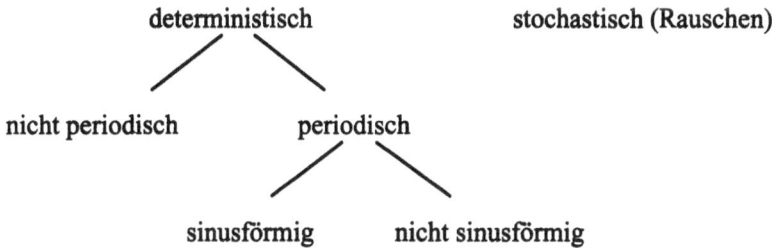

Abb. 2.1: *Klassifizierung von Wechselgrößen*

Der Momentanwert einer Wechselgröße v wird durch die zeitliche Abhängigkeit

$$v = v(t) = f(t)$$

angegeben. Die Wechselgröße betrachtet man als positiv, wenn ihre Richtung mit der als positiv gewählten Richtung übereinstimmt. Andernfalls ist sie negativ.

Periodische Wechselgrößen

Wechselgrößen sind periodisch, wenn die Bedingung

$$v(t) = v(t + n \cdot T)$$

erfüllt ist, wobei n eine beliebige ganze Zahl und T eine konstante Zeit bedeutet. Die kürzeste Zeit zwischen zwei Wiederholungen eines Signals nennt man die Periodendauer der Wechselgröße (vgl. Abbildung 2.2). Der reziproke Wert der Periodendauer

$$f = \frac{1}{T} \qquad [f] = \mathrm{Hz} \tag{2.1}$$

ist die Grundfrequenz.

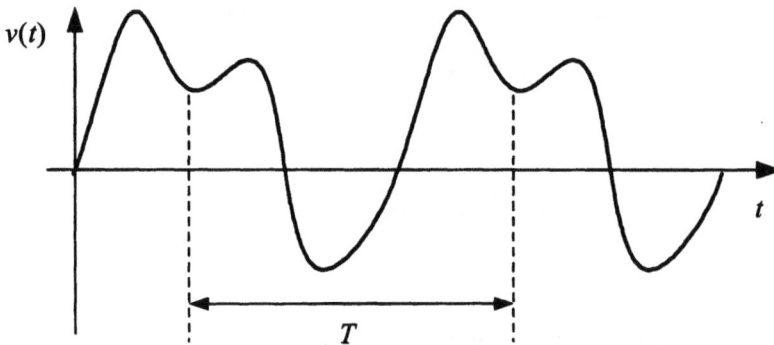

Abb. 2.2: *Periodische Wechselgröße*

Arithmetischer Mittelwert

Der arithmetische Mittelwert

$$< v(t) >= \overline{v(t)} = \frac{1}{T} \int_0^T v(t) \cdot dt \tag{2.2}$$

beschreibt den Gleichanteil einer Wechselgröße. In der Elektrotechnik ist die Bezeichnung Wechselgröße speziell auf solche Größen beschränkt, bei denen der arithmetische Mittelwert $< v(t) >$ null ist, die also „reine" Wechselgrößen sind.

Gleichrichtwert

Der Gleichrichtwert

$$< |v(t)| >= \overline{|v(t)|} = \frac{1}{T} \int_0^T |v(t)| \cdot dt \tag{2.3}$$

beschreibt den arithmetischen Mittelwert des Betrages einer Wechselgröße.

Anwendungsbeispiel 2.1: *Netzteil*

Die Betragsbildung lässt sich schaltungstechnisch mittels eines idealen Brücken-
gleichrichters realisieren. Die Mittelwertsbildung erfolgt anschließend am einfachsten
mit Hilfe eines nachgeschalteten, geeignet dimensionierten Tiefpasses. So gelingt es,
aus einer Wechselspannung Gleichspannung zu erzeugen.

Beispiel 2.2

Zu berechnen sind die arithmetischen Mittelwerte und die Gleichrichtwerte der Zeitfunktionen

$$v_1(t) = \hat{V} \sin(2\pi f \cdot t) \,,$$
$$v_2(t) = \sin(2\pi f \cdot t) + 1 \quad \text{und}$$
$$v_3(t) = \begin{cases} 3 & 0 < t \leq T/2 \\ -1 & T/2 < t \leq T \end{cases} .$$

Lösung:

$$\overline{v_1(t)} = \frac{1}{T} \int_0^T \hat{V} \sin(2\pi f \cdot t) \cdot dt = 0$$

$$\overline{v_2(t)} = \frac{1}{T} \int_0^T (\sin(2\pi f \cdot t) + 1) \cdot dt = 1$$

$$\overline{v_3(t)} = \frac{1}{T} \cdot \left(\int_0^{T/2} 3 \cdot dt + \int_{T/2}^T (-1) \cdot dt \right) = 1$$

$$\overline{|v_1(t)|} = \frac{1}{T} \int_0^T |\hat{V} \sin(2\pi f \cdot t)| \cdot dt = 2 \cdot \frac{1}{T} \cdot \left(\int_0^{T/2} \hat{V} \sin(2\pi f \cdot t) \cdot dt \right) = \frac{2}{\pi} \cdot \hat{V}$$

$$\overline{|v_2(t)|} = \frac{1}{T} \int_0^T \underbrace{|\sin(2\pi f \cdot t) + 1|}_{\text{immer} \geq 0} \cdot dt = \overline{v_2(t)} = 1$$

$$\overline{|v_3(t)|} = \frac{1}{T} \cdot \left(\int_0^{T/2} |3| \cdot dt + \int_{T/2}^T |-1| \cdot dt \right) = 2$$

Effektivwert

Der Effektivwert oder RMS-Wert (*engl.: root-mean-square*)

$$V_{eff} = V = \sqrt{\frac{1}{T} \int_0^T v^2(t) dt} \qquad (2.4)$$

ist der quadratische Mittelwert der Wechselgröße v. Der Effektivwert V ist in der Wechselstromlehre eine der wichtigsten Größen. Mit dem Effektivwert einer Spannung U
kann die in einem Ohm'schen Widerstand im Mittel umgesetzte Leistung, $P = U^2/R$,
unmittelbar ausgerechnet werden.

Von großer Bedeutung ist der Effektivwert sinusförmiger Wechselgrößen

$$v(t) = \hat{V} \sin (2\pi f t) \ .$$

$\hat{V}$ ist die Amplitude (Scheitelwert) der Sinusschwingung. Mit Gleichung (2.4) errechnet sich der Effektivwert einer Sinusschwingung zu

$$V = \sqrt{\frac{1}{T} \int_0^T \hat{V}^2 \sin^2 (2\pi f t) dt} = \sqrt{\frac{1}{T} \int_0^T \hat{V}^2 \cdot \frac{1}{2}[1 - \cos(2 \cdot 2\pi f t)] dt}$$

$$V = \frac{\hat{V}}{\sqrt{2}} \quad \text{(bei sinusförmigen Wechselgrößen) .} \tag{2.5}$$

Beispiel 2.3

Zu berechnen ist der Effektivwert der Größe $v(t) = \hat{V} \sin (2\pi f \cdot t) + V_0$.

Lösung:

$$V = \sqrt{\frac{1}{T} \int_0^T \left(\hat{V} \sin(2\pi f \cdot t) + V_0 \right)^2 dt}$$

$$V = \sqrt{\frac{1}{T} \int_0^T \left(\hat{V}^2 \sin^2(2\pi f \cdot t) + 2V_0 \hat{V} \sin(2\pi f \cdot t) + V_0^2 \right) dt}$$

$$V = \sqrt{\frac{\hat{V}^2}{2} + V_0^2} = \sqrt{V^2 + V_0^2}$$

Formgrößen

Mit dem Gleichrichtwert und dem Effektivwert lassen sich zwei weitere Größen definieren, die speziell in der elektrischen Messtechnik sehr wichtig sind.

- Kurvenformfaktor:
  $k_f = V/ < |v(t)| >$

- Scheitelfaktor (auch Spitzenfaktor oder crest factor):
  $k_c = |v(t)_{max}|/V$

Anwendungsbeispiel 2.4:   *Kurvenformfaktor*

Der Kurvenformfaktor wird oft bei Messgeräten zur Umrechnung verwendet, wenn diese einen Gleichrichtwert messen, jedoch einen Effektivwert anzeigen. Bei rein sinusförmigen Größen ergibt sich ein Kurvenformfaktor von $k_f = \pi/(2\sqrt{2}) \approx 1{,}11$. Der angezeigte Wert ist bei solchen Messgeräten also um den Faktor 1,11 bezüglich des gemessenen Wertes korrigiert.

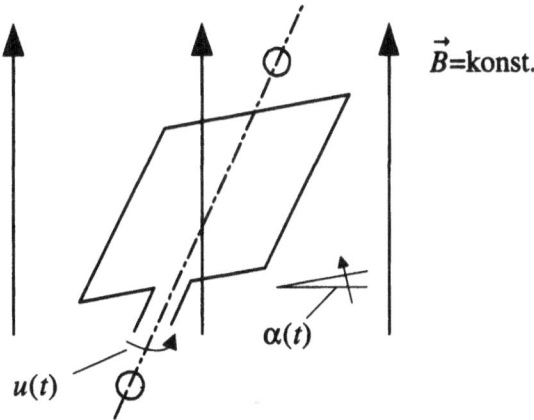

Abb. 2.3: *Prinzip eines Wechselstromgenerators*

Sinusförmige Wechselgrößen

Eine sehr große Bedeutung in der Elektrotechnik haben Wechselgrößen, die sich sinusförmig mit der Zeit ändern.

Erzeugung sinusförmiger Welchselspannungen

Abbildung 2.3 zeigt eine in einem konstanten Magnetfeld rotierende Spule. Die induzierte Spannung beträgt bei w Windungen und der Spulenfläche A

$$u(t) = w\frac{d\Phi}{dt} = w\frac{d(B \cdot A \cdot \cos\alpha)}{dt} \ .$$

Definiert man die Winkelgeschwindigkeit $\omega = d\alpha/dt = $ konstant bzw. $\alpha(t) = \omega t + \varphi_u$ (mit $\varphi_u = \alpha(t=0) = $ Anfangsphase), kann obige Gleichung differenziert werden.

$$u(t) = wBA\frac{d\cos(\omega t + \varphi_u)}{dt} = wBA\omega \sin(\omega t + \varphi_u) = \hat{U}\sin(\omega t + \varphi_u)$$

$\hat{U} = wBA\omega$ heißt Scheitelwert der Spannung.

Begriffe, Kenngrößen

In Abbildung 2.4 ist der zeitliche Verlauf einer sinusförmigen Wechselspannung

$$u(t) = \hat{U}\sin(\omega t + \varphi_u) \tag{2.6}$$

dargestellt.

In Tabelle 2.1 sind die wichtigsten Begriffe definiert.

Die Einheit der Frequenz f ist Hz (Heinrich Hertz 1857–1894), die der Kreisfrequenz ω ist Winkelmaß/s oder kurz s^{-1}. In Abbildung 2.4 ist φ_u positiv, das heißt die Spannung $u(t) = \hat{U}\sin(\omega t + \varphi_u)$ hat zum Zeitpunkt $t = 0$ bereits einen Wert größer null angenommen.

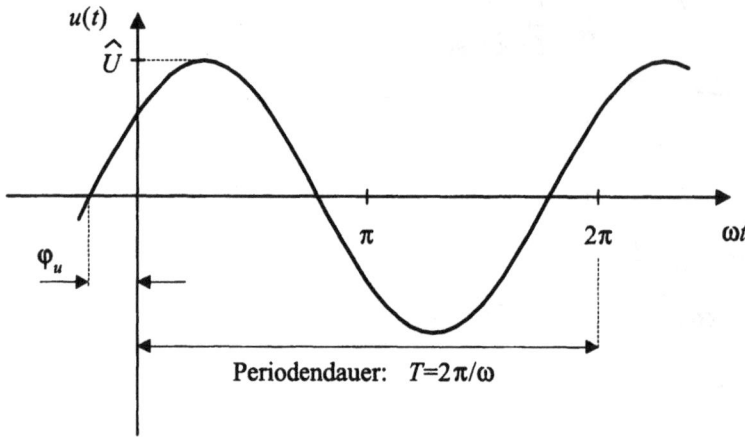

Abb. 2.4: *Sinusförmige Spannung*

$u(t)$:	zeitlicher Momentanwert
$\hat{U}$:	Scheitelwert oder Amplitude
$\omega t + \varphi_u$:	Momentane Phase
φ_u:	Nullphasenwinkel = Phase bei $t = 0$ (Zeitskala willkürlich!)
T	Periodendauer
$f = 1/T$:	Frequenz (Zahl der Schwingungen pro Sekunde)
$\omega = 2\pi f = 2\pi/T$:	Kreisfrequenz = Zahl der Winkeleinheiten pro Sekunde

Tabelle 2.1: *Begriffe sinusförmiger Größen*

Beispiel 2.5

In Abbildung 2.5 sind zwei sinusförmige Spannungsverläufe gezeichnet. Welche Spannung eilt der anderen um welchen Winkel voraus?

Lösung:
$u_1(t)$ eilt $u_2(t)$ um $\varphi_{u1u2} = \varphi_{u1} - \varphi_{u2} = \varphi_{u1}$ voraus.

2.1.2   Das Zeigerdiagramm

Darstellung einer sinusförmigen Wechselgröße

In der Zeitdarstellung ist eine sinusförmige Wechselgröße, z.B. die einer Spannung $u(t) = \hat{U}\sin(\omega t + \varphi_u)$, eindeutig durch die drei Parameter Scheitelwert $\hat{U}$, Kreisfrequenz ω und Nullphasenwinkel φ_u beschrieben. Vereinfacht lassen sich solche Wechselgrößen auch in Polarkoordinaten mittels sich drehender Zeiger (keine Vektoren!) darstellen. In Abbildung 2.6 sind beide Darstellungsvarianten gegenübergestellt.

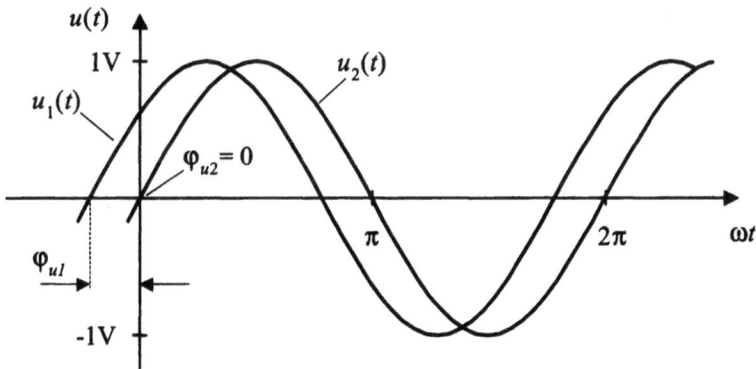

Abb. 2.5: *Zwei sinusförmige Spannungen mit der Phasendifferenz $\varphi_{u1u2} = \varphi_{u1} - \varphi_{u2}$*

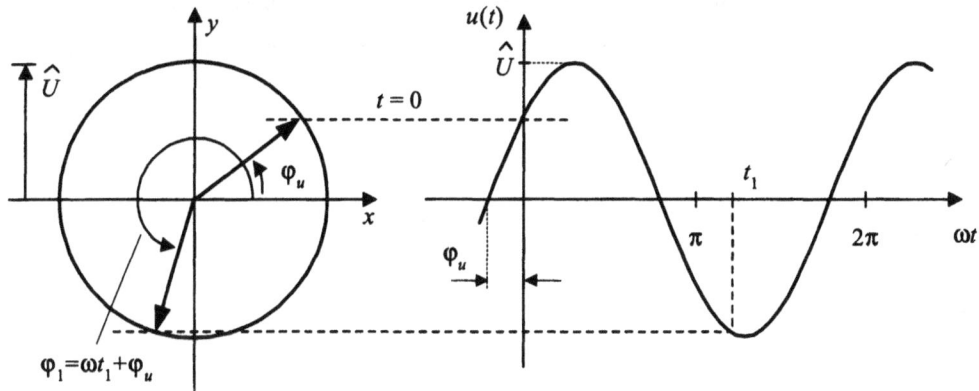

Abb. 2.6: *Zeigerdiagramm und Sinus-Darstellung*

Die Länge des Zeigers entspricht dem Scheitelwert der Wechselgröße, der Winkel dem Argument $\omega t + \varphi_u$. Die Projektionen des Zeigers liefern die Parameter-Darstellung

$$x = \hat{U} \cos{(\omega t + \varphi_u)} \quad \text{und}$$
$$y = \hat{U} \sin{(\omega t + \varphi_u)} \; .$$

Es gilt:

$$x^2 + y^2 = \hat{U}^2 [\cos^2{(\omega t + \varphi_u)} + \sin^2{(\omega t + \varphi_u)}] = \hat{U}^2$$

Beziehung zwischen sinusförmigen Größen

Um zwei sinusförmige Größen miteinander vergleichen zu können, genügen die Zeiger zu

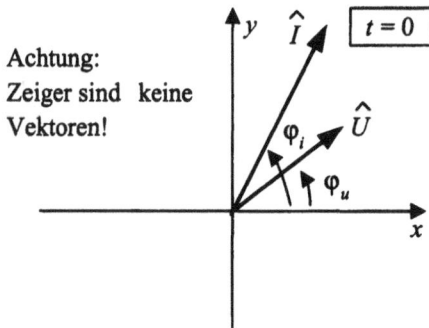

Abb. 2.7: *Zeigerdiagramm von Strom und Spannung*

einem bestimmten Zeitpunkt t, also z.B. zum Zeitpunkt $t = 0$. Abbildung 2.7 zeigt eine Zeigerdarstellung von Strom und Spannung zum Zeitpunkt $t = 0$ an einem Verbraucher.

Die Differenz der beiden Phasenwinkel φ_u und φ_i bezeichnet man als Phasenunterschied φ_{ui}.

$$\varphi_{ui} = \varphi_u - \varphi_i \qquad\qquad (2.7)$$

Bei manchen Bauelementen sind Strom und Spannung nicht in Phase, d.h. es besteht ein Phasenunterschied ungleich null.

Beispiel 2.6

Die Phasenbeziehung von Strom und Spannung in Abbildung 2.7 ist anzugeben. Läuft der Strom der Spannung vor oder nach?

Lösung:
$\varphi_{iu} = \varphi_i - \varphi_u > 0 \Rightarrow$ Der Strom eilt der Spannung um φ_{iu} voraus.

2.1.3   Basisbauelemente in Wechselstromschaltungen

Im folgenden Abschnitt wird das Verhalten der linearen, passiven Schaltelemente R, L und C in Wechselstromschaltungen untersucht.

Ohm'scher Widerstand

Abbildung 2.8 zeigt eine ideale Wechselspannungsquelle (Innenwiderstand $= 0\,\Omega$), an der der Widerstand R angeschlossen ist.

Für einen beliebigen Zeitpunkt werden Zählpfeile für Quelle und Verbraucher definiert und alle Maschen-, Knotenpunkt- und Elementgleichungen aufgestellt. Sie lauten:

- Elementgleichung: $u_R(t) = R \cdot i_R(t)$;

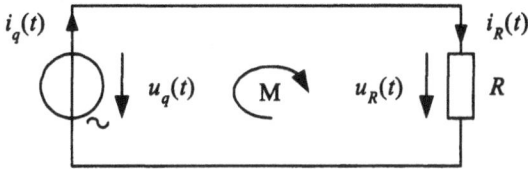

Abb. 2.8: *Wechselstromschaltung mit Ohm'schem Verbraucher*

- Quelle: $u_q(t) = \hat{U}_q \cdot \sin(\omega t + \varphi_q)$;

- Maschenregel: $-u_q(t) + u_R(t) = 0$;

- Knotenpunktregel: $i_q(t) - i_R(t) = 0$.

Aus obigen Gleichungen folgt unmittelbar:

$$u_q(t) = \hat{U}_q \cdot \sin(\omega t + \varphi_q) = u_R(t) = \underline{\hat{U}_R \cdot \sin(\omega t + \varphi_u)}$$
$$= R \cdot i_R(t) = \underline{R \cdot \hat{I}_R \cdot \sin(\omega t + \varphi_i)} \qquad (2.8)$$

Ein Vergleich der unterstrichenen Terme liefert:

- Scheitelwerte: $\hat{U}_R = R \cdot \hat{I}_R$;
  das Ohm'sche Gesetz gilt auch für Scheitelwerte!

- Phasen: $(\varphi_q =)\ \varphi_u = \varphi_i$;
  Strom und Spannung sind in Phase!

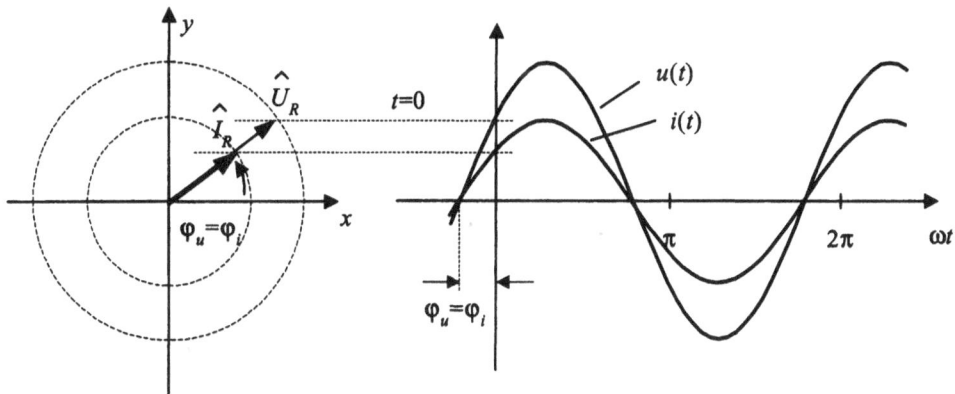

Abb. 2.9: *Zeiger- und Zeitachsendarstellung eines Ohm'schen Verbrauchers*

In Abbildung 2.9 sind Zeiger- und Zeitachsendarstellung skizziert.

Spule

Der Widerstand R in Abbildung 2.8 wird durch eine Induktivität L ersetzt.

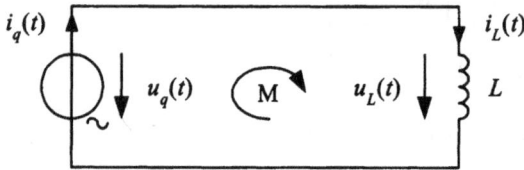

Abb. 2.10: *Wechselstromschaltung mit Induktivität L*

Analog zur Vorgehensweise beim Widerstand R werden für einen beliebigen Zeitpunkt Zählpfeile für Quelle und Spule definiert. Mit der

- Elementgleichung $u_L(t) = L\dfrac{di_L(t)}{dt}$ und dem

- Ansatz für den Strom-Zeit-Verlauf $i_L(t) = \hat{I}_L \cdot \sin{(\omega t + \varphi_i)}$

sowie der Maschen- und Knotenpunktgleichung folgt:

$$
\begin{aligned}
u_L(t) = \hat{U}_L \cdot \sin{(\omega t + \varphi_u)} &= L\frac{di_L(t)}{dt} = \omega L \hat{I}_L \cdot \cos{(\omega t + \varphi_i)} \\
&= \underline{\omega L \hat{I}_L \cdot \sin{(\omega t + \varphi_i + \pi/2)}}
\end{aligned}
\tag{2.9}
$$

Der Vergleich der unterstrichenen Terme liefert den in Abbildung 2.11 gezeichneten Zusammenhang:

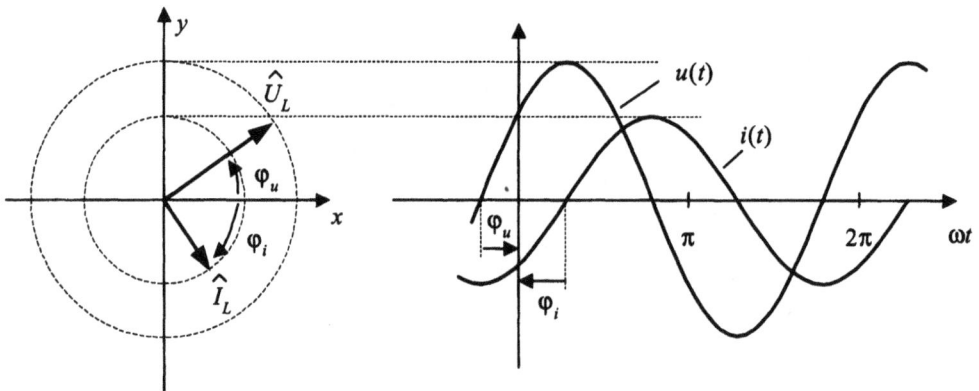

Abb. 2.11: *Zeiger- und Zeitachsendarstellung bei induktiver Last*

- Scheitelwerte: $\hat{U}_L = \omega L \cdot \hat{I}_L$;

- Phasen: $\varphi_u = \varphi_i + \pi/2$;
  die Spannung eilt dem Strom um $\pi/2$ (bzw. 90°) voraus!

Kondensator

Die Induktivität L in Abbildung 2.10 wird durch eine Kapazität C ersetzt. Die Zählpfeile sind identisch zu Abbildung 2.10. Mit der

- Elementgleichung $i_C(t) = C\dfrac{du_C(t)}{dt}$ und dem

- Ansatz für den Spannungs-Zeit-Verlauf $u_C(t) = \hat{U}_C \cdot \sin(\omega t + \varphi_u)$

sowie der Maschen- und Knotenpunktgleichung folgt:

$$i_C(t) = \hat{I}_C \cdot \sin(\omega t + \varphi_i) \qquad (2.10)$$

$$i_C(t) = C\frac{du_C(t)}{dt} = C\hat{U}_C\omega \cdot \cos(\omega t + \varphi_u) = \omega C\hat{U}_C \cdot \sin(\omega t + \varphi_u + \pi/2)$$

Der Vergleich der unterstrichenen Terme liefert:

- Scheitelwerte: $\hat{U}_C = \dfrac{1}{\omega C} \cdot \hat{I}_C$;

- Phasen: $\varphi_i = \varphi_u + \pi/2$;
  der Strom eilt der Spannung um $\pi/2$ (bzw. 90°) voraus!

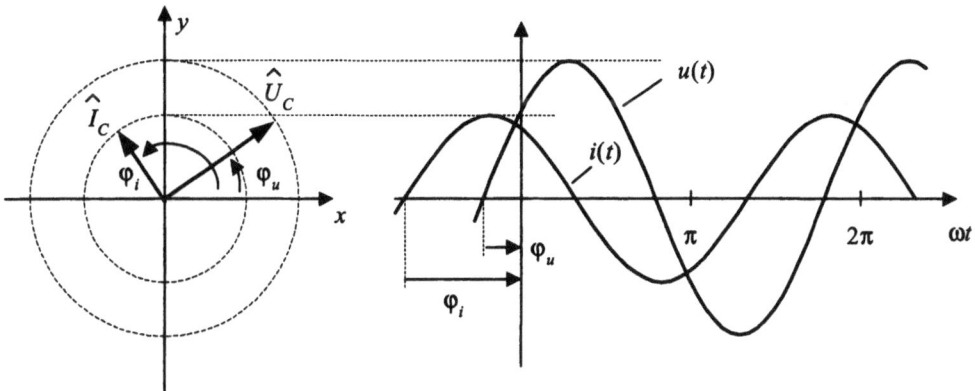

Abb. 2.12: *Zeiger- und Zeitachsendarstellung bei kapazitiver Last*

Zur Veranschaulichung sind in Abbildung 2.12 die Zeiger- und Zeitachsendarstellung bei einer kapazitiven Last skizziert.

2.1.4   Reelle Berechnung von Schaltungen

Dieser Abschnitt gibt ein Beispiel für die Berechnung von (kleinen) Schaltungen mit Hilfe der reellen Rechnung. Abbildung 2.13 zeigt eine Schaltung aus Widerstand und Spule in Serie.

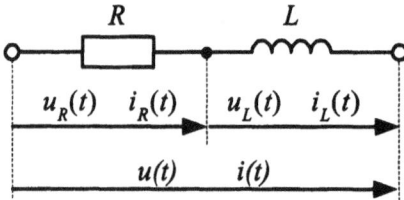

Abb. 2.13: *Serienschaltung aus Widerstand R und Induktivität L*

Die Knotenpunktgleichung liefert

$$i_R(t) = i_L(t) = i(t) \ .$$

Der Einfachheit halber wird mit der Zeitzählung so begonnen, dass gilt: $i(t) = \hat{I}\sin(\omega t)$. Gesucht ist die Spannung $u(t)$:

Aus

$$u(t) = u_R(t) + u_L(t) = R \cdot i(t) + L\frac{di(t)}{dt}$$

folgt

$$u(t) = \hat{I}[\underline{R}\sin(\omega t) + \underline{\omega L}\cos(\omega t)] \ .$$

Die Spannung $u(t)$ soll in die Form

$$u(t) = \hat{U}\sin(\omega t + \varphi_u) = Z \cdot \hat{I}\sin(\omega t + \varphi_u)$$
$$= \hat{I}[\underline{Z\cos\varphi_u}\sin(\omega t) + \underline{Z\sin\varphi_u}\cos(\omega t)]$$

gebracht werden. Ein Vergleich der unterstrichenen Terme der letzten beiden Gleichungen liefert

$$R = Z\cos\varphi_u \ ,$$
$$\omega L = Z\sin\varphi_u \ .$$

Nach Quadrieren und Addieren bzw. Dividieren folgt schließlich

$$Z = \sqrt{R^2 + (\omega L)^2} \quad \text{und}$$
$$\varphi_u = \arctan\frac{\omega L}{R} \ . \tag{2.11}$$

Z heißt Scheinwiderstand. Man kann sich leicht vorstellen, dass bei größeren Schaltungen die reelle Rechnung äußerst aufwendig, wenn nicht gar undurchführbar wird.

Abbildung 2.14 zeigt die Zeigerdarstellung obiger Schaltung aus Widerstand und Spule.

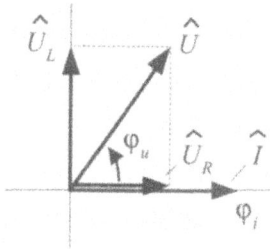

Abb. 2.14: *Zeigerdarstellung*

Man erkennt, dass sich mit Hilfe der Zeigerdarstellung die Größen $\hat{U}$ und φ_u graphisch relativ leicht ermitteln lassen.

2.1.5   Leistung

Dieser Abschnitt führt in die verschiedenen Leistungsbegriffe bei sinusförmigen Vorgängen ein.

Momentanleistung

Die Momentanleistung

$$p(t) = u(t) \cdot i(t) \tag{2.12}$$

stellt den Augenblickswert der Leistung zum Zeitpunkt t dar. Ist $p(t)$ positiv, wird elektrische Leistung verbraucht (ein Ohm'scher Widerstand z.B. erwärmt sich), ist die Momentanleistung negativ, wird elektrische Leistung erzeugt (elektrische Energie $W = \int p(t)dt$ wird ins Netzwerk eingespeist).
Nur beim Ohm'schen Verbraucher haben $u(t)$ und $i(t)$ immer gleiches Vorzeichen, ist also $p(t)$ immer positiv.

Allgemein gilt

$$u(t) = \hat{U} \cdot \sin\left(\omega t + \varphi_u\right) \quad \text{und} \quad i(t) = \hat{I} \cdot \sin\left(\omega t + \varphi_i\right),$$

woraus sich der Ausdruck für die Momentanleistung aus (2.12) und dem trigonometrischen Zusammenhang $\sin\alpha \cdot \sin\beta = 1/2[\cos\left(\alpha - \beta\right) - \cos\left(\alpha + \beta\right)]$

$$
\begin{aligned}
p(t) &= \hat{U} \cdot \sin\left(\omega t + \varphi_u\right) \cdot \hat{I} \cdot \sin\left(\omega t + \varphi_i\right) \\
&= \frac{1}{2}\hat{U}\hat{I}[\underbrace{\cos\left(\varphi_u - \varphi_i\right)}_{\text{zeitunabhängig}} - \underbrace{\cos\left(2\omega t + \varphi_u + \varphi_i\right)}_{\text{zeitabhängig}}]
\end{aligned}
\tag{2.13}
$$

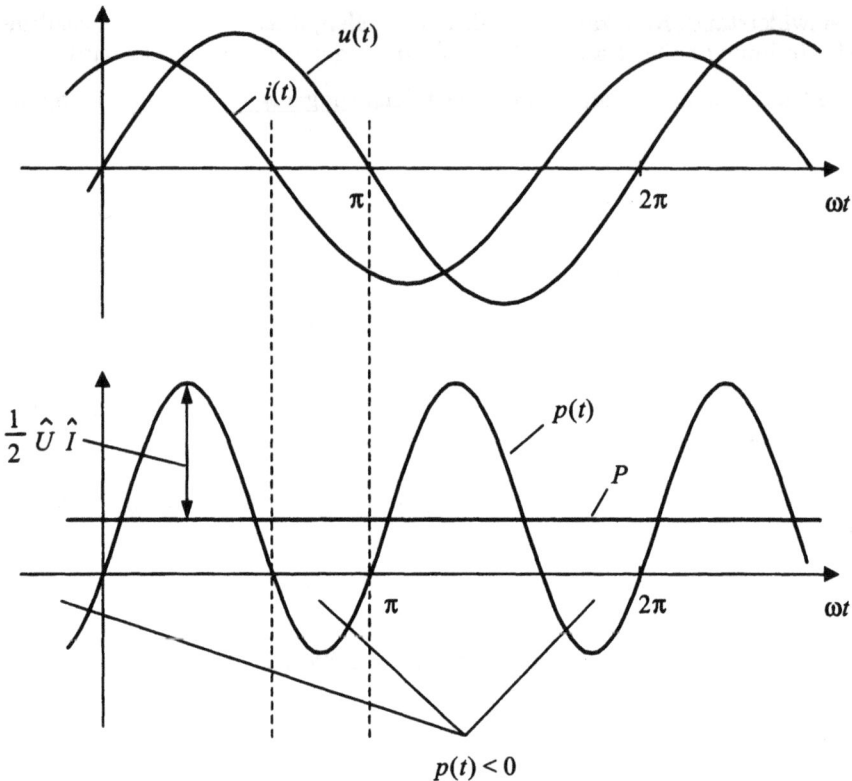

Abb. 2.15: *Strom-, Spannungs- und Momentanleistungsverlauf*

ergibt.

Der zeitliche Verlauf der Momentanleistung $p(t)$ ist in Abbildung 2.15 allgemein für $\varphi_u \neq \varphi_i$ skizziert.

- Ist $\varphi_u \neq \varphi_i$, also $\varphi_{ui} = \varphi_u - \varphi_i \neq 0$, gibt es Zeitabschnitte, in denen $p(t) < 0$ ist. Dann kommt aus dem „Verbraucher" Energie heraus. Dies ist nur möglich, wenn in der Schaltung Kapazitäten und/oder Induktivitäten (Energiespeicherelemente) vorhanden sind.

- Ist $\varphi_{ui} = 0$, wird mit der Kreisfrequenz 2ω (also der doppelten Frequenz von Spannung und Strom) elektrische Energie im Verbraucher umgewandelt.

Wirkleistung, Blindleistung, Scheinleistung

Wirkleistung

Die Wirkleistung

$$P = \frac{1}{T_a} \int_0^{T_a} p(t)dt \qquad (2.14)$$

ist die Leistung, die ein Verbraucher in einem bestimmten Zeitraum T_a (z.B. Abrechnungszeitraum des Energieversorgers) im Mittel aufnimmt. Für sinusförmige Vorgänge wählt man $T_a = T = 1/f$. Aus den Gleichungen (2.14) und (2.13) folgt

$$P = \frac{1}{T} \int_0^T \frac{1}{2}\hat{U}\hat{I}[\cos(\varphi_u - \varphi_i) - \underbrace{\cos(2\omega t + \varphi_u + \varphi_i)}_{\int_0^T = 0}]dt.$$

Die Wirkleistung bei (reinen) sinusförmigen Wechselgrößen lautet also

$$P = \frac{1}{2}\hat{U}\hat{I}\cos\varphi_{ui} = UI\cos\varphi_{ui} \qquad [P] = \mathrm{W} . \qquad (2.15)$$

Im rechten Term der Gleichung (2.15) sind an Stelle der Scheitelwerte die Effektivwerte (vgl. Gleichung (2.5)) verwendet. Bei Ohm'schen Verbrauchern ist $\varphi_{ui} = 0$ und somit $P = UI$.

Blindleistung

Die Blindleistung ist definiert als

$$Q = \frac{1}{2}\hat{U}\hat{I}\sin\varphi_{ui} = UI\sin\varphi_{ui} \qquad [Q] = \mathrm{W} \text{ oder var} . \qquad (2.16)$$

Die Blindleistung ist ein Maß für die im Mittel aufgenommene und wieder abgegebene Leistung einer Schaltungskomponente, es wird also keine elektrische Energie in eine andere Energieform umgewandelt.

Scheinleistung

Die Scheinleistung ist definiert als das Produkt der Effektivwerte von Spannung und Strom.

$$S = \frac{1}{2}\hat{U}\hat{I} = UI \qquad [S] = \mathrm{W} \text{ oder VA} \qquad (2.17)$$

Quadriert und addiert man die Gleichungen (2.15) und (2.16), ergibt sich der Zusammenhang

$$S^2 = U^2I^2 \cdot (\cos^2(\varphi_{ui}) + \sin^2(\varphi_{ui})) = P^2 + Q^2 \qquad (2.18)$$

aus Schein-, Wirk- und Blindleistung.

Leistungsfaktor

Das Verhältnis von Wirkleistung zu Scheinleistung

$$\lambda = \frac{\text{Wirkleistung}}{\text{Scheinleistung}} = \frac{S \cdot \cos\varphi_{ui}}{S} = \cos\varphi_{ui} \tag{2.19}$$

wird Leistungsfaktor genannt.

Der Leistungsfaktor ist eins, wenn ausschließlich Wirkleistung umgesetzt wird, die Blindleistung also null ist. Je größer das Verhältnis von Blindleistung zu Wirkleistung ist, umso geringer wird λ. Besteht die Schaltung nur aus Blindwiderständen, d.h. nur aus Kondensatoren und Spulen, gilt $\lambda = 0$.

Beispiel 2.7

Geben Sie Wirk-, Blind- und Scheinleistung für einen Ohm'schen Widerstand R, eine Kapazität C und eine Induktivität L an, wenn an diesen Schaltelementen eine Spannung von $\hat{U} \cdot \sin(\omega t)$ anliegt.

Lösung:

	R	C	L
P	$U \cdot I = U^2/R$	0	0
Q	0	$-U \cdot I = -U^2 \cdot \omega C$	$U \cdot I = U^2/(\omega L)$
S	$U \cdot I$	$U \cdot I$	$U \cdot I$

2.2 Komplexe Rechnung

In der Wechselstromtechnik sind für die Beschreibung von Ursachen- und Wirkungsgrößen immer zwei Variabel notwendig, nämlich

- Betrag bzw. Amplitude und Phase (z.B. $\hat{U}$ und φ_u) oder

- die Projektion auf die Koordinatenachsen (z.B. $\hat{U} \cdot \cos(\omega t + \varphi)$ und $\hat{U} \cdot \sin(\omega t + \varphi)$).

Die Verwendung von Zeigern hat sich bei der Schaltungsberechnung als sehr hilfreich herausgestellt. In diesem Abschnitt wird daher eine Rechenvorschrift vorgestellt, die es ermöglicht, direkt mit Zeigern zu rechnen.

2.2.1 Übergang zur komplexen Rechnung

Ein Zeiger (hier Spannungs- oder Stromzeiger) lässt sich auf unterschiedliche Weise darstellen, z.B. als Vektor (vgl. Abbildung 2.16)

$$\vec{U} = U_x \cdot \vec{e}_x + U_y \cdot \vec{e}_y \, .$$

Die Rechenregeln von Vektoren „passen" aber nicht auf die Gesetzmäßigkeiten der Wechselstromlehre. Zudem rotieren Vektoren nicht mit der Winkelgeschwindigkeit ω. Es wird also eine andere Art der Zeigerdarstellung benötigt.

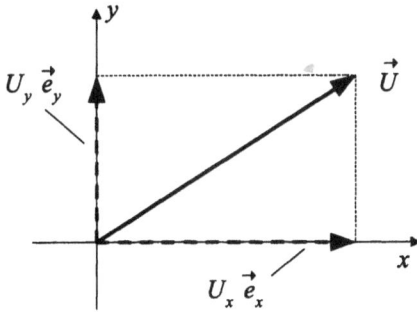

Abb. 2.16: *Vektordarstellung einer Spannung*

Komplexer Zeiger

Zu komplexen Zeigern gelangt man durch Umbenennen/Ersetzen der Einheitsvektoren $\vec{e}_x$ und $\vec{e}_y$ (vgl. Tabelle 2.2).

	x-Komponente	y-Komponente
Vektordarstellung	$\vec{e}_x$	$\vec{e}_y$
Komplexer Zeiger	- - -	j

Tabelle 2.2: *Vergleich Vektordarstellung – komplexe Darstellung*

So wird aus dem Vektor $\vec{U}$ der Zeiger $\underline{U}$.

$$\underbrace{\vec{U} = U_x\vec{e}_x + U_y\vec{e}_y}_{\text{Vektor}} \longrightarrow \underbrace{\underline{U} = U_x + j \cdot U_y = U_r + jU_i}_{\text{Zeiger}}$$

An Stelle der Indizes x und y in den Bezeichnung U_x und U_y werden im Allgemeinen r für Real- und i für Imaginärteil verwendet. Zur Kennzeichnung von komplexen Größen (wie z.B. Ströme oder Spannungen) werden diese unterstrichen, also $\underline{I}$ oder $\underline{U}$. U_r und U_i sind reelle Größen, während

$$j^2 = -1 \qquad (2.20)$$

die imaginäre Einheit darstellt.

Bemerkung: Die Darstellung von Zeigern mit Hilfe von komplexen Größen muss sich beim Rechnen, also z.B. beim Addieren von Spannungen oder beim Multiplizieren von Strömen und Widerständen, bewähren!

Der komplexe Zeiger $\underline{U}$ kann in der Gauß'schen Zahlenebene (Abbildung 2.17) anschaulich dargestellt werden. Aus Abbildung 2.17 ergibt sich

$$U_r = Re\{\underline{U}\} = U\cos\varphi_u \quad \text{und}$$
$$U_i = Im\{\underline{U}\} = U\sin\varphi_u \,, \qquad (2.21)$$

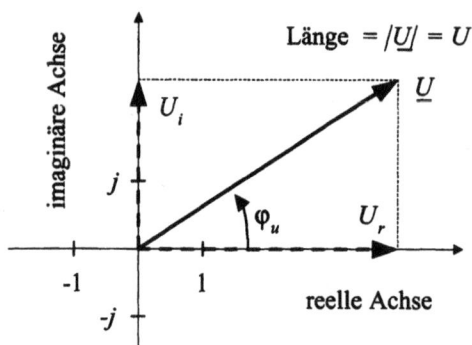

Abb. 2.17: *Darstellung von $\underline{U}$ in der Gauß'schen Zahlenebene*

wobei

$$U = |\underline{U}|$$

die Länge bzw. den Betrag des Zeigers und φ_u den Winkel gegen die positiv reelle Halbachse darstellt.

Der Betrag eines komplexen Zeigers (oder auch einer komplexen Zahl bzw. Größe) $|\underline{U}|$ ergibt sich durch Multiplikation mit dem konjugiert komplexen Zeiger und Wurzelbildung, also

$$U = |\underline{U}| = \sqrt{\underline{U} \cdot \underline{U}^*} = \sqrt{(U_r + jU_i)(U_r - jU_i)} = \sqrt{U_r{}^2 + U_i{}^2} \ . \qquad (2.22)$$

Bemerkung: Der konjugiert komplexe Zeiger ergibt sich durch Vorzeichenänderung des Imaginärteils.

Der Winkel resultiert aus

$$\varphi_u = \begin{cases} \arctan \dfrac{U_i}{U_r} & \text{für} \quad U_r > 0 \\[2mm] \arctan \dfrac{U_i}{U_r} \pm \pi & \text{für} \quad U_r < 0 \end{cases} \ . \qquad (2.23)$$

Die Euler'sche Formel

Zur Herleitung der Euler'schen Formel betrachtet man die Reihenentwicklungen

$$\cos\varphi = 1 - \frac{1}{2!}\varphi^2 + \frac{1}{4!}\varphi^4 \ \dots \qquad \text{und}$$

$$j\sin\varphi = j(\frac{1}{1!}\varphi - \frac{1}{3!}\varphi^3 + \frac{1}{5!}\varphi^5 \ \dots) \ ,$$

addiert beide Gleichungen

$$\cos\varphi + j\sin\varphi = 1 + \frac{1}{1!}(j\varphi)^1 + \frac{1}{2!}(j\varphi)^2 + \frac{1}{3!}(j\varphi)^3 ... \equiv e^{j\varphi}$$

und erhält schließlich die Euler'sche Formel

$$\boxed{e^{j\varphi} = \cos\varphi + j\sin\varphi}.$$ (2.24)

Die Größe $e^{j\varphi}$ heißt Einheitszeiger $\underline{E}$, da der Betrag (seine Länge) eins ist. Ein beliebiger Zeiger

$$\underline{U} = U_r + jU_i = U(\cos\varphi + j\sin\varphi) = Ue^{j\varphi}$$ (2.25)

kann somit als Produkt aus seinem Betrag U und dem Einheitszeiger $\underline{E} = e^{j\varphi}$ dargestellt werden.

Beispiel 2.8

a) Beweisen Sie $|\underline{E}| = 1$.

b) Die Projektion eines Stromzeigers auf die Realteil- und die Imaginärteilachse sei 3A und 4A. Der Zeiger ist auf zwei verschiedene Arten als komplexe Größe darzustellen.

Lösung:

a) $|\underline{E}| = |e^{j\varphi}| = |\cos\varphi + j\sin\varphi| = \sqrt{\cos^2\varphi + \sin^2\varphi} = 1$

b) $\underline{I} = (3 + j4)\text{A}$ oder $\underline{I} = \sqrt{3^2 + 4^2} \cdot e^{j\arctan(4/3)}\text{A} = 5 \cdot e^{j53,13°}\text{A}$

Rechenregeln

Die Euler'sche Formel (2.24) beschreibt den Zusammenhang zwischen kartesischen (rechtwinkligen) Koordinaten und Polarkoordinaten (Betrag und Phase). Die Umformung von einem in das jeweils andere Koordinatensystem geht aus der Zusammenstellung

- Polar $\longrightarrow$ rechtwinklig: Gleichungssystem (2.21)

- Rechtwinklig $\longrightarrow$ polar: Gleichungen (2.22) und (2.23)

hervor. Beide Darstellungen sind völlig gleichberechtigt, es kann also beliebig zwischen beiden Varianten gewählt werden.

Die wichtigsten Rechenregeln komplexer Zeiger sind in Tabelle 2.3 zusammengefasst.

	Rechtwinklige Koordinaten	Polarkoordinaten
$\underline{A}^*$	$A_r - jA_i$	$Ae^{-j\alpha}$
$d\underline{A}/dt$	$j\omega \cdot (A_r + jA_i)$ falls $\alpha = \omega t!$	$j\omega A \cdot e^{j\alpha}$
$\int \underline{A} \cdot dt$	$(A_r + jA_i)/(j\omega)$ falls $\alpha = \omega t!$	$Ae^{j\alpha}/(j\omega)$
$\underline{A} + \underline{B}$	$(A_r + B_r) + j(A_i + B_i)$	$Ae^{j\alpha} + Be^{j\beta}$
$\underline{A} - \underline{B}$	$(A_r - B_r) + j(A_i - B_i)$	$Ae^{j\alpha} - Be^{j\beta}$
$\underline{A} \cdot \underline{B}$	$(A_rB_r - A_iB_i) + j(A_rB_i + A_iB_r)$	$ABe^{j(\alpha+\beta)}$
$\underline{A}/\underline{B}$	$(A_rB_r + A_iB_i - j(A_rB_i - A_iB_r))/(B_r^2 + B_i^2)$	$A/B \cdot e^{j(\alpha-\beta)}$

Tabelle 2.3: *Rechenregeln komplexer Zahlen:* $\underline{A} = A_r + jA_i = Ae^{j\alpha}$; $\underline{B} = B_r + jB_i = Be^{j\beta}$

Beispiel 2.9

Gegeben sind die komplexen Zahlen $\underline{A} = 1 + j2$ und $\underline{B} = 2 - j$.
Zu berechnen ist $\underline{A}^*$, $\underline{A} + \underline{B}$, $\underline{A} - \underline{B}$, $\underline{A} \cdot \underline{B}$ und $\underline{A}/\underline{B}$.

Lösung:

	Rechtwinklige Koordinaten	Polarkoordinaten
$\underline{A}^*$	$1 - j2$	$\sqrt{5}e^{-j63,4^\circ}$
$\underline{A} + \underline{B}$	$3 + j$	$\sqrt{5}(e^{j63,4^\circ} + e^{-j26,6^\circ})$
$\underline{A} - \underline{B}$	$-1 + 3j$	$\sqrt{5}(e^{j63,4^\circ} - e^{-j26,6^\circ})$
$\underline{A} \cdot \underline{B}$	$4 + j3$	$5e^{j36,8^\circ}$
$\underline{A}/\underline{B}$	j	e^{j90°

2.2.2   Anpassung der komplexen Rechnung an die Wechselstromlehre

Dieser Abschnitt beschreibt die Anpassung der komplexen Rechnung an die Gesetzmäßigkeiten der Wechselstromlehre.

Komplexe Wechselstromgrößen

Bisher wurde die Darstellung von Zeigern in der Gauß'schen Zahlenebene erläutert. Ein beliebiger Zeiger

$$\underline{U} = U_r + jU_i = U(\cos\varphi_u + j\sin\varphi_u) = Ue^{j\varphi_u}$$

kann sowohl in rechtwinkligen Koordinaten als auch in Polarkoordinaten dargestellt werden. Der Zeiger $\underline{U}$ repräsentiert jedoch nur den Effektivwert (hier einer Spannung) zum Zeitpunkt $t = 0$, er wird daher auch „komplexer Effektivwert" genannt. Zur Darstellung von komplexen, zeitlich abhängigen Spannungen (oder auch Strömen) benötigt man den Scheitelwert und führt deshalb die „komplexe Amplitude" $\hat{\underline{U}}$ ein. Für sinusförmige Größen gilt in Anlehnung an Gleichung (2.5)

$$\hat{\underline{U}} = \sqrt{2} \cdot \underline{U}. \tag{2.26}$$

Um zu einem zeitabhängigen Zeiger, also einem rotierenden Zeiger mit Winkelgeschwindigkeit ω zu gelangen, multipliziert man $\underline{\hat{U}}$ mit dem „komplexen Zeitfaktor" $e^{j\omega t}$ und erhält

$$\underline{u}(t) = \underline{\hat{U}} e^{j\omega t} = \hat{U} e^{j\varphi_u} e^{j\omega t} = \hat{U} e^{j(\omega t + \varphi_u)}$$
$$= \hat{U}[\cos(\omega t + \varphi_u) + j\sin(\omega t + \varphi_u)] \,. \tag{2.27}$$

Der Schritt von der komplexen zeitlichen Darstellung einer Spannung $\underline{u}(t)$ oder eines Stromes $\underline{i}(t)$ zur reellen Beschreibung $u(t)$ bzw. $i(t)$ ist trivial. Je nachdem ob $u(t)$ durch eine Sinusfunktion

$$u(t) = \hat{U}\sin(\omega t + \varphi_u) = Im\{\underline{u}(t)\} \tag{2.28}$$

oder eine Cosinusfunktion

$$u(t) = \hat{U}\cos(\omega t + \varphi_u) = Re\{\underline{u}(t)\} \tag{2.29}$$

beschrieben wird, nimmt man entweder den Imaginärteil oder den Realteil von $\underline{u}(t)$.

Kirchhoff'sche Gesetze in komplexer Form

Maschengleichung
Die Maschengleichung in reeller Form lautet:

$$\sum_{n=1}^{m} u_n(t) = \sum_{n=1}^{m} u_{nr}(t) = 0 \tag{2.30}$$

Bei der Beschreibung der zeitlich abhängigen Spannung $\underline{u}(t) = u_r(t) + j \cdot u_i(t)$ in komplexer Form existiert neben dem reellen Anteil noch die Projektion des Zeigers auf die imaginäre Achse. Das führt zu einer Betrachtung von reellen und imaginären Teilspannungen einer Masche:

$$\sum_{n=1}^{m} \underline{u}_n(t) = \underbrace{\sum_{n=1}^{m} u_{nr}(t)}_{=0 \text{ laut Gl. (2.30)}} + j\sum_{n=1}^{m} u_{ni}(t)$$

Da die Summe von komplexen, rotierenden Spannungszeigern nicht allgemein imaginär sein darf, muss auch die komplexe Summe der Teilspannungen verschwinden.
Die Kirchhoff'sche Maschengleichung gilt also auch im Komplexen:

$$\sum_{n=1}^{m} \underline{u}_n(t) = 0 \tag{2.31}$$

Mit $\sum \underline{u}(t) = \sum \hat{\underline{U}} \cdot e^{j\omega t} = e^{j\omega t} \sum \hat{\underline{U}} = 0$ gilt die Maschengleichung auch für nichtrotierende, komplexe Spannungszeiger

$$\boxed{\sum_{n=1}^{m} \hat{\underline{U}}_n = 0 \quad \text{oder} \quad \sum_{n=1}^{m} \underline{U}_n = 0} \ . \tag{2.32}$$

Knotenpunktgleichung

Analog zur obigen Vorgehensweise ergibt sich die komplexe Form der Knotenpunktgleichung

$$\boxed{\sum_{n=1}^{k} \hat{\underline{I}}_n = 0 \quad \text{oder} \quad \sum_{n=1}^{k} \underline{I}_n = 0} \ . \tag{2.33}$$

Komplexe Beschreibung von Schaltelementen

Ohm'scher Widerstand

Fließt ein sinusförmiger Wechselstrom durch einen Ohm'schen Widerstand, so besteht zu jedem Zeitpunkt zwischen den Augenblickswerten des Stroms $i(t)$ und der Spannung $u(t)$ Proportionalität. Es gilt das Ohm'sche Gesetz

$$u(t) = R \cdot i(t) \tag{2.34}$$

in reeller Form. Das Ohm'sche Gesetz in komplexer Form lautet

$$\underline{u}(t) = R \cdot \underline{i}(t) \ .$$

Wird die letzte Gleichung nach R aufgelöst

$$R = \frac{\underline{u}(t)}{\underline{i}(t)} = \frac{\hat{\underline{U}} \cdot e^{j\omega t}}{\hat{\underline{I}} \cdot e^{j\omega t}} = \frac{\sqrt{2}\underline{U} \cdot e^{j\omega t}}{\sqrt{2}\underline{I} \cdot e^{j\omega t}} \ ,$$

ergibt sich der Zusammenhang von Spannung und Strom bei Ohm'schen Widerständen in komplexer Form

$$\boxed{\underline{Z}_R = R = \frac{\hat{\underline{U}}}{\hat{\underline{I}}} = \frac{\underline{U}}{\underline{I}}} \ . \tag{2.35}$$

Das Formelzeichen $\underline{Z}$ bezeichnet allgemein einen komplexen Widerstand (vgl. nächsten Abschnitt auf Seite 128), der im Falle eines Ohm'schen Widerstandes rein reell ist. Mit $\hat{\underline{U}} = \hat{U}e^{j\varphi_u}$, $\hat{\underline{I}} = \hat{I}e^{j\varphi_i}$ und $\varphi_u = \varphi_i$ folgt der bereits bekannte Zusammenhang $R = \hat{U}/\hat{I} = U/I$ in reeller Form.

Spulen

Bei Spulen gilt für die (reellen) Momentanwerte $u(t)$ und $i(t)$ der Zusammenhang

$$u(t) = L\frac{di(t)}{dt} \; . \tag{2.36}$$

In komplexer Form lautet dieser

$$\underline{u}(t) = L\frac{d\underline{i}(t)}{dt} \; .$$

Mit $\underline{u}(t) = \hat{\underline{U}}e^{j\omega t}$ und $\underline{i}(t) = \hat{\underline{I}}e^{j\omega t}$ folgt

$$\hat{\underline{U}}e^{j\omega t} = L\frac{d\hat{\underline{I}}e^{j\omega t}}{dt} = j\omega L\hat{\underline{I}}e^{j\omega t}$$

oder kurz

$$\boxed{\underline{Z}_L = j\omega L = \frac{\hat{\underline{U}}}{\hat{\underline{I}}} = \frac{\underline{U}}{\underline{I}}} \; . \tag{2.37}$$

Aus der Differentialgleichung (2.36) wird also die lineare Gleichung (2.37)!

Die Größe $\underline{Z}_L$ bzw. $j\omega L$ ist ein komplexer Widerstand. Er ist bei idealen Induktivitäten rein imaginär und bewirkt somit eine Phasendrehung der Spannung in Bezug zum Strom um $\pi/2$.

Beweis: Es gilt $j = e^{j\pi/2} = \cos{(\pi/2)} + j\sin{(\pi/2)} = 0 + j \cdot 1$. Eingesetzt in Gleichung (2.37) ergibt sich

$$\hat{\underline{U}} = j\omega L\hat{\underline{I}}$$
$$\hat{U}e^{j\varphi_u} = \omega L e^{j\pi/2}\hat{I}e^{j\varphi_i} = \omega L\hat{I}e^{j(\varphi_i + \pi/2)} \; .$$

Wie aus vorigem Abschnitt 2.1 bereits bekannt ist, gilt:

$$\varphi_u = \varphi_i + \pi/2 \quad \text{und} \quad \hat{U} = \omega L\hat{I}$$

Kondensator

Bei Kondensatoren gilt allgemein

$$i(t) = C\frac{du(t)}{dt} \tag{2.38}$$

bzw. in komplexer Form

$$\underline{i}(t) = C\frac{d\underline{u}(t)}{dt} \; .$$

Mit $\underline{i}(t) = \hat{\underline{I}}e^{j\omega t}$ und $\underline{u}(t) = \hat{\underline{U}}e^{j\omega t}$ folgt

$$\hat{\underline{I}}e^{j\omega t} = C\frac{d\hat{\underline{U}}e^{j\omega t}}{dt} = j\omega C\hat{\underline{U}}e^{j\omega t}$$

und schließlich

$$\boxed{\underline{Z}_C = \frac{1}{j\omega C} = -j\frac{1}{\omega C} = \frac{\hat{U}}{\hat{I}} = \frac{U}{I}}.$$ (2.39)

Die Größe $1/j\omega C$ ist ebenfalls ein komplexer Widerstand. Wie bei Spulen ist er rein imaginär und bewirkt daher eine Phasendrehung der Spannung in Bezug zum Strom um $-\pi/2$.

Mit $-j = e^{-j\pi/2} = \cos(-\pi/2) + j\sin(-\pi/2) = 0 + j \cdot (-1)$ lässt sich Gleichung (2.39) in

$$\hat{U} = -j\frac{1}{\omega C}\hat{I}$$

$$\hat{U}e^{j\varphi_u} = \frac{1}{\omega C}e^{-j\pi/2}\hat{I}e^{j\varphi_i} = \frac{1}{\omega C}\hat{I}e^{j(\varphi_i-\pi/2)}$$

umformen, woraus sich die bekannte Beziehung

$$\varphi_u = \varphi_i - \pi/2 \quad \text{und} \quad \hat{U} = \frac{1}{\omega C}\hat{I}$$

ergibt.

Darstellung der Grundbauelemente in der komplexen Widerstandsebene
Abbildung 2.18 zeigt die komplexen Widerstände der drei Grundbauelemente in der Gauß'schen Zahlenebene. Physikalische Widerstände liegen immer in der rechten Halbebene, während Spannungs- und Stromzeiger in der vollen Ebenen rotieren.

Komplexer Widerstand, komplexer Leitwert

Komplexer Widerstand
Unter dem komplexen Widerstand

$$\underline{Z} = \frac{\underline{u}(t)}{\underline{i}(t)} = \frac{\hat{U}e^{j\omega t}}{\hat{I}e^{j\omega t}} = \frac{\hat{U}}{\hat{I}} = \frac{U}{I}$$ (2.40)

versteht man das Verhältnis zwischen den komplexen Momentanwerten von Spannung und Strom. Er ist gleich dem Verhältnis der komplexen Amplituden bzw. Effektivwerte von Spannung und Strom. Ein komplexer Widerstand lässt sich für jedes Gebilde mit

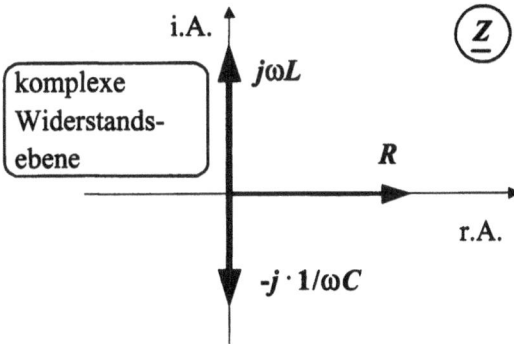

i.A.

komplexe
Widerstands-
ebene

$j\omega L$

$\underline{Z}$

R

r.A.

$-j \cdot 1/\omega C$

Abb. 2.18: *Darstellung der Bauelemente R, L und C in der komplexen Widerstandsebene bei einer Frequenz*

zwei Klemmen (vgl. Abbildung 2.21), also jeden Zweipol bestehend aus Widerständen, Kondensatoren, Spulen und linearisierten Bauelementen definieren. Gleichung (2.40) kann man in folgende Form umschreiben:

$$\underline{Z} = \frac{Ue^{j\varphi_u}}{Ie^{j\varphi_i}} = \frac{U}{I}e^{j(\varphi_u - \varphi_i)} = Ze^{j\varphi_z} \tag{2.41}$$

Der komplexe Widerstand hat den Betrag $Z = U/I$, auch Scheinwiderstand oder Impedanz genannt, und den Winkel $\varphi_z = \varphi_u - \varphi_i$. Er rotiert nicht, da $e^{j\omega t}$ fehlt. Der komplexe Widerstand lässt sich auch in kartesischen Koordinaten

$$\underline{Z} = Z(\cos\varphi_z + j\sin\varphi_z) = R + jX \tag{2.42}$$

mit dem Wirkwiderstand oder Resistanz $R = Z\cos\varphi_z$ (Realteil) und dem Blindwiderstand oder Reaktanz $X = Z\sin\varphi_z$ (Imaginärteil) schreiben. Es gilt

$$Z = \sqrt{R^2 + X^2} \quad \text{und} \quad \varphi_z = \varphi_u - \varphi_i = \arctan\frac{X}{R} \ .$$

Komplexer Leitwert
Der komplexe Leitwert

$$\underline{Y} = \frac{\underline{i}(t)}{\underline{u}(t)} = \frac{\underline{I}}{\underline{U}} = \frac{1}{\underline{Z}} = \frac{1}{Ze^{j\varphi_z}} = \frac{1}{Z}e^{-j\varphi_z} = Ye^{j\varphi_y} \tag{2.43}$$

gibt das Verhältnis der komplexen Augenblicks-, Scheitel- oder Effektivwerte von Strom zu Spannung wieder, er ist also der Kehrwert des komplexen Widerstandes. Drückt man $\underline{Y}$ in kartesischen Koordinaten aus, erhält man

$$\underline{Y} = Ye^{j\varphi_y} = Y(\cos\varphi_y + j\sin\varphi_y) = G + jB \ . \tag{2.44}$$

Y nennt man Scheinleitwert oder Admittanz, $G = Y \cos \varphi_y$ Wirkleitwert oder Konduktanz und $B = Y \sin \varphi_y$ Blindleitwert oder Suszeptanz. Für Betrag und Phase des Scheinleitwertes gilt

$$Y = \sqrt{G^2 + B^2} \quad \text{und} \quad \varphi_y = \varphi_i - \varphi_u = \arctan \frac{B}{G} .$$

2.2.3   Wechselstromschaltungen

Beispiel für die Berechnung von Wechselstromschaltungen

An einem Beispiel soll demonstriert werden, wie mit Hilfe der komplexen Rechnung Schaltungen einfach und effizient berechnet werden können. Als Beispiel dient die aus Abschnitt 2.1 bekannte Schaltung (Abbildung 2.19).

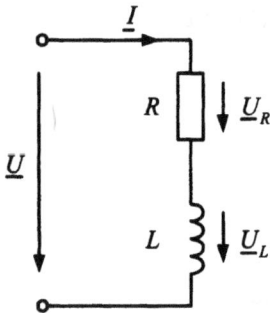

Abb. 2.19: *Serienschaltung aus R und L.*

Gegeben:
Spannung $\underline{U}$, die Schaltelemente R und L sowie die Kreisfrequenz ω.

Gesucht:
Strom $\underline{I}$ und die Teilspannungen $\underline{U}_R$, $\underline{U}_L$.

Aus der Maschengleichung für die komplexen Effektivwerte

$$\underline{U} = \underline{U}_R + \underline{U}_L$$

und den Gleichungen für die Teilspannungen

$$\underline{U}_R = R \cdot \underline{I} , \quad \underline{U}_L = j\omega L \cdot \underline{I} \tag{2.45}$$

folgt

$$\underline{U} = (R + j\omega L) \cdot \underline{I}$$

bzw. nach Umstellung

$$\underline{I} = \frac{\underline{U}}{R + j\omega L} \ . \tag{2.46}$$

Aus dem Ergebnis der Gleichung (2.46) und dem Gleichungssatz (2.45) folgen die Teilspannungen

$$\underline{U}_R = \underline{U}\frac{R}{R + j\omega L} \quad \text{und} \quad \underline{U}_L = \underline{U}\frac{j\omega L}{R + j\omega L} \ .$$

Im zweiten Schritt werden aus den komplexen Effektivwerten (man kann natürlich auch mit komplexen Scheitelwerten rechnen) die reellen Momentanwerte $i(t)$, $u_R(t)$ usw. durch Projektion auf die imaginäre oder reelle Achse ermittelt. War die gegebene Größe im Reellen eine Sinusgröße

$$u(t) = \hat{U}\sin(\omega t + \varphi_u) = \sqrt{2} \cdot U \cdot Im\{e^{j\varphi_u}e^{j\omega t}\} \ ,$$

nimmt man den Imaginärteil von $\underline{i}(t)$, $\underline{u}_R(t)$ usw.
War die gegebene Spannung im Reellen eine Cosinusgröße

$$u(t) = \hat{U}\cos(\omega t + \varphi_u) = \sqrt{2} \cdot U \cdot Re\{e^{j\varphi_u}e^{j\omega t}\} \ ,$$

gehen die gesuchten Größen aus dem Realteil hervor.

Knotenpotentialanalyse

Die Vorgehensweise bei der Wechselstrom-Knotenpotentialanalyse (KPA) ist identisch zu der bei Gleichstrom. Der einzige Unterschied besteht darin, dass die Elemente der Leitwertmatrix sowie der Stromquellenvektor und der Knotenspannungsvektor komplex sind. Das Gleichungssystem sieht also folgendermaßen aus:

$$[\underline{Y}] \cdot \underline{U}_{n0}] = \underline{I}_q] \tag{2.47}$$

Die Berechnung der Lösung kann entweder direkt mit komplexen Zahlen erfolgen, oder aus dem komplexen Gleichungssystem wird ein reelles Gleichungssystem gebildet, indem aus n komplexen Gleichungen $2 \cdot n$ reelle Gleichungen generiert werden. Exemplarisch soll das Vorgehen an der einfachen komplexen Gleichung

$$\underline{Y} \cdot \underline{U} = \underline{I}$$
$$(Y_r + jY_i) \cdot (U_r + jU_i) = I_r + jI_i$$
$$(Y_rU_r - Y_iU_i) + j(Y_rU_i + Y_iU_r) = I_r + jI_i$$

veranschaulicht werden. In Matrixschreibweise lautet die vorige Gleichung

$$\left.\begin{matrix} Y_rU_r - Y_iU_i \\ Y_rU_i + Y_iU_r \end{matrix}\right] = \begin{bmatrix} Y_r & -Y_i \\ Y_i & Y_r \end{bmatrix} \cdot \left.\begin{matrix} U_r \\ U_i \end{matrix}\right] = \left.\begin{matrix} I_r \\ I_i \end{matrix}\right] \ .$$

Bei n unabhängigen, komplexen Knotenpotentialen liegt das Gleichungssystem

$$
\begin{bmatrix} \underline{Y}_{11} & \cdots & \underline{Y}_{1n} \\ \cdots & \cdots & \cdots \\ \underline{Y}_{n1} & \cdots & \underline{Y}_{nn} \end{bmatrix} \cdot \begin{bmatrix} \underline{U}_{10} \\ \cdots \\ \underline{U}_{n0} \end{bmatrix} = \begin{bmatrix} \underline{I}_{q1} \\ \cdots \\ \underline{I}_{qn} \end{bmatrix} \tag{2.48}
$$

vor, woraus das reelle Gleichungssystem bestehend aus $2 \cdot n$ Gleichungen

$$
\begin{bmatrix} Y_{r11} & \cdots & Y_{r1n} & -Y_{i11} & \cdots & -Y_{i1n} \\ \cdots & \cdots & \cdots & \cdots & \cdots & \cdots \\ Y_{rn1} & \cdots & Y_{rnn} & -Y_{in1} & \cdots & -Y_{inn} \\ Y_{i11} & \cdots & Y_{i1n} & Y_{r11} & \cdots & Y_{r1n} \\ \cdots & \cdots & \cdots & \cdots & \cdots & \cdots \\ Y_{in1} & \cdots & Y_{inn} & Y_{rn1} & \cdots & Y_{rnn} \end{bmatrix} \cdot \begin{bmatrix} U_{r10} \\ \cdots \\ U_{rn0} \\ U_{i10} \\ \cdots \\ U_{in0} \end{bmatrix} = \begin{bmatrix} I_{rq1} \\ \cdots \\ I_{rqn} \\ I_{iq1} \\ \cdots \\ I_{iqn} \end{bmatrix} \tag{2.49}
$$

gebildet werden kann.

Beispiel 2.10

Gegeben ist das abgebildete Netzwerk 2.20 mit den komplexen Widerstandswerten der Bauelemente bezogen auf 1kΩ.

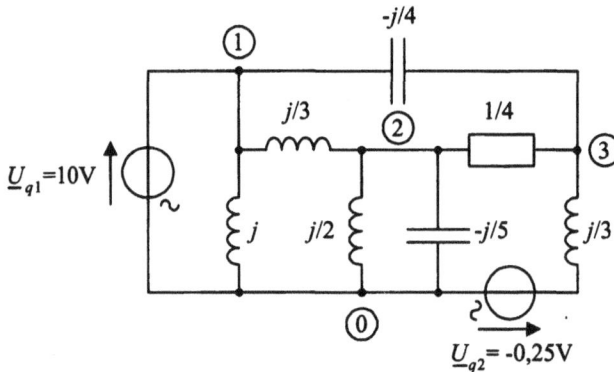

Abb. 2.20: *Beispiel zur Knotenpotentialanalyse*

a) Wie lautet die unmodifizierte Leitwertmatrix $[\underline{Y}]$ mit Zahlenwerten?

b) Bilden Sie den unmodifizierten Stromquellenvektor.

c) Schreiben Sie das modifizierte Gleichungssystem in komplexer Form an.

d) Schreiben Sie das modifizierte Gleichungssystem in reeller Form an.

Lösung:

a) Komplexe Widerstände in komplexe Leitwerte umrechnen (Y_{ii} in mS):

$$\begin{bmatrix} -j-3j+4j & 3j & -4j \\ 3j & -3j-2j+5j+4 & -4 \\ -4j & -4 & 4j-3j+4 \end{bmatrix} = \begin{bmatrix} 0 & 3j & -4j \\ 3j & 4 & -4 \\ -4j & -4 & 4+j \end{bmatrix}$$

b) Spannungsquelle U_{q2} in Stromquelle $I_{q2} = U_{q2}\cdot(-j3) = 0,75\cdot j\cdot\text{mA}$ umrechnen. Zählpfeil der Stromquelle zeigt von Knoten 3 zu Knoten 0!

$$\begin{bmatrix} 0 \\ 0 \\ -0,75\cdot j\cdot\text{mA} \end{bmatrix}$$

c) Spannungsquelle U_{q1} einbauen: Dazu Zeile 1 auf Zeile 0 addieren und Gleichung $0 - U_{10} = 10\text{V}$ in Zeile 1 berücksichtigen.

$$\begin{bmatrix} -1 & 0 & 0 \\ 3j & 4 & -4 \\ -4j & -4 & 4+j \end{bmatrix} \cdot \begin{bmatrix} \underline{U}_{10} \\ \underline{U}_{20} \\ \underline{U}_{30} \end{bmatrix} = \begin{bmatrix} 10\text{V} \\ 0 \\ -0,75\cdot j\cdot\text{mA} \end{bmatrix}$$

d) Reelle Form:

$$\begin{bmatrix} -1 & 0 & 0 & 0 & 0 & 0 \\ 0 & 4 & -4 & -3 & 0 & 0 \\ 0 & -4 & 4 & 4 & 0 & -1 \\ 0 & 0 & 0 & -1 & 0 & 0 \\ 3 & 0 & 0 & 0 & 4 & -4 \\ -4 & 0 & 1 & 0 & -4 & 4 \end{bmatrix} \cdot \begin{bmatrix} U_{r10} \\ U_{r20} \\ U_{r30} \\ U_{i10} \\ U_{i20} \\ U_{i30} \end{bmatrix} = \begin{bmatrix} 10\text{V} \\ 0 \\ 0 \\ 0 \\ 0 \\ -0,75\text{mA} \end{bmatrix}$$

2.2.4 Komplexe Zweipole

Werden in einem Netzwerk zwei Knoten als Klemmenpaare ausgezeichnet, erhält man einen Zweipol (oder Eintor). Ein Eintor, wie in Abbildung 2.21 skizziert, beinhaltet beliebig viele passive Schaltungskomponenten und (sinusförmige) Quellen.

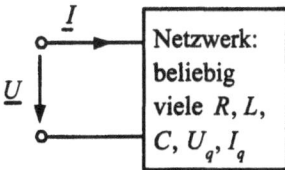

Abb. 2.21: Zweipol

Ein Zweipol heißt aktiv, wenn er neben beliebig vielen Verbrauchern eine oder mehrere Quellen gleicher Frequenz enthält. Für jeden aktiven Zweipol können zwei äquivalente Ersatzschaltungen (Abbildung 2.22a) und b)) angegeben werden. Die Vorgehensweise bei der Berechnung der Ersatzelemente ist an die der Gleichstromlehre angelehnt.

Ist ein Zweipol passiv, besteht die Ersatzschaltung nur aus dem komplexen Ersatzwiderstand (vgl. Abbildung 2.22 c)).

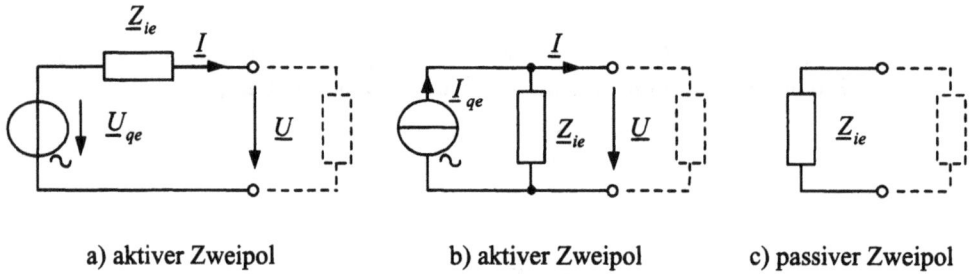

a) aktiver Zweipol   b) aktiver Zweipol   c) passiver Zweipol

Abb. 2.22: *Ersatzschaltungen aktiver und passiver Zweipole*

Bei der Berechnung der Ersatzelemente geht man wie folgt vor:

- Ermittlung des komplexen Ersatzinnenwiderstandes $\underline{Z}_{ie}$ durch Kurzschließen aller Spannungsquellen sowie Entfernen aller Stromquellen.

- Berechnung der Leerlaufspannung $\underline{U}_{Leerlauf} = \underline{U}_{qe}$ oder des Kurzschlussstromes $\underline{I}_{Kurzschluss} = \underline{I}_{qe}$.

Beispiel 2.11

Zu berechnen sind der komplexe Ersatzwiderstand und der Ersatzleitwert der Schaltung in Abbildung 2.19.

Lösung:
$$\underline{Z}_{ie} = R + j\omega L$$
$$\underline{Y}_{ie} = \frac{1}{R + j\omega L} = \frac{R}{R^2 + \omega^2 L^2} - j\frac{\omega L}{R^2 + \omega^2 L^2}$$

2.2.5   Zweitore

Mathematische Beschreibung

In sehr vielen Anwendungen interessiert man sich für das Verhalten einer Schaltung bezüglich einer Eingangsgröße zu einer Ausgangsgröße. Abbildung 2.23 zeigt ein Zweitor mit einem Eingangs- und einem Ausgangsklemmenpaar.

Bemerkung: Vielfach findet man in der Literatur auch den Ausdruck Vierpol statt Zweitor. Bei einem Vierpol sind jedoch alle Anschlussklemmen gleichberechtigt; eine Zuordnung von Eingangs- und Ausgangsklemmenpaaren ist nicht gegeben.

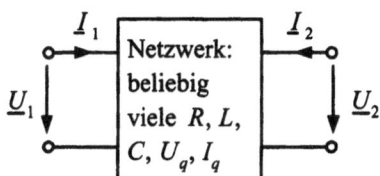

Abb. 2.23: *Zweitor*

Beispiele für Zweitore sind Transformatoren, Leitungen, Filter, Verstärker, usw. Beschrieben wird ein solches Gebilde mit Hilfe der Zweitortheorie. Es gilt

$$
\begin{aligned}
\underline{U}_1 &= \underline{Z}_{11}\underline{I}_1 + \underline{Z}_{12}\underline{I}_2 \\
\underline{U}_2 &= \underline{Z}_{21}\underline{I}_1 + \underline{Z}_{22}\underline{I}_2 \, ,
\end{aligned}
\tag{2.50}
$$

wobei

$$
[\underline{Z}] = \begin{bmatrix} \underline{Z}_{11} & \underline{Z}_{12} \\ \underline{Z}_{21} & \underline{Z}_{22} \end{bmatrix}
$$

als Widerstandsmatrix bezeichnet wird.
Die Elemente der Widerstandsmatrix ergeben sich aus Gleichung (2.50), also z.B.

$$
\underline{Z}_{11} = \frac{\underline{U}_1}{\underline{I}_1} \quad \text{bei} \quad \underline{I}_2 = 0 \, .
$$

Eine äquivalente Zweitorbeschreibung bildet die Leitwertmatrix

$$
[\underline{Y}] = \begin{bmatrix} \underline{Y}_{11} & \underline{Y}_{12} \\ \underline{Y}_{21} & \underline{Y}_{22} \end{bmatrix} = [\underline{Z}]^{-1} \, ,
$$

wobei gilt:

$$
\begin{aligned}
\underline{I}_1 &= \underline{Y}_{11}\underline{U}_1 + \underline{Y}_{12}\underline{U}_2 \\
\underline{I}_2 &= \underline{Y}_{21}\underline{U}_1 + \underline{Y}_{22}\underline{U}_2
\end{aligned}
\tag{2.51}
$$

Es gibt noch weitere Zweitorgleichungen wie die erste Hybridform

$$
\begin{aligned}
\underline{U}_1 &= \underline{H}_{11}\underline{I}_1 + \underline{H}_{12}\underline{U}_2 \\
\underline{I}_2 &= \underline{H}_{21}\underline{I}_1 + \underline{H}_{22}\underline{U}_2
\end{aligned}
\tag{2.52}
$$

mit der Hybridmatrix

$$
[\underline{H}] = \begin{bmatrix} \underline{H}_{11} & \underline{H}_{12} \\ \underline{H}_{21} & \underline{H}_{22} \end{bmatrix} \, ,
$$

die inverse Hybriddarstellung

$$\begin{aligned}
\underline{I}_1 &= \underline{D}_{11}\underline{U}_1 + \underline{D}_{12}\underline{I}_2 \\
\underline{U}_2 &= \underline{D}_{21}\underline{U}_1 + \underline{D}_{22}\underline{I}_2
\end{aligned} \tag{2.53}$$

mit der inversen Hybridmatrix

$$[\underline{D}] = \begin{bmatrix} \underline{D}_{11} & \underline{D}_{12} \\ \underline{D}_{21} & \underline{D}_{22} \end{bmatrix} = [\underline{H}]^{-1}$$

und die wichtige Kettenform

$$\begin{aligned}
\underline{U}_1 &= \underline{A}_{11}\underline{U}_2 + \underline{A}_{12}(-\underline{I}_2) \\
\underline{I}_1 &= \underline{A}_{21}\underline{U}_2 + \underline{A}_{22}(-\underline{I}_2)
\end{aligned} \tag{2.54}$$

mit der Kettenmatrix

$$[\underline{A}] = \begin{bmatrix} \underline{A}_{11} & \underline{A}_{12} \\ \underline{A}_{21} & \underline{A}_{22} \end{bmatrix} \ .$$

Eingangs- und Ausgangswiderstand, Übertragungsfunktion, Rückwirkung

Die Komponenten der Zweitormatrizen werden im Folgenden näher betrachtet. Grundsätzlich lassen sie sich in die vier Kategorien Eingangs- und Ausgangswiderstand bzw. Leitwert sowie Übertragungs- und Rückwirkungsfunktion untergliedern.

Eingangswiderstand, Eingangsleitwert
Die Größe

$$\underline{Z}_{11} = \frac{\underline{U}_1}{\underline{I}_1} \quad \text{bei} \quad \underline{I}_2 = 0$$

nennt man Leerlaufeingangswiderstand und

$$\underline{Y}_{11} = \frac{\underline{I}_1}{\underline{U}_1} \quad \text{bei} \quad \underline{U}_2 = 0$$

Kurzschlusseingangsleitwert. Beide Werte beschreiben das Zweitor hinsichtlich seiner eingangsseitigen Impedanz bzw. Admittanz.

Ausgangswiderstand, Ausgangsleitwert
Über das ausgangsseitige Widerstands- bzw. Leitwertverhalten geben Leerlaufausgangswiderstand

$$\underline{Z}_{22} = \frac{\underline{U}_2}{\underline{I}_2} \quad \text{bei} \quad \underline{I}_1 = 0$$

und Kurzschlussausgangsleitwert

$$\underline{Y}_{22} = \frac{\underline{I}_2}{\underline{U}_2} \quad \text{bei} \quad \underline{U}_1 = 0$$

Auskunft.

Übertragungsfunktion, Rückwirkung

Unter der Übertragungsfunktion versteht man das Verhältnis einer Ausgangsgröße $\underline{U}_2$ oder $\underline{I}_2$ zu einer Eingangsgröße $\underline{U}_1$ oder $\underline{I}_1$. Es existieren vier verschiedene Übertragungsfunktionen, die in folgender Tabelle zusammengefasst sind.

	Ausgangsgröße $\underline{U}_2$	Ausgangsgröße $\underline{I}_2$
Eingangsgröße $\underline{U}_1$	$\underline{D}_{21} = \underline{U}_2/\underline{U}_1\vert_{\underline{I}_2=0}$	$\underline{Y}_{21} = \underline{I}_2/\underline{U}_1\vert_{\underline{U}_2=0}$
Eingangsgröße $\underline{I}_1$	$\underline{Z}_{21} = \underline{U}_2/\underline{I}_1\vert_{\underline{I}_2=0}$	$\underline{H}_{21} = \underline{I}_2/\underline{I}_1\vert_{\underline{U}_2=0}$

Das Rückwirkungsverhalten eines Zweitors beschreibt den Einfluss einer Ausgangsgröße auf eine Eingangsgröße. Wie bei der Übertragungsfunktion gibt es vier Fälle:

	Eingangsgröße $\underline{U}_1$	Eingangsgröße $\underline{I}_1$
Ausgangsgröße $\underline{U}_2$	$\underline{H}_{12} = \underline{U}_1/\underline{U}_2\vert_{\underline{I}_1=0}$	$\underline{Y}_{12} = \underline{I}_1/\underline{U}_2\vert_{\underline{U}_1=0}$
Ausgangsgröße $\underline{I}_2$	$\underline{Z}_{12} = \underline{U}_1/\underline{I}_2\vert_{\underline{I}_1=0}$	$\underline{D}_{12} = \underline{I}_1/\underline{I}_2\vert_{\underline{U}_1=0}$

Gebräuchlich sind auch die Abkürzungen $\underline{A}_U$, $\underline{A}_Y$, $\underline{A}_Z$ und $\underline{A}_I$ für die vier möglichen Übertragungsfunktionen.

	Ausgangsgröße $\underline{U}_2$	Ausgangsgröße $\underline{I}_2$
Eingangsgröße $\underline{U}_1$	$\underline{A}_U = \underline{U}_2/\underline{U}_1$	$\underline{A}_Y = \underline{I}_2/\underline{U}_1$
Eingangsgröße $\underline{I}_1$	$\underline{A}_Z = \underline{U}_2/\underline{I}_1$	$\underline{A}_I = \underline{I}_2/\underline{I}_1$

Allerdings ist die jeweilige Bedingung am Ausgang anzugeben, also z.B. für die Spannungsübertragung $\underline{A}_U = \underline{U}_2/\underline{U}_1\vert_{\underline{I}_2=\ldots A}$ der Ausgangsstrom $\underline{I}_2$.

Anwendungsbeispiel 2.12: *Dimensionierung eines Tastkopfteilers*

Gegeben ist der komplexe Spannungsteiler in Abbildung 2.24. Das komplexe Spannungsteilerprinzip wird unter anderem in der elektrischen Messtechnik bei Tastkopfteilern verwendet. Bei entsprechender Dimensionierung erreicht man nicht nur eine nahezu frequenzunabhängige Spannungsteilung und damit eine Messbereichserweiterung sondern auch eine Erhöhung des Eingangswiderstandes.

a) Zu berechnen sind der Leerlaufeingangs- und der Ausgangswiderstand sowie die Leerlaufspannungsübertragung.

b) Wie müssen die Werte für R_1, R_2, C_1 und C_2 gewählt werden, damit $\underline{D}_{21}$ frequenzunabhängig wird?

c) Bestimmen Sie die Werte für R_1 und C_1 wenn $\underline{D}_{21} = 0,1$ sein soll und $R_2=1\mathrm{M}\Omega$ und $C_2=30\mathrm{pF}$ sind.

Lösung:

a) $\displaystyle \underline{Z}_{11} = \frac{\underline{U}_1}{\underline{I}_1}\bigg\vert_{\underline{I}_2=0} = \frac{1}{1/R_1 + j\omega C_1} + \frac{1}{1/R_2 + j\omega C_2} = \frac{R_1}{1 + j\omega C_1 R_1} + \frac{R_2}{1 + j\omega C_2 R_2}$

$\displaystyle \underline{Z}_{22} = \frac{\underline{U}_2}{\underline{I}_2}\bigg\vert_{\underline{I}_1=0} = \frac{R_2}{1 + j\omega C_2 R_2}$

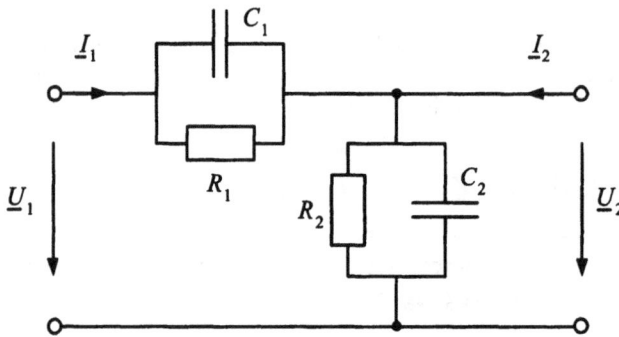

Abb. 2.24: *Komplexer Spannungsteiler*

$$\underline{D}_{21} = \underline{A}_U\big|_{\underline{I}_2=0} = \frac{R_2/(1+j\omega C_2 R_2)}{R_1/(1+j\omega C_1 R_1) + R_2/(1+j\omega C_2 R_2)} \Rightarrow$$

$$\underline{D}_{21} = \frac{R_2 \cdot (1+j\omega C_1 R_1)}{R_1 \cdot (1+j\omega C_2 R_2) + R_2 \cdot (1+j\omega C_1 R_1)}$$

b) $\underline{D}_{21} \neq f(\omega) = \ddot{u}$ ($\ddot{u}$ reell) $\Rightarrow \dfrac{1}{\ddot{u}} = 1 + \dfrac{R_1 \cdot (1+j\omega C_2 R_2)}{R_2 \cdot (1+j\omega C_1 R_1)} \Rightarrow$

$R_1 + j\omega C_2 R_2 R_1 = (1/\ddot{u} - 1)(R_2 + j\omega C_1 R_1 R_2)$

Aus dem Realteil folgt $R_1 = (1/\ddot{u} - 1) \cdot R_2$.

Aus dem Imaginärteil folgt $C_2 = (1/\ddot{u} - 1) \cdot C_1$.

Aus den letzten beiden Gleichungen erhält man $C_1 R_1 = C_2 R_2$.

c) $\underline{D}_{21} = \ddot{u} = 0,1 \Rightarrow R_1 = (10 - 1) \cdot R_2 = 9\text{M}\Omega; \; C_1 = \dfrac{C_2 R_2}{R_1} = 3,333\text{pF}$

Zusammenschaltung von Zweitoren

Je nach Art der Verschaltung von Zweitoren kommen die einzelnen Formen der Zweitorgleichungen zum Einsatz.

Bei der in Abbildung 2.25 dargestellten Reihenschaltung ergibt sich die Eingangsspannung $\underline{U}_1 = \underline{U}_{A1} + \underline{U}_{B1}$ und die Ausgangsspannung $\underline{U}_2 = \underline{U}_{A2} + \underline{U}_{B2}$ aus der Summe der Spannungen der einzelnen Zweitore. Setzt man für die beiden Zweitore die Zweitorgleichungen in der Z-Darstellung (Gleichung (2.50)) ein,

$$\underline{U}_1 = \underline{U}_{A1} + \underline{U}_{B1} = (\underline{Z}_{A11} + \underline{Z}_{B11})\underline{I}_1 + (\underline{Z}_{A12} + \underline{Z}_{B12})\underline{I}_2$$

$$\underline{U}_2 = \underline{U}_{A2} + \underline{U}_{B2} = (\underline{Z}_{A21} + \underline{Z}_{B21})\underline{I}_1 + (\underline{Z}_{A22} + \underline{Z}_{B22})\underline{I}_2,$$

ergibt sich die Widerstandsmatrix des Ersatzzweitores $[\underline{Z}] = [\underline{Z}_A] + [\underline{Z}_B]$ aus der Summe der Widerstandsmatrizen der einzelnen Zweitore.

Auf ähnliche Weise lässt sich der Nachweise $[\underline{Y}] = [\underline{Y}_A] + [\underline{Y}_B]$ bei einer Parallelschaltung von Zweitoren führen.

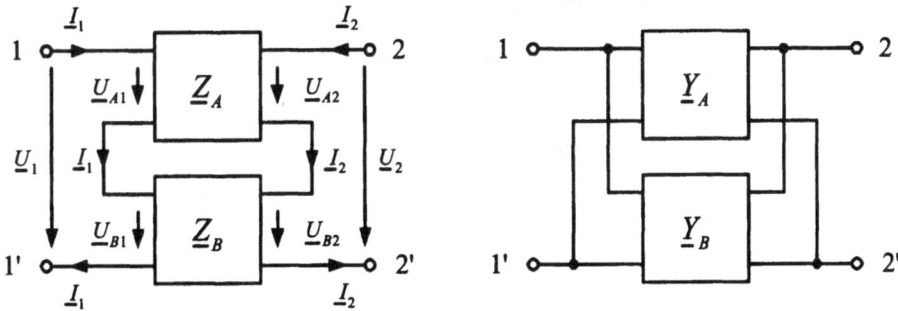

Abb. 2.25: *Reihenschaltung (links) und Parallelschaltung (rechts) von Zweitoren*

In Abbildung 2.26 sind zwei Zweitore gezeichnet, deren Eingangsklemmen in Reihe und Ausgangsklemmen parallel geschaltet sind und umgekehrt. Für die links gezeichnete Reihen-Parallelschaltung addieren sich die H-Matrizen zur Reihenparallelmatrix des Ersatzzweitores $[\underline{H}] = [\underline{H}_A] + [\underline{H}_B]$ und für die rechts gezeichnete Parallel-Reihenschaltung die D-Matrizen zur Parallelreihenmatrix $[\underline{D}] = [\underline{D}_A] + [\underline{D}_B]$.

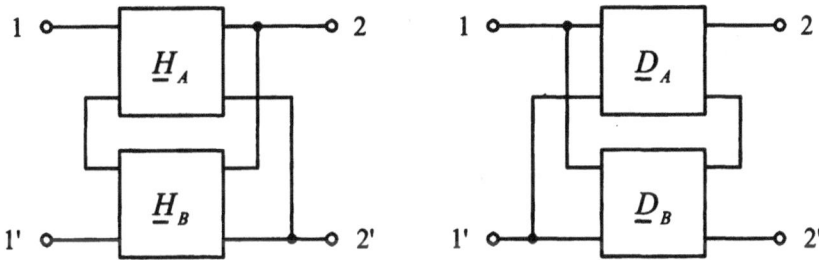

Abb. 2.26: *Reihen-Parallelschaltung (links) und Parallel-Reihenschaltung (rechts) von Zweitoren*

Werden mehrere Zweitore hintereinander in Kette geschaltet, wie in Abbildung 2.27, kommt die Kettenmatrix zum Einsatz. Wegen des negativen Vorzeichens beim Ausgangsstrom $(-\underline{I}_2)$ in Gleichung (2.54) ergibt sich die Kettenmatrix für das Ersatzzweitor aus der Multiplikation $[\underline{A}] = [\underline{A}_A] \cdot [\underline{A}_B]$.

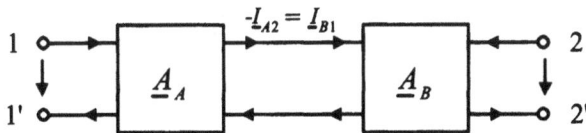

Abb. 2.27: *Kettenschaltung von Zweitoren*

2.2.6   Komplexe Leistung

In Abschnitt 2.1 wurden die Begriffe „Wirkleistung", „Blindleistung" und „Scheinleistung" eingeführt. Das Ergebnis der reellen Rechnung war:

- Wirkleistung: $P = UI \cos \varphi_{ui}$;

- Blindleistung: $Q = UI \sin \varphi_{ui}$;

- Scheinleistung: $S = UI$.

Ziel ist es, ein Verfahren zu entwickeln, mit dem man Wirk-, Blind- und Scheinleistung aus den komplexen Effektivwerten des Stromes und der Spannung bestimmen kann. Zu diesem Zweck definiert man den komplexen Leistungszeiger

$$\boxed{\underline{S} = \underline{U} \cdot \underline{I}^*} \; . \tag{2.55}$$

Das Produkt aus komplexer Spannung und konjugiert komplexem Strom wird auch komplexe Leistung genannt. Der komplexe Leistungszeiger ist feststehend, dreht sich also nicht. Mit

$$\underline{U} = \frac{1}{\sqrt{2}} \hat{U} e^{j\varphi_u} = U e^{j\varphi_u} \quad \text{und}$$

$$\underline{I}^* = \frac{1}{\sqrt{2}} \hat{I} e^{-j\varphi_i} = I e^{-j\varphi_i}$$

folgt für $\underline{S}$

$$\begin{aligned} \underline{S} = \underline{U} \cdot \underline{I}^* &= U e^{j\varphi_u} I e^{-j\varphi_i} = UI e^{j\varphi_{ui}} \\ &= \underbrace{UI \cos \varphi_{ui}}_{\text{Wirkleistung}} + j \cdot \underbrace{UI \sin \varphi_{ui}}_{\text{Blindleistung}} = P + j \cdot Q \; . \end{aligned} \tag{2.56}$$

Der Realteil der komplexen Leistung $\underline{S}$ liefert also die Wirkleistung, der Imaginärteil entspricht der Blindleistung, und der Betrag der komplexen Leistung ergibt die Scheinleistung.

$$\begin{aligned} P &= Re\{\underline{S}\} \\ Q &= Im\{\underline{S}\} \\ S &= UI = |\underline{S}| \end{aligned} \tag{2.57}$$

Mit Gleichungssatz (2.57) können aus der komplexen Leistung $\underline{S}$ alle anderen Leistungen P, Q und S berechnet werden.

Die komplexe Leistung lässt sich auch mit Hilfe von komplexen Widerständen oder Leitwerten darstellen.

$$\begin{aligned} \underline{S} &= \underline{U} \cdot \underline{I}^* = (\underline{Z} \cdot \underline{I}) \cdot \underline{I}^* = I^2 \underline{Z} = I^2/\underline{Y} \quad \text{oder} \\ \underline{S} &= \underline{U} \cdot \underline{I}^* = \underline{U} \cdot (\underline{U} \cdot \underline{Y})^* = \underline{U} \cdot \underline{U}^* \cdot \underline{Y}^* = U^2 \underline{Y}^* = U^2/\underline{Z}^* \end{aligned} \tag{2.58}$$

Bei Verwendung der Effektivspannung muss mit konjugiert komplexen Widerständen bzw. Leitwerten gerechnet werden. Bei Verwendung des Effektivstromes rechnet man mit komplexen Widerständen oder Leitwerten.

Beispiel 2.13

Berechnen Sie die komplexe Leistung aus der komplexen Spannung $\underline{U} = 10V e^{j30°}$ und dem komplexen Strom $\underline{I} = 10A e^{-j60°}$.

Lösung: $\underline{S} = \underline{U} \cdot \underline{I}^* = 100 e^{j90°} \text{VA} = j100\text{VA}$

2.3   Wichtige Betriebsfälle in Schaltungen

Dieser Abschnitt befasst sich mit wichtigen Betriebsfällen in Wechselstromschaltungen, wie Leistungsanpassung, Blindleistungskompensation und Resonanz.

2.3.1   Leistungsanpassung

Anpassbedingung

In vielen Anwendungen, wie z.B. bei der Datenübertragung in der Nachrichtentechnik, möchte man einer Quelle maximale Wirkleistung entnehmen. Die Frage ist also, bei welchem Abschlusswiderstand $\underline{Z}_a = R_a + jX_a$ die in ihm umgesetzte Wirkleistung maximal ist. Die Quelle wird als aktiver Zweipol (Abbildung 2.28) mit dem komplexen Innenwiderstand $\underline{Z}_i = R_i + jX_i$ dargestellt.

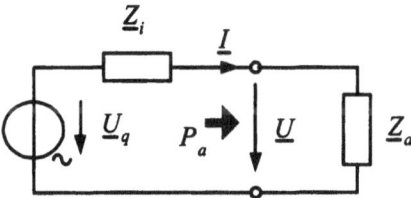

Abb. 2.28: Ersatzschaltung zur Berechnung der Leistungsanpassung

Die Wirkleistung P_a ergibt sich als Realteil der komplexen Leistung $\underline{S}_a$.

$$P_a = Re\{\underline{S}_a\} = Re\{\underline{U} \cdot \underline{I}^*\} = Re\{\underline{Z}_a \cdot \underline{I} \cdot \underline{I}^*\} = Re\{\underline{Z}_a \cdot I^2\} = R_a I^2$$

Mit

$$\underline{I} = \frac{\underline{U}_q}{\underline{Z}_a + \underline{Z}_i} = \frac{\underline{U}_q}{R_a + R_i + j(X_a + X_i)}$$

folgt

$$P_a = \frac{R_a U_q^2}{(R_a + R_i)^2 + (X_a + X_i)^2} \,. \tag{2.59}$$

Im Ausdruck (2.59) sind R_a und X_a variable Größen, während R_i, X_i und natürlich auch U_q die Wechselstromeigenschaften der Quelle darstellen und daher Konstanten sind. Die Wirkleistung P_a ist demnach von R_a und X_a abhängig. Um die lokalen Extremstellen der Funktion (2.59) zu finden, werden die partiellen Ableitungen

$$\frac{dP_a}{dR_a}\bigg|_{X_a=konst.} = \frac{\partial P_a}{\partial R_a} \quad \text{und} \quad \frac{dP_a}{dX_a}\bigg|_{R_a=konst.} = \frac{\partial P_a}{\partial X_a}$$

berechnet und null gesetzt. Mit der Abkürzung $N = (R_a + R_i)^2 + (X_a + X_i)^2$ erhält man:

$$\frac{\partial P_a}{\partial X_a} = \frac{U_q^2}{N^2}\left[N \cdot 0 - R_a 2(X_a + X_i)\right] = 0$$

$$\frac{\partial P_a}{\partial R_a} = \frac{U_q^2}{N^2}\left[N - R_a 2(R_a + R_i)\right] = 0 \tag{2.60}$$

Da N, U_q und R_a ungleich null sind, ist die erste Gleichung im Ausdruck (2.60) erfüllt für

$$X_a = -X_i . \tag{2.61}$$

Aus der zweiten Gleichung von (2.60) und Gleichung (2.61) folgt nach kurzer Zwischenrechnung

$$R_a = R_i . \tag{2.62}$$

Die Anpassbedingung lautet also zusammengefasst

$$\boxed{\underline{Z}_a = R_a + jX_a = R_i - jX_i = \underline{Z}_i^*} . \tag{2.63}$$

Gilt obige Gleichung, wird von der Quelle die maximale Wirkleistung

$$P_{aMax} = \frac{U_q^2}{4R_i} \tag{2.64}$$

an den Verbraucher abgegeben.

Bemerkung: Auf den Beweis, dass unter der Bedingung (2.63) die im Verbraucher $\underline{Z}_a$ umgesetzte Wirkleistung tatsächlich maximal wird, sei an dieser Stelle verzichtet.

Fehlanpassung

In vielen Fällen kann der reelle und imaginäre Abschlusswiderstand R_a und X_a nicht frei gewählt werden. In diesem Fall bleiben Anpassfehler. Die normierte Wirkleistung

$$p = \frac{P_a}{P_{aMax}} \tag{2.65}$$

gibt das Verhältnis der Ausgangswirkleistung (bei Fehlanpassung) zur Maximalleistung an. Mit den Gleichungen (2.59) und (2.64) ergibt sich

$$p = \frac{4R_a R_i}{(R_a + R_i)^2 + (X_a + X_i)^2} \cdot$$

Diese Gleichung kann man umformen:

$$R_i^2 + 2R_a R_i + R_a^2 + (X_a + X_i)^2 = 4R_a R_i/p$$
$$R_i^2 + 2R_a R_i(1 - 2/p) + R_a^2 + (X_a + X_i)^2 = 0$$
$$[R_a - R_i(2/p - 1)]^2 + (X_a + X_i)^2 = 4R_i^2\left(1/p^2 - 1/p\right)$$

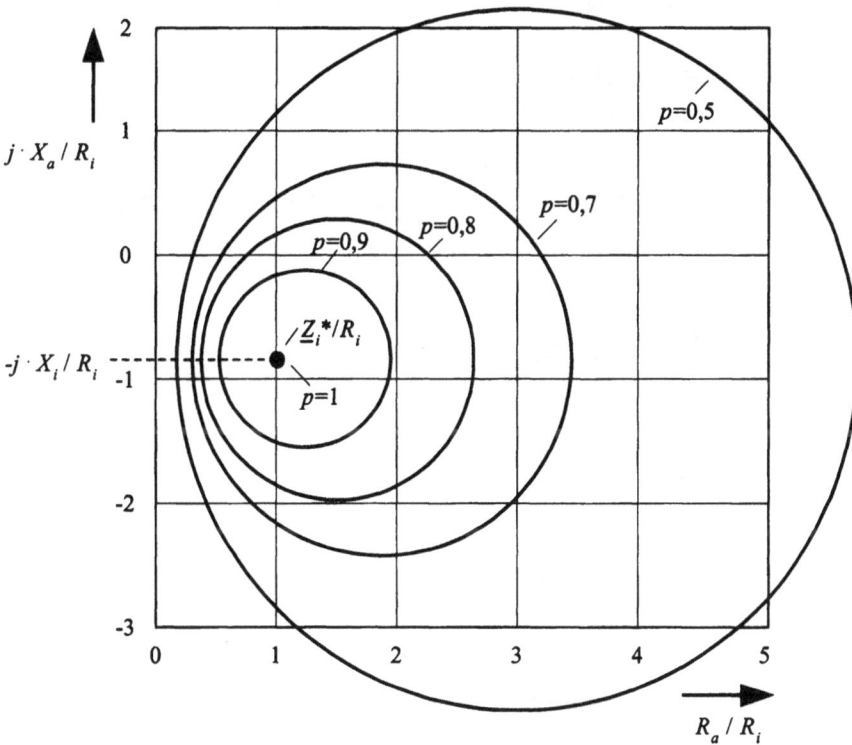

Abb. 2.29: *Fehlanpassungskurven*

Der letzte Ausdruck entspricht einer Kreisgleichung mit dem

Mittelpunkt: $\left(R_i(2/p - 1) \; ; \; -X_i\right)$

und dem

$$\text{Radius:} \quad 2R_i\sqrt{1/p^2 - 1/p}.$$

In Abbildung 2.29 ist der Zusammenhang zwischen der normierten Wirkleistung p und den normierten Abschlusswiderständen R_a/R_i und X_a/R_i graphisch dargestellt. Man erkennt eine geringe Empfindlichkeit gegen Fehlanpassung. So führt ein etwa doppelt so großer Ausgangswiderstand $R_a = 2R_i$ wie im Anpassfall ($R_a = R_i$) zu einer normierten Leistung p von immer noch nahezu 90%.

Abbildung 2.29 gibt weiterhin Aufschluss darüber, wie bei Unerfüllbarkeit der Anpassbedingung die Wirkleistung im Verbraucher maximiert werden kann. Ist beispielsweise die Größe R_a fest vorgegeben, so kann der Wert für X_a graphisch ermittelt werden, bei der die normierte Leistung p und somit die Wirkleistung im Verbraucher maximal wird.

Generell gelten bei Fehlanpassung folgende Regeln zur Wirkleistungsoptimierung:

- R_a ist fest vorgegeben und $R_a \neq R_i$:
  X_a so wählen, dass gilt $X_a = -X_i$.

- X_a ist fest vorgegeben und $X_a \neq -X_i$:
  R_a so wählen, dass gilt $R_a = \sqrt{R_i^2 + (X_a + X_i)^2}$ (Betragsanpassung).

Beispiel 2.14

Gegeben sind die Werte $R_i = 50\Omega$, $L_i = 3\mu\text{H}$, $\underline{U}_q = 2\text{V}$ der Elemente aus Abbildung 2.30 und die Frequenz $f = 1.591\text{MHz}$.

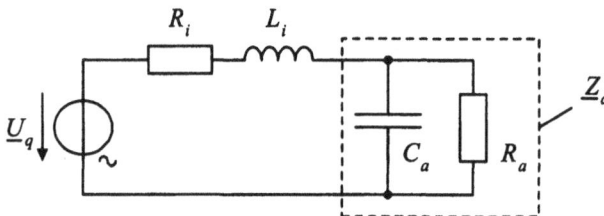

Abb. 2.30: *Beispiel zur Leistungsanpassung*

a) Zu berechnen sind die Zahlenwerte der Lastelemente für Leistungsanpassung sowie die maximale Wirkleistung, die im Verbraucher umgesetzt wird.

b) Gesucht ist die Kapazität C_a, wenn der Ausgangswiderstand $R_a = 80\Omega$ fest vorgegeben ist und die Wirkleistung im Verbraucher maximal sein soll.

Lösung:

a) $\underline{Z}_i = (50 + j30)\Omega;\ \underline{Z}_a = \underline{Z}_i^* = (50 - j30)\Omega \Rightarrow$
$\underline{Y}_a = G_a + jB_a = 1/\underline{Z}_a = (14,7 + j8,82)\mathrm{mS} \Rightarrow$
$R_a = 1/G_a = 68\Omega;\ B_a = \omega C_a \quad \Rightarrow \quad C_a = 882\mathrm{pF}$

$$P_{aMax} = \frac{U_q^2}{4 \cdot R_i} = 20\mathrm{mW}$$

b) $R_a = 80\Omega$ fest vorgegeben und $R_a \neq R_i \quad \Rightarrow \quad X_a = -X_i$ wählen!

$$\underline{Z}_a = \frac{R_a}{1 + j\omega C_a R_a} = \frac{R_a}{1 + \omega^2 C_a^2 R_a^2} - j\frac{\omega C_a R_a^2}{1 + \omega^2 C_a^2 R_a^2} \quad \Rightarrow$$

$$-\frac{\omega C_a R_a^2}{1 + \omega^2 C_a^2 R_a^2} = -30 \quad \Rightarrow \quad C_{a1} = 2,77\mathrm{nF};\ C_{a2} = 564\mathrm{pF}$$

2.3.2   Blindleistungskompensation

Die Energieübertragung erfolgt naturgemäß immer über verlustbehaftete Leitungen.

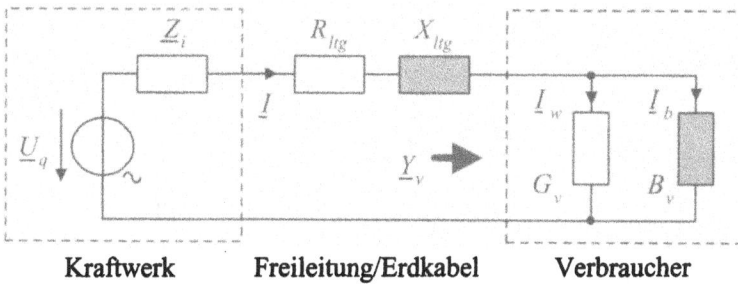

Kraftwerk   Freileitung/Erdkabel   Verbraucher

Abb. 2.31: *Netzversorgung mit verlustbehafteter Leitung*

Da die Verbraucher in der Regel neben der erwünschten Wirkleistung auch Blindleistung aufnehmen, entstehen an den verlustbehafteten Leitungen unnötige Leistungsverluste, die vom Blindleistungsstrom $\underline{I}_b$ des Verbrauchers herrühren (vgl. Abbildung 2.31). Ziel der Blindleistungskompensation ist es, diese ungewollten Verluste zu senken. Der Gesamtstrom

$$\underline{I} = \underline{I}_w + \underline{I}_b = I_w + jI_b$$

setzt sich zusammen aus einem rein reellen Stromanteil I_w, durch den Ohm'schen Leitwert (Konduktanz) G_v des Verbrauchers und aus einem imaginären Stromanteil jI_b ($\pm\pi/2$ Phasendrehung gegenüber I_w), hervorgerufen durch die imaginäre Leitwertskomponente (Suszeptanz) B_v des Verbrauchers. Nach Gleichung (2.58) wird im Leitungswiderstand R_{ltg} die Wirkleistung

$$P_{ltg} = |\underline{I}|^2 \cdot R_{ltg} = I_w^2 \cdot R_{ltg} + I_b^2 \cdot R_{ltg}$$

in Wärme umgesetzt. Der Verlust $I_w^2 \cdot R_{ltg}$ muss in Kauf genommen werden, während die Leistungskomponente $I_b^2 \cdot R_{ltg}$ mit Hilfe der in Abbildung 2.32 dargestellten Blindleistungskompensation vermeidbar ist.

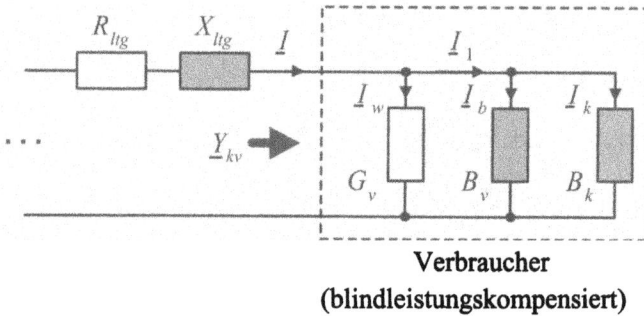

Verbraucher
(blindleistungskompensiert)

Abb. 2.32: Prinzip der Blindleistungskompensation

Dabei wird ein zusätzlicher (Kompensations-) Blindleitwert so parallel geschaltet, dass der Gesamtleitwert des Verbrauchers

$$\underline{Y}_{kv} = G_v + j(B_v + B_k)$$

eine möglichst kleine Blindkomponente besitzt, im Idealfall ist $\underline{Y}_{kv}$ rein reell. Dies ist möglich wenn B_v und B_k unterschiedliche Vorzeichen besitzen (also z.B. $B_v = \omega C$ und $B_k = -1/(\omega L)$) und ihre Beträge gleich groß sind. In diesem Fall gilt

$$B_v = -B_k \quad \text{und}$$
$$\underline{I}_b = -\underline{I}_k \quad (\Rightarrow \underline{I}_1 = 0) \ . \tag{2.66}$$

Bei vollständiger Kompensation fließt nur noch der Strom $\underline{I} = I_w$ durch den Verbraucher. Dieser ist für den Fall $|\underline{Z}_i + \underline{Z}_{ltg}| \ll \underline{Z}_{kv}$ etwa gleich groß wie im unkompensierten Zustand. Der Leitungsverlust reduziert sich auf den unvermeidlichen Wert $I_w^2 \cdot R_{ltg}$. Somit mindern sich die Leitungsverluste relativ um

$$\frac{P_{ltg} - P_{ltg_{komp}}}{P_{ltg}} \approx 1 - \frac{R_{ltg} \cdot I_w^2}{R_{ltg} \cdot I^2} = 1 - \frac{I_w^2}{I_w^2 / \cos^2 \varphi_{ui}} = 1 - \lambda^2 \ . \tag{2.67}$$

Bemerkung: Eine vollständige Kompensation lässt sich nicht immer erzielen, weil beispielsweise die Belastung des Verbrauchers (z.B. einer Maschine) zeitlich schwankt und das Blindelement B_v von der Belastung abhängt (z.B. über die Drehzahl).

2.3.3 Schwingkreise – Resonanz

In Schaltungen mit Spulen und Kondensatoren tritt Blindenergieaustausch zwischen induktiven und kapazitiven Energiespeichern auf. Bei bestimmten Frequenzen, den so genannten Resonanzfrequenzen, kann dieser Effekt sehr stark sein.

Serienschwingkreis

Abbildung 2.33 zeigt die Schaltung eines Serienschwingkreises.

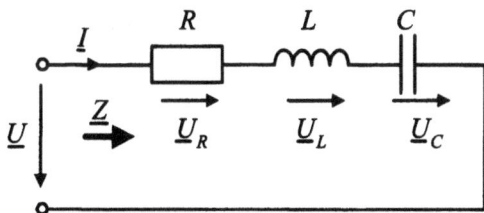

Abb. 2.33: Serienschwingkreis

Der komplexe Widerstand der Schaltung in Abbildung 2.33 beträgt

$$\underline{Z} = R + j(\omega L - \frac{1}{\omega C}) \tag{2.68}$$

und die komplexe Leistung

$$\underline{S} = \underline{Z} \cdot |\underline{I}|^2 = \underbrace{I^2 R}_{\text{Wirkleistung: } P} + j \cdot \underbrace{I^2[\omega L - 1/(\omega C)]}_{\text{Blindleistung: } Q} \ .$$

Resonanzbedingung

Die Blindleistung Q hat zwei Anteile, einen induktiven $Q_L = I^2 \omega L$ und einen kapazitiven $Q_C = -I^2/(\omega C)$. Im Falle der Resonanz gilt

$$Q = 0 \quad \text{oder} \quad |Q_L| = |Q_C| \ .$$

Diese Bedingung ist aber nur bei der Resonanzfrequenz

$$0 = \omega_0 L - \frac{1}{\omega_0 C} \quad \Rightarrow \quad \boxed{\omega_0 = 2\pi f_0 = \frac{1}{\sqrt{LC}}} \tag{2.69}$$

erfüllt.

Der komplexe Serienwiderstand

Grundsätzlich gibt es zwei Darstellungsformen komplexer Größen, als Ortskurve in der komplexen Zahlenebene (Näheres dazu im nächsten Abschnitt) und die getrennte Darstellung in Betrag und Phase.

Abbildung 2.34 zeigt die Widerstandsortskurve des komplexen Widerstandes

$$\underline{Z} = R + j(\omega L - \frac{1}{\omega C})$$

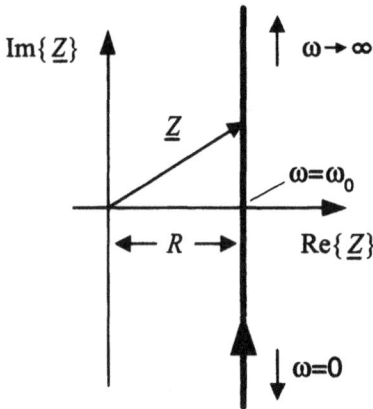

Abb. 2.34: *Ortskurve des komplexen Widerstandes eines Serienschwingkreises*

in der Gauß'schen Zahlenebene als Funktion der Kreisfrequenz ω, Abbildung 2.35 die
entsprechende Betrags- und Phasenwinkeldarstellung mit

$$Z(\omega) = \sqrt{R^2 + (\omega L - \frac{1}{\omega C})^2} \quad \text{und}$$
$$\varphi_Z(\omega) = \arctan \frac{\omega L - 1/(\omega C)}{R} .$$

Man erkennt:

- Der Resonanzwiderstand $\underline{Z}(\omega = \omega_0) = R$ ist rein reell,

- bei Resonanz ist $|\underline{Z}|$ minimal,

- das Vorzeichen des Phasenwinkels φ_Z ist
  $\varphi_Z < 0$ bei $\omega < \omega_0$, $\varphi_Z = 0$ bei $\omega = \omega_0$, $\varphi_Z > 0$ bei $\omega > \omega_0$.

Der Resonanzblindwiderstand X_0 ist definiert als Blindwiderstand eines Blindbauelements im Resonanzfall, also

$$X_0 = \omega_0 L = 1/(\omega_0 C) = \sqrt{L/C} . \tag{2.70}$$

Spannungen und Ströme

In diesem Absatz werden die auftretenden Spannungen und Ströme an den bzw. durch die Bauelemente näher betrachtet. Von besonderem Interesse sind hierbei die Werte bei Resonanz.

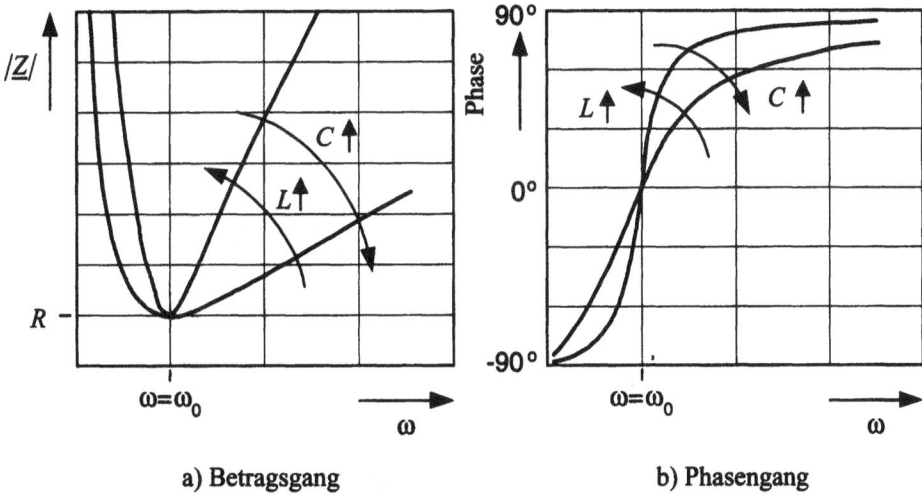

a) Betragsgang

b) Phasengang

Abb. 2.35: *Betrags- und Phasendarstellung des komplexen Widerstandes eines Serienschwing-kreises; mit $L \uparrow$ und $C \downarrow$ folgt: „Schärfe" (Güte) des Kreises $\uparrow$*

Durch alle Bauelemente fließt der Strom

$$\underline{I} = \frac{\underline{U}}{R + j[\omega L - 1/(\omega C)]} = \underline{U} \frac{R - j[\omega L - 1/(\omega C)]}{R^2 + [\omega L - 1/(\omega C)]^2} .$$

Bei Resonanz beträgt der Strom wegen $\omega L - 1/(\omega C) = 0$

$$\underline{I}|_{\omega=\omega_0} = \underline{U}/R . \tag{2.71}$$

Die Spannung am Widerstand R ergibt sich aus

$$\underline{U}_R = R \cdot \underline{I} = \underline{U} \frac{R^2 - jR[\omega L - 1/(\omega C)]}{R^2 + [\omega L - 1/(\omega C)]^2}$$

und bei Resonanz aus

$$\underline{U}_R|_{\omega=\omega_0} = \underline{U} . \tag{2.72}$$

Bei Resonanz entspricht die Spannung am Widerstand $\underline{U}_R$ der am Serienkreis anliegenden Spannung $\underline{U}$.

Als Nächstes werden die noch fehlenden Spannungen an Spule und Kondensator berechnet. Es gilt

$$\underline{U}_L = j\omega L \cdot \underline{I} = \underline{U} \frac{j\omega L R + \omega L[\omega L - 1/(\omega C)]}{R^2 + [\omega L - 1/(\omega C)]^2}$$

und bei Resonanz mit $\omega = \omega_0$

$$\underline{U}_L|_{\omega=\omega_0} = \underline{U} \cdot \frac{j\omega_0 L}{R} \qquad (\to \underline{U} \cdot (j\infty) \quad \text{für} \quad R \to 0) \,. \tag{2.73}$$

Für die Spannung an der Kapazität gilt

$$\underline{U}_C = \frac{1}{j\omega C} \cdot \underline{I} = \underline{U} \frac{-jR/(\omega C) - 1/(\omega C)[\omega L - 1/(\omega C)]}{R^2 + [\omega L - 1/(\omega C)]^2}$$

und bei Resonanz

$$\underline{U}_C|_{\omega=\omega_0} = \underline{U} \cdot \frac{-j}{\omega_0 C R} \qquad (\to \underline{U} \cdot (-j\infty) \quad \text{für} \quad R \to 0) \,. \tag{2.74}$$

Aus den Gleichungen (2.73) und (2.74) ist zu erkennen, dass es im Falle $R < \omega_0 L$ und $R < 1/(\omega_0 C)$ zu einer Resonanzüberhöhung der Spannungen $\underline{U}_L|_{\omega=\omega_0}$ und $\underline{U}_C|_{\omega=\omega_0}$ kommt, dass also gilt $U_L|_{\omega=\omega_0} > U$ und $U_C|_{\omega=\omega_0} > U$.
Des Weiteren verschwindet die Summe der Spannungen

$$\underline{U}_L|_{\omega=\omega_0} + \underline{U}_C|_{\omega=\omega_0} = \underline{U} \frac{1}{R} \left(j\omega_0 L - j\frac{1}{\omega_0 C} \right) = 0$$

bei Resonanz. Abbildung 2.36a) zeigt die Spannungsverläufe und 2.36b) den Strom bzw. die Phase φ_{ui} zwischen Spannung und Strom.

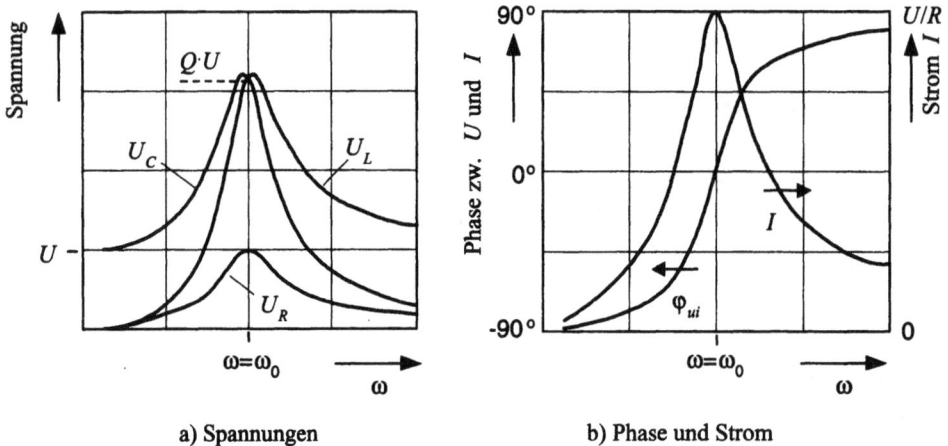

a) Spannungen   b) Phase und Strom

Abb. 2.36: *a) Spannungsverläufe eines Serienschwingkreises; b) Strom- und Phasenverlauf eines Serienschwingkreises*

Verstimmung, Güte, Dämpfung

Führt man den Resonanzblindwiderstand $X_0 = \omega_0 L = 1/(\omega_0 C) = \sqrt{L/C}$ in den komplexen Widerstand

$$\underline{Z} = R + j(\omega L - \frac{1}{\omega C})$$

ein, folgt

$$\underline{Z} = R + j(\frac{\omega}{\omega_0} X_0 - \frac{\omega_0}{\omega} X_0) = R + j X_0(\frac{\omega}{\omega_0} - \frac{\omega_0}{\omega}) = R + j X_0 v \ . \qquad (2.75)$$

Die Größe

$$v = \frac{\omega}{\omega_0} - \frac{\omega_0}{\omega} \qquad (2.76)$$

wird Verstimmung genannt. Bei Resonanz ist $v = 0$, der Resonanzkreis ist in diesem Fall nicht „verstimmt".

Für die Güte Q (*engl.: quality factor*), nicht zu verwechseln mit der Blindleistung Q, gilt

$$Q = \frac{X_0}{R} = \frac{\omega_0 L}{R} = \frac{1}{\omega_0 C R} \ . \qquad (2.77)$$

Mit dem reziproken Wert der Güte Q, der Dämpfung (oder Dämpfungsfaktor)

$$d = \frac{1}{Q} \ , \qquad (2.78)$$

lässt sich Gleichung (2.75) in

$$\underline{Z} = R(1 + jQv) = R(1 + j\frac{v}{d}) \qquad (2.79)$$

umformen.

Bemerkung: Die Güte Q ist formal definiert als das Verhältnis von Blindleistung eines Blindelementes zu Wirkleistung des Serienkreises im Resonanzfall.

Bandbreite

Die Bandbreite $\Delta\omega$ ist jener Kreisfrequenzbereich, in dem die umgesetzte Wirkleistung mindestens die Hälfte der maximal möglichen Wirkleistung ist.

$$\frac{P}{P_{max}} \geq \frac{1}{2} \qquad (2.80)$$

Die Wirkleistung P beträgt bei einer beliebigen Frequenz und der angelegten Spannung
$\underline{U}$

$$P = Re\left\{\frac{U^2}{\underline{Z}^*}\right\} = Re\left\{\frac{U^2}{R(1 - jv/d)}\right\} = \frac{U^2}{R[1 + (v/d)^2]}$$

und im Falle der Resonanz $(v = 0)$

$$P_0 = P_{max} = \frac{U^2}{R} \ .$$

Die Bedingung in Gleichung (2.80) lässt sich nach Einsetzen der letzten beiden Gleichungen durch

$$\frac{P}{P_{max}} = \frac{1}{1 + (v/d)^2} \geq \frac{1}{2} \tag{2.81}$$

ausdrücken. Gleichung (2.81) ist erfüllt, wenn gilt:

$$|v| \leq d \quad (d \text{ ist immer positiv})$$

Aus der eben gefundenen Grenzbedingung $|v| = d$ kann man die obere und untere Grenz-
kreisfrequenz ω_{go} und ω_{gu} ermitteln. Dazu wird der Ausdruck für die Verstimmung v
auf beiden Seiten mit $\omega\omega_0$ multipliziert

$$v = \frac{\omega}{\omega_0} - \frac{\omega_0}{\omega} \qquad | \cdot \omega\omega_0$$

und man erhält die quadratische Gleichung

$$\omega^2 - v\omega_0\omega - \omega_0^2 = 0 \ .$$

Die Lösung lautet:

$$\omega_{1,2} = \frac{v\omega_0 \pm \sqrt{v^2\omega_0^2 + 4\omega_0^2}}{2} \Rightarrow$$

$$\omega = \frac{v\omega_0 + \sqrt{v^2\omega_0^2 + 4\omega_0^2}}{2} \quad \text{nur positive Frequenzen!}$$

Damit ergibt sich die obere und untere Grenzkreisfrequenz (bei der gilt $|v| = d = 1/Q$
oder $v = \pm d$)

$$\omega_{go} = \frac{\omega_0 d}{2}(1 + \sqrt{1 + 4/d^2}) = \frac{\omega_0}{2Q}(1 + \sqrt{1 + 4Q^2})$$

$$\omega_{gu} = \frac{\omega_0 d}{2}(-1 + \sqrt{1 + 4/d^2}) = \frac{\omega_0}{2Q}(-1 + \sqrt{1 + 4Q^2}) \ . \tag{2.82}$$

Die Bandbreite

$$\triangle\omega = \omega_{go} - \omega_{gu} = \omega_0 d = \frac{\omega_0}{Q} \tag{2.83}$$

erhält man aus der Differenz der Grenzkreisfrequenzen ω_{go} und ω_{gu}.
Abbildung 2.37 zeigt das Verhältnis P/P_{max} zweier Serienschwingkreise, die Bandbreite und die obere und untere Grenzkreisfrequenz.

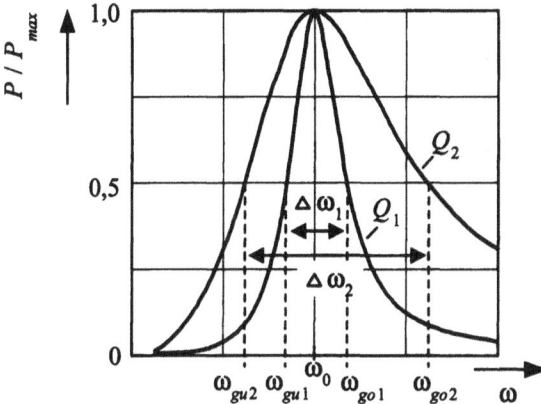

Abb. 2.37: *Skizze zur Bandbreite von Serienschwingkreisen; Güte $Q_1 > Q_2 \Rightarrow$ Bandbreite $\triangle\omega_1 < \triangle\omega_2$ gemäß Gleichung (2.83).*

Parallelschwingkreis

Abbildung 2.38 stellt Serien- und Parallelschwingkreis gegenüber.

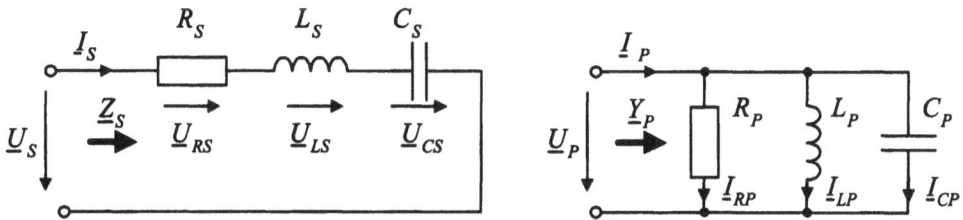

Abb. 2.38: *Serien- und Parallelschwingkreis im Vergleich.*

Für den komplexen Widerstand des Serienschwingkreises gilt

$$\underline{Z}_S = R_S + j(\omega L_S - \frac{1}{\omega C_S}) \, ,$$

der komplexe Leitwert des Parallelkreises ist

$$\underline{Y}_P = \frac{1}{R_P} + j(\omega C_P - \frac{1}{\omega L_P}) \; .$$

Zur Unterscheidung von Serien- und Parallelkreis werden hier die Indizes S und P für Spannung, Strom und Bezeichnungen der Bauelemente verwendet.
Vergleicht man die letzten beiden Gleichungen miteinander, so fällt eine formale Übereinstimmung auf. Aus dieser Übereinstimmung heraus lassen sich die Gleichungen eines Schwingkreistyps in die Gleichungen des jeweils anderen Kreistyps durch simples Austauschen folgender unterschiedlicher Größen ableiten:

- $\underline{Z}_S \longrightarrow \underline{Y}_P$,

- $\underline{R}_S \longrightarrow 1/\underline{R}_P$,

- $\underline{L}_S \longrightarrow \underline{C}_P$,

- $\underline{C}_S \longrightarrow \underline{L}_P$,

- $\underline{U}_S \longrightarrow \underline{I}_P$ und

- $\underline{I}_S \longrightarrow \underline{U}_P$.

Gelten obige Austauschregeln, spricht man auch von Dualität zwischen Schaltungen und es folgen unmittelbar die wichtigen Größen

$$\omega_{0P} = 2\pi f_{0P} = \frac{1}{\sqrt{L_P C_P}} \; ,$$

$$B_{0P} = \omega_{0P} C_P = 1/(\omega_{0P} L_P) = \sqrt{C_P/L_P} \quad (B_{0P}: \text{Resonanzblindleitwert}) \; ,$$

$$v_P = \frac{\omega}{\omega_{0P}} - \frac{\omega_{0P}}{\omega} \; ,$$

$$Q_P = \frac{B_{0P}}{1/R_P} = \frac{B_{0P}}{G_P} = 1/d_P \; ,$$

$$\triangle\omega_P = \omega_{goP} - \omega_{guP} = \omega_{0P} d_P = \omega_{0P}/Q_P \tag{2.84}$$

von Parallelschwingkreisen.

Statt mit komplexen Widerständen und Spannungen an den Bauelementen rechnet man beim Parallelkreis vorrangig mit Leitwerten und Strömen durch diese. Kommt es beim Serienkreis zu einer Spannungsüberhöhung an den Blindwiderständen, so findet beim Parallelkreis die Stromüberhöhung $Q_{0P} \cdot I$ statt, wenn analog zum Serienkreis gilt $B_{0P} > 1/R_P$.

Anwendungsbeispiel 2.15: *Filterschaltungen aus Schwingkreisen*

Ein typischer Anwendungsfall für Parallelschwingkreise sind Bandsperren. Das sind Filterstufen, die ein Eingangssignal nur in einem bestimmten Frequenzbereich dämpfen (Kerbfilter, Notch-Filter). Abbildung 2.39 zeigt einen einfachen Aufbau derartiger Filter.

a) Zu berechnen ist die Übertragungsfunktion $\underline{U}_a/\underline{U}_e$ als Funktion der Kreisfrequenz.

b) Bei welcher Kreisfrequenz wird der Betrag der Übertragungsfunktion minimal und wie groß ist $|\underline{U}_a/\underline{U}_e|$ für $\omega = 0$ und $\omega \to \infty$?

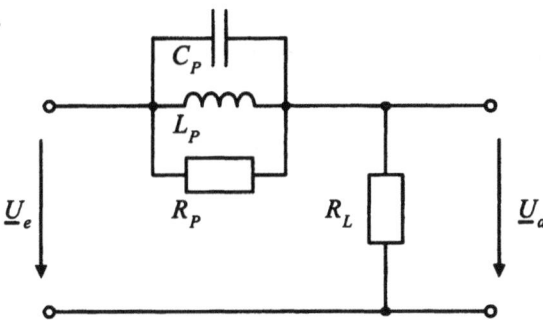

Abb. 2.39: Anwendungsbeispiel zu Parallelschwingkreisen

Lösung:

a)
$$\frac{\underline{U}_a}{\underline{U}_e} = \frac{\dfrac{1}{R_P} + j\left(\omega C_P - \dfrac{1}{\omega L_P}\right)}{\dfrac{1}{R_L} + \dfrac{1}{R_P} + j\left(\omega C_P - \dfrac{1}{\omega L_P}\right)} \quad \text{(Komplexer Spannungsteiler)}$$

b) Der Betrag der Übertragungsfunktion wird minimal bei Resonanz:
$$\omega = \omega_0 = 1/\sqrt{L_P C_P} \quad \Rightarrow \quad |\underline{U}_a/\underline{U}_e| = \frac{R_L}{R_L + R_P}$$
Grenzwerte:
$$\omega = 0: |\underline{U}_a/\underline{U}_e| = 1; \ \omega \to \infty: |\underline{U}_a/\underline{U}_e| = 1$$

Technischer Schwingkreis

Die Ohm'schen Widerstände in Schwingkreisen sind durch reale Verlustmechanismen gegeben. Um hohe Güten zu erreichen, sollten Parallel- und Serienwiderstände möglichst vermieden werden ($R_P \to \infty$ und $R_S \to 0$).

Die wichtigste Verlustursache ist der Serienwiderstand von Spulen aufgrund der endlichen spezifischen Leitfähigkeit von Metallen. Beschränkt man sich auf diese, kommt man zu den technischen Schwingkreisen in Abbildung 2.40.

Bemerkung: Der Serienkreis ist durch den berücksichtigten Serienwiderstand bereits korrekt beschrieben.

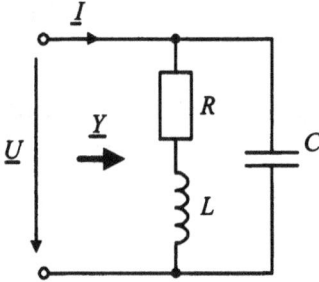

Abb. 2.40: *Technischer Parallelschwingkreis; R: Ohm'scher Widerstand der Spule.*

Der komplexe Leitwert ist

$$\underline{Y} = j\omega C + \frac{1}{R + j\omega L}$$

$$= \frac{R}{R^2 + \omega^2 L^2} + j\left(\omega C - \frac{\omega L}{R^2 + \omega^2 L^2}\right). \tag{2.85}$$

Bei Resonanz verschwindet die Gesamtblindleistung und es gilt $Im\{\underline{Y}\} = 0$, also folgt

$$\omega_{0T} C = \frac{\omega_{0T} L}{R^2 + \omega_{0T}^2 L^2}.$$

Nach kurzer Umrechnung erhält man die Resonanzfrequenz

$$\omega_{0T} = \frac{1}{\sqrt{LC}} \cdot \sqrt{1 - \frac{R^2 C}{L}}$$

$$= \frac{1}{\sqrt{LC}} \cdot \sqrt{1 - d^2}$$

$$= \omega_{0P} \cdot \sqrt{1 - d^2} \tag{2.86}$$

des technischen Parallelschwingkreises mit $d = R/\sqrt{L/C} = R/(\omega_{0P} L)$. Für $d \to 0$ strebt $\omega_{0T} \to \omega_{0P} = 1/\sqrt{LC}$.

Beispiel 2.16

Berechnen Sie das Verhältnis ω_{0T}/ω_{0P} eines technischen Parallelschwingkreises in Abhängigkeit der Spulengüte $Q = \omega_{0P} L/R$ für die Werte $Q = 100$; 10; 3; $1,1$; $1,05$; 1; $0,9$ und stellen Sie dieses graphisch dar.

Lösung: (ohne Graphik)

$$\frac{\omega_{0T}}{\omega_{0P}} = \sqrt{1 - 1/Q^2}$$

Q	100	10	3	1,1	1,05	1	0,9
ω_{0T}/ω_{0P}	1	0,995	0,943	0,416	0,305	0	keine Resonanz

2.4 Graphische Darstellungen und Verfahren

Dieser Abschnitt beschreibt die wichtigsten graphischen Darstellungen und Verfahren sinusförmiger Vorgänge, wie Ortskurven, die HF-Tapete für Widerstände und Leitwerte, das Bode-Diagramm und das Kreisdiagramm.

2.4.1 Ortskurven

Definition

Bei der Untersuchung von Wechselstromschaltungen ist es oft erforderlich nicht nur einen bestimmten Betriebszustand sondern den Verlauf komplexer Größen eines Netzwerkes in Abhängigkeit einer Variablen zu kennzeichnen. Variablen können alle reellen Parameter der Schaltung sein, also z.B. Werte von Widerständen R, Induktivitäten L, Kapazitäten C, aber auch Strom, Spannung und natürlich auch die Frequenz. Zu diesem Zweck verbindet man alle Punkte des geometrischen Ortes der Spitze eines komplexen Zeigers einer Wechselgröße bei Variation des Parameters p. Die entstandene Kurve in der komplexen Zahlenebene ist die Ortskurve.

Beispiel:

Gegeben sei ein komplexer Zweipol-Widerstand

$$\underline{Z}(R_i, C_i, L_i, \omega) = R(R_i, C_i, L_i, \omega) + jX(R_i, C_i, L_i, \omega)$$

abhängig von den Bauelementewerten R_i, C_i, L_i und der Kreisfrequenz ω. Als Parameter p kommt demnach ein Bauelementewert oder die Kreisfrequenz ω in Frage.

Abbildung 2.41 zeigt die Ortskurve von $\underline{Z}$.

Aus der Ortskurve einer komplexen Größe lassen sich folgende Eigenschaften direkt ablesen:

- Verlauf von Real- und Imaginärteil,

- Betrags- und Phasengang,

- Extremwerte, Resonanzstellen und Grenzfrequenzen.

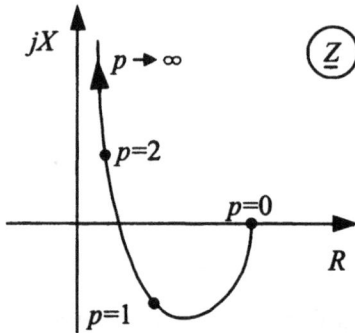

Abb. 2.41: *Ortskurve eines komplexen Widerstandes in Abhängigkeit des Parameters p*

Achsenparallele Geraden

Einen Spezialfall der Ortskurven stellen achsenparallele Geraden dar. Abbildung 2.42 zeigt eine einfache Schaltung aus einem Widerstand und einer Spule.

Der komplexe Widerstand $\underline{Z}$ in Abbildung 2.42 beträgt

$$\underline{Z} = R + j\omega L \ .$$

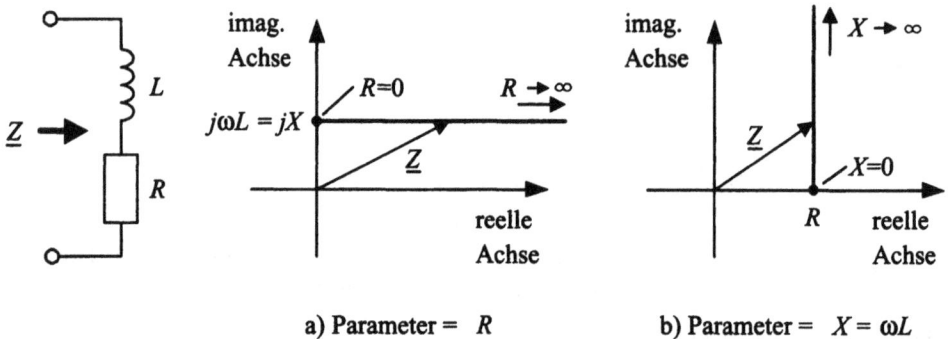

a) Parameter $= R$ b) Parameter $= X = \omega L$

Abb. 2.42: *Schaltung mit zwei zugehörigen Ortskurven in der $\underline{Z}$-Ebene*

Wählt man als Parameter p den Wert des Ohm'schen Widerstandes R, ergibt sich eine zur Realteil-Achse parallele Gerade als Ortskurve (vgl. Abbildung 2.42a)). Die Gerade beginnt bei $R = 0$ im Punkt $j\omega L$ und läuft für $R \rightarrow \infty$ gegen $\infty + j\omega L$.

In Abbildung 2.42b) ist der Blindwiderstand $X = \omega L$ der Parameter (letztlich wird L oder ω variiert). Es resultiert eine Gerade, die im Abstand R parallel zur Imaginärteil-Achse verläuft.

Kreise

Invertiert man achsenparallele Geraden, entstehen kreisförmige Ortskurven. In Anlehnung an das obige Beispiel wird nun an Stelle des komplexen Widerstandes $\underline{Z}$ der
Leitwert

$$\underline{Y} = \frac{1}{R + j\omega L} = \frac{1}{R + jX} = Y \cdot e^{j\varphi_y} = \frac{1}{\underline{Z}} = \frac{1}{Z \cdot e^{j\varphi_z}} = \frac{1}{Z} \cdot e^{-j\varphi_z}$$

betrachtet. Als Parameter p wird wieder der Ohm'sche Widerstand R bzw. der Blindwiderstand X gewählt. Aus obiger Gleichung folgt

$$\underline{Y} = \frac{1}{R + jX} = \frac{R}{R^2 + X^2} - j\frac{X}{R^2 + X^2} = G + jB , \qquad (2.87)$$

mit den Abkürzungen G und B für den Wirkleitwert (Konduktanz) bzw. Blindleitwert
(Suszeptanz).

Parameter X:

Aus Gleichung (2.87) gewinnt man den Zusammenhang

$$\left|\frac{1}{R + jX}\right| = |G + jB| \quad \Rightarrow \quad \frac{1}{R^2 + X^2} = G^2 + B^2 \qquad (2.88)$$

und aus dem Realteilvergleich von Gleichung (2.87)

$$\frac{R}{R^2 + X^2} = G . \qquad (2.89)$$

Löst man die zweite Gleichung von (2.88) nach $R^2 + X^2$ auf und setzt das Ergebnis in
Gleichung (2.89) ein, erhält man

$$R(G^2 + B^2) = G \quad \Rightarrow \quad G^2 - \frac{G}{R} + B^2 = 0 .$$

Nach quadratischer Ergänzung mit $1/(4R^2)$ auf beiden Seiten ergibt sich die Kreisgleichung

$$\left(G - \frac{1}{2R}\right)^2 + B^2 = \frac{1}{4R^2} \qquad (2.90)$$

mit dem Kreismittelpunkt $1/(2R) + j \cdot 0$ und dem Radius $1/(2R)$. Abbildung 2.43 zeigt
die Ortskurven des komplexen Widerstandes $\underline{Z}$ und des Leitwertes $\underline{Y}$.

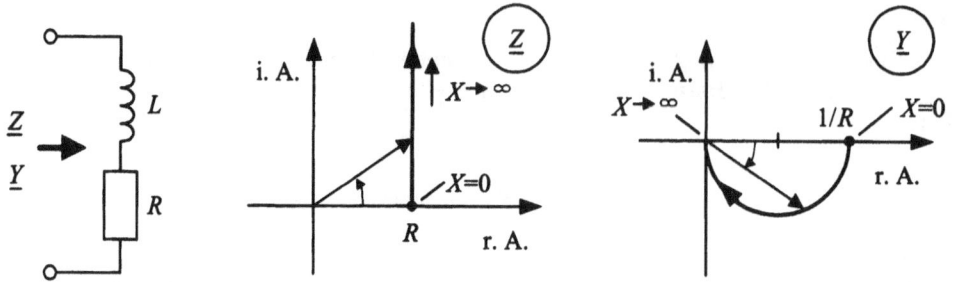

Abb. 2.43: *Schaltung mit zugehörigen Widerstands- und Leitwerts-Ortskurven; Parameter ist der Blindwiderstand X der Schaltung*

Parameter R:

Im zweiten Fall stellt der Widerstandswert R den Parameter dar. Aus Gleichung (2.87) folgt wie bereits bekannt

$$\left| \frac{1}{R + jX} \right| = |G + jB| \quad \Rightarrow \quad \frac{1}{R^2 + X^2} = G^2 + B^2$$

und aus dem Imaginärteilvergleich von Gleichung (2.87)

$$\frac{-X}{R^2 + X^2} = B \, .$$

Aus der Kombination der letzten beiden Gleichungen ergibt sich wiederum eine quadratische Gleichung

$$-X(G^2 + B^2) = B \quad \text{bzw.} \quad G^2 + \frac{B}{X} + B^2 = 0 \, ,$$

die nach quadratischer Ergänzung mit $1/(4X^2)$ in die Kreisgleichung

$$G^2 + \left(B + \frac{1}{2X} \right)^2 = \frac{1}{4X^2} \tag{2.91}$$

mit dem Kreismittelpunkt $0 - j \cdot 1/(2X)$ und dem Radius $1/(2X)$ übergeht. Abbildung 2.44 zeigt die Ortskurven des komplexen Widerstandes $\underline{Z}$ und des Leitwertes $\underline{Y}$.

Beispiel 2.17

a) Berechnen und zeichnen Sie die Ortskurven des komplexen Widerstandes und des komplexen Leitwertes eines Serienschwingkreises (Schaltung vgl. Abbildung 2.33) in Abhängigkeit der Verstimmung v.
Zeichnen Sie die Werte $v \to -\infty$, $v \to \infty$, $v = 0$ und $v = \pm d$ in die Ortskurven.

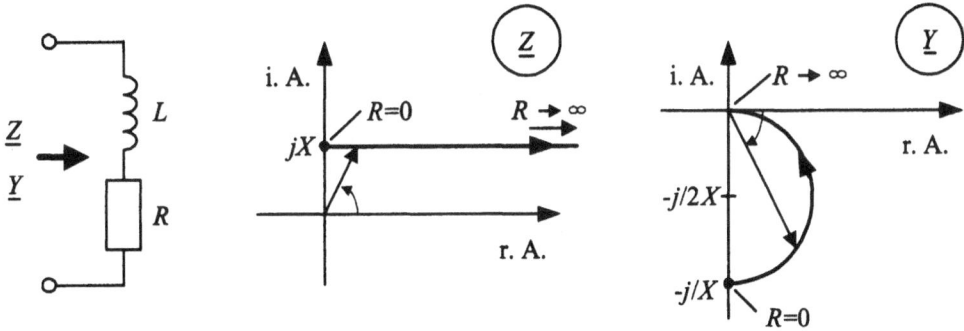

Abb. 2.44: *Schaltung mit zugehörigen Widerstands- und Leitwerts-Ortskurven; Parameter ist der Widerstand R der Schaltung*

b) Berechnen Sie für einen Serienschwingkreis die Ortskurve $\underline{U}/\underline{U}_C$ (Parameter $p = \omega$).

c) Geben Sie ein Ersatzschaltbild an, bei dem die Ortskurve $\underline{Z}(f)$ einen halbkreisförmigen Verlauf wie in Abbildung 2.43 annimmt.

Lösung:

a) $\underline{Z} = R \cdot (1 + jQv) = R \cdot (1 + j\frac{1}{d}v); \underline{Y} = \dfrac{1}{R \cdot (1 + jQv)} = \dfrac{1}{R \cdot (1 + j\frac{1}{d}v)}$

Ortskurven vgl. Abbildung 2.45

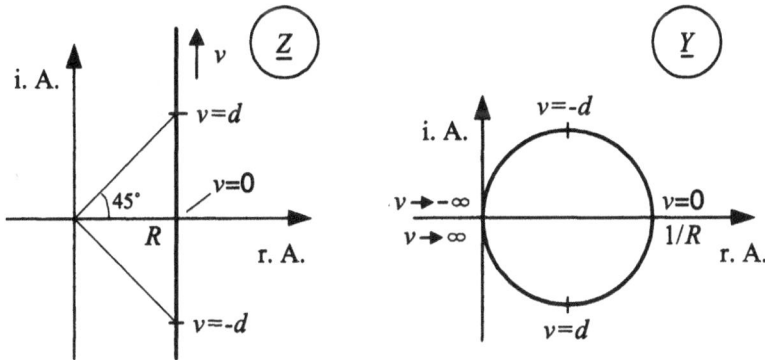

Abb. 2.45: *Ortskurven eines Serienschwingkreises in Abhängigkeit der Verstimmung v*

b) $\underline{U}_C = \underline{I}\dfrac{1}{j\omega C} = \dfrac{\underline{U}}{\left(R + j(\omega L - \frac{1}{\omega C})\right) j\omega C} \Rightarrow$

$$\frac{U}{\underline{U}_C} = 1 - \omega^2 LC + j\omega CR = Re + j \cdot Im \Rightarrow$$

$Re = 1 - \omega^2 LC \quad (1)$

$Im = \omega CR \quad \Rightarrow \quad \omega = Im/(CR) \quad (2)$

Eliminieren des Parameters ω liefert die Ortskurve $\Rightarrow$ (2) in (1):

$$Re = 1 - \frac{LC}{C^2 R^2} \cdot Im^2 \text{ bzw. } Re = 1 - Q^2 \cdot Im^2$$

Die Ortskurve ist eine Parabel. Es existiert nur der Ast $Im > 0$ (vgl. (2)).

c) Parallelschaltung aus R und C.

2.4.2   „HF-Tapete"

In der HF-Tapete sind die Impedanzenverläufe für verschiedene Werte von Induktivitäten und Kapazitäten in doppelt logarithmischem Maßstab, abhängig von der Frequenz dargestellt. Die HF-Tapete bietet einen schnellen Überblick über den Verlauf von Scheinwiderständen, die aus einer einfachen Kombinationen der Grundbauelemente R, L und C bestehen.

Doppelt logarithmische Darstellung der Impedanz von Induktivitäten
Die normierte Form des Blindwiderstandes von Induktivitäten lautet

$$\frac{Z_L}{1\Omega} = 2\pi \cdot \frac{f}{1\text{Hz}} \cdot \frac{L}{1\text{H}} \,. \tag{2.92}$$

Logarithmiert man Gleichung (2.92), ergibt sich die Geradengleichung

$$\underbrace{\lg\left(\frac{Z_L}{1\Omega}\right)}_{y} = \underbrace{\lg\left(\frac{f}{1\text{Hz}}\right)}_{x} + \underbrace{\lg\left(\frac{2\pi L}{1\text{H}}\right)}_{m} \tag{2.93}$$

abhängig von der Frequenz f. $\lg(2\pi L/\text{H}) = m$ stellt eine Konstante dar, deren Wert durch L bestimmt ist.

Doppeltlogarithmische Darstellung der Impedanz von Kapazitäten
Die normierte Form des Blindwiderstandes von Kapazitäten lautet

$$\frac{Z_C}{1\Omega} = \left(2\pi \cdot \frac{f}{1\text{Hz}} \cdot \frac{C}{1\text{F}}\right)^{-1} \,. \tag{2.94}$$

Durch Logarithmieren geht Gleichung (2.94) in die Geradengleichung

$$\underbrace{\lg\left(\frac{Z_C}{1\Omega}\right)}_{y} = \underbrace{-\lg\left(\frac{f}{1\text{Hz}}\right)}_{-x} - \underbrace{\lg\left(\frac{2\pi C}{1\text{F}}\right)}_{-m} \tag{2.95}$$

über. Die Konstante $m = \lg(2\pi C/F)$ hängt von der Kapazität C ab.

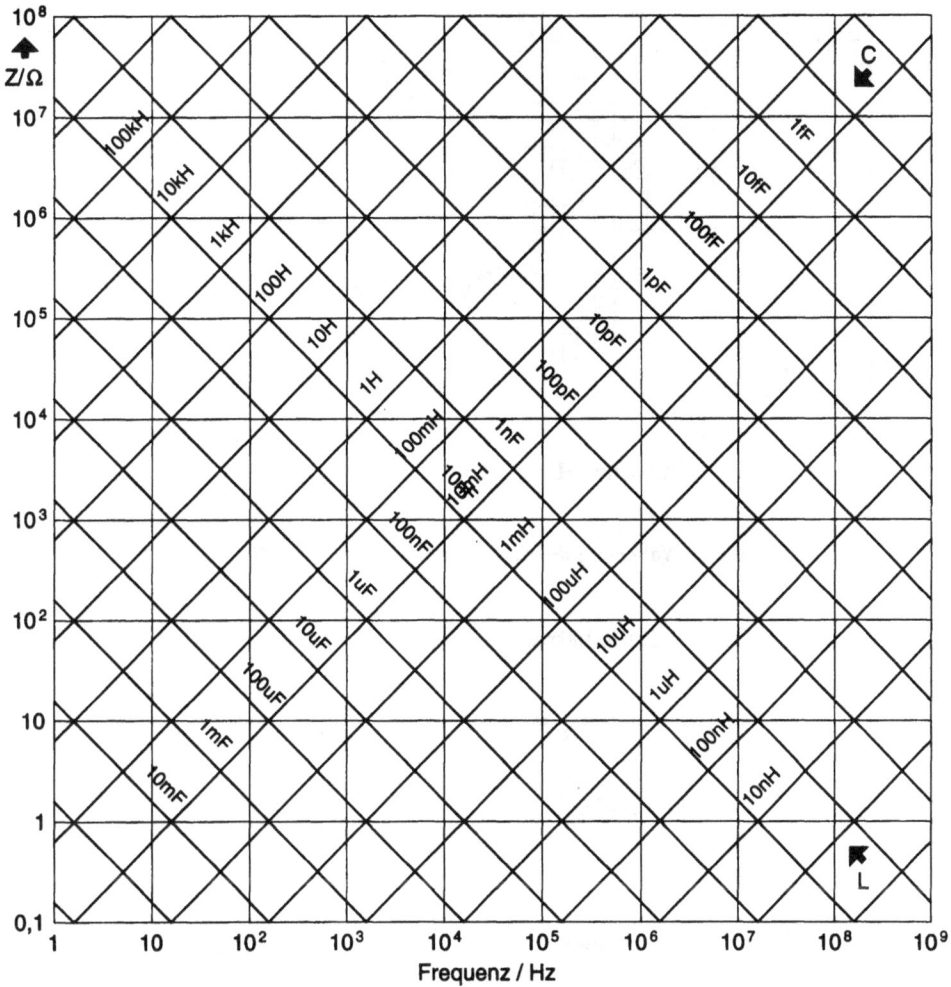

Abb. 2.46: *HF-Tapete*

Ergebnis: Die HF-Tapete

Werden die beiden Geradengleichungen (2.93) und (2.95) in ein Diagramm eingetragen, erhält man die HF-Tapete in Abbildung 2.46.

Asymptotische Näherung

Infolge der logarithmischen Skalierung weicht der exakte Verlauf des Scheinwiderstandes von der asymptotischen Näherung (angenäherter Verlauf mittels zweier Geraden) an „45°-Knickstellen" nur sehr gering voneinander ab. Am Beispiel einer Parallelschaltung von R und C soll dies verdeutlicht werden. Aus Abbildung 2.47 erkennt man, dass der maximale Fehler an der Knickstelle (Eckfrequenz) auftritt.

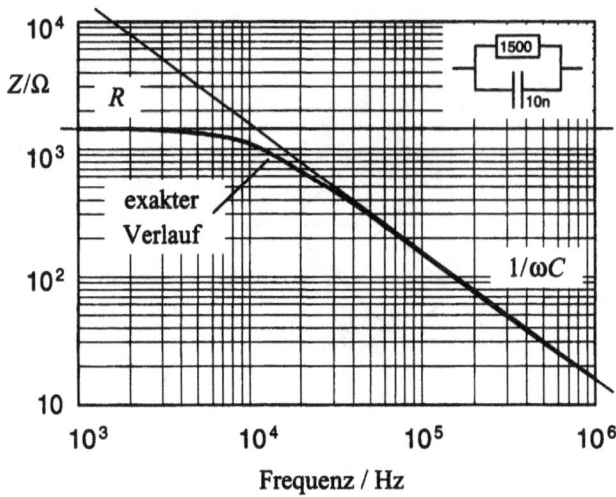

Abb. 2.47: *Asymptotische Näherung durch Geraden*

Der exakte Wert an dieser Stelle beträgt

$$Z_{exakt} = \frac{R}{\sqrt{1 + (\omega RC)^2}} = \frac{R}{\sqrt{2}} \ ,$$

der asymptotisch angenäherte Wert

$$Z_{asymp} = R \ .$$

Somit ergibt sich der relative Fehler

$$\delta_r = \frac{Z_{asymp} - Z_{exakt}}{Z_{exakt}} = \sqrt{2} - 1 \approx 0,41 \ . \tag{2.96}$$

Anwendungsregeln
Beim Umgang mit der HF-Tapete gelten folgende Regeln:

- Bei Serienschaltungen bestimmt der größte Wirk- bzw. Blindwiderstand den gesamten Impedanzwert.

- Bei Parallelschaltungen ist immer der kleinste Wirk- bzw. Blindwiderstand (größter Leitwert) dominant.

- Die Frequenz an 45°-Knickstellen heißt Eckfrequenz. Oft ist diese gleichbedeutend mit der Grenzfrequenz einer Schaltung.

- Ist der Impedanzwert von Kapazität und Induktivität betragsmäßig gleich groß, liegt bei Serien- oder Parallelschwingkreisen Resonanz vor. Die asymptotische Näherung der Blindwiderstände von Kapazität und Induktivität durch Geraden bildet an dieser Stelle eine 90°-Knickstelle. Der Fehler auf Grund der asymptotischen Näherung kann an solchen Knickstellen sehr groß sein!

Beispiel 2.18

Der Verlauf des Scheinwiderstandes in Abhängigkeit von der Frequenz f, dargestellt mit Hilfe der HF-Tapete, ist für folgende Schaltungen zu ermitteln:

- a) Reihenschaltung von $R = 300\,\Omega$ und $C = 1\,\mu\mathrm{F}$;

- b) Reihenschaltung von $R = 5\mathrm{k}\Omega$ und $L = 1\mathrm{mH}$;

- c) Parallelschaltung von $R = 10\mathrm{k}\Omega$ und $C = 10\mathrm{pF}$;

- d) Parallelschaltung von $R = 1\mathrm{k}\Omega$ und $L = 2\mathrm{H}$;

- e) Parallelschwingkreis mit $R = 100\mathrm{k}\Omega$, $L = 10\mathrm{mH}$ und $C = 10\mathrm{pF}$;

- f) Serienschwingkreis mit $R = 50\,\Omega$, $L = 100\,\mu\mathrm{H}$ und $C = 1\,\mu\mathrm{F}$.

Lösung:
Lösung vgl. Abbildung 2.48

2.4.3   Bode-Diagramm

Das Bode-Diagramm stellt den Verlauf des Betrages und der Phase einer komplexen Größe (z.B. komplexer Widerstand, Übertragungsfunktion, ...) in zwei getrennten Diagrammen als Funktion der Frequenz dar. Der Betrag in Abhängigkeit von der Frequenz wird doppelt logarithmisch aufgetragen, während die Phase linear über der logarithmischen Frequenzachse aufgetragen wird. Durch die logarithmische Skalierung der Frequenzachse ist die Darstellung eines großen Frequenzbereiches möglich.

Die Dezibel-Skala
Der Betrag relativer Größen wird häufig im logarithmischen Übertragungsmaß „Dezibel" angegeben. Ist die Größe ein Leistungsverhältnis, also z.B. das Verhältnis von Ausgangsleistung P_a zur Eingangsleistung P_e eines Zweitors, so errechnet sich diese aus

$$a_P = 10 \cdot \lg\left(\frac{P_a}{P_e}\right) \mathrm{dB} \quad \text{(Leistungsverhältnisse)}. \tag{2.97}$$

Betrachtet man an Stelle von Leistungsverhältnissen Spannungs- oder Stromverhältnisse, geht Gleichung (2.97) wegen $P = I^2 R$ bzw. $P = U^2/R$ über in

$$a_U = 20 \cdot \lg\left(\frac{U_a}{U_e}\right) \mathrm{dB} \quad \text{bzw.}$$

$$a_I = 20 \cdot \lg\left(\frac{I_a}{I_e}\right) \mathrm{dB} \ . \tag{2.98}$$

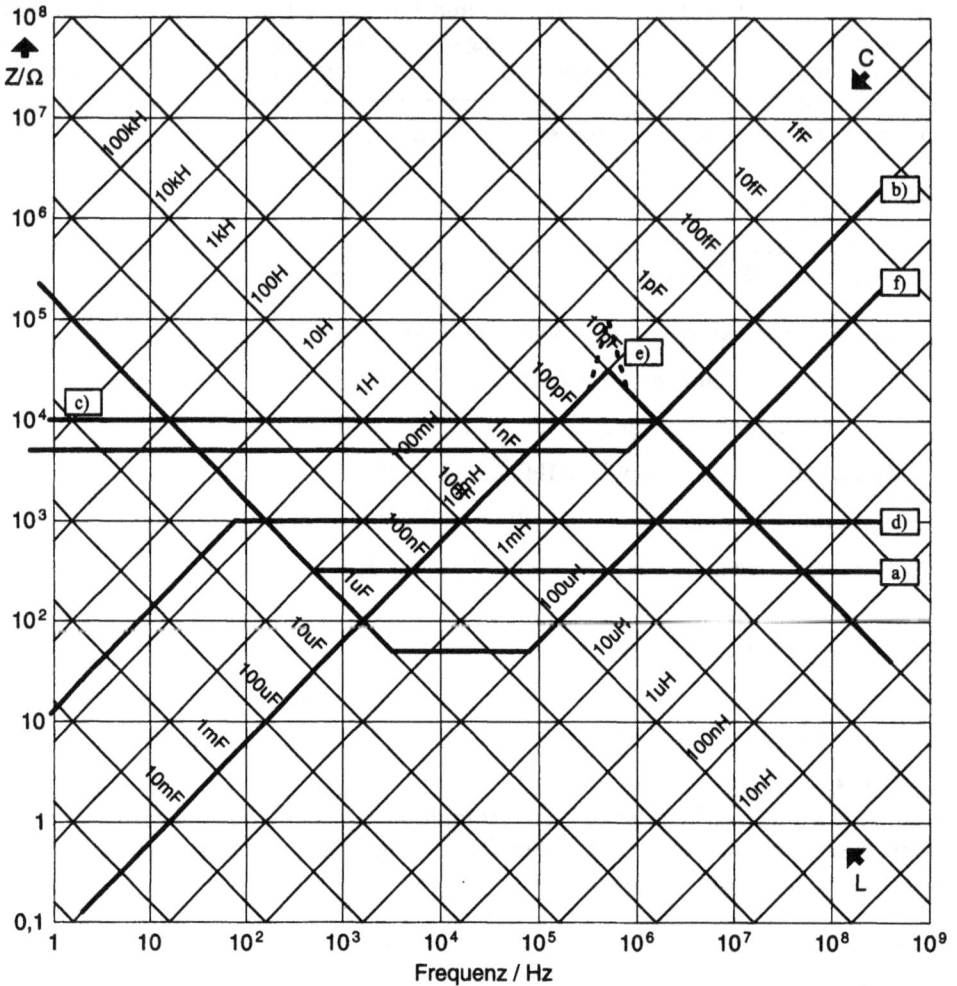

Abb. 2.48: *Lösung zu Beispiel 2.18*

Häufig wird eine Größe (Leistung, Spannung, Strom) auf eine feste Referenz wie z.B. 1mW, 1V, 1A bezogen. Um dies zu verdeutlichen, werden die Einheiten dBm (Bezugsgröße 1mW), dBV (Bezugsgröße 1V) und dBA (Bezugsgröße 1A) verwendet.

Folgende Tabelle stellt wichtige Werte zusammen:

lineares Verhältnis	10^{-2}	10^{-1}	$1/\sqrt{10}$	$1/2$	1	2	$\sqrt{10}$	10	100
a_P in dB	-20	-10	-5	-3	0	3	5	10	20
$a_{U(I)}$ in dB	-40	-20	-10	-6	0	6	10	20	40
a_P in dBm	-20	-10	-5	-3	0	3	5	10	20
$a_{U(I)}$ in dBV (dBA)	-40	-20	-10	-6	0	6	10	20	40

Betrags- und Phasengang

Zur Veranschaulichung der typischen Darstellungsform in einem Bode-Diagramm wird
ein einfacher RC-Tiefpass (Abbildung 2.49) mit der Leerlaufspannungsübertragung

$$\underline{A}_U = \frac{\underline{U}_a}{\underline{U}_e}\bigg|_{\underline{I}_a=0} = \frac{1}{1+j\omega CR} = \frac{1}{\sqrt{1+(\omega CR)^2}} \cdot e^{-j\arctan(\omega CR)} \qquad (2.99)$$

betrachtet.

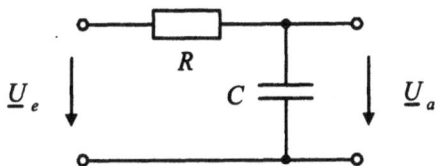

Abb. 2.49: *Einfacher RC-Tiefpass*

In Abbildung 2.50 ist zum einen der Betrags- und Phasengang in linearer Form und
zum anderen in der Bode-Diagramm Darstellung zu sehen. Diese direkte Gegenüberstel-
lung verdeutlicht den Vorteil der Bode-Diagramme, Betrag und Phase in einem großen
Frequenzbereich übersichtlich visualisieren zu können.

Asymptotische Näherung

In vielen Fällen ist im Bode-Diagramm die in Abbildung 2.50 skizzierte, asymptotische
Näherung durch Geraden ausreichend.

Der Betragsgang wird bei dieser Schaltung durch zwei Geraden approximiert, einer
horizontalen (hier mit dem Wert $A_U = 1$ bzw. 0dB) und einer abfallenden mit einer
Steigung von -20dB/Dekade. Die Steigung -20dB/Dekade kommt wie folgt zustande:
Bei sehr hohen Frequenzen $f \gg f_g$ (mit der Eck- oder Grenzfrequenz $f_g = 1/(2\pi RC)$)
ist der Betrag der Leerlaufspannungsübertragung nähungsweise durch

$$A_U \approx \frac{1}{\omega CR} \quad (f \gg f_g) \qquad (2.100)$$

gegeben. Steigt im vorliegenden Beispiel die Kreisfrequenz ω um den Faktor 10 (Erhöhung
der Frequenz um eine Dekade), so sinkt A_U gemäß Gleichung (2.100) um eine Dekade
(Faktor 1/10), was bei Spannungsverhältnissen einem Abfall um -20dB entspricht.

Bei der Eckfrequenz (hier = Grenzfrequenz) schneiden sich die beiden asymptotisch
genäherten Geraden. Durch Gleichsetzen resultiert die Grenzfrequenz

$$1 = \frac{1}{\omega_g CR} \quad \Rightarrow \quad \omega_g = \frac{1}{CR} \quad \Rightarrow \quad f_g = \frac{1}{2\pi CR} \,. \qquad (2.101)$$

Der exakte Betrag von A_U bei $\omega = \omega_g$ ergibt sich aus Gleichung (2.99).

$$|\underline{A}_U|_{f=f_g} = \frac{1}{\sqrt{1+(\omega_g CR)^2}} = \frac{1}{\sqrt{2}} \equiv -3\text{dB} \quad \text{(bei Spannungen)} \qquad (2.102)$$

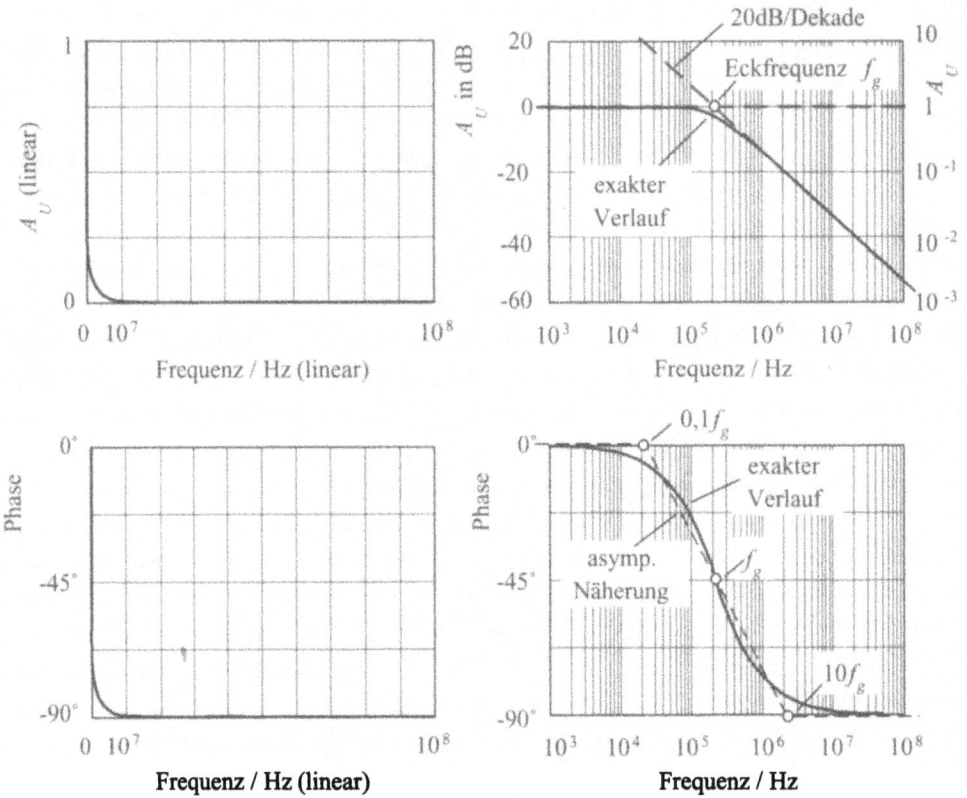

Abb. 2.50: $R = 1k\Omega$, $C = 0,7nF$: *Lineare Betrags- und Phasendarstellung (links); Bode-Diagramm (rechts)*

Der Phasenwinkel beträgt bei $f = f_g$ gemäß Gleichung (2.99)

$$\varphi_{\underline{A}_U}|_{f=f_g} = -\arctan(\omega_g RC) = -\arctan(1) = -45° \ . \tag{2.103}$$

Üblicherweise wird analog zum Betrag auch der Verlauf der Phase durch zwei horizontale Geraden und einer schrägen Gerade durch den Wendepunkt angenähert (vgl. Abbildung 2.50). Der Wendepunkt liegt bei $f = f_g$ ($\varphi_{\underline{A}_U} = -45°$). Die Steigung der Geraden ist wegen der Fehlerminimierung und aus praktischen Gründen so festgelegt, dass die horizontalen Asymptoten bei den Frequenzen

$$f = 0,1 \cdot f_g \quad \text{und} \quad f = 10 \cdot f_g \tag{2.104}$$

geschnitten werden.

Zusammenfassung der wichtigsten Erkenntnisse:

- Betrags- und Phasengang lassen sich im Bode-Diagramm durch Geradenzüge annähern.

- Die Steigung schräger Geraden beträgt $\pm$20dB/Dekade, sofern sich nicht mehr als eine Reaktanz (C oder L) in der Schaltung befindet.

- Bei mehreren Reaktanzen in einer Schaltung existieren mehrere Eckfrequenzen, wodurch Steigungen von $n \cdot$ 20dB/Dekade mit n=0, $\pm$1, $\pm$2, ... auftreten können.

- Die Schnittpunkte zusammengehöriger Geradenstücke in der Betragsdarstellung liefern die Eckfrequenzen f_g.

- Das schräge Geradenstück im Phasengang geht bei $f = f_g$ durch den Wendepunkt. Die Knickpunkte im Phasengang liegen in einfachen Schaltungen bei $f_g/10$ und $10f_g$.

Beispiele von Zweitorgrundschaltungen

Die beiden wichtigsten Schaltungsbeispiele stellen der RC-Tiefpass und der RC-Hochpass dar. In Abbildung 2.51 sind Schaltung und Bode-Diagramm der Spannungsübertragung skizziert. Die Grenzfrequenz ergibt sich in beiden Fällen aus der Bedingung $|R| = |1/(j\omega C)|$, also

$$f_g = \frac{1}{2\pi RC} \ .$$

Beispiel 2.19

In Abbildung 2.52 sind zwei Schaltungen mit mehr als zwei Bauelementen gegeben. Zu berechnen ist jeweils die Übertragungsfunktion $\underline{A}_U = \underline{U}_a/\underline{U}_e$. Skizzieren Sie anschließend die entsprechenden Bode-Diagramme.

Lösung:

a) $\underline{A}_U = \dfrac{1/900\Omega}{1/900\Omega + 1/100\Omega + j2\pi f \cdot 1\mu F} \Rightarrow f_g = 1,77\text{kHz}$

b) $\underline{A}_U = \dfrac{1/10\text{k}\Omega + j2\pi f \cdot 100\text{nF}}{1/100\Omega + 1/10\text{k}\Omega + j2\pi f \cdot 100\text{nF}} \approx \dfrac{1/10\text{k}\Omega + j2\pi f \cdot 100\text{nF}}{1/100\Omega + j2\pi f \cdot 100\text{nF}} \Rightarrow$

$f_{g(\text{Zähler})} = 159\text{Hz}; \ f_{g(\text{Nenner})} = 15,9\text{kHz}$

Bode-Diagramme siehe Abbildung 2.53

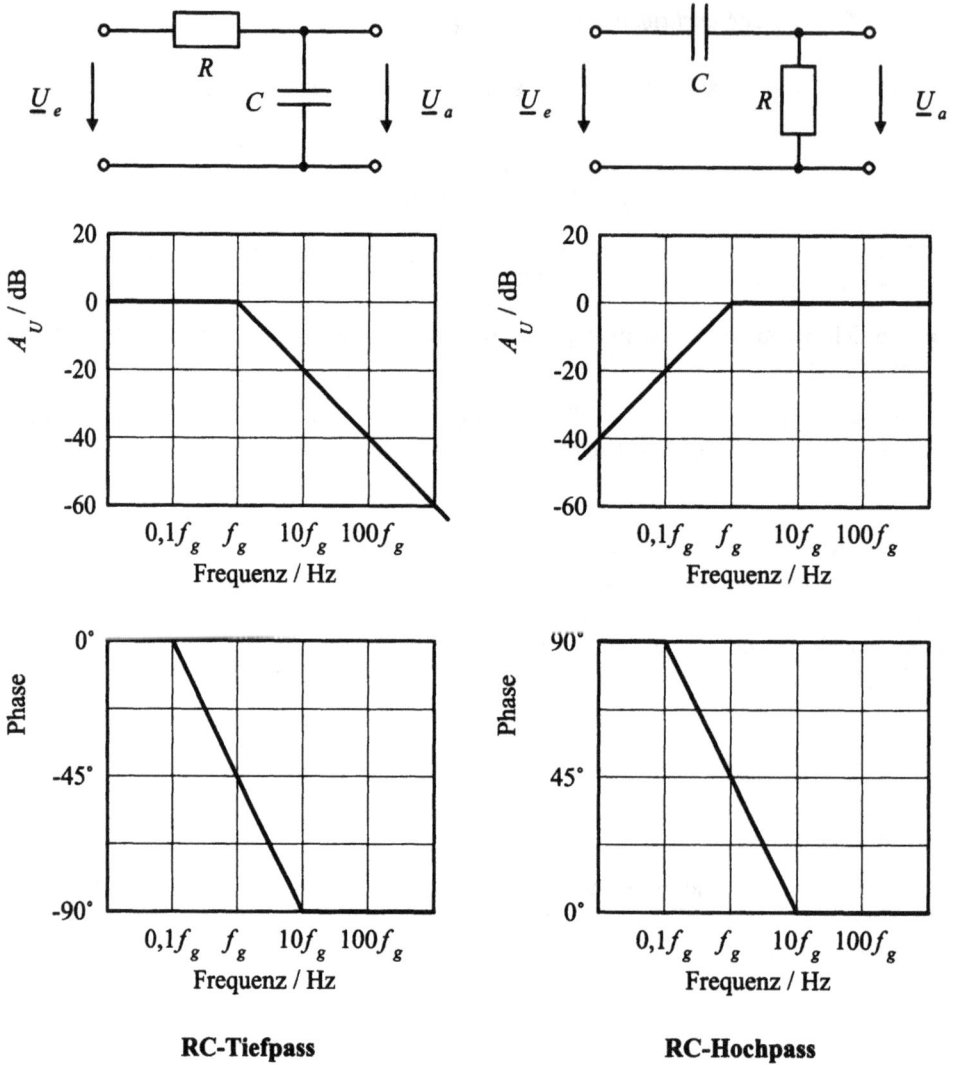

RC-Tiefpass   RC-Hochpass

Abb. 2.51: Einfacher RC-Tief- und Hochpass

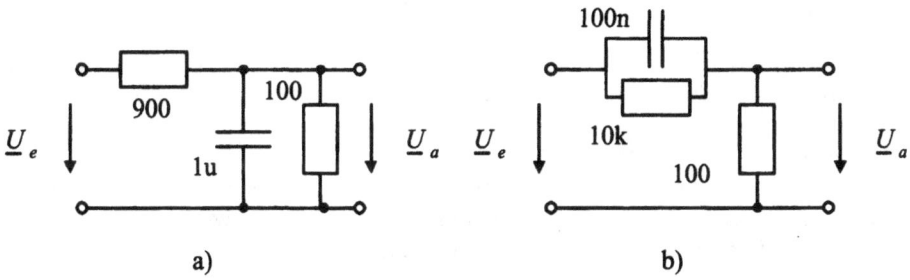

Abb. 2.52: *Übungsbeispiele zum Bode-Diagramm; Bemerkung: In elektronisch erstellten Schaltplänen werden oft die Einheiten Ω, H und F weggelassen. 1k bedeutet dann 1kΩ bei einem Ohm'schen Widerstand usw.*

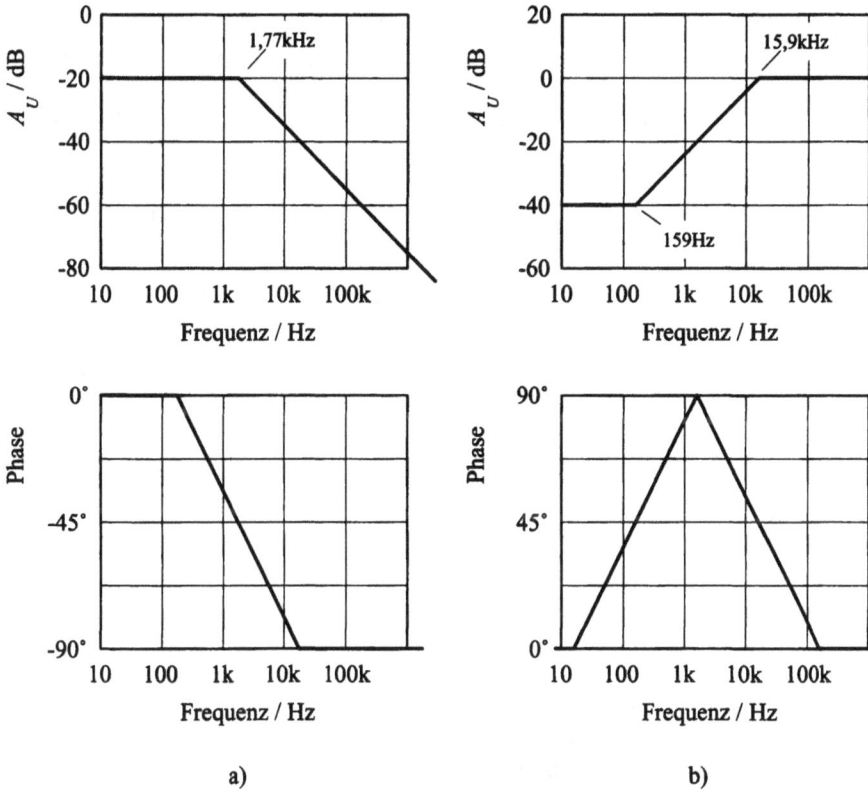

Abb. 2.53: *Bode-Diagramme zu den Schaltungen in Abbildung 2.52*

2.4.4   Kreisdiagramm

Das Kreisdiagramm (Schmidt-Buschbeck-Diagramm) veranschaulicht die Auswirkungen von Schaltungsänderungen auf den komplexen Widerstand graphisch.

Konstruktion des Kreisdiagramms

Im Kreisdiagramm werden in der komplexen Widerstandsebene $\underline{Z}$, wie in Abbildung 2.54 gezeigt, Resistanz R, Reaktanz X, Konduktanz G und Suszeptanz B gleichzeitig dargestellt. Somit kann in jedem Punkt der Widerstandsebene sowohl der komplexe Widerstand als auch der komplexe Leitwert abgelesen werden (vgl. Abbildung 2.55).

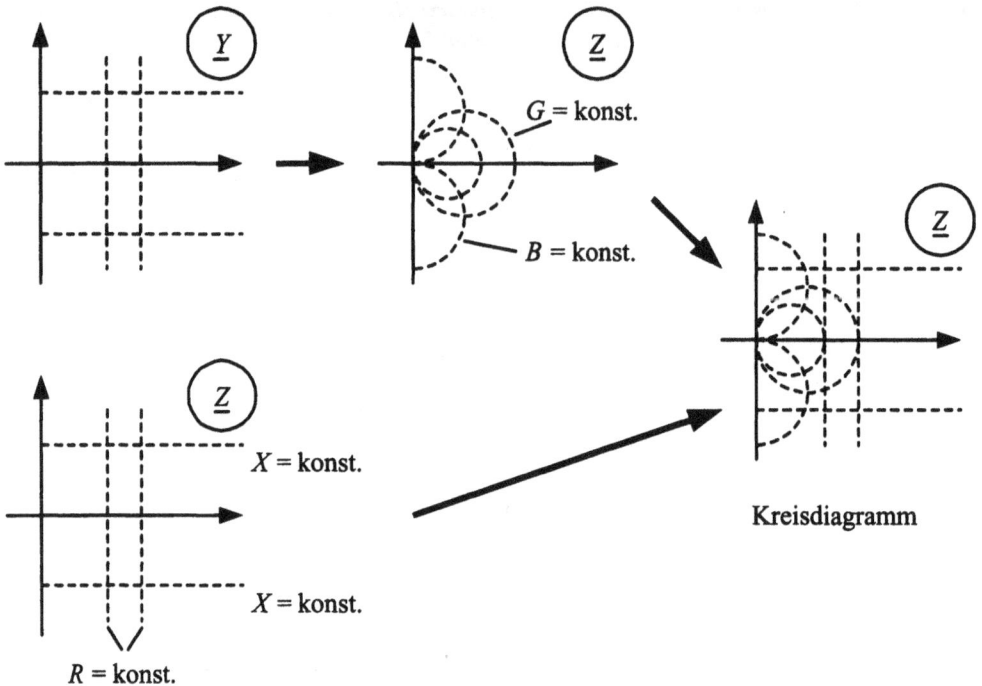

Abb. 2.54: *Entstehung des Kreisdiagramms*

Normierung

Um Zahlenwerte in einem Kreisdiagramm vernünftig ablesen zu können, ist ein Zahlenbereich zwischen 0,1 und 2,0 empfehlenswert. Alle Bauelementewerte müssen an diesen Bereich angepasst werden. Dazu normiert man alle komplexen Widerstände (Leitwerte) mittels eines Bezugswiderstandes.

Beispiel 2.20

> *Gegeben:*
> $\underline{Z} = (100 + j50)\Omega$ und $\underline{Y} = (10 + j3)\text{mS}$

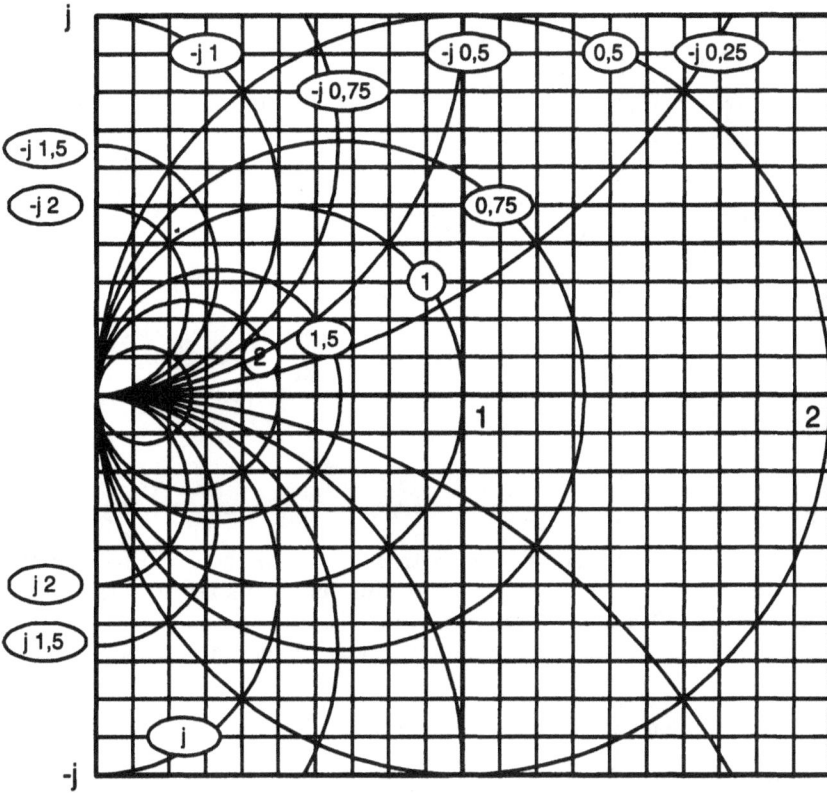

Abb. 2.55: *Das Kreisdiagramm*

Der Widerstand $\underline{Z}$ und der Leitwert $\underline{Y}$ sind auf den Bezugswiderstand $Z_b = 100\Omega$ zu normieren.

Lösung:
Normierter Widerstand: $\underline{z} = \underline{Z}/Z_b = (1 + j0,5)$
Normierter Leitwert: $\underline{y} = \underline{Y} \cdot Z_b = (1 + j0,3)$

Hinweis:
Entnormiert werden normierte Widerstände durch Multiplikation mit Z_b und normierte Leitwerte durch Division durch Z_b.

Umgang mit dem Kreisdiagramm

Mit Hilfe des Kreisdiagramms lässt sich die Änderung eines komplexen Widerstandes (Leitwertes), bedingt durch Hinzufügen eines Bauelementes R, L oder C schnell ermitteln. Abbildung 2.56 zeigt den Transformationsweg beim Parallelschalten (Index „P") bzw. in Serie Schalten (Index „S") eines Bauelementes R, L oder C.

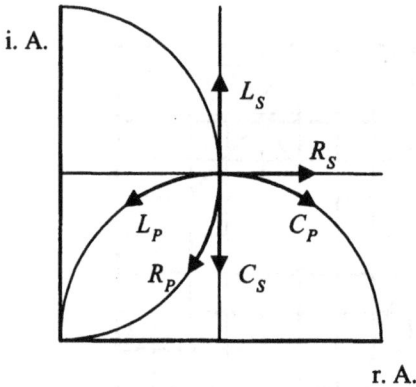

Abb. 2.56: *Transformationswege im Kreisdiagramm*

Beispiel 2.21

Aus einem komplexen Widerstand mit dem Betrag $Z = 100\Omega$ und dem Phasenwinkel $\varphi_z = 70°$ soll durch Hinzufügen eines Bauelementes ein komplexer Widerstand mit dem Scheinwiderstand $Z' = 200\Omega$ entstehen.
Wie viele Möglichkeiten gibt es (Lösung mit Hilfe eines Kreisdiagramms)?

Lösung:
Bezugswiderstand wählen: $Z_b = 200\Omega \Rightarrow z = 0,5 \cdot e^{j \cdot 70°}$; $z' = 1$ (vgl. gestrichelten Halbkreis im Kreisdiagramm 2.57)
Es gibt fünf Möglichkeiten (vgl. Abbildung 2.57):
L_S in Serie schalten, C_S in Serie schalten, R_S in Serie schalten, C_{P1} parallel schalten oder C_{P2} parallel schalten.

Transformationsschaltungen

Transformationsschaltungen dienen dazu, einen komplexen Verbraucher mit dem Widerstand $\underline{Z}_a$ an eine Quelle mit dem Innenwiderstand $\underline{Z}_i$ wirkleistungsmäßig anzupassen. Hierfür muss, wie in Abbildung 2.58 angedeutet, der komplexe Widerstand $\underline{Z}_a$ nach $\underline{Z}_i^*$ transformiert werden.

Die Forderungen an die Transformationsschaltung sind

- Benutzung von möglichst wenig Bauelementen (zwei genügen immer!) und

- kein Verlustleistungsverbrauch (nur L und/oder C erlaubt).

Da nur Blindwiderstände benutzt werden dürfen, ergeben sich die in Abbildung 2.59 skizzierten Transformationswege.

Abbildung 2.60 zeigt ein Beispiel mit zwei möglichen Transformationsschaltungen.

Die Auswahlkriterien für Transformationsschaltungen sind

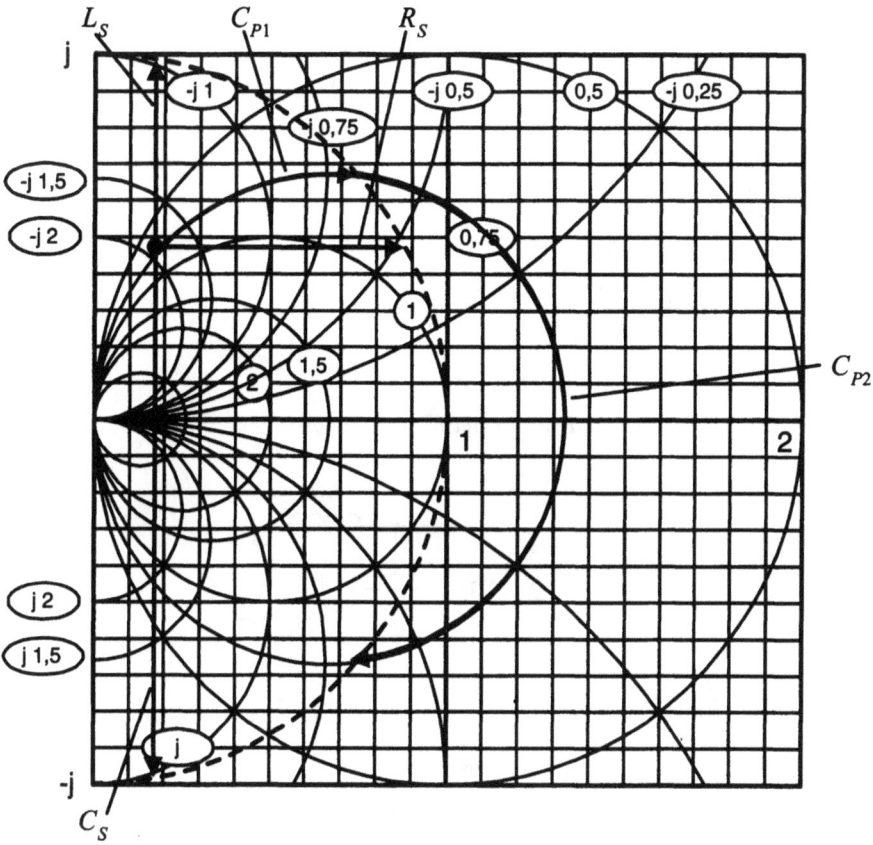

Abb. 2.57: *Lösung von Beispiel 2.21 mittels Kreisdiagramm*

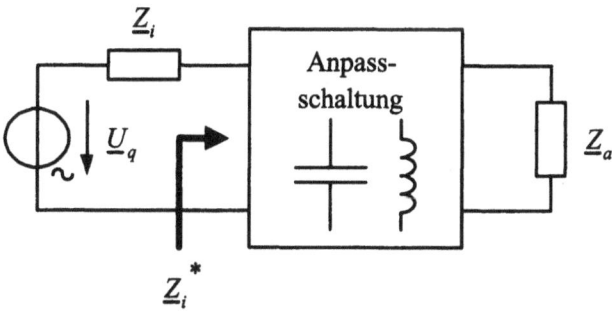

Abb. 2.58: *Schaltung zur Schmalbandtransformation*

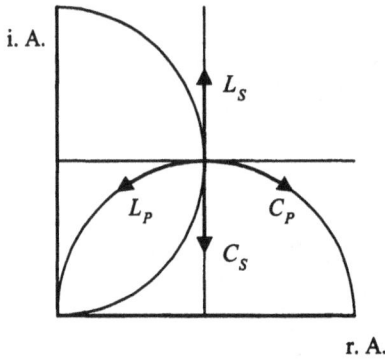

Abb. 2.59: *Transformationswege bei Transformationsschaltungen*

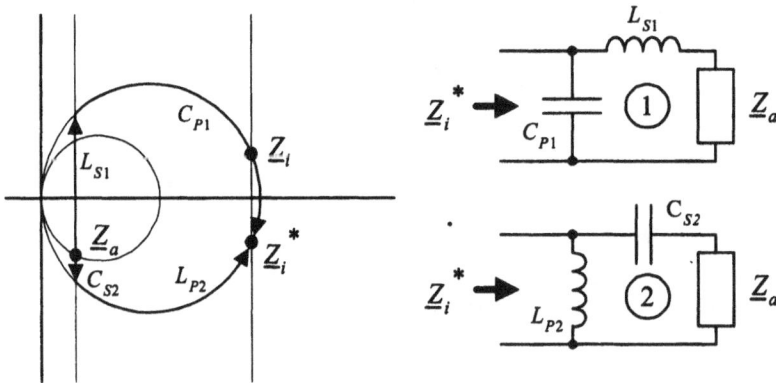

Abb. 2.60: *Beispiel zur Schmalbandtransformation*

- Hochpass- oder Tiefpassverhalten,
- Toleranzunempfindlichkeit gegenüber den L- und C-Werten,
- Frequenzabhängigkeit der Transformation (Bandbreite),
- kleine L- und C-Werte, evtl. spulenlose Schaltung und
- Größe der Spannungs- bzw. Stromüberhöhung.

Beispiel 2.22

Gegeben ist eine Quelle mit $\underline{Z}_i = (50+j50)\Omega$ und $U_q = 10V$. Sie soll bei $\omega = 10^4 \text{s}^{-1}$ an einem reellen Verbraucher mit $R_a = 200\Omega$ maximale Wirkleistung abgeben. Geben Sie eine Transformationsschaltung mit Tiefpasscharakter mit den erforderlichen Bauelementen an sowie die Wirkleistung mit und ohne Transformationsnetzwerk.

Lösung:

Lösungsschritte vgl. Abbildung 2.61:

1) $\underline{z}_a = 2$ und $\underline{z}_i^* = 0,5 - j0,5$ in das Kreisdiagramm eintragen (Bezugswiderstand $Z_b = 100\Omega$).

2) Tiefpasscharakter:

Kapazitiven Blindleitwert $b_C \approx 0,865$ zu $\underline{z}_a$ parallelschalten: $\Rightarrow B_C = b_C/Z_b = 0,00865\text{S};$

$C = B_C/\omega = 0,865\mu\text{F}$

Normierte Induktivität $x_L \approx 0,37$ in Serie schalten: $\Rightarrow X_L = x_L \cdot Z_b = 37\Omega;$

$L = X_L/\omega = 3,7\text{mH}$

Leistung ohne Transformationsschaltung:

$$P_a = I^2 \cdot R_a = \frac{U_q^2 \cdot R_a}{(R_a + R_i)^2 + X_i^2} = 308\text{mW}$$

Leistung mit Transformationsschaltung:

$$P_{aMax} = \frac{U_q^2}{4R_i} = 500\text{mW}$$

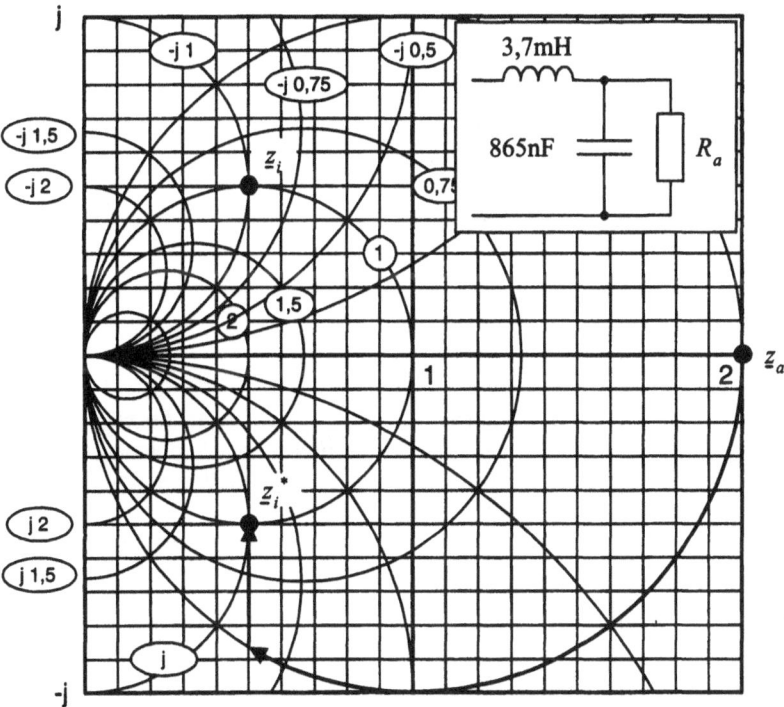

Abb. 2.61: Lösung von Beispiel 2.22 mittels Kreisdiagramm

2.5   Drehstrom

Drehstromsysteme sind Netzwerke, die mit mehreren Quellen gleicher Frequenz, aber unterschiedlicher Phase erregt werden (Mehrphasen-Systeme). Technisch von Bedeutung ist das 3-Phasensystem. Die Gründe für die Verwendung von Drehstrom sind:

* Ersparnis von Leitungskosten beim Stromtransport;

* Generatoren, Transformatoren sowie Elektromotoren sind bei gleicher Leistung kleiner und robuster als in einphasiger Ausführung;

* einfache, oberschwingungsarme Gleichrichtung ist möglich;

* geringerer pulsierender Energiefluss von der Quelle zum Verbraucher.

2.5.1   Erzeugung von Drehstrom, Begriffe

Abbildung 2.62 zeigt das Schema eines symmetrischen 3-Phasen-Drehstromgenerators.

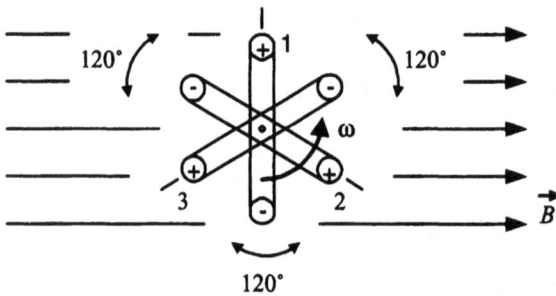

Abb. 2.62: *Erzeugung von Drehstrom; 3-Phasensystem*

Ein homogenes magnetisches Feld $\vec{B}$ induziert in den um 120° versetzten Spulen 1, 2 und 3, die mit der Winkelgeschwindigkeit ω rotieren, Spannungen gleicher Kreisfrequenz ω, aber unterschiedlicher Phase. Sind alle drei Spulen identisch und liegt ein rechtsdrehendes 3-Phasensystem vor, so werden in ihnen die Spannungen

$$u_{q1}(t) = \hat{U}\sin(\omega t) \, ,$$

$$u_{q2}(t) = \hat{U}\sin(\omega t - 120°) \quad \text{und}$$

$$u_{q3}(t) = \hat{U}\sin(\omega t - 240°) \tag{2.105}$$

generiert. $\hat{U} = \omega w B A$ ist die Scheitelspannung, die, wie aus Abschnitt 2.1 bekannt, neben der Kreisfrequenz und dem Magnetfeld von der Geometrie (w: Windungszahl, A: Fläche) der Spulen abhängt.

Die Effektivwerte $\underline{U} = \hat{\underline{U}}/\sqrt{2}$ der induzierten Spannungen lauten in komplexer Form

$$\underline{U}_{q1} = U \, ,$$

$$\underline{U}_{q2} = Ue^{-j2/3\pi} = U\left(-\frac{1}{2} - j\frac{\sqrt{3}}{2}\right) \quad \text{und}$$

$$\underline{U}_{q3} = Ue^{-j4/3\pi} = U\left(-\frac{1}{2} + j\frac{\sqrt{3}}{2}\right) . \tag{2.106}$$

Die komplexen Spannungen sind in Abbildung 2.63 dargestellt.

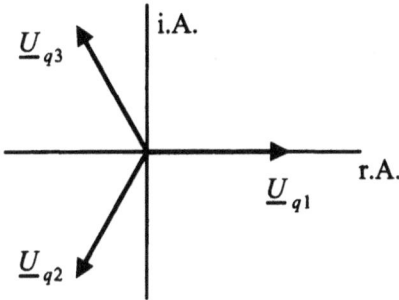

Abb. 2.63: *Komplexe Spannungen eines 3-Phasensystems*

Bei symmetrischen n-Phasensystemen mit der Phasendifferenz $\alpha = 2\pi/n$ und gleichen Effektivwerten U gilt allgemein

$$\sum_{i=1}^{n} \underline{U}_{qi} = 0 \, . \tag{2.107}$$

In der Technik beschränkt man sich hauptsächlich auf das 3-Phasensystem.

Sternschaltung bei Generatoren

Generell gibt es zwei Verschaltungsmöglichkeiten bei Drehstromsystemen, die Stern-schaltung und die Dreieckschaltung.

Das Konzept der Sternschaltung von Generatoren ist in Abbildung 2.64 skizziert.

Man bezeichnet die induzierten Spannungen $\underline{U}_{q1}$, $\underline{U}_{q2}$ und $\underline{U}_{q3}$ als Strangspannungen. Die Spannungen zwischen den Leitern $\underline{U}_{12}$, $\underline{U}_{23}$ und $\underline{U}_{31}$ heißen verkettete Spannungen. $\underline{I}_1$, $\underline{I}_2$ sowie $\underline{I}_3$ sind die Leiterströme und $\underline{I}_0$ ist der Strom im Nullleiter (bei symmetri-scher Belastung ist $\underline{I}_0 = 0$).

Es gilt der Zusammenhang

$$\underline{U}_{12} = \underline{U}_{q1} - \underline{U}_{q2} \, ,$$
$$\underline{U}_{23} = \underline{U}_{q2} - \underline{U}_{q3} \, ,$$
$$\underline{U}_{31} = \underline{U}_{q3} - \underline{U}_{q1} \tag{2.108}$$

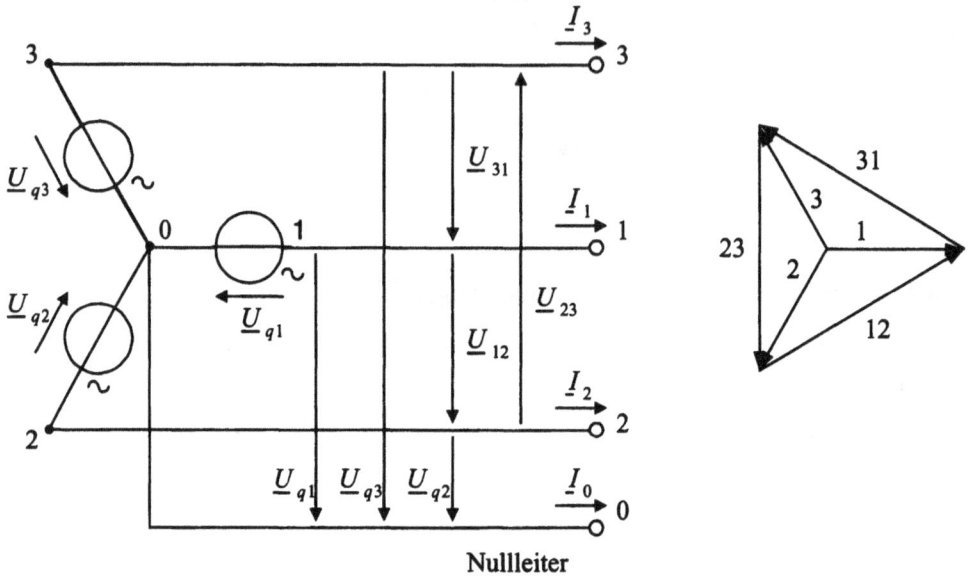

Abb. 2.64: *Sternschaltung bei Generatoren; Spannungen*

und somit immer

$$\underline{U}_{12} + \underline{U}_{23} + \underline{U}_{31} = 0 \ . \tag{2.109}$$

Der Betrag der verketteten Spannungen ist um

$$U_{12} = U \cdot \left| 1 - (-\frac{1}{2} - j\frac{\sqrt{3}}{2}) \right| = U\sqrt{\left(\frac{3}{2}\right)^2 + \frac{3}{4}} = U\sqrt{3} \tag{2.110}$$

größer als die Strangspannungen.

Dreieckschaltung bei Generatoren

Bei der Dreieckschaltung in Abbildung 2.65 sind die Generatorspulen 1, 2 und 3 zusammengeschaltet.

Aus der Maschengleichung folgt daher immer

$$\underline{U}_{12} + \underline{U}_{23} + \underline{U}_{31} = 0 \tag{2.111}$$

und wegen der Knotenpunktgleichung um die Anschlüsse 1, 2 und 3

$$\underline{I}_1 + \underline{I}_2 + \underline{I}_3 = 0 \ . \tag{2.112}$$

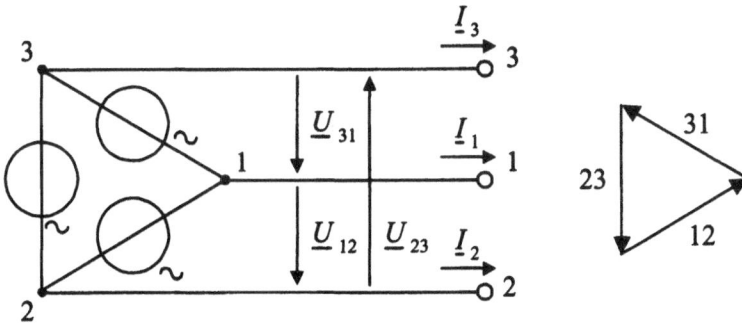

Abb. 2.65: *Dreieckschaltung bei Generatoren; Spannungen*

2.5.2 Generator-Verbraucher-Schaltungen

Wie beim Generator, so gibt es auch beim Verbraucher die beiden Varianten Stern-schaltung ($\star$) und Dreieckschaltung ($\triangle$). Somit ergeben sich vier Fälle der Zusammen-schaltung von Generator und Verbraucher:

Fall	Generator	Verbraucher	Anzahl der Leitungen
1	$\star$	$\star$	3 oder 4
2	$\triangle$	$\star$	3
3	$\star$	$\triangle$	3
4	$\triangle$	$\triangle$	3

Sternschaltung von Generator und Verbraucher (Fall 1)

Zunächst wird der Fall „Generator und Verbraucher in Sternschaltung" untersucht.

Gegeben sind

- die Schaltung 2.66,

- die Generatorspannungen $\underline{U}_{q1}$, $\underline{U}_{q2}$, $\underline{U}_{q3}$,

- die Leitwerte der Last $\underline{Y}_1$, $\underline{Y}_2$, $\underline{Y}_3$ und der Leitwert des Nullleiters $\underline{Y}_0$.

Gesucht werden die Größen

- $\underline{U}_1$, $\underline{U}_2$, $\underline{U}_3$ sowie $\underline{U}_0$ und

- die zugehörigen Ströme $\underline{I}_1$, $\underline{I}_2$, $\underline{I}_3$ und $\underline{I}_0$.

Man berechnet zunächst den Spannungsabfall im Nullleiter $\underline{U}_0$ aus der Knotenpunkt-gleichung im Sternpunkt des Verbrauchers

$$\underline{I}_1 + \underline{I}_2 + \underline{I}_3 = \underline{I}_0 \, , \tag{2.113}$$

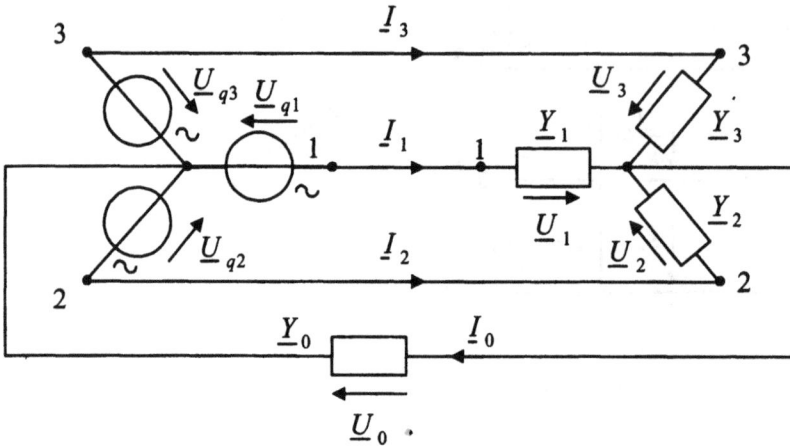

Abb. 2.66: *Sternschaltung bei Generator und Verbraucher*

den Elementgleichungen

$$\underline{I}_1 = \underline{Y}_1\underline{U}_1, \qquad \underline{I}_2 = \underline{Y}_2\underline{U}_2,$$
$$\underline{I}_3 = \underline{Y}_3\underline{U}_3, \qquad \underline{I}_0 = \underline{Y}_0\underline{U}_0 \tag{2.114}$$

und den Maschengleichungen

$$\underline{U}_1 = \underline{U}_{q1} - \underline{U}_0, \qquad \underline{U}_2 = \underline{U}_{q2} - \underline{U}_0, \qquad \underline{U}_3 = \underline{U}_{q3} - \underline{U}_0 . \tag{2.115}$$

Setzt man nun die Gleichungen (2.115) in (2.114) und das Ergebnis wiederum in Gleichung (2.113) ein, ergibt sich unmittelbar der gesuchte Spannungsabfall im Nullleiter

$$\underline{U}_0 = \frac{\underline{U}_{q1}\underline{Y}_1 + \underline{U}_{q2}\underline{Y}_2 + \underline{U}_{q3}\underline{Y}_3}{\underline{Y}_0 + \underline{Y}_1 + \underline{Y}_2 + \underline{Y}_3} . \tag{2.116}$$

Die Spannungsabfälle im Verbraucher erhält man durch Einsetzten von Gleichung (2.116) in die Maschengleichungen (2.115), also

$$\underline{U}_{1(2,3)} \quad \text{aus Gleichung (2.116) in Gleichung (2.115)} \tag{2.117}$$

und die Verbraucherströme $\underline{I}_{1(2,3)}$ anschließend aus den Elementgleichungen (2.114), also

$$\underline{I}_{1(2,3)} \quad \text{aus Gleichung (2.117) in Gleichung (2.114) .} \tag{2.118}$$

Sonderfall: Symmetrische Last

Wird der „Stern-Generator" symmetrisch belastet, gilt also $\underline{Y}_1 = \underline{Y}_2 = \underline{Y}_3 = \underline{Y}$, verschwindet die Nullleiterspannung

$$\underline{U}_0 = \frac{\underline{U}_{q1}\underline{Y}_1 + \underline{U}_{q2}\underline{Y}_2 + \underline{U}_{q3}\underline{Y}_3}{\underline{Y}_0 + \underline{Y}_1 + \underline{Y}_2 + \underline{Y}_3} = \frac{\underline{Y}\overbrace{(\underline{U}_{q1} + \underline{U}_{q2} + \underline{U}_{q3})}^{=0}}{3\underline{Y} + \underline{Y}_0} = 0\,,$$

da in symmetrischen Generatoren die Summe der Strangspannungen laut Gleichung (2.107) null ist.

Sonderfall: Nullleiterwiderstand $\underline{Z}_0 = 0$ $(\underline{Y}_0 \longrightarrow \infty)$

Auch in diesem Sonderfall gilt unabhängig davon, ob symmetrische oder unsymmetrische Belastung vorliegt

$$\underline{U}_0 = \frac{\underline{U}_{q1}\underline{Y}_1 + \underline{U}_{q2}\underline{Y}_2 + \underline{U}_{q3}\underline{Y}_3}{\underline{Y}_0 + \underline{Y}_1 + \underline{Y}_2 + \underline{Y}_3} = 0\,.$$

Die Spannungen am Verbraucher entsprechen den generierten Quellenspannungen.

Sonderfall: Kein Nullleiter vorhanden $(\underline{Y}_0 = 0)$

Ist der Nullleiter nicht vorhanden, reduziert sich das Vierleitersystem auf ein Dreileitersystem und es gilt

$$\underline{U}_0 = \frac{\underline{U}_{q1}\underline{Y}_1 + \underline{U}_{q2}\underline{Y}_2 + \underline{U}_{q3}\underline{Y}_3}{\underline{Y}_1 + \underline{Y}_2 + \underline{Y}_3}\,.$$

In zwei Fällen wird die „Nullleiterspannung" (man spricht hier besser von der Spannung zwischen den Sternpunkten des Vebrauchers und des Generators) null:

- Bei symmetrischer Last $(\underline{Y}_1 = \underline{Y}_2 = \underline{Y}_3 = \underline{Y})$ und symmetrischem Generator oder

- wenn der Zähler null ist $(\underline{U}_{q1}\underline{Y}_1 + \underline{U}_{q2}\underline{Y}_2 + \underline{U}_{q3}\underline{Y}_3 = 0)$.

Dreieckschaltung des Generators und Sternschaltung des Verbrauchers (Fall 2)

Im zweiten Fall ist der Generator als Dreieckschaltung und der Verbraucher in Sternschaltung realisiert.

Gegeben sind, ähnlich wie im vorigen Fall,

- die Schaltung 2.67,

- die verketteten Generatorspannungen $\underline{U}_{12}$, $\underline{U}_{23}$, $\underline{U}_{31}$ und

- die komplexen Widerstände des Verbrauchers $\underline{Z}_1$, $\underline{Z}_2$, $\underline{Z}_3$.

Gesucht werden die Größen

- $\underline{U}_1, \underline{U}_2, \underline{U}_3$ und

- die zugehörigen Ströme $\underline{I}_1, \underline{I}_2, \underline{I}_3$.

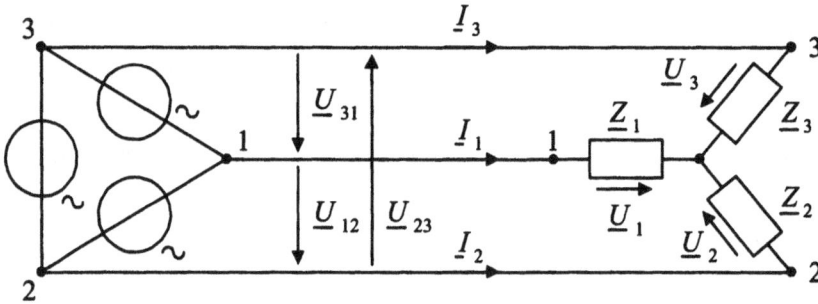

Abb. 2.67: *Dreieckschaltung beim Generator und Sternschaltung beim Verbraucher*

Die Knotenpunktgleichung im Sternpunkt des Verbrauchers lautet

$$\underline{I}_1 + \underline{I}_2 + \underline{I}_3 = 0 , \tag{2.119}$$

die unabhängigen Maschengleichungen lauten

$$\underline{U}_{12} = \underline{Z}_1\underline{I}_1 - \underline{Z}_2\underline{I}_2 \quad \text{und}$$
$$\underline{U}_{23} = \underline{Z}_2\underline{I}_2 - \underline{Z}_3\underline{I}_3 . \tag{2.120}$$

Die drei unabhängigen Gleichungen (2.119) und (2.120) enthalten die drei Unbekannten $\underline{I}_1, \underline{I}_2$ und $\underline{I}_3$, nach denen aufgelöst werden kann. Es ergibt sich mit $\underline{U}_{12}+\underline{U}_{23}+\underline{U}_{31} = 0$:

$$\underline{I}_1 = \frac{\underline{U}_{12}\underline{Z}_3 - \underline{U}_{31}\underline{Z}_2}{\underline{Z}_1\underline{Z}_2 + \underline{Z}_2\underline{Z}_3 + \underline{Z}_3\underline{Z}_1}$$

$$\underline{I}_2 = \frac{\underline{U}_{23}\underline{Z}_1 - \underline{U}_{12}\underline{Z}_3}{\underline{Z}_1\underline{Z}_2 + \underline{Z}_2\underline{Z}_3 + \underline{Z}_3\underline{Z}_1}$$

$$\underline{I}_3 = \frac{\underline{U}_{31}\underline{Z}_2 - \underline{U}_{23}\underline{Z}_1}{\underline{Z}_1\underline{Z}_2 + \underline{Z}_2\underline{Z}_3 + \underline{Z}_3\underline{Z}_1} \tag{2.121}$$

Mit den Verbraucherströmen folgen sofort die Lastspannungen $\underline{U}_1, \underline{U}_2$ und $\underline{U}_3$ aus den Elementgleichungen.

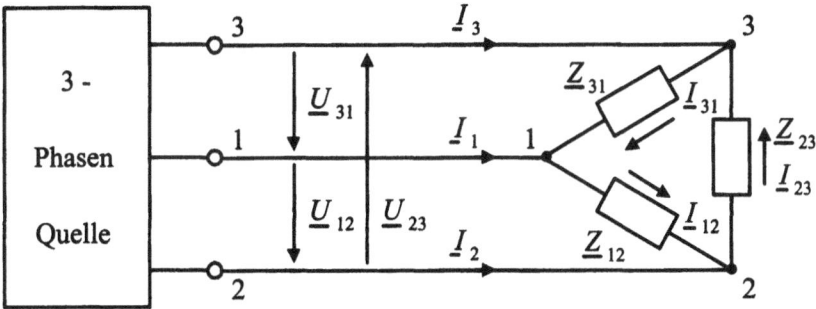

Abb. 2.68: *Dreieckschaltung beim Verbraucher; Generator beliebig*

Dreieckschaltung des Verbrauchers (Fall 3 und 4)

Die noch verbleibenden Fälle 3 und 4, nämlich Dreieckschaltung des Verbrauchers bei unterschiedlichen Generatorverschaltungen gemäß Abbildung 2.68, werden mit Hilfe der „Transfiguration" untersucht.

Anstatt neu zu rechnen, führt man die Dreieckschaltung in die Konfiguration einer (sich elektrisch gleich verhaltenden) Sternschaltung über (Transfiguration). Gesucht werden also die Werte der Bauelemente der Sternschaltung, die zu einem äquivalenten Schaltverhalten bezüglich einer vorgegebenen Dreieckschaltung führen. Dazu betrachtet man die Widerstände zwischen zwei Punkten bei offenem dritten Punkt. Aus Abbildung 2.69 ergibt sich:

$$\underline{Z}_1 + \underline{Z}_2 = \frac{\underline{Z}_{12}(\underline{Z}_{23} + \underline{Z}_{31})}{\underline{Z}_{12} + \underline{Z}_{31} + \underline{Z}_{23}} \quad \text{Punkte: 1 - 2}$$

$$\underline{Z}_2 + \underline{Z}_3 = \frac{\underline{Z}_{23}(\underline{Z}_{12} + \underline{Z}_{31})}{\underline{Z}_{12} + \underline{Z}_{31} + \underline{Z}_{23}} \quad \text{Punkte: 2 - 3}$$

$$\underline{Z}_3 + \underline{Z}_1 = \frac{\underline{Z}_{31}(\underline{Z}_{23} + \underline{Z}_{12})}{\underline{Z}_{12} + \underline{Z}_{31} + \underline{Z}_{23}} \quad \text{Punkte: 3 - 1}$$

Die Lösung ist sofort ersichtlich. Addiert man z.B. die erste und dritte Gleichung und zieht die zweite ab, erhält man $\underline{Z}_1$ usw., zusammenfassend also

$$\underline{Z}_1 = \frac{\underline{Z}_{12}\underline{Z}_{31}}{\underline{Z}_{12} + \underline{Z}_{31} + \underline{Z}_{23}} \ ,$$

$$\underline{Z}_2 = \frac{\underline{Z}_{23}\underline{Z}_{12}}{\underline{Z}_{12} + \underline{Z}_{31} + \underline{Z}_{23}} \ ,$$

$$\underline{Z}_3 = \frac{\underline{Z}_{31}\underline{Z}_{23}}{\underline{Z}_{12} + \underline{Z}_{31} + \underline{Z}_{23}} \ . \tag{2.122}$$

Mit Gleichungssatz (2.122) und den Gleichungen (2.121) bzw. (2.118) findet man die Leiterströme $\underline{I}_1$–$\underline{I}_3$ für die Kombination „Dreieck–Dreieck" bzw. „Stern–Dreieck". Die

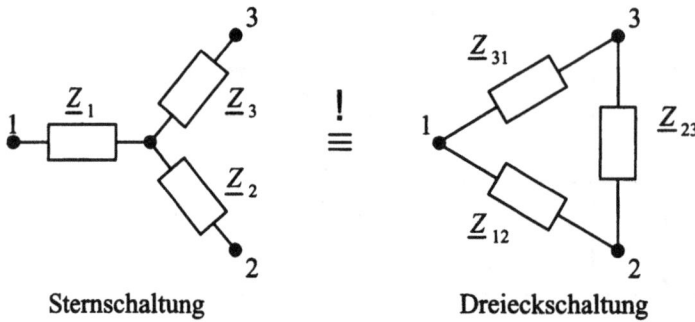

Abb. 2.69: *Überführung einer Dreieckschaltung in eine Sternschaltung*

Ströme in den einzelnen Verbrauchern erhält man direkt aus den Elementgleichungen und den gegebenen verketteten Spannungen.

2.5.3   Leistung in 3-Phasensystemen

Die komplexe Leistung ist allgemein definiert als

$$\underline{S} = \underline{U} \cdot \underline{I}^* = P + jQ \ .$$

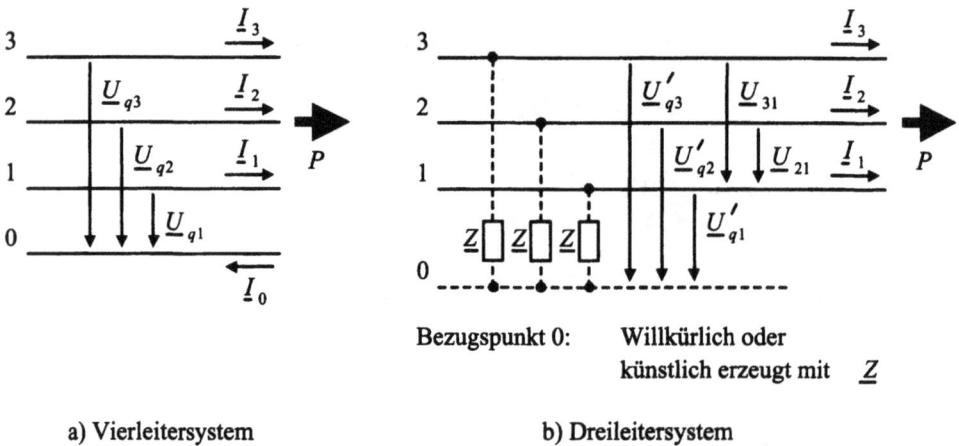

Abb. 2.70: *Berechnung der Leistung eines Vierleiter- und eines Dreileitersystems*

Vierleitersystem
In einem Vierleitersystem (mit Nullleiter), wie in Abbildung 2.70a), liefern die Quellen

die Leistung

$$\underline{S} = \underline{U}_{q1} \cdot \underline{I}_1^* + \underline{U}_{q2} \cdot \underline{I}_2^* + \underline{U}_{q3} \cdot \underline{I}_3^* \,, \tag{2.123}$$

die im Verbraucher und Nullleiter umgesetzt wird.

Dreileitersystem

Wählt man Leiter 1 als Bezugsleiter, errechnet sich die Gesamtleistung eines Dreileitersystems (Abbildung 2.70b)) zu

$$\underline{S} = \underline{U}_{21} \cdot \underline{I}_2^* + \underline{U}_{31} \cdot \underline{I}_3^* \,. \tag{2.124}$$

Gleichung (2.124) wird mit Hilfe der Knotenpunktgleichung $\underline{I}_1 + \underline{I}_2 + \underline{I}_3 = 0$ umgeformt:

$$\begin{aligned}
\underline{S} &= (\underline{U}'_{q2} - \underline{U}'_{q1}) \cdot \underline{I}_2^* + (\underline{U}'_{q3} - \underline{U}'_{q1}) \cdot \underline{I}_3^* \\
&= \underline{U}'_{q1} \cdot \underbrace{(-\underline{I}_2^* - \underline{I}_3^*)}_{=+\underline{I}_1^*} + \underline{U}'_{q2} \underline{I}_2^* + \underline{U}'_{q3} \underline{I}_3^* \\
&= \underline{U}'_{q1} \cdot \underline{I}_1^* + \underline{U}'_{q2} \cdot \underline{I}_2^* + \underline{U}'_{q3} \cdot \underline{I}_3^* \tag{2.125}
\end{aligned}$$

Die Strangspannungen $\underline{U}'_{q1}$, $\underline{U}'_{q2}$ und $\underline{U}'_{q3}$ sind dabei auf einen willkürlichen oder einen durch drei gleiche Impedanzen künstlich erzeugten Nullleiter bezogen.

Leistungsvergleich

Belastet man ein Dreileitersystem mit einer symmetrischen, sternförmigen Last mit den komplexen Widerständen $\underline{Z}_1 = \underline{Z}_2 = \underline{Z}_3 = \underline{Z}$, so wird die Leistung

$$\begin{aligned}
\underline{S}(\star - \text{Last}) &= \underline{U}_{q1} \cdot \underline{I}_1^* + \underline{U}_{q2} \cdot \underline{I}_2^* + \underline{U}_{q3} \cdot \underline{I}_3^* \\
&= \frac{(U_{q1})^2}{\underline{Z}^*} + \frac{(U_{q2})^2}{\underline{Z}^*} + \frac{(U_{q3})^2}{\underline{Z}^*} = 3\frac{U^2}{\underline{Z}^*} \tag{2.126}
\end{aligned}$$

umgesetzt, wobei $U_{q1} = U_{q2} = U_{q3} = U$ gilt.

Zum Vergleich wird die Leistung bei einer Dreiecklast mit den gleichen Komponenten $\underline{Z}_{12} = \underline{Z}_{23} = \underline{Z}_{31} = \underline{Z}$ berechnet. Mit Hilfe der Transfiguration ermittelt man zunächst die Ersatzwiderstände einer äquivalenten Sternschaltung mit Hilfe von Gleichung (2.122). Die äquivalenten Widerstände der Sternschaltung $\underline{Z}_1 = \underline{Z}_2 = \underline{Z}_3$ sind

$$\underline{Z}_{1(2,3)} = \frac{\underline{Z}}{3} \,. \tag{2.127}$$

Damit ergibt sich für die Leistung aus Gleichung (2.126)

$$\underline{S}(\triangle - \text{Last}) = 3\frac{U^2}{\underline{Z}^*_{1(2,3)}} = 9\frac{U^2}{\underline{Z}^*} \,. \tag{2.128}$$

Die umgesetzte Leistung in einer Dreiecklast ist also um den Faktor 3 größer als die einer sternförmigen Last.

Anwendungsbeispiel 2.23

Die Tatsache, dass die umgesetzte Leistung in einer Dreiecklast um den Faktor 3 größer ist als die in einer sternförmigen Last, nutzt man z.B. bei Drehstrommotoren aus. Solange der Motor seine volle Drehzahl noch nicht erreicht hat, ist er als Stern geschaltet um ihn nicht durch übermäßig hohe Ströme zu überlasten. Danach schaltet man in die Dreieckkonfiguration, um eine hohe Leistung zu erzielen.

Beispiel 2.24

Gegeben ist ein rechtsdrehendes, symmetrisches, sternförmig verschaltetes Dreileitersystem mit $\underline{U}_{q1}$=230V und einem Verbraucher mit den Komponenten $\underline{Z}_1$=20Ω, $\underline{Z}_2$=20$e^{-j30°}$ Ω und $\underline{Z}_3$=20$e^{j30°}$ Ω.
Gesucht sind die Leiterströme sowie die verbrauchte Wirkleistung.

Lösung:
3-Leitersystem $\Rightarrow \underline{Y}_0 = 0; \underline{Y}_1 = 50\text{mS}; \underline{Y}_2 = 50e^{j30°}\,\text{mS}; \underline{Y}_3 = 50e^{-j30°}\,\text{mS}$

$$\underline{U}_0 = \frac{\underline{U}_{q1}\underline{Y}_1 + \underline{U}_{q2}\underline{Y}_2 + \underline{U}_{q3}\underline{Y}_3}{\underline{Y}_0 + \underline{Y}_1 + \underline{Y}_2 + \underline{Y}_3} = 84,2\text{V}$$

$$\underline{I}_1 = (\underline{U}_{q1} - \underline{U}_0) \cdot \underline{Y}_1 = 7,3\text{A}$$
$$\underline{I}_2 = (\underline{U}_{q2} - \underline{U}_0) \cdot \underline{Y}_2 = (-3,65 - j13,6)\text{A}$$
$$\underline{I}_3 = -(\underline{I}_1 + \underline{I}_2) = (-3,65 + j13,6)\text{A}$$

$$\underline{S} = \underline{U}_{q1} \cdot \underline{I}_1^* + \underline{U}_{q2} \cdot \underline{I}_2^* + \underline{U}_{q3} \cdot \underline{I}_3^* = (7,94 + j \cdot 0)\text{kVA} \Rightarrow P = Re\{\underline{S}\} = 7,94\text{kW}$$

2.6   Transformator

Der Transformator ist neben den bereits bekannten Bauelementen R, L und C ein weiteres wichtiges Schaltungselement in der Wechselstromtechnik. Die häufigsten Anwendungen sind die Spannungs- und Stromübersetzung (Netzteile, Energietechnik, ...) sowie die Impedanztransformation (Anwendung u.a. in der Hochfrequenz-Technik). Die Wirkung des Transformators beruht, wie bereits aus Kapitel 1 bekannt, auf der Gegeninduktion.

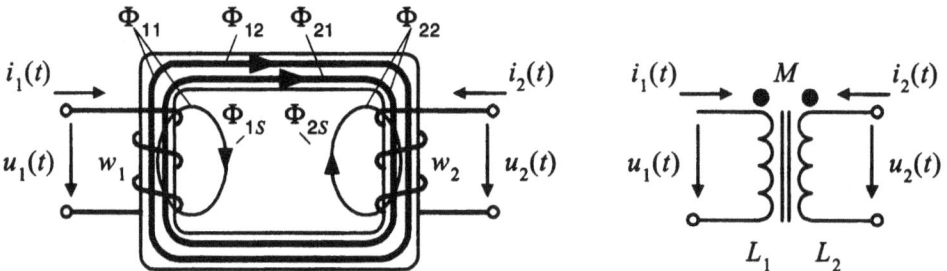

Abb. 2.71: Transformator mit magnetischen Flüssen; Schaltzeichen

2.6.1 Transformatorgleichungen

Im Prinzip besteht der Transformator aus zwei oder mehreren Wicklungen, deren magnetische Wechselflüsse verkoppelt sind. So entstehen induzierte Spannungen in den gekoppelten Spulen (vgl. Kapitel 1). Speziell in der Starkstromtechnik und bei niedrigen Frequenzen dient ein Eisenkern der magnetischen Flussführung und damit der Reduktion von Streuverlusten. Den typischen Aufbau eines Transformators zeigt Abbildung 2.71.

Das elektrische Verhalten von Transformatoren wird mittels der Transformatorgleichungen (1.54) auf Seite 31

$$u_1(t) = L_1 \frac{di_1(t)}{dt} + M \frac{di_2(t)}{dt} \quad \text{und}$$
$$u_2(t) = M \frac{di_1(t)}{dt} + L_2 \frac{di_2(t)}{dt}$$

beschrieben. In komplexer Schreibweise lauten diese mit $d/dt = j\omega$

$$\underline{U}_1 = j\omega L_1 \cdot \underline{I}_1 + j\omega M \cdot \underline{I}_2$$
$$\underline{U}_2 = j\omega M \cdot \underline{I}_1 + j\omega L_2 \cdot \underline{I}_2 \ . \tag{2.129}$$

Die Baugröße eines Transformators richtet sich nach der zu übertragenden Leistung P und der Frequenz f. Es gilt der Zusammenhang

$$P \sim V_{Fe} \cdot f,$$

wobei V_{Fe} das Magnetkreisvolumen darstellt.

2.6.2 Verlustbehafteter Transformator

Die Ohm'schen Verluste der Wicklungen und evtl. vorhandene Eisenkernverluste (vgl. Abschnitt 2.7) lassen sich durch die in Abbildung 2.72 gezeichneten Serienwiderstände R_1 und R_2 berücksichtigen.

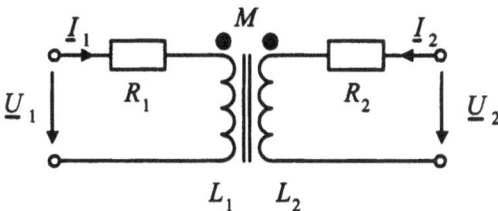

Abb. 2.72: Verlustbehafteter Transformator

Die komplexen Trafo-Gleichungen lauten

$$\underline{U}_1 = (R_1 + j\omega L_1)\underline{I}_1 + j\omega M \underline{I}_2 \quad \text{und}$$
$$\underline{U}_2 = j\omega M \underline{I}_1 + (R_2 + j\omega L_2)\underline{I}_2$$

oder kurz

$$\boxed{\begin{aligned} \underline{U}_1 &= \underline{Z}_1 \underline{I}_1 + \underline{Z}_M \underline{I}_2 \\ \underline{U}_2 &= \underline{Z}_M \underline{I}_1 + \underline{Z}_2 \underline{I}_2 \end{aligned}} \qquad (2.130)$$

mit den Abkürzungen $\underline{Z}_1 = R_1 + j\omega L_1$, $\underline{Z}_2 = R_2 + j\omega L_2$ und $\underline{Z}_M = j\omega M$.

2.6.3   Belastung des Transformators

Im Allgemeinen ist der Transformator auf der sekundären Seite belastet (vgl. Abbildung 2.73).

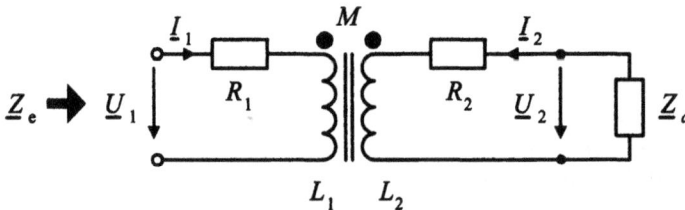

Abb. 2.73: Belasteter Transformator

Neben den Trafo-Gleichungen (2.130) gilt das Verbrauchergesetz

$$\underline{U}_2 = -\underline{I}_2 \cdot \underline{Z}_a \quad \text{(Zählpfeilrichtung beachten!)} . \qquad (2.131)$$

Aus Gleichung (2.131) und der 2. Trafo-Gleichung (2.130) findet man die Stromübersetzung

$$-\underline{I}_2 \cdot \underline{Z}_a = \underline{Z}_M \underline{I}_1 + \underline{Z}_2 \underline{I}_2$$

bzw.

$$\frac{\underline{I}_2}{\underline{I}_1} = -\frac{\underline{Z}_M}{\underline{Z}_2 + \underline{Z}_a} . \qquad (2.132)$$

Das Minuszeichen bedeutet, dass der Strom $\underline{I}_2$ entgegen der Zählerpfeilrichtung fließt. Um zur Spannungsübersetzung zu gelangen, wird wie folgt vorgegangen:

1.: Gleichung (2.132) nach $\underline{I}_1$ auflösen und in die 1. Trafo-Gleichung (2.130) einsetzen;

2.: Elementgleichung (2.131) nach $\underline{I}_2$ lösen und in das Resultat von **1.** einfügen.

Es ergibt sich

$$\frac{\underline{U}_2}{\underline{U}_1} = \frac{\underline{Z}_M \underline{Z}_a}{\underline{Z}_1 \underline{Z}_a + \underline{Z}_1 \underline{Z}_2 - \underline{Z}_M^2} . \tag{2.133}$$

Den transformierten Eingangswiderstand

$$\underline{Z}_e = \frac{\underline{U}_1}{\underline{I}_1} = \underline{Z}_1 - \frac{\underline{Z}_M^2}{\underline{Z}_a + \underline{Z}_2} \tag{2.134}$$

erhält man durch Auflösen von Gleichung (2.132) nach $\underline{I}_2$ und Einsetzten in die 1. Trafo-Gleichung (2.130).

Beispiel 2.25

Zu berechnen ist das Strom- und Spannungsübersetzungsverhältnis eines belasteten, verlustbehafteten Transformators für die Extremfälle $\underline{Z}_a = 0$ und $\underline{Z}_a \to \infty$.

Lösung:
Aus den Gleichungen (2.132) und (2.133) folgt:

$$\underline{Z}_a = 0 \Rightarrow \frac{\underline{I}_2}{\underline{I}_1} = -\frac{\underline{Z}_M}{\underline{Z}_2} \text{ und } \frac{\underline{U}_2}{\underline{U}_1} = 0$$

$$\underline{Z}_a \to \infty \Rightarrow \frac{\underline{I}_2}{\underline{I}_1} = 0 \text{ und } \frac{\underline{U}_2}{\underline{U}_1} = \frac{\underline{Z}_M}{\underline{Z}_1}$$

2.6.4 Idealisierung des Transformators

Verlustloser, fest gekoppelter Trafo
Bei einem verlustlosen Trafo sind die Wicklungswiderstände

$$R_1 = R_2 = 0 .$$

Damit resultiert die Erhaltung der Wirkleistung vom Eingang zum Ausgang, also

$$Re\{\underline{U}_1 \cdot \underline{I}_1^*\} = Re\{\underline{U}_2 \cdot \underline{I}_2^*\} .$$

Der Trafo selbst verbraucht keine Wirkleistung. Eine weitere Idealisierung steckt im Ausdruck „fest gekoppelt". Das bedeutet, dass der Kopplungsfaktor $k = 1$ ist und somit die Streuflüsse

$$\Phi_{1S} = \Phi_{2S} = 0$$

sind. Man spricht auch von Streufreiheit ($\sigma = 0$). Folglich gilt für die magnetischen Flüsse gemäß den Gleichungen (1.47) und (1.48)

$$\Phi_{11} = \Phi_{12} \quad \text{und}$$
$$\Phi_{22} = \Phi_{21}\;.$$

Aus

$$k^2 = 1 = \frac{M^2}{L_1 L_2}$$

resultiert

$$\frac{L_2}{M} = \frac{M}{L_1} = \frac{w_2 \Phi_{12}/i_1}{w_1 \Phi_{11}/i_1} = \frac{w_2}{w_1} = \sqrt{\frac{L_2}{L_1}}\;.$$

Trafo-Gleichungen

Die Transformatorgleichungen (2.130) lauten unter Berücksichtigung obiger Bedingungen

$$\underline{U}_1 = j\omega L_1 \cdot \underline{I}_1 + j\omega\sqrt{L_1 L_2} \cdot \underline{I}_2 \quad \text{und}$$
$$\underline{U}_2 = j\omega\sqrt{L_1 L_2} \cdot \underline{I}_1 + j\omega L_2 \cdot \underline{I}_2\;. \tag{2.135}$$

Stromübersetzung

Die Stromübersetzung aus Gleichung (2.132) vereinfacht sich zu

$$\frac{\underline{I}_2}{\underline{I}_1} = -\frac{\underline{Z}_M}{\underline{Z}_2 + \underline{Z}_a} = -\frac{j\omega M}{j\omega L_2 + \underline{Z}_a} = -\frac{j\omega\sqrt{L_1 L_2}}{j\omega L_2 + \underline{Z}_a}\;. \tag{2.136}$$

Ist der Lastwiderstand $\underline{Z}_a = 0$, wird das Stromverhältnis $\underline{I}_2/\underline{I}_1 = -w_1/w_2$. Löst man die 1. Trafo-Gleichung des Gleichungssatzes (2.135) nach dem Primärstrom auf, folgt

$$\underline{I}_1 = \frac{\underline{U}_1}{j\omega L_1} - \frac{j\omega M \underline{I}_2}{j\omega L_1} = \underline{I}_{10} - \frac{w_2}{w_1}\underline{I}_2\;. \tag{2.137}$$

Die Größe $\underline{I}_{10} = \underline{U}_1/(j\omega L_1)$ heißt Magnetisierungsstrom. Er fließt immer, solange Ausgangs- und Eingangsspannung nicht null sind.

Spannungsübersetzung

Die Spannungsübersetzung ist beim verlustlosen, fest gekoppelten Trafo unabhängig von den Strömen $\underline{I}_1$ und $\underline{I}_2$. Aus den Trafo-Gleichungen (2.135) ergibt sich nämlich

$$\frac{\underline{U}_2}{\underline{U}_1} = \frac{j\omega\sqrt{L_2}}{j\omega\sqrt{L_1}} \cdot \frac{\sqrt{L_1}\underline{I}_1 + \sqrt{L_2}\underline{I}_2}{\sqrt{L_1}\underline{I}_1 + \sqrt{L_2}\underline{I}_2} = \frac{w_2}{w_1}\;. \tag{2.138}$$

Der ideale Trafo
Beim idealen Trafo (Übertrager) gilt neben

$$R_1 = R_2 = 0 \quad \text{und} \quad k = 1$$

noch

$$\underline{I}_{10} = 0 \ .$$

Die letzte Gleichung ist erfüllt, wenn gilt:

- $L_1 \to \infty \Rightarrow \underline{I}_{10} = 0$ oder
- $\omega \to \infty \Rightarrow \underline{I}_{10} = 0$.

Die Trafo-Gleichungen ergeben sich unmittelbar aus den Gleichungen (2.138) und (2.137) zu

$$\underline{U}_1 = \ddot{u} \cdot \underline{U}_2 \quad \text{und}$$
$$\underline{I}_1 = -\frac{1}{\ddot{u}} \cdot \underline{I}_2 \ , \tag{2.139}$$

mit dem Übersetzungsverhältnis

$$\ddot{u} = \frac{w_1}{w_2} \ . \tag{2.140}$$

Spannungs- und Stromübersetzungsverhältnisse sind direkt aus Gleichungssatz (2.139) ersichtlich. Der transformierte Eingangswiderstand

$$\underline{Z}_e = \frac{\underline{U}_1}{\underline{I}_1} = -\frac{\ddot{u}\underline{U}_2}{\underline{I}_2/\ddot{u}} = \ddot{u}^2 \underline{Z}_a \tag{2.141}$$

ist, unabhängig von der Frequenz, um den Faktor $\ddot{u}^2$ größer als der Ausgangswiderstand. Mit idealen Transformatoren ist somit eine breitbandige Widerstandstransformation möglich.

Anwendungsbeispiel 2.26

Die Antenne eines Mobilfunktelefons habe einen Innenwiderstand von 50Ω. Sie soll an eine Eingangsfilterstufe mit einem Eingangswiderstand von 200Ω leistungsangepasst werden. Berechnen Sie das dazu notwendige Übersetzungsverhältnis $\ddot{u}$ eines idealen Übertragers.

Lösung:
$\underline{Z}_e = \ddot{u}^2 \underline{Z}_a$
Antennenimpedanz $\underline{Z}_e = 50\Omega$ nach 200Ω transformieren:
$50\Omega = \ddot{u}^2 \cdot 200\Omega \Rightarrow \ddot{u} = 0,5 = w_1/w_2$

2.6.5   Ersatzschaltbilder des Transformators

Die T-Ersatzschaltung

Gesucht wird eine Darstellung eines Transformators, bei der die magnetische Kopplung durch eine galvanische Kopplung ersetzbar ist. Ausgangspunkt hierfür sind die Trafo-Gleichungen (2.130)

$$\underline{U}_1 = (R_1 + j\omega L_1)\underline{I}_1 + j\omega M\underline{I}_2 \quad \text{und}$$
$$\underline{U}_2 = j\omega M\underline{I}_1 + (R_2 + j\omega L_2)\underline{I}_2 .$$

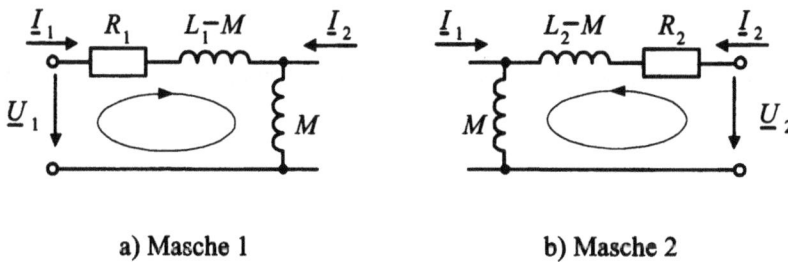

a) Masche 1   b) Masche 2

Abb. 2.74: Einzelersatzschaltungen eines realen Trafos

Beide Gleichungen stellen Spannungssummen dar und sind daher als Maschengleichungen interpretierbar. Die Maschen werden so gezeichnet, dass obige Trafo-Gleichungen erfüllt sind (vgl. Abbildung 2.74 a) und b)).
Beide Teilschaltungen 2.74 a) und b) kombiniert liefern das vollständige T-Ersatzschaltbild 2.75.

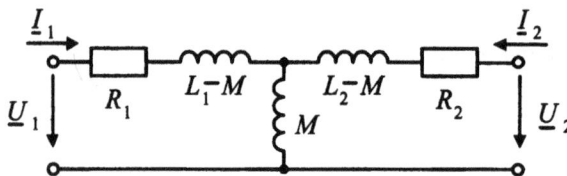

Abb. 2.75: T-Ersatzschaltung eines realen Trafos

Diese Ersatzschaltung kann gut für die Knotenpotentialanalyse verwendet werden, solange eine Eingangs- und eine Ausgangsklemme auf demselben Potential liegen. Nachteilig bei diesem Modell sind die möglicherweise physikalisch nicht realisierbaren Längsinduktivitäten $L_1 - M$ und $L_2 - M$, da deren Zahlenwerte negativ sein können.
Dieses Problem wird durch ein T-Ersatzschaltbild mit nachgeschaltetem idealen Übertrager gelöst.

T-Ersatzschaltung mit idealem Übertrager

Ein realer Trafo lässt sich durch einen idealen Trafo und einer vorgeschalteten T-Schaltung (Abbildung 2.76) darstellen. Als T-Schaltung dient die vorige Ersatzschaltung 2.75; die Koeffizienten der Bauelemente werden neu bestimmt.

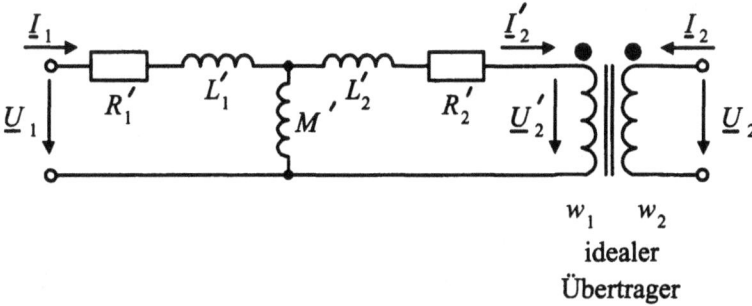

Abb. 2.76: *T-Ersatzschaltung mit nachgeschaltetem, idealem Übertrager*

Die Bestimmungsgleichungen des idealen Transformators sind

$$\underline{U}'_2 = \ddot{u}\underline{U}_2 \quad \text{und} \quad -\underline{I}'_2 = \frac{1}{\ddot{u}}\underline{I}_2 \quad \text{(vgl. (2.139))}.$$

Die Maschengleichungen, abgeleitet aus Abbildung 2.76, lauten

$$\underline{U}_1 = [R'_1 + j\omega(L'_1 + M')]\underline{I}_1 + j\omega M'\frac{1}{\ddot{u}}\underline{I}_2 \quad \text{und}$$

$$\underline{U}_2 = \frac{1}{\ddot{u}} \cdot \left(j\omega M'\underline{I}_1 + [R'_2 + j\omega(L'_2 + M')]\frac{1}{\ddot{u}}\underline{I}_2 \right). \tag{2.142}$$

Der Vergleich mit den Trafo-Gleichungen

$$\underline{U}_1 = (R_1 + j\omega L_1)\underline{I}_1 + j\omega M\underline{I}_2 \quad \text{und}$$
$$\underline{U}_2 = j\omega M\underline{I}_1 + (R_2 + j\omega L_2)\underline{I}_2$$

liefert die gesuchten Koeffizienten

- $R'_1 = R_1$,
- $M' = \ddot{u} \cdot M$,
- $L'_1 = L_1 - \ddot{u} \cdot M$,
- $R'_2 = \ddot{u}^2 \cdot R_2$,
- $L'_2 = \ddot{u}^2 \cdot L_2 - \ddot{u} \cdot M$.

Das Auswahlkriterium des Übertragungsverhältnisses $\ddot{u}$ resultiert aus den Forderungen

$$L_1' = L_1 - \ddot{u} \cdot M > 0 \quad \Rightarrow \quad \ddot{u} < \frac{L_1}{M} \quad \text{und}$$

$$L_2' = \ddot{u}^2 \cdot L_2 - \ddot{u} \cdot M > 0 \quad \Rightarrow \quad \ddot{u} > \frac{M}{L_2} \,. \tag{2.143}$$

Physikalische Deutung der resultierenden Induktivitäten

Zur physikalischen Deutung der resultierenden Induktivitäten wird zunächst das Ergebnis $L_1' = L_1 - \ddot{u} \cdot M$ näher untersucht. Es gilt:

$$L_1' = L_1 - \ddot{u} \cdot M = \frac{w_1 \overbrace{\Phi_{11}}^{=\Phi_{12}+\Phi_{1S}}}{i_1} - \frac{w_1}{w_2} \cdot \frac{w_2 \Phi_{12}}{i_1} = \frac{w_1 \Phi_{1S}}{i_1} = L_{1S} \tag{2.144}$$

Gleichung (2.144) besagt, dass $L_1' = L_{1S}$ der Streuinduktivität des Primärkreises entspricht. L_1' heißt daher auch „primäre Streuinduktivität". Auf ähnliche Weise klärt sich die physikalische Bedeutung der auf die Primärseite transformierten „sekundären Streuinduktivität" L_2'.

Transformator-Ersatzschaltung für die Knotenpotentialanalyse (KPA)

Abbildung 2.77 zeigt eine Ersatzschaltung für einen Trafo mit gesteuerten Spannungsquellen, die zum Einsatz in einer KPA bestens geeignet ist.

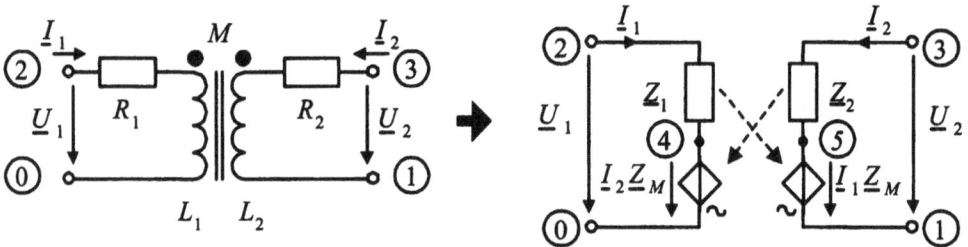

Abb. 2.77: Ersatzschaltung eines realen Trafos für KPA

Das Spannungsquellen-Ersatzschaltbild kann direkt aus den komplexen Trafo-Gleichungen

$$\underline{U}_1 = \underline{Z}_1 \underline{I}_1 + \underline{Z}_M \underline{I}_2 \quad \text{und}$$
$$\underline{U}_2 = \underline{Z}_M \underline{I}_1 + \underline{Z}_2 \underline{I}_2$$

abgeleitet werden. Der Einbau der stromgesteuerten Spannungsquellen in die Leitwertmatrix ist aus

$$\underline{U}_{40} = \underline{Z}_M \underline{I}_2 = \underline{Z}_M \underline{Y}_2 \underline{U}_{35} = \underline{Z}_M \underline{Y}_2 (\underline{U}_{30} - \underline{U}_{50}) \tag{2.145}$$

und

$$\underline{U}_{51} = \underline{Z}_M \underline{I}_1 = \underline{Z}_M \underline{Y}_1 \underline{U}_{24} = \underline{Z}_M \underline{Y}_1 (\underline{U}_{20} - \underline{U}_{40}) \qquad (2.146)$$

ersichtlich.

Beispiel 2.27

Gegeben ist die Schaltung in Abbildung 2.78 mit den Zahlenwerten $\underline{Z}_1 = (3+j4)\Omega$, $\underline{Z}_2 = (0,6+j0,8)\Omega$, $\underline{Z}_M = j1,5\Omega$, $\underline{Z}_3 = 2\Omega$, $\underline{Z}_4 = -j5\Omega$, $\underline{Z}_a = 4\Omega$ und $\underline{U}_q = 10V$. Zu berechnen sind die Knotenspannungen mit Hilfe der KPA.

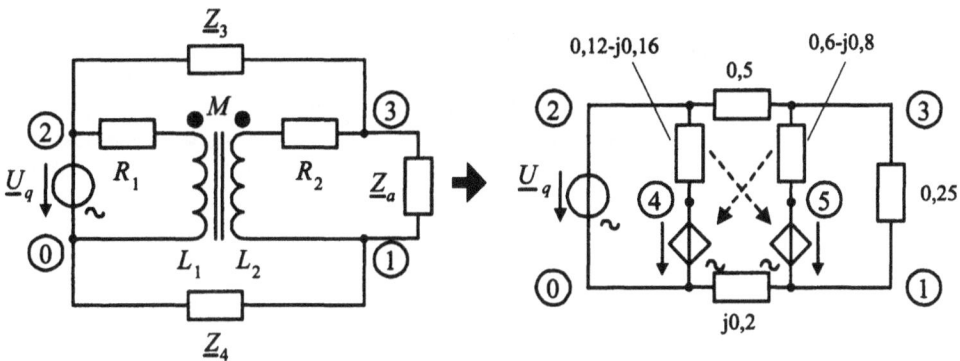

Abb. 2.78: *Berechnung der Schaltung mittels KPA*

Lösung:
Unmodifiziertes Gleichungssystem (Leitwerte in S):

$$\begin{bmatrix} 0,25+j0,2 & 0 & -0,25 & 0 & 0 \\ 0 & 0,62-j0,16 & -0,5 & -0,12+j0,16 & 0 \\ -0,25 & -0,5 & 1,35-j0,8 & 0 & -0,6+j0,8 \\ 0 & -0,12+j0,16 & 0 & 0,12-j0,16 & 0 \\ 0 & 0 & -0,6+j0,8 & 0 & 0,6-j0,8 \end{bmatrix} \cdot \begin{bmatrix} \underline{U}_{10} \\ \underline{U}_{20} \\ \underline{U}_{30} \\ \underline{U}_{40} \\ \underline{U}_{50} \end{bmatrix} = \begin{bmatrix} 0 \\ 0 \\ 0 \\ 0 \\ 0 \end{bmatrix}$$

Spannungsquelle $\underline{U}_q$ (in V) einbauen:

$$\begin{bmatrix} 0,25+j0,2 & 0 & -0,25 & 0 & 0 \\ 0 & 1 & 0 & 0 & 0 \\ -0,25 & -0,5 & 1,35-j0,8 & 0 & -0,6+j0,8 \\ 0 & -0,12+j0,16 & 0 & 0,12-j0,16 & 0 \\ 0 & 0 & -0,6+j0,8\cdot & 0 & 0,6-j0,8 \end{bmatrix} \cdot \begin{bmatrix} \underline{U}_{10} \\ \underline{U}_{20} \\ \underline{U}_{30} \\ \underline{U}_{40} \\ \underline{U}_{50} \end{bmatrix} = \begin{bmatrix} 0 \\ 10 \\ 0 \\ 0 \\ 0 \end{bmatrix}$$

Gesteuerte Quellen des Transformators einbauen:
$$\underline{U}_{40} = \underline{Z}_M \underline{Y}_2 (\underline{U}_{30} - \underline{U}_{50}) = (1,2+j0,9) \cdot (\underline{U}_{30} - \underline{U}_{50});$$

$$\underline{U}_{51} = \underline{U}_{50} - \underline{U}_{10} = \underline{Z}_M \underline{Y}_1 (\underline{U}_{20} - \underline{U}_{40}) = (0,24 + j0,18) \cdot (\underline{U}_{20} - \underline{U}_{40})$$

$$\begin{bmatrix} 0,25+j0,2 & 0 & -0,85+j0,8 & 0 & 0,6-j0,8 \\ 0 & 1 & 0 & 0 & 0 \\ -0,25 & -0,5 & 1,35-j0,8 & 0 & -0,6+j0,8 \\ 0 & 0 & -1,2-j0,9 & 1 & 1,2+j0,9 \\ -1 & -0,24-j0,18 & 0 & 0,24+j0,18 & 1 \end{bmatrix} \cdot \begin{bmatrix} \underline{U}_{10} \\ \underline{U}_{20} \\ \underline{U}_{30} \\ \underline{U}_{40} \\ \underline{U}_{50} \end{bmatrix} = \begin{bmatrix} 0 \\ 10 \\ 0 \\ 0 \\ 0 \end{bmatrix}$$

Nach Lösen des Gleichungssystems (z.B. mittels Gauß'schem Algorithmus) ergeben sich die Knotenpotentiale:
$\underline{U}_{10} = (5,68-j4,68)$V; $\underline{U}_{20} = 10$V; $\underline{U}_{30} = (8,13-j2,27)$V; $\underline{U}_{40} = (-0,8+j0,486)$V; $\underline{U}_{50} = (8,36 - j2,85)$V.

2.7   Modellierung technischer Grundbauelemente

Die Grundbauelemente Ohm'scher Widerstand, Spule und Kondensator zeigen neben ihren gewünschten Eigenschaften auch parasitäres Schaltungsverhalten, das durch reale, physikalisch existente, parasitäre Bauelemente hervorgerufen wird. Im Allgemeinen sind die Hersteller von Bauelementen bestrebt die parasitären Effekte so gering wie möglich zu halten. Außerhalb eines bestimmten Frequenzbereichs jedoch verhalten sich Widerstand, Spule und Kondensator nicht mehr ideal.

2.7.1   Ohm'sche Widerstände

Ein gebräuchlicher Aufbau von Widerständen und ein resultierendes Ersatzschaltbild ist in Abbildung 2.79 gezeichnet.

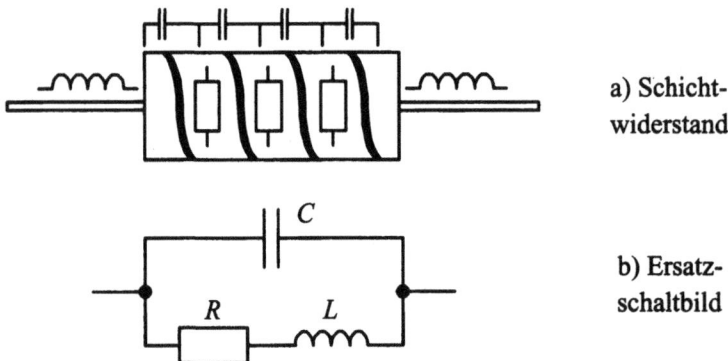

a) Schichtwiderstand

b) Ersatzschaltbild

Abb. 2.79: *a) Aufbau eines Schichtwiderstandes; b) Ersatzschaltbild*

Neben dem Ohm'schen Widerstandsanteil R liegen die Induktivitäten des Wicklungskörpers und der Anschlussdrähte in Reihe, während die Kapazitäten zwischen den Wicklungsdrähten untereinander zu einer Ersatzkapazität parallel zu den Anschlüssen zusammengefasst werden. Die parasitären Elemente sind von der Bauform abhängig. Typische Werte sind:

- Induktivitätsbelag der Anschlussdrähte: $L' \approx 0{,}5\text{nH/mm}$;

- Induktivitätswert des Wicklungskörpers je nach Widerstandswert: Größenordnung 20nH;

- Wert der Ersatzkapazität C ca. 2pF.

Die Ersatzschaltung 2.79b) eines realen Widerstandes entspricht der Schaltung eines technischen Schwingkreises mit einer sehr kleinen Güte.

In Abbildung 2.80 sind die Scheinwiderstände eines hochohmigen (1MΩ) und eines niederohmigen (1Ω) Widerstandes eingezeichnet.

Man erkennt, dass

- die Grenzfrequenz (Knickstelle) bei niedrigen Widerständen durch die Serieninduktivität bestimmt ist,

- die Grenzfrequenz bei hohen Widerständen durch die Parallelkapazität gegeben ist und

- der günstigste Widerstandswert für weitgehendste Frequenzunabhängigkeit bei ca. $R = 100\Omega$ liegt.

Die Grenzfrequenz f_g und der zugehörige Betrag des Scheinwiderstandes bzw. Phasenwinkels φ_z (φ_y) für hoch- und niederohmige Widerstände sind in folgender Tabelle zusammengefasst.

R	niederohmig	hochohmig
f_g	$R/(2\pi L)$	$1/(2\pi RC)$
$|\underline{Z}|(f = f_g)$	$R\sqrt{2}$	$R/\sqrt{2}$
$\varphi_z(f = f_g)$	$45°$	$-45° = -\varphi_y$

Bemerkung: Bei nur einer Resistanz und einer Reaktanz lässt sich die Grenzfrequenz sehr schnell aus der Bedingung

$$|Re\{\underline{Z}(f = f_g)\}| = |Im\{\underline{Z}(f = f_g)\}| \tag{2.147}$$

bestimmen.

Verbesserung der Wechselstromeigenschaften

Generell versucht man die Werte der parasitäten Bauelemente so klein wie möglich zu halten. Dies gelingt durch die in Abbildung 2.81 angedeuteten Maßnahmen.

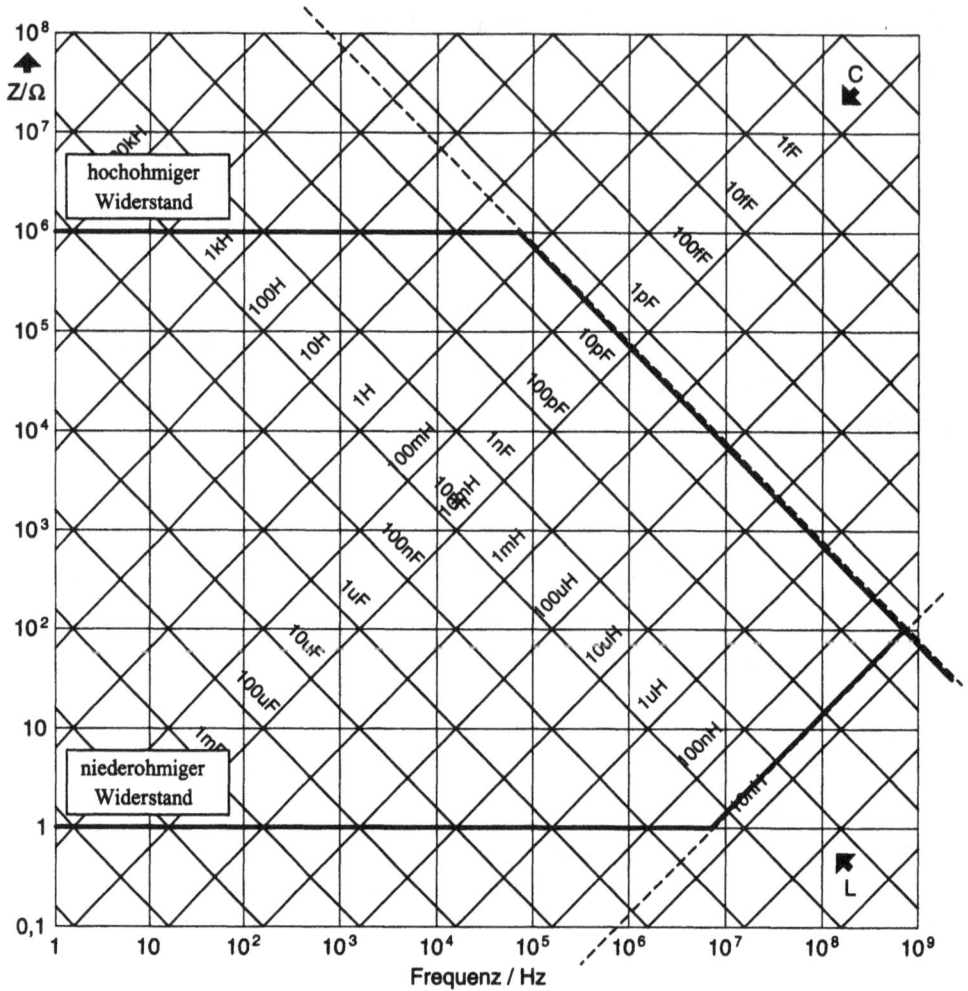

Abb. 2.80: *Scheinwiderstand zweier Widerstände* $R = 1\Omega$ *und* $R = 1M\Omega$

Beispiel 2.28

Wie groß darf der Wert eines technischen Widerstandes höchstens werden, damit die Grenzfrequenz von $f_g = 1\mathrm{MHz}$ nicht unterschritten wird?

Die Parallelkapazität sei unabhängig vom Widerstandswert und betrage 2pF. Die Zuleitungsinduktivitäten seien vernachlässigbar.

Lösung:

$$R = \frac{1}{2\pi f_g C} = 79,6\mathrm{k\Omega}$$

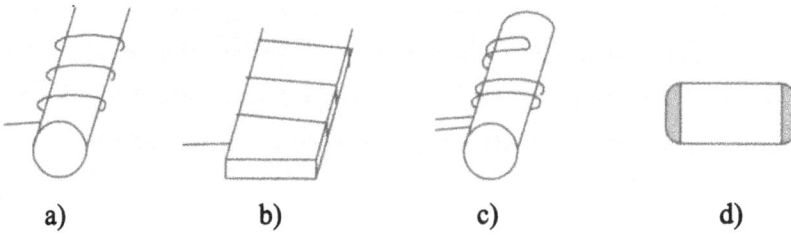

a)   b)   c)   d)

Abb. 2.81: Maßnahmen zur Verbesserung der Wechselstromeigenschaften bei Widerständen: a) Standardwiderstand; b) flache Wicklungen (geringe Spulenfläche L ↓); c) bifilare Wicklung (L ↓); d) Verzicht auf Anschlussdrähte (SMD-Technik) (L ↓)

Beispiel 2.29

Es wurden die Werte für Real- und Imaginärteil zweier Widerstände gemessen. Für die beiden Widerstände ist je ein sinnvolles Ersatzschaltbild anzugeben.

Frequenz f/Hz	0	10^4	$5 \cdot 10^4$	10^5	$5 \cdot 10^5$	10^6
$Re\{\underline{Z}_1\}$/Ω	10	10	10	10	10	10
$Im\{\underline{Z}_1\}$/Ω	0	10^{-3}	0,005	0,01	0,05	0,1
$Re\{\underline{Z}_2\}$/MΩ	1	1	0,8	0,5	0,038	0,0099
$Im\{\underline{Z}_2\}$/MΩ	0	-0,1	-0,4	-0,5	-0,19	-0,099

Lösung:
Die Ortskurve von $\underline{Z}_1$ läuft parallel zur Imaginärteilachse. $\underline{Z}_1$ ergibt sich aus der Serienschaltung eines idealen Ohm'schen Widerstandes $R = 10\Omega$ und einer Spule $L = 15,9$nH.

Die Ortskurve von $\underline{Z}_2$ ist ein Halbkreis im vierten Quadranten. $\underline{Z}_1$ ergibt sich aus der Parallelschaltung eines idealen Ohm'schen Widerstandes $R = 1$MΩ und einer Kapazität $C = 1,59$pF.

2.7.2   Technische Spulen

Luftspulen

Die Güte technischer Spulen ist durch den Serienwiderstand, hervorgerufen durch die endliche Leitfähigkeit des Wicklungsmaterials (und bei sehr hohen Frequenzen durch den Skineffekt), begrenzt. Zwischen den einzelnen Wicklungen wirkt eine Kapazität, die parallel zur Nutzinduktivität liegt. Abbildung 2.82 zeigt ein vereinfachtes Ersatzschaltbild (ESB) käuflicher Spulen.

Hinweis: Natürlich hängt jedes Ersatzschaltbild vom Layout (Geometrie) ab. So sind z.B. für integrierte Spulen in der Halbleitertechnik andere Ersatzschaltbilder gebräuchlich.

Die Ersatzschaltung 2.82 stellt, wie beim realen Widerstand, einen technischen Paral-

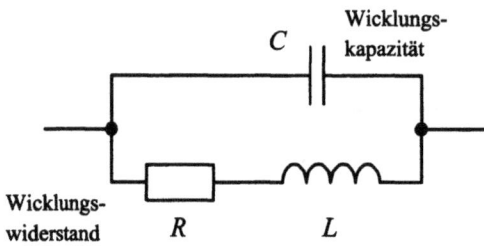

Abb. 2.82: *Vereinfachtes Ersatzschaltbild technischer Spulen*

lelschwingkreis mit dem Leitwert

$$\underline{Y} = \frac{R}{R^2 + \omega^2 L^2} + j \left(\omega C - \frac{\omega L}{R^2 + \omega^2 L^2} \right)$$

dar. Die Güte einer Spule, die als Verhältnis von Blindleistung zu Wirkleistung definiert ist, ergibt sich mit obiger Gleichung zu

$$Q(\omega) = \frac{U^2 \cdot Im\{\underline{Y}^*\}}{U^2 \cdot Re\{\underline{Y}^*\}} = \frac{\omega L}{R} - \frac{\omega C(R^2 + \omega^2 L^2)}{R} \ . \tag{2.148}$$

Den Verlauf der Güte in Abhängigkeit der Frequenz zeigt Abbildung 2.83. Die Güte steigt zunächst linear mit der Frequenz und fällt bei hohen Frequenzen mit der dritten Potenz ab.

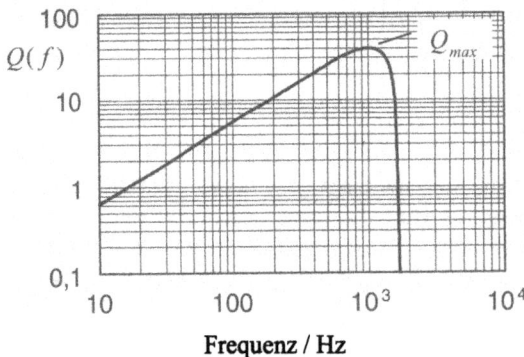

Abb. 2.83: *Verlauf der Güte einer Luftspule; Kenndaten: $R = 100\Omega$, $L=1H$ und $C=10nF$*

Niederfrequenzbereich

Für Frequenzen weit unterhalb der Resonanzfrequenz kann die Wicklungskapazität vernachlässigt werden. Der komplexe Widerstand

$$\underline{Z} = R + j\omega L$$

setzt sich dann nur noch aus der Reihenschaltung von R und L zusammen. Die Güte beträgt in diesem vereinfachten Fall

$$Q(\omega) = \frac{\omega L}{R} = \tan \varphi_z \ , \tag{2.149}$$

steigt also linear mit der Frequenz an (bis die Kapazität wirkt).

Spezialfall verlustlose Spulen

Bei verlustlosen Spulen entfällt der Ohm'sche Anteil und es ergibt sich die Ersatzschaltung nach Abbildung 2.84. Als parasitäres Element verbleibt dann nur noch die Kapazität zwischen den Wicklungen. Ihr Einfluss auf den Wert der Induktivität L wird im Folgenden berechnet.

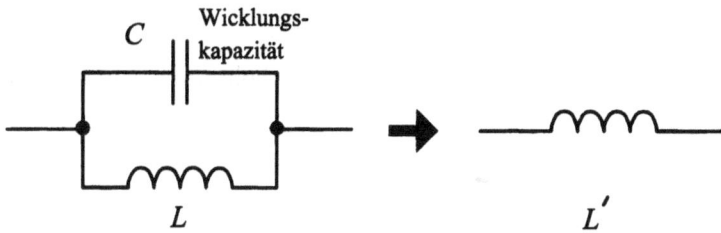

Abb. 2.84: *Wirkung der Wicklungskapazität auf die wirksame Induktivität ($R = 0$, verlustlose Spule)*

Dazu setzt man die komplexen Widerstände beider Ersatzschaltungen in Abbildung 2.84 gleich und erhält

$$j\omega L' = \frac{1}{j\omega C + 1/(j\omega L)}$$

$$j\omega L' = \frac{j\omega L}{1 - \omega^2 LC}$$

$$L' = \frac{L}{1 - \omega^2 LC} = \frac{L}{1 - \omega^2/\omega_0^2} = \frac{L}{1 - f^2/f_0^2} \ . \tag{2.150}$$

Die effektiv wirksame Induktivität L' ist in Abbildung 2.85 dargestellt. Bis zur Resonanzfrequenz $f < f_0$ zeigen verlustlose Spulen induktiven Charakter, bei der Resonanzfrequenz $f = f_0$ strebt der Betrag des Scheinwiderstandes gegen unendlich und bei höheren Frequenzen $f > f_0$ wird das Schaltverhalten von der parasitären Kapazität bestimmt.

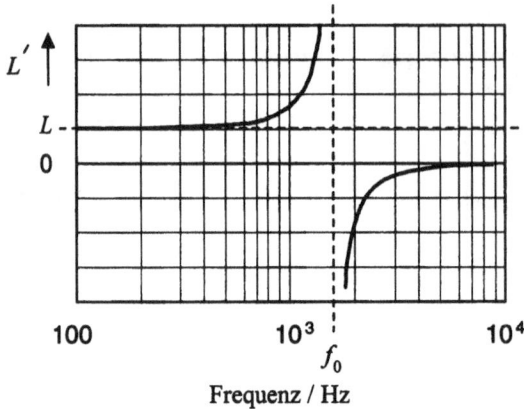

Abb. 2.85: *Wirksame Induktivität bei verlustlosen Spulen*

Spule mit Eisenkern

Der Eisenkern bewirkt

- eine Erhöhung des Wertes der Induktivität L (Grund: hohe Permeabilität von Eisen),

- Hystereseverluste im Kernmaterial $\sim f$ und

- Wirbelstromverluste im Kernmaterial $\sim f^2$.

Die Kernmaterialverluste lassen sich im elektrischen Ersatzschaltbild durch einen zum Leitungswiderstand in Serie liegenden, frequenzabhängigen Eisenwiderstand R_{Fe} berücksichtigen. Einen Vergleich der Güten einer Luftspule und einer Spule mit Eisenkern bei identischer Wicklungszahl und Geometrie zeigt Abbildung 2.86.

Beispiel 2.30

Berechnen Sie die Resonanzfrequenz und die maximale Güte einer Spule mit den Ersatzschaltbild-Kenndaten $R = 100\Omega$, $L=1$H, $C=10$nF.

Lösung:
ESB entspricht einem technischen Schwingkreis:

$$\omega_{0T} = \frac{1}{\sqrt{LC}} \cdot \sqrt{1 - \frac{R^2 C}{L}} = 10^4 \text{s}^{-1}$$

$$Q(\omega) = \frac{Im\{\underline{Y}^*\}}{Re\{\underline{Y}^*\}} = \frac{-\omega C + \dfrac{\omega L}{R^2 + \omega^2 L^2}}{\dfrac{R}{R^2 + \omega^2 L^2}} = \frac{\omega L}{R} - \frac{\omega C(R^2 + \omega^2 L^2)}{R} \quad \Rightarrow$$

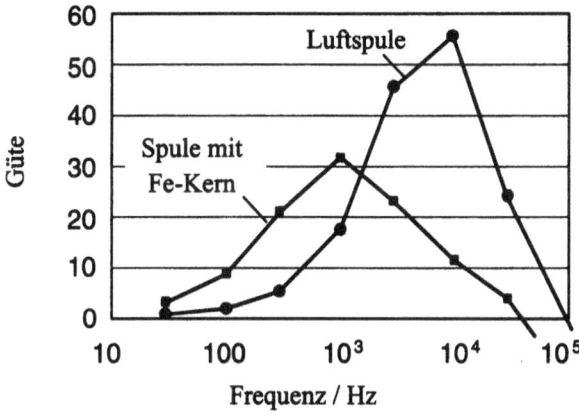

Abb. 2.86: *Güte einer Luftspule und einer Spule mit Eisenkern im Vergleich*

$$\frac{dQ(\omega)}{d\omega} = \frac{L}{R} - CR - 3\omega^2\frac{CL^2}{R} = 0 \quad \Rightarrow$$

$$\omega = \sqrt{\left(\frac{L}{R} - CR\right)\frac{R}{3CL^2}} = 5773,5\text{s}^{-1}; \; Q_{max} = 38,5 \text{ (Maximum, da } \frac{d^2Q(\omega)}{d\omega^2} < 0)$$

2.7.3   Technische Kondensatoren

Ein relativ vollständiges Ersatzschaltbild von Kondensatoren ist in Abbildung 2.87a) gezeichnet. Es beinhaltet sowohl die Anschlusswiderstände R und die Zuleitungsinduktivitäten L als auch den zur Nutzkapazität C parallel liegenden Isolations- und Polarisationswiderstand R_{iso} und R_{pol}.

- Isolationswiderstand R_{iso}: Ursache ist die Restleitfähigkeit des Isolators. R_{iso} kann durch die Zeitkonstante für die Selbstentladung quantifiziert werden.

- Polarisationswiderstand R_{pol}: Die Umorientierung eventuell vorhandener elektrischer Dipole im Isolator (Dielektrikum) infolge wechselnder Feldstärke erfordert Energie (Molekülreibung, Erzeugung von Wärme). Näherungsweise gilt: Polarisationsverluste $\sim f$.

Bei niedrigen und mittleren Frequenzen können die Zuleitungsinduktivitäten vernachlässigt werden und man benutzt als vereinfachte Ersatzschaltbilder nur noch eine Serienschaltung aus R_s und C_s oder eine Parallelschaltung aus R_p und C_p (vgl. Abbildung 2.87b) und 2.87c)). Beide vereinfachten Ersatzschaltbilder haben ihre Existenzberechtigung. Häufig wird jedoch das Reihenersatzschaltbild verwendet. In den Datenblättern ist dann der Ersatzserienwiderstand R_{ESR} angegeben, der dem Widerstand R_s in Abbildung 2.87b) entspricht.

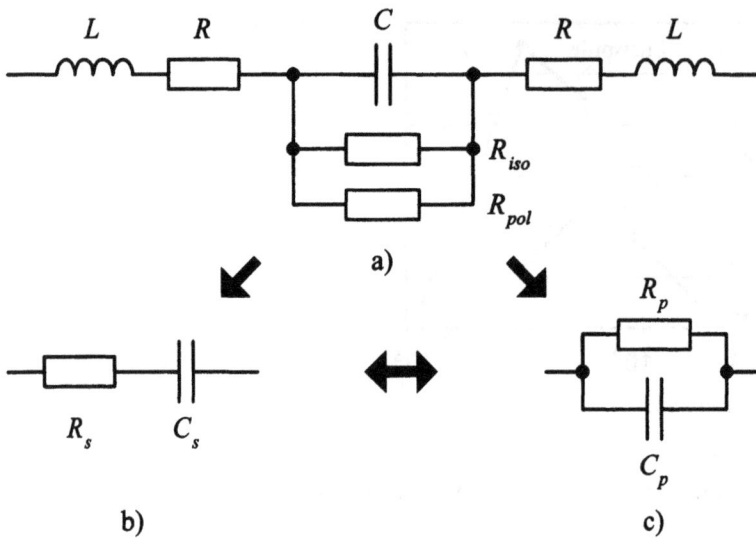

Abb. 2.87: *Ersatzschaltbilder von Kondensatoren: a) vollständiges ESB; b) Serienersatzschaltung; c) Parallelersatzschaltung.*

Die Güte eines Kondensators, beschrieben durch die Ersatzschaltbilder 2.87b) und 2.87c), ist

$$Q = \frac{|\text{Blindleistung}|}{\text{Wirkleistung}}$$

$$Q = \frac{I^2/(\omega C_s)}{I^2 R_s} = \frac{1}{\omega C_s R_s} \quad \text{Serien-ESB}$$

$$Q = \frac{U^2 \omega C_p}{U^2/R_p} = \omega C_p R_p \quad \text{Parallel-ESB} .$$

$$(2.151)$$

In Tabelle 2.4 sind typische Werte für Kondensatorgüten bei f=1kHz angegeben.

Dielektrikum	Güte Q
Glimmer	10^5
Polystyrol	10^4
Polycarbonat	10^3
Papier	100
Keramik/Al-Oxyd	20

Tabelle 2.4: *Güten von Kondensatoren bei verschiedenen Dielektrika ($f = 1kHz$)*

Beispiel 2.31

Zwei Kondensatoren $C_1 = 2\mu\mathrm{F}$ mit der Güte $Q_1 = 100$ und $C_2 = 8\mu\mathrm{F}$ mit der Güte $Q_2 = 1000$ werden parallel geschaltet. Wie groß ist die Güte der Gesamtschaltung?

Lösung:

$$Q = \frac{\omega C_p}{1/R_p} = \omega C_p R_p \Rightarrow 1/R_p = \omega C_p/Q$$

$$C_{ges} = C_1 + C_2; \; R_{ges} = \frac{1}{1/R_1 + 1/R_2} = \frac{1}{\omega C_1/Q_1 + \omega C_2/Q_2} \Rightarrow$$

$$Q_{ges} = \omega C_{ges} R_{ges} = \frac{\omega(C_1 + C_2)}{\omega(C_1/Q_1 + C_2/Q_2)} = 357$$

2.8 Rechnergestützte Wechselstromanalyse (AC-Analyse)

2.8.1 Grundlagen und Voraussetzungen

Voraussetzung für die rechnergestützte Analyse von sinusförmig angeregten Wechselstromschaltungen im stationären Zustand, also in einem Zeitbereich, in dem der Einschwingvorgang bereits abgeklungen ist, ist die Linearität des simulierten Netzwerkes. Linearität liegt jedoch nur dann vor, wenn alle enthaltenen Bauelemente eine lineare Strom-Spannungsbeziehung ($\underline{U} \sim \underline{I}$) aufweisen. Leider ist das nur für Ohm'sche Widerstände, Spulen, Kondensatoren und Transformatoren der Fall. Alle anderen Bauelemente, vor allem Halbleiterbauelemente wie Transistoren oder Dioden, zeigen ein mehr oder weniger ausgeprägtes nichtlineares Verhalten.

Liegt eine sinusförmige Wechselspannung an einem nichtlinearen Bauelement an, wird der durch dieses Element fließende Strom verzerrt, wodurch Frequenzanteile höherer Ordnung entstehen (mehr dazu unter Kapitel 3). Da die AC-Analyse auf der komplexen KPA basiert und die Leitwertmatrix $[\underline{Y}]$ die Schaltung nur bei genau einer Frequenz, nämlich der Betriebsfrequenz, beschreibt, bleiben höhere Frequenzanteile und damit nichtlineare Effekte grundsätzlich unberücksichtigt.

Bei der AC-Analyse werden aus diesem Grund alle nichtlinearen Bauelemente im jeweiligen Arbeitspunkt linearisiert und mit differentiellen Größen, also mit dem unter Kapitel 1 beschriebenen Kleinsignalmodell gerechnet. Die AC-Analyse bezeichnet man daher auch als Kleinsignalanalyse. Die für die Berechnung der Kleinsignalmodelle notwendigen Arbeitspunkte liefert eine zuvor erfolgreich abgelaufene DC-Analyse.

2.8.2 Schaltplaneingabe und Simulation

Die Schaltung wird im Schaltplaneditor, wie unter Kapitel 1 bereits geschildert, gezeichnet. Im Unterschied zur DC-Simulation wird das Netzwerk bei der AC-Simulation mit sinusförmigen Wechselquellen betrieben. Die sinusförmige Spannungsquelle hat bei den meisten Schaltungssimulatoren die Bezeichnung „VSIN", die sinusförmige Stromquelle heißt in der Regel „ISIN". Neben der Amplitude muss man bei Quellen dieser

Art den Nullphasenwinkel (Voreinstellung 0°) angeben. Zusätzlich kann diesen Quellen ein Gleichanteil (DC-Offset) überlagert werden, wodurch bestimmte Arbeitspunkte in der Schaltung einstellbar sind. Die Frequenz ist für alle Quellen gleich und wird daher als globaler Simulationsparameter der AC-Analyse im Analyse-Setup geführt. Die fertig gezeichneten Schaltung, in Abbildung 2.88 ein Serienschwingkreis, wird nach Zuweisung eines Bezugspunktes (Knotenpunkt „0") abgespeichert.

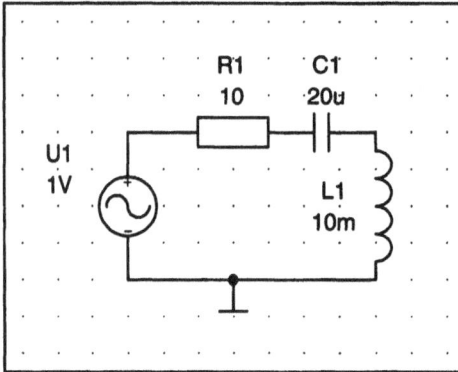

Abb. 2.88: *Schaltplan eines Serienschwingkreises*

Bei der AC-Analyse wird zwischen der Einpunktsimulation und dem AC-Sweep unterschieden. Bei der Einpunktsimulation wird die Schaltung bei nur einer Frequenz analysiert, während beim AC-Sweep mehrere Einpunktsimulationen hintereinander durchlaufen werden und so das Verhalten des Netzwerkes in einem Frequenzbereich berechnet wird. In den meisten Fällen wird der AC-Sweep verwendet, da man aus dem Ergebnis wichtige Rückschlüsse über das Frequenzverhalten einer Schaltung ziehen kann.

2.8.3   Ergebnis der AC-Analyse

Das Ergebnis der AC-Analyse sind die Beträge der Amplituden und die Nullphasenwinkel der Knotenspannungen bezüglich des Bezugsknotens bzw. über die entsprechenden Elementgleichungen oder Kleinsignalmodelle die Zweigströme. Diese werden nach einem AC-Sweep als Funktion der Frequenz dargestellt. Der zeitliche, sinusförmige Verlauf von Spannungen und Strömen wird bei einer AC-Analyse nicht dargestellt.

Abbildung 2.89 zeigt die Spannungen an den Bauelementen des Serienschwingkreises aus Abbildung 2.88 als Ergebnis einer AC-Analyse. Die Resonanzfrequenz $f_0 = 355,88$Hz ist aus dem Spannungsmaximum am Widerstand gut erkennbar. Des Weiteren ist die Spannungsüberhöhung um den Faktor 2,24 bei $f = f_0$ von U_C und U_L gegenüber der Quellenspannung $U_1 = 1$V deutlich zu sehen.
An dieser Stelle sei nochmals darauf hingewiesen, dass bei Schaltungssimulatoren immer der Wert der Amplitude und nicht der Effektivwert ausgegeben wird. U_C, U_L, U_R und U_1 bezeichnen hier also, abweichend von der in diesem Buch verwendeten Schreibweise, Amplitudenwerte.

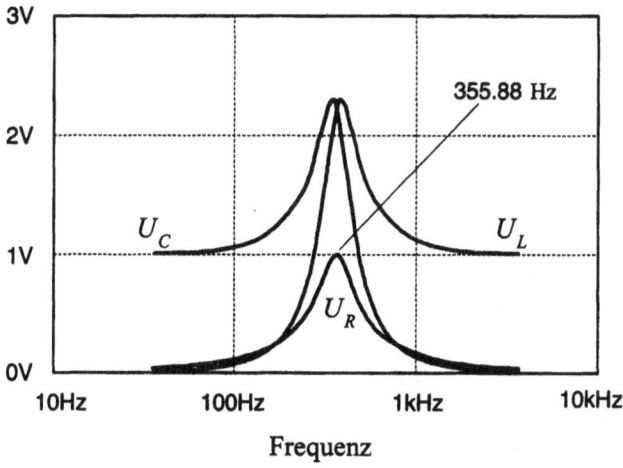

Abb. 2.89: *Ergebnisse einer AC-Simulation des Serienschwingkreises aus Abbildung 2.88*

2.9   Übungsaufgaben

Aufgabe 2.1

Berechnen Sie Mittelwert und Effektivwert der Ströme in Abbildung 2.90.

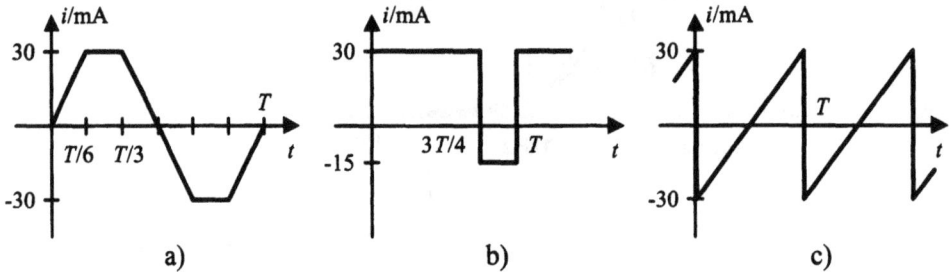

Abb. 2.90: *Zeitliche Verläufe periodischer Ströme*

Aufgabe 2.2

Gegeben sind zwei harmonische Spannungen $u_1(t)$ und $u_2(t)$ mit $f = 50\text{Hz}$, $\hat{U}_1 = 2\text{V}$ und $\hat{U}_2 = 4\text{V}$. Die Momentanwerte zu den Zeiten $t_1 = 1\text{ms}$ und $t_2 = 2\text{ms}$ betragen $u_1(t_1) = 1\text{V}$ und $u_2(t_2) = -2\text{V}$.

Berechnen Sie die Nullphasenwinkel (zwischen -90° und 90°).

Aufgabe 2.3

Gegeben sind die harmonischen Größen $i(t)$ und $u(t)$ mit $I = 5\text{A}$, $\varphi_i = 30°$, $U = 100\text{V}$, $\varphi_u = -10°$, $\omega = 100\text{s}^{-1}$.

a) Skizzieren Sie die Zeitfunktionen $i(t)$ und $u(t)$.

b) Wie groß sind $i(t)$ und $u(t)$ für $t_1 = 0\text{s}$, $t_2 = 0,01\pi\text{s}$ und $t_3 = 62,9\text{s}$?

c) Berechnen Sie den Scheinwiderstand und die zugehörigen Scheinleitwerte.

d) Berechnen Sie die Scheinleistung.

e) Berechnen Sie den Zeitverlauf der Leistung.

Aufgabe 2.4

Ein Lautsprecher kann vereinfacht als Serienschaltung von $R = 3\Omega$ und $L = 1,18\text{mH}$ betrachtet werden.

a) Berechnen Sie den Scheinwiderstand Z für $1\text{Hz} \leq f \leq 10\text{kHz}$ und stellen Sie den Verlauf doppelt logarithmisch dar.

b) Bei welcher Frequenz f_g gilt $R = \omega L = X_L$?

c) Bei welcher Frequenz f_c wird die Impedanz $Z = 8\Omega$ erreicht?

Aufgabe 2.5

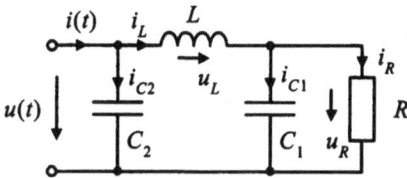

Abb. 2.91: Gegebene Schaltung

Für die gezeichnete Schaltung (Abbildung 2.91) sind folgende Daten gegeben:
$R = 100\Omega$, $L = 10\text{mH}$, $C_1 = C_2 = 1\mu\text{F}$.

Bei Betrieb mit sinusförmiger Wechselspannung soll am Widerstand R die Spannung $u_R(t) = 2\text{V} \cdot \sin(\omega t)$ auftreten. Berechnen Sie die Amplituden und Phasenwinkel aller anderen Größen $i_R(t)$, $i_L(t)$, $i_{C1}(t)$, $i_{C2}(t)$, $i(t)$, $u_L(t)$ und $u(t)$ für den Fall $\omega = 10^4\text{s}^{-1}$.
Hinweis: Verwenden Sie zur Berechnung ein maßstäbliches Zeigerdiagramm.

Aufgabe 2.6

Berechnen Sie für die Schaltung in Abbildung 2.92 Z_{ges}, R_{ges}, X_{ges}, Y_{ges}, G_{ges} und B_{ges} bei $f = 400\text{Hz}$.
Gegeben: $R_1 = 500\Omega$, $R_2 = 50\Omega$, $L = 50\text{mH}$ und $C = 0,6\mu\text{F}$.

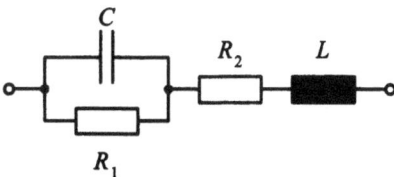

Abb. 2.92: Zusammengeschaltete Elemente

Aufgabe 2.7

Ein Lautsprecher wird mit Hilfe einer Serienschaltung von $R = 2\Omega$ und $L = 0,318\text{mH}$ beschrieben. Es wird ein Strom von $i(t) = \hat{I}\sin\left(2\pi f t\right)$ mit $\hat{I} = 10\text{A}$ und $f = 1\text{kHz}$ eingeprägt.

   a) Berechnen Sie die Momentanleistung $p(t)$.

   b) In welchen Zeitabschnitten einer Periode T ist $p(t) < 0$ bzw. $p(t) > 0$?

   c) Berechnen Sie die Wirkleistung P, Blindleistung Q und Scheinleistung S.

   d) Welche Energiemenge W_{pos} wird während einer Periode vom Lautsprecher aufgenommen, welche Energiemenge W_{neg} wird wieder abgegeben? Welche Energie W wird während einer Periode vom Verbraucher aufgenommen?

   e) Wie groß ist die in der Spule maximal gespeicherte Energie?

Aufgabe 2.8

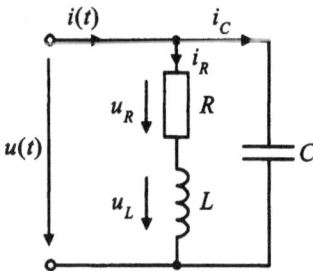

Abb. 2.93: Reelle Berechnung eines technischen Schwingkreises

Gegeben ist die Schaltung in Abbildung 2.93 (technischer Schwingkreis) aus R, L und C. Der Schwingkreis ist mit einer Wechselspannungsquelle mit $u(t) = \hat{U}\sin\left(\omega t\right)$ verbunden.

Ermitteln Sie unter Zuhilfenahme eines geeigneten Zeigerdiagramms die Stromamplitude $\hat{I}$ und die Phase φ des Gesamtstromes $i(t) = \hat{I}\sin\left(\omega t + \varphi\right)$.

Aufgabe 2.9

Gegeben ist der Strom $\underline{I} = (3 + j4)\text{A}$ bei $\omega = 1000\text{s}^{-1}$.

   a) Wie groß ist seine Amplitude?

   b) Geben Sie $i(t)$ an (alle Varianten).

   c) Wie groß ist der Momentanwert bei $t_1 = 0\text{ms}$ und $t_2 = 1\text{ms}$?

Aufgabe 2.10

Drei Spannungen $\underline{U}_1 = (1 + j3)$V, $\underline{U}_2 = (1 + j)$V und $\underline{U}_3$ sind in Reihe geschaltet.
Die Gesamtspannung beträgt $\underline{U} = 3$V.

Wie groß ist $\underline{U}_3$ in P- (Polarkoordinaten) und R-Form (rechtwinklige Koordinaten)?

Aufgabe 2.11

Gegeben ist die Reihenschaltung zweier komplexer Leitwerte $\underline{Y}_1 = (3 + j4)$mS und
$\underline{Y}_2 = (2 - j5)$mS.

   a) Wie groß ist der komplexe Widerstand $\underline{Z}$ der Gesamtschaltung (R- und P-Form)?

   b) Wie groß ist der komplexe Leitwert $\underline{Y}$ der Gesamtschaltung (R- und P-Form)?

Aufgabe 2.12

Die Schaltung 2.94 wird mit einer sinusförmigen Wechselspannung der Kreisfrequenz
ω betrieben. Es sind folgende Größen bekannt:
$R_1 = 2\text{k}\Omega$, $R_2 = 10\text{k}\Omega$, $\omega L = 1,25\text{k}\Omega$, $1/\omega C = 4\text{k}\Omega$ und $\underline{U} = 125$V.

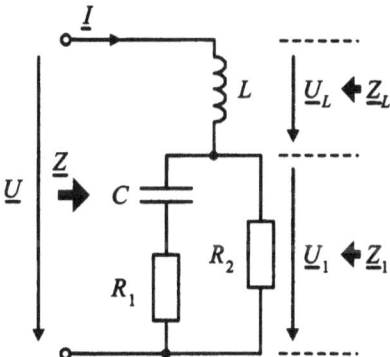

Abb. 2.94: Gegebene Schaltung

   a) Wie groß ist ω, wenn $L = 1,25$H ist?

   b) Berechnen Sie (zahlenmäßig) den komplexen Gesamtwiderstand.

   c) Wie groß sind die komplexen Effektivwerte des Stromes $\underline{I}$ und der Teilspannungen $\underline{U}_L$ und $\underline{U}_1$?

   d) Berechnen Sie alle Ströme und Spannungen.

   e) Bestimmen Sie den Phasenwinkel zwischen $\underline{U}_1$ und $\underline{U}_L$.

   f) Berechnen Sie mit Hilfe der komplexen Rechnung die umgesetzte Wirk-, Blind- und Scheinleistung für den mit $\underline{Z}_1$ bezeichneten Schaltungsteil.

Aufgabe 2.13

a) Für die Schaltung nach Abbildung 2.95a) ist der komplexe Ersatzwiderstand $\underline{Z}_e$ in der R-Form bei $f = 50\text{Hz}$ zu berechnen.

b) Ermitteln Sie allgemein für die Schaltung in Abbildung 2.95b) den Wert von R, für den $\underline{Z}_e$ bei allen Frequenzen reell wird. Welchen Wert nimmt $\underline{Z}_e$ an?

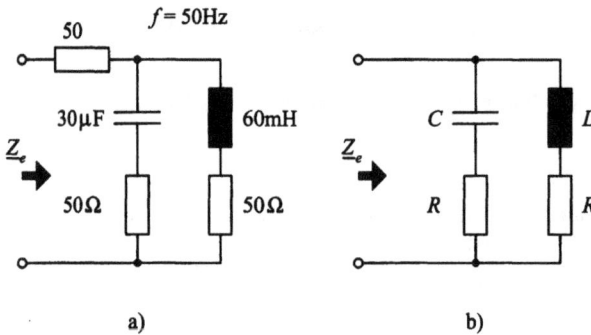

Abb. 2.95: Gegebene Schaltungen

Aufgabe 2.14

Stellen Sie für die Schaltungen in Abbildung 2.96 den komplexen Gesamtwiderstand $\underline{Z} = f(R, L, C, \omega)$ in der R-Form auf.

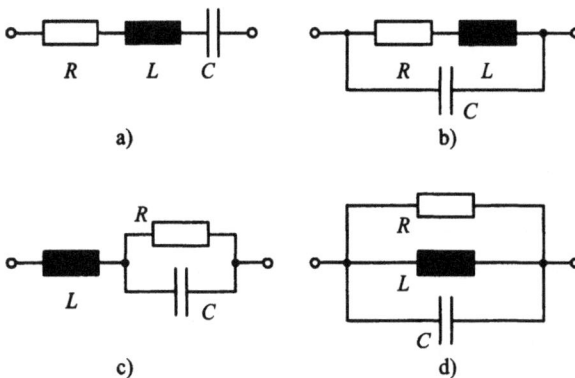

Abb. 2.96: Gegebene Schaltungen

Aufgabe 2.15

Für welchen Wert von R_x in Abbildung 2.97a) ergibt sich zwischen der Spannung $\underline{U}$ und dem Strom $\underline{I}$ die Phasendifferenz $\varphi_{ui} = 90°$, wenn $\underline{Z} = R + jX$ mit $X > 0$ ist?

Berechnen Sie den Wert von L und C in Schaltung 2.97b) so, dass $I_R = 100\mu A$ unabhängig vom Wert R bei $\underline{U}_q = 1V$ und $f = 5kHz$ fließt.

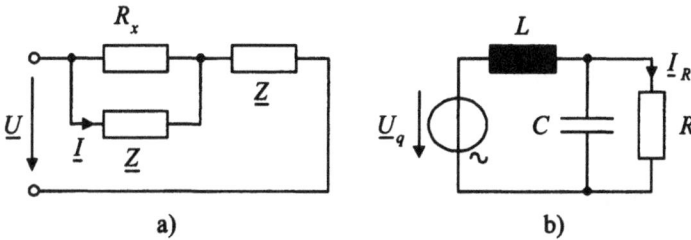

a)   b)

Abb. 2.97: *Gegebene Schaltungen*

Aufgabe 2.16

Gegeben ist die Schaltung 2.98 mit den Werten $\underline{U}_{q1} = 6V$, $\underline{I}_{q2} = 1mA$, $\underline{Z}_1 = (2 + j3)k\Omega$, $\underline{Z}_2 = (8 - j3)k\Omega$, $\underline{Z}_3 = (0,5 + j0,2)k\Omega$.

Berechnen Sie die Elemente der Ersatzspannungsquelle sowie der Ersatzstromquelle.

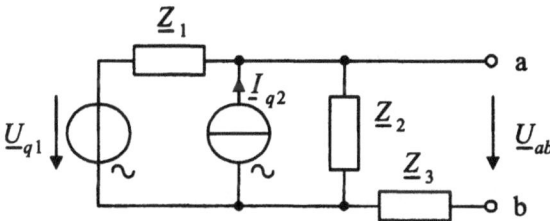

Abb. 2.98: *Berechnung der Ersatzquellen bezüglich der Klemmen a und b*

Aufgabe 2.17

Gegeben ist die Schaltung in Abbildung 2.99.

a) Stellen Sie das Gleichungssystem $[\underline{Y}] \cdot \underline{U}] = \underline{I}]$ für die KPA der Schaltung auf.

b) Wie berechnet sich die Impedanz $\underline{Z}_e$ allgemein?

c) Welchen Wert hat $\underline{Z}_e$, wenn für alle $\underline{Z}_\mu$ ($\mu = 1, 2, ..., 6$) gilt: $\underline{Z}_\mu = R - jX$ (plausible Erklärung statt langer Rechnung)?

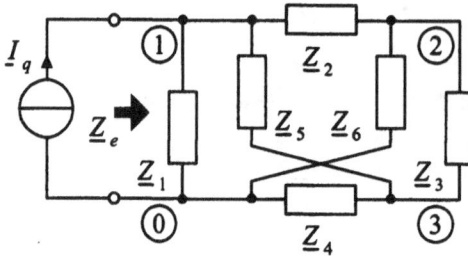

Abb. 2.99: *Schaltungsberechnung mittels KPA*

Aufgabe 2.18

Gegeben ist die Schaltung in Abbildung 2.100.

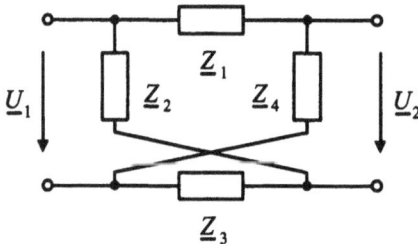

Abb. 2.100: *Gegebene Schaltung*

a) Beschreiben Sie das Zweitor mit Hilfe der Z-Matrix.

b) Unter welcher Bedingung wird $\underline{U}_2(\omega) = 0$?

c) Berechnen Sie $\underline{U}_2/\underline{U}_1$.

d) Gegeben ist $\underline{Z}_1 = 1\text{k}\Omega \parallel 1\text{nF}$ (Parallelschaltung von R und C), $\underline{Z}_2 = 2\text{k}\Omega$, $\underline{Z}_3 = 4\text{k}\Omega$.
   Berechnen Sie $\underline{Z}_4$ so, dass für $\omega = 1000\text{s}^{-1}$ $\underline{U}_2/\underline{U}_1 = 0$ gilt.

Aufgabe 2.19

Gegeben ist die Schaltung 2.101 mit den Werten $R = 1\text{k}\Omega$, $L = 1\text{mH}$, $C = 1\text{nF}$ und $\hat{U}_1 = 10\text{V}$.

a) Ermitteln Sie zunächst den allgemeinen Ausdruck für $\underline{U}_1/\underline{U}_2$.

b) Für welche Frequenz $\omega = \omega_{90}$ wird die Phasenverschiebung φ zwischen $\underline{U}_1$ und $\underline{U}_2$ 90°? Welche der beiden Spannungen eilt vor? Wie groß ist U_2 für ω_{90}?

c) Für welche Frequenz $\omega = \omega_{135}$ wird die Phasenverschiebung φ zwischen $\underline{U}_1$ und $\underline{U}_2$ 135°?

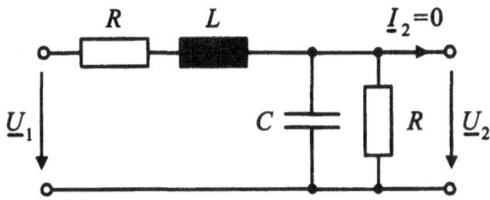

Abb. 2.101: *Gegebene Schaltung*

Aufgabe 2.20

Gegeben ist die Tiefpassschaltung 2.102. Die Schaltung wird im Leerlauf betrieben ($\underline{I}_a = 0$) und eingangsseitig mit einer Wechselspannung variabler Frequenz gespeist.

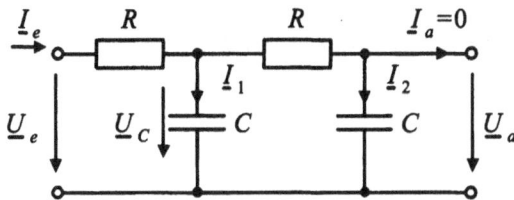

Abb. 2.102: *Zweigliedrige Tiefpassschaltung*

a) Berechnen Sie das komplexe Verhältnis $\underline{A}_U = \underline{U}_a/\underline{U}_e$ allgemein.

b) Welche Werte haben der Betrag und der Phasenwinkel des Spannungsverhältnisses $\underline{A}_U$ für $\omega = 0$, $\omega = 1/(RC)$ und $\omega \to \infty$?

c) Skizzieren Sie den Verlauf des Betrages von $\underline{A}_U(\omega)$ in doppelt logarithmischem Maßstab.

d) Berechnen Sie den Wirkleistungsverbrauch des Filters bei $\omega = 1/(RC)$ und einer Eingangsspannung von $\underline{U}_e = 10\mathrm{V}$ in Abhängigkeit von R.

Aufgabe 2.21

Gegeben ist die Schaltung in Abbildung 2.98. An den Klemmen a-b wird ein Lastwiderstand mit $\underline{Z}_a = (5 + j3)\mathrm{k}\Omega$ angeschlossen. Mit Hilfe eines Blindwiderstandes X_k, der in Reihe zum Lastwiderstand liegt, soll erreicht werden, dass die an $\underline{Z}_a$ abgegebene Wirkleistung maximal wird.

a) Berechnen Sie X_k.

b) Wie groß ist das entsprechende L oder C bei $f = 159\mathrm{Hz}$?

c) Wie groß ist die in $\underline{Z}_a$ abgegebene maximale Wirkleistung?

Aufgabe 2.22

Eine Stromquelle mit $\underline{I}_q = 5\text{mA}e^{j0}$ hat den Innenleitwert $\underline{Y}_i = (30 - j40)\text{mS}$.

a) Bei welchen Elementwerten des Lastwiderstandes $\underline{Z}_a$ (Reihenersatzschaltung) kann bei $f = 1\text{kHz}$ maximale Wirkleistung P_{aMax} abgegeben werden?

b) Wie groß ist P_{aMax}?

c) Auf welchen Wert muss ein rein reeller Lastwiderstand R_a' geändert werden, damit an ihm maximale Leistung $P'_{aMax}(X_a = 0)$ abfällt?

d) Wie groß ist $P'_{aMax}(X_a = 0)$?

Aufgabe 2.23

Für ein Netzwerk nach Abbildung 2.103 mit den beiden nach außen geführten Klemmen 1 und 2 konnten durch Messung folgende Größen bestimmt werden:

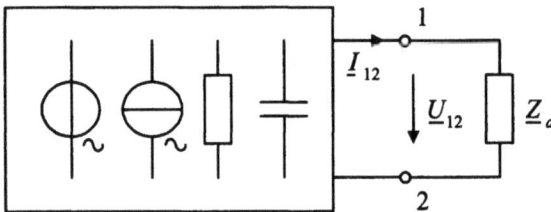

Abb. 2.103: Zweipol als black box

- Leerlaufspannung: $U_{12L} = 10\text{V}$;

- Kurzschlussstrom: $I_{12K} = 100/3\ \text{mA}$;

- dritte Messung: $U_{12}(\underline{Z}_a = R_a = 300\Omega) = 6\text{V}$.

Ermitteln Sie aus obigen Messergebnissen P_{aMax} an den Klemmen 1 und 2 bei Anpassung.

Aufgabe 2.24

Berechnen Sie allgemein, welcher Parallel-Kondensator C_p notwendig ist, um beim Betrieb einer Maschine mit induktivem Blindanteil den Leistungsfaktor $\lambda = \cos \varphi_{ui}$ vom Wert λ_1 auf λ_2 ($\lambda_2 > \lambda_1$) zu ändern. Die Maschine ist durch eine Parallelschaltung aus R_p und L_p charakterisierbar.

Aufgabe 2.25

Ein Verbraucher entnimmt dem 230V Wechselstromnetz die Wirkleistung $P = 10$kW. Der Leistungsfaktor des Verbrauchers beträgt $\lambda = 0,5$ ($\varphi_{ui} > 0$).

Welchen Wert muss ein Kompensationsblindwiderstand besitzen, der den Leistungsfaktor λ auf $\lambda' = \cos\varphi'_{ui} = 0,85$ (induktiv) verbessert?

Um wieviel Prozent sinken hierbei die Leitungsverluste?

Aufgabe 2.26

Von einem Reihenschwingkreis sind folgende Daten bekannt:

$f(\varphi_Z = 0°) = 120$kHz, $L = 3$mH, $f(Re\{\underline{Z}\} = |Im\{\underline{Z}\}|) = 150$kHz.

Berechnen Sie R, C, Q und die Bandbreite $\triangle\omega$.

Aufgabe 2.27

Ein Serienschwingkreis ($Q = 50$, $f_0 = 1$kHz) wird von einer Wechselspannungsquelle ($\underline{U}_q = 10$V, $R_i = 50\Omega$) veränderlicher Frequenz versorgt. Die vom Schwingkreis im Resonanzfall aufgenommene Leistung beträgt $P = 100$mW.

a) Berechnen Sie R, C und L des Resonanzkreises.

b) Wie groß sind die Grenzfrequenzen des Resonanzkreises?

c) Bei welchen Frequenzen ist die Phasenverschiebung $\varphi_{U_q I}$ zwischen $\underline{U}_q$ und dem Strom $\underline{I}$ durch den Resonanzkreis $\pm 45°$?

d) Welche Spannungsfestigkeit muss der Kondensator aufweisen?

Aufgabe 2.28

Entwerfen Sie einen RLC-Schwingkreis, dessen Scheinleitwert Y bei einer variablen Frequenz von 100kHz $\leq f_0 \leq$ 300kHz minimal wird. Zur Verfügung steht ein Drehkondensator mit 60pF $\leq C \leq$ 600pF.

a) Durch welche beiden Schaltungsmaßnahmen lässt sich erreichen, dass mit dem gegebenen Drehkondensator genau der Frequenzbereich abgedeckt wird?

b) Berechnen Sie jeweils die erforderliche Induktivität.

Aufgabe 2.29

Ein Parallelschwingkreis aus R, L und C soll so dimensioniert werden, dass er folgende Forderungen erfüllt:

- Bei der Resonanzfrequenz f_0 soll eine Wirkleistung von $P = 800\text{W}$ aufgenommen werden, wenn mit einem eingeprägten Strom $I = 2\text{A}$ gespeist wird.

- Die Bandbreite $\triangle\omega$ soll 10^5s^{-1} betragen.

- Bei einer Verstimmung $v = 2$ soll nur noch 1/5 der Leistung bei Resonanz aufgenommen werden.

a) Berechnen Sie ω_0, Q, d sowie die Werte für die Elemente R, L und C.

b) Berechnen Sie das Verhältnis $\hat{I}_L/\hat{I}$ allgemein und für die Werte $\omega = 0$, $\omega = \omega_0$ und $\omega \to \infty$.

Aufgabe 2.30

Skizzieren Sie die Ortskurven in der $\underline{Z}$- und $\underline{Y}$-Ebene für folgende Schaltungen:

a) Serienschaltung aus R und L; Variable: Wert von R;

b) Serienschaltung aus R und L; Variable: Wert von L;

c) Serienschaltung aus R und C; Variable: Wert von R;

d) Serienschaltung aus R und C; Variable: Wert von C;

e) Serienschaltung aus R, L und C; Variable: Wert von R;

f) Serienschaltung aus R, L und C; Variable: Wert von L;

g) Serienschaltung aus R, L und C; Variable: Wert von C;

h) Parallelschaltung aus R und L; Variable: Wert von R;

i) Parallelschaltung aus R und L; Variable: Wert von L;

j) Parallelschaltung aus R und C; Variable: Wert von R;

k) Parallelschaltung aus R und C; Variable: Wert von C;

l) Parallelschaltung aus R, L und C; Variable: Wert von R;

m) Parallelschaltung aus R, L und C; Variable: Wert von L;

n) Parallelschaltung aus R, L und C; Variable: Wert von C.

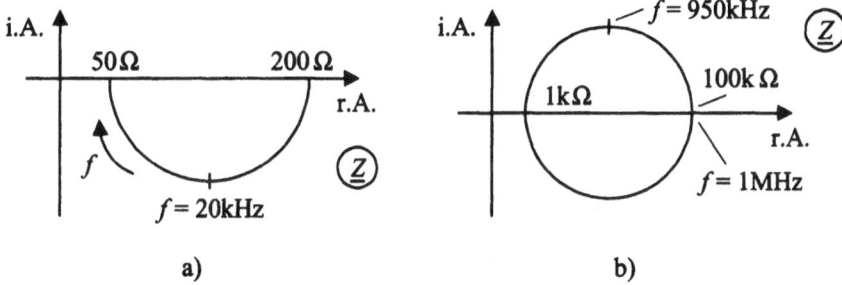

Abb. 2.104: *Ortskurven*

Aufgabe 2.31

Welche Schaltungen besitzen die Ortskurven nach Abbildung 2.104?

Bestimmen Sie die Werte der Bauelemente.

Aufgabe 2.32

Bestimmen Sie allgemein durch geometrische Überlegung, welchen maximalen Wert der Winkel φ_z in Schaltung 2.104b) annehmen kann.

Aufgabe 2.33

Skizzieren Sie die Schaltungen sowie die dazugehörigen Ortskurven in der $\underline{Z}$- und $\underline{Y}$-Ebene für:

a) Serienschwingkreis aus R, L und C; Variable: Frequenz f;

b) Parallelschwingkreis aus R, L und C; Variable: Frequenz f;

c) Technischer Parallelschwingkreis (Serienschaltung aus R und L sowie dazu parallel geschalteter Kapazität C); Variable: Frequenz f;

d) Schwingkreis bestehend aus einer Parallelschaltung von R und C sowie dazu in Serie geschalteter Induktivität L; Variable: Frequenz f.

Aufgabe 2.34

Skizzieren Sie das Bode-Diagramm der Spannungsübertragung der Schaltungen nach Abbildung 2.105.

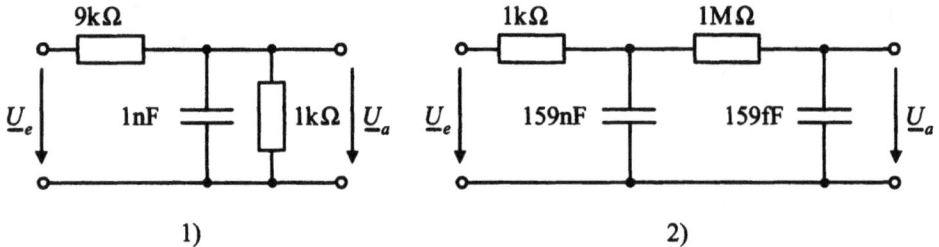

9kΩ   1nF   1kΩ $\underline{U}_a$ 1kΩ   1MΩ   159nF   159fF $\underline{U}_a$

$\underline{U}_e$ $\underline{U}_e$

1)   2)

Abb. 2.105: Tiefpassschaltungen

Aufgabe 2.35

Gegeben ist die Drehstromschaltung in Abbildung 2.106 mit den komplexen Verbraucherwiderständen $\underline{Z}_1 = \underline{Z}_2 = \underline{Z}_3 = (40 + j30)\Omega$ und den Strangspannungen des rechtsdrehenden, symmetrischen Generators ($\underline{U}_{q1} = 230\text{V}$).

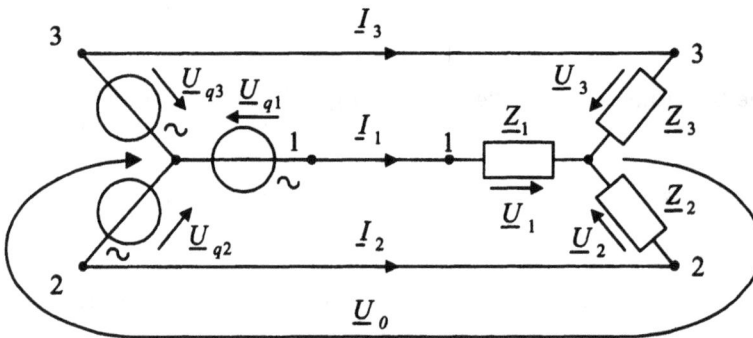

Abb. 2.106: Gegebene Schaltung

a) Berechnen Sie die Ströme $\underline{I}_1$, $\underline{I}_2$ und $\underline{I}_3$ sowie deren Betrag.

b) Wie groß ist die vom Generator abgegebene Wirk- und Blindleistung?

c) $\underline{Z}_1$ ist durchgebrannt ($\underline{Z}_1 \to \infty$), die anderen Widerstände und Spannungen bleiben wie oben angegeben.

   c1) Welche Spannung $\underline{U}_0'$ stellt sich zwischen den beiden Sternpunkten ein?

   c2) Berechnen Sie die Ströme $\underline{I}_2'$ und $\underline{I}_3'$.

   c3) Wie groß ist jetzt die vom Generator abgegebene Wirk- und Blindleistung?

Aufgabe 2.36

Gegeben ist das rechtsdrehende Dreiphasensystem in Abbildung 2.107. Es gilt:
$U_{q1} = U_{q2} = U_{q3} = 230V$; die Phasenspannung $\underline{U}_{q1}$ soll auf der reellen Achse liegen;
$R_1 = 20\Omega$, $R_2 = 10\Omega$, $R_3 = 10\Omega$, $R_0 = 2\Omega$.

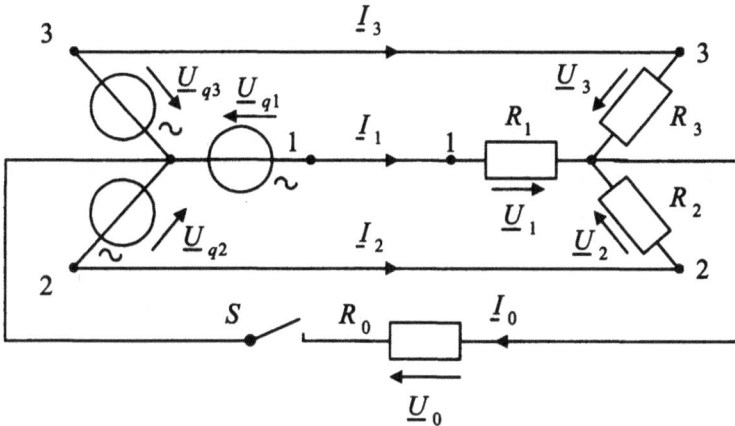

Abb. 2.107: Dreiphasensystem

a) Der Schalter S im Nullleiter ist geschlossen. Berechnen Sie:

   a1) die Spannung $\underline{U}_0$ zwischen den beiden Sternpunkten,

   a2) die Spannungen $\underline{U}_1$, $\underline{U}_2$ und $\underline{U}_3$,

   a3) die Ströme $\underline{I}_1$, $\underline{I}_2$, $\underline{I}_3$ und $\underline{I}_0$,

   a4) die vom Generator abgegebene, komplexe Gesamtleistung.

b) Der Schalter S im Nullleiter ist offen. Berechnen Sie nun nochmals die Punkte
   a1) bis a4).

Aufgabe 2.37

Gegeben ist ein Transformator (Abbildung 2.108) mit den Daten:

$R_1 = 5\Omega$, $\omega L_1 = 25\Omega$, $\omega L_2 = 80\Omega$ und $\omega M = 40\Omega$.

An den Primärklemmen liegt die eingeprägte Spannung $\underline{U}_1 = 130V$.

a) Wie groß ist der Kopplungsfaktor k?

b) Der Transformator ist sekundärseitig im Leerlauf betrieben. Berechnen Sie den
   primären Eingangswiderstand $\underline{Z}_e$, den primären Strom $\underline{I}_1$, die aufgenommene
   Wirkleistung P, die Blindleistung Q und die sekundäre Leerlaufspannung $\underline{U}_2$.

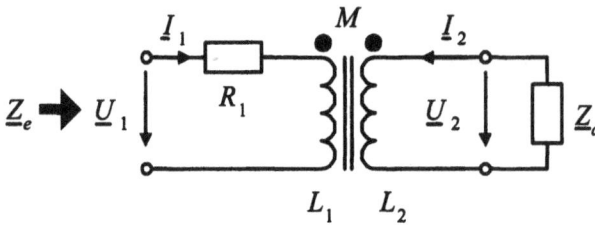

Abb. 2.108: Transformatorschaltung

c) Der Widerstand $\underline{Z}_a$ beträgt nun $(80 - j80)\Omega$. Welchen Wert hat jetzt $\underline{Z}_e$?

d) Der Trafo wird sekundärseitig mit der Impedanz $\underline{Z}_a = R_a - j/(\omega C_a)$ belastet, wobei $R_a = 20\Omega$ ist. Für welche Werte von $1/(\omega C_a)$ wird der Eingangswiderstand des Trafos reell?
   Hinweis: Es ist zweckmäßig die Größe $v = \omega L_2 - 1/(\omega C_a)$ einzuführen.

Aufgabe 2.38

Ein Transformator, dessen Daten bei der Betriebsfrequenz ω gegeben sind, wird gemäß Abbildung 2.109a) betrieben. Die Primärspannung beträgt $\underline{U}_1 = 60V$.

Gegeben: $R_1 = 3\Omega$, $R_2 = 12\Omega$, $\omega L_1 = 5\Omega$, $\omega L_2 = 20\Omega$, $\omega M = 8\Omega$.

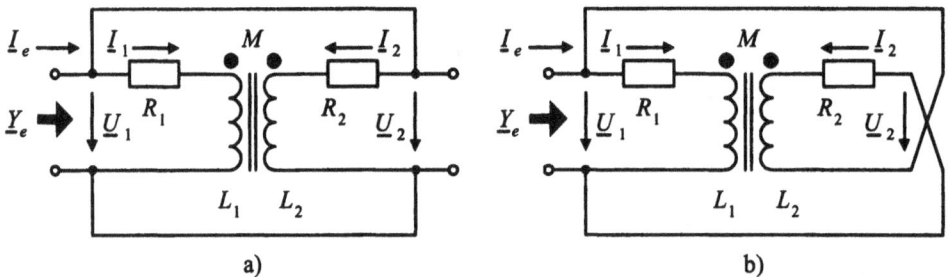

a)   b)

Abb. 2.109: Gegebene Schaltungen

a) Berechnen Sie $\underline{I}_1$ und $\underline{I}_2$.

b) Wie groß ist der Eingangsleitwert der Gesamtschaltung $\underline{Y}_e$?

c) Wie groß sind die Leistungen P_1 und P_2 in den Widerständen R_1 und R_2?

d) Berechnen Sie die komplexe Leistung $\underline{S}$, die der Transformator aufnimmt.

e) Ermitteln Sie die Ströme $\underline{I}_1$ und $\underline{I}_2$ und die anderen Größen für den Fall, dass die Verbindungen zwischen den Primär- und Sekundärklemmen gekreuzt sind (Abbildung 2.109b)).

2.10   Lösungen

Aufgabe 2.1

a) $< i(t) >= \overline{i(t)} = \frac{1}{T} \int_0^T i(t)dt = 0$

$I = \sqrt{\frac{4}{T} \int_0^{T/6} \left(\frac{30\text{mA}}{T/6}t\right)^2 dt + \frac{2}{T} \int_{T/6}^{T/3} (30\text{mA})^2 dt} =$

$30\text{mA}\sqrt{\frac{4 \cdot 6^2}{T^3} \cdot \frac{1}{3}\frac{T^3}{6^3} + \frac{2}{T}\left(\frac{T}{3} - \frac{T}{6}\right)} = 22{,}36\text{mA}$

b) $< i(t) >= \frac{1}{T}30\text{mA} \cdot \frac{3T}{4} + \frac{1}{T} \cdot (-15\text{mA}) \cdot \frac{T}{4} = 18{,}75\text{mA}$

$I = \sqrt{\frac{1}{T}\left(\int_0^{3T/4} (30\text{mA})^2 dt + \int_{3T/4}^T (-15\text{mA})^2 dt\right)} = 27\text{mA}$

c) $< i(t) >= \frac{1}{T} \int_0^T i(t)dt = 0$

$I = \sqrt{\frac{2}{T} \int_0^{T/2} \left(\frac{30\text{mA}}{T/2}\right)^2 t^2 dt} = 30\text{mA}\sqrt{\frac{1}{3}} = 17{,}32\text{mA}$

(Vereinfachung der Berechnung durch Verschiebung der Y-Achse um $T/2$ nach rechts!)

Aufgabe 2.2

$u_1(t_1) = 1\text{V} = 2\text{V}\sin(100\pi 10^{-3} + \varphi_1) \Rightarrow$
$\varphi_1 = \arcsin(1/2) - \pi/10 = \pi/15 \quad \text{oder} \quad 12°$

$u_2(t_2) = -2\text{V} = 4\text{V}\sin(100\pi 2 \cdot 10^{-3} + \varphi_2) \Rightarrow$
$\varphi_2 = \arcsin(-1/2) - 2\pi/10 = -11/30\pi \quad \text{oder} \quad -66°$

Aufgabe 2.3

a) Zu zeichnen sind $i(t) = \sqrt{2} \cdot 5\text{A}\sin(100\text{s}^{-1} \cdot t + \pi \cdot 30°/180°)$ sowie $u(t) = \sqrt{2} \cdot 100\text{V}\sin(100\text{s}^{-1} \cdot t - \pi \cdot 10°/180°)$.

b) $i(t_1) = 3{,}54\text{A}; \ i(t_2) = -3{,}54\text{A}; \ i(t_3) = 6{,}15\text{A}$
$u(t_1) = -24{,}56\text{V}; \ u(t_2) = 24{,}56\text{V}; \ u(t_3) = 49{,}4\text{V}$

c) $Z = U/I = 20\Omega; \ Y = 1/Z = 50\text{mS}; \ (\varphi_{ui} = -40°)$

d) $S = U \cdot I = 500\text{W}$

e) $p(t) = u(t) \cdot i(t) = \frac{1}{2}\hat{U}\hat{I}\left[\cos\varphi_{ui} - \cos(2\omega t + \varphi_u + \varphi_i)\right] =$
$500[\cos(-40°) - \cos(2 \cdot 100\text{s}^{-1}t + 20°)]\text{W}$

Aufgabe 2.4

a) $Z = \sqrt{R^2 + (\omega L)^2} = R\sqrt{1 + (\omega L/R)^2} = R\sqrt{1 + (\omega/\omega_g)^2}$
   mit $\omega_g = R/L = 1/\tau_g$.
   Für $\omega \ll \omega_g \Rightarrow Z \to R = 3\Omega$
   Für $\omega \gg \omega_g \Rightarrow Z \to \omega L$
   Doppelt logarithmische Darstellung von Z in Abbildung 2.110.

b) $\omega_g L = R \Rightarrow f_g = R/(2\pi L) = 404,6\text{Hz}$

c) $2\pi f_c = \sqrt{Z^2 - R^2}/L \Rightarrow f_c = 1\text{kHz}$

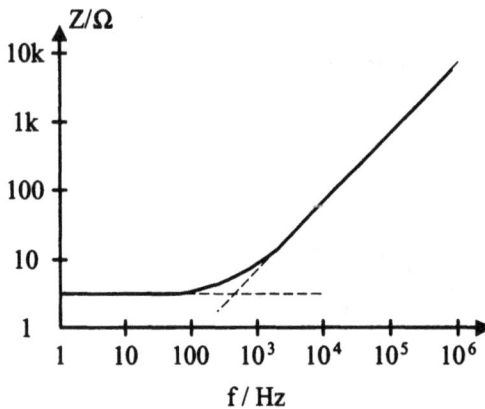

Abb. 2.110: Doppelt logarithmische Darstellung von Z

Aufgabe 2.5

Zeigerdiagramm siehe Abbildung 2.111

$\omega L = 100\Omega; \quad \dfrac{1}{\omega C_1} = \dfrac{1}{\omega C_2} = 100\Omega$

$\hat{I}_R = \hat{U}_R/R = 20\text{mA}; \quad \hat{I}_{C1} = \hat{U}_R \omega C_1 = 20\text{mA}$

$i_L(t) = i_R(t) + i_{C1}(t); \quad \hat{I}_L = \sqrt{\hat{I}_{C1}^2 + \hat{I}_R^2}; \quad \hat{U}_L = \omega L \hat{I}_L$

$u(t) = u_R(t) + u_L(t); \quad \hat{I}_{C2} = \omega C_2 \hat{U}$

$i(t) = i_L(t) + i_{C2}(t)$

Einheit	$\hat{U}_R$	$\hat{I}_R$	$\hat{I}_{C1}$	$\hat{I}_L$	$\hat{U}_L$	$\hat{U}$	$\hat{I}_{C2}$	$\hat{I}$
cm	4	2	2	2,8	5,6	4	2	2
V; mA	2	20	20	28	2,8	2	20	20
φ	0	0	$\pi/2$	$\pi/4$	$3\pi/4$	$\pi/2$	π	$\pi/2$

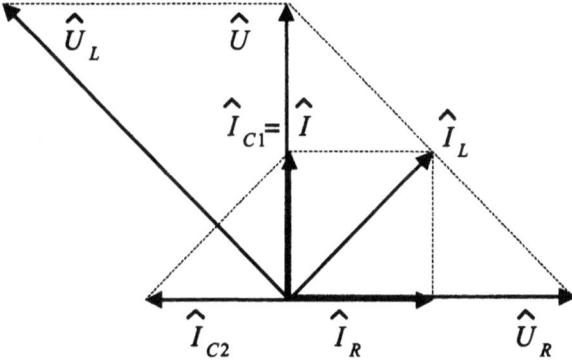

Abb. 2.111: *Zeigerdiagramm*

Aufgabe 2.6

$R_1 = 500\Omega \Rightarrow G_1 = 2\text{mS}$; $R_2 = 50\Omega$; $X = \omega L = 125,7\Omega$; $B = \omega C = 1,508\text{mS}$
$Y_1 = \sqrt{G_1^2 + B^2} = 2,505\text{mS} \Rightarrow$
$R_1' = G_1/Y_1^2 = 318,8\Omega$; $X_1' = -B_1/Y_1^2 = -240,4\Omega \Rightarrow$

$R_{ges} = R_1' + R_2 = 368,8\Omega$
$X_{ges} = X_1' + X = -114,7\Omega$
$Z_{ges} = \sqrt{R_{ges}^2 + X_{ges}^2} = 386,2\Omega$
$G_{ges} = R_{ges}/Z_{ges}^2 = 2,473\text{mS}$
$B_{ges} = -X_{ges}/Z_{ges}^2 = 768,9\mu\text{S}$
$Y_{ges} = 1/Z_{ges} = 2,589\text{mS}$

Aufgabe 2.7

a) $i(t) = \hat{I}\sin(2\pi ft) = 10\text{A}\sin(2000\pi \cdot t/\text{s})$; $u(t) = \hat{U}\sin(2\pi ft + \varphi_u)$ mit
$\hat{U} = \hat{I} \cdot \sqrt{R^2 + (\omega L)^2} = 10\sqrt{2^2 + 2^2}\text{V} = 20\sqrt{2}\text{V}$; $\varphi_u = \arctan(\omega L/R) = 45°$
$\Rightarrow$
$u(t) = 20\sqrt{2}\text{V}\sin(2000\pi \cdot t/\text{s} + 45°)$
$p(t) = \dfrac{1}{2}\hat{U}\hat{I}[\cos\varphi_{ui} - \cos(2 \cdot 2\pi ft + \varphi_u + \varphi_i)] =$
$[100 - 100\sqrt{2}\cos(2 \cdot 2000\pi \cdot t/\text{s} + 45°)]\text{W}$

b) $p(t) = 0$ für $\cos(2 \cdot 2\pi t/T + 45°) = \sqrt{2}/2 \Rightarrow$
$t = 0, 3T/8, T/2, 7T/8, T, ...$　　$(T = 1/f = 1\text{ms})$
$p(t) > 0$ für $0 < t < 3T/8$, $T/2 < t < 7T/8$
$p(t) < 0$ für $3T/8 < t < T/2$, $7T/8 < t < T$

c) $P = \dfrac{1}{2}\hat{U}\hat{I}\cos\varphi_{ui} = 100\text{W}$; $S = \dfrac{1}{2}\hat{U}\hat{I} = 100\sqrt{2}\text{W}$; $Q = \dfrac{1}{2}\hat{U}\hat{I}\sin\varphi_{ui} = 100\text{W}$

d) $W_{pos} = 2\cdot\int_0^{3T/8} p(t)dt = 2\cdot100\left(\int_0^{3T/8}dt - \sqrt{2}\int_0^{3T/8}\cos\left(4\pi\frac{t}{T}+45°\right)dt\right)$ W =

$200\left(\frac{3T}{8} - \sqrt{2}\frac{T}{4\pi}[\sin\left(\frac{7\pi}{4}\right) - \sin\left(\frac{\pi}{4}\right)]\right)$ W $= 200T\left(\frac{3}{8} - \frac{\sqrt{2}}{4\pi}[-\frac{\sqrt{2}}{2} - \frac{\sqrt{2}}{2}]\right)$ W

$= 0,107\text{J}$

$W = 2\cdot\int_0^{T/2} p(t)dt = 200\frac{T}{2}\text{W} = 0,1\text{J}$

(Die obere Integrationsgrenze ist $T/2$, da die Leistung mit 2ω schwingt!)
$W_{neg} = W_{pos} - W = 7\text{mJ}$

e) $w_L(t) = \frac{1}{2}Li^2(t) \Rightarrow W_{Lmax} = \frac{1}{2}L\hat{I}^2 = 15,9\text{mJ}$

Aufgabe 2.8

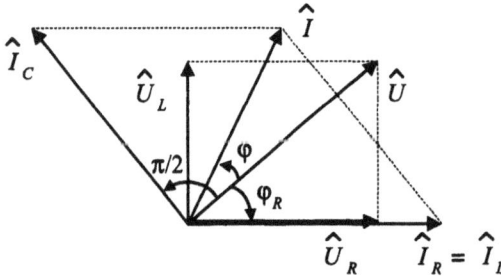

Abb. 2.112: Reelle Berechnung eines technischen Schwingkreises; Zeigerdiagramm

$u(t) = u_R(t) + u_L(t) = u_C; \quad i(t) = i_C(t) + i_R(t)$

$\hat{U} = \sqrt{\hat{U}_R^2 + \hat{U}_L^2} = \hat{I}_R\sqrt{R^2 + \omega^2\cdot L^2} \Rightarrow \varphi_R = -\arctan\left(\frac{\hat{U}_L}{\hat{U}_R}\right) = -\arctan\left(\frac{\omega L}{R}\right)$

$\hat{I}_C = \omega C\hat{U}; \quad \hat{I}_R = \hat{U}/\sqrt{R^2 + \omega^2 L^2} \Rightarrow \hat{I} = \sqrt{\hat{I}_R^2 + \hat{I}_C^2 + 2\hat{I}_R\hat{I}_C\cos\left(\pi/2 - \varphi_R\right)}$ mit

$\cos\left(\pi/2 - \varphi_R\right) = \sin\varphi_R = -\frac{\hat{U}_L}{\hat{U}} = -\frac{\omega L}{\sqrt{R^2 + \omega^2 L^2}} \Rightarrow$

$\hat{I} = \hat{U}\sqrt{\frac{1}{R^2 + \omega^2 L^2} + \omega^2 C^2 + 2\frac{\omega C}{\sqrt{R^2 + \omega^2 L^2}}\frac{-\omega L}{\sqrt{R^2 + \omega^2 L^2}}}$

$\hat{I} = \hat{U}\sqrt{\frac{1 + \omega^2 R^2 C^2 + \omega^4 L^2 C^2 - 2\omega^2 LC}{R^2 + \omega^2 L^2}}$

$\varphi = \arctan\frac{\hat{I}_R\sin\varphi_R + \hat{I}_C\sin\pi/2}{\hat{I}_R\cos\varphi_R + \hat{I}_C\cos\pi/2}$ mit $\cos\varphi_R = \frac{\hat{U}_R}{\hat{U}} = \frac{R}{\sqrt{R^2 + \omega^2 L^2}}$

$\Rightarrow$ nach kurzer Zwischenrechnung

$\varphi = \arctan\frac{-\omega L + \omega C(R^2 + \omega^2 L^2)}{R}$

Aufgabe 2.9

a) $\underline{I} = (3 + j4)\text{A} = 5e^{j53,13°}\,\text{A}$
$\hat{I} = \sqrt{2}I = \sqrt{2}\sqrt{(3^2 + 4^2)}\text{A} = 7,07\text{A}$

b) $i(t) = Re\{\underline{i}(t)\} = 7,07\text{A}\cos{(\omega t + 53,13°)}$
$i(t) = Im\{\underline{i}(t)\} = 7,07\text{A}\sin{(\omega t + 53,13°)}$
Beide Varianten sind gleichberechtigt! Welche die gültige ist, hängt von der Original-Zeitfunktion von $i(t)$ ab.

c) Für die Sinus-Variante gilt:
$i(t_1 = 0\text{ms}) = 7,07\text{A}\sin{(53,13°)} = 5,66\text{A};$
$i(t_2 = 1\text{ms}) = 7,07\text{A}\sin{(1 \cdot \dfrac{180°}{\pi} + 53,13°)} = 6,63\text{A}$

Aufgabe 2.10

$\underline{U}_3 = \underline{U} - \underline{U}_1 - \underline{U}_2 = [3 - (1 + j3) - (1 + j)]\text{V} = (1 - j4)\text{V} = 4,12e^{-j76°}\,\text{V}$

Aufgabe 2.11

a) $\underline{Z} = 1/\underline{Y}_1 + 1/\underline{Y}_2 = \underline{Z}_1 + \underline{Z}_2$
$\underline{Z}_1 = \dfrac{1}{\underline{Y}_1} = \dfrac{1}{(3 + j4)\text{mS}} = (\dfrac{3}{25} - j\dfrac{4}{25})\text{k}\Omega = (120 - j160)\Omega$
$\underline{Z}_2 = (69 + j172,4)\Omega \Rightarrow$
$\underline{Z} = (189 + j12,4)\Omega \approx 189e^{j3,76°}\,\Omega$ (schwach induktiv)

b) $\underline{Y} = 1/\underline{Z} = (5,27 - j0,35)\text{mS} = 5,28e^{-j3,76°}\,\text{mS}$

Aufgabe 2.12

a) $\omega = 1000\text{s}^{-1}$

b) $\underline{Z}_L = j\omega L = j1,25\text{k}\Omega$
$\underline{Z}_1 = \dfrac{R_2 \cdot [R_1 - j/(\omega C)]}{R_2 + R_1 - j/(\omega C)} = \dfrac{10 \cdot (2 - j4)}{10 + 2 - j4}\text{k}\Omega = (2,5 - j2,5)\text{k}\Omega \Rightarrow$
$\underline{Z} = \underline{Z}_L + \underline{Z}_1 = (2,5 - j1,25)\text{k}\Omega$

c) $\underline{I} = \underline{U}/\underline{Z} = \dfrac{125\text{V}}{(2,5 - j1,25)\text{k}\Omega} = (40 + j20)\text{mA}$
$\underline{U}_1 = \underline{I} \cdot \underline{Z}_1 = (40 + j20)(2,5 - j2,5)\text{V} = (150 - j50)\text{V}$
$\underline{U}_L = \underline{I} \cdot \underline{Z}_L = (40 + j20) \cdot j1,25\text{V} = (-25 + j50)\text{V}$

d) Es fehlen noch folgende Ströme und Spannungen:
$\underline{I}_{R1} = \underline{I}_C = \underline{U}_1/(\underline{Z}_{R1} + \underline{Z}_C) = (150 - j50)\text{V}/(2 - j4)\text{k}\Omega = (25 + j25)\text{mA};$
$\underline{I}_{R2} = \underline{U}_1/\underline{Z}_{R2} = (150 - j50)\text{V}/10\text{k}\Omega = (15 - j5)\text{mA};$
$\underline{U}_{R1} = \underline{I}_{R1}\underline{Z}_{R1} = (25 + j25)\text{mA} \cdot 2\text{k}\Omega = (50 + j50)\text{V};$
$\underline{U}_C = \underline{I}_{R1} \cdot 1/(j\omega C) = (25 + j25)\text{mA} \cdot (-j) \cdot 4\text{k}\Omega = (100 - j100)\text{V}.$

e) $\varphi_{u1} = \arctan(-50/150) = -0,322 \quad (= -18,4°)$
   $\varphi_{uL} = \pi + \arctan(50/-25) = 2,034 \quad (= 116,6°)$ (Achtung: Realteil < 0!)
   $\Rightarrow \varphi_{uLu1} = \varphi_{uL} - \varphi_{u1} = 135°$

f) $\underline{S} = \underline{U}_1 \cdot \underline{I}^* = (150 - j50)\text{V}(40 - j20)\text{mA} = (5 - j5)\text{W}$
   $P = Re\{\underline{S}\} = 5\text{W}$
   $Q = Im\{\underline{S}\} = -5\text{W}$
   $S = |\underline{S}| = 7,07\text{W}$

Aufgabe 2.13

a) $\underline{Z}_e = \left(50 + 1/\left(\dfrac{1}{50 + 1/(j0,00942)} + \dfrac{1}{50 + j18,85}\right)\right)\Omega =$
   $\{50 + 1/[(0,00363 + j0,00771) + (0,0175 - j0,0066)]\}\Omega = (97,2 - j2,5)\Omega$

b) $\underline{Z}_e = \dfrac{\underline{Z}_1 \cdot \underline{Z}_2}{\underline{Z}_1 + \underline{Z}_2}$ mit $\underline{Z}_1 = R + j\omega L$ und $\underline{Z}_2 = R + 1/(j\omega C)$
   $\underline{Z}_e = \dfrac{R^2 + L/C + jR[\omega L - 1/(\omega C)]}{2R + j[\omega L - 1/(\omega C)]} = \dfrac{R\{R + L/(RC) + j[\omega L - 1/(\omega C)]\}}{2R + j[\omega L - 1/(\omega C)]}$
   Wann wird $\underline{Z}_e$ rein reell? Es muss gelten: $R + L/(RC) = 2R \Rightarrow R = \sqrt{L/C}$.
   Für $\underline{Z}_e$ ergibt sich dann: $\underline{Z}_e = R = \sqrt{L/C}$

Aufgabe 2.14

a) $\underline{Z} = R + j\omega L + 1/(j\omega C)$
   Sonderfälle: $\omega = 0 \Rightarrow \underline{Z} \to -j\infty$
   $\omega \to \infty \Rightarrow \underline{Z} \to +j\infty$
   $\omega L = 1/(\omega C) \Rightarrow \omega = \omega_0$ (Resonanz!) $\Rightarrow \underline{Z} = R$

d) Schaltung d) ist zu Schaltung a) dual! $\Rightarrow$
   $\underline{Z} = \dfrac{1}{1/R + j[\omega C - 1/(\omega L)]}$
   Sonderfälle: $\omega = 0 \Rightarrow \underline{Z} = 0$
   $\omega \to \infty \Rightarrow \underline{Z} = 0$
   $\omega L = 1/(\omega C) \Rightarrow \omega = \omega_0$ (Resonanz!) $\Rightarrow \underline{Z} = R$

b) $\underline{Z} = \dfrac{(R + j\omega L) \cdot [-j/(\omega C)]}{R + j\omega L - j/(\omega C)}$
   Sonderfälle: $\omega = 0 \Rightarrow \underline{Z} = R$
   $\omega \to \infty \Rightarrow \underline{Z} = 0$
   $\omega L = 1/(\omega C) \Rightarrow \underline{Z} = L/(RC) - j/(\omega_0 C)$ mit $\omega_0 = 1/\sqrt{LC}$

c) Schaltung c) ist zu Schaltung b) dual! $\Rightarrow$
   $\underline{Z} = j\omega L + \dfrac{R/(j\omega C)}{R - j/(\omega C)}$
   Sonderfälle: $\omega = 0 \Rightarrow \underline{Z} = R$
   $\omega \to \infty \Rightarrow \underline{Z} = +j\infty$

Aufgabe 2.15

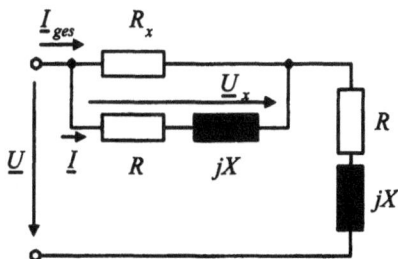

Abb. 2.113: Hummelschaltung

a) Hummelschaltung (Abbildung 2.113):
Exakt 90° Phasenverschiebung mit verlustbehafteten Bauelementen
$\underline{U}_x = \underline{I} \cdot \underline{Z}$ mit $\underline{Z} = R + jX$; $\underline{I}_{ges} = \underline{I} + \underline{I} \cdot \underline{Z}/R_x = \underline{I} \cdot (1 + \underline{Z}/R_x)$
$\underline{U} = \underline{U}_x + \underline{I}_{ges} \cdot \underline{Z} = \underline{I} \cdot \underline{Z} + \underline{I} \cdot \underline{Z}(1 + \underline{Z}/R_x) = (\underline{I}/R_x) \cdot (\underline{Z}^2 + 2\underline{Z}R_x) \Rightarrow$
$R_x \underline{U}/\underline{I} = R^2 - X^2 + 2R_x R + j2X(R + R_x)$

$\varphi_{ui} = 90°$ wenn $Re\{R_x\underline{U}/\underline{I}\} = 0 \Rightarrow R^2 - X^2 + 2R_x R = 0 \Rightarrow R_x = \dfrac{X^2 - R^2}{2R}$

Bemerkung: Es muss gelten $X > R$!

b) Boucherot-Schaltung:
$\underline{I}_R$ = konstant $\Rightarrow$ linker Schaltungsteil muss sich wie eine Stromquelle verhalten.
$\dfrac{R \cdot \underline{I}_R}{\underline{U}_q} = \dfrac{-j/(\omega L)}{1/R + j[\omega C - 1/(\omega L)]} = \dfrac{R}{R(1 - \omega^2 CL) + j\omega L} \Rightarrow$

$\underline{I}_R = \dfrac{\underline{U}_q}{R(1 - \omega^2 CL) + j\omega L} \neq f(R) \Rightarrow 1 - \omega^2 CL = 0$ oder $\omega = \dfrac{1}{\sqrt{LC}}$

$\underline{I}_R = \dfrac{\underline{U}_q}{j\omega L} \Rightarrow L = U_q/(2\pi f I_R) = 318\text{mH}$ und $C = 3,18\text{nF}$

(Für andere Ströme und Frequenzen muss L und C neu dimensioniert werden!)

Aufgabe 2.16

Berechnung des Innenwiderstandes $\underline{Z}_{ie}$ der Ersatzquelle:
Spannungsquelle kurzschließen, Stromquelle unterbrechen!
$\underline{Z}_{ie} = \underline{Z}_3 \oplus (\underline{Z}_1 \parallel \underline{Z}_2) = [(2 + j3)(8 - j3)/10 + (0,5 + j0,2)]\text{k}\Omega = (3 + j2)\text{k}\Omega$
(Mit $\oplus$ wird eine Serienschaltung, mit $\parallel$ eine Parallelschaltung ausgedrückt.)

Ersatzspannungsquelle $\underline{U}_{qe}$:
Die Spannungsquelle $\underline{U}_{q1}$ erzeugt an den Klemmen a-b die Spannung:
$\underline{U}_{ab1} = \underline{U}_{q1}\underline{Z}_2/(\underline{Z}_1 + \underline{Z}_2) = (4,8 - j1,8)\text{V}$
Die Stromquelle $\underline{I}_{q2}$ erzeugt an den Klemmen a-b die Spannung:
$\underline{U}_{ab2} = \underline{I}_{q2}\underline{Z}_1\underline{Z}_2/(\underline{Z}_1 + \underline{Z}_2) = 1\text{mA}(2 + j3)(8 - j3)/10 \quad \text{k}\Omega = (2,5 + j1,8)\text{V}$
Superposition:
$\underline{U}_{qe} = \underline{U}_{ab1} + \underline{U}_{ab2} = 7,3\text{V}$

Kurzschlussstrom $\underline{I}_{qe}$: $\underline{I}_{qe} = \underline{U}_{qe}/\underline{Z}_{ie} = (1,685 - j1,123)\text{mA}$

Aufgabe 2.17

a)

$$\begin{bmatrix} \underline{Y}_1 + \underline{Y}_2 + \underline{Y}_5 & -\underline{Y}_2 & -\underline{Y}_5 \\ -\underline{Y}_2 & \underline{Y}_2 + \underline{Y}_3 + \underline{Y}_6 & -\underline{Y}_3 \\ -\underline{Y}_5 & -\underline{Y}_3 & \underline{Y}_3 + \underline{Y}_4 + \underline{Y}_5 \end{bmatrix} \cdot \begin{bmatrix} \underline{U}_{10} \\ \underline{U}_{20} \\ \underline{U}_{30} \end{bmatrix} = \begin{bmatrix} \underline{I}_q \\ 0 \\ 0 \end{bmatrix}$$

b) $\underline{Z}_e = \underline{U}_{10}/\underline{I}_q$

c) Alle $\underline{Z}_\mu$ gleich! $\Rightarrow$
Die Schaltung entspricht einer abgeglichenen Wechselstrombrücke.
$\underline{U}_{20} = \underline{U}_{30}$ (Spannungsteiler $\underline{Z}_5$, $\underline{Z}_4$ entspricht Spannungsteiler $\underline{Z}_2$, $\underline{Z}_6$) $\Rightarrow$
$\underline{U}_{32} = (\underline{U}_{30} - \underline{U}_{20}) = 0 \Rightarrow \underline{Z}_3$ hat keinen Einfluss auf die Schaltung!
$\underline{Z}_e = \underline{Z}_1 \parallel (\underline{Z}_2 \oplus \underline{Z}_6) \parallel (\underline{Z}_5 \oplus \underline{Z}_4) = \underline{Z}_\mu/2$

Aufgabe 2.18

a) $\underline{Z}_{11} = \dfrac{\underline{U}_1}{\underline{I}_1} \Big|_{\underline{I}_2=0} = (\underline{Z}_2 + \underline{Z}_3) \parallel (\underline{Z}_1 + \underline{Z}_4) = \dfrac{(\underline{Z}_2 + \underline{Z}_3) \cdot (\underline{Z}_1 + \underline{Z}_4)}{\underline{Z}_1 + \underline{Z}_2 + \underline{Z}_3 + \underline{Z}_4}$

$\underline{Z}_{22} = \dfrac{\underline{U}_2}{\underline{I}_2} \Big|_{\underline{I}_1=0} = (\underline{Z}_1 + \underline{Z}_2) \parallel (\underline{Z}_3 + \underline{Z}_4) = \dfrac{(\underline{Z}_1 + \underline{Z}_2) \cdot (\underline{Z}_3 + \underline{Z}_4)}{\underline{Z}_1 + \underline{Z}_2 + \underline{Z}_3 + \underline{Z}_4}$

$\underline{Z}_{12} = \dfrac{\underline{U}_1}{\underline{I}_2} \Big|_{\underline{I}_1=0} = \underline{U}_2 \left(\dfrac{\underline{Z}_2}{\underline{Z}_1 + \underline{Z}_2} - \dfrac{\underline{Z}_3}{\underline{Z}_3 + \underline{Z}_4} \right) \Big/ \left(\dfrac{\underline{U}_2}{\underline{Z}_1 + \underline{Z}_2} + \dfrac{\underline{U}_2}{\underline{Z}_3 + \underline{Z}_4} \right) =$

$\dfrac{\underline{Z}_2(\underline{Z}_3 + \underline{Z}_4) - \underline{Z}_3(\underline{Z}_1 + \underline{Z}_2)}{\underline{Z}_1 + \underline{Z}_2 + \underline{Z}_3 + \underline{Z}_4} = \dfrac{\underline{Z}_2\underline{Z}_4 - \underline{Z}_1\underline{Z}_3}{\underline{Z}_1 + \underline{Z}_2 + \underline{Z}_3 + \underline{Z}_4}$

Äquivalente Vorgehensweise liefert:

$\underline{Z}_{21} = \dfrac{\underline{U}_2}{\underline{I}_1} \Big|_{\underline{I}_2=0} = \underline{Z}_{12} = \dfrac{\underline{Z}_2\underline{Z}_4 - \underline{Z}_1\underline{Z}_3}{\underline{Z}_1 + \underline{Z}_2 + \underline{Z}_3 + \underline{Z}_4}$

b) Die Wechselstrombrücke ist unbelastet: $\Rightarrow \underline{I}_2 = 0$.
Es gilt die Vierpolgleichung: $\underline{U}_2 = \underline{Z}_{21}\underline{I}_1 + \underline{Z}_{22}\underline{I}_2 = \underline{Z}_{21}\underline{I}_1 \Rightarrow$
$\underline{U}_2 = 0$ für beliebige $\underline{I}_1$ wenn gilt: $\underline{Z}_{21} = 0 \Rightarrow$
$\underline{Z}_2\underline{Z}_4 = \underline{Z}_1\underline{Z}_3$

c) $\underline{A}_U = \underline{U}_2/\underline{U}_1 \ (= \underline{D}_{21}$ da $\underline{I}_2 = 0)$
$\underline{A}_U = \left(\dfrac{\underline{Z}_4}{\underline{Z}_1 + \underline{Z}_4} - \dfrac{\underline{Z}_3}{\underline{Z}_2 + \underline{Z}_3} \right) = \dfrac{\underline{Z}_2\underline{Z}_4 - \underline{Z}_1\underline{Z}_3}{(\underline{Z}_1 + \underline{Z}_4)(\underline{Z}_2 + \underline{Z}_3)}$

d) $\underline{U}_2(\omega) = 0 \Rightarrow \underline{Z}_2\underline{Z}_4 = \underline{Z}_1\underline{Z}_3 \Rightarrow \underline{Z}_4 = \underline{Z}_1\underline{Z}_3/\underline{Z}_2 = \underline{Z}_3/(\underline{Z}_2\underline{Y}_1) = 2k\Omega - j2\Omega$

Aufgabe 2.19

a) $\underline{U}_1/\underline{U}_2 = \left(R + j\omega L + (\frac{1}{j\omega C} \parallel R)\right) / \left(\frac{1}{j\omega C} \parallel R\right) =$

$1 + (R + j\omega L)/(\frac{1}{j\omega C} \parallel R) = 1 + (R + j\omega L)/\left(\frac{R}{1 + j\omega CR}\right) =$

$2 - \omega^2 LC + j\omega(L/R + CR)$

b) $Re\{\underline{U}_1/\underline{U}_2\} = 0; \; Im\{\underline{U}_1/\underline{U}_2\} > 0$

$2 - \omega_{90}^2 LC = 0 \Rightarrow \omega_{90} = 1,41 \cdot 10^6 \mathrm{s}^{-1}$

Für $\omega > 0$ gilt: $Im\{\underline{U}_1/\underline{U}_2\} > 0 \Rightarrow \underline{U}_1$ eilt $\underline{U}_2$ voraus.

$U_2 = U_1/|j\omega_{90}(L/R + CR)| = \dfrac{10}{\sqrt{2} \cdot |j2,82|} = 2,5\mathrm{V} \; (\Rightarrow \hat{U}_2 = 3,54\mathrm{V})$

c) $-Re\{\underline{U}_1/\underline{U}_2\} = Im\{\underline{U}_1/\underline{U}_2\}$

$-2 + \omega^2 LC = \omega(L/R + CR)$

$\omega^2 - \omega[1/(RC) + R/L] - 2/(LC) = 0$

$\omega^2 - \omega \cdot 2 \cdot 10^6 \mathrm{s}^{-1} - 2 \cdot 10^{12} \mathrm{s}^{-2} = 0$

$\omega_{1,2} = (10^6 \pm \sqrt{3 \cdot 10^{12}})\mathrm{s}^{-1} \Rightarrow$

$\omega_{135} = 2,73 \cdot 10^6 \mathrm{s}^{-1}$ (nur positive Kreisfrequenzen!)

Aufgabe 2.20

a) $\underline{I}_2 = \underline{U}_a j\omega C$

$\underline{U}_C = \underline{U}_a + R\underline{I}_2 = \underline{U}_a(1 + j\omega CR)$

$\underline{I}_1 = \underline{U}_C j\omega C = \underline{U}_a j\omega C(1 + j\omega CR)$

$\underline{I}_e = \underline{I}_1 + \underline{I}_2 = \underline{U}_a j\omega C(2 + j\omega CR)$

$\underline{U}_e = \underline{U}_C + R\underline{I}_e = \underline{U}_a[1 + 3j\omega CR - (\omega CR)^2] \Rightarrow$

$\underline{A}_U = \underline{U}_a/\underline{U}_e = \dfrac{1}{1 + 3j\omega CR - (\omega CR)^2}$

b) $|\underline{A}_U(\omega)| = A_U(\omega) = 1/\sqrt{[1 - (\omega CR)^2]^2 + (3\omega CR)^2}$

$\varphi_{A_U}(\omega) = -\arctan\left(\dfrac{3\omega CR}{1 - (\omega CR)^2}\right)$ für $1 - (\omega CR)^2 > 0$ bzw.

$\varphi_{A_U}(\omega) = -\arctan\left(\dfrac{3\omega CR}{1 - (\omega CR)^2}\right) \pm \pi$ für $1 - (\omega CR)^2 < 0$

$A_U(0) = 1; \; A_U(1/(RC)) = 1/3; \; A_U(\infty) = 0$

$\varphi_{A_U}(0) = 0; \; \varphi_{A_U}(1/(RC)) = -\pi/2; \; \varphi_{A_U}(\infty) = -\pi$

c) $A_U(\omega \ll 1/(RC)) \approx 1; \; A_U(\omega \gg 1/(RC)) \approx 1/(\omega CR)^2 \Rightarrow$ Abbildung 2.114

d) $\omega = 1/(RC) \Rightarrow \underline{U}_e = j3\underline{U}_a; \; \underline{I}_e = \underline{U}_a j \cdot 1/R \cdot (2 + j) = \underline{U}_e \cdot \dfrac{2 + j}{3R}$

$\underline{S} = \underline{U}_e \cdot \underline{I}_e^* = \underline{U}_e \cdot \underline{U}_e^* \cdot \dfrac{2 - j}{3R} = 100 \cdot \dfrac{2 - j}{3R/\Omega}\mathrm{W} \Rightarrow$

$P = Re\{\underline{S}\} = \dfrac{66,666}{R/\Omega}\mathrm{W}$

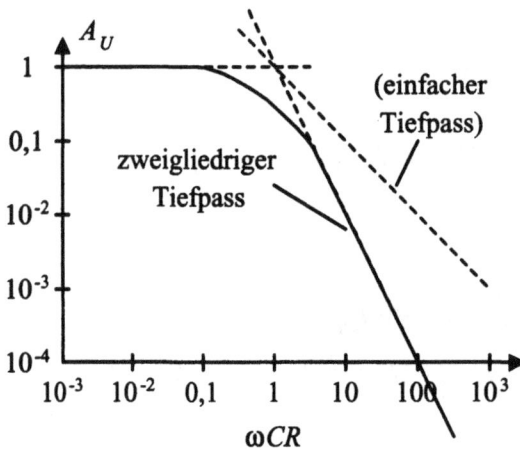

Abb. 2.114: *Verlauf von $A_U(\omega)$*

Aufgabe 2.21

a) Die Ersatzspannungsquelle wurde bereits in Aufgabe 2.16 ermittelt. Es war:
$\underline{Z}_{ie} = (3 + j2)\text{k}\Omega$ und $\underline{U}_{qe} = 7,3\text{V}$.

Leistungsanpassung bei $\underline{Z}_a = \underline{Z}_{ie}^*$
Bei Fehlanpassung gilt im Falle $R_a \neq R_{ie}$: $X_{a_{ges}}$ so wählen, dass $X_{a_{ges}} = -X_{ie}$.
$\Rightarrow X_k = -X_{ie} - X_a = (-2 - 3)\text{k}\Omega = -5\text{k}\Omega \Rightarrow$ Kapazität in Serie!

b) $X_k = -1/(\omega C) \Rightarrow C = -1/(2\pi f X_k) = 200,2\text{nF}$

c) $P_a = I^2 \cdot R_a = R_a \cdot U_q^2/|\underline{Z}_{ie} + \underline{Z}_a + jX_k|^2 = R_a \cdot U_q^2/(R_{ie} + R_a)^2 = 4,16\text{mW}$
   Bemerkung: Keine optimale Wirkleistungsentnahme, da R_a nicht angepasst ist! $P_{aMax} = U_q^2/(4 \cdot R_{ie}) = 4,44\text{mW}$ falls gelten würde: $R_a = R_{ie} = 3\text{k}\Omega$.

Aufgabe 2.22

a) $\underline{Z}_a = \underline{Z}_i^*$ mit $\underline{Z}_i = 1/\underline{Y}_i = (12 + j16)\Omega \Rightarrow$
   $R_a = 12\Omega$ und $X_a = -j16\Omega \Rightarrow C_a = 1/(\omega|X_a|) = 9,95\mu\text{F}$
   Anderer Lösungsansatz: $\underline{Y}_a = \underline{Y}_i^*$

b) $P_{aMax} = U_q^2/(4 \cdot R_i) = |\underline{I}_q\underline{Z}_i|^2/(4 \cdot R_i) = (0,1\text{V})^2/(4 \cdot 12\Omega) = 208\mu\text{W}$
   Anderer Lösungsansatz: $P_{aMax} = I_q^2/(4 \cdot G_i)$

c) X_a ist fest vorgegeben und $X_a \neq -X_i$:
   $R_a = R_a'$ so wählen, dass gilt $R_a' = \sqrt{R_i^2 + (X_a + X_i)^2}$. $\Rightarrow$
   $R_a'(X_a = 0) = \sqrt{R_i^2 + X_i^2} = 20\Omega$

d) $P_{aMax}'(X_a = 0) = R_a' \cdot U_q^2/[(R_i + R_a')^2 + X_i^2] = 156\mu\text{W}$

Aufgabe 2.23

$$Z_i = \sqrt{R_i^2 + X_i^2} = U_{12L}/I_{12K} = 300\Omega$$

$$U_{12L}/I_{12(R_a=300\Omega)} = \frac{U_{12L}}{U_{12(R_a=300\Omega)}/300\Omega} = 500\Omega = \sqrt{(R_i + R_a)^2 + X_i^2} =$$

$$\sqrt{R_i^2 + X_i^2 + 2R_a R_i + R_a^2} = \sqrt{Z_i^2 + 2R_a R_i + R_a^2} \Rightarrow$$

$$(500\Omega)^2 = (300\Omega)^2 + 2(300\Omega)R_i + (300\Omega)^2 \Rightarrow R_i = 116,7\Omega$$

$$X_i = \pm\sqrt{Z_i^2 - R_i^2} = -276,4\Omega$$

($X_i < 0$, da in der black box nur Kondensatoren abgebildet sind!)

$$P_{max} = U_q^2/(4R_i) = (10V)^2/(4 \cdot 116,7\Omega) = 214,3\text{mW}$$

Aufgabe 2.24

Ohne Kompensation: Index 1; Mit Kompensation: Index 2

$\cos\varphi_1 = P/S_1$; $\cos\varphi_2 = P/S_2$ (Es gilt: $P_1 = P_2 = P = U^2/R_p$)

$\tan\varphi_1 = Q_1/P$; $\tan\varphi_2 = Q_2/P$; Mit $Q_1 = U^2 \cdot Im\{-1/(j\omega L_p)\} = U^2 \cdot 1/(\omega L_p)$ und

$Q_2 = U^2 \cdot [1/(\omega L_p) - \omega C_p] \Rightarrow Q_1 - Q_2 = U^2 \omega C_p$

Verminderung der Blindleistung !

$Q_1 - Q_2 = P(\tan\varphi_1 - \tan\varphi_2) = U^2 \omega C_p \Rightarrow$

$C_p = (\tan\varphi_1 - \tan\varphi_2)/(\omega R_p)$ bzw. $C_p = [\tan(\arccos\lambda_1) - \tan(\arccos\lambda_2)]/(\omega R_p)$

Aufgabe 2.25

$$S = P/\cos\varphi_{ui} = P/\lambda = 20\text{kVA}; \quad Q = \sqrt{S^2 - P^2} = 17,3\text{kvar} \Rightarrow$$

$$B_v = -Q/U^2 = -0,327\text{S}$$

Man beachte: $\underline{S} = P + jQ = U^2 \cdot \underline{Y}^* = U^2(G - jB) \Rightarrow Q = -U^2 B$!

Durch Parallelschalten eines Kompensationsblindwiderstandes verändert sich die Blind- und Scheinleistung, nicht aber die Wirkleistung! $\Rightarrow$

$Q' = P \cdot \tan(\arccos\lambda') = 6,2\text{kvar} \Rightarrow B_k + B_v = -Q'/U^2 = -0,117\text{S}$

$B_k = 0,21\text{S} \Rightarrow C_k = B_k/\omega = 669\mu\text{F}$

$(S' = \sqrt{P^2 + Q'^2} = 11,77\text{kVA})$

$$\frac{P_{ltg} - P'_{ltg}}{P_{ltg}} \approx 1 - \frac{R_{ltg} \cdot I_w^2/\cos^2\varphi'_{ui}}{R_{ltg} \cdot I_w^2/\cos^2\varphi_{ui}} = 1 - \cos^2\varphi_{ui}/\cos^2\varphi'_{ui} = 0,654 \Rightarrow$$

Die Leitungsverluste sinken durch Kompensation um 65,4%.

Hinweis: Vollständige Kompensation bei $\cos\varphi'_{ui} = 1 \Rightarrow$
Reduktion der Leitungsverluste bei vollständiger Kompensation um 75%.

Aufgabe 2.26

$$\underline{Z} = R + j[\omega L - 1/(\omega C)]$$

Aus $f(\varphi_Z = 0°) = 120\text{kHz} = f_0 = \omega_0/(2\pi)$ und $L = 3\text{mH}$ folgt mit $\omega_0 = 1/\sqrt{LC}$:
$C = 586,3\text{pF}$.

Aus $f(Re\{\underline{Z}\} = |Im\{\underline{Z}\}|) = 150\text{kHz} = f_{go}$ folgt:

$R = |2\pi f_{go} L - 1/(2\pi f_{go}C)| = 1018\Omega$

$Q = \omega_0 L/R = 2,22$

$\Delta\omega = \omega_0/Q = 3,396 \cdot 10^5 \text{s}^{-1} \Rightarrow \Delta f = f_0/Q = 54,05\text{kHz}$

Aufgabe 2.27

a) $P(\omega = \omega_0) = P_0 = R \cdot U_q^2/(R_i + R)^2 \Rightarrow$

$R^2 + R(2R_i - U_q^2/P_0) + R_i^2 = 0 \Rightarrow R_{1/2} = 450\Omega \pm \sqrt{(450\Omega)^2 - 2500\Omega^2}$

$R_1 = 897, 2\Omega; R_2 = 2,786\Omega$

Mit $Q = \omega_0 L/R = 1/(\omega_0 CR)$ folgt:

$L_1 = 7,1\text{H}; L_2 = 22,17\text{mH}; C_1 = 3,547\text{nF}; C_2 = 1,143\mu\text{F}.$

b) $f_{go} = \dfrac{f_0}{2Q}(1 + \sqrt{1 + 4Q^2}) = 1010,05\text{Hz}$

$f_{gu} = \dfrac{f_0}{2Q}(-1 + \sqrt{1 + 4Q^2}) = 990,05\text{Hz}$

c) Phasenverschiebung $\pm 45°$ der Gesamtschaltung $\Rightarrow$

$f = f_{go}(\text{mit}R_i)$ und $f = f_{gu}(\text{mit}R_i)$.

Güte der Gesamtschaltung: $Q' = \omega_0 L/(R + R_i)$

$Q_1' = \omega L_1/(R_1 + R_i) = 47,36; Q_2' = \omega L_2/(R_2 + R_i) = 2,64$

$f'_{go1} = \dfrac{f_0}{2Q_1'}(1 + \sqrt{1 + 4Q_1'^2}) = 1010,61\text{Hz}$

$f'_{gu1} = \dfrac{f_0}{2Q_1'}(-1 + \sqrt{1 + 4Q_1'^2}) = 989,50\text{Hz}$

$f'_{go2} = \dfrac{f_0}{2Q_2'}(1 + \sqrt{1 + 4Q_2'^2}) = 1207,17\text{Hz}$

$f'_{gu2} = \dfrac{f_0}{2Q_2'}(-1 + \sqrt{1 + 4Q_2'^2}) = 828,38\text{Hz}$

d) Maximale Spannungsüberhöhung in etwa bei Resonanz (vgl. Abbildung 2.36 auf Seite 150) $\Rightarrow U_C = Q \cdot U_q \dfrac{R}{R_i + R}$

$U_{C1} = 50 \cdot 10\text{V}\dfrac{897,2\Omega}{50\Omega + 897,2\Omega} = 473,6\text{V} \Rightarrow \hat{U}_{C1} = U_{C1}\sqrt{2} = 670\text{V}$

$U_{C2} = 50 \cdot 10\text{V}\dfrac{2,8\Omega}{50\Omega + 2,8\Omega} = 26,5\text{V} \Rightarrow \hat{U}_{C2} = U_{C2}\sqrt{2} = 37,3\text{V}$

Aufgabe 2.28

Y minimal bei Resonanz: $\Rightarrow$ Parallelschwingkreis!

$f_{0max} = 1/(2\pi\sqrt{LC_{min}}); f_{0min} = 1/(2\pi\sqrt{LC_{max}}) \Rightarrow$

$\dfrac{f_{0max}}{f_{0min}} = 3 = \dfrac{\sqrt{C_{max}}}{\sqrt{C_{min}}} \Rightarrow \dfrac{C_{max}}{C_{min}} = 9$

a) Verkleinerung des Kapazitäts-Variationsbereiches auf 9 durch:

- Parallelschalten von C_1: $\dfrac{600\text{pF} + C_1}{60\text{pF} + C_1} = 9 \Rightarrow C_1 = 7,5\text{pF}$

- Reihenschaltung von C_2: $\dfrac{(600\text{pF} \cdot C_2)/(600\text{pF} + C_2)}{(60\text{pF} \cdot C_2)/(60\text{pF} + C_2)} = 9 \Rightarrow C_2 = 4,8\text{nF}$

b) - Mit C_1: $L_1 = \dfrac{1}{(2\pi f_{max})^2(60\text{pF} + C_1)} = 4,169\text{mH}$

- Mit C_2: $L_2 = \dfrac{1}{(2\pi f_{max})^2(60\text{pF} \cdot C_2)/(60\text{pF} + C_2)} = 4,749\text{mH}$

Aufgabe 2.29

a) $R = P/I^2 = 200\Omega$

$\Delta\omega = \omega_0 \cdot d = \dfrac{1}{\sqrt{LC}} \cdot \dfrac{\sqrt{L/C}}{R} = 1/(RC) \Rightarrow C = 50\text{nF}$

$\underline{Z}_p = \dfrac{R}{1 + jQv} \Rightarrow Re\{\underline{Z}_p\} = \dfrac{R}{1 + Q^2v^2} \Rightarrow$

$P(v = 2) = I^2 \cdot \dfrac{R}{1 + 4Q^2} = P(v = 0)/5 = I^2 \cdot \dfrac{R}{5} \Rightarrow Q = 1$

$d = 1/Q = 1$

$Q = R/\sqrt{L/C} = 1 \Rightarrow L = 2\text{mH}$

$\omega_0 = 1/\sqrt{LC} = 10^5\text{s}^{-1}$

b) $\hat{I}_L/\hat{I} = |\underline{Z}_p|/(\omega L) = \dfrac{1}{\omega L\sqrt{1/R^2 + [\omega C - 1/(\omega L)]^2}}$

$\hat{I}_L/\hat{I}(\omega = 0) = 1; \hat{I}_L/\hat{I}(\omega_0) = R/(\omega_0 L); \hat{I}_L/\hat{I}(\omega_0 \to \infty) = 0$

Aufgabe 2.30

Lösung siehe Abbildung 2.115

Schaltung $\underline{Z}$-Ebene $\underline{Y}$-Ebene   Schaltung $\underline{Y}$-Ebene $\underline{Z}$-Ebene

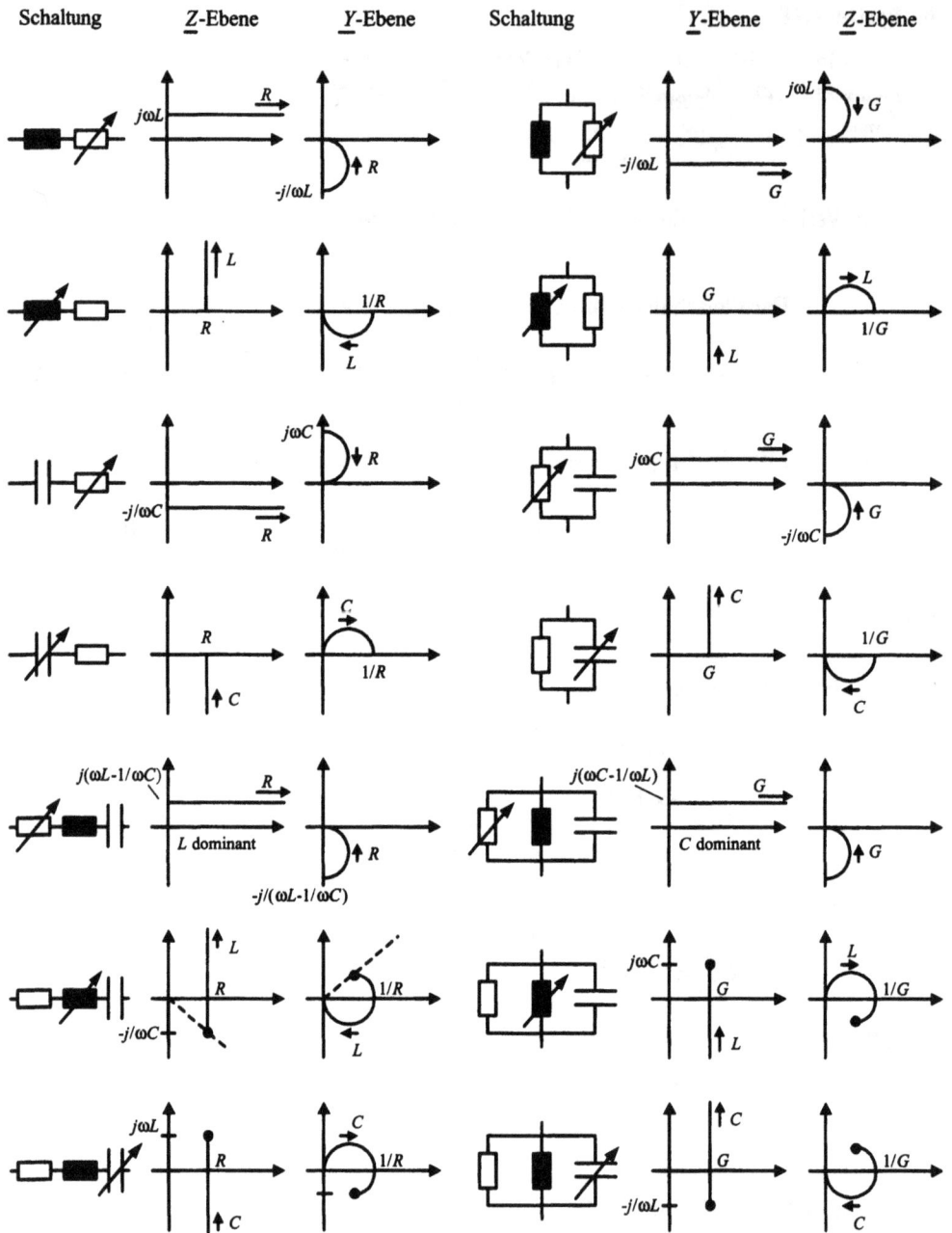

Abb. 2.115: *Ortskurven*

Aufgabe 2.31

Lösung siehe Abbildung 2.116
Ortskurve in der Z-Ebene nur im IV Quadranten ⇒
In der Schaltung sind nur Widerstände und Kondensatoren als Bauteile vorhanden.
Reihenschaltung eines 50Ω-Widerstandes verschiebt Halbkreis nach rechts.
$C = 1/(2\pi f_g 150\Omega) = 53\text{nF}$
Als zweite Möglichkeit gibt es noch die duale Struktur (nicht duale Schaltung).
Bei der dualen Struktur wird aus einer Parallelschaltung eine Reihenschaltung und umgekehrt.
$\omega = 0 \Rightarrow 200\Omega$ liegen parallel; $\omega \to \infty \Rightarrow 200\Omega \parallel R = 50\Omega \Rightarrow R = 66,7\Omega$
$\underline{Z}(f = 20\text{kHz}) = (125 - j75)\Omega \Rightarrow \underline{Y}(f = 20\text{kHz}) = (5,88 + j3,53)\text{mS}$
$\underline{Y}_{Reihe}(f = 20\text{kHz}) = (0,88 + j3,53)\text{mS} \Rightarrow \underline{Z}_{Reihe}(f = 20\text{kHz}) = (66,7 - j267)\Omega \Rightarrow$
$C = 1/(\omega \cdot 267\Omega) = 30\text{nF}$

Vollkreis in der Z-Ebene ⇒
Parallelschwingkreis mit vorgeschaltetem 1kΩ Widerstand ⇒ $R_p = 99\text{k}\Omega$.
$f_{go} = f_0^2/f_{gu} = 1,0526\text{MHz}; \triangle f = f_{go} - f_{gu} = f_0/Q \Rightarrow Q = 9,74$
$L_p = R_p/(\omega_0 \cdot Q) = 1,62\text{mH}; C_p = Q/(\omega_0 \cdot R_p) = 15,66\text{pF}$
Die duale Struktur (Reihenschwingkreis und Parallelwiderstand) hat die gleiche Kurvenform, aber eine andere Frequenzabhängigkeit.

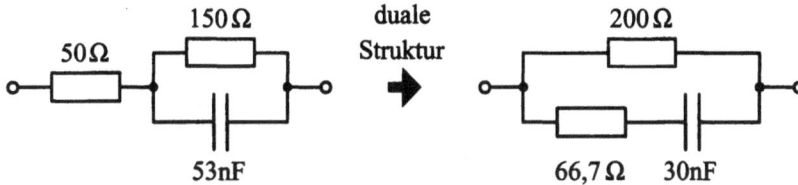

Aufgabe a)

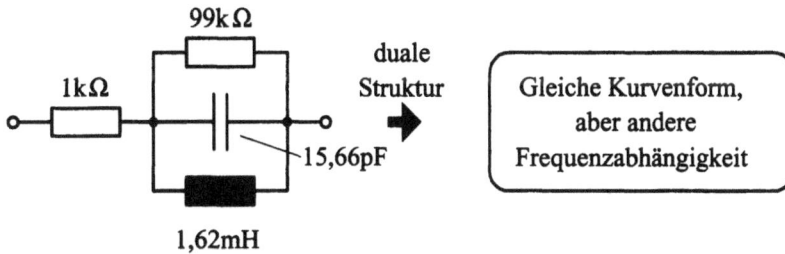

Aufgabe b)

Abb. 2.116: Schaltungen

Aufgabe 2.32

$\sin\varphi_{max} = r/(1\text{k}\Omega + r) = 78,6°$ (mit $r = 99\text{k}\Omega/2$)
Lösung vgl. Abbildung 2.117

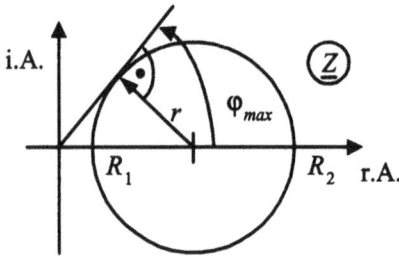

Abb. 2.117: *Berechnung des maximalen Winkels*

Aufgabe 2.33

Lösung siehe Abbildung 2.118

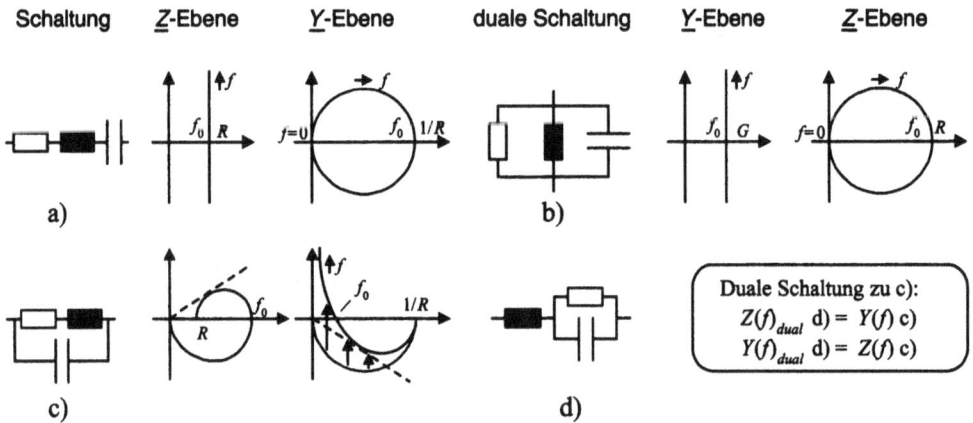

Abb. 2.118: *Schaltungen und Ortskurven*

Aufgabe 2.34

Lösung siehe Abbildung 2.119
Rechengang zu Schaltung 1):
$$\frac{\underline{U}_a}{\underline{U}_e} = \frac{1\text{k}\Omega}{10\text{k}\Omega + j\omega C \cdot 9(\text{k}\Omega)^2} \Rightarrow f_g = \frac{10\text{k}\Omega}{2\pi C \cdot 9(\text{k}\Omega)^2} = 176,8\text{kHz}$$

Eine gute Näherungslösung zu Schaltung 2) erhält man aus folgender Überlegung:
Grenzfrequenz erster Tiefpass: $f_{g1} = 1/(2\pi \cdot 1\text{k}\Omega \cdot 159\text{nF}) = 10^3\text{Hz}$; $f_{g2} = 10^6\text{Hz}$
Der zweite Tiefpass stellt für den Ausgang des ersten Tiefpasses eine vernachlässigbar kleine Last dar. $\Rightarrow$
Beide Tiefpässe können in guter Näherung getrennt voneinander betrachtet werden!

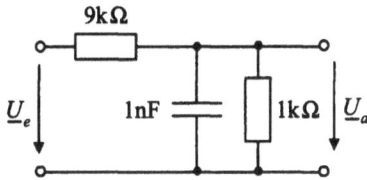

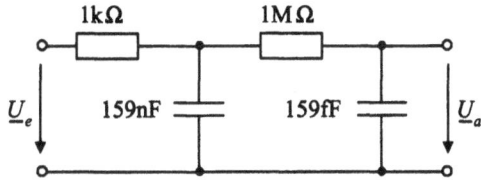

1)   2)

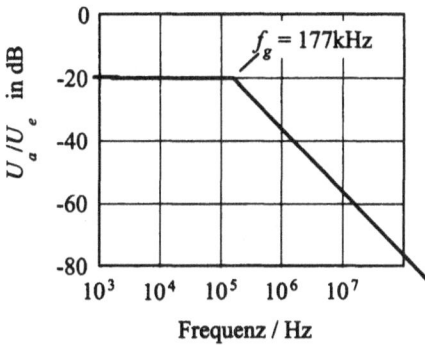

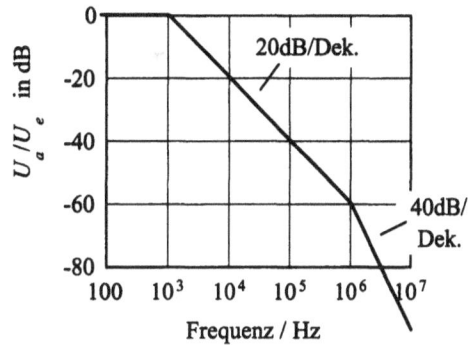

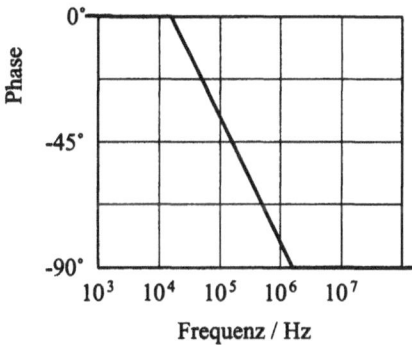

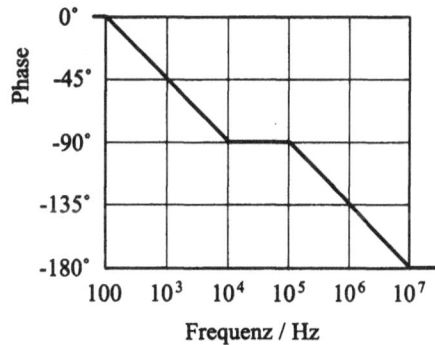

1)   2)

Abb. 2.119: *Bode-Diagramme*

Aufgabe 2.35

a) Symmetrischer Generator: $\Rightarrow \sum_{i=1}^{3} \underline{U}_{qi} = 0$
   Symmetrische Last: $\Rightarrow \underline{U}_0 = 0 \Rightarrow \underline{U}_i = \underline{U}_{qi}$
   $\underline{I}_1 = \underline{U}_{q1}/\underline{Z}_1 = (3,68 - j2,76)\text{A}$
   $\underline{I}_2 = \underline{U}_{q2}/\underline{Z}_2 = (-4,23 - j1,807)\text{A}$
   $\underline{I}_3 = \underline{U}_{q3}/\underline{Z}_3 = (0,55 + j4,567)\text{A}$
   $I_1 = I_2 = I_3 = I = 4,6\text{A}$

b) $P = 3 \cdot I^2 R = 3 \cdot (4,6\text{A})^2 \cdot 40\Omega = 2,54\text{kW}$

$Q = 3 \cdot I^2 X = 3 \cdot (4,6\text{A})^2 \cdot 30\Omega = 1,904\text{kvar}$

c) $\underline{Z}_1 \to \infty \Rightarrow \underline{Y}_1 = 0$

$\underline{Y}_2 = \underline{Y}_3 = \underline{Y}$

$\underline{Y}_0 = 0$ (Dreiphasensystem!)

c1) $\underline{U}_0' = \dfrac{\underline{U}_{q1}\underline{Y}_1 + \underline{U}_{q2}\underline{Y}_2 + \underline{U}_{q3}\underline{Y}_3}{\underline{Y}_0 + \underline{Y}_1 + \underline{Y}_2 + \underline{Y}_3} = \dfrac{\underline{U}_{q2} + \underline{U}_{q3}}{2} = -115\text{V}$

c2) $\underline{I}_2' = \underline{U}_2'/\underline{Z} = (\underline{U}_{q2} - \underline{U}_0')/\underline{Z} =$

$[-115 - j\sqrt{3} \cdot 115 - (-115)]\text{V}/(40 + j30)\Omega = (-2,390 - j3,187)\text{A}$

$\underline{I}_3' = \underline{U}_3'/\underline{Z} = (\underline{U}_{q3} - \underline{U}_0')/\underline{Z} =$

$[-115 + j\sqrt{3} \cdot 115 - (-115)]\text{V}/(40 + j30)\Omega = (2,390 + j3,187)\text{A}$

c3) $P = 2 \cdot (I_2')^2 R = 1,27\text{kW}$ (da $I_2' = I_3'$)

$Q = 2 \cdot (I_2')^2 X = 952\text{var}$

Aufgabe 2.36

a) Der Schalter S im Nullleiter ist geschlossen:

a1) $\underline{U}_0 = \dfrac{\underline{U}_{q1}/R_1 + \underline{U}_{q2}/R_2 + \underline{U}_{q3}/R_3}{1/R_0 + 1/R_1 + 1/R_2 + 1/R_3} =$

$\dfrac{230/20 + 230(-0,5 - j0,866)/10 + 230(-0,5 + j0,866)/10}{1/2 + 1/20 + 1/10 + 1/10}\text{V} = -15,33\text{V}$

a2) $\underline{U}_1 = \underline{U}_{q1} - \underline{U}_0 = 245,33\text{V}$

$\underline{U}_2 = \underline{U}_{q2} - \underline{U}_0 = (-99,67 - j199)\text{V}$

$\underline{U}_3 = \underline{U}_{q3} - \underline{U}_0 = (-99,67 + j199)\text{V}$

a3) $\underline{I}_1 = \underline{U}_1/R_1 = 12,27\text{A}$

$\underline{I}_2 = (-9,97 - j19,9)\text{A}$

$\underline{I}_3 = (-9,97 + j19,9)\text{A}$

$\underline{I}_0 = \underline{U}_0/R_0 = -7,67\text{A} \ (= \sum_{i=1}^{3} \underline{I}_i)$

a4) $\underline{S} = \underline{U}_{q1}\underline{I}_1^* + \underline{U}_{q2}\underline{I}_2^* + \underline{U}_{q3}\underline{I}_3^* =$

$[2,82 + (5,11 - j0,3) + (5,11 + j0,3)]\text{kVA} = 13,05\text{kW}$

Hinweis: Es gilt natürlich:

$\underline{S} = \underline{U}_{q1}\underline{I}_1^* + \underline{U}_{q2}\underline{I}_2^* + \underline{U}_{q3}\underline{I}_3^* = \underline{U}_1\underline{I}_1^* + \underline{U}_2\underline{I}_2^* + \underline{U}_3\underline{I}_3^* + \underline{U}_0\underline{I}_0^*$

b) Der Schalter S im Nullleiter ist offen: $\Rightarrow \underline{I}_0' = 0; \underline{Y}_0' = 0; \underline{R}_0' \to \infty$

b1) $\underline{U}_0' = \dfrac{\underline{U}_{q1}/R_1 + \underline{U}_{q2}/R_2 + \underline{U}_{q3}/R_3}{1/R_0' + 1/R_1 + 1/R_2 + 1/R_3} =$

$\dfrac{230/20 + 230(-0,5 - j0,866)/10 + 230(-0,5 + j0,866)/10}{0 + 1/20 + 1/10 + 1/10}\text{V} = -46\text{V}$

b2) $\underline{U}_1' = \underline{U}_{q1} - \underline{U}_0' = 276\text{V}$

$\underline{U}_2' = \underline{U}_{q2} - \underline{U}_0' = (-69 - j199)\text{V}$

$\underline{U}_3' = \underline{U}_{q3} - \underline{U}_0' = (-69 + j199)\text{V}$

b3) $\underline{I}_1' = \underline{U}_1'/R_1 = 13,8\text{A}$
$\underline{I}_2' = (-6,9 - j19,9)\text{A}$
$\underline{I}_3' = (-6,9 + j19,9)\text{A}$
$\underline{I}_0' = 0\text{A}$

b4) $\underline{S} = \underline{U}_{q1}'\underline{I}_1'^* + \underline{U}_{q2}'\underline{I}_2'^* + \underline{U}_{q3}'\underline{I}_3'^* = 12,7\text{kW}$

Aufgabe 2.37

a) $M = k\sqrt{L_1 L_2} \Rightarrow k = \omega M/\sqrt{\omega L_1 \cdot \omega L_2} = 0,894$

b) Leerlauf: $\underline{Z}_a \to \infty; \ I_2 = 0$
1. Trafogleichung:
$\underline{U}_1 = (R_1 + j\omega L_1)\underline{I}_1 + j\omega M \underline{I}_2 \Rightarrow$ mit $\underline{I}_2 = 0$
$\underline{Z}_e = \underline{U}_1/\underline{I}_1 = R_1 + j\omega L_1 = (5 + j25)\Omega; \ \underline{I}_1 = \underline{U}_1/\underline{Z}_e = (1 - j5)\text{A}$
Aus 2. Trafogleichung:
$\underline{U}_2 = j\omega M \underline{I}_1 + j\omega L_2 \underline{I}_2 \Rightarrow$ mit $\underline{I}_2 = 0$
$\underline{U}_2 = j\omega M \underline{I}_1 = (200 + j40)\text{V}$
$\underline{S} = \underline{U}_1 \cdot \underline{I}_1^* = (130 + j650)\text{W}; \ P = 130\text{W}; \ Q = 650\text{W}$

c) Es gilt: $\underline{Z}_e = \dfrac{\underline{U}_1}{\underline{I}_1} = (R_1 + j\omega L_1) + \dfrac{\omega^2 M^2}{\underline{Z}_a + j\omega L_2} = (25 + j25)\Omega$
Man beachte: $\underline{Z}_M^2 = (j\omega M)^2 = -\omega^2 M^2!$

d) Mit $\underline{Z}_a = R_a - j/(\omega C_a)$ folgt nun:
$\underline{Z}_e = (R_1 + j\omega L_1) + \dfrac{\omega^2 M^2}{R_a - j/(\omega C_a) + j\omega L_2} = (R_1 + j\omega L_1) + \dfrac{\omega^2 M^2}{R_a + jv}$
mit $v = \omega L_2 - 1/(\omega C_a)$
$\underline{Z}_e = (R_1 + j\omega L_1) + \dfrac{\omega^2 M^2 R_a - j\omega^2 M^2 v}{R_a^2 + v^2}$
$\text{Im}\{\underline{Z}_e\} = \omega L_1 - \dfrac{\omega^2 M^2 v}{R_a^2 + v^2} = 0 \Rightarrow$
$v^2 - (\omega M^2/L_1)v + R_a^2 = 0$
$v_{1,2} = \dfrac{\omega M^2}{2L_1} \pm \sqrt{\dfrac{\omega^2 M^4}{4L_1^2} - R_a^2}$
$v_{1,2} = (32 \pm \sqrt{32^2 - 20^2})\Omega = (32 \pm 25)\Omega$
$v_1 = 57\Omega; \ v_2 = 7\Omega$
$1/(\omega C_{a1}) = \omega L_2 - v_1 = 23\Omega; \ 1/(\omega C_{a2}) = \omega L_2 - v_2 = 73\Omega$

Aufgabe 2.38

a) $\underline{U}_1 = \underline{U}_2 = \underline{U}$
Trafogleichungen:
$$\underline{U} = (R_1 + j\omega L_1)\underline{I}_1 + j\omega M\underline{I}_2$$
$$\underline{U} = j\omega M\underline{I}_1 + (R_2 + j\omega L_2)\underline{I}_2$$
2. Trafogleichung nach $\underline{I}_2$ auflösen und in 1. Trafogleichung einsetzen liefert:
$$\underline{I}_1 = \underline{U}\frac{R_2 + j(\omega L_2 - \omega M)}{(R_1 + j\omega L_1)(R_2 + j\omega L_2) + \omega^2 M^2} = (6 - j6)\text{A}$$
Aus 1. Trafogleichung:
$$\underline{I}_2 = \frac{\underline{U} - (R_1 + j\omega L_1)\underline{I}_1}{j\omega M} = (-1,5 - j1,5)\text{A}$$

b) $\underline{Y}_e = \underline{I}_e/\underline{U}_1 = (\underline{I}_1 + \underline{I}_2)/\underline{U}_1 = (75 - j125)\text{mS}$

c) $P_1 = |\underline{I}_1|^2 \cdot R_1 = 216\text{W}$
$P_2 = |\underline{I}_2|^2 \cdot R_2 = 54\text{W}$

d) $\underline{S} = \underline{U}_1 \cdot \underline{I}_e^* = \underline{U}_1 \cdot (\underline{I}_1 + \underline{I}_2)^* = (270 + j450)\text{W}$
Bemerkung: Die Wirkleistung $P = 270\text{W}$ wird in den beiden Widerständen R_1 und R_2 umgesetzt.
Aber: $Q_{ges} \neq Q(L_1) + Q(L_2)$, da auch in M Blindleistung vorhanden ist!

e) Jetzt gilt: $\underline{U}_1 = -\underline{U}_2 = \underline{U} \Rightarrow$
$$\underline{I}_1 = \underline{U}\frac{R_2 + j(\omega L_2 + \omega M)}{(R_1 + j\omega L_1)(R_2 + j\omega L_2) + \omega^2 M^2} = (14 - j6)\text{A}$$
$$\underline{I}_2 = \frac{\underline{U} - (R_1 + j\omega L_1)\underline{I}_1}{j\omega M} = (-6,5 + j1,5)\text{A}$$
$\underline{Y}_e = (341,7 - j125)\text{mS}$
$P_1 = 696\text{W}; P_2 = 534\text{W}$
$\underline{S} = (1230 + j450)\text{W}$

3 Nichtsinusförmige Vorgänge

3.1 Einführung

Aufgabenstellung

Die Kapitel 1 und 2 beschreiben die Grundlagen zur

- Berechnung von Gleichstromschaltungen sowie

- Analyse von Wechselstromschaltungen im eingeschwungenem Zustand bei sinusförmiger Anregung.

Zur Komplettierung deterministischer Signale werden in Kapitel 3 zeitvariante, nichtsinusförmige Signale betrachtet und Lösungsansätze zur Analyse linearer Schaltungen vorgestellt. Man unterscheidet, wie aus Abbildung 2.1 auf Seite 105 ersichtlich, zwischen periodischen, nichtsinusförmigen Größen und nicht periodischen Größen.

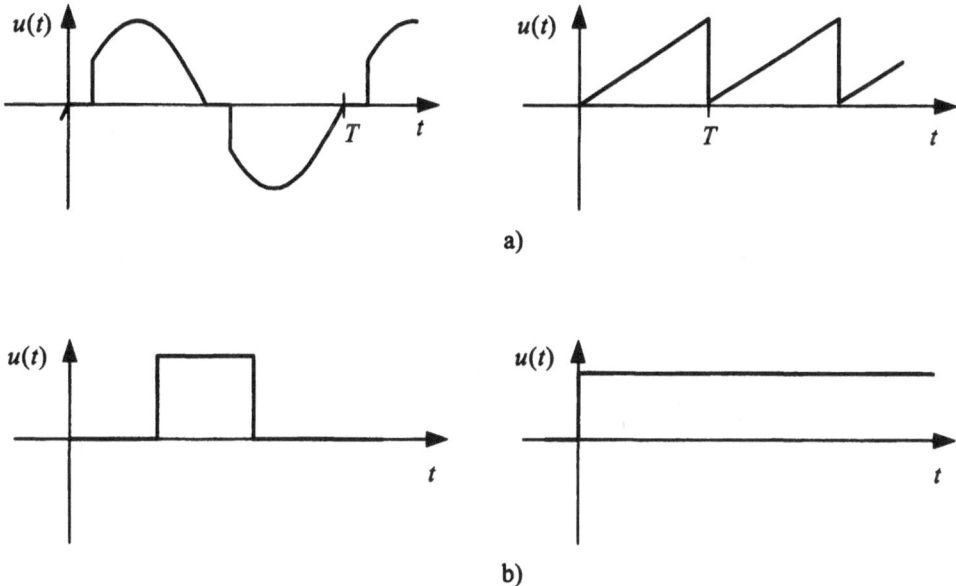

a)

b)

Abb. 3.1: *a) Periodische, nichtsinusförmige und b) nicht periodische Wechselgrößen*

Abbildung 3.1a) zeigt zwei periodische, nichtsinusförmige Spannungsverläufe (sinusförmige Welchselspannung mit Phasenanschnittsteuerung und Sägezahnspannung) und 3.1b) zwei nicht periodische Spannungssignale (Einzelimpuls und Einschalten einer Gleichspannung).

Lösungsansatz

Schaltungen, die mit sinusförmigen Wechselquellen ein und derselben Frequenz betrieben werden, lassen sich mit Hilfe der komplexen Rechnung relativ einfach analysieren.

Die wesentlichen Vorteile der komplexen Rechnung sind:

- Bei der Multiplikation zweier komplexer Größen ergibt sich der Nullphasenwinkel aus der Summe der jeweiligen Winkel der Einzelgrößen, also z.B.:
$\hat{U} = \hat{I} \cdot Z = \hat{I} \cdot e^{j\varphi_i} \cdot Z \cdot e^{j\varphi_z} = \hat{I} \cdot Z \cdot e^{j(\varphi_i + \varphi_z)}$.

- Aus linearen Differentialgleichungen werden algebraische, lineare Gleichungen, wie z.B.:
$$\underline{u}_L(t) = L \cdot \frac{di_L(t)}{dt} = j\omega L \cdot \underline{i}_L(t).$$

Allgemein gelten folgende Gesetze:

Zeitverlauf sinusförmig	Zeitverlauf beliebig
Bauelementegleichungen	
$\underline{U}_R = R \cdot \underline{I}_R$	$u_R(t) = R \cdot i_R(t)$
$\underline{U}_L = j\omega L \cdot \underline{I}_L$	$u_L(t) = L \cdot \dfrac{di_L(t)}{dt}$
$\underline{I}_C = j\omega C \cdot \underline{U}_C$	$i_C(t) = C \cdot \dfrac{du_C(t)}{dt}$
Kirchhoff'sche Gleichungen	
$\displaystyle\sum_{n=1}^{m} \underline{U}_n = 0$	$\displaystyle\sum_{n=1}^{m} u_n(t) = 0$
$\displaystyle\sum_{n=1}^{k} \underline{I}_n = 0$	$\displaystyle\sum_{n=1}^{k} i_n(t) = 0$

Wie die Aufstellung zeigt, kann jede Schaltung, unabhängig vom Zeitverlauf der Anregung, grundsätzlich durch Differentialgleichungen beschrieben werden. Dies ist jedoch in der Regel sehr rechenaufwendig.

Daher möchte man die Vorteile der komplexen Rechnung, nämlich aus Differentialgleichungen algebraische Gleichungen zu machen, auch für Schaltungen mit beliebigem Zeitverlauf nutzen. Voraussetzung hierfür ist die Linearität von Schaltungen.

Linearität von Schaltungen

Die Grundbauelemente Ohm'scher Widerstand, Kondensator und Spule sind linear, wenn ihre Werte für R, C und L strom- und spannungsunabhängig sind. In diesem Fall können Ströme und Spannungen unterschiedlicher Frequenz gleichzeitig und unabhängig voneinander in Schaltungen geführt werden. Dieses Gesetz nennt man lineares Überlagerungsgesetz.

Folge des Überlagerungssatzes

Beliebige Zeitvorgänge können mit der komplexen Rechnung beschrieben werden, da sich nach Fourier (1768–1830)

- periodische Vorgänge als unendliche Summe von Sinus- und Cosinusfunktionen der Grundfrequenz und ganzzahlig Vielfache davon darstellen lassen und

- nicht periodische Vorgänge als Integral über alle unendlich dicht liegenden Frequenzanteile von Sinus- und Cosinusfunktionen beschreibbar sind.

Beispiel 3.1

Der zeitliche Verlauf der Kondensatorspannung $u_C(t)$ eines einfachen RC-Tiefpasses (Abbildung 3.2) ist zu berechnen, wenn am Eingang die Spannungen

a) $u(t) = 5\text{V}$,

b) $u(t) = 5\text{V} \cdot \sin(\omega t)$ mit $\omega = 10^3\text{s}^{-1}$ bzw.

c) $u(t) = 5\text{V} \cdot [\sin(\omega t) + \dfrac{1}{3}\cos(3\omega t) + \dfrac{1}{5}\sin(5\omega t + 10°)]$ mit $\omega = 10^3\text{s}^{-1}$

anliegen.

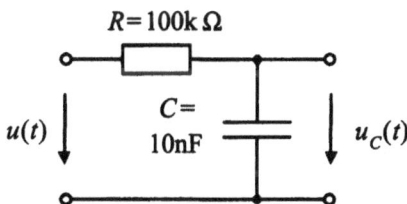

Abb. 3.2: Einfacher RC-Tiefpass

Lösung:

a) $u_a(t) = 5\text{V}$
   Der Kondensator wird über den Widerstand R auf die angelegte Gleichspannung 5V aufgeladen.

b) Sinusförmiger Vorgang ⇒ komplexe Rechnung:
$$\hat{U} = 5\text{V} \cdot e^{j0°} = 5\text{V}; \quad \frac{\hat{U}_C}{\hat{U}} = \frac{1/(j\omega C)}{1/(j\omega C) + R} = \frac{1}{1 + j\omega CR} = \frac{1}{1+j} = \frac{1}{\sqrt{2}} \cdot e^{-j45°}$$
$$\Rightarrow \hat{U}_C = (5/\sqrt{2})\text{V} \cdot e^{-j45°} \text{ bzw. } u_C(t) = (5/\sqrt{2})\text{V} \cdot \sin(\omega t - 45°)$$

c) Alle drei sinusförmigen Spannungen unterschiedlicher Frequenz werden getrennt betrachtet und überlagert:

1) $u_1(t) = 5\text{V} \cdot \sin(\omega t)$: $\Rightarrow$ Rechnung analog zu Teilaufgabe b) $\Rightarrow$
$u_{C1}(t) = (5/\sqrt{2})\text{V} \cdot \sin(\omega t - 45°)$

2) $u_2(t) = 5\text{V} \cdot \dfrac{1}{3} \cdot \cos(3\omega t)$:

$\hat{\underline{U}}_2 = \dfrac{5}{3}\text{V} \cdot e^{j0°} = \dfrac{5}{3}\text{V}$ (bezüglich einer Cosinusfunktion!)

$\dfrac{\hat{\underline{U}}_{C2}}{\hat{\underline{U}}_2} = \dfrac{1}{1 + j\omega CR} = \dfrac{1}{1 + 3j} = \dfrac{1}{\sqrt{10}} \cdot e^{-j71,6°}$

Achtung! Hier gilt $\omega = 3 \cdot 10^3 \text{s}^{-1}$. $\Rightarrow$

$\hat{\underline{U}}_{C2} = \dfrac{5}{3\sqrt{10}}\text{V} \cdot e^{-j71,6°}$ bzw. $u_{C2}(t) = \dfrac{5}{3\sqrt{10}}\text{V} \cdot \cos(3\omega t - 71,6°)$

3) $u_3(t) = 1\text{V} \cdot \sin(5\omega t + 10°)$:

$\hat{\underline{U}}_3 = 1\text{V} \cdot e^{j10°}$

$\dfrac{\hat{\underline{U}}_{C3}}{\hat{\underline{U}}_3} = \dfrac{1}{1 + j\omega CR} = \dfrac{1}{1 + 5j} = \dfrac{1}{\sqrt{26}} \cdot e^{-j78,7°}$

Achtung! Hier gilt $\omega = 5 \cdot 10^3 \text{s}^{-1}$. $\Rightarrow$

$\hat{\underline{U}}_{C3} = \dfrac{1}{\sqrt{26}}\text{V} \cdot e^{j(10° - 78,7°)} = \dfrac{1}{\sqrt{26}}\text{V} \cdot e^{-j68,7°}$ bzw.

$u_{C3}(t) = \dfrac{1}{\sqrt{26}}\text{V} \cdot \sin(5\omega t - 68,7°)$

Überlagerung:
$u_C(t) = u_{C1}(t) + u_{C2}(t) + u_{C3}(t)$

3.2 Nichtsinusförmige, periodische Vorgänge

Dieser Abschnitt beschreibt die Vorgehensweise bei der Berechnung von Schaltungen bei periodischer, nichtsinusförmiger Anregung durch Strom- und/oder Spannungsquellen mit Hilfe von Fourier-Reihen. Wichtige Kenngrößen, wie die Welligkeit und der Klirrfaktor, werden angesprochen und der Einfluss nichtlinearer Bauelemente auf die Schaltungseigenschaften erklärt.

3.2.1 Einleitung

Jede periodische Funktion der Form $f(t) = f(t \pm k \cdot T)$ mit $k = 0, 1, 2, 3, ...\infty$ und der Periodendauer T kann exakt durch eine unendliche Reihe trigonometrischer Funktionen der Form

$$a_n \cdot \cos(n\omega_1 t) \quad \text{und} \quad b_n \cdot \sin(n\omega_1 t) \qquad (n = 0, 1, 2, 3, ...\infty)$$

beschrieben werden. Die Größe $\omega_1 = 2\pi/T$ heißt Grundkreisfrequenz.

Periodendauer, Grundschwingung

Setzt sich eine periodische, nichtsinusförmige Funktion aus einer Summe mehrerer periodischer Signale zusammen, muss zunächst die Periodendauer T ermittelt werden.

Beispiel 1:
Gegeben ist ein aus zwei sinusförmigen Funktionen zusammengesetztes Signal

$$f(t) = \sin(2\pi f t) + 0,5\sin(2\pi(3f)t) \ .$$

In diesem Beispiel ist sofort ersichtlich, dass $\sin(2\pi f t)$ die Grundschwingung mit der Grundfrequenz f und $0,5\sin(2\pi(3f)t)$ eine Oberschwingung mit der dreifachen Grundfrequenz der Funktion $f(t)$ darstellt.

Beispiel 2:
Gegeben ist die Funktion

$$f(t) = \sin(2\pi \cdot 1200\text{Hz} \cdot t) + \sin(2\pi \cdot 2700\text{Hz} \cdot t + 180°) \ .$$

Gesucht ist die Periodendauer T der Funktion $f(t)$.

Lösung:
Bei der Ermittlung der Periodendauer T einer Funktion $f(t)$, die aus m periodischen Signalen $f_1(t)$, $f_2(t) \ ... \ f_m(t)$ zusammengesetzt ist, also

$$f(t \pm k \cdot T) = f_1(t \pm k \cdot T_1) + f_2(t \pm k \cdot T_2) + ... + f_m(t \pm k \cdot T_m)$$
$$\text{mit} \quad k = 0,1,2,3,...\infty, \quad (3.1)$$

ist zu berücksichtigen, dass in T eine ganzzahlige Anzahl aller Teilschwingungen auftreten muss. Allgemein gilt demnach

$$T = n_1 \cdot T_1 = ... = n_m \cdot T_m \quad \text{mit } n_1...n_m \text{ ganzzahlig und teilerfremd} \quad (3.2)$$

oder

$$f = f_1/n_1 = f_2/n_2 = ... = f_m/n_m \ . \quad (3.3)$$

Für obiges Beispiel ergibt sich somit eine Grundfrequenz von $f = 300\text{Hz}$ ($n_1 = 4$, $n_2 = 9$) und eine Periodendauer von $T = 1/f = 1/(300\text{Hz}) = 3,33\text{ms}$.

Beispiel 3.2

Zu berechnen ist die Periodendauer T der Funktion
$$f(t) = \sin\left(120\text{s}^{-1} \cdot t\right) + \cos\left(200\text{s}^{-1} \cdot t + \pi/2\right) - \sin\left(150\text{s}^{-1} \cdot t\right).$$

Lösung:
Man führt eine Primzahlzerlegung der Kreisfrequenzen aller Teilschwingungen durch:

$120 = 2 \cdot 2 \cdot 2 \cdot 3 \cdot 5$
$200 = 2 \cdot 2 \cdot 2 \cdot 5 \cdot 5$
$150 = 2 \cdot 3 \cdot 5 \cdot 5$

Die Primzahlen 2 und 5 tauchen in allen drei Zerlegungen genau einmal auf. $\Rightarrow$

$$\omega = 10\text{s}^{-1} = \frac{120\text{s}^{-1}}{2 \cdot 2 \cdot 3} = \frac{200\text{s}^{-1}}{2 \cdot 2 \cdot 5} = \frac{150\text{s}^{-1}}{3 \cdot 5}$$

$$T = \frac{2\pi}{\omega} = 0,628\text{s}$$

Voraussetzungen und Besonderheiten von Fourier-Reihen

Voraussetzungen

Damit eine periodische, nichtsinusförmige Funktion $f(t)$ durch eine Fourier-Reihe dargestellt werden kann, müssen folgende Voraussetzungen erfüllt sein:

- $f(t)$ ist endlich.

- Innerhalb einer Periode T besitzt $f(t)$ nur endlich viele Unstetigkeiten.

- Innerhalb einer Periode T besitzt $f(t)$ nur endlich viele Minima und Maxima.

In der Praxis erfüllen alle Spannungs- und Stromsignale diese Bedingungen, sodass eine Fourier-Zerlegung in der Technik generell möglich ist.

Besonderheiten

Wie erwähnt kann jede periodische, nichtsinusförmige Funktion $f(t)$ durch eine unendliche Reihe von trigonometrischen Funktionen exakt beschrieben werden. Nimmt man nur eine Partialsumme, also nur eine endliche Reihe, so tritt, wie in Abbildung 3.3 gezeigt, an Unstetigkeitsstellen (Sprüngen) ein Über- und Unterschwingen um rund 18% gegenüber dem Funktionswert an diesen Stellen auf.
Dieses Phänomen wird nach seinem Entdecker Gibb Gibb'sches Phänomen genannt.

Kann eine Zeitfunktion $f(t)$ in mehrere Teilfunktionen

$$f(t) = f_1(t) \pm f_2(t) \pm \dots$$

zerlegt werden, ergibt sich die Fourier-Reihe von $f(t)$ aus der Summe der Fourier-Reihen der Teilfunktionen. Dies macht man sich oft bei der Berechnung von Fourier-Koeffizienten zu Nutze.

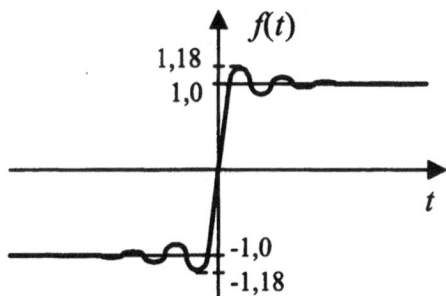

Abb. 3.3: Gibb'sches Phänomen

3.2.2 Reelle Fourier-Reihen

Gegeben sei eine periodische, nichtsinusförmige Funktion

$$f(t) = f(t \pm kT) \qquad k = 0, 1, 2, \ldots \infty \tag{3.4}$$

mit der Periodendauer T.

Oft ist es vorteilhaft an Stelle der Zeit t die dimensionslose Variable $x = \omega_1 t$ mit der Grundkreisfrequenz $\omega_1 = 2\pi/T$ einzuführen. Die Funktion $f(t)$ in Gleichung (3.4) lautet dann

$$f(x) = f(x \pm k2\pi) \qquad k = 0, 1, 2, \ldots \infty \ . \tag{3.5}$$

Beide Darstellungsformen sind in Abbildung 3.4 skizziert.

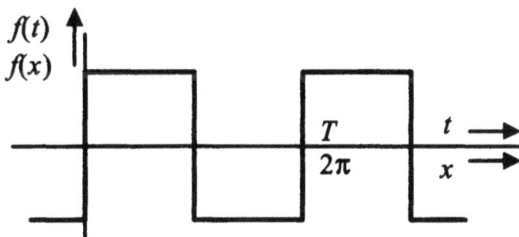

Abb. 3.4: Darstellungsformen periodischer Funktionen

Reelle Fourier-Reihe (Cosinus- und Sinusdarstellung)

Als Folge der Periodizität kann man nach Fourier die Funktion $f(x)$ als unendliche Reihe von Cosinus- und Sinusfunktionen

$$\boxed{f(x) = \sum_{n=0}^{\infty} [a_n \cos(nx) + b_n \sin(nx)]} \qquad n = 0, 1, 2, ..., \infty \qquad (3.6)$$

beschreiben. Die Faktoren a_n und b_n heißen Fourier-Koeffizienten. Um die Faktoren a_n zu finden, multipliziert man Gleichung (3.6) mit $\cos(mx)$ ($m = 1, 2, ...\infty$) und integriert über eine Periode 2π.

$$\int_{x_0}^{x_0+2\pi} f(x) \cdot \cos(mx) \cdot dx =$$

$$\int_{x_0}^{x_0+2\pi} \left(\sum_{n=0}^{\infty} [a_n \cos(nx) + b_n \sin(nx)] \right) \cdot \cos(mx) \cdot dx \qquad (3.7)$$

Allgemein gilt die Orthogonalität trigonometrischer Funktionen, d.h.

$$\int_{x_0}^{x_0+2\pi} \sin(nx) \cdot \cos(mx) dx = 0 \qquad \text{für alle } n, m \ ,$$

$$\int_{x_0}^{x_0+2\pi} \cos(nx) \cdot \cos(mx) dx = 0 \qquad \text{für } n \neq m \ ,$$

$$\int_{x_0}^{x_0+2\pi} \cos(nx) \cdot \cos(mx) dx = \pi \qquad \text{für } n = m \neq 0 \ ,$$

$$\int_{x_0}^{x_0+2\pi} \cos(nx) \cdot \cos(mx) dx = 2\pi \qquad \text{für } n = m = 0 \ .$$

Die rechte Seite der Gleichung 3.7 ist also nur dann ungleich Null, wenn $n = m$ gilt und man erhält:

$$\boxed{\begin{aligned} a_0 &= \frac{1}{2\pi} \int_{x_0}^{x_0+2\pi} f(x) \cdot dx & n &= 0 \\ a_n &= \frac{1}{\pi} \int_{x_0}^{x_0+2\pi} f(x) \cdot \cos(nx) \cdot dx & n &= 1, 2, ...\infty \\ b_n &= \frac{1}{\pi} \int_{x_0}^{x_0+2\pi} f(x) \cdot \sin(nx) \cdot dx & n &= 1, 2, ...\infty \end{aligned}} \qquad (3.8)$$

Bemerkung: Die Fourier-Koeffizienten b_n ergeben sich, in Anlehnung zur Vorgehensweise bei der Herleitung von a_n, durch Multiplikation der Gleichung (3.6) mit $\sin(mx)$ ($m = 1, 2, ...\infty$) und Integration über eine Periode 2π.

a_0 stellt den Mittelwert (Gleichstrom- bzw. Gleichspannungsanteil) der Funktion $f(x)$ dar und die Koeffizienten a_n bzw. b_n die Amplituden der Cosinus- und Sinusschwingungen.

Mit $x = \omega_1 t$ erhält man eine äquivalente Darstellung der Fourier-Reihe und der zugehörigen Koeffizienten.

$$f(t) = \sum_{n=0}^{\infty} [a_n \cos(n\omega_1 t) + b_n \sin(n\omega_1 t)] \qquad (3.9)$$

$$
\begin{aligned}
a_0 &= \frac{1}{T} \int_{t_0}^{t_0+T} f(t) \cdot dt & n &= 0 \\
a_n &= \frac{2}{T} \int_{t_0}^{t_0+T} f(t) \cdot \cos(n\omega_1 t) \cdot dt & n &= 1, 2, \ldots \infty \\
b_n &= \frac{2}{T} \int_{t_0}^{t_0+T} f(t) \cdot \sin(n\omega_1 t) \cdot dt & n &= 1, 2, \ldots \infty
\end{aligned}
\qquad (3.10)
$$

Abbildung 3.5 zeigt ein Beispiel für die Annäherung einer periodischen Rechteckfunktion durch eine Partialsumme der zugehörigen Fourier-Reihe.

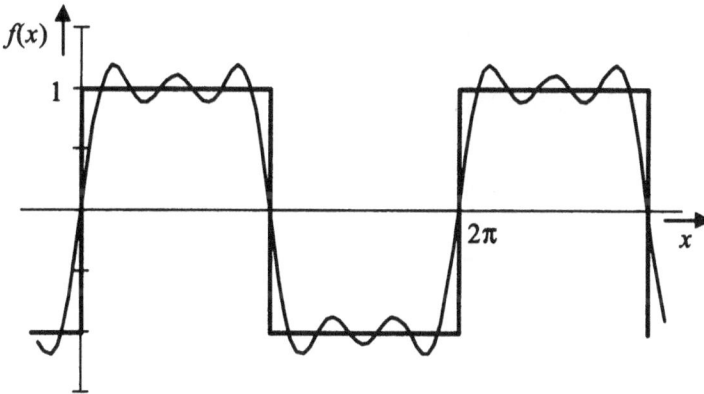

Abb. 3.5: *Annäherung einer Rechteckfunktion durch die Partialsumme der zugehörigen Fourier-Reihe* $\dfrac{4}{\pi} \left(\sin x + \dfrac{1}{3} \sin(3x) + \dfrac{1}{5} \sin(5x) \right)$

Mittleres Fehlerquadrat
Es lässt sich zeigen, dass das mittlere Fehlerquadrat

$$\frac{1}{2\pi} \int_0^{2\pi} \left(f(x) - \sum_{n=0}^{\infty} [a_n \cos(nx) + b_n \sin(nx)] \right)^2 \cdot dx$$

minimal wird, wenn man die Koeffizienten a_n und b_n nach Gleichungssatz (3.8) berechnet. Somit beschreiben die Fourier-Koeffizienten nicht nur die Funktion $f(x)$ exakt, sie bilden auch noch das Minimum des mittleren Fehlerquadrates.

Beispiel 3.3

Berechnen Sie die Fourier-Reihen folgender periodischer Funktionen:

$$u_1(x) = \begin{cases} 1\text{V} & \text{für } 0 \leq x < \pi \\ -1\text{V} & \text{für } \pi \leq x < 2\pi \end{cases}$$

$$u_2(t) = \begin{cases} 1\text{V} & \text{für } 0 \leq t < T/2 \\ 0\text{V} & \text{für } T/2 \leq t < T \end{cases}$$

Lösung:

$$a_0 = \frac{1}{2\pi}\left(\int_0^\pi 1\text{V} \cdot dt + \int_\pi^{2\pi} (-1\text{V}) \cdot dt\right) = 0\text{V}$$

$$a_n = \frac{1}{\pi}\left(\int_0^\pi 1\text{V} \cdot \cos(nx) \cdot dt + \int_\pi^{2\pi} (-1\text{V}) \cdot \cos(nx) \cdot dt\right) \Rightarrow$$

$$a_n = \frac{1\text{V}}{n\pi}\left[\sin(n\pi) - \sin(0) - \sin(n2\pi) + \sin(n\pi)\right] = 0\text{V}$$

$$b_n = \frac{1}{\pi}\left(\int_0^\pi 1\text{V} \cdot \sin(nx) \cdot dt + \int_\pi^{2\pi} (-1\text{V}) \cdot \sin(nx) \cdot dt\right) \Rightarrow$$

$$b_n = \frac{1\text{V}}{n\pi}\left[-\cos(n\pi) + \cos(0) + \cos(n2\pi) - \cos(n\pi)\right] = \begin{cases} \dfrac{4}{n\pi}\text{V} & \text{für } n = 1,3,5,7,\ldots \\ 0 & \text{für } n = 2,4,6,8,\ldots \end{cases}$$

$$\Rightarrow$$

$$u_1(x)/\text{V} = \frac{4}{\pi}\left(\sin(x) + \frac{1}{3}\sin(3x) + \frac{1}{5}\sin(5x) + \ldots\right)$$

Mit der Substitution $x = \omega_1 t$ gilt $u_2(t) = 0,5 \cdot u_1(t) + 0,5\text{V}. \Rightarrow$

$$u_2(t)/\text{V} = \frac{1}{2} + \frac{2}{\pi}\left(\sin(\omega_1 t) + \frac{1}{3}\sin(3\omega_1 t) + \frac{1}{5}\sin(5\omega_1 t) + \ldots\right)$$

Reelle Fourier-Reihe (Betrags- und Nullphasenwinkel-Darstellung bezüglich Sinusfunktionen)

Generell kann eine periodische Funktion $f(x)$ auch durch folgende, völlig gleichwertige Fourier-Reihe dargestellt werden.

$$\boxed{f(x) = \sum_{n=0}^\infty B_n \sin(nx + \varphi_n)} \qquad (3.11)$$

Die Wahl der Darstellungsart von Fourier-Reihen hängt von der Aufgabenstellung und der Anwendung ab.

Mit $\sin(\alpha + \beta) = \sin\alpha\cos\beta + \sin\beta\cos\alpha$ gewinnt man die ursprüngliche Form zurück. Es gilt

$$B_n \sin\varphi_n = a_n ,$$
$$B_n \cos\varphi_n = b_n \qquad\qquad (3.12)$$

und aus Gleichungssatz (3.12) folgt

$$
\boxed{
\begin{aligned}
B_n &= \sqrt{a_n^2 + b_n^2} \\
\varphi_n &= \begin{cases} \arctan\dfrac{a_n}{b_n} & \text{falls } b_n > 0 \\[2mm] \arctan\dfrac{a_n}{b_n} \pm \pi & \text{falls } b_n < 0 \end{cases}
\end{aligned}
} \qquad\qquad (3.13)
$$

Mit $x = \omega_1 t$ ergibt sich die Darstellung der Fourier-Reihe für Zeitfunktionen:

$$
\boxed{f(t) = \sum_{n=0}^{\infty} B_n \sin(n\omega_1 t + \varphi_n)} \qquad\qquad (3.14)
$$

Die Fourier-Koeffizienten haben spezielle Namen:

- $a_0 = B_0$ heißt Gleichanteil,

- a_1, b_1 (bzw. B_1, φ_1) nennt man Grundfrequenzanteil und

- a_n, b_n (bzw. B_n, φ_n) mit $n = 2, 3, \dots\infty$ sind die Oberschwingungsanteile.

Allgemein geben die Koeffizienten a_0, a_n, b_n (bzw. B_0, B_n, φ_n) mit $n = 1, 2, \dots\infty$ die Spektralanteile einer periodischen Funktion an.

Abbildung 3.6a) zeigt die Amplituden a_n und b_n, Abbildung 3.6b) die Gesamtamplituden B_n und die Nullphasenwinkel φ_n einer periodischen Funktion über der Frequenzachse.

Es lässt sich zeigen, dass die Gesamtamplituden B_n folgende Tendenz besitzen:

- $B_n \sim \dfrac{1}{n}$, wenn $f(t)$ Sprünge (Unstetigkeiten) aufweist;

- $B_n \sim \dfrac{1}{n^2}$, wenn $f(t)$ nur Knicke hat.

Es gilt die Regel, dass der Oberschwingungsgehalt klein ist, d.h. $B_n \sim 1/n^k$ mit $k \geq 3$, wenn $f(t)$ glatt (differenzierbar) ist.

a)

b)

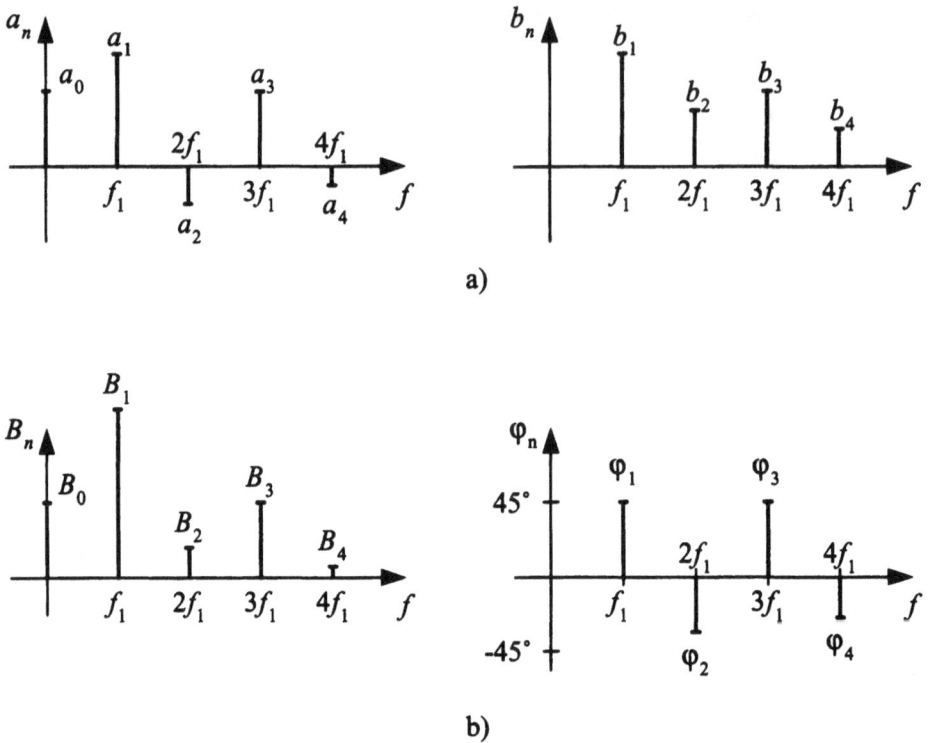

Abb. 3.6: *Spektralanteile einer periodischen Funktion: a) Amplituden der Cosinus- und Sinus-schwingungen a_n und b_n; b) Gesamtamplitude B_n und Phase φ_n*

Beispiel 3.4

Berechnen Sie die Fourier-Reihe der Funktion

$$u(t) = \begin{cases} 1\text{V für } 0 < t < T/2 \\ 0\text{V für } T/2 < t < T \end{cases}$$

in der Betrags- und Nullphasenwinkel-Darstellung.

Lösung:
Aus vorigem Beispiel ergibt sich unmittelbar:

$$u(t)/\text{V} = \frac{1}{2} + \frac{2}{\pi} \left(\sin(\omega_1 t) + \frac{1}{3} \sin(3\omega_1 t) + \frac{1}{5} \sin(5\omega_1 t) + ... \right).$$

Symmetrieeigenschaften

Gerade Funktionen
Gerade Funktionen zeichnen sich durch die Eigenschaft

$$f(x) = f(-x) \quad \text{oder} \quad f(t) = f(-t) \quad \text{(gerade Funktion)} \tag{3.15}$$

aus. Der Graph in Abbildung 3.7 verläuft achsensymmetrisch zur y-Achse.

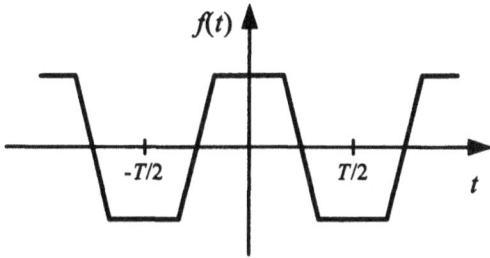

Abb. 3.7: *Beispiel einer geraden Funktion*

Bei solchen Funktionen können keine ungeraden Sinus-Anteile enthalten sein und es gilt

$$a_0 = \frac{1}{\pi} \int_0^\pi f(x) \cdot dx \quad \text{bzw.} \quad a_0 = \frac{2}{T} \int_0^{T/2} f(t) \cdot dt \; ,$$

$$a_n = \frac{2}{\pi} \int_0^\pi f(x) \cdot \cos(nx) \cdot dx \quad \text{bzw.} \quad a_n = \frac{4}{T} \int_0^{T/2} f(t) \cdot \cos(n\omega_1 t) \cdot dt \; ,$$

$$b_n = 0 \; . \tag{3.16}$$

Ungerade Funktionen
Bei ungeraden Funktionen gilt

$$f(x) = -f(-x) \quad \text{oder} \quad f(t) = -f(-t) \quad \text{(ungerade Funktion)} \; . \tag{3.17}$$

Der Graph verläuft punktsymmetrisch zum Ursprung (vgl. Beispiel Abbildung 3.8).
Es können keine geraden Cosinus-Anteile enthalten sein, woraus

$$b_n = \frac{2}{\pi} \int_0^\pi f(x) \cdot \sin(nx) \cdot dx \quad \text{bzw.} \quad b_n = \frac{4}{T} \int_0^{T/2} f(t) \cdot \sin(n\omega_1 t) \cdot dt \; ,$$

$$a_0 = a_n = 0 \tag{3.18}$$

folgt.

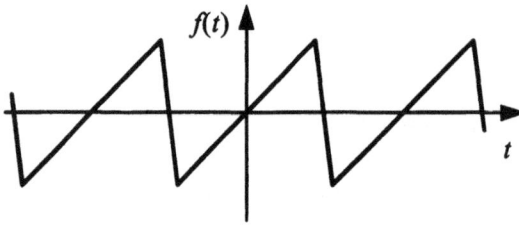

Abb. 3.8: *Beispiel einer ungeraden Funktion*

Halbwellensymmetrie

Halbwellensymmetrie liegt vor, falls

$$f(x) = -f(x + \pi) \quad \text{oder} \quad f(t) = -f(t + T/2) . \tag{3.19}$$

Die Teilverläufe der Halbperioden unterscheiden sich nur durch das Vorzeichen (vgl. Abbildung 3.9).

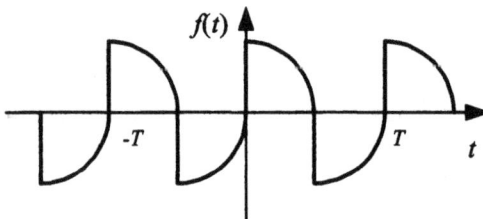

Abb. 3.9: *Beispiel einer halbwellensymmetrischen Funktion*

Es können keine Oberschwingungen gerader Ordnung enthalten sein und man erhält:

$$a_n = \frac{2}{\pi} \int_0^\pi f(x) \cdot \cos(nx) \cdot dx \quad \text{bzw.} \quad a_n = \frac{4}{T} \int_0^{T/2} f(t) \cdot \cos(n\omega_1 t) \cdot dt$$

$$b_n = \frac{2}{\pi} \int_0^\pi f(x) \cdot \sin(nx) \cdot dx \quad \text{bzw.} \quad b_n = \frac{4}{T} \int_0^{T/2} f(t) \cdot \sin(n\omega_1 t) \cdot dt$$

$$a_0 = 0$$

$$a_n = b_n = 0 \quad \text{für} \quad n = 2, 4, 6, 8, \dots \tag{3.20}$$

Setzt sich eine Funktion aus mehreren geraden und/oder ungeraden Funktionen zusammen, gelten die Regeln:

- Das Produkt zweier gerader Funktionen ergibt eine gerade Funktion.

- Das Produkt zweier ungerader Funktionen ergibt eine gerade Funktion.

- Das Produkt einer geraden mit einer ungeraden Funktionen ergibt eine ungerade Funktion.

Beispiel 3.5

Ermitteln Sie ob und wenn ja welche Symmetrieeigenschaft bei den Funktionen vorliegt und welche Fourier-Koeffizienten ungleich null sind.

$$f_1(x) = \frac{x}{\pi} \quad \text{für} \ -\pi \leq x < \pi$$

$$f_2(x) = x \cdot \sin x \quad \text{für} \ -\pi \leq x < \pi$$

$$f_3(t) = \begin{cases} \dfrac{t}{T/4} & \text{für} \ -T/4 \leq t < T/4 \\ -\dfrac{t}{T/4} + 2 & \text{für} \ T/4 \leq t < 3T/4 \end{cases}$$

$$f_4(x) = |\sin(x)|$$

Lösung:

$f_1(x)$: ungerade; $a_0 = 0$; $a_n = 0$; $b_n \neq 0$

$f_2(x)$: gerade; $a_0 \neq 0$; $a_n \neq 0$; $b_n = 0$

$f_3(x)$: ungerade und halbwellensymmetrisch;
$a_0 = 0$; $a_n = 0$; $b_n = 0$ für $n = 2, 4, 6, ...$; $b_n \neq 0$ für $n = 1, 3, 5, ...$

$f_4(x)$: gerade; $a_0 \neq 0$; $a_n \neq 0$; $b_n = 0$

3.2.3   Komplexe Fourier-Reihe

Dieser Abschnitt zeigt, dass sich reelle, periodische Funktionen nicht nur durch reelle Fourier-Reihen, sondern auch durch komplexe Fourier-Reihen darstellen lassen.

Berechnung komplexer Fourier-Koeffizienten

Aus der Euler'schen Gleichung

$$e^{j\alpha} = \cos\alpha + j\sin\alpha \quad \text{bzw.}$$
$$e^{-j\alpha} = \cos\alpha - j\sin\alpha$$

erhält man durch Addition und Subtraktion die Darstellung

$$\cos\alpha = \frac{e^{j\alpha} + e^{-j\alpha}}{2} \quad \text{bzw.}$$
$$\sin\alpha = \frac{e^{j\alpha} - e^{-j\alpha}}{2j}$$

der Cosinus- und Sinusfunktion mittels Exponentialfunktionen. Nach Substitution von $\alpha = nx$ und Einsetzen der Cosinus- und Sinus-Ausdrücke in die reelle Fourier-Reihe

(3.6) ergibt sich

$$f(x) = \sum_{n=0}^{\infty} \left(a_n \frac{e^{jnx} + e^{-jnx}}{2} + b_n \frac{e^{jnx} - e^{-jnx}}{2j} \right)$$
$$= \sum_{n=0}^{\infty} \left(\frac{a_n - jb_n}{2} e^{jnx} + \frac{a_n + jb_n}{2} e^{-jnx} \right) \ .$$

Mit der Definition der komplexen Fourier-Koeffizienten

$$\underline{c}_0 = a_0 \quad ,$$
$$\underline{c}_n = \frac{a_n - jb_n}{2} \quad \text{und}$$
$$\underline{c}_{-n} = \frac{a_n + jb_n}{2} = \underline{c}_n^* \tag{3.21}$$

erhält man

$$f(x) = \underline{c}_0 + \sum_{n=1}^{\infty} \left(\underline{c}_n e^{jnx} + \underline{c}_{-n} e^{-jnx} \right) \ .$$

In der Betrags- und Phasenwinkeldarstellung lauten die komplexen Fourier-Koeffizienten

$$\underline{c}_n = |\underline{c}_n| e^{j\Phi_n} = c_n e^{j\Phi_n} \ . \tag{3.22}$$

Zusammengefasst berechnet sich die komplexe Fourier-Reihe aus

$$\boxed{\begin{aligned} f(x) &= \sum_{n=-\infty}^{\infty} \underline{c}_n \cdot e^{jnx} \quad \text{bzw.} \\ f(t) &= \sum_{n=-\infty}^{\infty} \underline{c}_n \cdot e^{jn\omega_1 t} \end{aligned}} \tag{3.23}$$

und die komplexen Fourier-Koeffizienten aus

$$\boxed{\begin{aligned} \underline{c}_n &= \frac{1}{2\pi} \int_{x_0}^{x_0 + 2\pi} f(x) \cdot e^{-jnx} dx \qquad n = -\infty...\infty \in \mathbf{Z} \quad \text{bzw.} \\ \underline{c}_n &= \frac{1}{T} \int_{t_0}^{t_0 + T} f(t) \cdot e^{-jn\omega_1 t} dt \qquad n = -\infty...\infty \in \mathbf{Z} \end{aligned}} \ . \tag{3.24}$$

Symmetrieeigenschaften

Aus Gleichungssatz (3.21) und den Ergebnissen aus Abschnitt 3.2.2 ergeben sich die Eigenschaften der komplexen Fourier-Koeffizienten bei Symmetrie.

Gerade Funktion
Bei geraden Funktionen gilt

$$\underline{c}_n = \frac{a_n}{2} \quad \text{mit } a_n \text{ aus (3.16)} . \tag{3.25}$$

Alle $\underline{c}_n$ sind rein reell.

Ungerade Funktion
Liegt eine ungerade Symmetrie vor, erhält man

$$\underline{c}_n = -j\frac{b_n}{2} \quad \text{mit } b_n \text{ aus (3.18)} . \tag{3.26}$$

Alle $\underline{c}_n$ sind rein komplex.

Funktion mit Halbwellensymmetrie
Ist die Funktion halbwellensymmetrisch, entfallen die geradzahligen Anteile, d.h.

$$\underline{c}_n = \frac{a_n - jb_n}{2} \quad (n = 1, 3, 5, \dots \infty) \quad \text{mit } a_n \text{ und } b_n \text{ aus (3.20)} . \tag{3.27}$$

Die komplexen Fourier-Koeffizienten können auch direkt aus

$$\underline{c}_n = \frac{1 - (-1)^n}{T} \int_0^{T/2} f(t) \cdot e^{-jn\omega_1 t} dt \quad n = -\infty \dots + \infty \in \mathbf{Z} \tag{3.28}$$

berechnet werden.

3.2.4   Umrechnung von Fourier-Koeffizienten

Zur besseren Übersicht sind in Tabelle 3.1 alle notwendigen Gleichungen zur Umrechnung von Fourier-Koeffizienten zusammengefasst.

3.2.5   Kenngrößen periodischer, nichtsinusförmiger Signale

In diesem Abschnitt werden die von sinusförmigen Größen bekannten Begriffe wie Effektivwert, Wirkleistung, Blindleistung, Scheinleistung usw. auf nichtsinusförmige, periodische Signale übertragen und weitere Begriffe eingeführt.

Gegeben → Gesucht ↓	a_0, a_n, b_n	B_0, B_n, φ_n	$\underline{c}_0, \underline{c}_n = \underline{c}_{-n}^*$
$a_0 =$	- - -	B_0	$\underline{c}_0$
$a_n =$	- - -	$B_n \sin \varphi_n$	$2Re\{\underline{c}_n\}$
$b_n =$	- - -	$B_n \cos \varphi_n$	$-2Im\{\underline{c}_n\}$
$B_0 =$	a_0	- - -	$\underline{c}_0$
$B_n =$	$\sqrt{a_n^2 + b_n^2}$	- - -	$2\,|\underline{c}_n|$
$\varphi_n =$	$\arctan(a_n/b_n)$ *)	- - -	$\Phi_n + 90°$
$\underline{c}_0 =$	a_0	B_0	- - -
$\underline{c}_n = \underline{c}_{-n}^* =$	$\dfrac{a_n}{2} - j\dfrac{b_n}{2}$	$\dfrac{B_n(\sin \varphi_n - j \cos \varphi_n)}{2}$	- - -
$|\underline{c}_n| = |\underline{c}_{-n}^*| =$	$\dfrac{\sqrt{a_n^2 + b_n^2}}{2}$	$\dfrac{B_n}{2}$	- - -
$\Phi_n = -\Phi_{-n} =$	$\arctan(-b_n/a_n)$ **)	$\varphi_n - 90°$	- - -

*) Achtung: Falls $b_n < 0$, muss φ_n um $\pm 180°$ korrigiert werden!
**) Achtung: Falls $a_n < 0$, muss Φ_n um $\pm 180°$ korrigiert werden!

Tabelle 3.1: *Umrechnung von Fourier-Koeffizienten*

Arithmetischer Mittelwert, Effektivwert

Arithmetischer Mittelwert

Der arithmetische Mittelwert (hier einer Spannung) ist definiert als

$$\overline{u(t)} = \overline{U} = \frac{1}{T} \int_{t_0}^{t_0+T} u(t) \cdot dt = a_0 = B_0 = \underline{c}_0 \,.$$

Er entspricht den Fourier-Koeffizienten $a_0 = B_0 = \underline{c}_0$. Der arithmetische Mittelwert wird auch Gleichanteil oder DC-Komponente genannt.

Effektivwert

Der Effektivwert erzeugt über eine Periode die gleiche Erwärmung an einem Ohm'schen Verbraucher wie Gleichstrom. Allgemein kann der Effektivwert, z.B. einer Spannung, aus der Zeitfunktion $u(t)$ mit der Gleichung

$$U_{eff} = U = \sqrt{\frac{1}{T} \int_{t_0}^{t_0+T} u^2(t) \cdot dt} \tag{3.29}$$

ermittelt werden.
Um den Effektivwert U (hier einer Spannung) als Funktion der Fourier-Koeffizienten von $u(t)$ bestimmen zu können, wird $u(t)$ durch die Fourier-Reihe (3.14) ersetzt.

$$U_{eff} = U = \sqrt{\frac{1}{T} \int_{t_0}^{t_0+T} \left(\sum_{n=0}^{\infty} B_n \sin\left(n\omega_1 t + \varphi_n\right) \right)^2 dt}$$

Mit

$$\frac{1}{T} \int_{t_0}^{t_0+T} \sin(n\omega_1 t + \varphi_n) \cdot \sin(m\omega_1 t + \varphi_m) dt = 0 \qquad \text{für } n \neq m \ ,$$

$$\frac{1}{T} \int_{t_0}^{t_0+T} \sin(n\omega_1 t + \varphi_n) \cdot \sin(m\omega_1 t + \varphi_m) dt = \frac{1}{2} \qquad \text{für } n = m \geq 1$$

und $\varphi_0 = \pi/2$ folgt

$$U_{eff} = U = \sqrt{B_0^2 + \frac{1}{2} \sum_{n=1}^{\infty} B_n^2} \ . \tag{3.30}$$

Die Fourier-Koeffizienten B_n $(n = 1, 2, ...\infty)$ entsprechen den Amplituden (Scheitelwerten) der Grund- und Oberschwingungen. Mit

$$B_0 = \overline{U} \quad \text{und}$$
$$B_n = \hat{U}_n = \sqrt{2} \cdot U_n$$

erhält man für den Effektivwert einer Spannung aus (3.30)

$$U_{eff} = U = \sqrt{\overline{U}^2 + \sum_{n=1}^{\infty} U_n^2} \ . \tag{3.31}$$

Gleichung (3.31) besagt, dass zum Effektivwert neben dem Gleichanteil und der Grundschwingung auch alle Oberschwingungen beitragen!

Beispiel 3.6

Gesucht sind der arithmetische Mittelwert und der Effektivwert der Größen
$u(t) = 5\text{V} \sin(2\pi f t) + 2\text{V}$ und $i(t) = (1 + t/T)\text{A}$ für $0 \leq t < T$.

Lösung:

$$\overline{u(t)} = \overline{U} = B_0 = 2\text{V}$$

$$U = \sqrt{\overline{U}^2 + \sum_{n=1}^{\infty} U_n^2} = \sqrt{2^2 + \left(\frac{5}{\sqrt{2}}\right)^2}\,\text{V} = 4,062\text{V}$$

$$\overline{i(t)} = \overline{I} = \frac{1}{T} \int_0^T (1 + t/T)\text{A} \cdot dt = 1,5\text{A}$$

$$I = \sqrt{\frac{1}{T} \int_0^T (1 + t/T)^2 \cdot dt}\ \text{A} = \sqrt{7/3}\text{A} = 1,528\text{A}$$

Welligkeit

Die Welligkeit

$$w = \frac{U_{\sim eff}}{\overline{u(t)}} = \frac{\sqrt{\sum_{n=1}^{\infty} U_n^2}}{\overline{u(t)}} = \frac{\sqrt{U^2 - \overline{U}^2}}{\overline{U}} \tag{3.32}$$

ist das Verhältnis des reinen Wechselanteils $U_{\sim eff}$ zum Gleichanteil $\overline{U}$ eines Signals. Sie stellt eine wichtige Charakteristik für Netzteile dar; je kleiner der Wert w, desto besser.

Klirrfaktoren, Klirrdämpfung

Klirrfaktoren

Die Abweichungen einer periodischen Funktion von der Sinusform kann durch den Klirrfaktor

$$k = \sqrt{\frac{\sum_{n=2}^{\infty} U_n^2}{\sum_{n=1}^{\infty} U_n^2}} = \sqrt{\frac{U^2 - \overline{U}^2 - U_1^2}{U^2 - \overline{U}^2}} \tag{3.33}$$

angegeben werden. Darunter versteht man das Verhältnis von Effektivwert aller Oberschwingungen zu Effektivwert aller Schwingungen. Bei (reinen) Sinus- und Cosinusfunktionen ist $k = 0$.

Oft verwendet man speziell in der Nachrichtentechnik den Klirrfaktor

$$k_i = \frac{U_i}{\sqrt{\sum_{n=1}^{\infty} U_n^2}} \ , \tag{3.34}$$

der sich auf die (i-1)-te Oberschwingung bezieht. k_1 heißt Grundschwingungsfaktor und gibt das Verhältnis von Effektivwert der Grundschwingungen zum Effektivwert aller Schwingungen an.

Bemerkung: Es ist zu beachten, dass bei allen Varianten von Klirrfaktoren der Gleichanteil $\overline{U}$ weggelassen wird!

Klirrdämpfung

Die Klirrdämpfung

$$a_k = 20\text{dB} \cdot \lg\left(\frac{1}{k}\right) = -20\text{dB} \cdot \lg k \tag{3.35}$$

entspricht dem Klirrfaktor k in Dezibel (dB).

Beispiel 3.7

Berechnen Sie den Klirrfaktor k des Signals

$$u(t) = \begin{cases} 1\text{V} & \text{für } 0 \leq t < T/2 \\ -1\text{V} & \text{für } T/2 \leq t < T \end{cases} .$$

Lösung:

$$k = \sqrt{\frac{U^2 - \overline{U}^2 - U_1^2}{U^2 - \overline{U}^2}} = \sqrt{\frac{(1\text{V})^2 - (0\text{V})^2 - \left(\frac{4}{\sqrt{2}\pi}\right)^2 \text{V}^2}{(1\text{V})^2 - (0\text{V})^2}} = 0,435$$

Es gilt: $U = 1\text{V}$; $\overline{U} = 0\text{V}$; $U_1 = \hat{U}_1/\sqrt{2} = \dfrac{4}{\sqrt{2}\pi}\text{V}$

Anwendungsbeispiel 3.8: *Klirrfaktor*

Die Linearität eines Zweitors, z.B. eines Verstärkers, kann durch Messung des Klirr-faktors ermittelt werden. Dazu betreibt man die Schaltung eingangsseitig mit einer ideal sinusförmigen Quelle ($k = 0$). Am Ausgang der Schaltung werden zwei Größen gemessen, der Effektivwert des Wechselanteils und nach Hochpassfilterung der Ef-fektivwert aller Oberschwingungen. Die gemessenen Werte werden zueinander ins Verhältnis gesetzt und so der Klirrfaktor ermittelt. Je linearer das untersuchte Zwei-tor ist, umso geringer ist der gemessene Klirrfaktor. Generell steigt der Klirrfaktor mit der Erhöhung der Aussteuerung an.

Leistung

Wirkleistung

Die aus Kapitel 2 bekannte Definition der Wirkleistung

$$P = \frac{1}{T} \int_0^T u(t) \cdot i(t) \cdot dt \tag{3.36}$$

ist unabhängig vom Verlauf der periodischen Spannungs- und Stromverläufe gültig. Ersetzt man $u(t)$ und $i(t)$ durch die zugehörigen Fourier-Reihen, folgt

$$P = \frac{1}{T} \int_0^T \underbrace{\sum_{n=0}^{\infty} [a_n \cos(n\omega_1 t) + b_n \sin(n\omega_1 t)]}_{u(t)} \cdot \underbrace{\sum_{m=0}^{\infty} [a'_m \cos(m\omega_1 t) + b'_m \sin(m\omega_1 t)]}_{i(t)} dt.$$

Wegen der Orthogonalität trigonometrischer Funktionen folgt für die Wirkleistung

$$P = a_0 \cdot a'_0 + \frac{1}{2} \sum_{n=1}^{\infty} (a_n \cdot a'_n + b_n \cdot b'_n) . \tag{3.37}$$

Das Resultat gewinnt an Anschaulichkeit, wenn man die Fourier-Reihen in der Betrags-
und Nullphasenwinkel-Darstellung verwendet.
Die Fourier-Koeffizienten in Gleichung (3.37) werden durch die Ausdrücke

$$a_0 = B_0 = \overline{U} \,,$$
$$a_n = B_n \cdot \sin\varphi_n = \hat{U}_n \cdot \sin\varphi_{un} = \sqrt{2} \cdot U_n \cdot \sin\varphi_{un} \,,$$
$$b_n = B_n \cdot \cos\varphi_n = \hat{U}_n \cdot \cos\varphi_{un} = \sqrt{2} \cdot U_n \cdot \cos\varphi_{un} \,,$$
$$a_0' = B_0' = \overline{I} \,,$$
$$a_n' = B_n' \cdot \sin\varphi_n' = \hat{I}_n \cdot \sin\varphi_{in} = \sqrt{2} \cdot I_n \cdot \sin\varphi_{in} \,,$$
$$b_n' = B_n' \cdot \cos\varphi_n' = \hat{I}_n \cdot \cos\varphi_{in} = \sqrt{2} \cdot I_n \cdot \cos\varphi_{in}$$

ersetzt und man erhält für die Wirkleistung periodischer Signale

$$P = \overline{U} \cdot \overline{I} + \sum_{n=1}^{\infty} U_n \cdot I_n \left(\sin\varphi_{un}\sin\varphi_{in} + \cos\varphi_{un}\cos\varphi_{in}\right)$$
$$= \overline{U} \cdot \overline{I} + \sum_{n=1}^{\infty} U_n \cdot I_n \cos\left(\varphi_{un} - \varphi_{in}\right)$$

und letztlich

$$P = \overline{U} \cdot \overline{I} + \sum_{n=1}^{\infty} U_n I_n \cos\varphi_{uin} \,. \tag{3.38}$$

Gleichung (3.38) besagt, dass zur Wirkleistung nur Produkte von Strom und Spannung
der gleichen Frequenz beitragen.

Bemerkung: Sind die zeitlichen Größen $u(t)$ und $i(t)$ durch analytische Ausdrücke gegeben, ist es in der Regel einfacher das Integral in Gleichung (3.36) direkt zu lösen, ohne
erst die Fourier-Koeffizienten zu bestimmen.

Scheinleistung
Die Gleichung

$$S = U_{eff} \cdot I_{eff} = U \cdot I \tag{3.39}$$

gilt unabhängig von der Kurvenform von Strom und Spannung. Mit Gleichung (3.31)
folgt

$$S = \sqrt{\left(\overline{U}^2 + \sum_{n=1}^{\infty} U_n^2\right)\left(\overline{I}^2 + \sum_{n=1}^{\infty} I_n^2\right)} \,. \tag{3.40}$$

Blindleistung

Analog zur Definition bei periodischen, sinusförmigen Vorgängen ist die so genannte Feld-Blindleistung

$$Q = \sum_{n=1}^{\infty} U_n I_n \sin \varphi_{uin} \tag{3.41}$$

definiert. Q ist die Summe der Blindleistungen der Grund- und Oberschwingungen gleicher Frequenz.

Es lässt sich zeigen, dass $S^2 \neq P^2 + Q^2$ ist. Addiert man zur Feld-Blindleistung noch die Anteile $U_n I_m$ mit $n \neq m$, die nicht verschwinden, die so genannte Verzerrungs-Blindleistung D, gilt

$$S^2 = P^2 + Q^2 + D^2 . \tag{3.42}$$

Den Ausdruck für D^2 findet man mittels Gleichung (3.42)

$$D^2 = S^2 - P^2 - Q^2 = \dots .$$

Das Ergebnis lautet:

$$D^2 = \sum_{n=1}^{\infty} \sum_{m=0}^{\infty} U_n^2 I_m^2 + U_m^2 I_n^2 - 2 U_n U_m I_n I_m \cos\left(\varphi_{uin} - \varphi_{uim}\right) \quad n > m \tag{3.43}$$

Die Verzerrungs-Blindleistung wird also von Spannungen und Strömen <u>unterschiedlicher</u> Frequenz gebildet. Die Verzerrungs-Blindleistung verschwindet, wenn gilt

$$\varphi_{uin} = \varphi_{uim} \quad \text{und}$$
$$U_n I_m = U_m I_n .$$

Das bedeutet

- alle Phasenwinkel zwischen Spannung und Strom in allen Teilschwingungen sind gleich und

- mit $U_n I_m = U_m I_n$ folgt $U_n / I_n = U_m / I_m = Z(k \cdot \omega_1) = \text{konstant} \quad (k \in \mathbf{N})$.

Die letzte Bedingung, der komplexe Widerstand Z ist für alle Frequenzen $k \cdot \omega_1$ konstant, ist nur durch einen frequenzunabhängigen Widerstand erfüllbar. Bei rein Ohm'schen Widerständen ist aber auch die Feld-Blindleistung $Q = 0$.

Fazit: Feld-Blindleistung und Verzerrungs-Blindleistung treten bei nichtsinusförmigen Wechselgrößen an linearen Bauelementen immer gemeinsam auf.

Beispiel 3.9

Zu berechnen ist die Wirk- und Scheinleistung an einem Ohm'schen Widerstand $R = 1\text{k}\Omega$, an dem die periodische Spannung

$$u(t) = \begin{cases} 230\sqrt{2}\text{V} \sin(2\pi \cdot 50\text{Hz} \cdot t) & \text{für } 0 \le t < T/2 \\ 0\text{V} & \text{für } T/2 \le t < T \end{cases}$$

anliegt.

Lösung:

$$P = \frac{1}{T} \int_0^T u(t) \cdot i(t)dt = \frac{1}{T \cdot R} \int_0^T u(t)^2 dt \Rightarrow$$

$$P = \frac{1}{T \cdot R} \int_0^{T/2} (\sqrt{2} \cdot 230)^2 \text{V}^2 \sin^2(\omega_1 t)dt = \frac{105,8\text{W}}{T} \cdot \left[\frac{1}{2}t - \frac{1}{4\omega_1}\sin(2\omega_1 t)\right]_0^{T/2} =$$

$$\frac{105,8\text{W}}{T} \cdot \frac{T}{4} = 26,45\text{W}$$

$S = P = 26,45\text{VA}$, da $Q = 0$ und $D = 0$ (rein Ohm'scher Widerstand!).

Beispiel 3.10

An einem nichtlinearen, elektronischen Bauelement liegt die periodische Spannung

$$u(t) = \begin{cases} 1\text{V} & \text{für } 0 \le t < T/2 \\ 0\text{V} & \text{für } T/2 \le t < T \end{cases} .$$

Dabei fließt der Strom $i(t) = 1\text{mA} \cdot \sin(\omega_1 t + 20°)$ durch das Bauelement. Zu berechnen sind S, P, Q und D.

Lösung:
Die Fourier-Reihe der Spannung $u(t)$ lautet:

$$u(t)/\text{V} = \frac{1}{2} + \frac{2}{\pi} \cdot \sin(\omega_1 t) + \frac{2}{3\pi} \cdot \sin(3\omega_1 t) + \frac{2}{5\pi} \cdot \sin(5\omega_1 t) + ...$$

$$U = \sqrt{\frac{1}{T} \cdot \int_0^{T/2} 1^2 \text{V}^2 dt} = \frac{1}{\sqrt{2}}\text{V}$$

$$S = U \cdot I = \frac{1}{\sqrt{2}}\text{V} \cdot \frac{1}{\sqrt{2}}\text{mA} = 0,5\text{mVA}$$

$$P = \overline{U} \cdot \overline{I} + \sum_{n=1}^{\infty} U_n I_n \cos\varphi_{uin} = U_1 I_1 \cos(0° - 20°) = \frac{2}{\sqrt{2}\pi} \cdot \frac{10^{-3}}{\sqrt{2}} \cdot \cos(-20°)\text{W} = 0,299\text{mW}$$

$$Q = \sum_{n=1}^{\infty} U_n I_n \sin\varphi_{uin} = U_1 I_1 \sin(-20°) = -0,109\text{mvar}$$

$$D = \sqrt{S^2 - P^2 - Q^2} = 0,386\text{mvar}$$

3.2.6   Analyse linearer Schaltungen bei periodischer, nichtsinusförmiger Anregung

Im Prinzip kann man mit Hilfe von Fourier-Reihen das Verhalten von Schaltungen berechnen.

Gegeben:

- Eingangssignal(e) $f_e(t) = f_e(t \pm kT)$ und

- die Schaltung.

Gesucht:

- Ausgangssignal(e) $f_a(t) = f_a(t \pm kT)$.

Lösung:
Die Vorgehensweise zur Berechnung von Netzwerken bei periodischer, nichtsinusförmiger Anregung ist im Folgenden schematisch dargestellt.

Zeitbereich	Frequenzbereich
$\leftarrow$ Fourier-Reihe $\rightarrow$	
$f_e(t)$	$f_e(t) = \displaystyle\sum_{n=-\infty}^{\infty} \underline{c}_{en} e^{jn\omega_1 t}$
Schaltung	Schaltung
System von Differentialgln. aus Maschen- und Knotenpunktgleichungen	System von linearen Gln. aus Maschen- und Knotenpunktgleichungen $\underline{c}_{an} = \underline{\ddot{U}}(n\omega_1) \cdot \underline{c}_{en}$
Lösung: $f_a(t)$	Lösung: $f_a(t) = \displaystyle\sum_{n=-\infty}^{\infty} \underline{c}_{an} e^{jn\omega_1 t}$

In einem ersten Schritt wird die komplexe Fourier-Reihe der Eingangsgröße (Quellenspannung oder -strom) berechnet. Anschließend ermittelt man die Übertragungsfunktion $\underline{\ddot{U}}(\omega)$, also das komplexe Verhältnis der Ausgangsgröße zur Eingangsgröße in Abhängigkeit der Kreisfrequenz ω. Die komplexen Fourier-Koeffizienten $\underline{c}_{an}$ des gesuchten Ausgangssignals $f_a(t)$ ergeben sich aus dem Produkt $\underline{\ddot{U}}(n\omega_1) \cdot \underline{c}_{en}$. Als Lösung erhält man $f_a(t)$ in der Fourier-Reihen-Darstellung.

Beispiel 3.11

Mit Hilfe der Fourier-Reihe soll die Ausgangsspannung $u_a(t)$ eines Tiefpasses bei rechteckförmiger Anregung (Abbildung 3.10) berechnet werden.

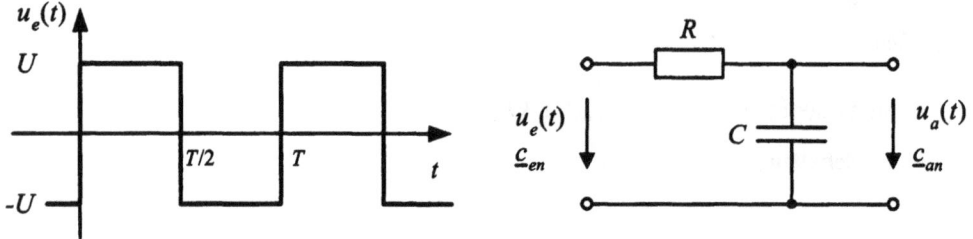

Abb. 3.10: *Tiefpass bei rechteckförmiger Anregung*

Lösung:
Zunächst wird die Eingangsspannung $u_e(t)$ als komplexe, unendliche Fourier-Reihe ausgedrückt.

$$u_e(t) = \sum_{n=-\infty}^{\infty} \left(-jU\frac{2}{n\pi}\right) \cdot e^{jn\omega_1 t} \quad (n = \pm 1, \pm 3, \pm 5, ...)$$

Die Übertragungsfunktion eines einfachen RC-Tiefpasses lautet:

$$\underline{\ddot{U}}(\omega) = \frac{\underline{U}_a(\omega)}{\underline{U}_e(\omega)} = \frac{1}{1 + j\omega RC} \ .$$

Die komplexen Fourier-Koeffizienten der Ausgangsspannung $u_a(t)$ ergeben sich aus

$$\underline{c}_{an} = \underline{c}_{en} \cdot \underline{\ddot{U}}(n\omega_1) = -jU\frac{2}{n\pi} \cdot \frac{1}{1 + jn\omega_1 RC} \quad (n = \pm 1, \pm 3, \pm 5, ...)$$

und damit folgt die Lösung in der Fourier-Darstellung

$$u_a(t) = \sum_{n=-\infty}^{\infty} -jU\frac{2}{n\pi} \cdot \frac{1}{1 + jn\omega_1 RC} \cdot e^{jn\omega_1 t} \quad (n = \pm 1, \pm 3, \pm 5, ...) \ ,$$

die sich in einfachen Fällen in eine geschlossene Form umwandeln lässt.

3.2.7   Einfluss nichtlinearer Bauelemente

Sinusförmiges Signal an nichtlinearen Bauelementen

Beispiel: Quadratische Kennlinie

Bei einem Langkanal-MOS-Transistor hängt der Strom zwischen den Drain-Source-Anschlüssen $I_{DS} = c \cdot (U_{GS} - U_{TH})^2$ in Sättigung in erster Näherung quadratisch von der Gate-Source-Spannung ab.
Der Einfachheit halber wird von der vereinfachten Gleichung

$$i(t) = c \cdot u^2(t)$$

($c =$ konstant) ausgegangen. Legt man die Spannung

$$u(t) = U_0 + \hat{U} \cos(\omega t)$$

an, so folgt für den Strom

$$
\begin{aligned}
i(t) &= c \cdot \left(U_0 + \hat{U} \cos(\omega t) \right)^2 \\
&= c \cdot \left(U_0^2 + 2 U_0 \hat{U} \cos(\omega t) + \hat{U}^2 \frac{1}{2} [1 + \cos(2\omega t)] \right) \\
&= I_0 + \hat{I}_1 \cos(\omega t) + \hat{I}_2 \cos(2\omega t) \ .
\end{aligned}
$$

Neben der ursprünglichen Kreisfrequenz ω tritt auch die doppelte Kreisfrequenz 2ω im Strom $i(t)$ auf!

Beispiel: Exponentielle Kennlinie

Aus der Taylor-Entwicklung einer Exponentialfunktion

$$e^x = 1 + \frac{x}{1!} + \frac{x^2}{2!} + \frac{x^3}{3!} + \dots$$

und dem trigonometrischen Zusammenhang

$$\cos^n x = \cos nx + \dots$$

erkennt man sofort, dass an einer exponentiellen Kennlinie prinzipiell alle Harmonischen erzeugt werden.

Technisches Beispiel für eine exponentielle Strom-Spannungsbeziehung ist eine Halbleiterdiode in Durchlassrichtung

$$i(t) = I_S \cdot \left(e^{u(t)/U_T} - 1 \right) \ .$$

Modulation

Die Eigenschaft nichtlinearer Bauelemente, zusätzliche harmonische Schwingungen zu erzeugen, wird bei der „Modulation" technisch gezielt ausgenutzt. Als Beispiel wird abermals die quadratische Kennlinie

$$i(u) = c \cdot u^2$$

betrachtet und die Spannung

$$u = u(t) = \hat{U}_1 \cos(\omega_1 t) + \hat{U}_2 \cos(\omega_2 t) \ ,$$

die sich aus zwei sinusförmigen Spannungen unterschiedlicher Frequenz zusammensetzt, an das nichtlineare Bauelement angelegt.

Unter Zuhilfenahme der trigonometrischen Beziehungen $\cos^2 \alpha = \frac{1}{2} \left[1 + \cos(2\alpha) \right]$ und $\cos\alpha \cdot \cos\beta = \frac{1}{2} \left[\cos(\alpha - \beta) + \cos(\alpha + \beta) \right]$ ergibt sich für $i(t)$:

$$i(t) = \frac{1}{2} \cdot c \cdot (\hat{U}_1^2 + \hat{U}_2^2) + \frac{1}{2} \cdot c \cdot \hat{U}_1^2 \cdot \cos(2\omega_1 t) + \frac{1}{2} \cdot c \cdot \hat{U}_2^2 \cdot \cos(2\omega_2 t)$$

$$+ c \cdot \hat{U}_1 \cdot \hat{U}_2 \cdot \cos[(\omega_1 - \omega_2)t] + c \cdot \hat{U}_1 \cdot \hat{U}_2 \cdot \cos[(\omega_1 + \omega_2)t]$$

Das Auftreten der Summen- und Differenzfrequenzen $(\omega_1 + \omega_2)$ und $(\omega_1 - \omega_2)$ ist Voraussetzung für viele wichtige technische Anwendungen, wie z.B. der drahtlosen Kommunikationstechnik.

Abbildung 3.11 zeigt das Frequenzspektrum der Operation

$$i(t)/\mathrm{A} = \left[1 \cdot \cos\left(2\pi \cdot \underbrace{1\mathrm{kHz}}_{f_1} \cdot t\right) + 2 \cdot \cos\left(2\pi \cdot \underbrace{5\mathrm{kHz}}_{f_2} \cdot t\right) \right]^2 .$$

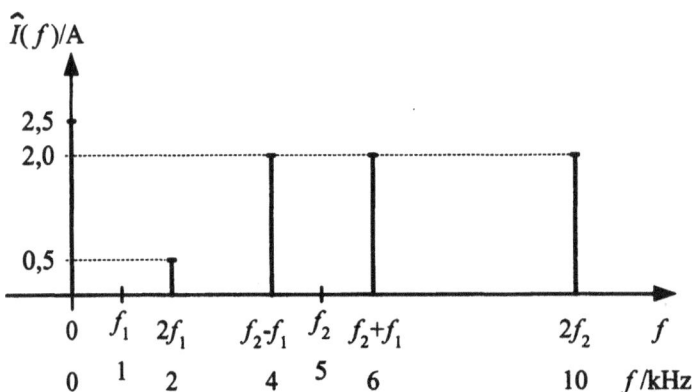

Abb. 3.11: *Frequenzmodulation an einer quadratischen Kennlinie mit* $f_1 = 1kHz$, $f_2 = 5kHz$

Anwendungsbeispiel 3.12: *Frequenzmischer*

Summen- und Differenzfrequenzen erhält man nicht nur an nichtlinearen Kennlinien, sondern auch durch Multiplikation zweier periodischer Größen unterschiedlicher Frequenz. Dies wird z.B. bei Frequenzmischer-Schaltungen in Mobiltelefonen genutzt, um die zu sendenden Daten (Basisband) in das Hochfrequenzband (D1, D2-Netz oder E-Netz) zu modulieren.

Zu berechnen ist das Frequenzspektrum der Operation $\sin{(\omega_1 t)} \cdot f(t)$ mit

$$f(t) = \begin{cases} 1 \text{ für } 0 < t < T_2/2 \\ 0 \text{ für } T_2/2 < t < T_2 \end{cases}.$$

Das Signal $\sin{(\omega_1 t)}$ stellt das niederfrequente Datensignal dar, die Multiplikation mit $f(t)$ wird durch einen (möglichst idealen) Schalter realisiert. Dieser schaltet das Datensignal mit der Trägerfrequenz $f_2 = 1/T_2$ ein und aus.

Lösung:
Die Fourier-Reihe der (Schalt-)Funktion $f(t)$ lautet:

$$f(t) = \frac{1}{2} + \frac{2}{\pi} \cdot \sin(\omega_2 t) + \frac{2}{3\pi} \cdot \sin(3\omega_2 t) + \frac{2}{5\pi} \cdot \sin(5\omega_2 t) + ... \Rightarrow$$

$$f(t) \cdot \sin{(\omega_1 t)} = \frac{1}{2} \cdot \sin{(\omega_1 t)} + \frac{2}{\pi} \cdot \sin(\omega_2 t) \cdot \sin{(\omega_1 t)} + \frac{2}{3\pi} \cdot \sin(3\omega_2 t) \cdot \sin{(\omega_1 t)} + ... =$$

$$\frac{1}{2} \cdot \sin{(\omega_1 t)} + \frac{2}{\pi} \cdot \frac{1}{2} \cdot [\cos(\omega_2 - \omega_1)t - \cos(\omega_2 + \omega_1)t] + ...\text{höhere Frequenzanteile}$$

Die höheren Frequenzanteile ($3\omega_2 \pm \omega_1$, $5\omega_2 \pm \omega_1$ usw.) sowie der Niederfrequenzanteil $\frac{1}{2}\sin{(\omega_1 t)}$ werden herausgefiltert. Der verbleibende Rest wird verstärkt und an die Antenne weitergeleitet.

3.3 Nichtperiodische Vorgänge

Dieser Abschnitt klärt, wie mit Hilfe der Fourier-Transformation nichtperiodische Vorgänge behandelt werden können. Beispiel hierfür ist das einmalige Einschalten einer rechteckförmigen Spannung gemäß Abbildung 3.12a).

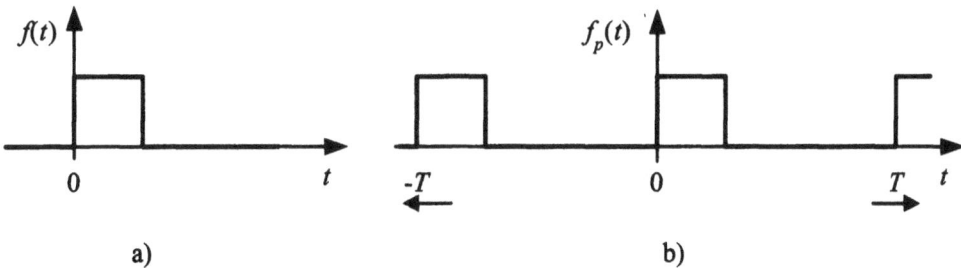

a)   b)

Abb. 3.12: *Beschreibung von nichtperiodischen Vorgängen durch die Grenzbetrachtung $T \to \infty$*

Um die Fourier-Reihen-Analyse auch bei nichtperiodischen Funktionen anwenden zu können, beschreibt man die nichtperiodische Funktion als Grenzprozess, bei dem diese aus der periodischen Funktion $f_p(t)$ durch den Grenzübergang $T \to \infty$ hervorgeht (vgl. Abbildung 3.12b). Durch den Grenzübergang $T \to \infty$ strebt die Grundkreisfrequenz gegen Null ($\omega_1 \to 0$).

3.3.1 Fourier-Integral, Fourier-Transformation

Die periodische Hilfsfunktion $f_p(t)$ wird als komplexe Fourier-Reihe

$$f_p(t) = \sum_{n=-\infty}^{\infty} \underline{c}_n \cdot e^{jn\omega_1 t}$$

mit den komplexen Fourier-Koeffizienten

$$\underline{c}_n = \frac{1}{T} \int_{-T/2}^{T/2} f_p(t) \cdot e^{-jn\omega_1 t} dt$$

ausgedrückt. Mit $\omega_1 = 2\pi/T$ ergibt sich für $\underline{c}_n$:

$$\underline{c}_n = \frac{\omega_1}{2\pi} \int_{-T/2}^{T/2} f_p(t) \cdot e^{-jn\omega_1 t} dt = \frac{\omega_1}{2\pi} \cdot \underline{F}(T, n\omega_1) = f_1 \cdot \underline{F}(T, n\omega_1)$$

Die Funktion

$$\underline{F}(T, n\omega_1) = \int_{-T/2}^{T/2} f_p(t) \cdot e^{-jn\omega_1 t} dt \qquad (3.44)$$

hat die Dimension einer spektralen Dichte 1/Hz bzw. s. Die Einheit der spektralen Dichte eines nichtperiodischen Spannungssignals ist somit Vs und die eines Stromsignals As.

Über die spektrale Dichtefunktion $\underline{F}(T, n\omega_1)$ gelangt man zur periodischen Hilfsfunktion

$$f_p(t) = \sum_{n=-\infty}^{\infty} \frac{\omega_1}{2\pi} \cdot \underline{F}(T, n\omega_1) \cdot e^{jn\omega_1 t} . \qquad (3.45)$$

Der Grenzübergang $T \to \infty$ kann nun durchgeführt werden. Mit

$$\lim_{T \to \infty} \omega_1 = 2\pi/T = d\omega ,$$

$$\lim_{T \to \infty} n\omega_1 = \omega ,$$

$$\lim_{T \to \infty} f_p(t) = f(t) \qquad (f(t) \text{ ist die nichtperiodische Funktion})$$

geht Gleichung (3.44) über in die komplexe Spektralfunktion

$$
\begin{array}{l}
\underline{F}(\omega) = \displaystyle\int_{t=-\infty}^{\infty} f(t) \cdot e^{-j\omega t} dt \quad \text{bzw.} \\[2mm]
\underline{F}(f) = \displaystyle\int_{t=-\infty}^{\infty} f(t) \cdot e^{-j2\pi f t} dt
\end{array}
\tag{3.46}
$$

und aus Gleichung (3.45) ergibt sich die Zeitfunktion

$$
\begin{array}{l}
f(t) = \dfrac{1}{2\pi} \displaystyle\int_{\omega=-\infty}^{\infty} \underline{F}(\omega) \cdot e^{j\omega t} d\omega \quad \text{bzw.} \\[2mm]
f(t) = \displaystyle\int_{f=-\infty}^{\infty} \underline{F}(f) \cdot e^{j2\pi f t} df
\end{array}
\tag{3.47}
$$

Die durch Gleichung (3.46) definierte Operation bezeichnet man als Fourier-Transformation und die durch Gleichung (3.47) beschriebene Operation als Rücktransformation bzw. inverse Fourier-Transformation. Für die beiden Operationen sind die Kurzzeichen $\mathcal{F}$ und $\mathcal{F}^{-1}$ üblich:

$$
\mathcal{F}\{f(t)\} = \underline{F}(\omega) \quad \text{bzw.} \quad \mathcal{F}^{-1}\{\underline{F}(\omega)\} = f(t)
\tag{3.48}
$$

Beispiel 3.13

Zu berechnen sind die komplexen Spektralfunktionen $\underline{U}_1(\omega)$ und $\underline{U}_2(\omega)$ der Spannungen

$$
u_1(t) = \begin{cases} U & \text{für } -\tau/2 \le t \le \tau/2 \\ 0 & \text{sonst} \end{cases} \quad \text{und}
$$

$$
u_2(t) = \begin{cases} 0 & \text{für } -\infty < t < 0 \\ Ue^{-at} & \text{für } 0 \le t < \infty \quad (a > 0) \end{cases} \cdot
$$

Lösung:

$$
\underline{U}_1(\omega) = \int_{-\tau/2}^{\tau/2} U \cdot e^{-j\omega t} \cdot dt = \frac{U}{-j\omega}\left(e^{-j\omega\cdot\tau/2} - e^{j\omega\cdot\tau/2}\right) = \frac{2U}{\omega}\cdot\sin(\omega\cdot\tau/2) =
$$
$U \cdot \tau \cdot \text{si}(\omega \cdot \tau/2)$

Es gilt: $\text{si}(x) = \dfrac{\sin(x)}{x}$

$$
\underline{U}_2(\omega) = \int_0^{\infty} Ue^{-(a+j\omega)t} \cdot dt = -\frac{U}{a+j\omega}e^{-(a+j\omega)t}\Big|_{t=0}^{\infty} = \frac{U}{a+j\omega}
$$

Existenz der komplexen Spektralfunktion

Um eine Funktion $f(t)$ in den Frequenzbereich transformieren zu können, muss die komplexe Spektralfunktion, also das uneigentliche Integral

$$\underline{F}(\omega) = \lim_{T \to \infty} \int_{-T/2}^{T/2} f(t) \cdot e^{-j\omega t} dt$$

existieren. Es muss also gelten

$$|\underline{F}(\omega)| < \infty \quad \text{für} \quad -\infty < \omega < \infty \,.$$

Mit

$$|\underline{F}(\omega)| = \int_{-\infty}^{\infty} |f(t)| \cdot \underbrace{|e^{-j\omega t}|}_{=1} dt < \infty$$

folgt die hinreichende, aber nicht notwendige Bedingung

$$\int_{-\infty}^{\infty} |f(t)| dt < \infty \tag{3.49}$$

für die Existenz von $\underline{F}(\omega)$. Aus Gleichung (3.49) ist sofort ersichtlich, dass für die beim Einschalten einer Gleichspannung auftretende Sprungfunktion (Abbildung 3.13) nicht ohne weiteres die Fourier-Transformierte angegeben werden kann.

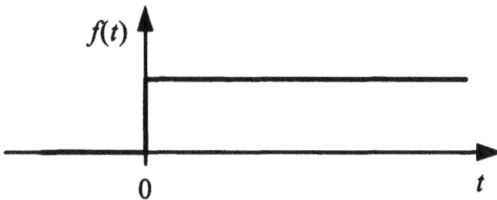

Abb. 3.13: Sprungfunktion

3.3.2 Anwendung der Fourier-Transformation bei der Schaltungsanalyse

Die Aufgabenstellung und die Vorgehensweise sind analog zu Abschnitt 3.2.6.

Gegeben:

- Eingangssignal(e) $f_e(t)$ und

- die Schaltung.

Gesucht:

- Ausgangssignal(e) $f_a(t)$.

Vorgehensweise:

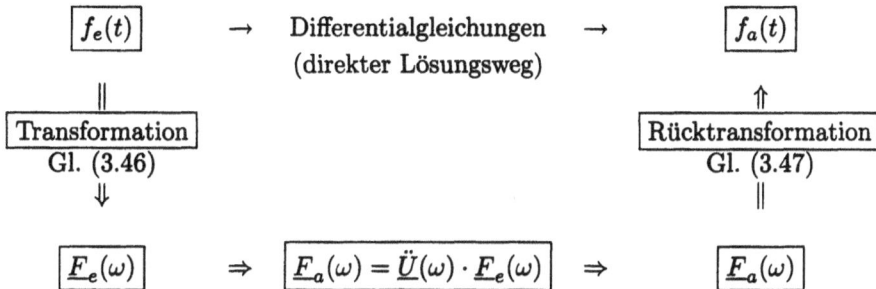

$$\boxed{f_e(t)} \quad \rightarrow \quad \begin{array}{c} \text{Differentialgleichungen} \\ \text{(direkter Lösungsweg)} \end{array} \quad \rightarrow \quad \boxed{f_a(t)}$$

$$\parallel \qquad\qquad\qquad\qquad\qquad\qquad\qquad\qquad\qquad\qquad \Uparrow$$

$$\boxed{\text{Transformation}} \qquad\qquad\qquad\qquad\qquad \boxed{\text{Rücktransformation}}$$
$$\text{Gl. (3.46)} \qquad\qquad\qquad\qquad\qquad\qquad\quad \text{Gl. (3.47)}$$
$$\Downarrow \qquad\qquad\qquad\qquad\qquad\qquad\qquad\qquad\qquad\qquad \parallel$$

$$\boxed{\underline{F}_e(\omega)} \quad \Rightarrow \quad \boxed{\underline{F}_a(\omega) = \underline{\ddot{U}}(\omega) \cdot \underline{F}_e(\omega)} \quad \Rightarrow \quad \boxed{\underline{F}_a(\omega)}$$

Beispiel 3.14

Zu berechnen ist die Ausgangsspannung eines RC-Tiefpasses $u_a(t)$ (vgl. Abbildung 3.10), wenn am Eingang die Spannung

$$u_e(t) = \begin{cases} 0 & \text{für } -\infty < t < 0 \\ Ue^{-at} & \text{für } 0 \le t < \infty \quad (a > 0) \end{cases}$$

anliegt.

Lösung:

$$\underline{\ddot{U}}(\omega) = \frac{\underline{U}_a}{\underline{U}_e} = \frac{1}{1 + j\omega RC}$$

$$\underline{U}_e(\omega) = \frac{U}{a + j\omega} \text{ (vgl. Beispiel 3.13)} \Rightarrow$$

$$\underline{U}_a(\omega) = \underline{U}_e(\omega) \cdot \underline{\ddot{U}}(\omega) = \frac{U}{(1 + j\omega RC)(a + j\omega)}$$

Nach einer Partialbruchzerlegung ergibt sich:

$$\underline{U}_a(\omega) = U \left(\frac{1}{a - 1/(RC)} \cdot \frac{1}{1 + j\omega RC} + \frac{1}{1 - aRC} \cdot \frac{1}{a + j\omega} \right)$$

Aus dem Zusammenhang $\mathcal{F}\{e^{-at}\} = \dfrac{1}{a + j\omega}$ bzw. $e^{-at} = \mathcal{F}^{-1}\left\{\dfrac{1}{a + j\omega}\right\}$ folgt:

$$u_a(t) = U \left(\frac{1}{a - 1/(RC)} \cdot \frac{1}{RC} \cdot e^{-t/(RC)} + \frac{1}{1 - aRC} \cdot e^{-a \cdot t} \right) \Rightarrow$$

$$u_a(t) = U \frac{1}{1 - aRC} \left(e^{-a \cdot t} - e^{-t/(RC)} \right) \quad \text{für} \quad t \ge 0$$

3.3.3   Eigenschaften der Fourier-Transformation

Bei der Anwendung der Fourier-Transformation zur Schaltungsanalyse verwendet man oft Tabellen, statt die Integrale (3.46) und (3.47) zu lösen. Da naturgemäß nicht für jede beliebige Zeitfunktion die entsprechende Spektralfunktion in mathematischen Formelsammlungen zu finden ist, sind im Folgenden die wichtigsten Rechenregeln der Fourier-Transformation zusammengefasst.

Linearität

Aus den Definitionsgleichungen für die Fourier-Transformation ist unmittelbar ersichtlich

$$\mathcal{F}\{k_1 f_1(t) + k_2 f_2(t)\} = k_1 \underline{F}_1(\omega) + k_2 \underline{F}_2(\omega) \ .$$

Häufig findet man dafür die Schreibweise

$$\boxed{k_1 f_1(t) + k_2 f_2(t) \quad \circ\!\!-\!\!\bullet \quad k_1 \underline{F}_1(\omega) + k_2 \underline{F}_2(\omega)} \ . \tag{3.50}$$

Verschiebung im Zeit- bzw. Frequenzbereich

Aus

$$f(t + t_0) \quad \circ\!\!-\!\!\bullet \quad \mathcal{F}\{f(t + t_0)\} = \int_{-\infty}^{\infty} f(t + t_0) \cdot e^{-j\omega t} dt$$

ergibt sich mit der Substitution $t + t_0 = \tau$ bzw. $t = -t_0 + \tau$ und $dt = d\tau$

$$f(t + t_0) \quad \circ\!\!-\!\!\bullet \quad \int_{-\infty}^{\infty} f(\tau) \cdot e^{-j\omega(-t_0 + \tau)} d\tau$$

oder kurz

$$\boxed{f(t + t_0) \quad \circ\!\!-\!\!\bullet \quad e^{j\omega t_0} \cdot \mathcal{F}\{f(t)\}} \ . \tag{3.51}$$

Der Betrag des Spektrums bleibt also unverändert ($|e^{j\omega t_0}| = 1$).

Bei der Variablenverschiebung im Frequenzbereich gilt

$$\underline{F}(\omega + \omega_0) = \int_{-\infty}^{\infty} f(t) \cdot e^{-j(\omega + \omega_0)t} dt = \int_{-\infty}^{\infty} f(t) \cdot e^{-j\omega_0 t} e^{-j\omega t} dt$$

oder

$$\boxed{\mathcal{F}^{-1}\{\underline{F}(\omega)\} \cdot e^{-j\omega_0 t} \quad \circ\!\!-\!\!\bullet \quad \underline{F}(\omega + \omega_0)} \ . \tag{3.52}$$

Ähnlichkeitssatz

Für die im zeitlichen Maßstab geänderte Funktion $f(a \cdot t)$ mit $a > 0$ ergibt sich

$$f(at) \quad \circ\!\!-\!\!\bullet \quad \int_{-\infty}^{\infty} f(at) \cdot e^{-j\omega t} dt \ .$$

Mit der Substitution $at = \tau$ bzw. $t = \tau/a$ und $dt = d\tau/a$ erhält man

$$f(at) \quad \circ\!\!-\!\!\bullet \quad \frac{1}{a} \int_{-\infty}^{\infty} f(\tau) \cdot e^{-j\cdot(\omega/a)\cdot\tau} d\tau$$

oder

$$\boxed{f(at) \quad \circ\!\!-\!\!\bullet \quad \frac{1}{a}\underline{F}\left(\frac{\omega}{a}\right)} \ . \tag{3.53}$$

Eine zeitliche Dehnung der Funktion $f(t)$ durch Werte $0 < a < 1$ führt im Frequenzbereich zu einer Amplitudenerhöhung um $1/a$ und zu einer Frequenzstauchung ($\omega \rightarrow \omega/a$).

Differentiation im Zeitbereich

Zur Herleitung des Differentiationssatzes geht man von der Gleichung für die Transformation in den Spektralbereich

$$\underline{F}(\omega) = \int_{-\infty}^{\infty} \underbrace{f(t)}_{u} \cdot \underbrace{e^{-j\omega t}}_{v'} dt \qquad (u' = \frac{df(t)}{dt}, \quad v = \frac{-1}{j\omega}e^{-j\omega t})$$

aus und integriert partiell

$$\underline{F}(\omega) = \underbrace{-\frac{1}{j\omega}f(t)e^{-j\omega t}\Big|_{-\infty}^{+\infty}}_{=0} + \frac{1}{j\omega} \int_{-\infty}^{\infty} \frac{df(t)}{dt} \cdot e^{-j\omega t} dt \ .$$

Der erste Term der rechten Seite verschwindet wegen der Voraussetzung der Existenz der uneigentlichen Integrale und es ergibt sich

$$\boxed{\frac{df(t)}{dt} \quad \circ\!\!-\!\!\bullet \quad j\omega\underline{F}(\omega)} \ . \tag{3.54}$$

Integration im Zeitbereich

Eine Funktion $g(t)$ sei durch das Integral

$$g(t) = \int_{-\infty}^{t} f(\tau) d\tau$$

definiert. Dann gilt

$$\frac{dg(t)}{dt} = f(t)$$

oder in transformierter Form

$$j\omega \underline{G}(\omega) = \underline{F}(\omega) \quad \text{bzw.} \quad \underline{G}(\omega) = \frac{1}{j\omega}\underline{F}(\omega)$$

und es folgt

$$\boxed{\int_{-\infty}^{t} f(\tau)d\tau \quad \circ\!\!-\!\!\bullet \quad \frac{1}{j\omega}\underline{F}(\omega)} \ . \tag{3.55}$$

Gleichung (3.55) gilt nur, wenn $\underline{F}(\omega)/(j\omega)$ für $\omega \to 0$ existiert!

Faltungssatz

Ist die Fourier-Transformierte als Produkt zweier Spektralfunktionen $\underline{F}_1(\omega) \cdot \underline{F}_2(\omega)$ darstellbar, so kann man mit Hilfe des Faltungssatzes

$$\boxed{\begin{aligned} f_1(t) * f_2(t) &= \int_{-\infty}^{\infty} f_1(t-\tau) \cdot f_2(\tau)d\tau \\ &= \int_{-\infty}^{\infty} f_1(\tau) \cdot f_2(t-\tau)d\tau \quad \circ\!\!-\!\!\bullet \quad \underline{F}_1(\omega) \cdot \underline{F}_2(\omega) \end{aligned}} \tag{3.56}$$

die zu $\underline{F}_1(\omega) \cdot \underline{F}_2(\omega)$ zugehörige Zeitfunktion direkt durch eine spezielle Integration aus $f_1(t)$ und $f_2(t)$ bestimmen.

Beweis: Mit

$$\begin{aligned} f_1(t) * f_2(t) &= \mathcal{F}^{-1}\{\underline{F}_1(\omega) \cdot \underline{F}_2(\omega)\} \\ &= \frac{1}{2\pi}\int_{-\infty}^{\infty} \underline{F}_1(\omega) \cdot \underbrace{\left(\int_{-\infty}^{\infty} f_2(\tau)e^{-j\omega\tau}d\tau\right)}_{\underline{F}_2(\omega)} e^{j\omega t}d\omega \end{aligned}$$

und Vertauschen beider Integrale folgt

$$f_1(t) * f_2(t) = \int_{-\infty}^{\infty} f_2(\tau) \cdot \underbrace{\frac{1}{2\pi}\int_{-\infty}^{\infty} \underline{F}_1(\omega)e^{j\omega(t-\tau)}d\omega}_{f_1(t-\tau)} \cdot d\tau \ .$$

Anwendungsbeispiel 3.15

Stellt die Funktion $\underline{F}_1(\omega)$ beispielsweise die Fourier-Transformierte einer Eingangs-spannung $\underline{U}_e(\omega)$ und $\underline{F}_2(\omega)$ die Spannungsübertragung $\underline{A}_U(\omega)$ eines Zweitors dar, dann ergibt das Faltungsprodukt $u_e(t) * a_U(t)$ die Ausgangsspannung $u_a(t)$. Die Zeit-funktion der Spannungsübertragung $a_U(t)$ erhält man experimentell oder bei gege-bener Schaltung rechnerisch aus der Impulsantwort des Systems, da mit $u_e(t) = \delta(t)$ gilt:

$$u_a(t) = a_U(t) * \delta(t) = \mathcal{F}^{-1}\{\underline{A}_U(\omega) \cdot \mathcal{F}\{\delta(t)\}\} = \mathcal{F}^{-1}\{\underline{A}_U(\omega) \cdot 1\} = a_U(t)$$

Parseval'sches Theorem

Eine wichtige Eigenschaft der Fourier-Transformation drückt das Parseval'sche Theorem aus. Es besagt, dass das Integral über das Produkt zweier Zeitfunktionen auch durch das Produkt ihrer Spektren ausgedrückt werden kann. Das Theorem lautet:

$$\boxed{\int_{-\infty}^{\infty} f_1(t) \cdot f_2^*(t)dt = \frac{1}{2\pi} \int_{-\infty}^{\infty} \underline{F}_1(\omega) \cdot \underline{F}_2^*(\omega)d\omega} \qquad (3.57)$$

Speziell für $f_1(t) = f_2(t) = f(t)$ folgt die einprägsame Beziehung

$$\boxed{\int_{-\infty}^{\infty} |f(t)|^2 dt = \frac{1}{2\pi} \int_{-\infty}^{\infty} |\underline{F}(\omega)|^2 d\omega = \int_{-\infty}^{\infty} |\underline{F}(f)|^2 df} \ . \qquad (3.58)$$

Auf den Beweis der Parseval'schen Beziehung sei an dieser Stelle verzichtet.

Anwendungsbeispiel 3.16: *Berechnung der Energie im Frequenzbereich*

Zu berechnen ist die in einem Widerstand $R = 1\text{k}\Omega$ umgesetzte Energie W_R im Frequenzbereich $0 \leq f \leq 1\text{kHz}$, wenn am Widerstand die Diracimpulsspannung $u(t) = 1\text{V} \cdot \delta(t)$ anliegt.

Lösung:
Die Fourier-Transformierte der Spannung $u(t)$ lautet $\underline{U}(f) = 1\text{V/Hz}$ (vgl. Korres-pondenztabelle auf Seite 284). $\Rightarrow$

$$W_R = \frac{1}{R} \int_{-1\text{kHz}}^{1\text{kHz}} |\underline{U}(f)|^2 df = 2\text{J}$$

3.3.4 Wichtige Funktionen, Korrespondenztabelle

Die Funktion $f(t)=1$

Gesucht wird die Spektralfunktion von

$$f(t) = 1 \ .$$

Die Funktion $f(t) = 1$ verletzt die Existenzbedingung aus Gleichung (3.49). Daher berechnet man zunächst die Fourier-Transformierte der in Abbildung 3.14 skizzierten Funktion

$$f_a(t) = 1 \cdot e^{-a|t|} \qquad \text{mit } a > 0 \tag{3.59}$$

und bildet dann den Grenzwert $a \to 0$.

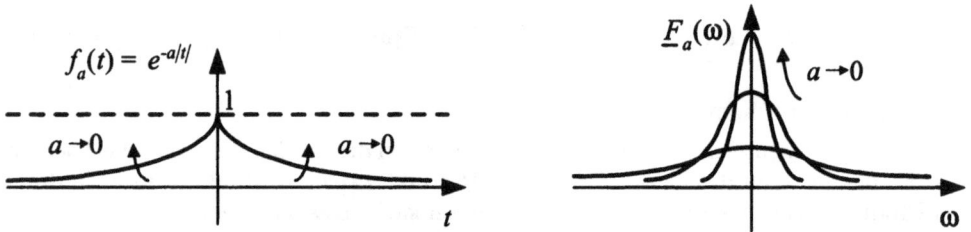

Abb. 3.14: *Hilfsfunktion $f_a(t)$ mit entsprechender Fourier-Transformierten*

$$\underline{F}_a(\omega) = \int_{-\infty}^{\infty} e^{-a|t|} \cdot e^{-j\omega t} dt = \int_{-\infty}^{0} e^{(a-j\omega)t} dt + \int_{0}^{\infty} e^{(-a-j\omega)t} dt$$

$$= \frac{1}{a - j\omega} + \frac{1}{a + j\omega} = \frac{2a}{a^2 + \omega^2} \tag{3.60}$$

Es gilt

$$\frac{2a}{a^2 + \omega^2} = \begin{cases} 0 & \text{für } a \to 0 \text{ und } \omega \neq 0 \\ \infty & \text{für } a \to 0 \text{ und } \omega = 0 \end{cases}$$

und

$$\int_{-\infty}^{\infty} \frac{2a}{a^2 + \omega^2} d\omega = 2\pi \qquad \text{(für alle } a \geq 0) \,.$$

Aus den letzten beiden Gleichungen folgt

$$\lim_{a \to 0} \frac{2a}{a^2 + \omega^2} = 2\pi\delta(\omega) = \begin{cases} 0 & \text{für } \omega \neq 0 \\ \infty & \text{für } \omega = 0 \end{cases} \,.$$

Die Funktion δ nennt man Diracfunktion. Sie hat die Eigenschaften

$$\delta(x) = \begin{cases} 0 & \text{für } x \neq 0 \\ \infty & \text{für } x = 0 \end{cases} \tag{3.61}$$

und

$$\int_{-\infty}^{\infty} \delta(x)dx = 1 \; . \tag{3.62}$$

Die Transformierte der Funktion $f(t) = 1$ ist also

$$1 \quad \circ\!\!-\!\!\bullet \quad 2\pi\delta(\omega) \; . \tag{3.63}$$

Die Sprungfunktion (Einschaltfunktion)

Die Sprungfunktion ist definiert als

$$\varepsilon(t) = \begin{cases} 0 = \dfrac{1}{2} + \dfrac{1}{2}\text{sign}(t) \text{ für } t < 0 \\ 1 = \dfrac{1}{2} + \dfrac{1}{2}\text{sign}(t) \text{ für } t > 0 \end{cases} . \tag{3.64}$$

$\varepsilon(t)$ kann aus den beiden Funktionen $f_1(t) = 1/2$ und $f_2(t) = 1/2 \cdot \text{sign}(t)$ zusammengesetzt werden, wobei für $\text{sign}(t)$ gilt:

$$\text{sign}(t) = \begin{cases} -1 \text{ für } t < 0 \\ +1 \text{ für } t > 0 \end{cases} \tag{3.65}$$

Die Fourier-Transformierte der sign-Funktion lässt sich durch die Grenzwertbildung von $a \to 0$ der Funktion $f_a(t) = e^{-a|t|} \cdot \text{sign}(t)$ herleiten. Sie lautet

$$\text{sign}(t) \quad \circ\!\!-\!\!\bullet \quad \frac{2}{j\omega} \; . \tag{3.66}$$

Damit ergibt sich die Spektralfunktion der Einschaltfunktion

$$\varepsilon(t) = \frac{1}{2} + \frac{1}{2}\text{sign}(t) \quad \circ\!\!-\!\!\bullet \quad \pi\delta(\omega) + \frac{1}{j\omega} \; . \tag{3.67}$$

Wichtige Korrespondenzen der Fourier-Transformation

In Tabelle 3.2 sind einige wichtige Fourier-Transformierte aufgelistet.

Bemerkung: Weitere Fourier-Transformierte findet man in guten Mathematik-Formelsammlungen (z.B. [5]).

Bezeichnung	$f(t)$	$\underline{F}(\omega)$ bzw. $\underline{F}(f)$
Diracimpuls	$\delta(t)$	1
Konstante 1	1	$2\pi\delta(\omega)$
Vorzeichen-Funktion	$\text{sign}(t)$	$\dfrac{2}{j\omega}$
Rechteckimpuls	$\text{rect}(t) = \begin{cases} 1 \text{ für } \|t\| < 1/2 \\ 0 \text{ sonst} \end{cases}$	$\text{si}(\omega/2)$
Sprungfunktion	$\varepsilon(t) = \begin{cases} 1 \text{ für } t > 0 \\ 0 \text{ für } t < 0 \end{cases}$	$\pi\delta(\omega) + \dfrac{1}{j\omega}$
si-Impuls	$\text{si}(\pi t) = \dfrac{\sin(\pi t)}{\pi t}$	$\text{rect}\left(\dfrac{\omega}{2\pi}\right) = \text{rect}(f)$
Gauß'scher Impuls	$e^{-\pi t^2}$	$e^{-\omega^2/(4\pi)} = e^{-\pi f^2}$
Einseitiger Exp.-Impuls	$\varepsilon(t) \cdot e^{-at}$	$\dfrac{1}{a + j\omega} \quad (a > 0)$
Komplexe Exp.-Funktion	$e^{j\omega_0 t}$	$2\pi\delta(\omega - \omega_0)$
Cosinusfunktion	$\cos(\omega_0 t)$	$\pi\delta(\omega + \omega_0) + \pi\delta(\omega - \omega_0)$
Sinusfunktion	$\sin(\omega_0 t)$	$j\pi\delta(\omega + \omega_0) - j\pi\delta(\omega - \omega_0)$
Dirac-Impulsfolge	$\displaystyle\sum_{n=-\infty}^{\infty} \delta(t - nT)$	$\dfrac{1}{T} \displaystyle\sum_{n=-\infty}^{\infty} \delta(f - n/T)$

Tabelle 3.2: Wichtige Fourier-Transformierte

Beispiel 3.17

Zu berechnen ist das Einschaltverhalten eines RC-Tiefpasses (Einschalten einer Gleichspannung U_e zum Zeitpunkt $t = 0$) unter der Anfangsbedingung, dass der Kondensator zum Zeitpunkt $t = 0$ auf $U_e/2$ aufgeladen ist.

Lösung:

$$\ddot{\underline{U}}(\omega) = \underline{A}_U(\omega) = \frac{\underline{U}_a}{\underline{U}_e} = \frac{1}{1 + j\omega RC}$$

Bei der Aufstellung der transformierten Eingangsspannung ist die Anfangsbedingung $u_C(t = 0) = U_e/2$ zu berücksichtigen. Dies geschieht am einfachsten dadurch, dass man für $u_e(t)$ setzt:

$u_e(t) = U_e/2$ für $t < 0$ und $u_e(t) = U_e$ für $t > 0$, also $u_e(t) = U_e/2 + U_e/2 \cdot \varepsilon(t) \Rightarrow$

$$\underline{U}_e(\omega) = U_e/2 \cdot 2\pi\delta(\omega) + U_e/2 \left(\pi\delta(\omega) + \frac{1}{j\omega} \right) = U_e/2 \cdot \left(3\pi\delta(\omega) + \frac{1}{j\omega} \right)$$

$$\underline{U}_a(\omega) = \underline{U}_e(\omega) \cdot \underline{A}_U(\omega) = U_e/2 \left(\frac{3\pi\delta(\omega)}{1 + j\omega RC} + \frac{1}{j\omega \cdot (1 + j\omega RC)} \right)$$

Partialbruchzerlegung:

$$\underline{U}_a(\omega) = U_e/2 \left(\frac{3\pi\delta(\omega)}{1 + j\omega RC} + \frac{1}{j\omega} + \frac{-RC}{1 + j\omega RC} \right)$$

$$= U_e/2 \left(\frac{3\pi\delta(\omega)}{1 + j\omega RC} + \frac{1}{j\omega} - \frac{1}{\frac{1}{RC} + j\omega} \right)$$

Mit Hilfe von Korrespondenztabellen erhält man:

$$u_a(t) = U_e/2 \left(\frac{3}{2} + \frac{\text{sign}(t)}{2} - \varepsilon(t) \cdot e^{-t/(RC)} \right) = U_e/2 \left[1 + \varepsilon(t) \cdot (1 - e^{-t/(RC)}) \right]$$

Bemerkung: Prinzipiell könnte man für $t < 0$ auch eine andere Zeitfunktion $u_e(t)$ wählen, solange die Anfangsbedingung $u_C(t = 0) = U_e/2$ erfüllt ist. Dann ergibt sich natürlich auch ein anderer Ausdruck $u_a(t)$ für $t < 0$.

Bei der Laplace-Transformation dagegen wird die Anfangsbedingung direkt in die Rechnung für $t \geq 0$ mit einbezogen. Eine Lösung für $t < 0$ entfällt.

3.4 Laplace-Transformation

Die Fourier-Transformierte einer Funktion $f(t)$ existiert, wenn die Existenzbedingung

$$\int_{-\infty}^{\infty} |f(t)| dt < \infty$$

erfüllt ist. Viele Funktionen, wie z.B. $f(t) = t$ oder $f(t) = 1$, verletzen obige Voraussetzung. Als mathematischer Kunstgriff wurden in Abschnitt 3.3 solche Funktionen mit $e^{-a|t|}$ multipliziert und die Fourier-Transformierten der erweiterten Funktionen, die für $a > 0$ existieren, berechnet.

Bei der Laplace-Transformation wird der Faktor $e^{-\sigma t}$ (hier σ statt a mit $\sigma \in \mathbb{R}$) generell als multiplikative Größe eingeführt. Des Weiteren setzt man bei der einseitigen Laplace-Transformation

$$f(t) = 0 \qquad \text{für} \quad t < 0 \tag{3.68}$$

voraus. Dadurch können die in der Elektrotechnik wichtigen Einschaltvorgänge, ohne das Problem der Existenz uneigentlicher Integrale, in den Bildbereich transformiert werden.

3.4.1 Übergang von der Fourier- zur Laplace-Transformation

Durch Einführung des Faktors $e^{-\sigma t}$ und der Bedingung $f(t) = 0$ für $t < 0$ nimmt die Fourier-Transformation die Form

$$\underline{F}(\omega) = \underbrace{\int_{-\infty}^{0-} f(t) \cdot e^{-\sigma t} \cdot e^{-j\omega t} dt}_{=0} + \int_{0}^{\infty} f(t) \cdot e^{-\sigma t} \cdot e^{-j\omega t} dt$$

$$= \int_{0}^{\infty} f(t) e^{-(\sigma + j\omega)t} dt$$

an. Mit der Definition der komplexen Frequenz

$$p = \sigma + j\omega \tag{3.69}$$

gelangt man zum einseitigen Laplace-Integral

$$\boxed{\underline{F}(p) = \mathcal{L}\{f(t)\} = \int_{0}^{\infty} f(t) e^{-pt} dt} \; . \tag{3.70}$$

Bemerkung: In einigen Büchern (vor allem Mathematik-Formelsammlungen) wird an Stelle von p die Variable s für die komplexe Frequenz verwendet. Da dies jedoch leicht zu Verwechslungen mit der Einheit der Sekunde s führt, wird in diesem Werk ausschließlich p benutzt.

Die Rücktransformation liefert

$$f(t) \cdot e^{-\sigma t} = \frac{1}{2\pi} \int_{-\infty}^{\infty} \underline{F}(p) \cdot e^{j\omega t} d\omega$$

$$f(t) = \frac{1}{2\pi} \int_{-\infty}^{\infty} \underline{F}(p) \cdot e^{pt} d\omega$$

und mit $dp/d\omega = j$ sowie den umgerechneten Integrationsgrenzen $p = \sigma \pm j\infty$ erhält man den Ausdruck

$$\boxed{f(t) = \mathcal{L}^{-1}\{F(p)\} = \frac{1}{2\pi j} \int_{\sigma - j\infty}^{\sigma + j\infty} \underline{F}(p) \cdot e^{pt} dp} \tag{3.71}$$

für das Laplace'sche Umkehrintegral.

Existenzbedingung

Die Laplace-Transformierte existiert, wenn

$$\int_0^\infty |f(t)|e^{-\sigma t}dt \tag{3.72}$$

endlich ist, was sich durch eine geeignete Wahl von σ meist erreichen lässt.

Bemerkung: Die Stärke dieser neuen Integral-Transformation ist neben der Erweiterung der Existenz auch der Umstand, dass sich die Laplace-Transformierte $\mathcal{L}\{f(t)\}$ nur für Funktionswerte im Zeitbereich $0 \le t < +\infty$ interessiert. $f(t)$ darf also für $-\infty < t < 0$ durchaus Werte $\ne 0$ annehmen, sie gehen nur nicht in die Berechnung der Transformierten ein.

Beispiel 3.18

Gesucht sind die Laplace-Transformierten der Signale $u_1(t) = U \cdot \varepsilon(t)$, $u_2(t) = U$ und $i(t) = 3\text{A} \cdot e^{-1000 \cdot t/s}$.

Lösung:

$$\underline{U}_1(p) = \int_0^\infty U \cdot \varepsilon(t) \cdot e^{-pt}dt = \left[\frac{U}{-p} \cdot e^{-pt}\right]_{t=0}^\infty = U\frac{1}{p} \quad \text{falls } Re\{p\} = \sigma > 0$$

$$\underline{U}_2(p) = \underline{U}_1(p) \quad \text{(Die Werte von } u_2(t) \text{ für } t < 0 \text{ bleiben unberücksichtigt!)}$$

$$\underline{I}(p) = \int_0^\infty 3\text{A} \cdot e^{-1000 \cdot t/s}e^{-pt}dt = \frac{3\text{A}}{-1000/s - p} \cdot \left[e^{(-1000/s-p)\cdot t}\right]_0^\infty = \frac{3\text{A}}{1000/s + p}$$

falls $Re\{p\} = \sigma > -1000/s$

3.4.2   Eigenschaften der Laplace-Transformation

Linearität

Aus der Definitionsgleichung für die Laplace-Transformation (3.70) ist unmittelbar ersichtlich:

$$\boxed{\mathcal{L}\{k_1 f_1(t) + k_2 f_2(t)\} = k_1 \underline{F}_1(p) + k_2 \underline{F}_2(p)} \tag{3.73}$$

Beispiel 3.19

Die Spannung $u(t) = 5\text{V} + 1\text{V} \cdot \sin(\omega t)$ setzt sich aus einem DC-Anteil (5V) und einer Sinusschwingung zusammen. Gesucht ist die Laplace-Transformierte von $u(t)$.

Lösung:

Es gelten die Korrespondenzen $1 \;\circ\!\!-\!\!\bullet\; \dfrac{1}{p}$ und $\sin(\omega t) \;\circ\!\!-\!\!\bullet\; \dfrac{\omega}{p^2 + \omega^2}$.

Mit dem Linearitätssatz ergibt sich

$$\underline{U}(p) = \frac{5\text{V}}{p} + 1\text{V}\frac{\omega}{p^2 + \omega^2} \ .$$

Verschiebung im Zeitbereich

Wählt man an Stelle des Zeitmaßstabes t den um $t_0 > 0$ verschobenen Zeitmaßstab $t - t_0 = \tau$, ergibt sich

$$\mathcal{L}\{f(t - t_0)\} = \int_0^\infty f(t - t_0) \cdot e^{-pt} dt = e^{-pt_0} \int_{-t_0}^\infty f(\tau) \cdot e^{-p\tau} d\tau \ .$$

Da bei der Laplace-Transformation $f(t) = 0$ für $t < 0$ vorausgesetzt wird, gilt für $-t_0 \leq \tau < 0$ $f(t - t_0) = f(\tau) = 0$ und die untere Integrationsgrenze kann von $-t_0$ nach 0 verschoben werden.

$$\boxed{\mathcal{L}\{f(t - t_0)\} = e^{-pt_0} \int_0^\infty f(\tau) \cdot e^{-p\tau} d\tau = e^{-pt_0} \mathcal{L}\{f(t)\}} \qquad (3.74)$$

Beispiel 3.20

Zu berechnen ist die Laplace-Transformierte der zeitverschobenen Einschaltfunktion $\varepsilon(t - t_0)$.

Lösung:

Aus der Korrespondenz $\varepsilon(t)$ ∘—• $\dfrac{1}{p}$ und dem Verschiebungssatz folgt

$$\varepsilon(t - t_0) \quad \circ\!\!-\!\!\bullet \quad \frac{e^{-pt_0}}{p} .$$

Dämpfungssatz

Ersetzt man in der Transformierten $F(p)$ die Größe p durch $p + a$, ergibt sich aus Gleichung (3.70)

$$\boxed{\underline{F}(p + a) = \int_0^\infty f(t) \cdot e^{-(p+a)t} dt = \mathcal{L}\{f(t) \cdot e^{-at}\}} \ . \qquad (3.75)$$

Beispiel 3.21

Gesucht ist die Laplace-Transformierte der Exponentialfunktion e^{-at}.

Lösung:

Aus dem Zusammenhang $\varepsilon(t)$ ∘—• $\dfrac{1}{p}$ und dem Dämpfungssatz folgt unmittelbar

$$\mathcal{L}\{e^{-at}\} = \mathcal{L}\{e^{-at} \cdot \varepsilon(t)\} = \frac{1}{p + a} .$$

Ähnlichkeitssatz

Für die im zeitlichen Maßstab geänderte Funktion $f(a \cdot t)$ mit $a > 0$ ergibt sich

$$\mathcal{L}\{f(at)\} = \int_0^\infty f(at) \cdot e^{-pt} dt .$$

Mit der Substitution $at = \tau$ bzw. $t = \tau/a$ und $dt = d\tau/a$ erhält man

$$\boxed{\mathcal{L}\{f(at)\} = \frac{1}{a} \int_0^\infty f(\tau) \cdot e^{-p \cdot \tau/a} d\tau = \frac{1}{a} F\left(\frac{p}{a}\right)} . \tag{3.76}$$

Interpretation: Wählt man z.B. $a = 0,5$ bedeutet dies eine zeitliche Streckung des Signals um den Faktor zwei. Das zugehörige Spektrum hingegen wird im gleichen Verhältnis gestaucht. Daraus resultiert die fundamentale Beziehung:
Zeit-Bandbreite-Produkt = konstant.

Differentiation im Zeitbereich

Ist $f(t)$ differenzierbar, ergibt sich durch partielle Integration

$$\mathcal{L}\left(\frac{df(t)}{dt}\right) = \int_0^\infty \underbrace{\frac{df(t)}{dt}}_{v'} \underbrace{e^{-pt}}_{u} dt = \left[\underbrace{f(t)}_{v} \underbrace{e^{-pt}}_{u}\right]_0^\infty - \int_0^\infty \underbrace{f(t)}_{v} \cdot \underbrace{(-p) \cdot e^{-pt}}_{u'} dt$$

$$= p\mathcal{L}\{f(t)\} - f(0) .$$

Wendet man diese Regel wiederholt an, resultiert die wichtige Beziehung

$$\boxed{\mathcal{L}\left(\frac{d^n f(t)}{dt^n}\right) = p^n \mathcal{L}\{f(t)\} - p^{n-1} f(0) - p^{n-2} \dot{f}(0) - .. - f^{(n-1)}(0)} . \tag{3.77}$$

Mit $\dot{f}(0)$ ist die erste Ableitung nach der Zeit an der Stelle $t = 0$ gemeint, mit $f^{(n-1)}(0)$ die $(n-1)$-te Ableitung. Weist die Funktion $f(t)$ bei $t = 0$ eine Sprungstelle auf, muss man sich für den rechtsseitigen oder linksseitigen Grenzwert entscheiden. Bei Schaltvorgängen wird für die Berechnung des zeitlichen Verlaufs einer gesuchten Größe generell der rechtsseitige Grenzwert $f(0+)$ benötigt.

Anwendungsbeispiel 3.22

Der Differentiationssatz findet Anwendung bei der Analyse von Schaltungen mittels Laplace-Transformation. So kann z.B. die Elementgleichung $u_L(t) = L \cdot \dfrac{di(t)}{dt}$ in ihre Laplace-Tranformierte

$$\underline{U}_L(p) = L[p \cdot \underline{I}_L(p) - i_L(t = 0)]$$

gebracht und mit ihr gerechnet werden (mehr dazu später).

Integration im Zeitbereich

Es gilt

$$\boxed{\mathcal{L}\left\{\int_0^t f(\tau)d\tau\right\} = \frac{1}{p}\mathcal{L}\{f(t)\}} \ . \tag{3.78}$$

Beweis: $\int_0^t f(\tau)d\tau$ wird partiell integriert:

$$\mathcal{L}\left\{\int_0^t f(\tau)d\tau\right\} = \int_0^\infty \underbrace{\int_0^t f(\tau)d\tau}_{u} \underbrace{e^{-pt}}_{v'}\, dt$$

$$= \left[\underbrace{\frac{1}{-p}e^{-pt}}_{v}\underbrace{\int_0^t f(\tau)d\tau}_{u}\right]_{t=0}^{\infty} - \int_0^\infty \underbrace{\frac{1}{-p}e^{-pt}}_{v}\underbrace{f(t)}_{u'}\, dt$$

Der erste Summand der rechten Seite der Gleichung verschwindet, da sich beim Einsetzen der oberen Grenze ($t \to \infty$) für einen genügend großen Realteil von p der Wert null ergibt und auch die untere Grenze keinen Beitrag liefert. Damit ist der Integrationssatz (3.78) bewiesen.

Faltungssatz

Analog zur Fourier-Transformation kann auch bei der Laplace-Transformation die Rücktransformierte des Produkts zweier Bildfunktionen aus dem Faltungsintegral

$$\boxed{\begin{aligned}\mathcal{L}^{-1}\{\underline{F}_1(p) \cdot \underline{F}_2(p)\} = f_1(t) * f_2(t) &= \int_0^t f_1(t-\tau) \cdot f_2(\tau)d\tau \\ &= \int_0^t f_1(\tau) \cdot f_2(t-\tau)d\tau\end{aligned}} \tag{3.79}$$

berechnet werden. Zu beachten sind die geänderten Integrationsgrenzen.

Beweis: Mit

$$f_1(t) * f_2(t) = \mathcal{L}^{-1}\{\underline{F}_1(p) \cdot \underline{F}_2(p)\}$$

$$= \frac{1}{2\pi j}\int_{\sigma-\infty}^{\sigma+\infty} \underline{F}_1(p) \cdot \underbrace{\left(\int_0^\infty f_2(\tau)e^{-p\tau}d\tau\right)}_{\underline{F}_2(p)} e^{pt}dp$$

und Vertauschen beider Integrale folgt

$$f_1(t) * f_2(t) = \int_0^\infty f_2(\tau) \cdot \underbrace{\frac{1}{2\pi j}\int_{\sigma-\infty}^{\sigma+\infty} \underline{F}_1(p)e^{p(t-\tau)}dp}_{f_1(t-\tau)}\, d\tau \ .$$

Grenzwertsätze

Aus dem Gesetz der Differentiation im Zeitbereich

$$\mathcal{L}\left(\frac{df(t)}{dt}\right) = \int_0^\infty \frac{df(t)}{dt} e^{-pt} dt = p \cdot \underline{F}(p) - f(0)$$

lassen sich der Anfangswertsatz

$$\boxed{f(t=0+) = \lim_{p\to\infty} p \cdot \underline{F}(p)}$$ (3.80)

und der Endwertsatz

$$\boxed{f(t\to\infty) = \lim_{p\to 0} p \cdot \underline{F}(p)}$$ (3.81)

herleiten. Dazu wertet man das Integral $\int_0^\infty \frac{df(t)}{dt} e^{-pt} dt$ für die Grenzwerte $p \to \infty$ und $p \to 0$ aus.

Voraussetzung für den Anfangswertsatz ist, dass $df(t)/dt$ transformierbar ist. Als Bedingung für den Endwertsatz gilt, dass $\underline{F}(p)$ für alle $Re\{p\} \geq 0$ eine analytische Funktion ist.

3.4.3   Korrespondenztabelle

Tabelle 3.3 beinhaltet die wichtigsten Laplace-Transformierten.

Bemerkung: Sehr ausführliche Tabellen dieser Art findet man in guten Mathematik-Formelsammlungen (z.B. [5]).

Beispiel 3.23

Gesucht ist der zeitliche Verlauf der Spannung $u(t)$, wenn die Laplace-Transformierte die Form $\underline{U}(p) = \dfrac{1}{p \cdot (10+p)}$ Vs hat.

Lösung:
Aus der Partialbruchzerlegung
$$\frac{1}{p \cdot (10+p)} = \frac{0,1}{p} + \frac{-0,1}{10+p}$$
und den Korrespondenzen für $1/p$ und $1/(a+p)$ folgt:
$u(t) = 0,1\varepsilon(t) - 0,1e^{-10\cdot t}$

$f(t)$	$\underline{F}(p)$	Voraussetzung für Konvergenz der Laplace-Transformierten
$\delta(t)$	1	- - -
$\varepsilon(t)$	$\dfrac{1}{p}$	$Re\{p\} > 0$
e^{-at}	$\dfrac{1}{a+p}$	$Re\{p + a\} > 0$
$1 - e^{-at}$	$\dfrac{a}{p(a+p)}$	$Re\{p + a\} > 0$
$\dfrac{1}{(n-1)!}t^{n-1}e^{-at}$	$\dfrac{1}{(a+p)^n}$	$Re\{p + a\} > 0$
$t^n \quad (n \geq 0 \in \mathbf{N})$	$\dfrac{n!}{p^{n+1}}$	$Re\{p\} > 0$
$\cos(\omega t)$	$\dfrac{p}{p^2 + \omega^2}$	$Re\{p\} > 0$
$\sin(\omega t)$	$\dfrac{\omega}{p^2 + \omega^2}$	$Re\{p\} > 0$
$e^{-at}\cos(\omega t)$	$\dfrac{p+a}{(p+a)^2 + \omega^2}$	$Re\{p + a\} > 0$
$e^{-at}\sin(\omega t)$	$\dfrac{\omega}{(p+a)^2 + \omega^2}$	$Re\{p + a\} > 0$

Tabelle 3.3: Wichtige Laplace-Transformierte

3.4.4 Anwendung der Laplace-Transformation bei der Schaltungsanalyse

Die Laplace-Transformation eignet sich besonders gut für die Berechnung von Einschaltvorgängen. Voraussetzung ist Linearität und Zeitinvarianz einer Schaltung (mehr zu diesen Begriffen unter Kapitel 4). Die Aufgabenstellung und die Vorgehensweise sind analog zu der Fourier-Transformation.

Gegeben:

- Eingangssignal(e) $u_e(t), i_e(t)$ und

- die Schaltung.

Gesucht:

- Ausgangssignal(e) $u_a(t)$, $i_a(t)$.

Lösung durch Laplace-Transformation der Differentialgleichung (DGL)

Der Lösungsweg gliedert sich in folgende vier Abschnitte:

$$
\text{Kirchhoff-Gleichungen aufstellen: } \sum_{n=1}^{m} u_m(t) = 0; \; \sum_{n=1}^{k} i_k(t) = 0
$$

$$
\text{Elemente: } u_R(t) = R \cdot i_R(t); \; u_L(t) = L \cdot \frac{di_L(t)}{dt}; \; i_C(t) = C \cdot \frac{du_C(t)}{dt}
$$

$\downarrow$

> Zwischengrößen (Spannungen und Ströme) eliminieren $\Rightarrow$
> DGL n-ter Ordnung

$\downarrow$

> Laplace-Transformation der DGL $\Rightarrow$ algebraische Gleichung
> Berücksichtigung von Anfangsbedingungen im Bildbereich

$\downarrow$

> Algebraische Gleichung nach gesuchter Größe auflösen und
> Rücktransformation in den Zeitbereich

Bei der Transformation der DGL in den Bildbereich wird von der Rechenregel zur „Differentiation im Zeitbereich" Gebrauch gemacht.

Die Transformation der in der DGL enthaltenen Eingangsgrößen $(u_e(t), i_e(t))$ in den Bildbereich geschieht entweder direkt, durch Lösen des Laplace-Integrals (3.70) oder mit Hilfe von Korrespondenz-Tabellen.

Lösung im Bildbereich ohne Aufstellen der DGL

Ein Aufstellen der DGL ist nicht erforderlich, wenn alle Elemente einer Schaltung sowie alle Quellen direkt in den Bildbereich transformiert werden. Es verbleiben dann nur noch drei Schritte zur Lösung:

Kirchhoff-Gleichungen und Elementgleichungen im Bildbereich aufstellen:

$$\sum_{n=1}^{m} \underline{U}_m(p) = 0; \quad \sum_{n=1}^{k} \underline{I}_k(p) = 0$$

Elementgleichungen im Bildbereich vgl. Tabelle 3.4 auf Seite 294

$\downarrow$

Zwischengrößen (Spannungen und Ströme) eliminieren und
Berücksichtigung von Anfangsbedingungen im Bildbereich

$\downarrow$

Algebraische Gleichung nach gesuchter Größe auflösen und
Rücktransformation in den Zeitbereich

Die Elementgleichungen im Bildbereich ergeben sich aus dem Differentiationssatz der Laplace-Transformation. Für einen Kondensator erhält man beispielsweise

$$i_C(t) = C\frac{du_c(t)}{dt} \quad \circ\!\!-\!\!\bullet \quad \underline{I}_C(p) = C \cdot [p \cdot \underline{U}_C(p) - u_C(t = 0)] \ .$$

Tabelle 3.4 beinhaltet die Strom-Spannungsbeziehung aller Basisbauelemente im Zeit- und Bildbereich.

Zeitbereich	Bildbereich
$u_R(t) = R \cdot i_R(t)$	$\underline{U}_R(p) = R \cdot \underline{I}_R(p)$
$u_L(t) = L \cdot \dfrac{di_L(t)}{dt}$	$\underline{U}_L(p) = pL \cdot \underline{I}_L(p) - L \cdot i_L(t = 0)$
$i_C(t) = C \cdot \dfrac{du_C(t)}{dt}$	$\underline{I}_C(p) = pC \cdot \underline{U}_C(p) - C \cdot u_C(t = 0)$
$u_q(t),\ i_q(t)$	$\underline{U}_q(p),\ \underline{I}_q(p)$

Tabelle 3.4: *Elementgleichungen im Zeit- und Bildbereich*

Hinweis: Bei der Analyse von Netzwerken im Bildbereich gelten neben den Kirchhoff'schen Gesetzen, das Überlagerungsprinzip sowie die Sätze von Zweipol- und Zweitorersatzschaltungen.

Ersatzschaltungen im Bildbereich

Wird die Bildfunktion einer Spule in

$$\underline{I}_L(p) = \frac{\underline{U}_L(p)}{pL} + \frac{i_L(t=0)}{p} \tag{3.82}$$

umgeformt, kann das in Abbildung 3.15a) skizzierte Ersatzschaltbild gewonnen werden. Der Gesamtstrom einer Spule im Bildbereich $\underline{I}_L(p)$ setzt sich demnach aus zwei Teilen zusammen, aus dem Quotienten von Spannung und Blindwiderstand $\underline{U}_L(p)/(pL)$ und aus einem Anteil $i_L(t=0)/p$, der aus der Anfangsbedingung, Strom durch die Spule zum Zeitpunkt $t=0$, herrührt.

Eine analoge Vorgehensweise führt zur Ersatzschaltung im Bildbereich eines Kondensators. Es gilt

$$\underline{U}_C(p) = \frac{\underline{I}_C(p)}{pC} + \frac{u_C(t=0)}{p} \ . \tag{3.83}$$

Gleichung (3.83) besagt, dass die Spannung eines Kondensators nicht nur vom Stromfluss sondern auch von der Anfangsspannung $u_C(t=0)$ abhängt.

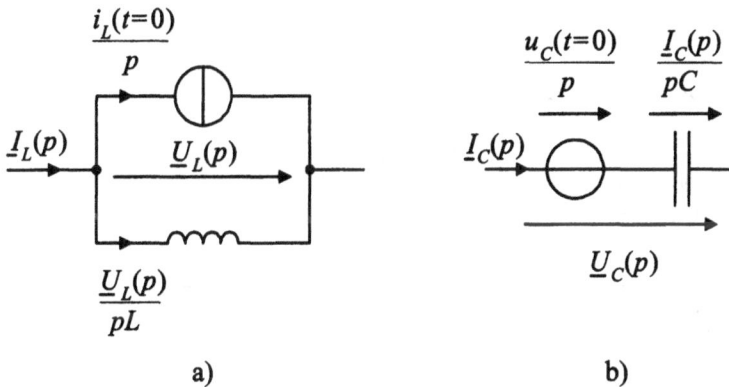

Abb. 3.15: *Ersatzschaltbilder im Bildbereich: a) Spule; b) Kondensator*

Anfangsbedingungen

Befinden sich in einer Schaltung energiespeichernde Elemente, müssen entsprechende Anfangsbedingungen berücksichtigt werden. Generell werden die rechtsseitigen Grenzwerte $f(t=0+)$, $df(t=0+)/dt$ usw. benötigt. Diese erhält man aus der Stetigkeitsbedingung der Spannung an Kondensatoren und des Stromes durch Spulen.

Rücktransformation in den Zeitbereich

Ist für eine Aufgabenstellung die Lösung im Bildbereich ermittelt, muss in vielen Fällen in den Zeitbereich zurücktransformiert werden.

Die leistungsfähigste und allgemeinste Methode der Rücktransformation ist die Berechnung des komplexen Umkehrintegrals (3.71). Da hierfür einige Kenntnisse der Funktionentheorie erforderlich sind, verwendet man in der Praxis häufig Tabellen, die sich sowohl von links nach rechts (Transformation in den Bildbereich $\mathcal{L}\{f(t)\}$), als auch von rechts nach links (Rücktransformation $\mathcal{L}^{-1}\{F(p)\}$) lesen lassen.

Beim Umgang mit Korrespondenz-Tabellen muss die Bildfunktion, die in vielen Fällen in der Summenform (oder Polynomform)

$$\underline{F}(p) = \frac{a_m p^m + a_{m-1} p^{m-1} + ... + a_1 p + a_0}{b_n p^n + b_{n-1} p^{n-1} + ... + b_1 p + b_0} \tag{3.84}$$

vorliegt, zunächst in die Produktform

$$\underline{F}(p) = \frac{\underline{Z}(p)}{\underline{N}(p)} = C \cdot \frac{(p - p_{01}) \cdot (p - p_{02}) \cdot ... \cdot (p - p_{0m})}{(p - p_{p1}) \cdot (p - p_{p2}) \cdot ... \cdot (p - p_{pn})} \tag{3.85}$$

mit m Nullstellen, n Polstellen und einer Konstanten $C = a_m/b_n$ und schließlich in die Partialbruchform

$$\underline{F}(p) = \frac{C_1}{p - p_{p1}} + \frac{C_2}{p - p_{p2}} + ... + \frac{C_n}{p - p_{pn}} \tag{3.86}$$

umgewandelt werden. Pol- und Nullstellen können einfach, wie in den Gleichungen (3.85) und (3.86) angedeutet, oder auch mehrfach auftreten. Bei echt gebrochen rationalen Funktionen ($n > m$) liegen $n - m$ Nullstellen im Unendlichen. Diese entstehen durch den Gradunterschied von Nenner- und Zählerpolynom.

Die Gleichspannungs- bzw. Gleichstromverstärkung entnimmt man am einfachsten aus der Summenform. Mit $p = 0$ folgt aus ihr $\underline{F}(p = 0) = a_0/b_0$.

Pol- und Nullstellendiagramm

Aus der Produktform der Gleichung (3.85) ergeben sich die Pol- und Nullstellen einer Bildfunktion. Das Pol- und Nullstellendiagramm (oder auch der Pol- und Nullstellenplan) veranschaulicht bildlich die Lage der Pol- und Nullstellen in der komplexen Frequenzebene $p = \sigma + j\omega$ (vgl. Abbildungen 3.16–3.19). Die Lage der Pole gibt Aufschluss über den zeitlichen Verlauf der Funktion. Allgemein gilt:

- Pole in der linken Halbebene ergeben exponentiell abklingende Funktionen, Pole in der rechten Halbebene exponentiell ansteigende Funktionen.

- Befindet sich ein Pol im Ursprung, resultiert ein Gleichanteil.

- Konjugiert komplexe Pole führen zu Schwingungen.

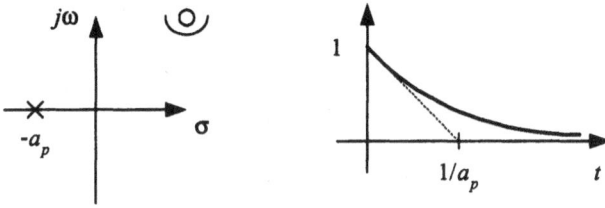

Abb. 3.16: *Bildfunktion:* $\dfrac{1}{p + a_p}$; *Impulsantwort:* $e^{-a_p t}$

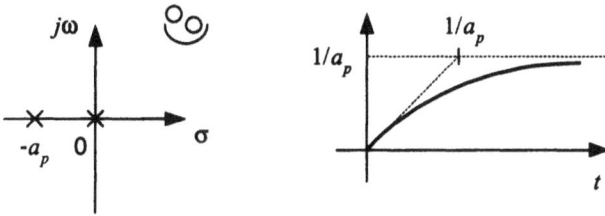

Abb. 3.17: *Bildfunktion:* $\dfrac{1}{p \cdot (p + a_p)}$; *Impulsantwort:* $\dfrac{1}{a_p} \cdot (1 - e^{-a_p t})$

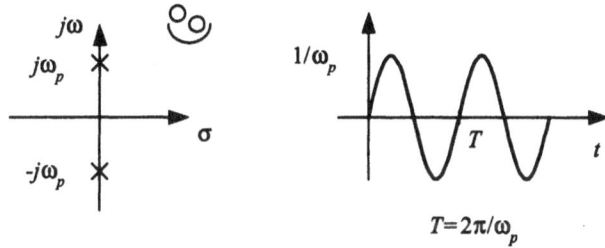

$$T = 2\pi/\omega_p$$

Abb. 3.18: $\dfrac{1}{(p - j\omega_p) \cdot (p + j\omega_p)}$ •—○ $\dfrac{1}{\omega_p} \sin(\omega_p t)$

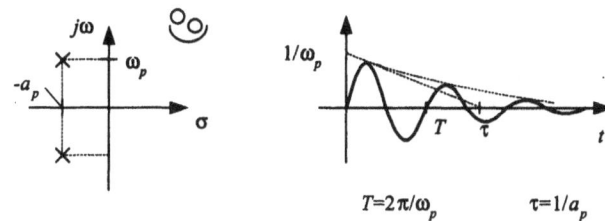

$$T = 2\pi/\omega_p \qquad \tau = 1/a_p$$

Abb. 3.19: $\dfrac{1}{(p + a_p - j\omega_p) \cdot (p + a_p + j\omega_p)}$ •—○ $\dfrac{e^{-a_p t}}{\omega_p} \sin(\omega_p t)$

Beispiel 3.24

Zu berechnen ist die Kondensatorspannung eines RC-Tiefpasses $u_C(t)$ (Abbildung 3.20) mit Hilfe der Laplace-Transformation, einmal durch Aufstellen der zugehörigen DGL und zum anderen durch direktes Aufstellen der Bildfunktion.

Am Eingang wird zum Zeitpunkt $t = 0$ die Spannung $u_e(t) = U \cdot \varepsilon(t)$ zugeschaltet. Der zeitliche Verlauf der Kondensatorspannung $u_C(t)$ ist anhand der Lage der Polstellen zu beurteilen.

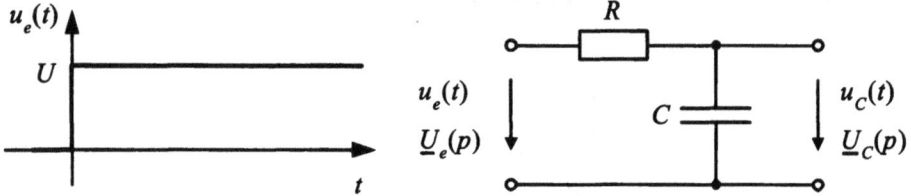

Abb. 3.20: Tiefpass bei sprungförmiger Anregung

Lösung:

1) DGL aufstellen:

$$u_e(t) = u_R(t) + u_C(t) \ (1); \ u_R(t) = R \cdot i(t) \ (2); \ i(t) = C \cdot \frac{du_C(t)}{dt} \ (3)$$

Gleichung (3) in (2) und (2)' in (1) einsetzen liefert:

$$u_e(t) = R \cdot C \cdot \frac{du_C(t)}{dt} + u_C(t) \quad (4)$$

Gleichung (4) transformieren:

$$\frac{U}{p} \doteq R \cdot C \cdot [p\underline{U}_C(p) - \underbrace{u_C(t = 0)}_{=0}] + \underline{U}_C(p) \Rightarrow \underline{U}_C(p) = \frac{U}{p(1 + pRC)}$$

Rücktransformation mit Hilfe von Korrespondenztabellen ergibt:

$$u_C(t) = U \cdot (1 - e^{-t/(RC)})$$

2) Direktes Aufstellen der Bildfunktion:

$$\underline{U}_e(p) = U/p = \underline{U}_R(p) + \underline{U}_C(p) \ (5); \ \underline{U}_R(p) = R \cdot \underline{I}(p) \ (6);$$

$$\underline{I}(p) = pC \cdot \underline{U}_C(p) - C \cdot u_C(t = 0) \ (7)$$

Gleichung (7) in (6) und (6)' in (5) einsetzen liefert:

$$U/p = R \cdot pC \cdot \underline{U}_C(p) - R \cdot C \cdot u_C(t = 0) + \underline{U}_C(p) \quad (8)$$

Weiterer Rechengang wie oben.

Die Pole liegen bei $p_{p1} = 0$ und $p_{p2} = -1/(RC)$. Es ergibt sich ein Gleichanteil und ein exponentiell abklingender Verlauf.

3.4.5   Schaltungsanalyse mittels Faltung

Bei der Schaltungsanalyse mittels Laplace-Transformation wird, wie nachfolgende Graphik zeigt, in drei Schritten vorgegangen:

- Die Eingangsgröße $f_e(t)$ wird transformiert.

- Die Bildfunktion des Ausgangssignals $\underline{F}_a(p)$ wird aus dem Produkt von Übertragungsfunktion $\underline{\ddot{U}}(p)$ und Laplace-Transformierter der Eingangsgröße $\underline{F}_e(p)$ berechnet.

- Der zeitliche Verlauf des Ausgangssignals $f_a(t)$ wird durch Rücktransformation ermittelt.

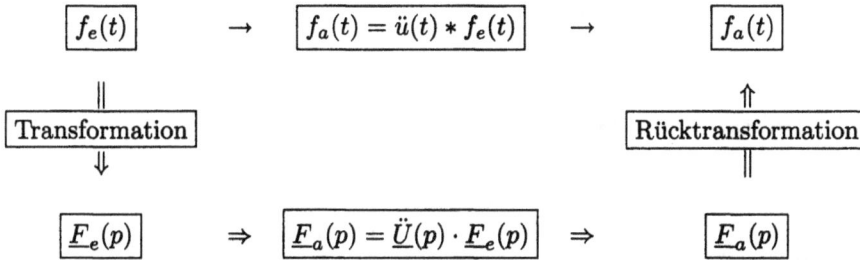

$$\boxed{f_e(t)} \quad \rightarrow \quad \boxed{f_a(t) = \ddot{u}(t) * f_e(t)} \quad \rightarrow \quad \boxed{f_a(t)}$$

$$\parallel \qquad\qquad\qquad\qquad\qquad\qquad\qquad\qquad\qquad\qquad \Uparrow$$

$$\boxed{\text{Transformation}} \qquad\qquad\qquad\qquad\qquad \boxed{\text{Rücktransformation}}$$

$$\Downarrow \qquad\qquad\qquad\qquad\qquad\qquad\qquad\qquad\qquad\qquad \parallel$$

$$\boxed{\underline{F}_e(p)} \quad \Rightarrow \quad \boxed{\underline{F}_a(p) = \underline{\ddot{U}}(p) \cdot \underline{F}_e(p)} \quad \Rightarrow \quad \boxed{\underline{F}_a(p)}$$

Ist die Impulsantwort $h(t)$ einer linearen, zeitinvarianten Schaltung (bzw. eines Systems) bekannt, kann die Lösung mit Hilfe des Faltungssatzes auch direkt ermittelt werden. Unter der Impulsantwort eines Systems $h(t)$ versteht man das Ausgangssignal $f_a(t)$ bei eingangsseitiger Anregung mittels Diracstoß $f_e(t) = \delta(t)$. Durch die besondere Eigenschaft der Laplace-Transformierten der Diracfunktion, $\delta(t)$ ∘——• 1, entspricht die Impulsantwort $h(t)$ der Zeitfunktion der Übertragungsfunktion $\ddot{u}(t)$.

$$h(t) = f_a(t)\big|_{f_e(t)=\delta(t)} \quad \circ\!\!-\!\!\bullet \quad \underline{\ddot{U}}(p) \cdot \underbrace{\mathcal{L}\{\delta(t)\}}_{1} \quad \bullet\!\!-\!\!\circ \quad \ddot{u}(t)$$

Bei der Laplace-Transformation wird $f_e(t) = 0$ für $t < 0$ gefordert. Nur unter dieser Voraussetzung kann der Faltungssatz der Laplacetransformation (3.79)

$$f_e(t) * \ddot{u}(t) = \ddot{u}(t) * f_e(t) = \int_{\tau=0}^{t} f_e(\tau) \cdot \ddot{u}(t-\tau)d\tau = \int_{\tau=0}^{t} f_e(t-\tau) \cdot \ddot{u}(\tau)d\tau$$

angewendet werden. Ist obige Voraussetzung nicht erfüllt, muss mit dem Faltungssatz der Fourier-Transformation (3.56) gerechnet werden.

Beispiel RC-Tiefpass

An einem RC-Tiefpass (Abbildung 3.21) wird einmalig die Rechteckimpulsspannung

$$u_e(t) = \begin{cases} U & \text{für } 0 < t < T_0 \\ 0 & \text{sonst} \end{cases}$$

angelegt.

Die Kondensatorspannung $u_a(t)$ soll mit Hilfe der Faltung berechnet werden.

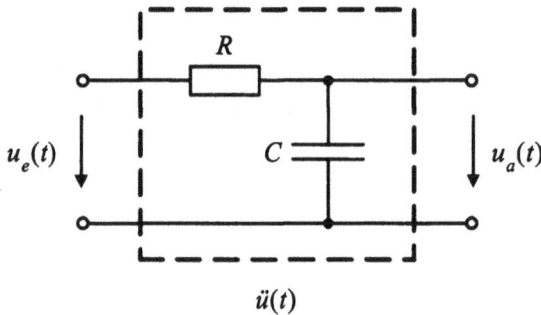

$\ddot{u}(t)$

Abb. 3.21: *Einfacher RC-Tiefpass*

Zunächst muss die Impulsantwort des RC-Tiefpasses ermittelt werden. Das geschieht hier am einfachsten durch Rücktransformation der bekannten Übertragungsfunktion $1/(1 + pRC)$ des Tiefpasses.

$$\mathcal{L}^{-1}\left\{\frac{1}{1 + pRC}\right\} = \frac{1}{RC} \cdot e^{-t/(RC)} = \ddot{u}(t) = h(t)$$

Bei sehr komplexen Schaltungen oder unbekanntem Schaltungsaufbau ist eine Ermittlung der Impulsantwort auch experimentell möglich.

Vorgehensweise bei der graphischen Auswertung des Faltungsintegrals

- Die Zeitvariable t wird bei $u_e(t)$ und $\ddot{u}(t)$ durch die Integrationsvariable τ ersetzt.

- Eine der beiden Funktionen $u_e(\tau)$ oder $\ddot{u}(\tau)$ wird um die Ordinate gefaltet.
  Im Fall von $u_e(\tau)$ erhält man die gespiegelte Funktion $u_e(-\tau)$.

- Verschiebung der gefalteten Funktion $u_e(-\tau)$ um t ($t = t_0, t_1, t_2, \ldots$ vgl. Abbildung 3.22) nach rechts $\Rightarrow u_e(t - \tau)$.

- Multiplikation von $\ddot{u}(\tau)$ mit $u_e(t - \tau)$.

- Integration des Produkts $\ddot{u}(\tau) \cdot u_e(t - \tau)$ über die Integrationsvariable τ von 0 bis zur Integrationsgrenze t (in Abbildung 3.22 sind 3 Fälle skizziert $t = t_0$, $t = t_1$ und $t = t_2$). Die Integration liefert $u_a(t)$, was dem schraffierten Flächeninhalt entspricht.

Rechnerische Auswertung

Die Berechnung des Faltungsintegrals liefert das Ergebnis

$$u_a(t) = \begin{cases} \displaystyle\int_{\tau=0}^{t} \frac{U}{RC} \cdot e^{-\tau/(RC)} d\tau = U(1 - e^{-t/(RC)}) & \text{für } t < T_0 \\[2ex] \displaystyle\int_{\tau=t-T_0}^{t} \frac{U}{RC} \cdot e^{-\tau/(RC)} d\tau = Ue^{-t/(RC)}(e^{T_0/(RC)} - 1) & \text{für } t > T_0 \end{cases}$$

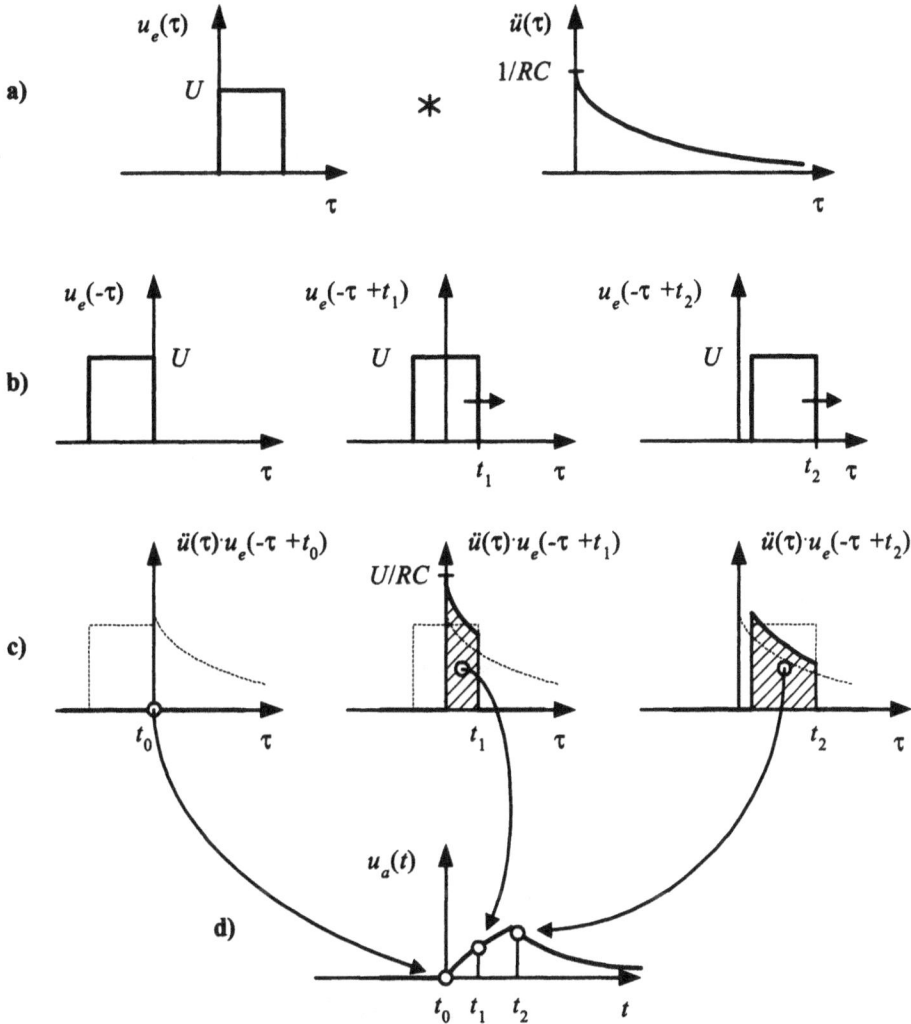

Abb. 3.22: Graphische Darstellung der Faltung

3.5 Differentialgleichungen

Dieses Unterkapitel beschreibt die Berechnung des zeitlichen Verlaufes von einem stationären Anfangszustand in einen stationären Endzustand (also das dynamische Verhalten) einer Schaltung durch Lösen der zugehörigen DGL. Bei dieser klassischen Berechnungsmethode beschränkt sich der Autor auf die Lösung von gewöhnlichen, linearen Differentialgleichungen der Ordnung eins und zwei, da für diese der Rechenaufwand noch manuell bewältigt werden kann. Die Ordnung einer DGL ist durch die höchste vorkommende Ableitung bestimmt.

3.5.1   Gewöhnliche lineare Differentialgleichung 1. Ordnung

Schaltungsbeispiel

Die Differentialgleichung einer Schaltung hat die Ordnung eins, wenn nur ein Speicherelement (L oder C) enthalten ist. Als Beispiel dient der in Abbildung 3.23 skizzierte einfache RC-Tiefpass.

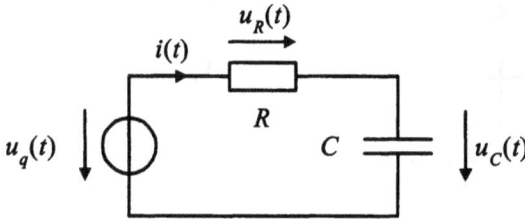

Abb. 3.23: Einfacher RC-Tiefpass

Aus der Maschengleichung

$$u_q(t) = u_R(t) + u_C(t) = R \cdot i(t) + u_C(t)$$

und der Bauelementgleichung

$$i(t) = C \cdot \frac{du_C(t)}{dt} = C \cdot \dot{u}_C(t)$$

folgt die Normalform der DGL

$$\dot{u}_C(t) + \frac{1}{RC} \cdot u_C(t) = \frac{1}{RC} \cdot u_q(t) \ . \tag{3.87}$$

Die Größe RC bezeichnet man als Zeitkonstante eines RC-Tiefpasses erster Ordnung. Die DGL hat konstante Koeffizienten, da R und C nicht von der Zeit t abhängen.

Lösung von Differentialgleichungen 1. Ordnung

Die allgemeine Darstellung von DGLen 1. Ordnung lautet

$$\boxed{\dot{y}(t) + q(t) \cdot y(t) = r(t) \quad \text{bzw.} \quad y'(x) + q(x) \cdot y(x) = r(x)} \ . \tag{3.88}$$

Die rechte Seite der DGL, $r(t)$, wird Störfunktion genannt, weil sie den Einfluss der äußeren Quellen, die das Netzwerk erregen, beschreibt. Die Lösung der DGL

$$\boxed{y(t) = y_h(t) + y_s(t)} \tag{3.89}$$

besteht aus zwei Anteilen,

- der Lösung $y_h(t)$ der zugehörigen homogenen DGL
  $\dot{y}_h(t) + q(t) \cdot y_h(t) = 0$

- und der speziellen Lösung $y_s(t)$ der inhomogenen DGL
  $\dot{y}_s(t) + q(t) \cdot y_s(t) = r(t)$.

Lösung $y_h(t)$ der homogenen DGL
Die homogene DGL

$$\frac{dy_h(t)}{dt} + q(t) \cdot y_h(t) = 0 \tag{3.90}$$

wird umgeformt in

$$\frac{1}{y_h(t)} dy_h(t) = -q(t)dt$$

und beidseitig integriert

$$\ln y_h(t) = \int_{...}^{t} -q(\tau)d\tau + \underbrace{\tilde{C}}_{\text{Integrationskonstante}}$$

und es folgt

$$y_h(t) = C \cdot \exp\left(\int_{...}^{t} -q(\tau)d\tau\right) = C \cdot Q(t) \tag{3.91}$$

mit der abkürzenden Schreibweise

$$Q(t) = \exp\left(\int_{...}^{t} -q(\tau)d\tau\right) . \tag{3.92}$$

Die Integrationskonstante $C = e^{\tilde{C}}$ ist zunächst noch unbestimmt. Sie und die untere Integrationsgrenze werden später aus einer Anfangsbedingung festgelegt.

Auffinden der speziellen Lösung $y_s(t)$
Die Kenntnis von der Lösung der homogenen DGL $y_h(t)$ erleichtert das Auffinden der speziellen Lösung $y_s(t)$.
Häufig führt die Methode der „Variation der Konstanten" zum Ziel, bei der die Integrationskonstanten C durch eine zeitabhängige Funktion $C(t)$ ersetzt wird. Daraus folgt

$$y_s(t) = C(t) \cdot \exp\left(\int_{...}^{t} -q(\tau)d\tau\right) = C(t) \cdot Q(t) \tag{3.93}$$

bzw.

$$\dot{y}_s(t) = \dot{C}(t) \cdot Q(t) + C(t) \cdot \dot{Q}(t) .$$

Setzt man nun den Ansatz für die spezielle Lösung in die inhomogene DGL 1. Ordnung (3.88) ein, ergibt sich

$$\dot{y}_s(t) + q(t) \cdot y_s(t) = r(t)$$

$$\dot{C}(t) \cdot Q(t) + \underbrace{C(t) \cdot \dot{Q}(t) + q(t) \cdot C(t) \cdot Q(t)}_{=0 \quad \text{(homogene DGL)}} = r(t)$$

$$\dot{C}(t) \cdot Q(t) = r(t) .$$

Damit ist $C(t)$ bestimmt:

$$C(t) = \int_{\cdots}^{t} \frac{r(\tau)}{Q(\tau)} d\tau \tag{3.94}$$

Die allgemeine Lösung der DGL 1. Ordnung lautet zusammengefasst

$$y(t) = \underbrace{C \cdot Q(t)}_{y_h(t)} + \underbrace{C(t) \cdot Q(t)}_{y_s(t)} . \tag{3.95}$$

Die einzige Unbekannte ist die Integrationskonstante C, die aus einer Anfangsbedingung ermittelt wird. Dabei ist es zweckmäßig für die beliebige untere Integrationsgrenze $\int_{\cdots} dt$ den Zeitpunkt t_A bei der Anfangsbedingung $y(t = t_A) = y_A$ zu setzen. Dann erhält man aus Gleichung (3.95):

$$y(t = t_A) = C \cdot \underbrace{\exp\left(\int_{t_A}^{t_A} -q(\tau)d\tau\right)}_{1} + \underbrace{\int_{t_A}^{t_A} \frac{r(\tau)}{Q(\tau)} d\tau}_{0} \cdot \underbrace{\exp\left(\int_{t_A}^{t_A} -q(\tau)d\tau\right)}_{1}$$

$$y_A = C \tag{3.96}$$

Lösung der DGL 1. Ordnung
Die endgültige Lösung der DGL 1. Ordnung lautet

$$\boxed{y(t) = \exp\left(\int_{t_A}^{t} -q(\tau)d\tau\right) \cdot \left(y_A + \int_{t_A}^{t} \frac{r(\tau)}{\exp\left(\int_{t_A}^{\tau} -q(\eta)d\eta\right)} d\tau\right)} . \tag{3.97}$$

Bei einer DGL 1. Ordnung mit konstanten Koeffizienten ist $q(t)$ konstant, also $q(t) = q$. Damit vereinfacht sich Gleichung (3.97) zu

$$y(t) = e^{-q(t-t_A)} \cdot \left(y_A + \int_{t_A}^{t} r(\tau) \cdot e^{q(\tau-t_A)} d\tau\right)$$

und man erhält

$$y(t) = y_A \cdot e^{-q(t-t_A)} + \int_{t_A}^{t} r(\tau) \cdot e^{q(\tau-t)} d\tau \quad \text{Lös. bei konst. Koeff.} \quad (3.98)$$

Beispiel 3.25

Zu berechnen ist die Kondensatorspannung $u_C(t)$ der Schaltung in Abbildung 3.23 ($R = 1\text{k}\Omega$, $C = 1\mu\text{F}$) durch Lösen der Differentialgleichung 1. Ordnung für die Quellspannungen

a) $u_q(t) = 2\text{V} \cdot \varepsilon(t)$ und

b) $u_q(t) = \begin{cases} 2\text{V} \cdot \cos(10^3 s^{-1} \cdot t) & \text{für } t < 0 \\ 0\text{V} & \text{für } t \geq 0 \end{cases}$.

Lösung:

a) Die DGL lautet für $t > 0$: $\dot{u_C}(t) + \dfrac{1}{RC} \cdot u_C(t) = \dfrac{1}{RC} \cdot 2\text{V}$.
   Für die Anfangsbedingung gilt: $y_A = u_C(t = 0) = 0\text{V}$.

   Lösung der DGL für $t > 0$ mittels Gl. (3.98) und $r(\tau) = \dfrac{1}{RC} \cdot 2\text{V}$:

   $$u_C(t) = \int_0^t \frac{1}{RC} \cdot 2\text{V} \cdot e^{\frac{1}{RC} \cdot (\tau-t)} d\tau = 2\text{V} \cdot e^{\frac{1}{RC} \cdot (\tau-t)} \Big|_{\tau=0}^{t} = 2\text{V} \cdot (1 - e^{-t/(RC)})$$
   $$u_C(t) = 2\text{V} \cdot (1 - e^{-t/\text{ms}})$$

b) Für $t > 0$ gilt die homogene DGL $\dot{u_C}(t) + \dfrac{1}{RC} \cdot u_C(t) = 0$.
   Die Anfangbedingung wird mittels komplexer Rechnung ermittelt:
   $$\frac{\underline{U}_C}{\underline{U}_q} = \frac{1}{1 + j\omega RC} = \frac{1}{1+j} = \frac{1}{\sqrt{2}} \cdot e^{-j45°} \Rightarrow$$
   $$u_C(t) = \frac{2}{\sqrt{2}}\text{V} \cdot \cos(10^3 s^{-1} \cdot t - 45°) \text{ für } t < 0 \Rightarrow y_A = u_C(t = 0) = 1\text{V}$$

   Lösung der DGL für $t > 0$ mittels Gl. (3.98) und $r(\tau) = 0$:
   $$u_C(t) = 1\text{V} \cdot e^{-t/(RC)} = 1\text{V} \cdot e^{-t/\text{ms}}$$

3.5.2 Gewöhnliche lineare Differentialgleichung 2. Ordnung

Schaltungsbeispiel

Die Differentialgleichung einer Schaltung hat die Ordnung zwei, wenn zwei unabhängige Speicherelemente enthalten sind. Ein Beispiel hierfür ist der Serienschwingkreis in Abbildung 3.24.

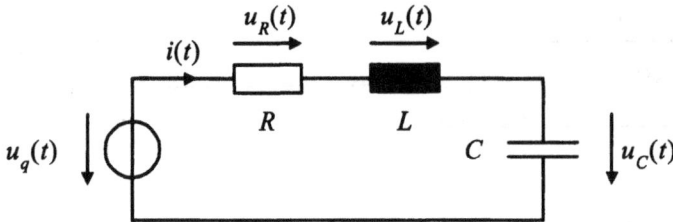

Abb. 3.24: *Serienschwingkreis*

Aus der Maschengleichung

$$u_q(t) = u_R(t) + u_L(t) + u_C(t) = R \cdot i(t) + L \cdot \dot{i}(t) + u_C(t)$$

und der Bauelementgleichung

$$i(t) = C \cdot \dot{u_C}(t) \quad \text{bzw.} \quad \dot{i}(t) = C \cdot \ddot{u_C}(t)$$

folgt

$$u_q(t) = R \cdot C \cdot \dot{u_C}(t) + L \cdot C \cdot \ddot{u_C}(t) + u_C(t) \; .$$

Nach Umstellen ergibt sich die Normalform der DGL 2. Ordnung

$$\ddot{u_C}(t) + \frac{R}{L} \cdot \dot{u_C}(t) + \frac{1}{LC} \cdot u_C(t) = \frac{1}{LC} \cdot u_q(t) \; . \tag{3.99}$$

Die DGL (3.99) hat konstante Koeffizienten da R, L und C nicht von der Zeit t abhängen.

Lösung von Differentialgleichungen 2. Ordnung mit konstanten Koeffizienten

Die allgemeine Darstellung von gewöhnlichen linearen DGLen 2. Ordnung mit konstanten Koeffizienten lautet

$$\boxed{\begin{aligned} \ddot{y}(t) + p \cdot \dot{y}(t) + q \cdot y(t) &= r(t) \quad \text{bzw.} \\ y''(x) + p \cdot y'(x) + q \cdot y(x) &= r(x) \end{aligned}} \; . \tag{3.100}$$

Wie bei der DGL 1. Ordnung beschreibt die rechte Seite der DGL 2. Ordnung, $r(t)$, den Einfluss äußerer Quellen. Die Lösung einer DGL 2. Ordnung erfolgt wie bei DGLen 1. Ordnung in zwei Schritten, durch

- Lösen der zugehörigen homogenen DGL $\ddot{y}_h(t) + p \cdot \dot{y}_h(t) + q \cdot y_h(t) = 0$

- und Auffinden der speziellen Lösung $\ddot{y}_s(t) + p \cdot \dot{y}_s(t) + q \cdot y_s(t) = r(t)$.

Die gesuchte vollständige Lösung ergibt sich unter Berücksichtigung der Anfangswerte aus der Summe von $y_h(t)$ und $y_s(t)$

$$\boxed{y(t) = y_h(t) + y_s(t)} \ . \tag{3.101}$$

Lösung $y_h(t)$ der homogenen DGL

Die Lösung einer linearen, homogenen DGL mit konstanten Koeffizienten der Ordnung zwei und höher kann im Gegensatz zur DGL erster Ordnung nicht direkt durch Umformen berechnet werden. Man ist gezwungen verschiedene Lösungsansätze auszuprobieren. Der Ansatz

$$y_h(t) = C \cdot e^{\lambda t} \tag{3.102}$$

hat sich als brauchbar erwiesen. Er wird in die homogene DGL

$$\ddot{y}_h(t) + p \cdot \dot{y}_h(t) + q \cdot y_h(t) = 0$$

eingesetzt und man erhält die charakteristische Gleichung

$$\lambda^2 + p\lambda + q = 0 \ , \tag{3.103}$$

die alle Informationen über das dynamische Verhalten der Schaltung enthält. Die Lösung dieser Gleichung liefert die beiden Eigenwerte

$$\lambda_{1,2} = -\frac{p}{2} \pm \sqrt{\frac{p^2}{4} - q} \ . \tag{3.104}$$

Der Ausdruck unter der Wurzel wird Diskriminante

$$D = \frac{p^2}{4} - q \tag{3.105}$$

genannt.
Man unterscheidet drei Fälle:

- $D > 0$ (aperiodischer Fall):
  Die Eigenwerte $\lambda_{1,2}$ sind reell und beide < 0.
  Die Werte sind $\lambda_1 = -p/2 + \sqrt{D}$ und $\lambda_2 = -p/2 - \sqrt{D}$. $\Rightarrow$

$$y_h(t) = C_1 \cdot e^{\lambda_1 t} + C_2 \cdot e^{\lambda_2 t} \qquad (3.106)$$

- $D = 0$ (aperiodischer Grenzfall):
  Die Eigenwerte sind reell und es gilt $\lambda_1 = \lambda_2 = -p/2 = \lambda$. $\Rightarrow$

$$y_h(t) = C_1 \cdot e^{\lambda t} + C_2 \cdot t \cdot e^{\lambda t} \quad \text{(ohne Beweis)} \qquad (3.107)$$

- $D < 0$ (periodischer Fall):
  Die Eigenwerte $\lambda_{1,2}$ bilden ein konjugiert komplexes Paar
  $\lambda_1 = -p/2 + j\sqrt{-D} = -\alpha + j\omega$ und $\lambda_2 = -p/2 - j\sqrt{-D} = -\alpha - j\omega$. $\Rightarrow$

$$y_h(t) = \tilde{C}_1 \cdot e^{\lambda_1 t} + \tilde{C}_2 \cdot e^{\lambda_2 t} = e^{-\alpha t} \cdot [C_1 \cos(\omega t) + C_2 \sin(\omega t)] \quad (3.108)$$

Auffinden der speziellen Lösung $y_s(t)$

Um die spezielle Lösung einer inhomogenen DGL 2.Ordnung zu finden, verwendet man wieder die Methode „Variation der Konstanten". Analog zum Vorgehen bei DGLen 1. Ordnung gehen die Konstanten C_1 und C_2 über in $C_1(t)$ und $C_2(t)$. Die Konstanten C_1 und C_2 der homogenen Lösung werden aus zwei Anfangsbedingungen ermittelt. An dieser Stelle wird auf weitere Ausführungen, verbunden mit langen Zwischenrechnungen, verzichtet und nur die endgültige Lösung präsentiert.

Lösung der DGL 2. Ordnung

Die endgültige Lösung der DGL 2. Ordnung lautet für den Spezialfall $t_A = 0$ und den Anfangsbedingungen $y(t = 0) = y_A$ sowie $\dot{y}(t = 0) = \dot{y}_A$:

- $D \neq 0$:

$$\boxed{\begin{aligned} y(t) = {} & e^{\lambda_1 t} \frac{1}{\lambda_1 - \lambda_2} \left(\dot{y}_A - \lambda_2 y_A + \int_0^t \frac{r(\tau)}{e^{\lambda_1 \tau}} d\tau \right) \\ & + e^{\lambda_2 t} \frac{1}{\lambda_2 - \lambda_1} \left(\dot{y}_A - \lambda_1 y_A + \int_0^t \frac{r(\tau)}{e^{\lambda_2 \tau}} d\tau \right) \end{aligned}} \qquad (3.109)$$

- $D = 0$:

$$\boxed{y(t) = e^{\lambda t} \left(y_A + (\dot{y}_A - \lambda y_A)t + t \int_0^t \frac{r(\tau)}{e^{\lambda \tau}} d\tau - \int_0^t \tau \frac{r(\tau)}{e^{\lambda \tau}} d\tau \right)} \quad (3.110)$$

3.6 Transienten-Analyse (TRAN-Analyse)

Zur rechnergestützten Untersuchung der Zeitabhängigkeit elektrischer Vorgänge eignet sich die Transienten-Analyse. Im Gegensatz zur DC- und AC-Analyse unterliegt die TRAN-Analyse keiner Einschränkung bezüglich der Zeitfunktion von Spannungs- und Stromquellen. Die Simulation periodischer Vorgänge ist ebenso möglich wie nichtperiodischer Ereignisse. Das Ergebnis der TRAN-Analyse ist der zeitliche Verlauf der Knotenspannungen $u_{10}(t)$, $u_{20}(t)$, ..., $u_{(k-1)0}(t)$ der $k-1$ unabhängigen Knoten eines Netzwerkes, woraus sich alle anderen Größen, wie Zweigspannungen und Zweigströme, ergeben.

3.6.1 Funktionsweise

Bei der TRAN-Analyse wird das dynamische Verhalten einer Schaltung numerisch berechnet. Zunächst werden mittels einer DC-Analyse alle Knotenspannungen zum Zeitpunkt $t = 0$ bestimmt, die sich aus den Anfangswerten der Quellenspannungen und Quellenströme ergeben. In manchen Fällen möchte man bestimmte Anfangsbedingungen manuell vorgeben, wie z.B. den Anfangsspannungszustand eines Kondensators $u_C(t = 0)$. Dies ist bei allen Schaltungssimulatoren durch eine entsprechende Angabe der „initial conditions" (*engl.: Anfangsbedingungen*) bei Energiespeicherelementen möglich.

Sind alle Knotenspannungen zum Zeitpunkt $t = t_0 = 0$ berechnet oder manuell vorgegeben, startet der transiente Berechnungsalgorithmus. Zunächst wird in der Zeit um Δt vorangeschritten und die eingeprägten Spannungen und Ströme der Quellen zum neuen Zeitpunkt $t_1 = t_0 + \Delta t$ bestimmt. Aus diesen aktuellen Daten und den Vorgängerwerten der Knotenspannungen (im ersten Schritt den Werten zum Zeitpunkt $t = t_0 = 0$ aus der DC-Analyse) werden alle Knotenspannungen neu berechnet. Dieser Vorgang wiederholt sich so lange, bis der angegebene Endzeitpunkt erreicht ist.

Um eine TRAN-Analyse durchführen zu können, sind also folgende Punkte abzuarbeiten:

- Eingabe des Schaltplans und des Bezugsknotens.

- Definion der Quellen: Für eine TRAN-Analyse kommen generell beliebige Quellen in Frage. Häufige Verwendung finden neben Gleich- und Wechselspannungsquellen (bzw. Stromquellen) so genannte PWL-Quellen (*engl.: piece wise linear*), bei denen beliebige Geradenzüge definiert werden können. Man unterscheidet zwischen der Spannungsquelle „VPWL" und der Stromquelle „IPWL". Daneben gibt es noch eine Reihe anderer Quellen (z.B. „VPULSE" und „IPULSE").

- Festlegen eines Zeitschrittes Δt (time step) sowie Eingaben des Endzeitpunktes (final time).

Alle modernen Schaltungssimulatoren haben eine automatische Zeitschrittsteuerung. Ändern sich die Ströme und Spannungen in bestimmten Bereichen stark, verringern sich die Zeitabstände Δt, um eine ausreichende Simulationsgenauigkeit zu erzielen; bei geringen Änderungen werden größere Abstände gewählt, um Rechenzeit zu sparen. Die Eingriffsmöglichkeiten in diesen Automatismus unterscheiden sich von Simulatorhersteller zu Simulatorhersteller. Meist kann man einen größtmöglichen Zeitabstand für Δt vorgeben und so eine bestimmte Genauigkeit erzwingen.

3.6.2   Berechnungsalgorithmus

Im Folgenden wird ein einfacher, verständlicher Berechnungsalgorithmus für eine Transienten-Analyse vorgestellt. Er basiert auf der KPA aus Kapitel 1 und wird an Hand eines einfachen Beispiels, der Aufladung eines Kondensators über einen Widerstand (Abbildung 3.26), vorgeführt. Es sei darauf hingewiesen, dass in kommerziellen Schaltungssimulatoren komplexere, numerische Verfahren verwendet werden, die auf Simulationszeit, Stabilität und Genauigkeit optimiert sind. Das Prinzip jedoch ist das gleiche.

Durch die Quantisierung der Zeit werden aus Differentialgleichungen Differenzengleichungen. Aus der allgemeingültigen Strom-Spannungsbeziehung einer Spule

$$u_L(t) = L\frac{di_L(t)}{dt}$$

wird die Differenzengleichung

$$u_L(t) = L\frac{i_L(t) - i_L(t - \Delta t)}{\Delta t}$$

und durch Umformung in

$$i_L(t) = \frac{\Delta t}{L} \cdot u_L(t) + i_L(t - \Delta t) \tag{3.111}$$

das in Abbildung 3.25 dargestellt Ersatzschaltbild. Der Strom einer Spule $i_L(t)$ zum Zeitpunkt t setzt sich demnach aus dem Vorgängerwert $i_L(t - \Delta t)$ und einem Anteil $\frac{\Delta t}{L} \cdot u_L(t)$ zusammen. Gleichung (3.111) kann in die Struktur einer KPA eingebaut werden.

Auf ähnliche Weise findet man die Ersatzschaltung des Kondensators. Es gilt

$$i_C(t) = C\frac{u_C(t) - u_C(t - \Delta t)}{\Delta t}$$

bzw.

$$i_C(t) = \frac{C}{\Delta t} \cdot u_C(t) - \frac{C}{\Delta t} \cdot u_C(t - \Delta t) \ . \tag{3.112}$$

Das Gleichungssystem einer TRAN-Analyse soll nun exemplarisch für das in Abbildung 3.26 skizzierte Beispiel aufgestellt werden.

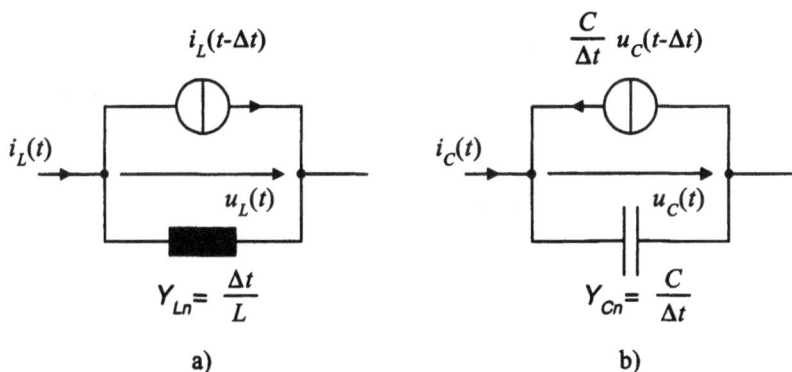

Abb. 3.25: *Ersatzschaltbilder von Spule und Kondensator bei der TRAN-Analyse*

Ohne Berücksichtigung der Spannungsquelle $u_q(t)$ ergibt sich

$$\begin{bmatrix} G & -G \\ -G & G + C/\Delta t \end{bmatrix} \cdot \begin{bmatrix} u_{10}(t) \\ u_{20}(t) \end{bmatrix} = \begin{bmatrix} 0 \\ (C/\Delta t) \cdot u_{20}(t - \Delta t) \end{bmatrix} .$$

Beim Einbau der Quellenspannung $u_q(t)$ in das Gleichungssystem wird Zeile 1 auf Zeile „0" addiert und die Spannungsgleichung $u_{10}(t) - 0 = u_q(t)$ in Zeile 1 berücksichtigt. Es folgt das rekursive Gleichungssystem

$$\begin{bmatrix} 1 & 0 \\ -G & G + C/\Delta t \end{bmatrix} \cdot \begin{bmatrix} u_{10}(t) \\ u_{20}(t) \end{bmatrix} = \begin{bmatrix} u_q(t) \\ (C/\Delta t) \cdot u_{20}(t - \Delta t) \end{bmatrix} ,$$

dessen Knotenspannungen $u_{10}(t)$ und $u_{20}(t)$ an den Berechnungsstützstellen nicht nur von den Bauelementewerten, sondern auch vom jeweiligen Zeitschritt Δt und vom Vorgängerwert $u_{20}(t - \Delta t)$ abhängen. Da das Gleichungssystem bei jeder Stützstelle neu gelöst werden muss, hängt die Simulationsdauer stark vom Endzeitpunkt und den Schrittweiten ab.

Abbildung 3.26 zeigt das Ergebnis zweier TRAN-Analysen bei unterschiedlicher Wahl der Zeitschritte Δt im Vergleich zur exakten, analytischen Lösung

$$u_C(t) = 1\text{V} \cdot (1 - e^{-t/(RC)}) = 1\text{V} \cdot (1 - e^{-t/\text{s}})$$

bei den Werten $R = 1\Omega$, $C = 1\text{F}$ und $u_q(t) = 1\text{V} \cdot \varepsilon(t)$.

Deutlich ist zu erkennen, dass eine kleinere Schrittweite zu genaueren Ergebnissen führt. Dies gilt besonders dann, wenn sich Spannungen und Ströme stark ändern. Allerdings wird dieser Genauigkeitsgewinn mit einem erhöhten Rechenaufwand erkauft. In der Praxis ist man daher bemüht einen möglichst guten Kompromiss zu finden. Aus diesem Grund werden variable Zeitschritte Δt verwendet.

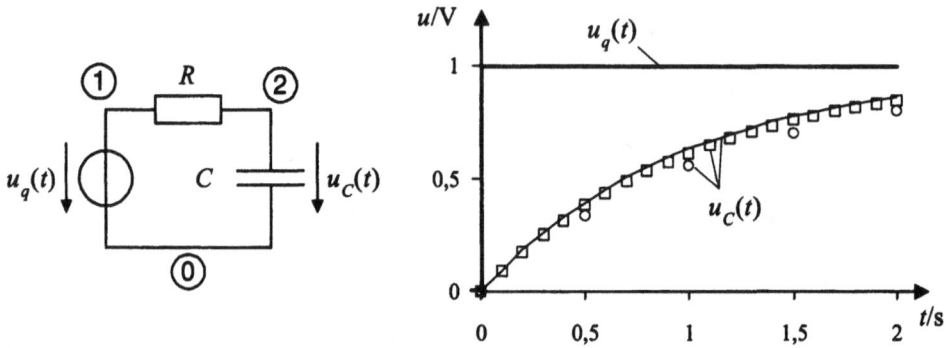

Abb. 3.26: *Berechnung der Kondensatorspannung $u_C(t)$ mit $R = 1\Omega$, $C = 1F$ und $u_q(t) = 1V \cdot \varepsilon(t)$: (—) exakte, analytische Lösung $u_C(t) = 1V \cdot (1 - e^{-t/s})$; (□) numerische Berechnung mit äquidistanten Zeitschritten $\Delta t = 0,1s$; (○) numerische Berechnung mit äquidistanten Zeitschritten $\Delta t = 0,5s$*

3.7   Übungsaufgaben

Aufgabe 3.1

Welche Periodendauer T besitzen die folgenden Zeitfunktionen?

a) $u_a(t) = 5\text{V} \cdot \sin(2\pi \cdot 81\text{s}^{-1} \cdot t) + 7\text{V} \cdot \cos(2\pi \cdot 108\text{s}^{-1} \cdot t)$

b) $u_b(t) = 1\text{V} \cdot \sin(100,53\text{s}^{-1} \cdot t) - 6\text{V} \cdot \cos(106,81\text{s}^{-1} \cdot t + 117,8°)$

c) $i_c(t) = 3\text{mA} \cdot \cos(2\pi \cdot 150\text{s}^{-1} \cdot t + 30°) + 7\text{mA} \cdot \sin(2\pi \cdot 250\text{s}^{-1} \cdot t - 90°) +$
$9\text{mA} \cdot \cos(2199,11\text{s}^{-1} \cdot t + 88°) - 5\text{mA} \cdot \sin(2827,43\text{s}^{-1} \cdot t - 63,8°)$

d) $u_d(t) = 10\text{V} \cdot \sin(2\pi \cdot 18\text{s}^{-1} \cdot t) + 20\text{V} \cdot \cos(2\pi \cdot 24\text{s}^{-1} \cdot t - 183°) +$
$5\text{V} \cdot \sin(2\pi \cdot 60\text{s}^{-1} \cdot t + 90°)$

Aufgabe 3.2

Zerlegen Sie folgende Funktionen in deren gerade und ungerade Anteile:

a) $f_1(x) = 2 + x - \dfrac{x^2}{4} + \dfrac{x^3}{2} + x^4$

b) $f_2(x) = 1 - \cos(2x)$

c) $f_3(x) = \sin(x) \cdot \cos(x)$

d) $f_4(x) = (x + \sqrt{x^2 - 1})^2 + (x - \sqrt{x^2 - 1})^2$

e)–h) Siehe Abbildung 3.27

Aufgabe 3.3

Berechnen Sie die reellen Fourier-Koeffizienten a_0, a_n, b_n sowie B_0 und B_n der 2π-periodischen Spannungen.

a) $u_a(x) = 1\text{V}$ für $x_1 \leq x \leq x_2$; $u_a(x) = 0\text{V}$ sonst;
es gilt: $0 < x_1 < x_2 < 2\pi$.

b) $u_b(x) = 1\text{V}$ für $x_1 = 0 \leq x \leq x_2 = e \cdot 2\pi$; $u_b(x) = 0\text{V}$ sonst;
Bemerkung: $0 < e < 1$ beschreibt die Einschaltdauer.

c) $u_c(x) = 1\text{V}$ für $x_1 = -e \cdot \pi \leq x \leq x_2 = +e \cdot \pi$; $u_c(x) = 0\text{V}$ sonst.

e) $f_5(t)$

f) $f_6(t)$

g) $f_7(t)$

h) $f_8(t)$

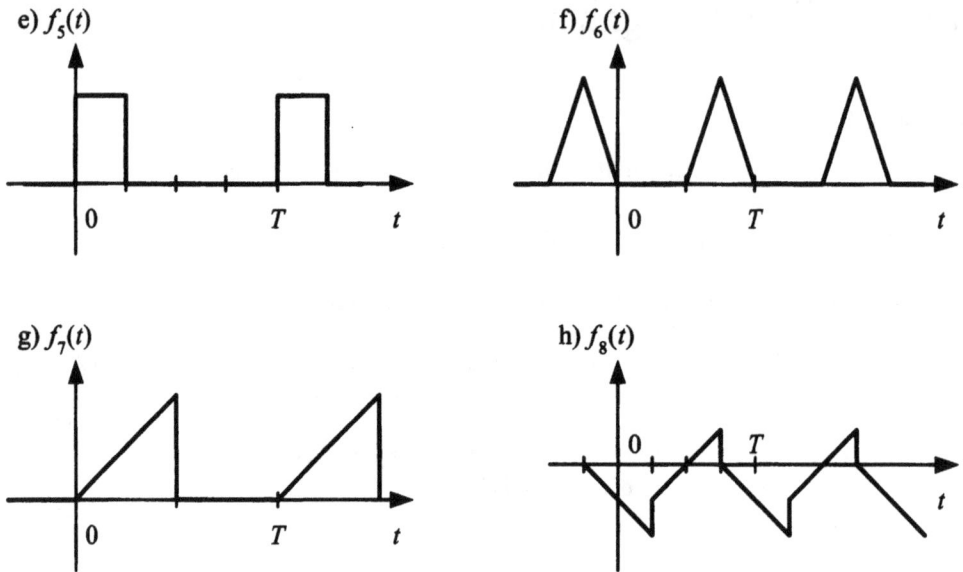

Abb. 3.27: *Zeitliche Verläufe periodischer Funktionen*

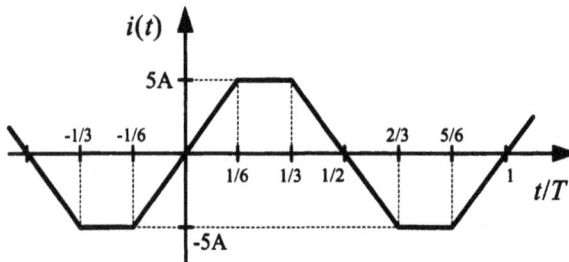

Abb. 3.28: *Zeitlicher Stromverlauf*

Aufgabe 3.4

Zu berechnen ist die Fourier-Reihe des trapezförmigen Stromverlaufes $i(t)$ in Abbildung 3.28.

a) Berechnen Sie die Koeffizienten a_0, a_n, b_n der reellen Fourier-Reihe.

b) Ermitteln Sie daraus die Koeffizienten B_n und φ_n.

c) Berechnen Sie mit den Ergebnissen aus a) die komplexen Fourier-Koeffizienten $\underline{c}_0$ und $\underline{c}_n$.

d) Berechnen Sie nun die komplexen Fourier-Koeffizienten in Betrags- und Phasenwinkeldarstellung $|\underline{c}_n|$ bzw. Φ_n.

Aufgabe 3.5

Zu berechnen sind die Koeffizienten der komplexen Fourier-Reihe einer exponentiell verlaufenden Spannung $u(t) = \hat{U} \cdot e^{-\alpha t}$ nach Abbildung 3.29 mit $\alpha = 2/T$.

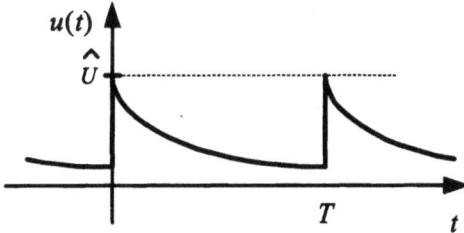

Abb. 3.29: Zeitlicher periodischer Spannungsverlauf

a) Berechnen Sie die Koeffizienten $\underline{c}_n$ und den Gleichspannungsanteil c_0.

b) Berechnen Sie die Amplitude B_1 und die Phasenverschiebung φ_1 der Grundschwingung.

Aufgabe 3.6

Gegeben sind zwei periodische, dreieckförmige Spannungsverläufe $u_1(x)$ und $u_2(x)$ gemäß Abbildung 3.30, eine Sägezahnspannung

$$u_1(x) = \frac{\hat{U}}{\pi} \cdot x \quad \text{für} \quad -\pi < x < +\pi$$

und ein Dreieck-Spannungsverlauf

$$u_2(x) = \begin{cases} \dfrac{2\hat{U}}{\pi} \cdot x & \text{für} \quad -\pi/2 < x < \pi/2 \\ \dfrac{2\hat{U}}{\pi}(\pi - x) & \text{für} \quad \pi/2 < x < 3\pi/2 \end{cases} .$$

a) Welche Symmetrieeigenschaften besitzen die beiden Spannungsverläufe?

b) Wie groß sind die Effektivwerte und welche Leistung wird umgesetzt, wenn die Spannungen jeweils an einem Ohm'schen Widerstand R abfallen?

c) Welche Ausdrücke ergeben sich für die Amplituden der Grund- und Oberschwingungen?

d) Mit welcher Potenz von n nehmen die Amplituden der Oberschwingungen ab? Skizzieren Sie das Linienspektrum.

e) Welche Zahlenwerte ergeben sich für die Klirrfaktoren k_1 und k?

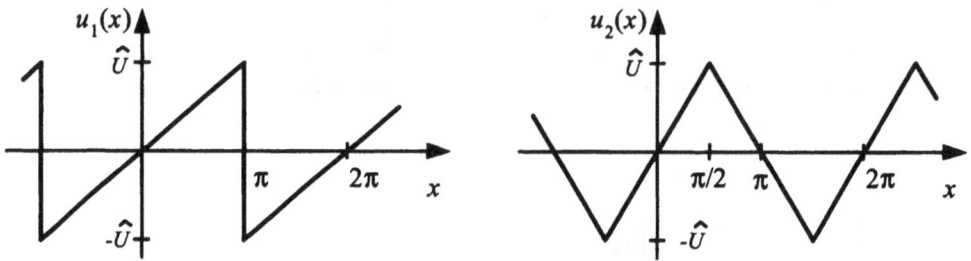

Abb. 3.30: *Spannungsverläufe*

Aufgabe 3.7

Gegeben ist die Spannung $u(t) = \hat{U} \cdot [1 + 4 \cdot \sin(\omega_1 t) - 3 \cdot \cos(\omega_1 t) + 5 \cdot \cos(3\omega_1 t)]$. Berechnen Sie den Effektivwert U der Spannung $u(t)$ als Funktion von $\hat{U}$.

Aufgabe 3.8

An einem RC-Tiefpass (Abbildung 3.31) liegt die Eingangsspannung $u_e(t) = 3\text{V} + 4\text{V} \cdot \sin(\omega_1 t) + 5\text{V} \cdot \cos(3\omega_1 t)$ mit der Grundfrequenz $f_1 = 500\text{Hz}$. Die Elemente der Schaltung haben die Werte $R = 100\Omega$ und $C = 3,3\mu\text{F}$.

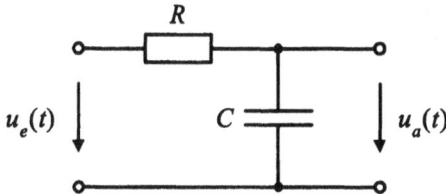

Abb. 3.31: *Einfacher RC-Tiefpass*

a) Berechnen Sie die Ausgangsspannung $u_a(t)$.

b) Berechnen Sie den Effektivwert der Ausgangsspannung U_a.

c) Welche Leistung P wird in R umgesetzt?

Aufgabe 3.9

Ein unbekannter Verbraucher wird an der dreieckförmigen Spannung $u(t)$ (vgl. Abbildung 3.32) betrieben.
Dabei fließt der sinusförmige Strom $i(t) = 100\mu\text{A} \cdot \sin(2\pi \cdot 25\text{kHz} \cdot t)$.

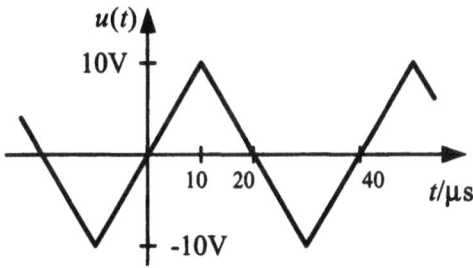

Abb. 3.32: *Spannungsverlauf $u(t)$*

a) Geben Sie die reellen Fourier-Reihen von $u(t)$ und $i(t)$ an.

b) Berechnen Sie die Effektivwerte U und I.

c) Welche Scheinleistung S wird umgesetzt?

d) Berechnen Sie die Wirkleistung P.

e) Berechnen Sie die Blindleistungen Q und D.

Aufgabe 3.10

Gegeben ist das Betragsspektrum $|U(f)|$ einer nichtsinusförmigen, periodischen Spannung.

$n = f/f_1$	0	1	2	3	4	5
$20\text{dB} \cdot \lg(|\hat{U}_n(f)|/1\text{V})$	10 dB	20 dB	15 dB	10 dB	5 dB	0 dB

a) Berechnen Sie den Effektivwert $U = U_{eff}$.

b) Berechnen Sie den Effektivwert $U_{\sim eff}$ des (reinen) Wechselanteils.

c) Welchen Klirrfaktor k besitzt das nichtsinusförmige Signal?

Aufgabe 3.11

Gegeben ist ein nichtlineares Bauelement mit der Kennliniengleichung $i(u) = k \cdot (U - U_S)^3$ mit $k = 10\text{mA/V}^3$ und $U_S = 0,7\text{V}$.

a) Berechnen Sie die Taylorreihe der Kennliniengleichung, die für die Aussteuerung mit $u(t)$ um den Arbeitspunkt $U = U_0 = 3,7\text{V}$ zutreffend ist.

b) Berechnen Sie die Zeitfunktion von $i(t)$, wenn im Arbeitspunkt die Spannung $u(t) = 0,5\text{V} \cdot \sin(\omega_1 t)$ angelegt wird (es gilt $U = U_0 + u(t)$).

c) Berechnen Sie den Klirrfaktor k des Stroms $i(t)$.

Aufgabe 3.12

An einem NMOS-Transistor mit der Kennlinie $i_{DS}(u_{GS})$ liegt die sinusförmige Gate-Source-Spannung $u_{GS}(t) = 2\sqrt{2}\text{V} \cdot \sin(\omega_1 t)$ (Abbildung 3.33).

Der Drain-Source-Strom i_{DS} in Sättigung ($u_{DS} > u_{GS} - U_{TH}$) ist durch die Gleichung

$$i_{DS}(u_{GS}) = \begin{cases} 0 & : u_{GS} < 0 \\ 0,1\dfrac{\text{A}}{\text{V}^2} \cdot u_{GS}^2 & : u_{GS} \geq 0 \end{cases}$$

gegeben ($U_{TH} = 0\text{V}$).

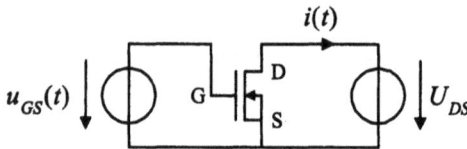

Abb. 3.33: *MOS-Transistor Schaltung*

a) Ermitteln und skizzieren Sie den Verlauf des Stroms $i_{DS}(t) = -i(t)$.

b) Berechnen Sie den Gleichstrommittelwert $\overline{I}$ und den Effektivwert I.

c) Welche Wirkleistung P wird im Transistor umgesetzt, wenn am Ausgang die Spannung $u_{DS}(t) = U_{DS} = 5\text{V}$ anliegt?

Aufgabe 3.13

Zu untersuchen sind die in Abbildung 3.34 dargestellten, nichtperiodischen Impulse mit den Zeitfunktionen $u_1(t)$, $u_2(t)$ und $u_3(t) = \hat{U}/2 \cdot [1 + \cos(\pi \cdot t/\tau)]$ für $|t| \leq \tau$.

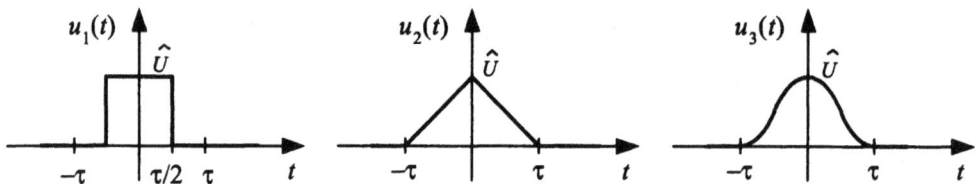

Abb. 3.34: *Impulsfunktionen*

a) Welche Arbeit verrichtet jeweils $u_k(t)$ (k = 1, 2, 3) mit $\hat{U} = 1\text{V}$ an einem Ohm'schen Widerstand R?

b) Berechnen Sie die Fourier-Transformierten $\underline{U}_k(\omega)$ der drei Impulse.

c) Mit welcher Potenz von ω nehmen die Einhüllenden von $\underline{U}_k(\omega)$ ab?

Aufgabe 3.14

Gegeben ist die Zeitfunktion $u(t)$ einer Impulsgruppe (Abbildung 3.35).

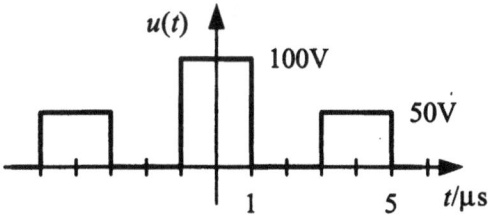

Abb. 3.35: Gegebene Zeitfunktion

a) Zerlegen Sie $u(t)$ in Rechteckimpulse und geben Sie die Spektraldichte $\underline{U}(\omega)$ unter Verwendung der Ergebnisse aus der vorherigen Aufgabe an.

b) Bei welcher Frequenz f_0 tritt die erste Nullstelle in der Spektraldichte $\underline{U}(\omega)$ auf?

Aufgabe 3.15

Gegeben ist die Schaltung in Abbildung 3.36, die aus drei gleichen Widerständen R und einem Kondensator der Kapazität C besteht.

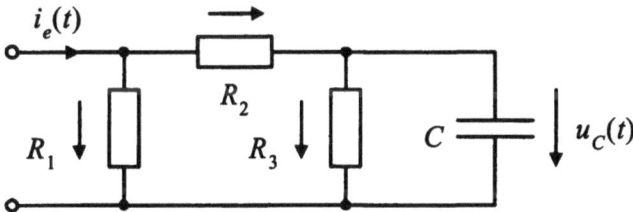

Abb. 3.36: Gegebene Schaltung

Am Eingang wird mit einem eingeprägten Strom $i_e(t)$ gespeist, dessen zeitlicher Verlauf gegeben ist durch

$$i_e(t) = \begin{cases} 0 & \text{für} \quad t < 0 \\ I & \text{für} \quad t > 0 \end{cases} .$$

Gesucht sind die zeitlichen Verläufe der Kondensatorspannung $u_C(t)$ und der Ströme in den Schaltelementen.

a) Geben Sie die zu $i_e(t)$ gehörende Spektralfunktion $\underline{I}_e(\omega)$ an.

b) Wie lautet die Übertragungsfunktion $\underline{A}_Z(\omega) = \underline{U}_C(\omega)/\underline{I}_e(\omega)$ der Schaltung?

c) Welcher Ausdruck ergibt sich für das Spektrum $\underline{U}_C(\omega)$ der Kondensatorspannung?

d) Bestimmen Sie den Ausdruck für den zeitlichen Verlauf der Kondensatorspannung $u_C(t)$.

e) Skizzieren Sie $u_C(t)$.

f) Ermitteln Sie unter Verwendung des bekannten Ausdrucks für $u_C(t)$ und der entsprechenden zeitabhängigen Gleichungen die Ausdrücke für die zeitlichen Verläufe der Ströme $i_{R3}(t)$, $i_C(t)$ und $i_{R1}(t)$.

Aufgabe 3.16

a) Berechnen Sie die Fourier-Transformierte des in Abbildung 3.37 skizzierten Spannungssignals.

b) Das skizzierte Spannungssignal liegt an einem 600Ω Widerstand. Wie groß ist die im Widerstand umgewandelte elektrische Energie zwischen 0kHz und 1kHz?

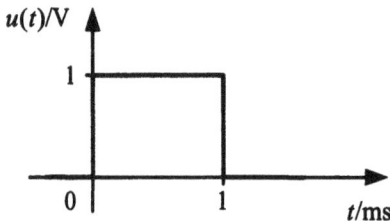

Abb. 3.37: Zeitlicher Spannungsverlauf

Aufgabe 3.17

Die skizzierte Schaltung 3.38 läuft ausgangsseitig leer. Am Eingang wird sie gespeist mit einer eingeprägten Spannung, deren zeitlicher Verlauf gegeben ist durch:

$$u_e(t) = \begin{cases} 0 & \text{für} \quad t < 0 \\ U & \text{für} \quad 0 < t < T \\ U \cdot e^{-\beta(t-T)} & \text{für} \quad t > T \end{cases} .$$

Ermitteln Sie die Ausdrücke für

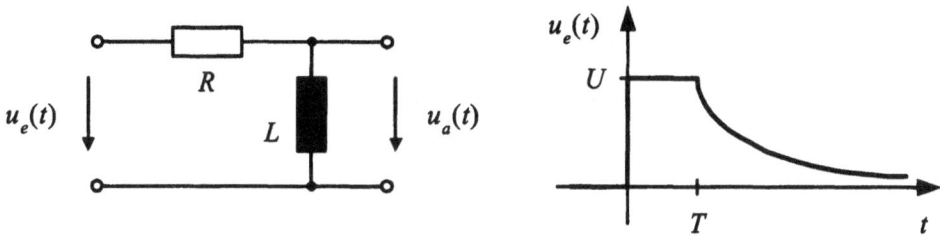

Abb. 3.38: *Gegebene Schaltungen*

    a) die Laplace-Transformierte der Ausgangsspannung $\underline{U}_a(p)$,

    b) die Ausgangsspannung $u_a(t)$ für $t < T$,

    c) den Spulenstrom zur Zeit $t = T$ und

    d) die Ausgangsspannung $u_a(t)$ für $t > T$ (Hinweis: Verwendung der Substitution $\tau = t - T$).

Aufgabe 3.18

Gegeben ist:

$$u(t) = \begin{cases} 0 & : \quad t < 0 \\ U_0 \cdot (1 - e^{-\alpha t}) & : \quad t \geq 0 \end{cases}$$

mit $2\alpha = \dfrac{1}{RC}$ und $u_C(t = 0-) = u_{C0} = \dfrac{U_0}{2}$.

Der Schalter S in Abbildung 3.39 schließt bei $t = 0$.

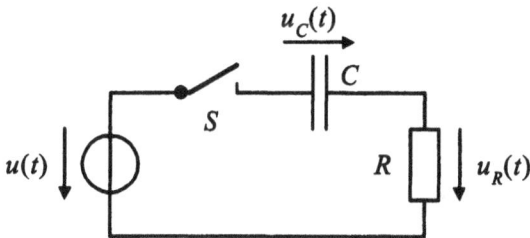

Abb. 3.39: *Gegebene Schaltung*

    a) Stellen Sie die DGL für $u_C(t \geq 0)$ auf.

    b) Überführen Sie die DGL in den Bildbereich und ermitteln Sie die Zeitfunktion $u_C(t)$.

c) Berechnen Sie $u_R(t)$ und skizzieren Sie den Verlauf für den Fall $R = 1\text{k}\Omega$, $C = 1\mu\text{F}$ und $U_0 = 10\text{V}$ im Bereich $-1\text{ms} \leq t \leq 4\text{ms}$.

d) Zu welcher Zeit t_0 gilt mit den Werten von c) $u_R(t_0) = 0\text{V}$?

Aufgabe 3.19

Gegeben ist die Schaltung 3.40 mit $R = 10\text{k}\Omega$, $C = 0,1\mu\text{F}$, $U_0 = 2,5\text{V}$.

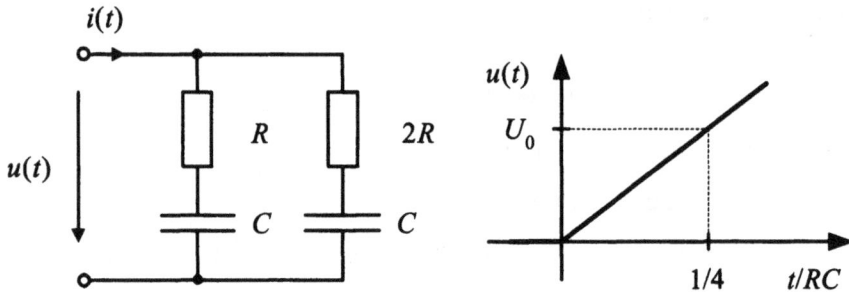

Abb. 3.40: Gegebene Schaltung

a) Ermitteln Sie allgemein die Bildfunktion von $u(t)$.

b) Ermitteln Sie allgemein die Bildfunktion von $i(t)$ als Funktion von U_0, $\tau = RC$ und R.

c) Ermitteln Sie $i(t) = f(U_0, \tau, R)$ für $t \geq 0$ und setzen Sie erst dann die Werte ein.

d) Skizzieren Sie die Zeitfunktion $i(t)$.

e) Berechnen Sie die Werte für $i(t)$ zu den Zeitpunkten $t_1 = 0+$ und $t_2 \to \infty$ und geben Sie die Steigung von $i(t)$ zum Zeitpunkt $t = t_1$ an.

Aufgabe 3.20

Gegeben ist die Schaltung 3.41 mit $R = 1\text{k}\Omega$, $C = 1\mu\text{F}$, $U_0 = 15\text{V}$, $Q_0 = 15\mu\text{C}$. Der Schalter S schließt bei $t = 0$.

a) Berechnen Sie die Bildfunktion von $u(t)$ als Funktion von U_0, R und C.

b) Welche Zeitkonstante τ tritt in der Zeitfunktion auf?

c) Berechnen Sie die Werte von $u(t)$ für die Zeitpunkte $t_1 = 0-$, $t_2 = 0+$ und $t_3 \to \infty$.

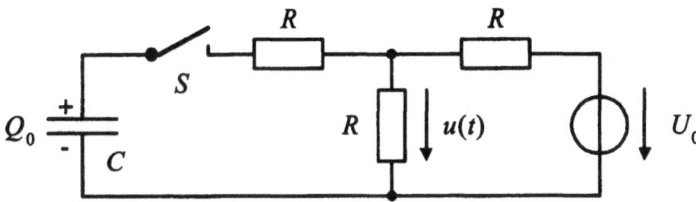

Abb. 3.41: Gegebene Schaltung

Aufgabe 3.21

Gegeben ist die Schaltung 3.42 mit $R_1 = 25\Omega$, $R_2 = 100\Omega$, $L = 1H$ und $U_0 = 10V$. Der zunächst geschlossene Schalter S wird zur Zeit $t = 0$ geöffnet.

  a) Zeichnen Sie das Schaltbild für die Analyse im Bildbereich (Anfangswerte berücksichtigen!).

  b) Berechnen Sie die Spannung am Schalter $\underline{U}_S(p)$ im Bildbereich.

  c) Ermitteln Sie dann $u_S(t)$ und skizzieren Sie den Verlauf maßstäblich.

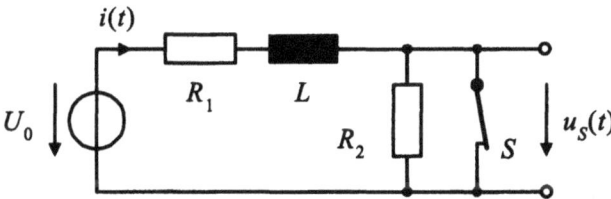

Abb. 3.42: Gegebene Schaltung

Aufgabe 3.22

Gegeben ist der unvollständige Plan der Pol- und Nullstellen und die normierte Schaltung des dazugehörigen Netzwerkes (Abbildung 3.43).

  a) Welcher Filtertyp (TP, HP, BP, BS) liegt vor? Von welchem Grad n ist das Filter?

  b) Überlegen Sie anhand der Schaltung, wo die Nullstellen der Übertragungsfunktion $\underline{A}_U(p) = \dfrac{\underline{U}_a(p)}{\underline{U}_e(p)}$ liegen.

  c) Stellen Sie mit dem PN-Plan die Übertragungsfunktion $\underline{A}_U(p) = \dfrac{\underline{U}_a(p)}{\underline{U}_e(p)}$ auf.

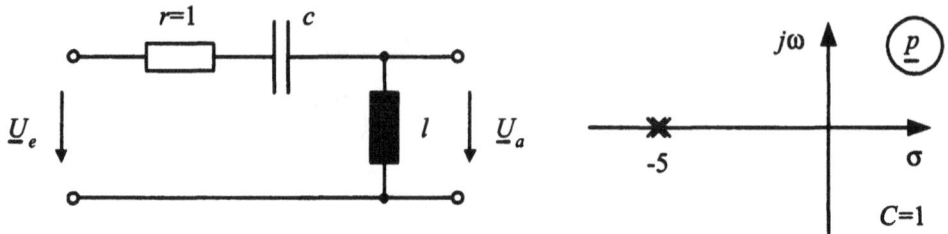

Abb. 3.43: Unvollständiger Pol- (x) und Nullstellenplan (o) und zugehörige Schaltung

d) Bestimmen Sie die beiden fehlenden normierten Elementewerte des Filternetz-
   werkes.

e) Stellen Sie aus der Übertragungsfunktion die DGL (Anfangswerte gleich 0) für
   $u_L(t)$ auf.

Aufgabe 3.23

Gegeben ist ein normiertes Netzwerk (Abbildung 3.44), das aus vier Blindelementen
besteht.
$c_1 = 10$, $c_2 = 2$, $c_3 = 5$ und $l = 1$.

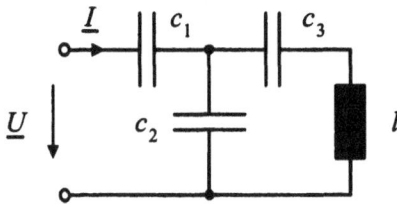

Abb. 3.44: Normierte Schaltung

a) Von welchem Grad n ist das dargestellte Netzwerk?

b) Berechnen Sie den normierten, komplexen Widerstand $\underline{z}(p) = \dfrac{\underline{U}(p)}{\underline{I}(p)}$ und über-

   prüfen Sie Ihr Ergebnis von a).

c) Zeichnen Sie den vollständigen PN-Plan und geben Sie die Konstante C an.

d) Bei welchen Frequenzen tritt Serien- oder Parallelresonanz auf?

Aufgabe 3.24

'Berechnen Sie jeweils über eine Partialbruchzerlegung und durch gliedweise Rücktransformation die Zeitfunktionen zu den beiden Bildfunktionen

a) $A_1(p) = \dfrac{2,5}{p(1+2p)(1+3p)}$ und

b) $A_2(p) = \dfrac{100p + 200}{(p+1)^2(p+3)}$.

Aufgabe 3.25

Gegeben sind die Schaltung 3.45 sowie die Werte der Bauelemente
$R_1 = 1\text{k}\Omega$, $R_2 = 1\text{k}\Omega$, $L = 1\text{H}$.

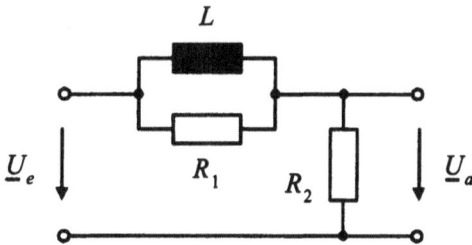

Abb. 3.45: Gegebene Schaltung

a) Ermitteln Sie die Funktion $\underline{A}_U(p) = \dfrac{\underline{U}_a(p)}{\underline{U}_e(p)}$ des zunächst energiefreien Netzwerkes.

b) Berechnen Sie $\underline{U}_a(p)$, wenn am Eingang bei $t = 0$ ein Sprung der Höhe 5V wirkt.

c) Berechnen Sie mit den Grenzwertsätzen aus der Bildfunktion $\underline{U}_a(p)$ die Werte $u_a(t = 0+)$ und $u_a(t \to \infty)$.

d) Ermitteln Sie die Zeitfunktion $u_a(t)$ durch Partialbruchzerlegung und Rücktransformation.

e) Skizzieren Sie den Verlauf $u_a(t)$.

Aufgabe 3.26

Gegeben sind die beiden Schaltungen in Abbildung 3.46.

Es gilt: $\tau = \dfrac{L}{R} = R \cdot C = 10^{-3}$s.

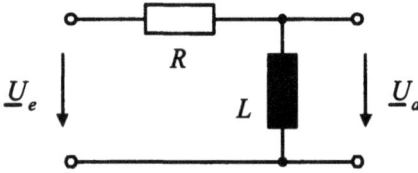   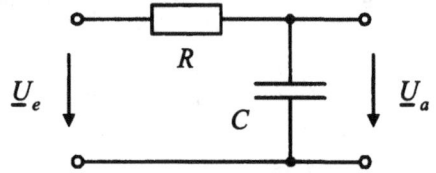

(1)   (2)

Abb. 3.46: Gegebene Schaltungen

a) Stellen Sie die Übertragungsfunktion $\underline{A}_U(p) = \dfrac{\underline{U}_a(p)}{\underline{U}_e(p)}$ auf.

b) Berechnen Sie die Lage aller Pol- und Nullstellen und geben Sie die Konstante C an.

c) Stellen Sie die Übertragungsfunktion für $p = j\omega$ nach Real- und Imaginärteil sowie nach Betrag und Winkel dar.

d) Ermitteln Sie die Grenzkreisfrequenz. Welche Verstärkung (als Zahl und in dB) und welche Phasenverschiebung tritt bei der Grenzkreisfrequenz auf?

Aufgabe 3.27

a) Berechnen Sie allgemein für die skizzierte Schaltung in Abbildung 3.47 die komplexe Übertragungsfunktion $\underline{U}_a(p)/\underline{U}_e(p)$.

b) Normieren Sie die Bauelementewerte bezüglich $U_{ref} = 1$V, $I_{ref} = 1$A und $t_{ref} = 1$s. Wie lautet dann die Übertragungsfunktion mit normierten Werten?

c) Zeichnen Sie das Pol- und Nullstellendiagramm für die Übertragungsfunktion nach b). Ist das System stabil?

d) Ermitteln Sie $u_a(t)$ in normierter und in physikalischer Schreibweise, wenn am Eingang der Einheitssprung $u_e(t) = 1$V $\cdot \varepsilon(t)$ anliegt.

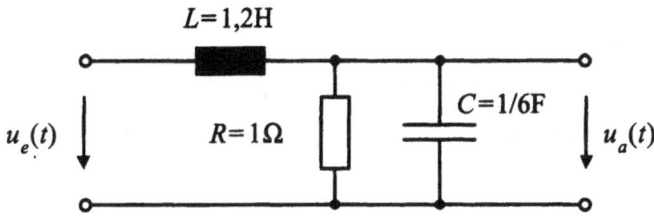

Abb. 3.47: *Gegebene Schaltung*

Aufgabe 3.28

Ein System hat die Übertragungsfunktion

$$\underline{A}_U(p) = \frac{\underline{U}_a(p)}{\underline{U}_e(p)} = 10^4 \cdot \frac{p^2 + 1,1p + 0,1}{p^3 + 1011p^2 + 11010p + 10000} \, .$$

a) Vereinfachen Sie die Funktion, sodass Null- und Polstellen ersichtlich werden.

b) Zeichnen Sie das zugehörige Pol- und Nullstellendiagramm.

c) Zeichnen Sie für die Übertragungsfunktion ein Bode-Diagramm.

d) Bestimmen Sie aus c) den Wert des Ausgangssignals für $t \to \infty$, wenn am Eingang des Systems ein Einheits-Spannungssprung anliegt.

e) Berechnen Sie nochmals $u_a(t)$ für einen Einheits-Spannungssprung am Eingang. Teilen Sie dazu die Bildfunktion der Ausgangsgröße in Partialbrüche auf.
Vergleichen Sie den Wert für $t \to \infty$ mit dem unter d) ermittelten Wert.

Aufgabe 3.29

Die Eingangsspannung eines elektrischen Netzwerks springt bei $t = 0$ von 0V auf 0,25V. Die (Einheits-)Impulsantwort $(u_e(t) = \delta(t))$ des Netzwerks lautet
$$h(t) = a_U(t) = \frac{16}{\mathrm{s}^2} \cdot t \cdot e^{-t/0,5\mathrm{s}} \, .$$

a) Berechnen Sie die Ausgangsspannung $u_a(t)$ mit Hilfe des Faltungsintegrals.

b) Ermitteln Sie aus $a_U(t)$ die Übertragungsfunktion $\underline{A}_U(p) = \dfrac{\underline{U}_a(p)}{\underline{U}_e(p)}$.

c) Ermitteln Sie die Funktion der Eingangsspannung $\underline{U}_e(p)$ im Bildbereich.

d) Berechnen Sie nun die Funktion der Ausgangsspannung $\underline{U}_a(p)$ im Bildbereich.

e) Führen Sie eine Partialbruchzerlegung von $\underline{U}_a(p)$ durch und kontrollieren Sie durch Rücktransformation in den Zeitbereich das Ergebnis von a).

Aufgabe 3.30

Gegeben ist das Eingangsspannungssignal $u_e(t) = 1\text{V} \cdot \varepsilon(t)$. Die Einheitsimpulsantwort des Systems lautet $h(t) = a_U(t) = \omega \cdot \cos(\omega t) \cdot \varepsilon(t)$.

Berechnen Sie die Ausgangsspannung $u_a(t)$ mit Hilfe des Faltungsintegrals.

Aufgabe 3.31

Ermitteln Sie graphisch per Faltung aus den Eingangsspannungen $u_e(t)$ und den Einheitsimpulsantworten $a_U(t)$ der Abbildung 3.48 die Ausgangsspannung $u_a(t)$.

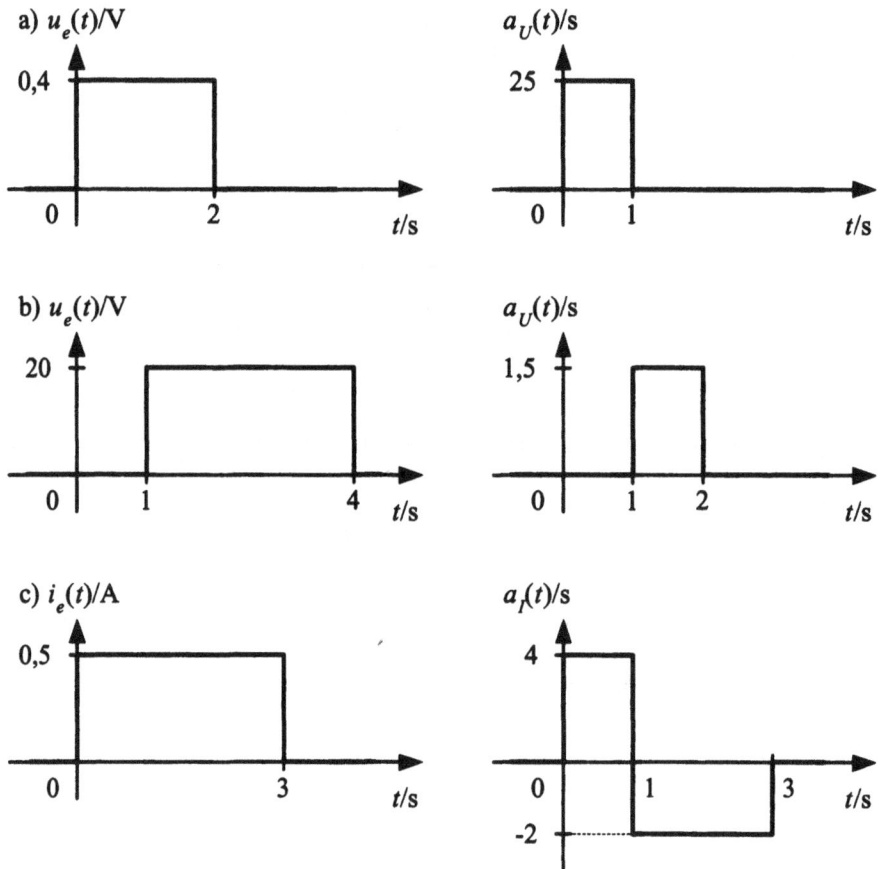

Abb. 3.48: Eingangsspannungen und zugehörige Einheitsimpulsantworten

Aufgabe 3.32

Der zunächst geschlossene Schalter S (Abbildung 3.49) wird zum Zeitpunkt $t = 0$ geöffnet.
Gegeben sind: $U_0 = 10V$, $R_1 = 25\Omega$, $R_2 = 100\Omega$, $L = 1H$.

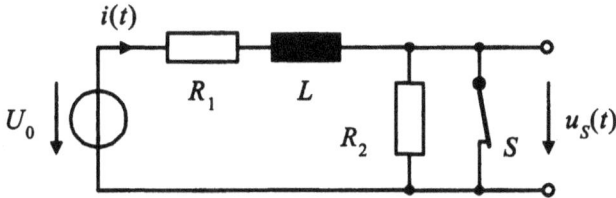

Abb. 3.49: Gegebene Schaltung

a) Stellen Sie die DGL für $i(t)$ auf, die für $t \geq 0$ gilt.

b) Bestimmen Sie die Lösung der DGL allgemein $(i(t) = f(U_0, R_1, R_2, L))$.

c) Berechnen Sie die Spannung am Schalter $u_S(t)$ und skizzieren Sie den Verlauf maßstäblich.

Aufgabe 3.33

Die Schaltung in Abbildung 3.50 lag für lange Zeit an der Gleichspannung U_0. Zur Zeit $t = 0$ wird der Schalter S geschlossen.
Gegeben sind: $U_0 = 10V$, $R_1 = 500\Omega$, $R_2 = 1k\Omega$, $L = 0,5H$ und $C = 1\mu F$.

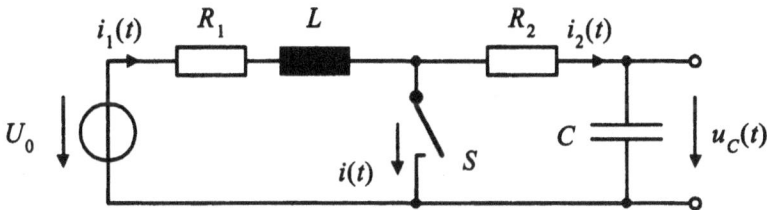

Abb. 3.50: Gegebene Schaltung

a) Stellen Sie die DGLen für $i_1(t)$ und $u_C(t)$ für $t \geq 0$ auf und geben Sie die Anfangsbedingungen $i_1(t = 0+)$ sowie $u_C(t = 0+)$ an.

b) Berechnen Sie die Ladung $q_C(t)$.

c) Berechnen Sie den Strom $i(t)$ und für $t \geq 0$.

d) Welcher Strom $i(t)$ fließt zu den Zeiten $t = 0+$ und $t \to \infty$?

Aufgabe 3.34

Die für $t < 0$ stromlose Serienschaltung aus R und L (vgl. Abbildung 3.51) wird zur Zeit $t = 0$ an eine Wechselspannungsquelle angeschlossen, die die Spannung $u(t) = \hat{U}\sin(\omega t + \varphi)$ liefert. Gesucht ist der Strom $i(t)$.

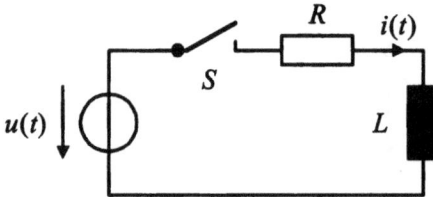

Abb. 3.51: *Gegebene Schaltung*

a) Stellen Sie die DGL für $i(t)$ auf und geben Sie die Lösung für $i(t)$ an.

b) Welcher Ausdruck ergibt sich für $i(t)$ für hinreichend große Zeiten, d.h. wenn die Schaltstörung abgeklungen ist?

c) Für welchen speziellen Wert des Winkels φ (abhängig von R, L und ω) enthält $i(t)$ keinen exponentiell abklingenden Anteil (keine Schaltstörung)?

d) Für welchen Wert des Winkels φ hat das erste Strommaximum für $\alpha = R/L \ll \omega$ den größten Wert?

Aufgabe 3.35

Ein Parallelschwingkreis aus R, L und C wird mit dem eingeprägten Strom $i(t)$ betrieben.

a) Wie lautet die DGL für die Spannung $u(t)$ am Schwingkreis?

b) Es wird definiert: $\omega_e^2 = \omega_0^2 - \alpha^2$, $\omega_0^2 = 1/(LC)$, $\alpha = 1/(2RC)$.
Für den Fall $\omega_e^2 > 0$ soll $u(t)$ ermittelt werden, wenn als Erregung gegeben ist:

$$i(t) = \begin{cases} 0 & \text{für} \quad t < 0 \\ I & \text{für} \quad t > 0 \end{cases}.$$

3.8   Lösungen

Aufgabe 3.1

a) $f_1 = 81\text{Hz} = 3 \cdot 27\text{Hz}$; $f_2 = 108\text{Hz} = 4 \cdot 27\text{Hz}$; $f_1/f_2 = 3/4$ teilerfremd;
$T = 3/(81\text{Hz}) = 4/(108\text{Hz}) = 1/(27\text{Hz}) = 37,037\text{ms}$

b) $f_1 = \dfrac{100,53}{2\pi}\text{Hz} = 16\text{Hz}$; $f_2 = \dfrac{106,81}{2\pi}\text{Hz} = 17\text{Hz}$; $f_1/f_2 = 16/17$;
$T = 16/(16\text{Hz}) = 17/(17\text{Hz}) = 1\text{s}$

c) $f_1 = 150\text{Hz} = 3 \cdot 50\text{Hz}$; $f_2 = 250\text{Hz} = 5 \cdot 50\text{Hz}$;
$f_3 = \dfrac{2199,11}{2\pi}\text{Hz} = 350\text{Hz} = 7 \cdot 50\text{Hz}$; $f_4 = \dfrac{2827,43}{2\pi}\text{Hz} = 450\text{Hz} = 9 \cdot 50\text{Hz}$;
$T = 1/(50\text{Hz}) = 20\text{ms}$

d) $f_1 = 18\text{Hz} = 3 \cdot 6\text{Hz}$; $f_2 = 24\text{Hz} = 4 \cdot 6\text{Hz}$; $f_3 = 60\text{Hz} = 10 \cdot 6\text{Hz}$;
$T = 1/(6\text{Hz}) = 166,67\text{ms}$

Aufgabe 3.2

<u>Gerader Anteil:</u> $f_g(x) = 0,5 \cdot [f(x) + f(-x)]$
<u>Ungerader Anteil:</u> $f_u(x) = 0,5 \cdot [f(x) - f(-x)]$

a) $f_{1g}(x) = 2 - \dfrac{x^2}{4} + x^4$; $f_{1u}(x) = x + \dfrac{x^3}{2}$
(gerade und ungerade Potenzen trennen!)

b) $f_{2g}(x) = 1 - \cos(2x)$; $f_{2u}(x) = 0$

c) $f_{3g}(x) = 0$; $f_{3u}(x) = \sin(x) \cdot \cos(x)$
(ungerade · gerade = ungerade)

d) $f_{4g}(x) = 4x^2 - 2$; $f_{4u}(x) = 0$

e) -h) Siehe Abbildung 3.52

Aufgabe 3.3

a) $a_0 = \dfrac{x_2 - x_1}{2\pi}\text{V}$; $a_n = \dfrac{\sin(n \cdot x_2) - \sin(n \cdot x_1)}{n \cdot \pi}\text{V}$;
$b_n = \dfrac{\cos(n \cdot x_1) - \cos(n \cdot x_2)}{n \cdot \pi}\text{V}$; $B_0 = a_0$; $B_n = \sqrt{a_n^2 + b_n^2} = \dfrac{2}{n\pi} \cdot \sin\dfrac{n(x_2 - x_1)}{2}\text{V}$
Lösung durch Quadrieren und Umformen gemäß:
$\sin^2\alpha + \cos^2\alpha = 1$;
$\sin\alpha \cdot \sin\beta = \frac{1}{2}[\cos(\alpha - \beta) - \cos(\alpha + \beta)]$;
$\cos\alpha \cdot \cos\beta = \frac{1}{2}[\cos(\alpha - \beta) + \cos(\alpha + \beta)]$;
$\sin^2\alpha = \frac{1}{2}[1 - \cos(2\alpha)]$

e) $f_5(t)$

f) $f_6(t)$

g) $f_7(t)$

h) $f_8(t)$

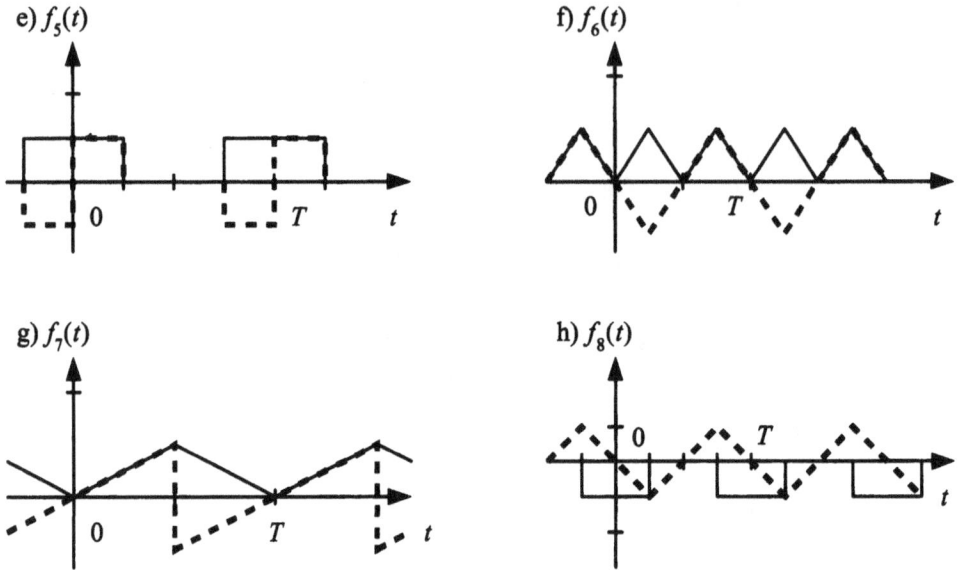

Abb. 3.52: Lösung zu Aufgabe 2: (—) gerader Anteil; (·) ungerader Anteil

b) $x_1 = 0$; $x_2 = e \cdot 2 \cdot \pi$

$$a_0 = \frac{x_2 - x_1}{2\pi} V = eV; \quad a_n = \frac{\sin(n \cdot e \cdot 2 \cdot \pi)}{n \cdot \pi} V; \quad b_n = \frac{1 - \cos(n \cdot e \cdot 2 \cdot \pi)}{n \cdot \pi} V;$$

$$B_0 = a_0 = eV; \quad B_n = \sqrt{a_n^2 + b_n^2} = 2 \cdot \frac{\sin(n \cdot e \cdot \pi)}{n \cdot \pi} V = 2 \cdot e \cdot \text{si}(n \cdot e \cdot \pi)V$$

Es gilt: $\text{si}(x) = \dfrac{\sin(x)}{x}$.

c) $x_1 = -e \cdot \pi$; $x_2 = +e \cdot \pi$

$$a_0 = \frac{x_2 - x_1}{2\pi} = eV; \quad a_n = 2 \cdot \frac{\sin(n \cdot e \cdot \pi)}{n \cdot \pi} V = 2 \cdot e \cdot \text{si}(n \cdot e \cdot \pi)V;$$

$b_n = 0$ (gerade Funktion!);

$$B_0 = a_0 = eV; \quad B_n = \sqrt{a_n^2 + b_n^2} = a_n = 2 \cdot e \cdot \text{si}(n \cdot e \cdot \pi)V$$

Aufgabe 3.4

a) Die Funktion

$$i(t) = \begin{cases} \dfrac{5A}{T/6} \cdot t & : \quad 0 \le t < T/6 \\ 5A & : \quad T/6 \le t < T/4 \end{cases}$$

ist punktsymmetrisch (ungerade) <u>und</u> halbwellensymmetrisch. Deshalb entfallen alle geraden Anteile ($a_0 = a_n = 0$) und alle geraden Vielfachen der Grundfrequenz ($b_n = 0$ für $n = 2, 4, 6, ...$). Aufgrund der speziellen Eigenschaften der Funktion (ungerade und Halbwellensymmetrie) genügt es die Integration nur über eine Viertelperiode durchzuführen. Natürlich erhält man das gleiche Ergebnis auch, wenn man von 0 bis $T/2$ oder über die ganze Periode $0 \leq t \leq T$ integriert. Der Rechenaufwand ist jedoch höher.

$$b_n = 4 \cdot \frac{2}{T} \int_0^{T/4} i(t) \cdot \sin(n\omega_1 t) dt$$

$$b_n = \frac{8}{T} \int_0^{T/6} \frac{5A}{T/6} \cdot t \cdot \sin(n\omega_1 t) dt + \frac{8}{T} \int_{T/6}^{T/4} 5A \cdot \sin(n\omega_1 t) dt$$

(mit $\int x \cdot \sin(ax) dx = \frac{\sin(ax)}{a^2} - \frac{x \cdot \cos(ax)}{a}$ und $\int \sin(ax) dx = -\frac{\cos(ax)}{a} \Rightarrow$)

$$b_n = \frac{240}{T^2} A \left[\frac{\sin(n\omega_1 t)}{n^2 \omega_1^2} - \frac{t \cdot \cos(n\omega_1 t)}{n\omega_1} \right]_0^{T/6} + \frac{40}{T} A \left[-\frac{\cos(n\omega_1 t)}{n\omega_1} \right]_{T/6}^{T/4}$$

$$b_n = \frac{240}{(2\pi n)^2} A \cdot \sin \frac{n\pi}{3}$$

$$b_n = \begin{cases} \dfrac{30 \cdot \sqrt{3}}{\pi^2 n^2} A & : \quad n = 1, 7, 13, \ldots \\[2mm] \dfrac{-30 \cdot \sqrt{3}}{\pi^2 n^2} A & : \quad n = 5, 11, 17, \ldots \\[2mm] 0A & : \quad \text{sonst} \end{cases}$$

Die Fourier-Reihe für den Strom lautet somit:

$$i(t) = \frac{30 \cdot \sqrt{3}}{\pi^2} A \cdot \left[\sin(\omega_1 t) - \frac{1}{5^2} \sin(5\omega_1 t) + \frac{1}{7^2} \sin(7\omega_1 t) - +\ldots \right].$$

b) $B_n = \sqrt{a_n^2 + b_n^2} = \dfrac{30 \cdot \sqrt{3}}{\pi^2 n^2} A$ für $n = 1, 5, 7, 11, 13, 17, \ldots$

$$\varphi_n = \begin{cases} 0° & : \quad 1, 7, 13, \ldots \\ 180° & : \quad 5, 11, 17, \ldots \end{cases}$$

c) $\underline{c}_n = \dfrac{a_n}{2} - j \dfrac{b_n}{2} = \begin{cases} -j \dfrac{15\sqrt{3}}{\pi^2 n^2} A & : \quad 1, 7, 13, \ldots \\[2mm] +j \dfrac{15\sqrt{3}}{\pi^2 n^2} A & : \quad 5, 11, 17, \ldots \\[2mm] 0A & : \quad \text{sonst} \end{cases}$

d) $\underline{c}_0 = 0; \qquad |\underline{c}_n| = \dfrac{15\sqrt{3}}{\pi^2 n^2} A$ für $n = 1, 5, 7, 11, 13, 17, \ldots$

$$\Phi_n = \varphi_n - 90° = \begin{cases} -90° & : \quad 1, 7, 13, \ldots \\ +90° & : \quad 5, 11, 17, \ldots \end{cases}$$

Aufgabe 3.5

a) $\underline{c}_n = \dfrac{1}{T}\displaystyle\int_0^T f(t)\cdot e^{-jn\omega_1 t}dt = \dfrac{1}{T}\displaystyle\int_0^T \hat{U}\cdot e^{-\alpha t}\cdot e^{-jn\omega_1 t}dt = \dfrac{\hat{U}}{T}\displaystyle\int_0^T e^{-(\alpha+jn\omega_1)t}dt =$

$\dfrac{\hat{U}}{T}\cdot \dfrac{e^{-(\alpha+jn\omega_1)t}}{-(\alpha+jn\omega_1)}\bigg|_{t=0}^{t=T} = \dfrac{\hat{U}}{-(\alpha+jn\omega_1)T}\cdot(e^{-(\alpha+jn\omega_1)T}-1)$

Mit $\omega_1 T = 2\pi$ wird daraus

$\underline{c}_n = \dfrac{\hat{U}}{-\alpha T - jn2\pi}\cdot(e^{-\alpha T}\cdot e^{-jn2\pi}-1) = \dfrac{\hat{U}\cdot(1-e^{-\alpha T})}{\alpha T + jn2\pi}$

und mit $\alpha = \dfrac{2}{T}$

$\underline{c}_n = \dfrac{\hat{U}\cdot(1-e^{-2})}{2+jn2\pi}$ bzw. $\underline{c}_0 = \dfrac{\hat{U}\cdot(1-e^{-2})}{2}$.

b) $\underline{c}_1 = \dfrac{\hat{U}\cdot(1-e^{-2})}{2(1+j\pi)} = \dfrac{\hat{U}\cdot(1-e^{-2})(1-j\pi)}{2(1+\pi^2)} = (0,0398 - j0,1250)\cdot\hat{U}$

$B_1 = 2\cdot|\underline{c}_1| = 0,262265\cdot\hat{U}$

$\varphi_n = \phi_n + 90° = \arctan\dfrac{Im\{\underline{c}_1\}}{Re\{\underline{c}_1\}} + 90° = -72,343° + 90° = 17,657°$

Aufgabe 3.6

a1) $u_1(x) = -u_1(-x) \Rightarrow$ ungerade Funktion $\Rightarrow a_n = 0$ für $n = 0,1,2,3...$
Keine Halbwellensymmetrie!

a2) $u_2(x) = -u_2(-x) \Rightarrow$ ungerade Funktion $\Rightarrow a_n = 0$ für $n = 0,1,2,3...$
$u_2(x) = -u_2(x+\pi) \Rightarrow$ Halbwellensymmetrie $\Rightarrow b_n = 0$ für $n = 2,4,6...$

b1) Allgemein gilt: $U_{eff}^2 = U^2 = \dfrac{1}{2\pi}\displaystyle\int_0^{2\pi} u^2(x)dx \Rightarrow$

$U^2 = \dfrac{1}{2\pi}\cdot\dfrac{\hat{U}^2}{\pi^2}\displaystyle\int_{-\pi}^{\pi} x^2 dx = \dfrac{\hat{U}^2}{2\pi^3}\left[\dfrac{x^3}{3}\right]_{-\pi}^{\pi} = \dfrac{\hat{U}^2}{3} \Rightarrow U = \dfrac{\hat{U}}{\sqrt{3}}$

$P = U^2/R = \dfrac{\hat{U}^2}{3R}$

b2) Wegen der Symmetrie genügt Viertelperiode!

$U^2 = \dfrac{4}{2\pi}\displaystyle\int_0^{\pi/2}\left(\dfrac{2\hat{U}}{\pi}\right)^2 x^2 dx = \dfrac{8\hat{U}^2}{\pi^3}\cdot\left[\dfrac{x^3}{3}\right]_0^{\pi/2} = \dfrac{\hat{U}^2}{3} \Rightarrow U = \dfrac{\hat{U}}{\sqrt{3}}$

$P = U^2/R = \dfrac{\hat{U}^2}{3R}$

c1) $b_n = \dfrac{2}{\pi}\displaystyle\int_0^{\pi}\dfrac{\hat{U}}{\pi}x\sin(nx)dx = \dfrac{2\hat{U}}{\pi^2}\left[\dfrac{\sin(nx)}{n^2} - \dfrac{x\cos(nx)}{n}\right]_0^{\pi} = \dfrac{2\hat{U}}{\pi^2}\left(-\dfrac{\pi\cos(n\pi)}{n}\right)$

$$b_n = \frac{2\hat{U}}{\pi^2}\left(-\frac{\pi(-1)^n}{n}\right) = \frac{2\hat{U}}{n\pi}(-1)^{n+1} \quad (n = 1, 2, 3...)$$

$$\hat{U}_1 = |b_1| = \frac{2\hat{U}}{\pi}; \quad \hat{U}_n = |b_n| = \frac{2\hat{U}}{n\pi}$$

c2) $b_n = \dfrac{4}{\pi} \displaystyle\int_0^{\pi/2} \frac{2\hat{U}}{\pi} x \sin(nx)\,dx = \frac{8\hat{U}}{\pi^2}\left[\frac{\sin(nx)}{n^2} - \frac{x\cos(nx)}{n}\right]_0^{\pi/2}$

mit $n = 1, 3, 5...!$

$$b_n = \frac{8\hat{U}}{\pi^2 n^2}\sin(n\pi/2) = \frac{8\hat{U}}{n^2\pi^2}(-1)^{(n-1)/2} \text{ mit } n = 1, 3, 5...$$

$$\hat{U}_1 = \frac{8\hat{U}}{\pi^2}; \quad \hat{U}_n = \frac{8\hat{U}}{n^2\pi^2}$$

d1) Lösung (ohne Skizze): $|\hat{U}_n| \sim \dfrac{1}{n}$ ($u_1(x)$ hat Sprünge).

d2) Lösung (ohne Skizze): $|\hat{U}_n| \sim \dfrac{1}{n^2}$ ($u_2(x)$ hat nur Knicke).

e1) $k_1^2 = \dfrac{4\hat{U}^2/(2\pi^2)}{\hat{U}^2/3} \approx 0,61 \quad \Rightarrow \quad k_1 \approx 0,78$

$k^2 = \dfrac{\hat{U}^2/3 - 4\hat{U}^2/2\pi^2}{\hat{U}^2/3} = \dfrac{1/3 - 2/\pi^2}{1/3} \approx 0,39 \quad \Rightarrow \quad k \approx 0,63$

e2) $k_1^2 = \dfrac{64\hat{U}^2/2\pi^4}{\hat{U}^2/3} = \dfrac{32/\pi^4}{1/3} \approx 0,9855 \quad \Rightarrow \quad k_1 \approx 0,993$

$k^2 = \dfrac{\hat{U}^2/3 - 64\hat{U}^2/2\pi^4}{\hat{U}^2/3} = \dfrac{1/3 - 32/\pi^4}{1/3} \approx 0,014 \quad \Rightarrow \quad k \approx 0,12$

Aufgabe 3.7

$$U = \sqrt{\overline{U}^2 + U_1^2 + U_3^2} = \hat{U}\sqrt{1^2 + \frac{4^2 + 3^2}{(\sqrt{2})^2} + \frac{5^2}{(\sqrt{2})^2}} = 5,099 \cdot \hat{U}$$

Aufgabe 3.8

a) Das komplexe Spannungsverhältnis des RC-Tiefpasses lautet:

$$\underline{A_U} = \frac{\underline{U_a}}{\underline{U_e}} = \frac{1}{1 + j\omega RC} = \frac{1}{1 + j\omega/\omega_g} \text{ mit } \omega_g = \frac{1}{RC} = 3030,3\frac{1}{s}.$$

Aus dem Superpositionsprinzip ergibt sich mit $\omega_1 = 2\pi f_1 = 3141,6\,s^{-1}$:

$$u_a(t) = 3\text{V} + 4\text{V} \cdot \left|\frac{1}{1 + j\omega_1/\omega_g}\right| \cdot \sin[\omega_1 t - \arctan(\omega_1/\omega_g)] +$$

$$5\text{V} \cdot \left|\frac{1}{1 + j3\omega_1/\omega_g}\right| \cdot \cos[3\omega_1 t - \arctan(3\omega_1/\omega_g)]$$

$$u_a(t) = 3\text{V} + 2,777\text{V}\sin(\omega_1 t - 46,03°) + 1,530\text{V}\cos(3\omega_1 t - 72,18°).$$

b) $U_a = \sqrt{(3\text{V})^2 + \left(\dfrac{2,777\text{V}}{\sqrt{2}}\right)^2 + \left(\dfrac{1,530\text{V}}{\sqrt{2}}\right)^2} = 3,745\text{V}.$

c) Es fließen nur die Wechselströme I_1 und I_3 mit den Kreisfrequenzen ω_1 bzw. $3\omega_1$:

$$\underline{\hat{I}}_1 = \dfrac{4\text{V}}{R + \dfrac{1}{j\omega_1 C}} = \dfrac{4\text{V}}{100\Omega - j96,4575\Omega} = 28,79\text{mA} \cdot e^{j43,97°} \Rightarrow$$

$I_{1eff} = I_1 = 20,36\text{mA}$

$$\underline{\hat{I}}_3 = \dfrac{5\text{V}}{R + \dfrac{1}{j3\omega_1 C}} = \dfrac{5\text{V}}{100\Omega - j32,1525\Omega} = 47,60\text{mA} \cdot e^{j17,82°} \Rightarrow$$

$I_{3eff} = I_3 = 33,66\text{mA}$

$P = (I_1^2 + I_3^2) \cdot R = [(20,36\text{mA})^2 + (33,66\text{mA})^2] \cdot 100\Omega = 154,75\text{mW}$

Aufgabe 3.9

a) Aus einer Mathematik-Formelsammlung oder dem Ergebnis der Aufgabe 3.6 entnimmt man:

$$u(t) = \dfrac{80\text{V}}{\pi^2}\left(\dfrac{\sin(\omega_1 t)}{1^2} - \dfrac{\sin(3\omega_1 t)}{3^2} + \dfrac{\sin(5\omega_1 t)}{5^2} \pm ...\right).$$

$i(t) = 100\mu\text{A} \cdot \sin(\omega_1 t)$ mit $\omega_1 = 1,57 \cdot 10^5 \dfrac{1}{\text{s}}$

b) Berechnung von U im Zeitbereich:

$$U = \sqrt{\dfrac{4}{T}\int_{t=0}^{t=T/4} u(t)^2 dt} = \sqrt{\dfrac{4}{40\mu\text{s}}\int_{t=0}^{10\mu\text{s}}\left(\dfrac{10\text{V}}{10\mu\text{s}}t\right)^2 dt}$$

$$U = \sqrt{\dfrac{1}{10\mu\text{s}}\left(\dfrac{10\text{V}}{10\mu\text{s}}\right)^2 \cdot \dfrac{t^3}{3}\bigg|_{t=0}^{t=10\mu\text{s}}} = \dfrac{10\text{V}}{\sqrt{3}} = 5,7735\text{V}$$

$I = \dfrac{100\mu\text{A}}{\sqrt{2}} = 70,711\mu\text{A}$

c) $S = U \cdot I = \dfrac{10\text{V}}{\sqrt{3}} \cdot \dfrac{100\mu\text{A}}{\sqrt{2}} = 0,4082\text{mVA}$

d) Da sowohl $u(t)$ als auch $i(t)$ ungerade Zeitfunktionen sind, sind ihre Mittelwerte gleich null. Zur Wirkleistung trägt nur die Grundschwingung bei, da der Strom rein sinusförmig verläuft. Zwischen Strom- und Spannungsgrundschwingung besteht keine Phasenverschiebung ($\varphi_u = \varphi_i$).

$P = U_1 \cdot I_1 \cdot \cos(\varphi_u - \varphi_i) = \dfrac{80\text{V}}{\pi^2\sqrt{2}} \cdot \dfrac{100\mu\text{A}}{\sqrt{2}} \cdot \cos(0°) = 0,4053\text{mW}$

Die Wirkleistung kann auch direkt berechnet werden über:

$P = \dfrac{1}{T}\int_0^T u(t)i(t)dt.$

e) $Q = U_1 \cdot I_1 \cdot \sin(\varphi_u - \varphi_i) = 0\text{var}; \quad D = \sqrt{S^2 - P^2 - Q^2} = 0,0487\text{mW}$

Aufgabe 3.10

Die in der Aufgabenstellung gegebenen normierten Spannungspegel ergeben folgende Amplituden und Effektivwerte der Schwingungsanteile:

n	$\hat{U}/V$	U_n/V	U_n^2/V^2
0	3,1623	3,1623	10,0000
1	10,0000	7,0711	50,0000
2	5,6234	3,9764	15,8114
3	3,1623	2,2361	5,0000
4	1,7783	1,2574	1,5811
5	1,0000	0,7071	0,5000

a) $U_{eff} = U = \sqrt{\sum_{n=0}^{5} U_n^2} = \sqrt{82,8925}\text{V} = 9,1045\text{V}$

b) $U_{\sim eff} = \sqrt{\sum_{n=1}^{5} U_n^2} = \sqrt{72,8925}\text{V} = 8,5377\text{V}$

c) $k = \sqrt{\dfrac{\sum_{n=2}^{5} U_n^2}{\sum_{n=1}^{5} U_n^2}} = \sqrt{22,8925\text{V}^2/72,8925\text{V}^2} = 0,56$

Aufgabe 3.11

a) $i(U) = k(U - U_s)^3; \quad \dfrac{di}{dU} = 3k(U - U_s)^2; \quad \dfrac{d^2i}{dU^2} = 6k(U - U_s); \quad \dfrac{d^3i}{dU^3} = 6k$

Im Arbeitspunkt, d.h. für $U = U_0$, gilt $U - U_s = (3,7 - 0,7)\text{V} = 3\text{V}$. Damit ergeben sich der Funktionswert und die Ableitungen im Arbeitspunkt zu

$i(U_0) = 10\dfrac{\text{mA}}{\text{V}^3} \cdot (3\text{V})^3 = 270\text{mA}$,

$\left.\dfrac{di}{dU}\right|_{U_0} = 3 \cdot 10\dfrac{\text{mA}}{\text{V}^3} \cdot 9\text{V}^2 = 270\dfrac{\text{mA}}{\text{V}}$,

$\left.\dfrac{d^2i}{dU^2}\right|_{U_0} = 6 \cdot 10\dfrac{\text{mA}}{\text{V}^3} \cdot 3\text{V} = 180\dfrac{\text{mA}}{\text{V}^2}$,

$\left.\dfrac{d^3i}{dU^3}\right|_{U_0} = 6 \cdot 10\dfrac{\text{mA}}{\text{V}^3} = 60\dfrac{\text{mA}}{\text{V}^3}$.

Die Taylor-Entwicklung des Stroms für $U = U_0 + u(t)$ lautet:

$i(U_0 + u(t)) = i(U_0) + \left.\dfrac{di}{dU}\right|_{U_0} \cdot \dfrac{u(t)}{1!} + \left.\dfrac{d^2i}{dU^2}\right|_{U_0} \cdot \dfrac{u^2(t)}{2!} + \left.\dfrac{d^3i}{dU^3}\right|_{U_0} \cdot \dfrac{u^3(t)}{3!}$

$i(U_0 + u(t)) = 270\text{mA} + 270\text{mA} \cdot \dfrac{u(t)}{\text{V}} + 90\text{mA} \cdot \dfrac{u^2(t)}{\text{V}^2} + 10\text{mA} \cdot \dfrac{u^3(t)}{\text{V}^3}$

b) Die Potenzen der Wechselspannungen lauten
$u(t) = 0, 5\text{V} \cdot \sin(\omega_1 t)$, $u^2(t) = 0, 125\text{V}^2 \cdot [1 - \cos(2\omega_1 t)]$ und
$u^3(t) = 0, 03125\text{V}^3 \cdot [3\sin(\omega_1 t) - \sin(3\omega_1 t)]$.
Fasst man gleichfrequente Anteile zusammen, erhält man als Zeitfunktion des Stroms
$i(t) = [281, 25 + 135, 94 \cdot \sin(\omega_1 t) - 11, 25 \cdot \cos(2\omega_1 t) - 0, 3125 \cdot \sin(3\omega_1 t)]\text{mA}$.

c) $k = \sqrt{\dfrac{I_2^2 + I_3^2}{I_1^2 + I_2^2 + I_3^2}} = \sqrt{\dfrac{(11, 25\text{mA})^2/2 + (0, 3125\text{mA})^2/2}{(135, 94\text{mA})^2/2 + (11, 25\text{mA})^2/2 + (0, 3125\text{mA})^2/2}}$

$k = 0, 0825 = 8, 25\%$

Aufgabe 3.12

a) $i_{DS}(t) = \begin{cases} 0, 8\text{A} \cdot \sin^2(\omega_1 t) & : \quad 0 \le t < T/2 \\ 0\text{A} & : \quad T/2 \le t < T \end{cases}$

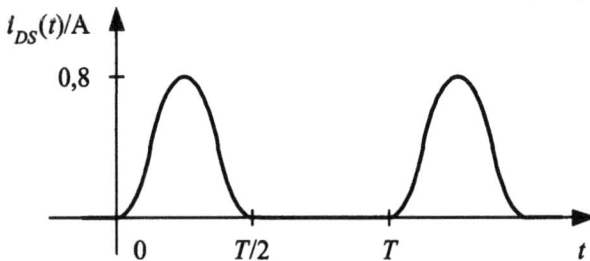

Abb. 3.53: *Lösung zu Aufgabe 3.12*

b) Mittelwert über Flächenbetrachtung Abbildung 3.53:
$\bar{I}_{DS} = -\bar{I} = 0, 2\text{A}$

$I_{DS}^2 = \dfrac{1}{T} \int_0^{T/2} [0, 8\text{A} \cdot \sin^2(\omega_1 t)]^2 dt = \dfrac{0, 64\text{A}^2}{T} \int_0^{T/2} \sin^4(\omega_1 t) dt = 0, 12\text{A}^2 \Rightarrow$

$I_{DS} = I = 0, 3464\text{A}$

c) $P = \dfrac{1}{T} \int_0^T u(t) \cdot i(t) dt = \dfrac{1}{T} \int_0^{T/2} 5\text{V} \cdot 0, 8\text{A} \cdot \sin^2(\omega_1 t) dt$

$P = \dfrac{4\text{W}}{T} \int_0^{T/2} \sin^2(\omega_1 t) dt = \dfrac{4\text{W}}{T} \left(\dfrac{1}{2} t \Big|_0^{T/2} - \dfrac{1}{4\omega_1} \sin(2\omega_1 t) \Big|_0^{T/2} \right) = 1\text{W}$

Einfachere Lösungsmöglichkeit:
$P = U_{DS} \cdot \bar{I}_{DS} = 5\text{V} \cdot 0, 2\text{A} = 1\text{W}$

Aufgabe 3.13

$$u_2(t) = \begin{cases} \hat{U} \cdot (1 + \dfrac{t}{\tau}) & : \quad -\tau \le t < 0 \\ \hat{U} \cdot (1 - \dfrac{t}{\tau}) & : \quad 0 \le t \le \tau \\ 0 & : \quad \text{sonst} \end{cases}$$

$$u_3(t) = \begin{cases} \dfrac{\hat{U}}{2} \cdot \left(1 + \cos(\dfrac{\pi \cdot t}{\tau})\right) & : \quad -\tau \le t \le \tau \\ 0 & : \quad \text{sonst} \end{cases}$$

a) $W_1 = \dfrac{1}{R} \displaystyle\int_{-\tau/2}^{+\tau/2} u^2(t)dt = \dfrac{\hat{U}^2 \cdot \tau}{R}$

$$W_2 = \dfrac{2}{R} \int_0^\tau \left(\hat{U} \cdot (1 - \dfrac{t}{\tau})\right)^2 dt = \dfrac{2 \cdot \hat{U}^2}{R} \cdot \left(\int_0^\tau dt - \dfrac{2}{\tau}\int_0^\tau t\,dt + \dfrac{1}{\tau^2}\int_0^\tau t^2 dt\right)$$
$$= \dfrac{\hat{U}^2 \cdot \tau}{R} \cdot \dfrac{2}{3}$$

$$W_3 = \dfrac{2}{R}\int_0^\tau u^2(t)dt = \dfrac{2 \cdot \hat{U}^2}{4R}\int_0^\tau \left(1 + \cos(\dfrac{\pi \cdot t}{\tau})\right)^2 dt$$
$$= \dfrac{\hat{U}^2}{2R} \cdot \left(\int_0^\tau dt + 2 \cdot \int_0^\tau \cos(\dfrac{\pi \cdot t}{\tau})dt + \int_0^\tau \cos^2(\dfrac{\pi \cdot t}{\tau})dt\right) = \dfrac{\hat{U}^2 \cdot \tau}{R} \cdot \dfrac{3}{4}$$

b) $\underline{U}_1(\omega) = \hat{U} \cdot \displaystyle\int_{-\tau/2}^{+\tau/2} e^{-j\omega t}dt = \hat{U} \cdot \dfrac{e^{-j\omega\tau/2} - e^{+j\omega\tau/2}}{-j\omega} \Rightarrow$

$$\underline{U}_1(\omega) = \dfrac{2\hat{U}}{\omega} \cdot \dfrac{e^{+j\omega\tau/2} - e^{-j\omega\tau/2}}{j2} = \dfrac{2\hat{U}}{\omega} \cdot \sin(\omega\tau/2) = \hat{U} \cdot \tau \cdot \text{si}(\omega\tau/2)$$

Zu jeder reellen, geraden Zeitfunktion $u(t)$ gehört eine reelle, gerade Spektraldichte-Funktion $\underline{U}(\omega)$.

$$\underline{U}_2(\omega) = \int_{t=-\tau}^{t=0} u(t) \cdot e^{-j\omega t}dt + \int_{t=0}^{t=+\tau} u(t) \cdot e^{-j\omega t}dt$$
$$= \hat{U} \cdot \left(\int_{t=-\tau}^{t=0}(1 + \dfrac{t}{\tau}) \cdot e^{-j\omega t}dt + \int_{t=0}^{t=+\tau}(1 - \dfrac{t}{\tau}) \cdot e^{-j\omega t}dt\right)$$
$$= \hat{U} \cdot \left(\int_{t=-\tau}^{t=+\tau} e^{-j\omega t}dt + \dfrac{1}{\tau}\int_{t=-\tau}^{t=0} t \cdot e^{-j\omega t}dt - \dfrac{1}{\tau}\int_{t=0}^{t=+\tau} t \cdot e^{-j\omega t}dt\right)$$

Mit $\int x \cdot e^{ax}dx = \dfrac{e^{ax}}{a^2} \cdot (a \cdot x - 1)$ für die beiden letzten Integrale erhält man nach dem Auswerten und anschließenden Umformungen als Ergebnis für die Spektraldichte die reelle, gerade Funktion

$$\underline{U}_2(\omega) = \dfrac{2 \cdot \hat{U}}{\omega^2\tau} \cdot (1 - \cos\omega\tau) .$$

$$\underline{U}_3(\omega) = \int_{t=-\tau}^{t=\tau} u(t) \cdot e^{-j\omega t} dt = \frac{\hat{U}}{2} \cdot \left(\int_{t=-\tau}^{t=\tau} e^{-j\omega t} dt + \int_{t=-\tau}^{t=\tau} \cos(\frac{\pi \cdot t}{\tau}) \cdot e^{-j\omega t} dt \right)$$
$$= \text{Int}_1 + \text{Int}_2$$

$$\text{Int}_1 = \frac{\hat{U}}{2} \cdot \frac{e^{-j\omega\tau} - e^{+j\omega\tau}}{-j\omega} = \hat{U} \cdot \tau \cdot \text{si}(\omega\tau)$$

Für das zweite Integral wird verwendet

$$\int e^{ax} \cos(bx) dx = \frac{e^{ax}}{a^2 + b^2} \cdot [a \cdot \cos(bx) + b \cdot \sin(bx)]:$$

$$\text{Int}_2 = \frac{\hat{U}}{2} \cdot \left[\frac{e^{-j\omega t} \cdot [-j\omega \cdot \cos(\pi \cdot t/\tau) + (\pi/\tau) \cdot \sin(\pi \cdot t/\tau)]}{(\pi/\tau)^2 - \omega^2} \right]_{-\tau}^{\tau} =$$

$$- \frac{\hat{U} \cdot \tau \cdot \omega^2}{(\pi/\tau)^2 - \omega^2} \cdot \text{si}(\omega\tau)$$

Nach Addition der Integralergebnisse und einigen Umformungen erhält man als Spektraldichte die reelle, gerade Funktion

$$\underline{U}_3(\omega) = \frac{\hat{U} \cdot \tau \cdot \text{si}(\omega \cdot \tau)}{1 - (\omega\tau/\pi)^2}.$$

c) $|\underline{U}_1| \sim 1/\omega$; $|\underline{U}_2| \sim 1/\omega^2$; $|\underline{U}_3| \sim 1/\omega^3$

Aufgabe 3.14

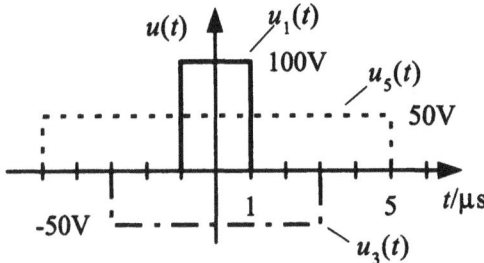

Abb. 3.54: Lösung zu Aufgabe 3.14

a) $u(t) = u_1(t) + u_3(t) + u_5(t)$
   $\underline{U}(\omega) = \underline{U}_1(\omega) + \underline{U}_3(\omega) + \underline{U}_5(\omega)$
   $\underline{U}_1(\omega) = 100\text{V} \cdot 2\mu\text{s} \cdot \text{si}(\omega \cdot 1\mu\text{s}) = 200\mu\text{Vs} \cdot \text{si}(\omega \cdot 1\mu\text{s})$
   $\underline{U}_3(\omega) = -50\text{V} \cdot 6\mu\text{s} \cdot \text{si}(\omega \cdot 3\mu\text{s}) = -300\mu\text{Vs} \cdot \text{si}(\omega \cdot 3\mu\text{s})$
   $\underline{U}_5(\omega) = 50\text{V} \cdot 10\mu\text{s} \cdot \text{si}(\omega \cdot 5\mu\text{s}) = 500\mu\text{Vs} \cdot \text{si}(\omega \cdot 5\mu\text{s})$

b) Die ersten Nullstellen der Teil-Spektraldichten treten auf bei den Frequenzen:
   $\underline{U}_1(\omega)$: $2 \cdot \pi \cdot f_{01} \cdot 1\mu\text{s} = \pi$ $\Rightarrow$ $f_{01} = 500\text{kHz}$;
   $\underline{U}_3(\omega)$: $2 \cdot \pi \cdot f_{03} \cdot 3\mu\text{s} = \pi$ $\Rightarrow$ $f_{03} = 166,67\text{kHz}$;
   $\underline{U}_5(\omega)$: $2 \cdot \pi \cdot f_{05} \cdot 5\mu\text{s} = \pi$ $\Rightarrow$ $f_{05} = 100\text{kHz}$.

Die erste <u>gemeinsame</u> Nullstelle <u>aller</u> Teilfunktionen tritt auf bei $f_0 = 500\text{kHz}$.

Aufgabe 3.15

a) $\underline{I}_e(\omega) = I \cdot \dfrac{1}{j\omega} + I \cdot \pi \cdot \delta(\omega)$

b) $\underline{A}_Z(\omega) = \underline{U}_C(\omega)/\underline{I}_e(\omega)$
Es gilt: $R_1 = R_2 = R_3 = R$
Maschengl. 1: $\underline{I}_{R1}R = \underline{I}_{R2}R + \underline{I}_{R3}R \quad \Rightarrow \quad \underline{I}_{R1} = \underline{I}_{R2} + \underline{I}_{R3}$
Maschengl. 2: $\underline{I}_{R3}R = \underline{U}_C \quad \Rightarrow \quad \underline{I}_{R3} = \underline{U}_C/R$
Knotenpunktgl. 1: $\underline{I}_e = \underline{I}_{R1} + \underline{I}_{R2}$
Knotenpunktgl. 2: $\underline{I}_{R2} = \underline{I}_{R3} + \underline{I}_C = \underline{I}_{R3} + j\omega C\underline{U}_C$

Vorgehensweise: Maschengl. 2 einsetzen $\Rightarrow$
Maschengl. 1: $\underline{I}_{R1} = \underline{I}_{R2} + \underline{U}_C/R$
Knotenpunktgl. 1: $\underline{I}_e = \underline{I}_{R1} + \underline{I}_{R2}$
Knotenpunktgl. 2: $\underline{I}_{R2} = \underline{U}_C/R + j\omega C\underline{U}_C$

Weiteres Vorgehen: Maschengl. 1 in Knotenpunktgl. 1 $\Rightarrow$
$\underline{I}_e = 2\underline{I}_{R2} + \underline{U}_C/R$

Jetzt: Knotenpunktgl. 2 in letzte Gleichung einsetzen $\Rightarrow$
$\underline{I}_e = 2\underline{U}_C(1/R + j\omega C) + \underline{U}_C/R = \underline{U}_C(3/R + 2j\omega C)$
$\underline{A}_Z(\omega) = \dfrac{1}{3/R + 2j\omega C} = \dfrac{1}{j2C} \cdot \dfrac{1}{\omega - j\gamma}$ mit $\gamma = \dfrac{3}{2RC}$

c) $\underline{U}_C(\omega) = \underline{A}_Z(\omega) \cdot \underline{I}_e(\omega)$
$\underline{U}_C(\omega) = \dfrac{I}{j2C}\left(\dfrac{1}{j\omega(\omega - j\gamma)} + \dfrac{\pi\delta(\omega)}{\omega - j\gamma}\right)$

d) Partialbruchzerlegung:
$$\underline{U}_C(\omega) = \dfrac{I}{j2C}\left(\dfrac{1}{j}\left(\dfrac{1}{-j\gamma\omega} + \dfrac{1}{j\gamma(\omega - j\gamma)}\right) + \dfrac{\pi\delta(\omega)}{\omega - j\gamma}\right)$$
$$= \dfrac{I}{j2C}\left(\dfrac{1}{\gamma\omega} - \dfrac{1}{\gamma(\omega - j\gamma)} + \dfrac{\pi\delta(\omega)}{\omega - j\gamma}\right)$$

Rücktransformation durch Korrespondenztabellen:
$$u_C(t) = \dfrac{I}{j2C}\left(\dfrac{1}{\gamma}\dfrac{j}{2}\mathrm{sign}(t) - \dfrac{1}{\gamma}j\varepsilon(t)e^{-\gamma t} + \dfrac{1}{-j\gamma 2}\right)$$
$$= \dfrac{I}{2\gamma C}\left(\dfrac{1}{2}\mathrm{sign}(t) - \varepsilon(t)e^{-\gamma t} + \dfrac{1}{2}\right)$$
$$u_C(t) = \begin{cases} 0 & : \quad t < 0 \\ I \cdot (R/3) \cdot (1 - e^{-\gamma t}) & : \quad t \geq 0 \end{cases}$$

e) Lösung siehe Abbildung 3.55

f) $i_{R3}(t \geq 0) = u_C(t)/R = (I/3) \cdot (1 - e^{-\gamma t})$
$i_C(t \geq 0) = C \cdot du_C(t)/dt = IC \cdot R/3 \cdot \gamma e^{-\gamma t} = (I/2) \cdot e^{-\gamma t}$
$i_{R1}(t \geq 0) = i_e(t) - i_{R2}(t) = i_e(t) - [i_{R3}(t) + i_C(t)] = I(2/3 - 1/6e^{-\gamma t})$

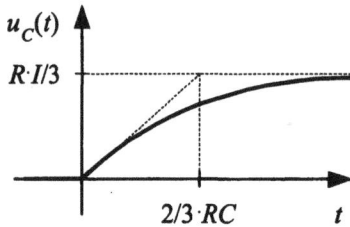

Abb. 3.55: *Zeitlicher Verlauf von $u_C(t)$*

Aufgabe 3.16

a) $\underline{U}(\omega) = \displaystyle\int_{t=0}^{1\text{ms}} 1\text{V} \cdot e^{-j\omega t} dt = \dfrac{1\text{V}}{j\omega} \cdot (1 - e^{-j\omega \cdot 1\text{ms}})$

b) Energie W im Widerstand R aus komplexem, beidseitigem Amplitudenspektrum zwischen den Frequenzen $f = 0\text{Hz}$ bis 1kHz (Parseval'sches Theorem):

$$W = \frac{\displaystyle\int_{-1\text{kHz}}^{1\text{kHz}} |\underline{U}(f)|^2 df}{R} = \frac{1\text{V}^2}{4\pi^2 R} \int_{-1\text{kHz}}^{1\text{kHz}} \frac{[1 - \cos(2\pi f \cdot 1\text{ms})]^2 + \sin^2(2\pi f \cdot 1\text{ms})}{f^2} df$$

$$= \frac{1\text{V}^2}{4\pi^2 R} \left(\left[\frac{-2}{f}\right]_{-1\text{kHz}}^{1\text{kHz}} - 2\left[-\frac{\cos(2\pi f \cdot 1\text{ms})}{f}\right]_{-1\text{kHz}}^{1\text{kHz}} - 2(-2\pi \cdot 1\text{ms}) \cdot 2\text{Si}(2\pi) \right)$$

$$= 1,5\mu\text{Ws}$$

Aufgabe 3.17

a) $u_e(t) = u_R(t) + u_a(t)$; $u_R(t) = R \cdot i(t)$; $u_a(t) = L \cdot \dfrac{di(t)}{dt} \Rightarrow$

$u_e(t) = R \cdot i(t) + u_a(t) \Rightarrow$

$\dfrac{du_e(t)}{dt} = R \cdot \dfrac{di(t)}{dt} + \dfrac{du_a(t)}{dt} = \dfrac{R}{L} \cdot u_a(t) + \dfrac{du_a(t)}{dt}$

Laplace-Transformation (Großbuchstaben für Laplace-Transformierte):

$p \cdot \underline{U}_e(p) - u_e(0+) = \dfrac{R}{L}\underline{U}_a(p) + p\underline{U}_a(p) - u_a(0+)$

Mit den Anfangswerten $u_e(0+) = u_a(0+) = U$ (wegen $i(0+) = i(0-) = 0$ (Spule!) und damit $u_R(0+) = 0$) folgt:

$p\underline{U}_e(p) = \underline{U}_a(p)(R/L + p) \quad \Rightarrow \quad \underline{U}_a(p) = \dfrac{p}{R/L + p} \cdot \underline{U}_e(p)$

Bestimmung von $\underline{U}_e(p)$:

$u_e(t) = U \cdot \varepsilon(t) - U \cdot \varepsilon(t - T) + U \cdot \varepsilon(t - T) \cdot e^{-\beta(t-T)} \Rightarrow$

$\underline{U}_e(p) = U \cdot \dfrac{1}{p} - U \cdot \dfrac{1}{p} \cdot e^{-pT} + U \cdot \dfrac{1}{p + \beta} \cdot e^{-pT} \Rightarrow$

$\underline{U}_a(p) = U \dfrac{1 - e^{-pT} + e^{-pT} \cdot [p/(p + \beta)]}{R/L + p}$

b)+d) $\underline{U}_a(p) = U \left(\dfrac{1}{p + R/L} - \dfrac{1}{p + R/L} \cdot e^{-pT} + \dfrac{p}{(p + \beta)(p + R/L)} \cdot e^{-pT} \right)$

$$u_a(t) = \begin{cases} U \cdot e^{-(R/L)\cdot t} & : 0 < t < T \\[2mm] U \cdot \left(e^{-(R/L)\cdot t} - e^{-(R/L)\cdot(t-T)} + \dfrac{-R/L \cdot e^{-(R/L)\cdot(t-T)} + \beta \cdot e^{-\beta(t-T)}}{-R/L + \beta} \right) & : t > T \end{cases}$$

c) Es wird nur der Zeitbereich $0 < t < T$ betrachtet:
$\underline{U}_a(p) = Lp\underline{I}(p) - Li(0+)$ und $i(0+) = 0 \Rightarrow$
$\underline{I}(p) = \dfrac{\underline{U}_a(p)}{Lp} = \dfrac{U}{L} \dfrac{1}{p(p + R/L)}$

Rücktransformation:
$i(t < T) = \dfrac{U}{R}(1 - e^{-(R/L)t}) \quad \Rightarrow \quad i(T) = \dfrac{U}{R}(1 - e^{-(R/L)T})$

Aufgabe 3.18

a) DGL: $\tau \cdot \dot{u}_C + u_C = U_0 \cdot (1 - e^{-\alpha t})$ mit $\dfrac{1}{\alpha} = 2\tau = 2RC$; $\quad \tau = RC = 1\text{ms}$

b) Es gilt: $u_C(t = 0) = u_{C0} \Rightarrow$
$\tau \cdot (p \cdot \underline{U}_C(p) - u_{C0}) + \underline{U}_C(p) = \dfrac{U_0}{p(1 + p \cdot 2\tau)}$

$\underline{U}_C(p)(1 + p \cdot \tau) - \tau \cdot u_{C0} = \dfrac{U_0}{p(1 + p \cdot 2\tau)}$

$\underline{U}_C(p) = \dfrac{U_0}{p(1 + p \cdot \tau)(1 + p \cdot 2\tau)} + \dfrac{\tau \cdot u_{C0}}{1 + p \cdot \tau}.$

Rücktransformation mit Hilfe von Korrespondenztabellen:
$u_C(t) = U_0 \cdot (1 + e^{-t/\tau} - 2e^{-t/2\tau}) + u_{C0} \cdot e^{-t/\tau}$

c) $u_R(t) = u(t) - u_C(t) = U_0 \cdot e^{-t/(2\tau)} - (U_0 + u_{C0}) \cdot e^{-t/\tau} \Rightarrow$
$u_R(t) = 10\text{V} \cdot e^{-t/(2\tau)} - 15\text{V} \cdot e^{-t/\tau}$
Skizze vgl. Abbildung 3.56

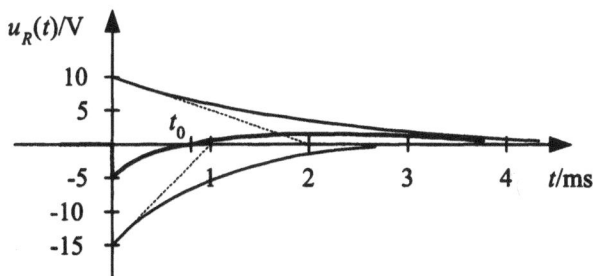

Abb. 3.56: Lösung zu Aufgabe 3.18

d) $10V \cdot e^{-t_0/2ms} = 15V \cdot e^{-t_0/1ms}$

$\ln(10) + \dfrac{-t_0}{2ms} = \ln(15) + \dfrac{-t_0}{1ms} \Rightarrow t_0 = 0,8109ms$

Aufgabe 3.19

a) $\underline{U}(p) = \dfrac{U_0/(\tau/4)}{p^2} = \dfrac{4 \cdot U_0/\tau}{p^2}$

mit der Zeitkonstanten $\tau = RC = 1ms$.

b) $\underline{I}(p) = \underline{U}(p) \cdot \underline{Y}(p)$ (Es sind keine Anfangswerte zu berücksichtigen!)

$\underline{Y}(p) = \dfrac{pC}{1+p\tau} + \dfrac{pC}{1+p2\tau} = \dfrac{pC \cdot (2+p3\tau)}{(1+p\tau)(1+p2\tau)} \Rightarrow$

$\underline{I}(p) = \dfrac{8 \cdot U_0}{R} \cdot \dfrac{1}{p(1+p\tau)(1+p2\tau)} + \dfrac{12 \cdot U_0 \cdot \tau}{R} \cdot \dfrac{1}{(1+p\tau)(1+p2\tau)}$

c) $i(t) = \dfrac{8 \cdot U_0}{R} \cdot [1 + e^{-t/\tau} - 2e^{-t/(2\tau)}] + \dfrac{12 \cdot U_0}{R} \cdot [e^{-t/2\tau} - e^{-t/\tau}]$

$i(t) = \dfrac{4 \cdot U_0}{R} \cdot [2 - e^{-t/\tau} - e^{-t/2\tau}] = 1mA \cdot [2 - e^{-t/1ms} - e^{-t/2ms}]$

d) Lösung vgl. Abbildung 3.57

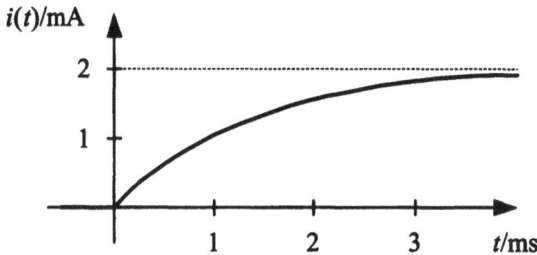

$i(t)$/mA

Abb. 3.57: *Lösung zu Aufgabe 3.19*

e) $i(t_1) = 0mA;$ $i(t_2) = 2mA;$ $\dfrac{di(t)}{dt} = \dfrac{1mA}{1ms} + \dfrac{1mA}{2ms} = 1,5\dfrac{A}{s}$

Aufgabe 3.20

a) Einfluss der Spannungsquelle:

$\underline{U}_1(p) = \dfrac{1/R}{1/R + 1/R + 1/[R + 1/(pC)]} \cdot \dfrac{U_0}{p} = \dfrac{1+pRC}{2+3pRC} \cdot \dfrac{U_0}{p}$

Einfluss des geladenen Kondensators:

$\underline{U}_2(p) = \dfrac{R}{2} \cdot (-\underline{I}_C(p)) = -\dfrac{R}{2} \cdot [pC\underline{U}_C(p) - Cu_C(t=0)]$

$= -\dfrac{R}{2} \cdot (pC3\underline{U}_2(p) - Q_0)$

$$\underline{U}_2(p) = \frac{Q_0 R}{2 + 3pRC}$$

Superposition: $\underline{U}(p) = \underline{U}_1(p) + \underline{U}_2(p)$

Mit $Q_0/C = 15\text{V} = U_0$ folgt nach Umformung $\underline{U}(p) = U_0 \cdot \dfrac{2p + 1/(RC)}{3p[p + 2/(3RC)]}$.

b) Wirksame Zeitkonstante der Polstelle: $\tau = 3RC/2 = 1,5\text{ms}$.

c) Bei $t = t_1$ ist C noch abgetrennt: $u(t_1) = \dfrac{U_0}{2} = 7,5\text{V}$.

Bei $t = t_2$ wird C gerade zugeschaltet: $u(t_2) = \dfrac{2U_0}{3} = 10\text{V}$ (Lösung z.B. durch Anfangswertsatz).

Bei $t = t_3$ ist C auf die Leerlaufspannung der Ersatzquelle aufgeladen:

$u(t_3) = \dfrac{U_0}{2} = 7,5\text{V}$.

Aufgabe 3.21

a) Vor dem Öffnen von S fließt der Strom $i_L(t = 0-) = i_L(t = 0+) = i_{L0} = \dfrac{U_0}{R_1}$.

Ersatzschaltung im Bildbereich siehe Abbildung 3.58.

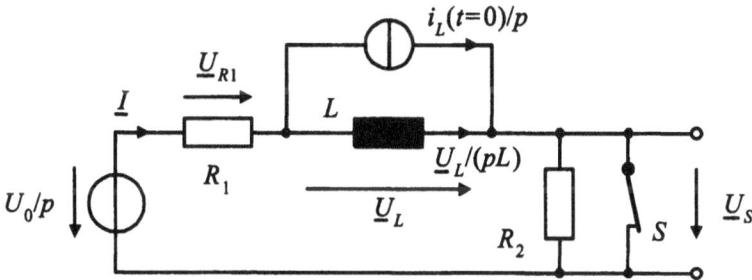

Abb. 3.58: Ersatzschaltung im Bildbereich

b) Es gilt $\underline{U}_L = (\underline{I}(p) - \dfrac{i_{L0}}{p}) \cdot pL$. Setzt man diesen Ausdruck in die Maschenglei-

chung $\dfrac{U_0}{p} = \underline{I}(p) \cdot (R_1 + R_2) + \underline{U}_L$ ein, erhält man

$$\frac{U_0}{p} = \underline{I}(p) \cdot (R_1 + R_2 + pL) - i_{L0} \cdot L \Rightarrow \underline{I}(p) = \frac{U_0/p + i_{L0} \cdot L}{R_1 + R_2 + pL}.$$

Die Spannung am (offenen) Schalter ergibt sich zu

$$\underline{U}_S(p) = \underline{I}(p) \cdot R_2 = \frac{(U_0 \cdot R_2)/p + i_{L0} \cdot R_2 \cdot L}{(R_1 + R_2)[1 + pL/(R_1 + R_2)]}$$

$$= \frac{U_0 \cdot R_2/(R_1 + R_2)}{p \cdot [1 + p \cdot L/(R_1 + R_2)]} + \frac{i_{L0} \cdot R_2 \cdot L/(R_1 + R_2)}{1 + pL/(R_1 + R_2)}$$

$$= \frac{8\text{V}}{p \cdot (1 + p \cdot 8 \cdot 10^{-3}\text{s})} + \frac{0,32\text{A} \cdot 1\text{Vs/A}}{1 + p \cdot 8 \cdot 10^{-3}\text{s}}$$

c) Eine gliedweise Rücktransformation ergibt die Zeitfunktion
$$u_S(t) = 8\text{V} \cdot (1 - e^{-t/8\text{ms}}) + 40\text{V} \cdot e^{-t/8\text{ms}} = 8\text{V} + 32\text{V} \cdot e^{-t/8\text{ms}}.$$

Aufgabe 3.22

a) $\underline{U}_a(\omega \to \infty) = \underline{U}_e$; $\underline{U}_a(\omega \to 0) = 0$ $\Rightarrow$ Hochpass vom Grad $n = 2$.

b) Bei $\omega = 0$ wird kein Signal vom Eingang zum Ausgang übertragen, d.h. die Verstärkung ist gleich null ($\underline{A}_U(p = 0) = 0$). $\Rightarrow$ Es gibt eine doppelte Nullstelle im Ursprung bei $p = 0$.

c) $\underline{A}_U(p) = 1 \cdot \dfrac{p^2}{(p \mid 5)^2} = \dfrac{p^2}{p^2 + 10p + 25} = \dfrac{pl}{pl + r + (1/pc)} = \dfrac{p^2lc}{p^2lc + prc + 1}$

d) $\underline{A}_U(p) = \dfrac{\underline{U}_a(p)}{\underline{U}_e(p)} = \dfrac{p^2}{p^2 + 10p + 25} = \dfrac{p^2}{p^2 + p(r/l) + (1/lc)}$
Ein Koeffizientenvergleich liefert $l = 0,1$ und $c = 0,4$.

e) $\underline{A}_U(p) = \dfrac{\underline{U}_a(p)}{\underline{U}_e(p)} = \dfrac{p^2}{p^2 + 10p + 25} \Rightarrow \underline{U}_a(p) \cdot (p^2 + 10p + 25) = \underline{U}_e(p) \cdot p^2$

Daraus gewinnt man mit $p \to \dfrac{d}{dt}$ die gesuchte DGL
$$\ddot{u}_a + 10 \cdot \dot{u}_a + 25 \cdot u_a = \ddot{u}_e.$$

Aufgabe 3.23

a) Bei dieser besonderen Anordnung (drei Kapazitäten bilden einen Knoten) ist die Anzahl der Blindelemente größer als der Grad von $\underline{z}(p)$. Solche Netzwerke nennt man „nicht kanonisch".

b) $\underline{z}(p) = \left(\dfrac{1}{p + 1/(5p)} + 2p\right)^{-1} + \dfrac{1}{10p} = \dfrac{5p^2 + 1}{p(10p^2 + 7)} + \dfrac{1}{10p} = \dfrac{60p^2 + 17}{p(100p^2 + 70)}$
Ordnung: 3

c) Nullstellen aus $60p^2 + 17 = 0 \Rightarrow$
$$p_{01,02} = \pm j\sqrt{\dfrac{17}{60}} = \pm j0,5323; \quad p_{03} \to \infty$$
Die Nullstelle p_{03} entsteht durch den Gradunterschied von Zähler und Nenner.

Polstellen aus $p(100p^2 + 70) = 0 \Rightarrow$

$$p_{p1,p2} = \pm j\sqrt{\frac{70}{100}} = \pm j0,8367; \quad p_{p3} = 0$$

Konstante: $C = 60/100 = 0,6$

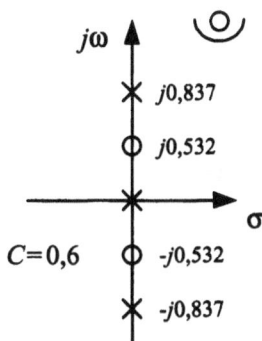

Abb. 3.59: *Pol- und Nullstellenplan zu Aufgabe 3.23*

d) Bei einer Parallelresonanz geht $\underline{z}(p) \to \infty$: $\omega_P = 0,8367$.
Bei einer Serienresonanz gilt $\underline{z}(p) \to 0$: $\omega_S = 0,5323$.

Aufgabe 3.24

a) Umformen der Bildfunktion in die Form:
$$A_1(p) = \frac{2,5}{p \cdot 2 \cdot (p + 1/2) \cdot 3 \cdot (p + 1/3)} = \frac{2,5}{p} + \frac{5}{p + 1/2} - \frac{7,5}{p + 1/3} \Rightarrow$$
$$a_1(t) = 2,5 \cdot (1 + 2 \cdot e^{-t/2} - 3 \cdot e^{-t/3})$$

b) Ansatz bei mehrfachem Pol:
$$A_2(p) = \frac{C_{1,1}}{p + 1} + \frac{C_{1,2}}{(p + 1)^2} + \frac{C_2}{p + 3} = \frac{25}{p + 1} + \frac{50}{(p + 1)^2} + \frac{-25}{p + 3} \Rightarrow$$
$$a_2(t) = 25 \cdot e^{-t} + 50 \cdot t \cdot e^{-t} - 25 \cdot e^{-3t}$$

Aufgabe 3.25

a)
$$A_U(p) = \frac{\underline{U}_a(p)}{\underline{U}_e(p)} = \frac{R_2}{R_2 + (R_1 \cdot pL)/(R_1 + pL)} = \frac{R_2 \cdot (R_1 + pL)}{R_1 R_2 + pL(R_1 + R_2)}$$
$$= \frac{R_1 R_2 \cdot [1 + p(L/R_1)]}{R_1 R_2 \cdot [1 + pL(R_1 + R_2)/(R_1 R_2)]} = \frac{1 + p \cdot \tau_1}{1 + p \cdot \tau_2}$$

Zeitkonstanten: $\tau_1 = \dfrac{L}{R_1} = 10^{-3}$s; $\quad \tau_2 = \dfrac{L}{R_1 \parallel R_2} = 2 \cdot 10^{-3}$s

b) $\underline{U}_a(p) = \underline{A}_U(p) \cdot \underline{U}_e(p) = \dfrac{1 + p \cdot \tau_1}{1 + p \cdot \tau_2} \cdot \dfrac{5V}{p}$

c) Die Anwendung der Grenzwertsätze auf $\underline{U}_a(p) = \dfrac{5V}{p} \cdot \dfrac{1 + p\tau_1}{1 + p\tau_2}$ ergibt:

$u_a(t = 0+) = \lim\limits_{p \to \infty}[p \cdot \underline{U}_a(p)] = 5V \cdot \dfrac{\tau_1}{\tau_2} = 2,5V \; ;$

$u_a(t \to \infty) = \lim\limits_{p \to 0}[p \cdot \underline{U}_a(p)] = 5V \; .$

d) $\underline{U}_a(p) = \dfrac{5V}{p} \cdot \dfrac{1 + p\tau_1}{1 + p\tau_2} = \dfrac{5V}{p(1 + p\tau_2)} + \dfrac{5V \cdot \tau_1}{1 + p\tau_2}$

Rücktransformation mit Hilfe von Tabellen liefert

$u_a(t) = 5V(1 - e^{-t/\tau_2}) + 5V\dfrac{\tau_1}{\tau_2}e^{-t/\tau_2} = 5V - 2,5V \cdot e^{-t/2ms} \; .$

e) Lösung siehe Abbildung 3.60

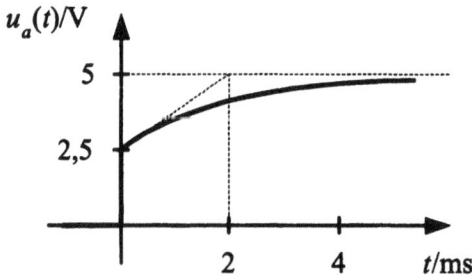

Abb. 3.60: *Lösung zu Aufgabe 3.25e)*

Aufgabe 3.26

a) $\underline{A}_{U1}(p) = \dfrac{\underline{U}_a(p)}{\underline{U}_e(p)} = \dfrac{pL}{R + pL} = \dfrac{pL/R}{1 + pL/R} = \dfrac{p\tau}{1 + p\tau}$

$\underline{A}_{U2}(p) = \dfrac{\underline{U}_a(p)}{\underline{U}_e(p)} = \dfrac{1/pC}{R + 1/pC} = \dfrac{1}{1 + pRC} = \dfrac{1}{1 + p\tau}$

b) $\underline{A}_{U1}(p)$: $C = 1$; Nullstelle bei $p_0 = 0$; Polstelle bei $p_p = -\dfrac{1}{\tau} = -10^3\text{s}^{-1}$

$\underline{A}_{U2}(p)$: $C = \dfrac{1}{\tau}$; Nullstelle bei $p_0 \to \infty$; Polstelle bei $p_p = -\dfrac{1}{\tau} = -10^3\text{s}^{-1}$

c) $\underline{A}_{U1}(j\omega) = \dfrac{j\omega\tau}{1 + j\omega\tau} = \dfrac{j\omega\tau(1 - j\omega\tau)}{1 + (\omega\tau)^2} = \dfrac{\omega^2\tau^2 + j\omega\tau}{1 + (\omega\tau)^2}$

$|\underline{A}_{U1}(j\omega)| = \dfrac{\omega\tau}{\sqrt{1 + (\omega\tau)^2}};\; \varphi_1 = \varphi_{Zaehler} - \varphi_{Nenner} = 90° - \arctan(\omega\tau)$

$$\underline{A}_{U2}(j\omega) = \frac{1}{1 + j\omega\tau} = \frac{1 - j\omega\tau}{1 + (\omega\tau)^2}$$

$$|\underline{A}_{U2}(j\omega)| = \frac{1}{\sqrt{1 + (\omega\tau)^2}}; \quad \varphi_2 = \varphi_{Zaehler} - \varphi_{Nenner} = 0° - \arctan(\omega\tau)$$

d) Beide Funktionen besitzen dieselbe Grenzkreisfrequenz des Nenners:

$$\omega_g = \frac{1}{\tau} = 10^3 s^{-1} \ .$$

$$|\underline{A}_{U1}(j\omega_g)| = |\underline{A}_{U2}(j\omega_g)| = \frac{1}{\sqrt{2}} = 0,707 \hat{=} -3,01 dB \ .$$

$$\varphi_1 = +45°; \ \varphi_2 = -45° \ .$$

Aufgabe 3.27

a) $\dfrac{\underline{U}_a(p)}{\underline{U}_e(p)} = \dfrac{1}{1 + p \cdot L/R + p^2 \cdot LC}$

b) Normierung: $\dfrac{\underline{U}_a(p)}{\underline{U}_e(p)} = \dfrac{1}{1 + p \cdot 1,2 + p^2 \cdot 0,2} = \dfrac{5}{p^2 + 6 \cdot p + 5}$

c) Die Pole (normiert) liegen bei $p_{p1} = -1$ und $p_{p2} = -5$.

$$\frac{\underline{U}_a(p)}{\underline{U}_e(p)} = \frac{5}{(p + 1) \cdot (p + 5)}$$

Pol- und Nullstellenplan vgl. Abbildung 3.61!
Das System ist stabil, da alle Polstellen in der linken Halbebene liegen.

d) $\underline{U}_a(p) = \dfrac{5}{p \cdot (p + 1) \cdot (p + 5)} \Rightarrow$

$u_a(t) = 1 - 1,25 \cdot e^{-t} + 0,25 \cdot e^{-5t}$ (normiert) $\Rightarrow$

$u_a(t) = (1 - 1,25 \cdot e^{-t/s} + 0,25 \cdot e^{-5t/s}) V$

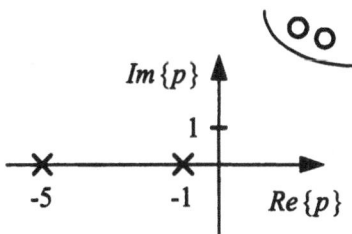

Abb. 3.61: Pol- und Nullstellenplan

Aufgabe 3.28

a) $\underline{A}_U(p) = 10^4 \dfrac{(p+0,1) \cdot (p+1)}{(p+1) \cdot (p+10) \cdot (p+1000)} = 10^4 \dfrac{(p+0,1)}{(p+10) \cdot (p+1000)}$

b) Pol- und Nullstellenplan siehe Abbildung 3.62

c) Lösung vgl. Abbildung 3.63

d) $t \to \infty$ entspricht der Gleichspannungsverstärkung, d.h. $p = j2\pi f = 0$.
$\underline{A}_U(p=0) = 0,1 \Rightarrow u_a(t \to \infty) = 0,1\text{V}$

e) $\underline{U}_a(p) = 10^4 \dfrac{(p+0,1)}{p \cdot (p+10) \cdot (p+1000)} = \dfrac{0,1}{p} + \dfrac{10}{p+10} - \dfrac{10,1}{p+1000} \Rightarrow$
$u_a(t) = (0,1 + 10 \cdot e^{-10t} - 10,1 \cdot e^{-1000t})\text{V}$
Für $t \to \infty$ ergibt sich $u_a = 0,1\text{V} \; (= -20\text{dBV})$.

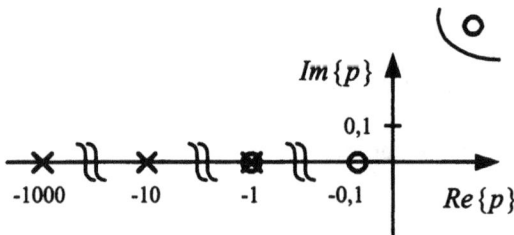

Abb. 3.62: Pol- und Nullstellenplan

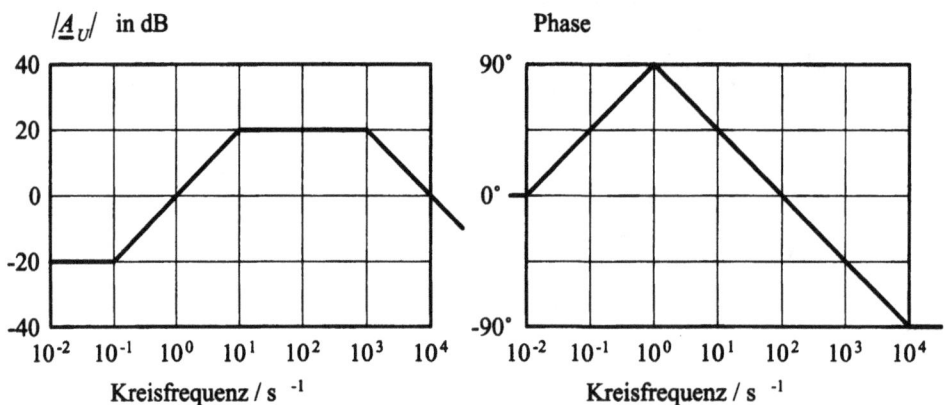

Abb. 3.63: Bode-Diagramm

Aufgabe 3.29

a) Berechnung mit $u_a(t) = \int_{\tau=0}^{t} u_e(t-\tau) \cdot a_U(\tau)d\tau$, da $u_e(t)$ die einfachere Zeitfunktion ist.

$$u_a(t) = 0,25\text{V} \cdot \int_{\tau=0}^{t} \frac{16}{\text{s}^2} \cdot \tau \cdot e^{-\tau/0,5\text{s}} d\tau = \frac{4\text{V}}{\text{s}^2} \cdot \int_{\tau=0}^{t} \tau \cdot e^{-\tau/0,5\text{s}} d\tau$$

$$u_a(t) = \frac{4\text{V}}{\text{s}^2} \cdot \left[\frac{e^{-\tau/0,5\text{s}}}{(-1/0,5\text{s})^2} \cdot \left(-\frac{\tau}{0,5\text{s}} - 1\right) \right]_{\tau=0}^{t}$$

$$= 1\text{V} - 1\text{V} \cdot e^{-t/0,5\text{s}} - \frac{2\text{V}}{\text{s}} \cdot t \cdot e^{-t/0,5\text{s}}$$

b) Aus Korrespondenztabellen erhält man $\underline{A}_U(p) = \dfrac{16/\text{s}^2}{(p+2/\text{s})^2}$.

c) $\underline{U}_e(p) = 0,25\text{V}/p$

d) $\underline{U}_a(p) = \underline{U}_e(p) \cdot \underline{A}_U(p) = \dfrac{4\text{V}/\text{s}^2}{p(p+2/\text{s})^2}$

e) $\underline{U}_a(p) = \dfrac{C_1}{p} + \dfrac{C_{2,1}}{(p+2/\text{s})^1} + \dfrac{C_{2,2}}{(p+2/\text{s})^2}$

$$C_1 = \underline{U}_a(p) \cdot p|_{p=0} = \frac{4\text{Vs}^{-2}}{4\text{s}^{-2}} = 1\text{V}$$

$$C_{2,1} = \frac{d}{dp}\left[\frac{4\text{Vs}^{-2}}{p}\right]_{p=-2/\text{s}} = -\left.\frac{4\text{Vs}^{-2}}{p^2}\right|_{p=-2/\text{s}} = -1\text{V}$$

$$C_{2,2} = \left.\frac{4\text{Vs}^{-2}}{p}\right|_{p=-2/\text{s}} = \frac{4\text{Vs}^{-2}}{-2/\text{s}} = -\frac{2\text{V}}{\text{s}} \quad \Rightarrow$$

$$u_a(t) = 1\text{V} - 1\text{V} \cdot e^{-t/0,5\text{s}} - \frac{2\text{V}}{\text{s}} \cdot t \cdot e^{-t/0,5\text{s}}$$

Aufgabe 3.30

$$u_a(t) = 1\text{V} \cdot \omega \cdot \int_{\tau=0}^{t} \cos(\omega\tau)d\tau = 1\text{V} \cdot \sin(\omega t)$$

Aufgabe 3.31

Lösung siehe Abbildung 3.64.

a) $u_a(t)/V$

b) $u_a(t)/V$

c) $i_a(t)/A$

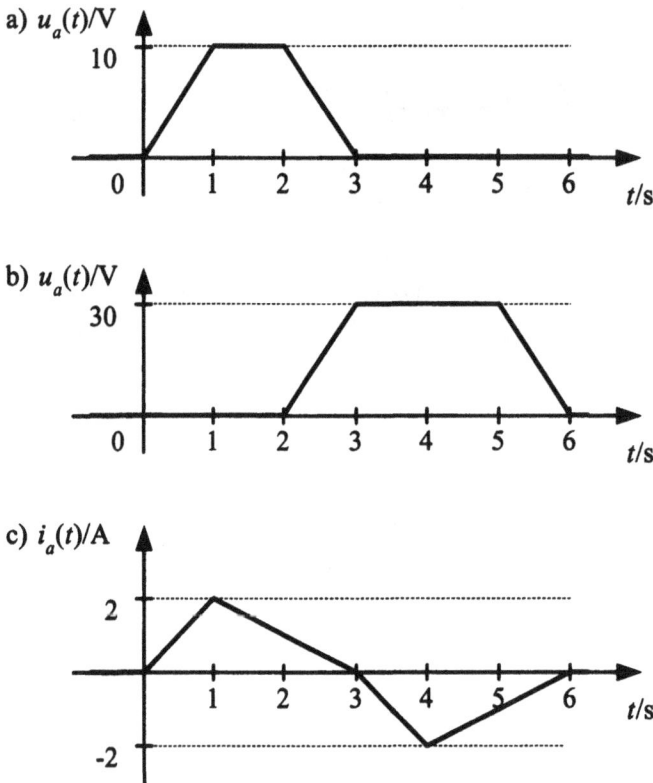

Abb. 3.64: *Ausgangsspannungen ermittelt durch Faltung*

Aufgabe 3.32

a) Anfangswert: $i(t = 0-) = i(t = 0+) = \dfrac{U_0}{R_1} = 0,4\text{A}$

Zeitkonstante: $\tau = \dfrac{L}{R_1 + R_2} = 8\text{ms}$

DGL: $i \cdot (R_1 + R_2) + L \cdot \dot{i} = U_0;\quad \dot{i} + i \cdot \dfrac{R_1 + R_2}{L} = \dfrac{U_0}{L};\quad \dot{i} + i \cdot \dfrac{1}{\tau} = \dfrac{U_0}{L}$

b) Lösung der DGL 1. Ordnung mit konstanten Koeffizienten:

$$i(t) = i(t = 0+) \cdot e^{-t/\tau} + \int_{\zeta=0}^{\zeta=t} U_0/L \cdot e^{(\zeta-t)/\tau} d\zeta$$

$$i(t) = \frac{U_0}{R_1} \cdot e^{-t/\tau} + \frac{U_0}{L} \cdot \tau \cdot \left[e^{(\zeta-t)/\tau} \right]_{\zeta=0}^{\zeta=t}$$

$$i(t) = \left(\frac{U_0}{R_1} - \frac{U_0}{R_1 + R_2} \right) \cdot e^{-t/\tau} + \frac{U_0}{R_1 + R_2}$$

c) $u_S(t) = i(t) \cdot R_2 = \left(10V \cdot \dfrac{100\Omega}{25\Omega} - 10V \cdot \dfrac{100\Omega}{125\Omega}\right) \cdot e^{-t/8\text{ms}} + 10V \cdot \dfrac{100\Omega}{125\Omega}$

$u_S(t) = 32V \cdot e^{-t/8\text{ms}} + 8V$

Skizze vgl. Abbildung 3.65

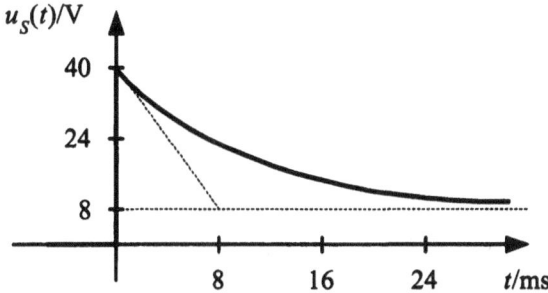

Abb. 3.65: *Lösung zu Aufgabe 3.32*

Aufgabe 3.33

a) $i_1(t = 0+) = i_1(t = 0-) = 0$

$i_1 \cdot R_1 + L \cdot \dot{i}_1 = U_0$ bzw. $i_1 + \dot{i}_1 \cdot \dfrac{1}{\tau_1} = \dfrac{U_0}{L}$ mit $\tau_1 = \dfrac{L}{R_1} = 1\text{ms}$

$u_C(t = 0+) = u_C(t = 0-) = U_0 = 10V$

$\tau_2 \cdot \dot{u}_C + u_C = 0$ bzw. $\dot{u}_C + u_C \cdot \dfrac{1}{\tau_2} = 0$ mit $\tau_2 = R_2 \cdot C = 1\text{ms}$

b) $q_C(t) = C \cdot u_C(t) \Rightarrow$

DGL: $\dot{q}_C + q_C \cdot \dfrac{1}{\tau_2} = 0$

Lösung der homogenen DGL:

$q_C(t) = q_C(t = 0) \cdot e^{-t/\tau_2} = u_C(t = 0) \cdot C \cdot e^{-t/\tau_2} = 10^{-5} \cdot e^{-t/1\text{ms}}C$

c) $i_1(t) = \dfrac{U_0}{R_1} \cdot (1 - e^{-t/\tau_1}); \quad i_2(t) = \dfrac{dq_C(t)}{dt} = -\dfrac{u_C(t = 0)}{R_2} \cdot e^{-t/\tau_2};$

$i(t) = i_1(t) - i_2(t)$

$i(t) = \dfrac{10V}{500\Omega} \cdot (1 - e^{-t/1\text{ms}}) + \dfrac{10V}{1k\Omega} \cdot e^{-t/1\text{ms}} = 20\text{mA} - 10\text{mA} \cdot e^{-t/1\text{ms}}$

d) $i(t = 0+) = 10\text{mA}$ (Entladung von C)

$i(t \to \infty) = 20\text{mA}$ (Strom durch L)

Aufgabe 3.34

a) $R \cdot i(t) + L \cdot di(t)/dt = u(t) \Rightarrow$

$\dot{i}(t) + \dfrac{R}{L} \cdot i(t) = \dfrac{\hat{U}}{L} \cdot \sin(\omega t + \varphi)$

$$i(t) + \alpha \cdot i(t) = \frac{\hat{U}}{L} \cdot \sin(\omega t + \varphi) \quad \text{mit } \alpha = R/L$$

Lösung der DGL 1. Ordnung mit konstanten Koeffizienten:

$$i(t) = \underbrace{i(t=0)}_{=0} \cdot e^{-\alpha \cdot t} + \int_{\tau=0}^{\tau=t} \frac{\hat{U}}{L} \cdot \sin(\omega \tau + \varphi) \cdot e^{\alpha \cdot (\tau - t)} d\tau$$

$$i(t) = \frac{\hat{U}}{L} \cdot e^{\alpha \cdot (-t)} \cdot \left[\frac{e^{\alpha \cdot \tau}}{\omega^2 + \alpha^2} \left[\alpha \cdot \sin(\omega \tau + \varphi) - \omega \cos(\omega \tau + \varphi) \right] \right]_{\tau=0}^{\tau=t}$$

$$i(t) = \frac{\hat{U}}{L} \cdot \frac{1}{\omega^2 + \alpha^2} \left[\alpha \cdot \sin(\omega t + \varphi) - \omega \cos(\omega t + \varphi) - e^{-\alpha \cdot t}(\alpha \sin \varphi - \omega \cos \varphi) \right]$$

b) $t \to \infty$:

$$i(t) = \frac{\hat{U}}{L} \cdot \frac{1}{\omega^2 + \alpha^2} \left[\alpha \cdot \sin(\omega t + \varphi) - \omega \cos(\omega t + \varphi) \right]$$

c) Keine Schaltstörung bei:

$$\alpha \sin \varphi = \omega \cos \varphi \Rightarrow \varphi = \arctan \frac{\omega}{\alpha}$$

d) Erstes Strommaximum maximal im Falle $\alpha \ll \omega$ wenn gilt:
$e^{-\alpha \cdot t} \cdot \omega \cos \varphi$ ist maximal. $\Rightarrow \cos \varphi = 1 \Rightarrow$
$\varphi = 0$

Aufgabe 3.35

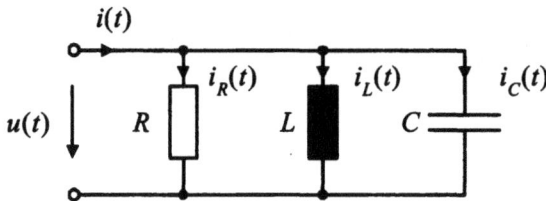

Abb. 3.66: *Zu Aufgabe 3.35*

a) $i_C(t) + i_R(t) + i_L(t) = i(t)$

$$C\ddot{u}(t) + \frac{1}{R}\dot{u}(t) + \frac{1}{L}u(t) = \dot{i}(t)$$

$$\ddot{u}(t) + 2\alpha \dot{u}(t) + \omega_0^2 u(t) = \frac{1}{C}\dot{i}(t) \quad \text{mit } 2\alpha = 1/(RC) \text{ und } \omega_0^2 = 1/(LC)$$

b) $\dot{i}(t) = 0 \Rightarrow$ nur homogene Lösung!
Charakteristische Gleichung: $\lambda^2 + 2\alpha\lambda + \omega_0^2 = 0$
$$\lambda_{1,2} = -\alpha \pm \sqrt{\alpha^2 - \omega_0^2} = -\alpha \pm j\omega_e$$
Allgemeine Lösung der DGL:
$$u(t) = e^{-\alpha t} \cdot [C_1 \cos(\omega_e t) + C_2 \sin(\omega_e t)]$$

Bestimmung der Konstanten C_1 und C_2:

$u(t = 0+) = 0 = C_1 + 0$ (Kondensator entladen bei $t = 0$!) $\Rightarrow$
$C_1 = 0$

$\dot{u}(t = 0+) = I/C = C_2 \omega_e \cos(0) \Rightarrow$

$C_2 = \dfrac{I}{\omega_e C}$

Entgültige Lösung:

$u(t) = e^{-\alpha t} \cdot \dfrac{I}{\omega_e C} \sin(\omega_e t)$

4 Diskrete Signale und Systeme

In den vorigen Kapiteln wurden die Themengebiete

- Berechnung von Gleichstromschaltungen,

- Analyse von Wechselstromschaltungen im eingeschwungenen Zustand bei sinusförmiger Anregung sowie

- Behandlung von Schaltungen, bei Anregung mit deterministischen, periodischen und nichtperiodischen Signalen

besprochen. Die dort betrachteten Signale treten bei der Beschreibung technischer Vorgänge auf, bei denen die Zeit eine kontinuierliche Variable ist.

Für die Speicherung und Verarbeitung dieser analogen Signale mit digitalen Signalprozessoren ist aber eine Umwandlung in digitale Signale notwendig. Das geschieht mit Analog-Digital-Umsetzern und vollzieht sich in zwei Schritten:

- Abtastung eines zeitkontinuierlichen Signals zu äquidistanten Zeitpunkten im Abstand T_S und

- Speicherung der Werte mit einer endlichen Anzahl von Binärstellen.

Den Kehrwert des zeitlichen Abstandes zwischen zwei Tastungen

$$f_S = \frac{1}{T_S} \tag{4.1}$$

bezeichnet man als Abtastfrequenz (*engl.: sampling frequency*).

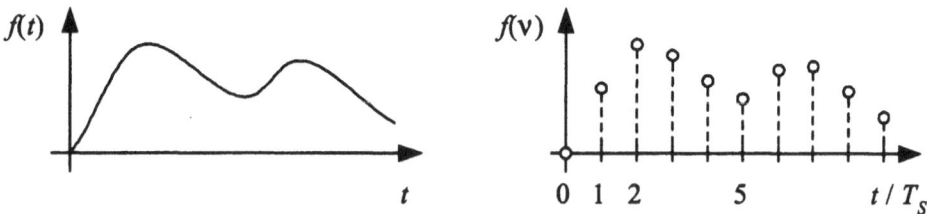

Abb. 4.1: Abtastung der Größe $f(t)$ und Abtastwerte $f(\nu)$

Wird eine kontinuierliche Zeitgröße $f(t)$ abgetastet, erhält man eine Folge von Abtastwerten $f(\nu \cdot T_S)$ oder kurz $f(\nu)$ mit $\nu \in \mathbf{Z}$ (vgl. Abbildung 4.1).

4.1 Einführung

4.1.1 Mathematische Beschreibung abgetasteter Signale

Generell gibt es verschiedene Möglichkeiten ein abgetastetes Signal mathematisch darzustellen. Nahe liegend ist die Beschreibung mittels einer treppenförmigen Funktion

$$f_{Tr}(t) = f(\nu \cdot T_S) \quad \text{für} \quad \nu \cdot T_S \leq t < (\nu + 1) \cdot T_S \quad \text{und} \quad \nu \in \mathbf{Z}$$

(vgl. Abbildung 4.2a)), bei der der abgetastete Funktionswert so lange gültig ist, bis ein
neuer folgt.

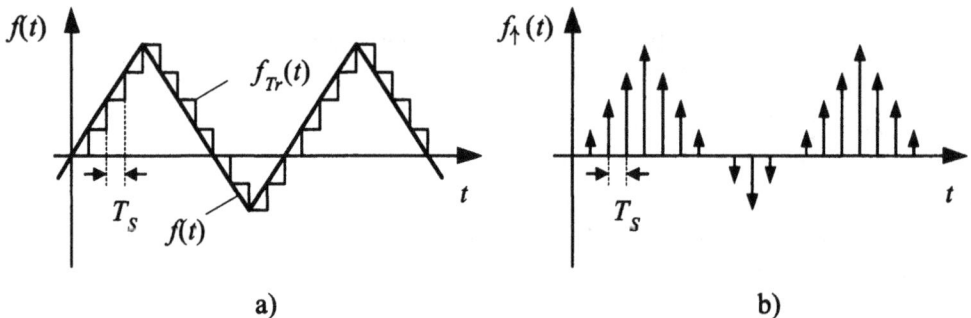

Abb. 4.2: *a) Darstellung einer abgetasteten Funktion* $f(t)$ *mittels Treppenfunktion; b) Darstellung von* $f(t)$ *durch eine Impulsfolge*

Die aus der Abtastung entstandene Treppenfunktion ist jedoch in vielen Fällen zur
mathematischen Beschreibung nicht gut geeignet. Sie wird daher durch die in Abbildung
4.2b) skizzierte Folge von Dirac-Impulsen

$$f_\uparrow(t) = \sum_{\nu=-\infty}^{\nu=\infty} f(\nu \cdot T_S) \cdot T_S \cdot \delta(t - \nu T_S) \tag{4.2}$$

ersetzt. Die Impulsstärke $f(\nu \cdot T_S) \cdot T_S$ wird dabei durch einen Pfeil verbildlicht. Sie
darf nicht mit der Impulshöhe verwechselt werden, da der Diracimpuls durch einen
unendlich hohen Wert mit verschwindender Dauer, jedoch mit fester Fläche 1, charakterisiert ist. Die einzelnen Diracimpulse gehen, wie Abbildung 4.3 verdeutlicht, durch
den Grenzübergang $\epsilon \to 0$ hervor.

Der Diracimpuls (Diracstoß)

Bei der mathematischen Beschreibung abgetasteter Signale ist der Diracimpuls bzw. der
Impulskamm, der eine unendliche Folge einzelner zeitverschobener Diracstöße darstellt,
von enormer Bedeutung. Die Diracfunktion ist, nach der von L. Schwartz entwickelten

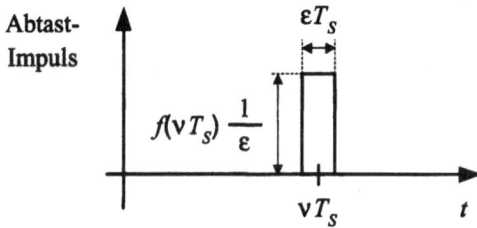

Abb. 4.3: *Näherungsweise Darstellung der mathematischen Beschreibung eines Abtastwertes*

Theorie der Distributionen, nicht durch seine Form, sondern durch seine Eigenschaften

$$\delta(t) = \begin{cases} 0 & \text{für } t \neq 0 \\ \infty & \text{für } t = 0 \end{cases},$$

$$\delta(t) = \delta(-t),$$

$$\int_{-\infty}^{\infty} \delta(t)dt = 1,$$

$$\int_{-\infty}^{\infty} f(t) \cdot \delta(t - t_0)dt = f(t_0) \quad (f(t) \text{ beliebige Funktion}) \tag{4.3}$$

definiert.

Abbildung 4.4 zeigt drei mögliche Realisierungen eines Diracimpulses $\delta(t)$.

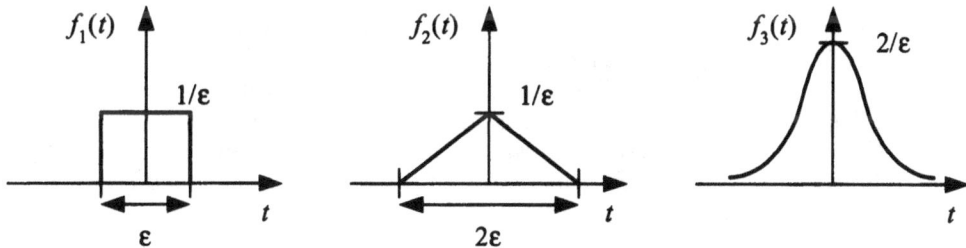

Abb. 4.4: *Drei Ausführungsformen des Diracimpulses für $\epsilon \to 0$; Funktionsgleichung der rechten Ausführungsform:* $f(t) = \dfrac{2\epsilon}{\epsilon^2 + 4\pi^2 t^2}$

Speziell die Eigenschaft des Diracstoßes, den Funktionswert $f(t_0)$ unter dem Integral einer Funktion $f(t)$ auszublenden, ist für die Beschreibung abgetasteter Signale entscheidend. In Abschnitt 4.2 wird gezeigt, dass eine fehlerfreie Signalrückgewinnung aus den abgetasteten Funktionswerten mittels Tiefpassfilterung in der Praxis nur durch die Erzeugung idealer Diracimpulse möglich ist.

4.1.2   Klassifizierung von Systemen

Ein System gemäß Abbildung 4.5 mit der Eingangsgröße $f_e(t)$ und der Ausgangsgröße $f_a(t)$ zeichnet sich durch die Systemeigenschaft

$$f_a(t) = S\{f_e(t)\} \tag{4.4}$$

aus.

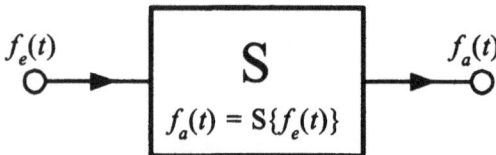

Abb. 4.5: *Schematische Darstellung eines Systems*

Abhängig von den Eigenschaften lassen sich Systeme wie folgt klassifizieren:

- Lineares System: Der Überlagerungssatz ist gültig. Es entstehen keine neuen Frequenzen am Ausgang.

- Kausales System: Die Systemantwort am Ausgang erfolgt gleichzeitig oder zeitlich nach der Anregung am Eingang.

- Zeitinvariantes System: Eine zeitliche Verschiebung um Δt am Eingang bewirkt eine entsprechende Verschiebung um Δt am Ausgang.
  Es gilt also: $f_e(t - t_0) \rightarrow f_a(t - t_0)$.

- Stabile Systeme: Endliche Eingangssignale führen zu endlichen Ausgangssignalen.

Voraussetzung für die Anwendbarkeit der Fourier-Transformation und anderen Transformationen ist die Linearität und Zeitinvarianz eines Systems. Derartige Systeme bezeichnet man auch kurz als LTI-Systeme (*engl.: linear time invariant*). Zeitkontinuierliche LTI-Systeme bestehen aus linearen Bauelementen wie Ohm'schen Widerständen, Spulen, Kondensatoren, linearen Übertragern, linearen Quellen usw., während zeitdiskrete LTI-Systeme aus den drei Basisblöcken Multiplizierer, Summierer und Zeitverzögerungselemente aufgebaut sind (vgl. Abschnitt 4.3).

4.2   Diskrete periodische Vorgänge

Dieser Abschnitt beschreibt die Diskrete Fourier-Transformation (DFT) sowie die Fast Fourier-Transformation (FFT), mit deren Hilfe diskrete, periodische Signale analysiert werden können. Da beide Transformationen, DFT und FFT, nur für periodische Signale anwendbar sind, können sie aus der komplexen Fourier-Reihe (Kapitel 3) abgeleitet werden.
Weitere Schwerpunkte dieses Abschnitts sind praktische Hinweise zur DFT bzw. FFT und das Abtasttheorem.

4.2.1   Diskrete Fourier-Transformation (DFT)

Übergang von der komplexen Fourier-Reihe zur DFT

Die komplexe Fourier-Reihe

$$f(t) = \sum_{n=-\infty}^{\infty} \underline{c}_n \cdot e^{jn\omega_1 t} \, ,$$

mit den komplexen Fourier-Koeffizienten

$$\underline{c}_n = \frac{1}{T} \int_{t_0}^{t_0+T} f(t) \cdot e^{-jn\omega_1 t} dt \qquad n \in \mathbf{Z}$$

dient der Beschreibung kontinuierlicher, periodischer Signale $f(t) = f(t \pm kT)$ $(k \in \mathbf{N})$.

Um zur DFT zu gelangen, wird t durch νT_S ersetzt $(t \to \nu T_S)$. Des Weiteren gilt: $\omega_1 \cdot T_S = (2\pi/T) \cdot T_S = 2\pi/N$, wobei $N = T/T_S$ die Anzahl der Tastungen innerhalb einer Periode T darstellt. Es wird vorausgesetzt, dass N ganzzahlig ist, d.h. als Abtastfrequenz ein ganzzahliges Vielfaches der Grundfrequenz $f_1 = 1/T$ gewählt wird. Man erhält

$$f(\nu T_S) = \sum_{n=-\infty}^{\infty} \underline{c}_n \cdot e^{jn\nu T_S \omega_1}$$

$$= \sum_{n=-\infty}^{\infty} \underline{c}_n \cdot \underbrace{e^{jn\nu 2\pi/N}}_{\text{wiederholt sich periodisch}}$$

$$= \sum_{n=0}^{N-1} e^{jn\nu 2\pi/N} \cdot \left(\sum_{k=-\infty}^{\infty} \underline{c}_{n+k\cdot N} \right) \qquad (k \in \mathbf{Z})$$

$$f(\nu) = \sum_{n=0}^{N-1} \underline{\tilde{c}}_n e^{jn\nu 2\pi/N} \tag{4.5}$$

mit

$$\underline{\tilde{c}}_n = \sum_{k=-\infty}^{\infty} \underline{c}_{n+k\cdot N} \qquad k \in \mathbf{Z} \, . \tag{4.6}$$

$\underline{\tilde{c}}_n$ sind die komplexen Fourier-Koeffizienten des diskreten Signals im Gegensatz zu den komplexen Fourier-Koeffizienten $\underline{c}_n$ des kontinuierlichen Signals. Aus der Berechnungsvorschrift der komplexen Fourier-Koeffizienten von Fourier-Reihen können die Koeffizienten $\underline{\tilde{c}}_n$ wie folgt ermittelt werden:

$$\tilde{\underline{c}}_n = \frac{1}{T} \int_{t=0}^{T} f_\uparrow(t) \cdot e^{-jn\omega_1 t} dt$$

$$= \frac{1}{N \cdot T_S} \cdot T_S \sum_{\nu=0}^{N-1} f(\nu) \cdot e^{-jn\nu 2\pi/N}$$

$$\tilde{\underline{c}}_n = \frac{1}{N} \sum_{\nu=0}^{N-1} f(\nu) \cdot \underbrace{e^{-jn\nu 2\pi/N}}_{\text{wiederholt sich periodisch}} \qquad n \in \mathbf{Z} . \qquad (4.7)$$

Gleichung (4.7) besagt, dass sich die komplexen Fourier-Koeffizienten eines diskreten, periodischen Signals alle N mal wiederholen. Es gilt:

$$\tilde{\underline{c}}_{n \pm k \cdot N} = \tilde{\underline{c}}_n \qquad k \in \mathbf{N} \quad \text{und}$$
$$\tilde{\underline{c}}_{-n} = \tilde{\underline{c}}_n^* \qquad\qquad\qquad (4.8)$$

Die Periodizität der Fourier-Koeffizienten diskreter Signale ist in Abbildung 4.6 skizziert.

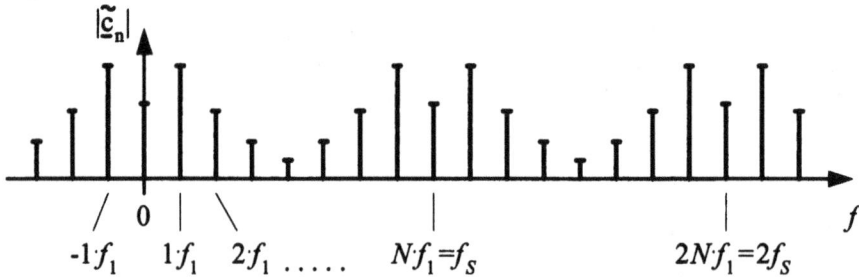

Abb. 4.6: *Beispiel komplexer Fourier-Koeffizienten einer diskreten, periodischen Funktion*

Die Ergebnisse der Berechnungen aus den Gleichungen (4.5) und (4.7) lassen sich auch in Matrix-Form

$$
\begin{bmatrix} f(0) \\ \cdots \\ f(\nu) \\ \cdots \\ f(N-1) \end{bmatrix}
=
\begin{bmatrix}
1 \cdots & 1 & \cdots & 1 \\
\vdots \ \vdots & \vdots & \vdots & \vdots \\
1 \cdots & e^{jn\nu 2\pi/N} & \cdots & e^{j(N-1)\nu 2\pi/N} \\
\vdots \ \vdots & \vdots & \vdots & \vdots \\
1 \cdots e^{jn(N-1)2\pi/N} & & \cdots \ e^{j(N-1)(N-1)2\pi/N}
\end{bmatrix}
\cdot
\begin{bmatrix} \tilde{\underline{c}}_0 \\ \cdots \\ \tilde{\underline{c}}_n \\ \cdots \\ \tilde{\underline{c}}_{N-1} \end{bmatrix}
$$

und

$$
\begin{bmatrix} \tilde{\underline{c}}_0 \\ \cdots \\ \tilde{\underline{c}}_n \\ \cdots \\ \tilde{\underline{c}}_{N-1} \end{bmatrix}
=
\frac{1}{N} \cdot
\begin{bmatrix}
1 \cdots & 1 & \cdots & 1 \\
\vdots \ \vdots & \vdots & \vdots & \vdots \\
1 \cdots & e^{-jn\nu 2\pi/N} & \cdots & e^{-jn(N-1)2\pi/N} \\
\vdots \ \vdots & \vdots & \vdots & \vdots \\
1 \cdots e^{-j(N-1)\nu 2\pi/N} & & \cdots \ e^{-j(N-1)(N-1)2\pi/N}
\end{bmatrix}
\cdot
\begin{bmatrix} f(0) \\ \cdots \\ f(\nu) \\ \cdots \\ f(N-1) \end{bmatrix}
$$

oder kurz

$$
\boxed{
\begin{aligned}
f] &= [\underline{F}^{*T}] \cdot \tilde{\underline{c}}] \qquad &\text{IDFT} \\
\tilde{\underline{c}}] &= \frac{1}{N} \cdot [\underline{F}] \cdot f] \qquad &\text{DFT}
\end{aligned}
}
\tag{4.9}
$$

schreiben. Gleichungssatz (4.9) nennt man inverse diskrete Fourier-Transformation bzw. diskrete Fourier-Transformation.

4.2.2 Abtasttheorem

Die komplexen Amplituden $\tilde{\underline{c}}_n$ des zeitdiskreten Signals entsprechen nur dann den komplexen Amplituden $\underline{c}_n$ des zeitkontinuierlichen Signals, wenn das Signal bandbegrenzt ist. Gemäß Gleichung (4.6) muss gelten:

$$
\underline{c}_n = \underline{c}_{-n}^* = 0 \quad \text{für} \quad n \geq N/2 \quad (\Rightarrow \tilde{\underline{c}}_n = \underline{c}_n)
$$

oder der größtmögliche Index $n = n_{max}$ für $\underline{c}_{n_{max}} \neq 0$ beträgt

$$
n_{max} < N/2 \, .
$$

Multipliziert man die letzte Gleichung beidseitig mit $2 \cdot f_1$,

$$
2 \cdot n_{max} \cdot f_1 < N \cdot f_1 = f_S
$$

resultiert das bekannte Abtasttheorem

$$
\boxed{2 \cdot f_{max} < f_S} \, .
\tag{4.10}
$$

Zur Verdeutlichung des Abtasttheorems zeigt Abbildung 4.7a die komplexen Fourier-Koeffizienten eines Signals, welches das Abtasttheorem erfüllt, und Abbildung 4.7b ein Signal mit unzureichender Bandbegrenzung.

Aus Abbildung 4.7 entnimmt man, dass nur diskretisierte Signale, die das Abtasttheorem erfüllen, wieder in das ursprüngliche, kontinuierliche Zeitsignal rückgeführt werden können. Hierzu filtert man einfach aus dem Spektrum des diskreten Signals das Originalspektrum des kontinuierlichen Signals mittels Tiefpass heraus. Ist das Abtasttheorem nicht erfüllt, kommt es zu einer Überlagerung der Spektrallinien und somit zu einer Veränderung der Amplituden (und Phasenwinkel). Die Veränderung des Spektrums verursacht so genannte Aliasing-Fehler und führt zu Aliasing-Frequenzen. Das sind Frequenzen, die mit dem Originalsignal nichts zu tun haben.

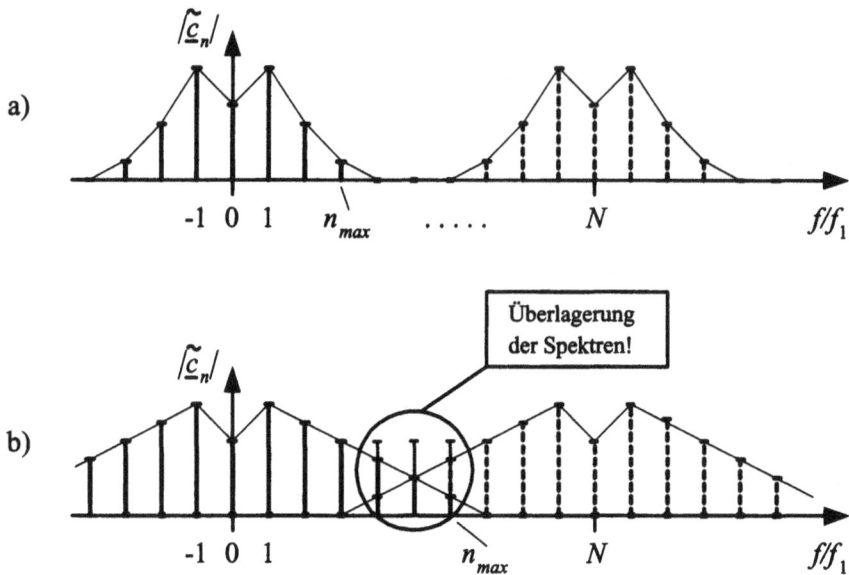

Abb. 4.7: *a) Ausreichende Bandbegrenzung; b) Abtasttheorem verletzt*

Beispiel 4.1

Was passiert, wenn die Spannung $u(t) = \hat{U} \cdot \cos 2\pi f t$ mit der Frequenz $f_S = f$ abgetastet wird?

Lösung:
Da Abtast- und Signalfrequenz exakt gleich sind, entsteht eine Signalfolge mit identischen Abtastwerten (z.B.: $\{\hat{U}; \hat{U}; \hat{U}; \hat{U}; ...\}$).
Versucht man das Signal mittels Tiefpassfilterung zurückzugewinnen, erhält man lediglich ein Gleichspannungssignal. Die ursprüngliche Schwingung ist verschwunden!

Beispiel 4.2

Das kontinuierliche, periodische Spannungssignal

$$u(t) = \begin{cases} +1\text{V} & \text{für} \quad 0 \leq t < 0,5\text{ms} \\ -1\text{V} & \text{für} \quad 0,5\text{ms} \leq t < 1\text{ms} \end{cases}$$

wird durch einen idealen Tiefpass mit der Grenzfrequenz $f_g = 6,5 \cdot f_1$ bandbegrenzt und anschließend abgetastet.

Welche Abtastfrequenz f_S ist mindestens nötig? Welche physikalischen Frequenzen $0 \leq f \leq 5\text{kHz}$ ergeben sich nach der Abtastung für $f_S = 12\text{kHz}$ und $f_S = 9\text{kHz}$?

Lösung:
Die Fourier-Reihe von $u(t)$ lautet

$$u(t) = \frac{4}{\pi}V \cdot \left(\sin(2\pi f_1 t) + \frac{1}{3}\sin(2\pi(3f_1)t) + \frac{1}{5}\sin(2\pi(5f_1)t) + \frac{1}{7}\sin(2\pi(7f_1)t) + ... \right)$$

mit $f_1 = 1\text{kHz}$.

Nach Tiefpassfilterung bleiben nur noch die ersten drei Terme übrig. $\Rightarrow$

$$u_{TP}(t) = \frac{4}{\pi}V \cdot \left(\sin(2\pi f_1 t) + \frac{1}{3}\sin(2\pi(3f_1)t) + \frac{1}{5}\sin(2\pi(5f_1)t) \right) \Rightarrow$$

$$f_S > 2 \cdot f_{max} = 2 \cdot 5f_1 = 10\text{kHz}$$

$f_S = 12\text{kHz}$: $\Rightarrow$ das Abtasttheorem ist erfüllt!
Es ergeben sich die Frequenzen 1kHz, 3kHz und 5kHz.

$f_S = 9\text{kHz}$: $\Rightarrow$ das Abtasttheorem ist nicht erfüllt!
Neben den Frequenzen 1kHz, 3kHz und 5kHz existiert noch die Aliasing-Frequenz 4kHz! (Es gilt: $N = f_S/f_1 = 9 \Rightarrow \tilde{c}_{-4} = \tilde{c}_4^* = \tilde{c}_{-4+1\cdot9} = \tilde{c}_5$)

Beispiel 4.3

Beweisen Sie mittels Faltung im Frequenzbereich, dass das Frequenzdichtespektrum $\tilde{F}(f)$ einer ausreichend bandbegrenzten (Abtasttheorem erfüllt), abgetasteten Funktion $f_\uparrow(t)$ dem Frequenzdichtespektrum $\underline{F}(f)$ der ursprünglichen, zeitkontinuierlichen Funktion entspricht.

Lösung:
Der Faltungssatz im Frequenzbereich lautet:

$$\mathcal{F}\{f_1(t) \cdot f_2(t)\} = \int_{-\infty}^{\infty} \underline{F}_1(\zeta) \cdot \underline{F}_2(f - \zeta)d\zeta = \underline{F}_1(f) * \underline{F}_2(f) \Rightarrow$$

Mit der Korrespondenz einer Dirac-Impulsfolge aus Tabelle 3.2 auf Seite 284 folgt:

$$\mathcal{F}\{f_\uparrow(t)\} = \mathcal{F}\{f(t) \cdot \sum_{\nu=-\infty}^{\nu=\infty} T_S \cdot \delta(t - \nu T_S)\} \Rightarrow$$

$$\tilde{F}(f) = \underline{F}(f) * T_S \cdot \frac{1}{T_S} \sum_{\nu=-\infty}^{\nu=\infty} \delta(f - \nu f_S)$$

Wegen der Ausblendeigenschaft der Diracfunktion (4.3) ergibt sich nach Berechnung des Faltungsintegrals bei ausreichender Bandbegrenzung:
$\tilde{F}(f) = \underline{F}(f)$ falls $f_{max} < f_S/2$.

4.2.3   Fast Fourier-Transformation (FFT)

Die FFT ist eine rechenaufwandsparende Ausführung der DFT. Bei der DFT muss zur Berechnung der komplexen, diskreten Fourier-Koeffizienten $\tilde{c}_n$, die Matrixoperation $[\underline{F}] \cdot f]$ in Gleichung (4.9) ausgeführt werden, was bei bekannten Elementen $e^{-jn\nu 2\pi/N}$ einen Rechenaufwand von N^2 Operationen (Multiplikationen) mit sich zieht. Bei der FFT kann dieser Aufwand dank eines speziellen Rechenalgorithmus auf $N \cdot \text{ld}(N)$ Operationen reduziert werden. Folgende Tabelle verdeutlicht die enorme Aufwandersparnis mit zunehmender Abtastanzahl N.

N	N^2	$N \cdot \text{ld}(N)$
32	1024	160
128	16384	896
2048	4194304	22528

Das Prinzip der FFT beruht in der Aufteilung der Folge $f(\nu)$ mit $(\nu = 0, 1, \dots N-1)$ in Teilfolgen (vgl. Abbildung 4.8).

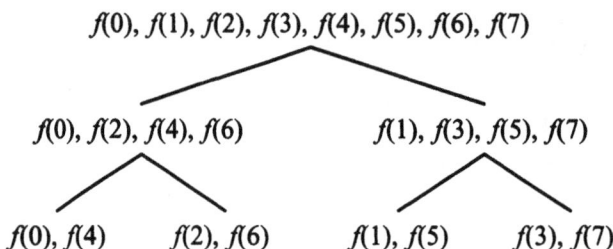

$$f(0), f(1), f(2), f(3), f(4), f(5), f(6), f(7)$$

$$f(0), f(2), f(4), f(6) \qquad\qquad f(1), f(3), f(5), f(7)$$

$$f(0), f(4) \qquad f(2), f(6) \qquad f(1), f(5) \qquad f(3), f(7)$$

Abb. 4.8: *Aufteilung einer Folge mit N = 8 in Teilfolgen (DFT → FFT)*

Eine einmalige Aufteilung liefert

$$f(\nu) = \begin{cases} g(\mu) = f(2\mu) & \Rightarrow \quad \tilde{\underline{c}}_m(g)' = \sum_{\mu=0}^{N/2-1} g(\mu) \cdot e^{-jm\mu\frac{2\pi}{N/2}} \\[2em] h(\mu) = f(2\mu+1) & \Rightarrow \quad \tilde{\underline{c}}_m(h)' = \sum_{\mu=0}^{N/2-1} h(\mu) \cdot e^{-jm\mu\frac{2\pi}{N/2}} \end{cases} \qquad (4.11)$$

mit $m = 0 \dots (\frac{N}{2} - 1)$. $\tilde{\underline{c}}_m(g)'/(N/2)$ und $\tilde{\underline{c}}_m(h)'/(N/2)$ sind die komplexen Fourier-Koeffizienten der diskreten Teilfolgen. Es gilt:

$$\tilde{\underline{c}}_m(g) = \frac{1}{N/2}\tilde{\underline{c}}_m(g)' \quad \text{und} \quad \tilde{\underline{c}}_m(h) = \frac{1}{N/2}\tilde{\underline{c}}_m(h)' \quad \text{sowie}$$

$$\tilde{\underline{c}}_m(g)' = \tilde{\underline{c}}_{m+N/2}(g)' \quad \text{und} \quad \tilde{\underline{c}}_m(h)' = \tilde{\underline{c}}_{m+N/2}(h)' \quad m = 0\dots(\frac{N}{2} - 1)$$

Der Aufwand zur Berechnung der Koeffizienten der Teilfolgen $g(\mu)$ und $h(\mu)$ beläuft sich auf $2 \cdot (N/2)^2$ Operationen.

In einem zweiten Schritt werden die beiden Teilsummen $\tilde{\underline{c}}_m(g)'$ und $\tilde{\underline{c}}_m(h)'$ zusammengefasst:

$$\tilde{\underline{c}}_n(f)' = \tilde{\underline{c}}_n(f) \cdot N = \tilde{\underline{c}}_n(g)' + e^{-jn\frac{2\pi}{N}} \cdot \tilde{\underline{c}}_n(h)' \qquad n = 0\dots(N-1) \qquad (4.12)$$

Der Aufwand hierfür beträgt N Operationen.

Gleichung (4.12) lässt sich wie folgt beweisen:

$$\underbrace{\underbrace{\sum_{\mu=0}^{N/2-1} f(2\mu)\cdot e^{-jn(2\mu)\frac{2\pi}{N}}}_{\tilde{\underline{c}}_n(g)'} + e^{-jn\frac{2\pi}{N}}\underbrace{\sum_{\mu=0}^{N/2-1} f(2\mu+1)\cdot e^{-jn(2\mu)\frac{2\pi}{N}}}_{\tilde{\underline{c}}_n(h)'}}_{\sum_{\mu=0}^{N/2-1} f(2\mu+1)\cdot e^{-jn(2\mu+1)\frac{2\pi}{N}}} =$$

$$\begin{aligned}\tilde{\underline{c}}_n(g)' + e^{-jn\frac{2\pi}{N}}\cdot\tilde{\underline{c}}_n(h)' = \end{aligned}$$

$$\sum_{\nu=0}^{N-1} f(\nu)\cdot e^{-jn\nu\frac{2\pi}{N}} = \tilde{\underline{c}}_n(f)'$$

Somit ergibt sich ein Gesamtaufwand bei einer einmaligen Aufteilung in zwei Teilsummen von:

$$\text{Gesamtaufwand bei einer Aufteilung} = 2\cdot\left(\frac{N}{2}\right)^2 + N \qquad (4.13)$$

Ist N eine Potenz von 2, d.h. $N = 2^l$ (l ganzzahlig), ist eine fortgesetzte Aufteilung in Teilfolgen und Zusammenfassung von Teilsummen möglich, wodurch sich ein Gesamtaufwand von

$$N\cdot\left(\frac{N}{N}\right)^2 + N\cdot\text{ld}(N) \approx N\cdot\text{ld}(N) \qquad (4.14)$$

ergibt. Nutzt man weiterhin die Eigenschaft $\tilde{\underline{c}}_{-n} = \tilde{\underline{c}}_n^*$ aus, genügt die Berechnung der Koeffizienten im Bereich $0 \leq n \leq N/2$, woraus sich ein minimaler numerischer Aufwand von ca. $N/2\cdot\text{ld}(N/2)$ ergibt.

4.2.4 Hinweise zur DFT (FFT)

Bandbegrenzung, Abtastfrequenz

Um ein zeitkontinuierliches Signal aus Abtastwerten fehlerfrei, also ohne Informationsverlust rekonstruieren zu können, muss das Abtasttheorem erfüllt sein. Nimmt man beispielsweise ein akustisches Signal im Bereich $0 \leq f \leq f_{max} = 16\text{kHz}$ an, so muss mit einer Abtastfrequenz von $f_S > 32\text{kHz}$ abgetastet werden. In der Praxis ist es nicht ratsam, die Abtastfrequenz allzu nahe an die Grenze von 32kHz zu setzen.

Auch wenn man sicher ist, dass keine Töne über 16kHz auftreten, bedeutet dies in der Realität noch lange nicht, dass das Spektrum am Eingang des Abtasters auf 16kHz begrenzt ist. Mögliche Ursachen sind breitbandige Störquellen, wie z.B. Verstärkerrauschen oder elektromagnetische Einkopplungen aus der Luft. Daher ist es immer ratsam das Signal vor der Diskretisierung (Abtastung) zu filtern. Der hierfür notwendige Tiefpass soll das Signal bis mindestens f_{max} ungehindert passieren lassen und ab einer

Frequenz von $f = f_S/2$ vollständig sperren. Um das hierfür notwendige Filter mit vertretbarem Aufwand realisieren zu können, muss ein ausreichender Abstand zwischen f_{max} und $f_S/2$ bestehen. Oftmals wird in der Praxis eine deutlich höhere Abtastfrequenz als die nach dem Abtasttheorem notwendige verwendet. Durch diese Überabtastung (oversampling) steigt natürlich der Aufwand für die AD- und DA-Wandler.

Wahl des Zeitausschnittes bei der DFT (FFT)

Frequenzauflösung

Will man ein zeitkontinuierliches, bandbegrenztes Signal mittels DFT (oder FFT) spektral analysieren, ist die Abtastfrequenz f_S und die Anzahl der Abtastwerte N festzulegen. Dies definiert den Aufzeichnungszeitraum bzw. die Messzeit

$$T_{Mess} = \frac{N}{f_S} \, , \qquad (4.15)$$

also den Zeitabschnitt, in dem das Signal abgetastet wird. Mit der Messzeit T_{Mess} ist die spektrale Auflösung

$$f_{Mess} = \frac{1}{T_{Mess}} \qquad (4.16)$$

festgelegt. Will man also eine Frequenzauflösung mit der DFT (FFT) von 1Hz erzielen, muss das Signal eine Sekunde lang aufgezeichnet werden.

Fenstertechnik

Bisher wurde bei der Herleitung der DFT davon ausgegangen, dass die Messzeit der Periodendauer oder einem ganzzahligen Vielfachen der Periodendauer des Signals entspricht.

$$T = T_{Mess} \quad \text{oder auch} \quad n \cdot T = T_{Mess} \quad \text{mit} \quad n = 2, 3, 4, ... \qquad (4.17)$$

In der Praxis ist Gleichung (4.17) oft nicht erfüllbar, beispielsweise dann, wenn ein Signal sich aus mehreren Teilsignalen unterschiedlicher Frequenz zusammensetzt. Abbildung 4.9 veranschaulicht die resultierende Auswirkung.

Der Algorithmus der DFT (FFT) setzt eine periodische Fortsetzung des Signals nach der Aufzeichnungszeit T_{Mess} voraus. Entstehen dabei Sprünge, führt dies zu einem veränderten Zeitsignal (hier: 10,5 Sinus-Schwingungen gefolgt von einem Sprung) und zwangsläufig zu einem veränderten, stark verbreiterten Spektrum.

Um dies zu vermeiden oder zumindest eine Abschwächung der spektralen Verbreiterung zu erzielen, werden die Abtastwerte im Zeitbereich mit einer Fensterfunktion $w(\nu)$ multipliziert (vgl. Abbildung 4.10).

$$f(\nu) \quad \text{wird ersetzt durch} \quad f(\nu) \cdot w(\nu)$$

Dadurch treten keine Sprünge mehr im Zeitbereich auf, die bekanntlich zu einem hohen Oberschwingungsgehalt führen. Gängige Fensterfunktionen sind:

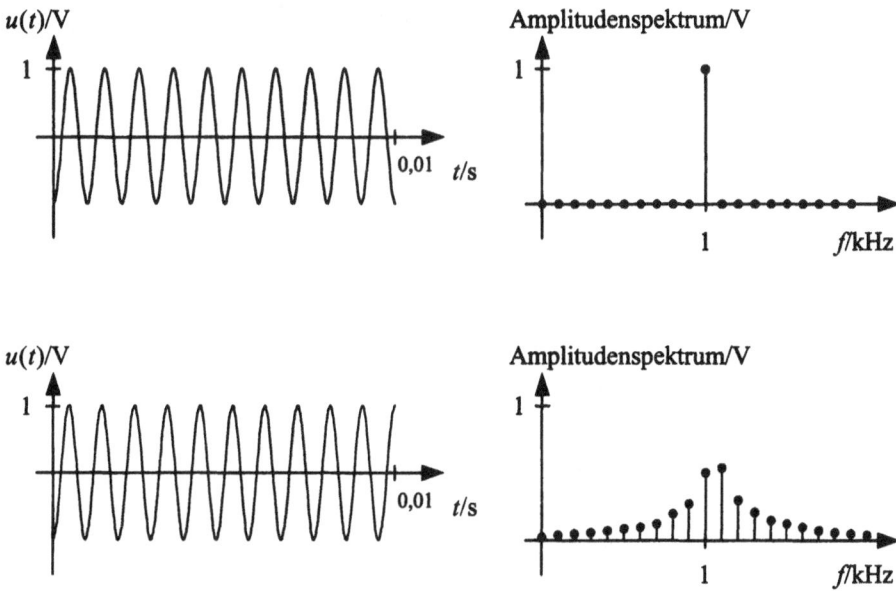

Abb. 4.9: *Abgetastete Sinusfunktionen und zugehörige Spektren: oben: Abtastdauer (Aufzeichnungszeit) ist ein ganzzahliges Vielfaches der Periodendauer des Signals; unten: Abtastdauer ist kein ganzzahliges Vielfaches der Periodendauer des Signals (es werden 10,5 Perioden aufgezeichnet ⇒ keine periodische Fortsetzung des Signals möglich!)*

- Hann $w(\nu) = 0,5 \cdot \left[1 - \cos(\frac{2\pi\nu}{N})\right]$,

- Hamming $w(\nu) = 0,54 - 0,46 \cdot \cos(\frac{2\pi\nu}{N})$,

- Blackman,

- Dolph-Tschebyscheff.

Die Ersatzwerte $f(\nu) \cdot w(\nu)$ repräsentieren zwar nicht mehr exakt die ursprünglich abgetastete Zeitfunktion, das zugehörige Spektrum nähert jedoch in der Regel das Originalspektrum (Abbildung 4.9 oben) wesentlich besser an.

Praktische Realisierung der Abtastung

Bei der praktischen Realisierung der Abtastung tritt das Problem auf, dass man mit einem realen System keine Diracimpulse erzeugen kann. Die Impulse haben also, wie in Abbildung 4.3 dargestellt, eine endliche Amplitude und endliche Dauer. Auf den Grenzübergang $\epsilon \to 0$ muss verzichtet werden. Im Extremfall $\epsilon = 1$ führt dies zu einer Treppenfunktion (vgl. Abbildung 4.2a)). Das Spektrum der Treppenfunktion erhält man durch Fourier-Transformation.

$$\underline{\tilde{c}}_n(\text{Treppenfkt.}) = \text{si}(\pi f/f_S) \cdot \underline{\tilde{c}}_n \tag{4.18}$$

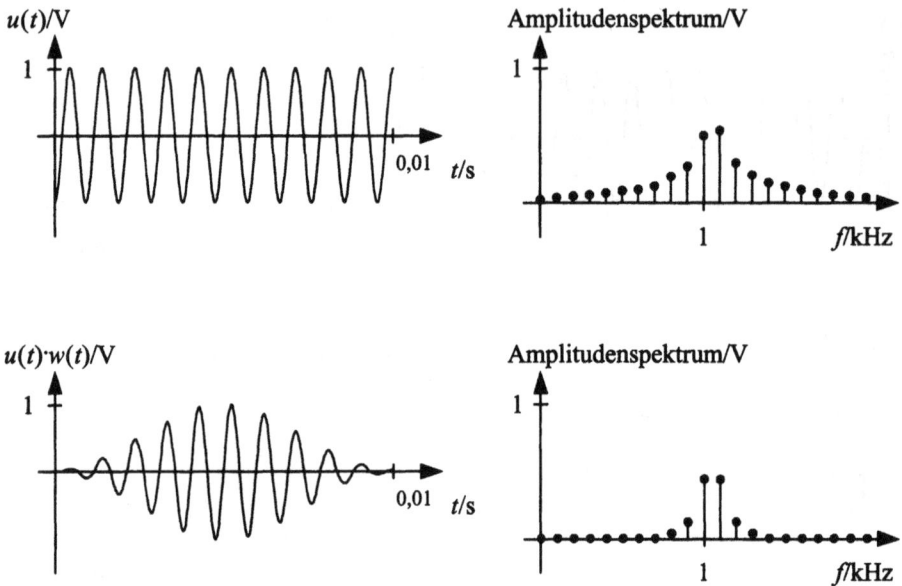

Abb. 4.10: *Abgetastete Sinusfunktionen und zugehörige Spektren: oben: Abtastdauer ist kein ganzzahliges Vielfaches der Periodendauer des Signals; unten: Abgetastetes Signal mit Hann-Fenster gewichtet und daraus resultierendes, verbessertes Spektrum*

Es entspricht dem Spektrum der Diracimpulse, jedoch mit einer überlagerten Gewichtsfunktion $si(\pi f/f_S)$, die dazu führt, dass höhere Frequenzen abgeschwächt werden (vgl. Abbildung 4.11).

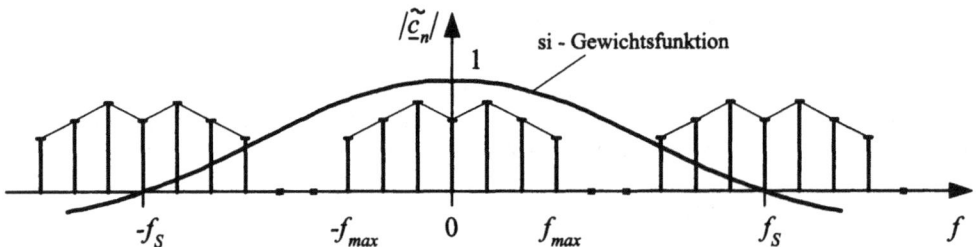

Abb. 4.11: *Spektrum eines mittels Diracimpulsen beschriebenen Signals und Gewichtsfunktion $si(\pi f/f_S)$; die Multiplikation beider Funktionen führt zum Spektum der Treppenfunktion.*

Wie aus Abbildung 4.11 zu erkennen ist, werden die höheren Frequenzen ($f \to f_{max}$) umso geringer abgeschwächt, je größer das Verhältnis von f_S/f_{max} gewählt wird.

4.3   Differenzengleichung

4.3.1   Übergang von der Differentialgleichung zur Differenzengleichung

Allgemein können zeitkontinuierliche, elektrische Größen linearer Netzwerke mit Hilfe der zugehörigen Differentialgleichung (DGL) m-ter Ordnung der Form

$$1 \cdot f_a^{(m)}(t) + b_{m-1} \cdot f_a^{(m-1)}(t) + ... + b_1 \cdot \dot{f}_a(t) + b_0 \cdot f_a(t) =$$
$$a_m \cdot f_e^{(m)}(t) + a_{m-1} \cdot f_e^{(m-1)}(t) + ... + a_1 \cdot \dot{f}_e(t) + a_0 \cdot f_e(t) \qquad (4.19)$$

beschrieben werden.

Bei diskreten Systemen werden die Signale nur zu bestimmten Zeitpunkten abgetastet. Solche Systeme sind durch die entsprechende Differenzengleichung beschreibbar. Die Differenzengleichung geht aus der Differentialgleichung des äquivalenten, zeitkontinu- ierlichen Systems hervor, indem die Ableitungen durch Differenzenquotienten ersetzt werden.

Als Beispiel dient ein einfacher RC-Tiefpass, der durch die DGL erster Ordnung

$$\frac{du_a(t)}{dt} + \frac{1}{RC} u_a(t) = \frac{1}{RC} u_e(t)$$

charakterisiert ist. Die entsprechende Differenzengleichung

$$\frac{u_a((\nu+1)T_S) - u_a(\nu T_S)}{T_S} + \frac{1}{RC} u_a(\nu T_S) = \frac{1}{RC} u_e(\nu T_S)$$

ergibt sich, wenn man an Stelle des Zeitpunktes t und des Zeitdifferentials dt den Ab- tastzeitpunkt $\nu \cdot T_S$ und die Zeitdifferenz zwischen zwei Abtastungen T_S setzt. Ordnet man die letzte Gleichung nach $u_a((\nu+1)T_S)$ und $u_a(\nu T_S)$ und schreibt statt $u_a(\nu T_S)$ kurz $u_a(\nu)$, ergibt sich die Differenzengleichung

$$u_a(\nu+1) + \left(\frac{T_S}{RC} - 1\right) u_a(\nu) = \frac{T_S}{RC} u_e(\nu) \quad \text{bzw. die äquivalente Form}$$

$$u_a(\nu) + \left(\frac{T_S}{RC} - 1\right) u_a(\nu-1) = \frac{T_S}{RC} u_e(\nu-1)$$

erster Ordnung.

Aus DGLen m-ter Ordnung werden durch Diskretisierung Differenzengleichungen m-ter Ordnung

$$1 \cdot f_a(\nu) + b_{m-1} \cdot f_a(\nu-1) + ... + b_0 \cdot f_a(\nu-m) =$$
$$a_m \cdot f_e(\nu) + a_{m-1} \cdot f_e(\nu-1) + ... + a_0 \cdot f_e(\nu-m). \qquad (4.20)$$

Man beachte, dass die Koeffizienten der DGL von denen der Differenzengleichung verschieden sind.

$$a_1, a_2, ..., b_1, b2, ... \text{der DGL} \neq a_1, a_2, ..., b_1, b2, ... \text{der Differenzengleichung}$$

Eine Differenzengleichung m-ter Ordnung lässt sich auf verschiedene Arten lösen:

- Mathematische Lösung von Gleichung (4.20) durch Bestimmung der entsprechenden homogenen Lösung und Suchen der partikulären Lösung (vgl. Verfahren bei DGLen);

- rekursive Bestimmung des Wertes $f_a(\nu)$ aus den vorangegangenen Werten $f_a(\nu - 1)$, $f_a(\nu - 2)$, ... und den Eingangswerten $f_e(\nu)$, $f_e(\nu - 1)$, $f_e(\nu - 2)$, ... ;

- Lösung durch z-Transformation.

4.3.2   Schaltungstechnische Realisierung

Schaltungstechnisch lässt sich jede Differenzengleichung m-ter Ordnung (4.20) durch

- Multiplizierer (Realisierung von z.B. $b_0 \cdot f_u(\nu - m)$),

- Addierer ($b_1 \cdot f_a(\nu + 1 - m) + b_0 \cdot f_a(\nu - m)$) und

- Zeitverzögerungselemente (z.B. $f_a(\nu - 1)$)

realisieren. Eine fest verdrahtete Struktur zeigt Abbildung 4.12.

Beispiel 4.4

Zu bestimmen ist die Ausgangsfolge des diskreten Systems in Abbildung 4.12 durch Rekursion bei einer Einheitsimpulsfolge $f_e(\nu) = \{1; 0; 0; 0; ...\}$.

Lösung:

$$f_a(\nu) = a_m \cdot f_e(\nu) + a_{m-1} \cdot f_e(\nu - 1) + ... + a_1 \cdot f_e(\nu + 1 - m) + a_0 \cdot f_e(\nu - m) - $$
$$b_{m-1} \cdot f_a(\nu - 1) - ... - b_1 \cdot f_a(\nu + 1 - m) - b_0 \cdot f_a(\nu - m) \quad \Rightarrow$$

$$f_a(0) = a_m$$
$$f_a(1) = a_{m-1} - b_{m-1} \cdot a_m$$
$$f_a(2) = a_{m-2} - b_{m-1} \cdot (a_{m-1} - b_{m-1} \cdot a_m) - b_{m-2} \cdot a_m$$
usw.

4.4 z-Transformation

Schwerpunkt dieses Abschnittes bildet die z-Transformation, mit deren Hilfe man Systeme berechnen kann, die mit diskreten, nichtperiodischen Signalen angeregt werden. Die z-Transformation hat bei der Untersuchung diskreter Systeme eine ähnliche Bedeutung wie die Laplace-Transformation bei zeitkontinuierlichen Systemen.

$f_e(\nu)$

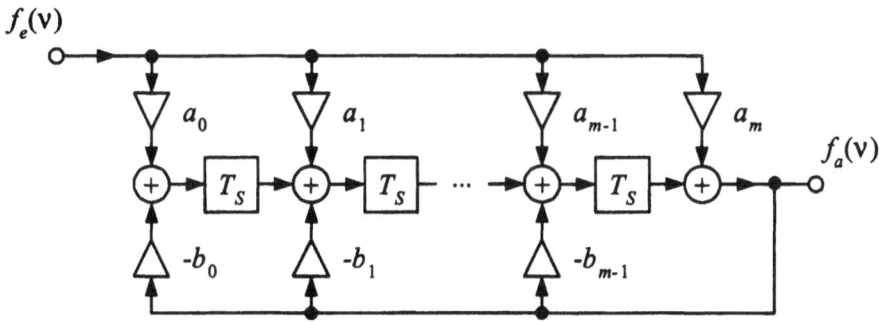

Legende: $f(\nu)$ $\longrightarrow$ $\triangleright^{a_0}$ $\longrightarrow$ $a_0{\cdot}f(\nu)$ Multiplizierer

$f_1(\nu)$ $\searrow$
                    $(+)$ $\longrightarrow$ $f_1(\nu) + f_2(\nu)$ Addierer
$f_2(\nu)$ $\nearrow$

$f(\nu)$ $\longrightarrow$ $\boxed{T_S}$ $\longrightarrow$ $f(\nu\text{-}1)$ Verzögerungsglied

Abb. 4.12: *Zeitdiskretes System*

4.4.1   Übergang von der Laplace- zur z-Transformation

Die Laplace-Transformation

$$\underline{F}(p) = \int_0^\infty f(t)e^{-pt}dt$$

führt zeitkontinuierliche Signale in ihre Bilddarstellung über.

Setzt man die Dirac-Darstellung eines abgetasteten Signals

$$f_{\uparrow}(t) = \sum_{\nu=0}^{\nu=\infty} f(\nu \cdot T_S) \cdot T_S \cdot \delta(t - \nu T_S)$$

in die Laplace-Transformation ein, folgt

$$\underline{F}(p) = \int_0^\infty f_\uparrow(t)e^{-pt}dt$$

$$= T_S \sum_{\nu=0}^{\nu=\infty} f(\nu \cdot T_S)e^{-p\nu \cdot T_S}$$

$$\frac{\underline{F}(p)}{T_S} = \sum_{\nu=0}^{\nu=\infty} f(\nu \cdot T_S)e^{-p\nu \cdot T_S} \ .$$

Wird anstelle von $f(\nu \cdot T_S)$ kurz $f(\nu)$ geschrieben, und substituiert man $z = e^{p \cdot T_S}$, ergibt sich die Darstellung der z-Transformation

$$\boxed{\underline{F}(z) = \sum_{\nu=0}^{\infty} f(\nu)z^{-\nu} \qquad f(\nu) \equiv 0 \quad \text{für} \quad \nu < 0} \ . \tag{4.21}$$

Die Frequenz-Abbildung erhält man durch Umformung.

$$z = e^{j\omega \cdot T_S} \quad \Rightarrow \quad j\omega = \frac{1}{T_S} \cdot \ln(z) \tag{4.22}$$

Das Spektrum

$$\underline{F}(j\omega) = \underline{F}(p) = \underline{F}(z) \cdot T_S$$

der abgetasteten Funktion ist kontinuierlich und periodisch (vgl. Abbildung 4.13), da gilt:

$$\underline{F}(j\omega) = \underline{F}\left(j\omega \pm jk\frac{2\pi}{T_S}\right) = \underline{F}(j\omega \pm jk\omega_S) \qquad k \in \mathbf{N} \tag{4.23}$$

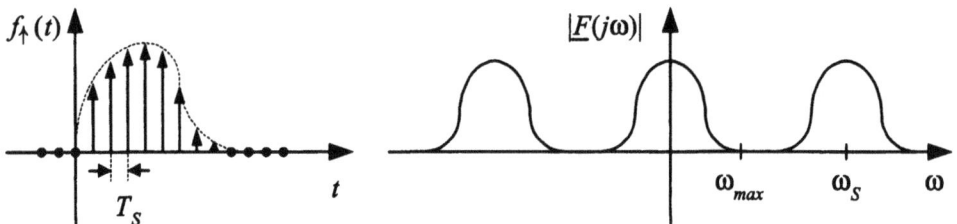

Abb. 4.13: *Abgetastete Funktion im Zeit- und Frequenzbereich*

4.4.2 Abtasttheorem

Aus der Frequenzdarstellung von Abbildung 4.13 ist unmittelbar ersichtlich, dass nur bandbegrenzte Signale, die das Abtasttheorem

$$2 \cdot f_{max} < f_S$$

erfüllen, durch Tiefpassfilterung in das ursprüngliche, zeitkontinuierliche Signal überführt werden können.

4.4.3 Konvergenz

Die Reihe (4.21) konvergiert, wenn das Quotientenkriterium

$$\lim_{\nu \to \infty} \left| \frac{f(\nu+1) \cdot z^{-(\nu+1)}}{f(\nu) \cdot z^{-\nu}} \right| = \lim_{\nu \to \infty} \left| \frac{f(\nu+1)}{f(\nu)} \right| \cdot |z^{-1}| < 1$$

bzw.

$$|z| > \lim_{\nu \to \infty} \left| \frac{f(\nu+1)}{f(\nu)} \right| \equiv R \tag{4.24}$$

erfüllt ist. Das Konvergenzgebiet ist also das Gebiet außerhalb des Kreises mit dem Radius R um den Koordinatenursprung, also das in Abbildung 4.14 schraffierte Gebiet.

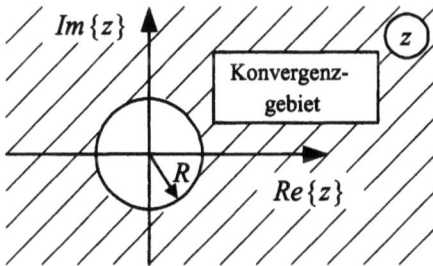

Abb. 4.14: *Konvergenzgebiet (schraffiert) der z-Transformation*

4.4.4 Eigenschaften der z-Transformation

Linearität

Aus der Definitionsgleichung (4.21) für die z-Transformation ist unmittelbar ersichtlich

$$\boxed{\mathcal{Z}\{k_1 f_1(\nu) + k_2 f_2(\nu)\} = k_1 \underline{F}_1(z) + k_2 \underline{F}_2(z)} \ . \tag{4.25}$$

Verschiebungssätze

Wird eine Folge $f(\nu)$ um k Abtastwerte nach rechts verschoben, ergibt sich

$$\mathcal{Z}\{f(\nu - k)\} = \sum_{\nu=0}^{\infty} f(\nu - k)z^{-\nu} = z^{-k}\sum_{\nu=0}^{\infty} f(\nu - k)z^{-(\nu-k)}$$

$$= z^{-k}\sum_{\mu=-k}^{\infty} f(\mu)z^{-\mu} \,.$$

Mit $f(\mu) = 0$ für $\mu < 0$ ergibt sich der Verschiebungssatz

$$\boxed{\mathcal{Z}\{f(\nu - k)\} = z^{-k}\mathcal{Z}\{f(\nu)\} \quad k = 0, 1, 2, ...}\,. \tag{4.26}$$

Ein wichtiger Sonderfall ist $k = 1$.

$$\boxed{\mathcal{Z}\{f(\nu - 1)\} = z^{-1}\mathcal{Z}\{f(\nu)\}} \tag{4.27}$$

Durch Multiplikation mit z^{-1} kommt man demnach vom Abtastwert $f(\nu)$ zum Abtastwert $f(\nu - 1)$. Das entspricht einer zeitlichen Verzögerung um T_S im Zeitbereich (vgl. Abbildung 4.12).

Als Nächstes wird die Verschiebung um k nach links untersucht.

$$\mathcal{Z}\{f(\nu + k)\} = \sum_{\nu=0}^{\infty} f(\nu + k)z^{-\nu} = z^{k}\sum_{\nu=0}^{\infty} f(\nu + k)z^{-(\nu+k)}$$

$$= z^{k}\sum_{\mu=k}^{\infty} f(\mu)z^{-\mu}$$

Ergänzt man auf beiden Seiten der Gleichung die Summanden für $\mu = 0$ bis $(k - 1)$, folgt

$$\boxed{\mathcal{Z}\{f(\nu + k)\} = z^{k}\mathcal{Z}\{f(\nu)\} - z^{k} \cdot \sum_{\mu=0}^{k-1} f(\mu)z^{-\mu} \quad k = 0, 1, 2, ...}\,. \tag{4.28}$$

Muliplikationssatz

Aus der Ableitung der z-Transformation nach z folgt direkt der Muliplikationssatz

$$\boxed{\mathcal{Z}\{\nu f(\nu)\} = -z\frac{d\mathcal{Z}\{f(\nu)\}}{dz}}\,. \tag{4.29}$$

Modulationssatz

Der Modulationssatz

$$\boxed{\mathcal{Z}\{a^\nu f(\nu)\} = \underline{F}(z/a)}$$

(4.30)

leitet sich aus

$$\mathcal{Z}\{a^\nu f(\nu)\} = \sum_{\nu=0}^{\infty} a^\nu f(\nu) z^{-\nu} = \sum_{\nu=0}^{\infty} f(\nu) \left(\frac{z}{a}\right)^{-\nu} = \underline{F}(z/a)$$

ab.

Zeitdiskrete Faltung

Wie bei der Laplace-Transformation kann eine gesuchte Ausgangsfolge eines Systems im Bildbereich der z-Transformation ermittelt und dann rücktransformiert werden oder bei bekannter System-Impulsantwort $h(\nu)$ mittels Faltung berechnet werden. Die zeitdiskrete Faltung eignet sich besonders gut für eine rechnergestützte Auswertung, da lediglich Zahlen multipliziert und addiert werden müssen.
$\underline{F}_1(z)$ und $\underline{F}_2(z)$ seien die Bildfunktionen zweier Folgen $f_1(\nu)$ und $f_2(\nu)$.
Zur Herleitung des Faltungssatzes wird in dem Produkt $\underline{F}_1(z) \cdot \underline{F}_2(z)$ der erste Faktor
$\underline{F}_1(z) = \sum_{k=0}^{\infty} f_1(k) z^{-k}$ durch die Definitionsgleichung der z-Transformation ersetzt (mit
der Variablen k statt ν):

$$\underline{F}_1(z) \cdot \underline{F}_2(z) = \sum_{k=0}^{\infty} f_1(k) \underbrace{z^{-k} \cdot \underline{F}_2(z)}_{=\mathcal{Z}\{f_2(\nu-k)\}}$$

Mit Hilfe des Verschiebungssatzes (4.26) wird aus der rechten Seite der Gleichung eine Doppelsumme

$$\underline{F}_1(z) \cdot \underline{F}_2(z) = \sum_{k=0}^{\infty} f_1(k) \sum_{\nu=0}^{\infty} f_2(\nu - k) z^{-\nu}$$

und nach Vertauschen der Summen

$$\underline{F}_1(z) \cdot \underline{F}_2(z) = \sum_{\nu=0}^{\infty} \left[\sum_{k=0}^{\infty} f_1(k) f_2(\nu - k) \right] z^{-\nu}$$

sowie der Forderung $f_2(\nu - k) = 0$ für $k > \nu$ erhält man schließlich den Faltungssatz

$$\boxed{\sum_{k=0}^{\nu} f_1(k) \cdot f_2(\nu - k) = \mathcal{Z}^{-1}\{\underline{F}_1(z) \cdot \underline{F}_2(z)\}} \ .$$

(4.31)

Beispiel 4.5

Am Eingang eines einfachen digitalen Tiefpasses mit der Übertragungsfunktion

$$\underline{A}(z) = \frac{\underline{F}_a(z)}{\underline{F}_e(z)} = 0,5 + 0,5z^{-1}$$

(vgl. Abbildung 4.23 auf Seite 389) liegt die Zahlenfolge $f_e(\nu) = 1 \cdot \sin(\nu \cdot \pi/2)$. Zu ermitteln ist die Ausgangsfolge $f_a(\nu)$ mittels diskreter Faltung.

Lösung:
Die Impulsantwort $h(\nu)$ des Tiefpasses lautet $h(\nu) = a(\nu) = \{0,5; 0,5; 0; 0; 0; 0; ...\}$.

Die Vorgehensweise bei der diskreten Faltung ist analog zu der bei der Laplace'schen Faltung:

- Die Variable ν wird durch k ersetzt.

- Die einfachere Folge (hier $h(\nu)$) wird an der Ordinate gespiegelt (gefaltet) und um ν nach rechts über die Eingangsfolge geschoben.

- Beide Zahlenfolgen werden multipliziert und die Ergebnisse addiert.

- Man erhält den aktuellen Ausgangswert $f_a(\nu)$.

Abbildung 4.15 stellt den Ablauf graphisch dar. Es ergibt sich die Ausgangsfolge $f_a(\nu) = \{0; 0,5; 0,5; -0,5; -0,5; 0,5; 0,5; -0,5; -0,5; ...\}$,
die nach Signalrückgewinnung mittels Tiefpassfilterung einer um $-45°$ verschobenen und um $\sqrt{2}$ gedämpften Sinusschwingung entspricht.

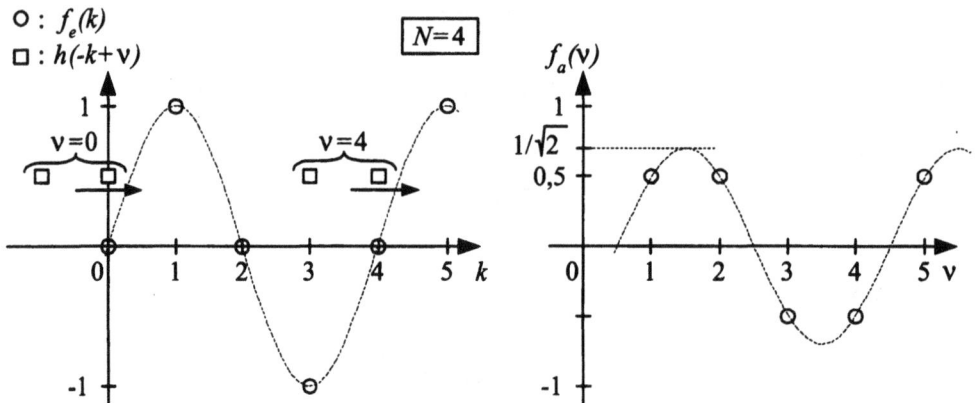

Abb. 4.15: *Zeitdiskrete Faltung*

Anfangs- und Endwertsatz

Schreibt man die Folge der z-Transformation aus

$$\underline{F}(z) = f(0) + f(1) \cdot z^{-1} + f(2) \cdot z^{-2} + ...,$$

erkennt man sofort, dass für $z \to \infty$

$$\boxed{f(0) = \lim_{z \to \infty} \underline{F}(z)} \qquad (4.32)$$

gilt.

Die Herleitung des Endwertsatzes ist etwas langwierig. Daher wird hier nur das Ergebnis bekannt gegeben.

$$\boxed{f(\infty) = \lim_{z \to 1+0} (z - 1)\underline{F}(z)} \qquad (4.33)$$

4.4.5   Korrespondenztabelle

In Tabelle 4.1 sind einige wichtige, häufig vorkommende z-Transformierte angegeben.

$f(\nu)$	$\underline{F}(z)$	Konvergenzbereich
$\delta(\nu)$	1	ganze z-Ebene
$\varepsilon(\nu)$	$\dfrac{z}{z-1}$	$\|z\| > 1$
a^ν	$\dfrac{z}{z-a}$	$\|z\| > \|a\|$
$a^{\nu-1}$ und $f(0)=0$	$\dfrac{1}{z-a}$	$\|z\| > \|a\|$
ν	$\dfrac{z}{(z-1)^2}$	$\|z\| > 1$
$\cos(\omega T_S \nu)$	$\dfrac{z \cdot [z - \cos(\omega T_S)]}{z^2 - 2z\cos(\omega T_S) + 1}$	$\|z\| > 1$
$\sin(\omega T_S \nu)$	$\dfrac{z \sin(\omega T_S)}{z^2 - 2z\cos(\omega T_S) + 1}$	$\|z\| > 1$

Tabelle 4.1: Einige wichtige z-Transformierte

Beispiel 4.6

Berechnen Sie die z-Transformierte der Einschaltfolge $\varepsilon(\nu)$.
Berechnen Sie die z-Transformierte von $f(\nu) = a^{\nu-1}$.

Lösung:

$$\mathcal{Z}\{\varepsilon(\nu)\} = \sum_{\nu=0}^{\infty} 1 \cdot z^{-\nu} = \sum_{\nu=0}^{\infty} \left(z^{-1}\right)^{\nu} = \underbrace{\frac{1 - \left(z^{-1}\right)^{(\infty+1)}}{1 - z^{-1}}}_{\text{geometrische Reihe}} = \frac{z}{z-1}$$

$$\mathcal{Z}\{a^{\nu-1}\} = \underbrace{\frac{z}{z-a}}_{\mathcal{Z}\{a^{\nu}\}} \cdot z^{-1} = \frac{1}{z-a}$$

4.4.6 Rücktransformation

Viele Bildfunktionen haben die Form eines Quotienten aus Zähler- und Nennerpolynom. Wie bei den Bildfunktionen der Laplace-Transformation unterscheidet man zwischen Summen-, Produkt- und Partialbruchform.

Aus der Summenform

$$\underline{F}(z) = \frac{a_m z^m + a_{m-1} z^{m-1} + \dots + a_1 z + a_0}{1 \cdot z^n + b_{n-1} z^{n-1} + \dots + b_1 z + b_0} \tag{4.34}$$

mit $n \geq m$ lässt sich die zugehörige Differenzengleichung und daraus der Signallaufplan unmittelbar angeben, wenn Zähler und Nenner durch die höchste Potenz von z, z^n, dividiert werden.

Die Summenform kann nach einer Berechnung der Nullstellen von Zähler und Nenner in die Produktform

$$\underline{F}(z) = C \cdot \frac{(z - z_{01}) \cdot (z - z_{02}) \cdot \dots \cdot (z - z_{0m})}{(z - z_{p1}) \cdot (z - z_{p2}) \cdot \dots \cdot (z - z_{pn})} \tag{4.35}$$

mit $C = a_m$ umgewandelt werden. Diese Form ist besonders gut geeignet für die Konstruktion eines Pol- und Nullstellenplans in der z-Ebene.

Ist der Grad m des Zählers kleiner als der Grad n des Nenners und sind die Nullstellen des Nenners einfach, so lässt sich die Bildfunktion mittels Partialbruchzerlegung in die Form

$$\underline{F}(z) = \frac{C_1}{z - z_{p1}} + \frac{C_2}{z - z_{p2}} + \dots + \frac{C_n}{z - z_{pn}} \tag{4.36}$$

bringen. Wie bei der Laplace-Transformation eignet sich auch bei der z-Transformation die Partialbruchform am besten für die Rücktransformation mit Hilfe von Korrespondenztabellen.

Bemerkung: Neben der eben erwähnten Partialbruchzerlegung und Rücktransformation mit Hilfe von Tabellen gibt es noch weitere Methoden der Rücktransformation, wie

• die Division von Polynomen und

• die Residuenberechnung.

Beispiel 4.7

Zu berechnen ist die Originalfolge folgender z-Transformierter durch Partialbruchzerlegung und Verwendung von Korrespondenztabellen:

$$\underline{F}_1(z) = \frac{3z - 7}{z^2 - 5z + 6} \quad \text{und} \quad \underline{F}_2(z) = \frac{3z^2 - 3z}{z^2 - 2,5z + 1}.$$

Lösung:

$$\underline{F}_1(z) = \frac{3z - 7}{z^2 - 5z + 6} = \frac{3z - 7}{(z - 2)(z - 3)} = \frac{1}{z - 2} + \frac{2}{z - 3} \Rightarrow$$

$$f_1(\nu) = 2^{\nu-1} \cdot \varepsilon(\nu) + 2 \cdot 3^{\nu-1} \cdot \varepsilon(\nu)$$

Bemerkung: $\varepsilon(\nu)$ wird oft weggelassen!

$$\underline{F}_2(z) = \frac{3z^2 - 3z}{z^2 - 2,5z + 1} = z \cdot \frac{3z - 3}{(z - 2)(z - 0,5)} = z \cdot \left(\frac{2}{z - 2} + \frac{1}{z - 0,5} \right)$$

$$= 2 \cdot \frac{z}{z - 2} + \frac{z}{z - 0,5} \Rightarrow$$

$$f_2(\nu) = 2 \cdot 2^{\nu} + 0,5^{\nu}$$

4.4.7 Pol- und Nullstellenplan

Trägt man alle Pole und Nullstellen einer Bildfunktion $\underline{F}(z)$ in die komplexe z-Ebene ein, ergibt sich der für die Beurteilung der Systemeigenschaften wichtige Pol- und Nullstellenplan. Bild 4.16 veranschaulicht die geometrische Abbildungvorschrift der p-Ebene auf die z-Ebene. Danach bildet die Beziehung $z = e^{p \cdot T_S}$

• die imaginäre Achse $p = j\omega$ der p-Ebene auf den Einheitskreis $z = e^{j\omega \cdot T_S}$ der z-Ebene ab,

• die linke Halbebene der p-Ebene auf das Innere des Einheitskreises der z-Ebene ab und

• die rechte Halbebene der p-Ebene auf das Äußere des Einheitskreises der z-Ebene ab.

Aus obiger Abbildungsvorschrift lassen sich ähnlich wie bei der Laplace-Transformation folgende Aussagen bezüglich der Eigenschaften von digitalen Systemen machen:

• Das System ist stabil, wenn alle Polstellen innerhalb des Einheitskreises der z-Ebene zu liegen kommen.

• Befinden sich ein oder mehrere Pole außerhalb des Einheitskreises, ist das System instabil, d.h. die Zahlenwerte der Ausgangsfolge steigen unaufhörlich an, bis sie ihren maximalen binären Wert erreicht haben.

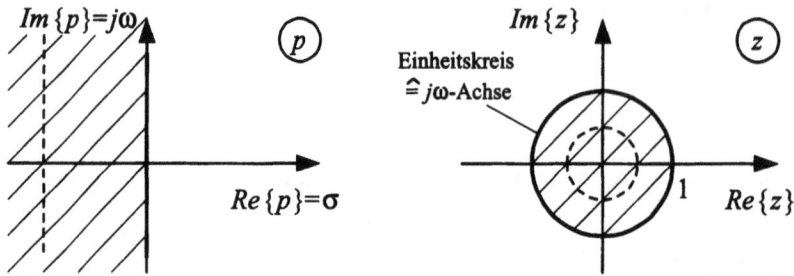

Abb. 4.16: *Beziehung zwischen Laplace- und z-Transformation*

4.4.8   Bilineare Transformation

Oftmals besteht die Aufgabenstellung darin, ein zeitkontinuierliches System in ein zeitdiskretes System überzuführen.

In Abschnitt 4.3.1 wurde anhand eines einfachen RC-Tiefpasses eine Lösungsmöglichkeit vorgestellt. Dabei wurde die DGL des zeitkontinuierlichen Systems in die entsprechende Differenzengleichung übergeführt. Nachteilig bei dieser Methode ist, dass
man immer über die DLG des kontinuierlichen Systems gehen und daraus die entsprechende Differenzengleichung ableiten muss, bevor man die z-Transformierte und
den Signallaufplan erhält. Ein weiterer Nachteil des in Abschnitt 4.3.1 erläuterten Ver-
fahrens ist, dass der exakte Wert der Ableitung $df(t)/dt$ einer Funktion an der Stelle
$t = \nu \cdot T_S$ nur relativ grob durch Differenzenquotienten wie $\dfrac{f((\nu + 1)T_S) - f(\nu T_S)}{T_S}$ oder
$\dfrac{f(\nu T_S) - f((\nu - 1)T_S)}{T_S}$ bestimmt ist.

Mit Hilfe der bilinearen Transformation lassen sich nicht nur zeitkontinuierliche (Über-
tragungs-) Funktionen $\underline{F}(p)$ direkt in die entsprechenden zeitdiskreten (Übertragungs-)
Funktionen $\underline{F}(z)$ überführen, auch der eben erwähnte Diskretisierungsfehler ist geringer.
Die bilineare Transformation (auch Tustin-Gleichung genannt) lautet:

$$\boxed{p \Longrightarrow \frac{2}{T_S} \cdot \frac{1 - z^{-1}}{1 + z^{-1}} = \frac{2}{T_S} \cdot \frac{z - 1}{z + 1}} \qquad (4.37)$$

Danach gelangt man von einer zeitkontinuierlichen Funktion $\underline{F}(p)$ vom Grad n zur
zeitdiskreten Funktion $\underline{F}(z)$ (ebenfalls) vom Grad n, indem man an jeder Stelle die
komplexe Frequenzvariable p durch den Term auf der rechten Seite der Gleichung (4.37)
ersetzt.

Herleitung der bilinearen Transformation

Zur Herleitung der bilinearen Transformation betrachtet man das Trapezregelverfahren
der numerischen (diskreten) Integration, das in Abbildung 4.17 skizziert ist.

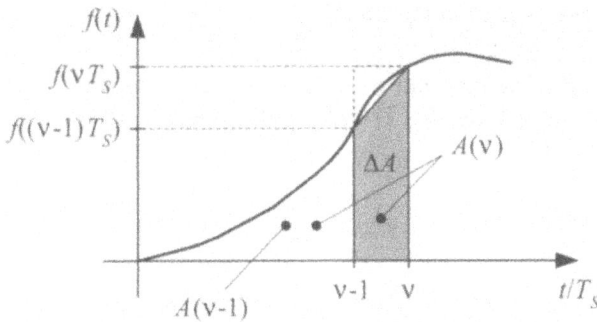

Abb. 4.17: *Numerische Integration: Flächenzuwachs nach der Trapezregel grau unterlegt; Flächenzuwachs nach der Obersummenbildung punktiert gezeichnet (entspricht der Methode aus Abschnitt 4.3.1)*

Die Fläche unter der Funktion $f(t)$ erhöht sich von $t = (\nu - 1) \cdot T_S$ bis $t = \nu \cdot T_S$ nach der Trapezregel um

$$\Delta A = A(\nu) - A(\nu - 1) = \frac{f(\nu) + f(\nu - 1)}{2} \cdot T_S \ . \tag{4.38}$$

Wird die letzte Gleichung z-transformiert, erhält man

$$\mathcal{Z}\{A(\nu)\} - \mathcal{Z}\{A(\nu - 1)\} = \frac{T_S}{2} \cdot \Big(\mathcal{Z}\{f(\nu)\} + \mathcal{Z}\{f(\nu - 1)\} \Big)$$

$$\mathcal{Z}\{A(\nu)\} \cdot (1 - z^{-1}) = \frac{T_S}{2} \cdot \mathcal{Z}\{f(\nu)\} \cdot (1 + z^{-1})$$

$$\frac{\mathcal{Z}\{A(\nu)\}}{\mathcal{Z}\{f(\nu)\}} = \frac{T_S}{2} \cdot \frac{1 + z^{-1}}{1 - z^{-1}} \ . \tag{4.39}$$

Vergleicht man das Ergebnis aus Gleichung (4.39) mit dem Integrationssatz der Laplace-Transformation

$$\int_0^t f(\tau)d\tau \quad \circ\!\!-\!\!\bullet \quad \frac{1}{p}\underline{F}(p) = \frac{1}{p}\mathcal{L}\{f(t)\} \quad \Rightarrow$$

$$\mathcal{L}\left\{ \int_0^t f(\tau)d\tau \right\} = \mathcal{L}\{A(t)\} \ = \ \frac{1}{p}\mathcal{L}\{f(t)\}$$

$$\frac{\mathcal{L}\{A(t)\}}{\mathcal{L}\{f(t)\}} \ = \ \frac{1}{p} \ , \tag{4.40}$$

ergibt sich der Zusammenhang

$$\frac{1}{p} \Longrightarrow \frac{T_S}{2} \cdot \frac{1 + z^{-1}}{1 - z^{-1}} \quad \text{bzw.} \quad p \Longrightarrow \frac{2}{T_S} \cdot \frac{1 - z^{-1}}{1 + z^{-1}} \ ,$$

der der bilinearen Transformation (4.37) entspricht.

Frequenzverzerrung der bilinearen Transformation

Zwischen den Frequenzvariablen p des kontinuierlichen Systems und der Variablen z des diskreten Systems besteht grundsätzlich ein nichtlinearer Zusammenhang. Wenn ein kontinuierliches System durch die bilineare Transformation in das entsprechende diskrete System übergeführt wird, gilt:

$$p \implies \frac{2}{T_S} \cdot \frac{z-1}{z+1}$$

$$j2\pi f \implies 2 \cdot f_S \cdot \frac{e^{j2\pi \tilde{f}/f_S} - 1}{e^{j2\pi \tilde{f}/f_S} + 1}$$

$$j2\pi f \implies 2 \cdot f_S \cdot \frac{e^{j\pi \tilde{f}/f_S} - e^{-j\pi \tilde{f}/f_S}}{e^{j\pi \tilde{f}/f_S} + e^{-j\pi \tilde{f}/f_S}}$$

$$j2\pi f \implies 2 \cdot f_S \cdot \frac{2j \cdot \sin(\pi \tilde{f}/f_S)}{2 \cdot \cos(\pi \tilde{f}/f_S)}$$

$$f \implies \frac{f_S}{\pi} \cdot \tan(\pi \tilde{f}/f_S) \tag{4.41}$$

Zur Unterscheidung der Frequenzen des kontinuierlichen und des diskreten Systems wird im Gleichungssatz (4.41) die Frequenz des diskreten Systems mit einer Tilde ($\sim$) versehen. Aus der letzten Gleichung von (4.41) erhält man die Frequenzverzerrungsgleichungen

$$\boxed{f = \frac{f_S}{\pi} \cdot \tan(\pi \tilde{f}/f_S) \quad \text{bzw.} \quad \tilde{f} = \frac{f_S}{\pi} \cdot \arctan(\pi f/f_S)} \ . \tag{4.42}$$

Achtung! Bei einer zahlenmäßigen Auswertung der Gleichung (4.42) müssen alle Frequenzumrechnungen im Bogenmaß ausgeführt werden.

Die Auswirkung der nichtlinearen Frequenzzuordnung als Folge der bilinearen Transformation ist in Abbildung 4.18 dargestellt.
Aus Abbildung 4.18 entnimmt man beispielsweise, dass eine bestimmte Eigenschaft (wie Grenzfrequenz, Dämpfung, ...), die im kontinuierlichen System bei $f = 0,25 \cdot f_S$ auftritt, im diskreten System bei $\tilde{f} = 0,212 \cdot f_S$ liegt.

Beispiel 4.8

Leiten Sie den Zusammenhang der Frequenzvariablen p und z nach dem numerischen Integrationsverfahren der Obersummenbildung her.

Lösung:
Der Flächenzuwachs mittels Obersumme liefert (vgl. Abbildung 4.17):

$$\Delta A = A(\nu) - A(\nu - 1) = f(\nu) \cdot T_S \Rightarrow$$
$$\mathcal{Z}\{A(\nu)\} \cdot (1 - z^{-1}) = T_S \cdot \mathcal{Z}\{f(\nu)\} \Rightarrow$$

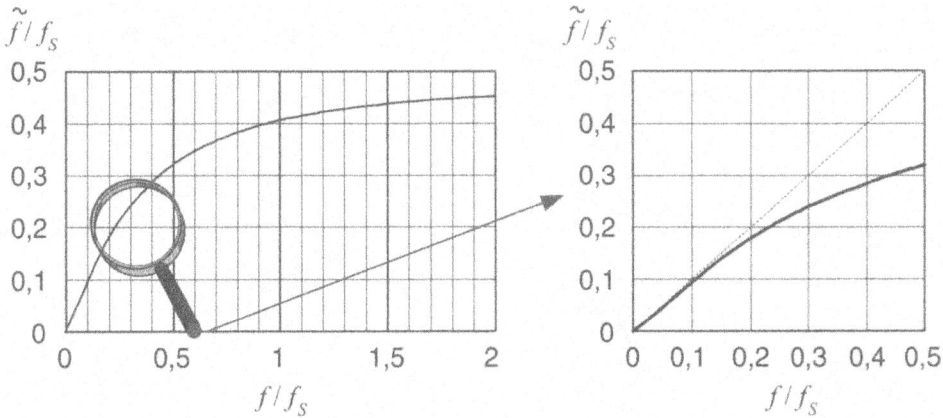

Abb. 4.18: *Frequenzverzerrungskennlinie der bilinearen Transformation*

$$\frac{\mathcal{Z}\{A(\nu)\}}{\mathcal{Z}\{f(\nu)\}} = T_S \cdot \frac{1}{1 - z^{-1}} \Rightarrow$$

$$\frac{1}{p} \Longrightarrow T_S \cdot \frac{1}{1 - z^{-1}} \text{ bzw. } p \Longrightarrow \frac{1}{T_S} \cdot (1 - z^{-1})$$

Beispiel 4.9

Ein kontinuierliches Tiefpassfilter 1. Ordnung mit der Grenzfrequenz $f_g = 1\text{kHz}$ wird mittels bilinearer Transformation in ein digitales Tiefpassfilter übergeführt. Die Abtastfrequenz f_S beträgt 5kHz. Wie groß ist die Grenzfrequenz $\tilde{f}_g$ des diskreten Filters?

Lösung:
$$\tilde{f}_g = \frac{f_S}{\pi} \cdot \arctan(\pi f_g / f_S) = 0{,}8928\text{kHz}$$

4.5 Diskrete Systeme

Die analoge Signalverarbeitung wird im Zuge der Hochintegration mehr und mehr von der digitalen Signalverarbeitung verdrängt. Dem Nachteil des höheren Schaltungsaufwandes bei digitaler Realisierung liegen viele Vorteile, wie eine höhere Genauigkeit und Reproduzierbarkeit sowie geringere Störempfindlichkeit, gegenüber.

Dieser Abschnitt gibt eine kurze Einführung zu digitalen Systemen, wobei der Schwerpunkt bei digitalen Filtern liegt.

Anwendungsbeispiel 4.10: *Digitale Signalverarbeitung*

Die Integration eines digitalen Filters in eine analoge Umgebung ist in Abbildung 4.19 schematisch dargestellt.

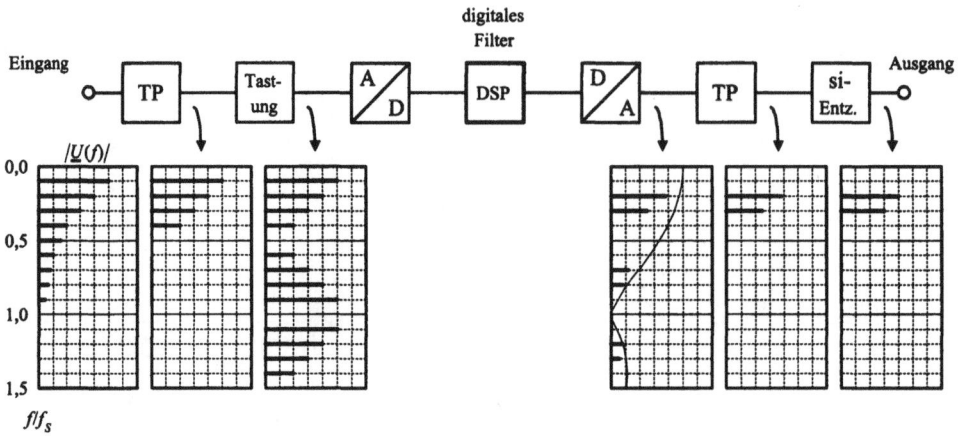

Abb. 4.19: *Realisierung eines digitalen Bandpasses in einer analogen Umgebung*

Das analoge Eingangsspannungssignal wird zur Vermeidung von Aliasing-Fehlern mittels Tiefpass zunächst auf die halbe Abtastfrequenz bandbegrenzt. Anschließend entnimmt das Abtast-Halte-Glied (*engl.: sample and hold*) den Augenblickswert des (bandbegrenzten) Eingangssignals zu den jeweiligen Abtastzeitpunkten $t = \nu \cdot T_S$ mit $\nu = 0, 1, 2, \ldots$ und hält ihn für ein Abtastintervall T_S konstant. Der Analog-Digital-Wandler setzt die zeitdiskreten Werte in digitale Signale, meist Dualzahlen, um. Ein Digitaler-Signal-Prozessor (DSP), im vorliegenden, abgebildeten Beispiel ein digitales Bandpassfilter, erzeugt die gefilterte duale Zahlenfolge.

Um sie wieder in ein analoges Signal überzuführen, wandelt der Digital-Analog-Wandler das binäre Wort in eine treppenförmige Spannung. Durch die Wandlung in ein treppenförmiges Signal wird das Spektrum mit der Gewichtsfunktion $\mathrm{si}(\pi f / f_S)$ verzerrt (vgl. Seite 369). Der Entzerrer am Ende des Blockschaltbildes wirkt dem entgegen, nachdem die Spannung zuvor mittels Tiefpass in eine zeitkontinuierliche Spannung umgewandelt worden ist.

Anwendungsbeispiel 4.11:   *Digitale Speicherung analoger Signale*

In vielen technischen Anwendungen findet lediglich eine Umwandlung analoger Signale in digitale Daten und umgekehrt statt. Oftmals werden die binären Signale, wie in Abbildung 4.20 angedeutet, auf Datenträgern zwischengespeichert.

Beispiel hierfür ist die Speicherung von Audiosignalen (z.B. Musik) auf CD (16bit, $f_S = 44,1\,\text{kHz}$). Analog zur Vorgehensweise digitaler Filter wird das Analogsignal vor der Abtastung, AD-Wandlung und Speicherung mit Hilfe eines Tiefpasses gefiltert, um Aliasing-Frequenzen im Basisband zu vermeiden. Diese Maßnahme ist speziell bei Audiosignalen für einen ungetrübten Hörgenuss unerlässlich, da mit Frequenzanteilen $f \geq f_S / 2$ vor der Abtastung aufgrund elektromagnetischer Einkopplungen, Verstärkerrauschen usw. zu rechnen ist.

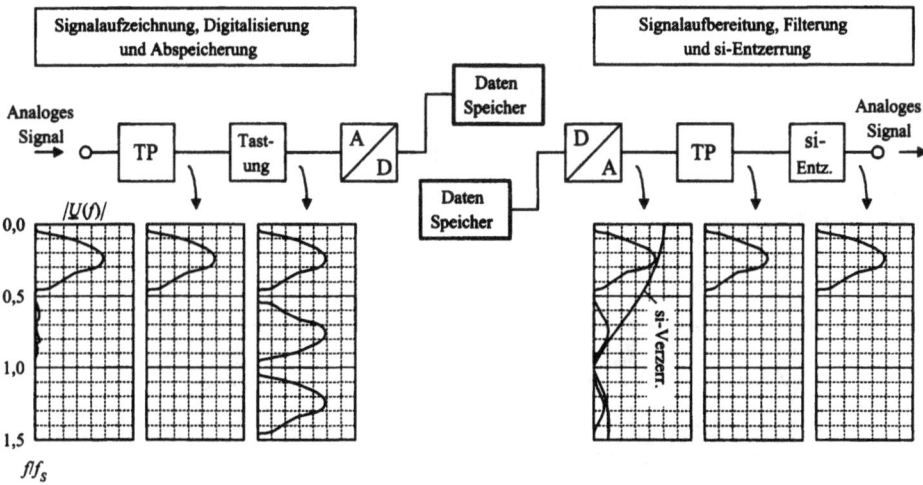

Abb. 4.20: *Digitale Aufzeichnung analoger Signale mit Zwischenspeicherung; Rückgewinnung des Analogsignals aus den digitalen Daten*

Der durch die Digitalisierung verursachte Quantisierungsfehler (bei 16bit maximal $7,6 \cdot 10^{-4}\%$ von Endwert) ist umso geringer, je mehr Binärstellen pro Abtastwert spendiert werden, und in der Praxis vernachlässigbar.

4.5.1 Grundstrukturen digitaler Filter

Die gebräuchlichste Struktur digitaler Filter zeigt Abbildung 4.21.

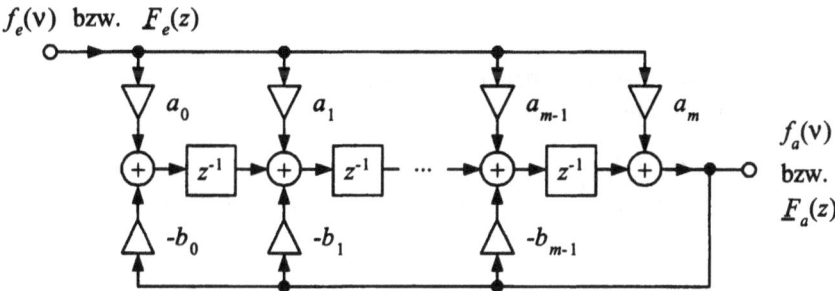

Abb. 4.21: *Digitales Filter mit verteilten Summierern*

Sie ist identisch mit der Struktur aus Abschnitt 4.3, Abbildung 4.12, wobei z^{-1} einer Zeitverzögerung um T_S entspricht. Die abgebildete Struktur hat gegenüber anderen den Vorteil, dass hier jede Multiplizierer-Akkumulator-Stufe (MAC) von der nächsten durch ein Verzögerungselement (z^{-1}) getrennt ist. So steht für diese Operationen eine ganze Taktdauer zur Verfügung.

FIR-Filter

FIR-Filter (*engl.: finite impulse response*) sind nichtrekursive Filter, bei denen die Rückkopplung entfällt. Alle Koeffizienten b_k sind Null

$$b_k = 0 \quad \text{für} \quad k = 0, 1, 2, ...(m-1)$$

und es entsteht die Struktur in Abbildung 4.22.

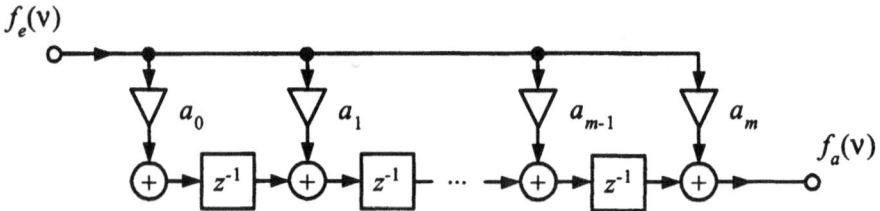

Abb. 4.22: Struktur eines FIR Filters mit verteilten Summierern

Die Bezeichnung FIR bedeutet, dass die Impulsantwort eine endliche Zeit $(m+1) \cdot T_S$ besitzt.

Durch den Wegfall der Rückkopplung vereinfacht sich auch die zugehörige Differenzengleichung

$$f_a(\nu) = a_m \cdot f_e(\nu) + ... + a_1 \cdot f_e(\nu + 1 - m) + a_0 \cdot f_e(\nu - m) \qquad (4.43)$$

bzw. die Übertragungsfunktion

$$\frac{\underline{F}_a(z)}{\underline{F}_e(z)} = a_m + a_{m-1} \cdot z^{-1} + ... + a_1 \cdot z^{-m+1} + a_0 \cdot z^{-m} \, . \qquad (4.44)$$

Aus Gleichung (4.44) folgt, dass die Gleichspannungsverstärkung ($\omega = 0 \Rightarrow z = 1$) von FIR-Filtern gleich der Summe aller Filterkoeffizienten ist.

Beispiel (Tiefpass 1. Ordnung)

Das FIR-Filter in Abbildung 4.23 stellt einen digitalen Tiefpass 1. Ordnung dar.

Die Übertragungsfunktion lautet:

$$\frac{\underline{F}_a(z)}{\underline{F}_e(z)} = \underline{A}(z) = a_1 + a_0 \cdot z^{-1} = 0,5 + 0,5 \cdot z^{-1}$$

Mit $z = e^{p \cdot T_S}$ und $p = j\omega$ wird daraus

$$\begin{aligned} \underline{A}(j\omega) &= 0,5 + 0,5 \cdot e^{-j\omega \cdot T_S} = 0,5 + 0,5 \cdot e^{-j2\pi f/f_S} \\ &= 0,5 \cdot [1 + \cos(2\pi f/f_S) - j\sin(2\pi f/f_S)] \end{aligned}$$

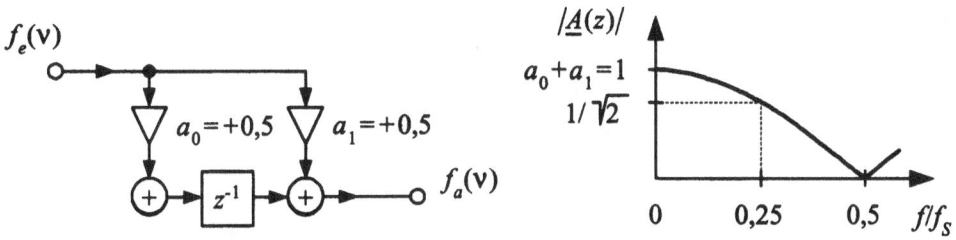

Abb. 4.23: *Digitales Tiefpassfilter 1. Ordnung*

und für den Betrag der Übertragungsfunktion erhält man nach kurzer Zwischenrechnung

$$|\underline{A}(j\omega)| = |\cos(\pi f/f_S)| \ .$$

Der Betrag der Übertragungsfunktion $|\underline{A}(j\omega)| = |\cos(\pi f/f_S)|$ ist in Abbildung 4.23 skizziert, woraus das Tiefpassverhalten deutlich wird.
Zur Ermittlung der Grenzkreisfrequenz ω_g setzt man

$$|\underline{A}(j\omega)| = |\cos(\pi f_g/f_S)| = 1/\sqrt{2}$$

und erhält daraus $\omega_g = \omega_S/4$.

Filtertabellen

Es gibt verschiedene Methoden und Algorithmen, um die Filterkoeffizienten aufzufinden. Um den Rahmen dieses Buches nicht zu sprengen, wird auf diese nicht weiter eingegangen. Für die meisten Aufgabenstellungen existieren Filtertabellen, auf die man in der Praxis zurückgreifen kann. Tabelle 4.2 stellt einen Auszug aus einer solchen Filtertabelle dar.

Grenzfrequenz $f_g = 0,25 \cdot f_S$		Tiefpass
1. Ordnung		
$a_0 = a_1 = +0,50000$		
5. Ordnung		
$a_0 = a_5 = -0,00979$	$a_1 = a_4 = +0,00979$	$a_2 = a_3 = +0,50000$
7. Ordnung		
$a_0 = a_7 = +0,00343$	$a_1 = a_6 = -0,03171$	$a_2 = a_5 = +0,03171$
$a_3 = a_4 = +0,49657$		

Tabelle 4.2: *Auszug aus einer Filtertabelle [6]*

IIR-Filter

In Gegensatz zu FIR-Filtern sind IIR-Filter rekursive Filter mit Rückkopplung. Man bezeichnet sie auch als infinite impulse response Filter, da ihre Impulsantwort (theoretisch) unendlich viele Abtastwerte besitzt. Ihre Struktur entspricht der in Abbildung 4.21, die Übertragungsfunktion lautet

$$\frac{\underline{F}_a(z)}{\underline{F}_e(z)} = \frac{a_m + a_{m-1} \cdot z^{-1} + \dots + a_1 \cdot z^{-m+1} + a_0 \cdot z^{-m}}{1 + b_{m-1} \cdot z^{-1} + \dots + b_1 \cdot z^{-m+1} + b_0 \cdot z^{-m}} \, . \tag{4.45}$$

Beim Design von IIR-Filtern bedient man sich häufig der bilinearen Transformation. Aus der Spezifikation des zu entwickelnden digitalen Filters wird aus einem Filterkatalog für analoge Filter eine passende Übertragungsfunktion in der Laplace-Darstellung herausgesucht. Anschließend wird die Übertragungsfunktion des analogen Filters mit Hilfe der bilinearen Transformation in die Z-Transformierte umgesetzt. Am Ende muss der so gewonnene digitale Filter noch auf seine Eigenschaften hin untersucht werden, da aufgrund der Frequenzverzerrung der bilinearen Transformation eine Spezifikationsverletzung nicht auszuschließen ist.

Beispiel 4.12

Die Spannungsübertragungsfunktion eines einfachen RC-Tiefpasses lautet:

$$\underline{A}_U(p) = \frac{1}{1 + pRC} \text{ mit der Polstelle } p = -1/(RC).$$

Der analoge Tiefpass soll mittels bilinearer Transformation in ein digitales Filter umgewandelt werden.

Lösung:

$$\underline{A}_U(z) = \frac{1}{1 + RC \cdot \dfrac{2}{T_S} \dfrac{1 - z^{-1}}{1 + z^{-1}}} = \frac{1 + z^{-1}}{\left(1 + \dfrac{2RC}{T_S}\right) + \left(1 - \dfrac{2RC}{T_S}\right) z^{-1}}$$

4.5.2   Bezeichnungen bei Filtern

Zur Spezifizierung von Filtern sind folgende Begriffe üblich (vgl. Abbildung 4.24):

- Durchlassgrenzfrequenz f_g oder f_{pass} ,

- Sperrgrenzfrequenz f_{stop} ,

- Taktfrequenz oder Abtastfrequenz (sampling frequency) f_S ,

- Sperrdämpfung a_{stop} ,

- Durchlassdämpfung eines Bandpasses a_{pass} ,

- Rippel im Durchlassbereich $R_p = 20 \lg \dfrac{1 + \delta_1}{1 - \delta_1}$.

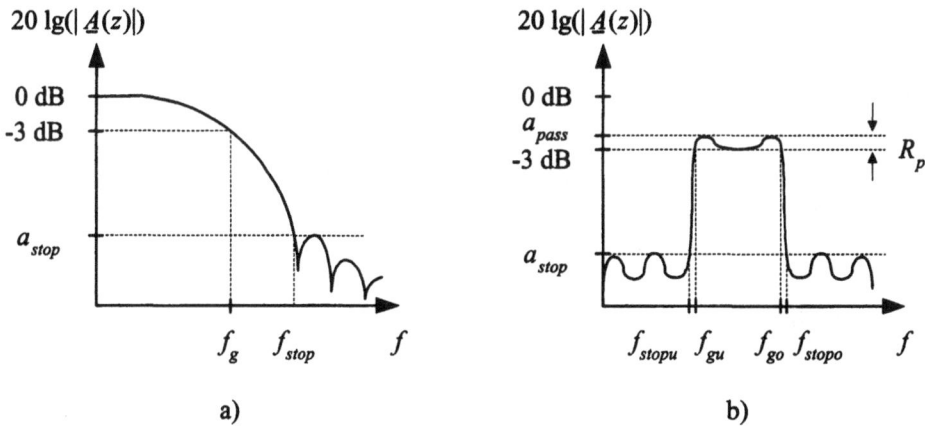

Abb. 4.24: *Grundbegriffe von Filtern: a) Tiefpass; b) Bandpass*

4.5.3 Vergleich von FIR- und IIR-Filtern

Je nach Anwendung verwendet man FIR- oder IIR-Filter, wobei die beiden Filtertypen unterschiedliche Eigenschaften besitzen (vgl. Tabelle 4.3).

Eigenschaft	FIR-Filter	IIR-Filter
Stabilität	unbedingt	bedingt
Phase	linear (bei entspr. Dimensionierung)	nichtlinear
Gruppenlaufzeit	konstant (bei entspr. Dimensionierung)	nicht konstant
Erforderliche Ordnung	hoch	niedrig
Rechenaufwand	groß	klein
Realisierbarkeit	immer	nicht immer
Filterfunktion	TP, HP, BP, BS, Multibandfilter Hilbert-Transformator, Differentiator	TP, HP, BP, BS Allpass, Integrator

Tabelle 4.3: *Vergleich von FIR- und IIR-Filtern*

4.6   Übungsaufgaben

Aufgabe 4.1

Geben Sie für die abgebildeten Spannungssignale (Abbildung 4.25) die mathematische Form an, unter Verwendung der Sprungfunktion $\varepsilon(t)$ und der zeitverschobenen Sprungfunktion $\varepsilon(t - t_0)$.

Differenzieren Sie die Spannungssignale nach der Zeit und skizzieren Sie das differenzierte Signal.

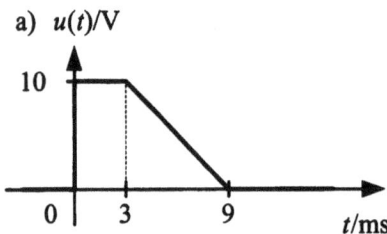

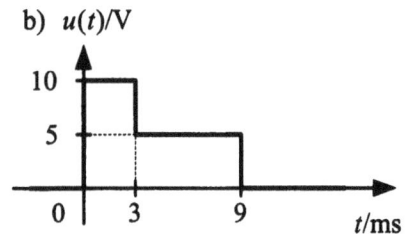

Abb. 4.25: Zeitliche Spannungssignalverläufe

Aufgabe 4.2

Das kontinuierliche Spannungssignal $u(t) = \hat{U} \cdot \cos(2\pi f t)$ wird mit der Frequenz $f_S = 80\text{kHz}$ abgetastet. Zur Signalrückgewinnung wird ein idealer Tiefpass mit einer Grenzfrequenz $f_g = 40\text{kHz}$ verwendet.

Ermitteln Sie die Frequenzen f_a am Filterausgang für die Signalfrequenzen $f = 10\text{kHz}, 20\text{kHz}, 30\text{kHz}, 50\text{kHz}, 70\text{kHz}, 110\text{kHz}$.

Aufgabe 4.3

Gegeben ist das periodische Spannungssignal $u(t) = 5\text{V} \cdot \sin(2\pi f t)$ mit $f = 10\text{kHz}$. Das Signal wird mit der Abtastfrequenz $f_S = 30\text{kHz}$ abgetastet.

a) Skizzieren Sie die Form der abgetasteten Spannung $u_\uparrow(t)$ als Funktion der Zeit t.

b) Berechnen Sie die komplexen Fourier-Koeffizienten $\tilde{c}_n$ und skizzieren Sie das Betragsspektrum.

c) Wie kann das ursprüngliche, kontinuierliche Signal $u(t)$ rückgewonnen werden?

Aufgabe 4.4

Berechnen Sie die Fourier-Transformierte $\underline{\tilde{U}}(f)$ des abgebildeten, nichtperiodischen, diskreten Signals $u(\nu)$ (Abbildung 4.26).

Skizzieren Sie für $T_S = 1/f_S = 1\mu s$ den Betragsverlauf von $\underline{\tilde{U}}(f)$ im Bereich $-1\text{MHz} \le f \le 4\text{MHz}$.

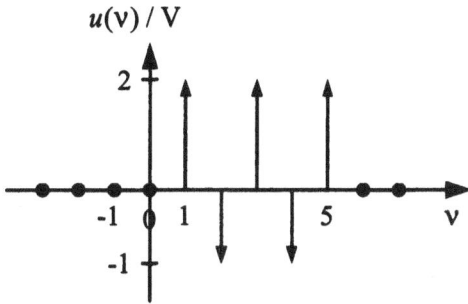

Abb. 4.26: Abtastwerte eines nichtperiodischen Signals $u(t)$

Aufgabe 4.5

Die Spannung $u(t)$ ist bandbegrenzt und ist durch das abgebildete Spektrum $\underline{U}(f)$ (Abbildung 4.27) charakterisiert.

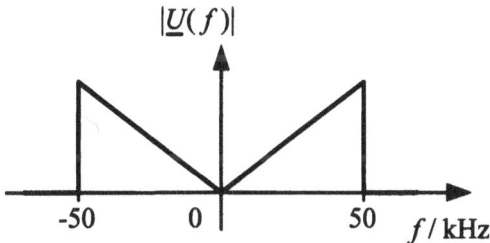

Abb. 4.27: Spektrum eines bandbegrenzten Signals

a) Ist die Spannung $u(t)$ periodisch?

b) Skizzieren Sie das Spektrum $|\underline{\tilde{U}}_1(f)|$ nach einer Abtastung mit $f_{S1} = 150\text{kHz}$ im Bereich $-200\text{kHz} \le f \le 200\text{kHz}$.

c) Ist das Abtasttheorem erfüllt? Wenn ja, skizzieren Sie den Frequenzgang eines Tiefpassfilters mit minimalem Schaltungsaufwand, das eine exakte Signalrückgewinnung ermöglicht.

d) Die Abtastfrequenz wird nun auf $f_{S2} = 75\text{kHz}$ verringert. Skizzieren Sie nun das Spektrum $|\tilde{\underline{U}}_2(f)|$ im Bereich $-200\text{kHz} \leq f \leq 200\text{kHz}$.

e) Ist das Abtasttheorem erfüllt? Markieren Sie spektrale Überlappungen, falls diese auftreten.

Aufgabe 4.6

Abbildung 4.28 zeigt die Spannung
$$u(t) = 1,4\text{V} \cdot \cos(2\pi \cdot 12\text{kHz} \cdot t + 60°) + 0,7\text{V} \cdot \cos(2\pi \cdot 20\text{kHz} \cdot t - 30°).$$

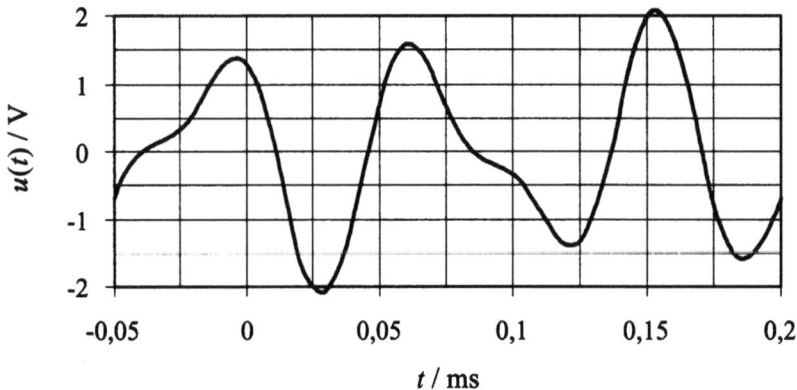

Abb. 4.28: Signal $u(t)$

a) Nach welcher Zeit T wiederholt sich die Zeitfunktion $u(t)$?

b) Skizzieren Sie das Betragsspektrum der komplexen Fourier-Reihe.

c) $u(t)$ wird nun mit der Frequenz $f_S = 50\text{kHz}$ abgetastet. Zeichnen Sie nun in Abbildung 4.28 die Abtastwerte der Funktion $u(\nu)$ ein.

d) Skizzieren Sie das Betragsspektrum des abgetasteten Signals.

e) Die Folge $u(\nu)$ wird mit einem Hann-Fenster der Breite $N = 10$ bewertet. Tragen Sie die Fensterfunktion $w(t)$ (Hann-Fenster) und das gewichtete Signal $u(\nu) \cdot w(\nu)$ in Abbildung 4.28 ein.

Aufgabe 4.7

Gegeben ist die Differenzengleichung $a(\nu) = \frac{1}{3}\left[e(\nu) + e(\nu - 1) + e(\nu - 2)\right]$.

a) Wie lautet die zugehörige Übertragungsfunktion $\dfrac{A(z)}{E(z)} = \underline{F}(z)$?

b) Werten Sie $\underline{F}(z)$ für physikalische Kreisfrequenzen ω aus.

Aufgabe 4.8

Ermitteln Sie aus den Partialbruchzerlegungen der Funktionen $\underline{F}(z)$ die Folgen $f(\nu)$ mit $\nu = 0, 1, 2, 3, ...$ durch Rücktransformation.

a) $\underline{F}(z) = \dfrac{2z}{z-1} + \dfrac{5}{z-1} + \dfrac{3z}{z-0,5} + \dfrac{4}{(z-1)^2}$

b) $\underline{F}(z) = \dfrac{1,4142z^{-1}}{0,5 - 0,5657z^{-1} + 0,32z^{-2}}$

Aufgabe 4.9

Ermitteln Sie aus den Folgen $f(\nu)$ ($\nu \geq 0$) die Bildungsgesetze und berechnen Sie die zugehörigen Bildfunktionen $\underline{F}(z)$.

a) $f(\nu) = \{5; 4; 3; 2; 1; 0; -1; -2; ...\}$

b) $f(\nu) = \{5; 1; 5; 1; 5; 1; 5; 1; ...\}$

c) $f(\nu) = \{10; 9; 8, 1; 7, 29; 6, 561; ...\}$

Aufgabe 4.10

Gegeben ist eine einfache RC-Tiefpass Schaltung (Abbildung 4.29).

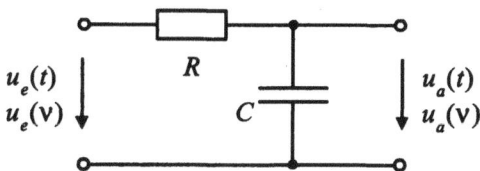

Abb. 4.29: RC-Tiefpass 1. Ordnung

a) Stellen Sie die Übertragungsfunktion $\underline{U}_a(p)/\underline{U}_e(p)$ auf.

b) Leiten Sie aus den Ergebnissen von a) die Differentialgleichung für die Ausgangsspannung her.

c) Stellen Sie nun die Differenzengleichung für die Kondensatorspannung $u_a(\nu)$ auf (Vorgehen wie unter Abschnitt 4.3).

d) Geben Sie die z-Transformierte der Übertragungsfunktion $\underline{U}_a(z)/\underline{U}_e(z)$ an.

e) Skizzieren Sie die Struktur der Differenzengleichung in einem Flussdiagramm.

f) Geben Sie die Folge $u_a(\nu)$ für $1/(RCf_S) = 0,25$ (bis $\nu = 10$) an und vergleichen Sie das Ergebnis mit dem zeitkontinuierlichen Verlauf $u_a(t)$ indem Sie Ihre Ergebnisse skizzieren. Am Eingang liegt ein Einheitssprung an.

g) Werten Sie den Betrag der Übertragungsfunktion $|\underline{U}_a(z)/\underline{U}_e(z)|$ für technische Frequenzen f aus $(1/(RCf_S) = 0,25)$, vergleichen Sie das Ergebnis mit dem Betrag der Übertragungsfunktion $|\underline{U}_a(p)/\underline{U}_e(p)|$ für $p = j2\pi f$ und skizzieren Sie Ihre Ergebnisse.

h) Berechnen Sie die Punkte d)–g) nochmal mit Hilfe der bilinearen Transformation für $1/(RCf_S) = 0,25$.

Aufgabe 4.11

Gegeben ist die skizzierte Struktur eines zeitdiskreten Systems (Abbildung 4.30). Eingangsseitig liegt die Folge $f_e(\nu) = \{1; 1; 1; ...\}$ für $\nu = 0, 1, 2, ...$ an. Die Anfangswerte sind $f_a(-2) = f_a(-1) = 0$.

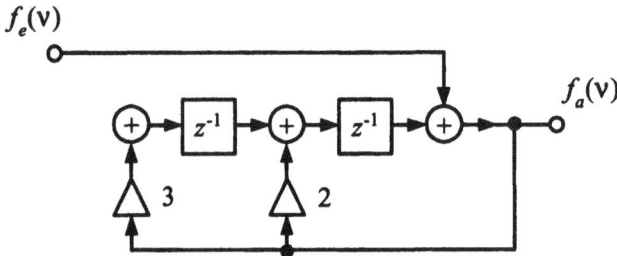

Abb. 4.30: Signallaufplan

a) Stellen Sie die Differenzengleichung für das System auf.

b) Berechnen Sie die Werte $f_a(\nu)$ für $\nu = 0, 1, ..., 5$.

c) Welche Änderungen für a) und b) ergeben sich für die Anfangsbedingungen $f_a(-2) = 3$ und $f_a(-1) = 2$?

Aufgabe 4.12

Gegeben ist die Übertragungsfunktion eines digitalen Systems:

$$\underline{A}_U(z) = \frac{0,2452 - 0,2452 \cdot z^{-2}}{1 - 1,2841 \cdot z^{-1} + 0,5095 \cdot z^{-2}}$$

Die Abtastfrequenz ist $f_S = 1\text{kHz}$.

a) Beschreiben Sie das System (FIR- oder IIR-Filter, TP, HP, BP, BS).

b) Ermitteln Sie die Pol- und Nullstellen und zeichnen Sie einen Pol- und Null-stellenplan. Ist das System stabil?

c) Wie lautet die Produktform der Übertragungsfunktion?

d) Wie lautet die zugehörige Differenzengleichung?

e) Zeichnen Sie das Signalflussdiagramm.

Aufgabe 4.13

Gegeben ist die Differenzengleichung eines zeitdiskreten Systems

$$f_a(\nu) - 0,5 \cdot f_a(\nu - 1) + 0,25 \cdot f_a(\nu - 2) = f_e(\nu) .$$

a) Wie lautet die Übertragungsfunktion?

b) Ermitteln Sie die Pol- und Nullstellen und zeichnen Sie einen Pol- und Null-stellenplan.

c) Ist das System stabil?

d) Ist das System kausal?

e) Zeichnen Sie das Signalflussdiagramm.

Aufgabe 4.14

Am Eingang eines LTI-Netzwerks mit der Übertragungsfunktion

$$\underline{\ddot{U}}(z) = \frac{2 - 0,5 \cdot z^{-1} - 0,5 \cdot z^{-2}}{1 + 0,5 \cdot z^{-1} - 0,5 \cdot z^{-2}}$$

liegt eine abgetastete Sprungfunktion der Höhe 3 an.

a) Berechnen Sie die Bildfunktion des Ausgangssignals $\underline{F}_a(z)$.

b) Führen Sie eine PBZ von $\underline{F}_a(z)$ durch und berechnen Sie die Folge $f_a(\nu)$ für $\nu = 0, 1, ..., 5$ durch Rücktransformation von $\underline{F}_a(z)$ mit Tabellen.

c) Berechnen Sie per Polynomdivision aus $\underline{F}_a(z)$ die Folge $f_a(\nu)$ für $\nu = 0, 1, ..., 5$.

d) Berechnen Sie $f_a(\nu)$ für $\nu = 0, 1, ..., 5$ durch Rekursion aus der Differenzen-gleichung.

Aufgabe 4.15

Designen Sie einen digitalen Sinusgenerator mit der Signalfrequenz $f = 1\text{kHz}$. Die Taktfrequenz ist $f_S = 8\text{kHz}$.
Zeichnen Sie die Schaltung in Form eines Signallaufplans und zeichnen Sie die Signalwerte für $\nu = 0, 1, 2, ..., 16$.
Wie lässt sich die zeitliche Auflösung erhöhen?

Aufgabe 4.16

Ein analoger Butterworth-Tiefpass 2. Ordnung mit der Übertragungsfunktion

$$\underline{A}(p) = \frac{1}{1 + \sqrt{2} \cdot p/\omega_g + (p/\omega_g)^2}$$

und der Grenzfrequenz $f_g = 20\text{kHz}$ soll als digitales Filter mit der Taktfrequenz $f_S = 100\text{kHz}$ realisiert werden.

a) Ermitteln Sie die Übertragungsfunktion $\underline{A}(z)$ durch Anwendung der bilinearen Transformation auf $\underline{A}(p)$.

b) Welche Grenzfrequenz $\tilde{f}_g$ ergibt sich für den digitalen Tiefpass nach a)?

c) Die Grenzfrequenz des digitalen Filters soll $\tilde{f}_g = 20\text{kHz}$ betragen. Wie lauten die Filterkoeffizienten für diesen Fall?

4.7   Lösungen

Aufgabe 4.1

Skizze zu den abgeleiteten Funktionen siehe Abbildung 4.31!
Hinweis: Die Ableitung der Einheitssprungfunktion $\varepsilon(t)$ ergibt die Dirac-Funktion $\delta(t)$. Man bezeichnet diese mathematische Operation wegen ihrer Ausnahmestellung als verallgemeinerte Ableitung und schreibt statt $d\varepsilon(t)/dt$ oft $D\varepsilon(t) = \delta(t)$.

a) $u(t) = \left(10\varepsilon(t) - \dfrac{10}{6} \cdot (t/\text{ms} - 3) \cdot \varepsilon(t - 3\text{ms}) + \dfrac{10}{6} \cdot (t/\text{ms} - 9) \cdot \varepsilon(t - 9\text{ms})\right)\text{V}$

$\dot{u}(t) = 10\delta(t)\text{V} + \left(-\dfrac{10}{6} \cdot \varepsilon(t - 3\text{ms}) + \dfrac{10}{6} \cdot \varepsilon(t - 9\text{ms})\right)\text{V/ms}$

b) $u(t) = [10\varepsilon(t) - 5\varepsilon(t - 3\text{ms}) - 5\varepsilon(t - 9\text{ms})]\text{V}$

$\dot{u}(t) = [10\delta(t) - 5\delta(t - 3\text{ms}) - 5\delta(t - 9\text{ms})]\,\text{V}$

Bemerkung: $\delta(t)$ hat die Einheit 1/s!

a) *du(t)/dt* in V/ms

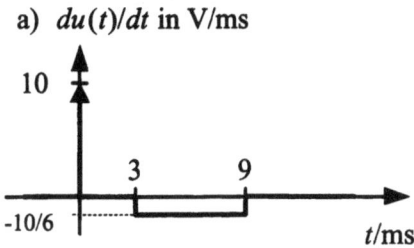

b) *du(t)/dt* in V/ms

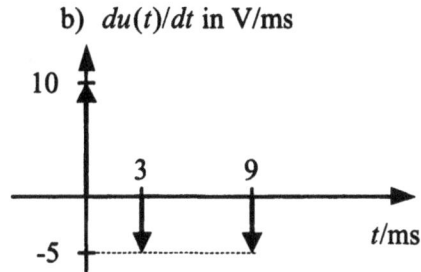

Abb. 4.31: Lösung zu Aufgabe 4.1

Aufgabe 4.2

Durch Abtastung entstehen die Frequenzen $f_d = \pm f_k \pm m \cdot f_S$ mit $m = 0, \pm 1, \pm 2, \dots$.
Mit f_d sind die Frequenzen des beidseitigen Spektrums nach der Abtastung gemeint, während f_k die Frequenzen des zeitkontinuierlichen Signals bezeichnen.

Bei den Frequenzen $f = f_k = 10\text{kHz}$, 20kHz und 30kHz ist das Abtasttheorem erfüllt. $\Rightarrow f_a = f = 10\text{kHz}$, 20kHz und 30kHz.
Bei den Frequenzen $f = f_k = 50\text{kHz}$, 70kHz und 110kHz ist das Abtasttheorem nicht erfüllt. $\Rightarrow f_a = 30\text{kHz}$, 10kHz und 30kHz.

Aufgabe 4.3

a) Lösung siehe Abbildung 4.32.

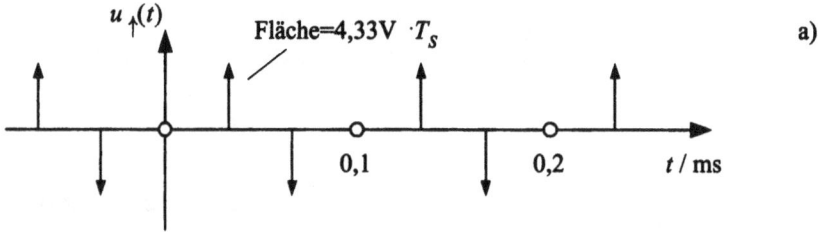

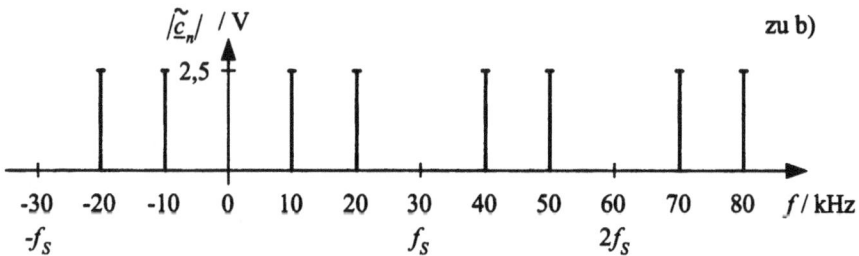

Abb. 4.32: Abgetastete Spannung mit zugehörigem Frequenzspektrum

b) $\tilde{\underline{c}}_n = \dfrac{1}{3} \displaystyle\sum_{\nu=0}^{2} u(\nu) \cdot e^{-jn\nu 2\pi/3} \Rightarrow$

$\tilde{\underline{c}}_0 = \dfrac{1}{3} \displaystyle\sum_{\nu=0}^{2} u(\nu) \cdot 1 = \dfrac{1}{3} \cdot [0 + 5 \cdot \sin(2\pi/3) + 5 \cdot \sin(4\pi/3)]\mathrm{V} = 0\mathrm{V}$

$\tilde{\underline{c}}_1 = \dfrac{1}{3} \displaystyle\sum_{\nu=0}^{2} u(\nu) \cdot e^{-j\nu 2\pi/3}$

$\quad = \dfrac{1}{3} \cdot [0 + 5 \cdot \sin(2\pi/3) \cdot e^{-j\cdot 1 \cdot 2\pi/3} + 5 \cdot \sin(2\pi \cdot 2/3) \cdot e^{-j\cdot 2 \cdot 2\pi/3}]\mathrm{V} = -j \cdot 2,5\mathrm{V}$

$\tilde{\underline{c}}_2 = \dfrac{1}{3} \displaystyle\sum_{\nu=0}^{2} u(\nu) \cdot e^{-j\cdot 2 \cdot \nu 2\pi/3}$

$\quad = \dfrac{1}{3} \cdot [0 + 5 \cdot \sin(2\pi/3) \cdot e^{-j\cdot 2 \cdot 1 \cdot 2\pi/3} + 5 \cdot \sin(2\pi \cdot 2/3) \cdot e^{-j\cdot 2 \cdot 2 \cdot 2\pi/3}]\mathrm{V} = j \cdot 2,5\mathrm{V}$

Einfachere Lösung: $\tilde{\underline{c}}_2 = \tilde{\underline{c}}_{-1} = \tilde{\underline{c}}_1^* = j \cdot 2,5\mathrm{V}$

$\tilde{\underline{c}}_n = \tilde{\underline{c}}_{n\pm k\cdot 3}$ $(k \in \mathbb{N})$ und $\tilde{\underline{c}}_{-n} = \tilde{\underline{c}}_n^*$

Frequenzspektrum siehe Abbildung 4.32.

c) Rückgewinnung des kontinuierlichen Signals $u(t)$ aus dem abgetasteten Signal $u(\nu)$ durch Tiefpassfilterung mit einer Grenzfrequenz von $10\mathrm{kHz} < f_g < 20\mathrm{kHz}$.

Aufgabe 4.4

$$\tilde{U}(f) = \int_{-\infty}^{\infty} u_{\uparrow}(\nu) \cdot e^{-j\omega t} dt \Rightarrow$$

$$\tilde{U}(f) = T_S \cdot (2\text{V} \cdot e^{-j\omega T_S} - 1\text{V} \cdot e^{-j2\omega T_S} + 2\text{V} \cdot e^{-j3\omega T_S} - 1\text{V} \cdot e^{-j4\omega T_S} + 2\text{V} \cdot e^{-j5\omega T_S})$$

$$\tilde{U}(f) = T_S \cdot e^{-j3\omega T_S} \cdot (2\text{V} \cdot e^{j2\omega T_S} - 1\text{V} \cdot e^{j\omega T_S} + 2\text{V} - 1\text{V} \cdot e^{-j\omega T_S} + 2\text{V} \cdot e^{-j2\omega T_S})$$

$$\tilde{U}(f) = 2\text{V} \cdot T_S \cdot e^{-j3\omega T_S} \cdot [1 - \cos(\omega T_S) + 2\cos(2\omega T_S)]$$

$$|\tilde{U}(f)| = 2\text{V} \cdot T_S \cdot |1 - \cos(\omega T_S) + 2\cos(2\omega T_S)|$$

Betragsspektrum siehe Abbildung 4.33.

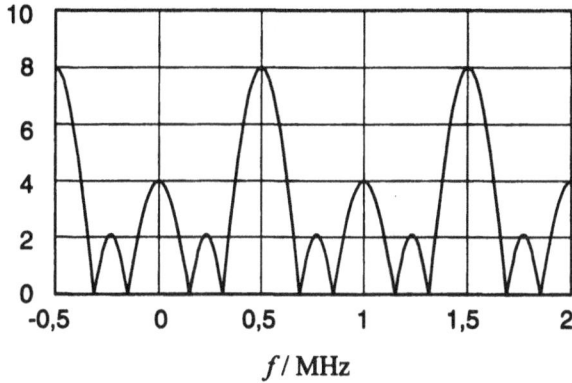

Abb. 4.33: Kontinuierliches, periodisches Frequenzdichtespektrum bei diskreten, nichtperiodischen Signalen

Aufgabe 4.5

a) Die Spannung $u(t)$ ist nicht periodisch, da das Frequenzspektrum kontinuierlich ist!

b) Lösung siehe Abbildung 4.34.

c) Das Abtasttheorem ist erfüllt, da $f_S = 150\text{kHz} > 2 \cdot f_{max} = 100\text{kHz}$. Frequenzgang des Tiefpasses siehe Abbildung 4.34.

d) Lösung siehe Abbildung 4.34.

e) Das Abtasttheorem ist nicht erfüllt, da $f_S = 75\text{kHz} < 2 \cdot f_{max} = 100\text{kHz}$. Überlappungen sind deutlich zu sehen!

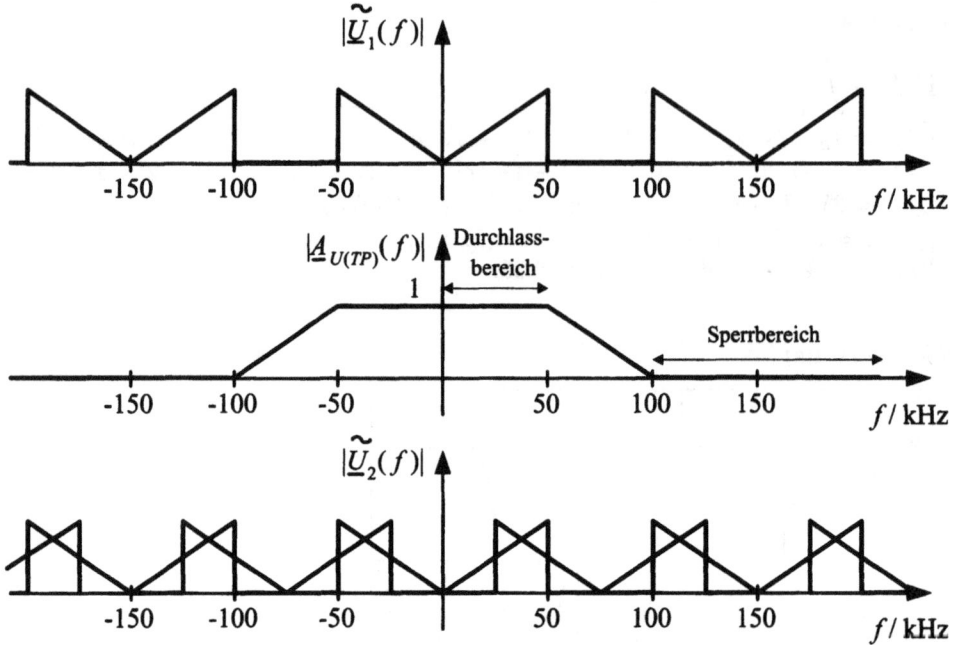

Abb. 4.34: *Lösung zu Aufgabe 4.5 b)–d)*

Aufgabe 4.6

a) $f = f_1/n_1 = f_2/n_2$ mit n_1, n_2 ganzzahlig und teilerfremd!
$f = 12\text{kHz}/3 = 20\text{kHz}/5 = 4\text{kHz} \Rightarrow T = 250\mu s$

b) $\hat{U}_1 = 1,4\text{V} \Rightarrow |\underline{c}_1| = 0,7\text{V}$
$\hat{U}_2 = 0,7\text{V} \Rightarrow |\underline{c}_2| = 0,35\text{V}$
Lösung vgl. Abbildung 4.35 (durchgezogene Linien).

c) Lösung vgl. Abbildung 4.35.

d) Lösung vgl. Abbildung 4.35 (durchgezogene und gestrichelte Linien).

e) Lösung vgl. Abbildung 4.35.

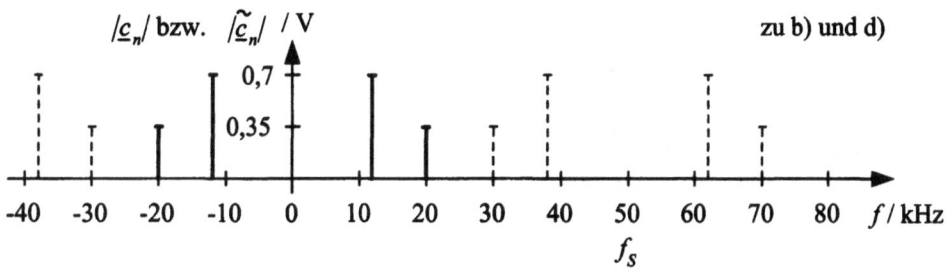

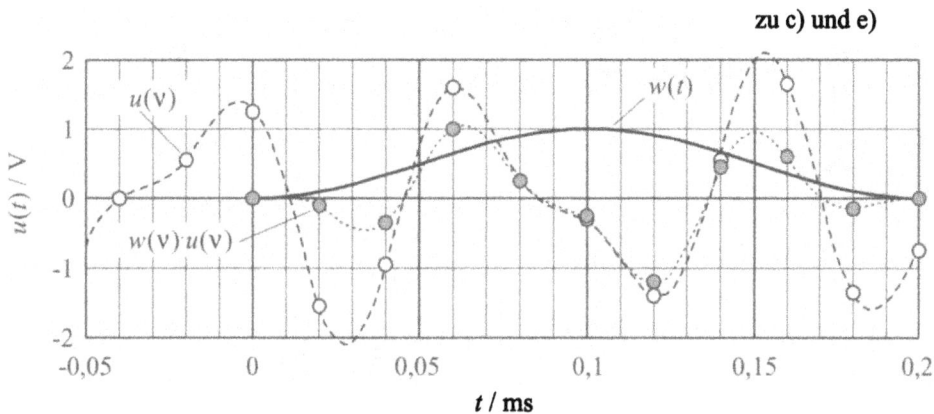

Abb. 4.35: Lösung zu Aufgabe 4.6

Aufgabe 4.7

a) $F(z) = \dfrac{1 + z^{-1} + z^{-2}}{3}$

b) z^{-1} wird ersetzt durch e^{-pT_S} bzw. $e^{-j\omega T_S}$:

$$F(\omega) = \frac{1}{3} \cdot \left(1 + e^{-j\omega T_S} + e^{-j2\omega T_S}\right) \Rightarrow$$

$$F(\omega) = \frac{1}{3} \cdot [1 + \cos(\omega T_S) - j\sin(\omega T_S) + \cos(2\omega T_S) - j\sin(2\omega T_S)]$$

Nach weiterer Umformung ergibt sich:

$$F(\omega) = \frac{1}{3} \cdot [1 + \cos(\omega T_S)] \cdot [\cos(\omega T_S) - j\sin(\omega T_S)]$$

Aufgabe 4.8

a) $f(\nu) = 2 \cdot \varepsilon(\nu) + 5 \cdot \varepsilon(\nu - 1) + 3 \cdot 0, 5^\nu + 4 \cdot (\nu - 1)$

b) $\underline{F}(z) = \dfrac{2 \cdot 1,4142z}{z^2 - 2 \cdot 0,5657z^1 + 2 \cdot 0,32}$

Aus einer Mathematik-Formelsammlung entnimmt man:

$$\mathcal{Z}\{e^{\alpha\nu} \cdot \sin(\beta\nu)\} = \frac{ze^\alpha \sin\beta}{z^2 - 2ze^\alpha \cos\beta + e^{2\alpha}} \Rightarrow$$

$0,64 = e^{2\alpha} \Rightarrow \alpha = -0,22314$

$1,1314 = 2e^\alpha \cos\beta \Rightarrow \beta = 45°$

$2,8284 = k \cdot e^\alpha \sin\beta$ mit $k =$ konstant $\Rightarrow k = 5,0$

Es ergibt sich die Folge:

$f(\nu) = 5 \cdot e^{-0,22314 \cdot \nu} \cdot \sin(\nu \cdot 45°) = 5 \cdot 0,8^\nu \cdot \sin(\nu \cdot 45°)$

Aufgabe 4.9

a) $f(\nu) = 5 \cdot \varepsilon(\nu) - \nu \Rightarrow \underline{F}(z) = \dfrac{5z}{z-1} - \dfrac{z}{(z-1)^2}$

b) $f(\nu) = 3 \cdot \varepsilon(\nu) + 2 \cdot (-1)^\nu \Rightarrow \underline{F}(z) = \dfrac{3z}{z-1} + \dfrac{2z}{z+1}$

c) $f(\nu) = 10 \cdot (0,9)^\nu \Rightarrow \underline{F}(z) = \dfrac{10z}{z-0,9}$

Aufgabe 4.10

a) $\dfrac{\underline{U}_a(p)}{\underline{U}_e(p)} = \dfrac{1}{1 + pCR}$

b) $\dfrac{du_a(t)}{dt} + \dfrac{1}{RC}u_a(t) = \dfrac{1}{RC}u_e(t)$

c) $\dfrac{u_a(\nu) - u_a(\nu - 1)}{T_S} + \dfrac{1}{RC}u_a(\nu - 1) = \dfrac{1}{RC}u_e(\nu - 1) \Rightarrow$

$u_a(\nu) + \left(\dfrac{T_S}{RC} - 1\right) u_a(\nu - 1) = \dfrac{T_S}{RC}u_e(\nu - 1)$

d) $\dfrac{\underline{U}_a(z)}{\underline{U}_e(z)} = \dfrac{T_S/(RC) \cdot z^{-1}}{1 + [T_S/(RC) - 1]z^{-1}}$

e) Lösung siehe Abbildung 4.36.

f) $u_a(\nu) = 0; 0,25; 0,4375; 0,578125; 0,6836; \ldots$

Skizze von $u_a(\nu)$ und $u_a(t)$ siehe Abbildung 4.37.

$u_a(t) = 1 - e^{-t/(RC)} \quad (= 1 - e^{-\nu \cdot 0,25})$

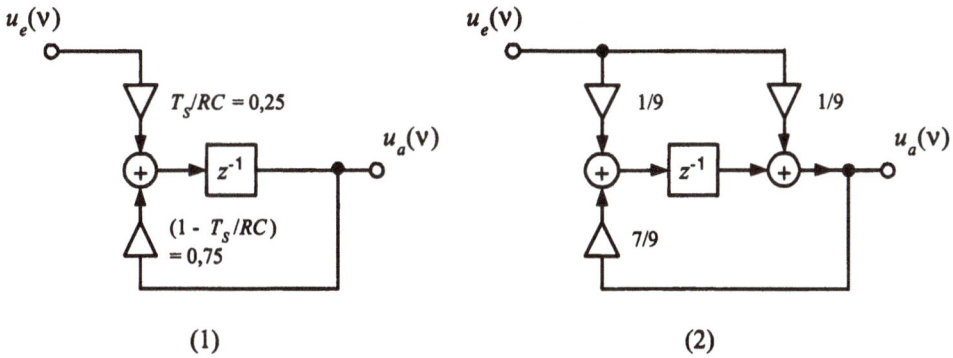

Abb. 4.36: *(1) Lösung zu Aufgabe 4.10e); (2) Lösung zu Aufgabe 4.10h)*

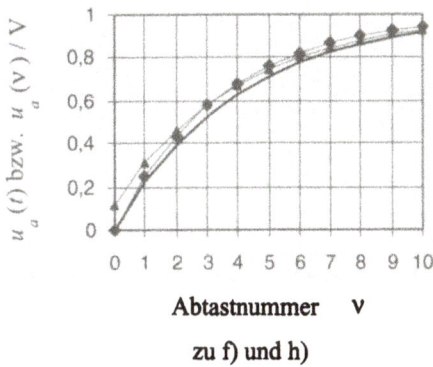

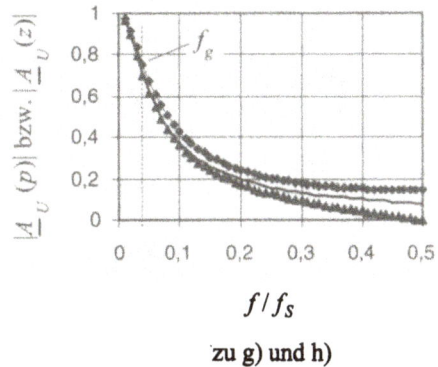

Abb. 4.37: *Lösung zu Aufgabe 4.10; (—) kontinuierliches System; (◇) diskretes System; (△) diskretes System (bilineare Transformation)*

g) $\dfrac{U_a(z)}{U_e(z)} = \underline{A}_U(z) = \dfrac{0,25}{z - 0,75} = \dfrac{0,25}{\cos(2\pi f/f_S) + j\sin(2\pi f/f_S) - 0,75}$

$|\underline{A}_U(z)| = \dfrac{0,25}{\sqrt{[\cos(2\pi f/f_S) - 0,75]^2 + \sin^2(2\pi f/f_S)}}$

$\left|\dfrac{U_a(p)}{U_e(p)}\right| = |\underline{A}_U(p)| = \dfrac{1}{\sqrt{1 + (2\pi f CR)^2}}$ mit $p = j2\pi f$

Skizze siehe Abbildung 4.37.

h) $\dfrac{U_a(z)}{U_e(z)} = \dfrac{1}{1 + \dfrac{2}{T_S}\dfrac{z-1}{z+1} \cdot RC} = \dfrac{1}{1 + 8\dfrac{z-1}{z+1}} = \dfrac{1/9 + 1/9 \cdot z^{-1}}{1 - 7/9 \cdot z^{-1}}$

Flussdiagramm siehe Abbildung 4.36.

$u_a(\nu) = 0,1111; 0,3086; 0,4623; 0,5828; 0,6747; \ldots$

Skizze von $u_a(\nu)$ siehe Abbildung 4.37.

$$\frac{\underline{U}_a(z)}{\underline{U}_e(z)} = \frac{1/9 \cdot z + 1/9}{z - 7/9} = \frac{1/9[\cos(2\pi f/f_S) + j\sin(2\pi f/f_S)] + 1/9}{\cos(2\pi f/f_S) + j\sin(2\pi f/f_S) - 7/9}$$

$$\left|\frac{\underline{U}_a(z)}{\underline{U}_e(z)}\right| = |\underline{A}_U(z)| = \frac{1/9\sqrt{[\cos(2\pi f/f_S) + 1]^2 + \sin^2(2\pi f/f_S)}}{\sqrt{[\cos(2\pi f/f_S) - 7/9]^2 + \sin^2(2\pi f/f_S)}}$$

Aufgabe 4.11

a) $f_a(\nu) = f_e(\nu) + 2 \cdot f_a(\nu - 1) + 3 \cdot f_a(\nu - 2)$

b) $f_a(\nu) = \{1; 3; 10; 30; 91; 273\}$ mit $\nu = 0, 1, ..., 5$

c) $f_a(\nu) = \{14; 35; 113; 332; 1004; 3005\}$ mit $\nu = 0, 1, ..., 5$

Aufgabe 4.12

a) IIR-Filter
   Bandpasscharakter wegen $|\underline{A}_U(z)| = 0$ für $f = 0$ und $|\underline{A}_U(z)| = 0$ für $f = f_S/2$

b) Nullstellen: $z_{01} = 1$; $z_{02} = -1$
   Polstellen: $z_{p1} = 0,642 + 0,311j$; $z_{p2} = 0,642 - 0,311j$
   Pol- und Nullstellenplan siehe Abbildung 4.38. System ist stabil, da alle Pole innerhalb des Einheitskreises liegen ($|z_{p1}| = |z_{p2}| < 1$).

c) $\underline{A}_U(z) = 0,2452 \cdot \dfrac{(z - 1) \cdot (z + 1)}{(z - 0,642 - 0,311j) \cdot (z - 0,642 + 0,311j)}$

d) $u_a(\nu) = 1,2841 \cdot u_a(\nu-1) - 0,5095 \cdot u_a(\nu-2) + 0,2452 \cdot u_e(\nu) - 0,2452 \cdot u_e(\nu-2)$

e) Signalflussdiagramm siehe Abbildung 4.38.

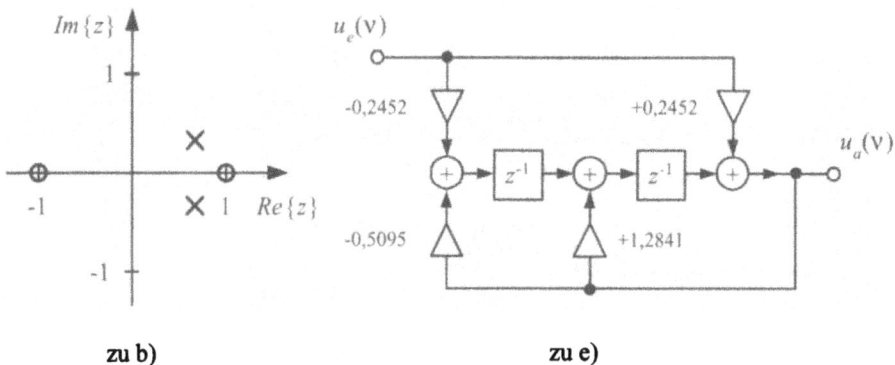

zu b)   zu e)

Abb. 4.38: *Lösung zu Aufgabe 4.12*

Aufgabe 4.13

a) $\underline{\ddot{U}}(z) = \dfrac{\underline{F}_a(z)}{\underline{F}_e(z)} = \dfrac{1}{1 - 0,5z^{-1} + 0,25z^{-2}} = \dfrac{z^2}{z^2 - 0,5z + 0,25}$

b) Nullstellen: $z_{01} = 0$; $z_{02} = 0$
   Polstellen: $z_{p1} = 0,25(1 + \sqrt{3}j)$; $z_{p2} = 0,25(1 - \sqrt{3}j)$
   Pol- und Nullstellenplan siehe Abbildung 4.39.

c) Das System ist stabil, da alle Pole innerhalb des Einheitskreises liegen.

d) Das System ist kausal. Dies ergibt sich aus der Differenzengleichung! Es kommen keine Faktoren $f_e(\nu + k)$ mit $k = +1, +2, +3, \ldots$ vor.

e) Signalflussdiagramm siehe Abbildung 4.39.

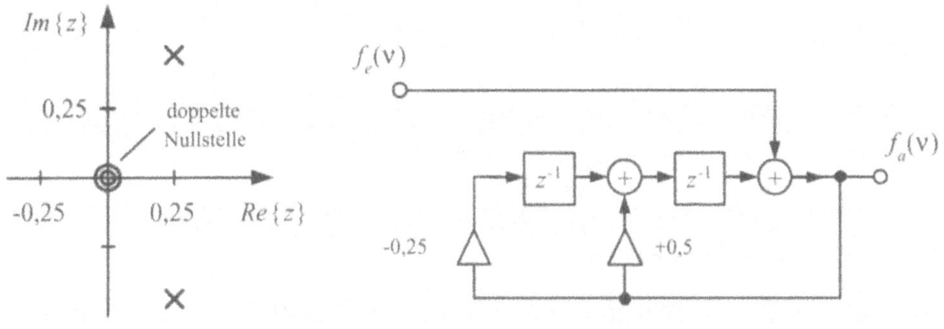

zu b)   zu e)

Abb. 4.39: Lösung zu Aufgabe 4.13

Aufgabe 4.14

a) $\underline{F}_e(z) = \dfrac{3z}{z - 1}$ und $\underline{F}_a(z) = \underline{F}_e(z) \cdot \underline{\ddot{U}}(z) \Rightarrow$

$\underline{F}_a(z) = \dfrac{3z}{z - 1} \cdot \dfrac{2 - 0,5 \cdot z^{-1} - 0,5 \cdot z^{-2}}{1 + 0,5 \cdot z^{-1} - 0,5 \cdot z^{-2}}$ bzw.

$\underline{F}_a(z) = \dfrac{6 - 1,5 \cdot z^{-1} - 1,5 \cdot z^{-2}}{1 - 0,5 \cdot z^{-1} - 1 \cdot z^{-2} + 0,5 \cdot z^{-3}}$ (Summenform für Polynomdivision)

$\underline{F}_a(z) = \dfrac{3z}{z - 1} \cdot \dfrac{2 \cdot z^2 - 0,5 \cdot z - 0,5}{(z + 1) \cdot (z - 0,5)}$ (Nenner in Produktform für PBZ).

b) PBZ liefert:

$$\frac{\underline{F}_a(z)}{z} = \frac{6 \cdot z^2 - 1,5 \cdot z - 1,5}{(z-1) \cdot (z+1) \cdot (z-0,5)} = \frac{3}{(z-1)} + \frac{2}{(z+1)} + \frac{1}{(z-0,5)} \Rightarrow$$

$$\underline{F}_a(z) = \frac{3z}{(z-1)} + \frac{2z}{(z+1)} + \frac{z}{(z-0,5)} \Rightarrow$$

$$f_a(\nu) = 3 \cdot \varepsilon(\nu) + 2 \cdot (-1)^\nu + 0,5^\nu \Rightarrow$$

$f_a(0) = 6;\ f_a(1) = 1,5;\ f_a(2) = 5,25;\ f_a(3) = 1,125;\ f_a(4) = 5,0625;$
$f_a(5) = 1,0313.$

c) $(6 - 1,5 \cdot z^{-1} - 1,5 \cdot z^{-2}) : (1 - 0,5 \cdot z^{-1} - 1 \cdot z^{-2} + 0,5 \cdot z^{-3}) =$
$6 + 1,5 \cdot z^{-1} + 5,25 \cdot z^{-2} + 1,125 \cdot z^{-3} + 5,0625 \cdot z^{-4} + 1,0313 \cdot z^{-5} + ... \Rightarrow$
$f_a(\nu)$ wie oben!

d) Die Differenzengleichung lautet:
$1 \cdot f_a(\nu) + 0,5 \cdot f_a(\nu-1) - 0,5 \cdot f_a(\nu-2) = 2 \cdot f_e(\nu) - 0,5 \cdot f_e(\nu-1) - 0,5 \cdot f_a(\nu-2)$
$\Rightarrow$

$f_a(\nu) = -0,5 \cdot f_a(\nu-1) + 0,5 \cdot f_a(\nu-2) + 2 \cdot f_e(\nu) - 0,5 \cdot f_e(\nu-1) - 0,5 \cdot f_a(\nu-2)$
Mit der Eingangsfolge $f_e(\nu) = \{3; 3; 3; ...\}$ folgt $f_a(\nu)$ wie oben!

Aufgabe 4.15

Aus der Korrespondenz $\mathcal{Z}\{\sin(\omega T_S \nu)\} = \dfrac{z \sin(\omega T_S)}{z^2 - 2z \cos(\omega T_S) + 1}$ und den gegebenen
Werten $T_S = 1/f_S = 0,125\text{ms}$ und $\omega = 2\pi \cdot 10^3 \text{s}^{-1}$ folgt:
$$\mathcal{Z}\{\sin(\pi/4 \cdot \nu)\} = \frac{z^{-1} \sin(\pi/4)}{1 - 2z^{-1} \cos(\pi/4) + z^{-2}} = \frac{z^{-1} \cdot \sqrt{2}/2}{1 - \sqrt{2} \cdot z^{-1} + z^{-2}}.$$
Signallaufplan siehe Abbildung 4.40.

Aus der Übertragungsfunktion ergibt sich die Ausgangsfolge nach Einheitsimpuls
$(u_e(\nu) = \delta(\nu) = \{1; 0; 0; 0; ...\})$ am Eingang:
$u_a(\nu) = 1/\sqrt{2} \cdot u_e(\nu-1) + \sqrt{2} \cdot u_a(\nu-1) - u_a(\nu-2) =$
$\{0; 1/\sqrt{2}; 1; 1/\sqrt{2}; 0; -1/\sqrt{2}; -1; -1/\sqrt{2}; 0...\}.$
Skizzierte Folge $u_a(\nu)$ siehe Abbildung 4.40.

Erhöhung der zeitlichen Auflösung durch Erhöhung der Taktfrequenz f_S.
Achtung! Es ändern sich die Verstärkungskoeffizienten (also der Signallaufplan)!

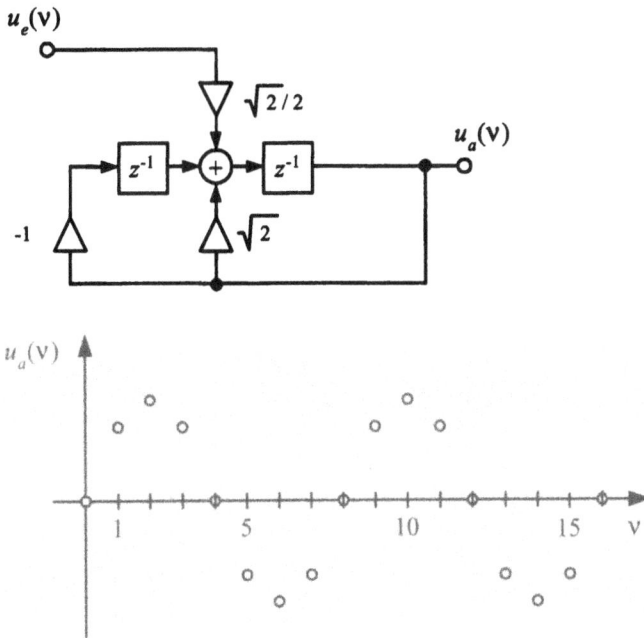

Abb. 4.40: *Digitaler Sinusgenerator*

Aufgabe 4.16

a) Die Frequenzvariable p wird durch den Ausdruck $2f_S\dfrac{1-z^{-1}}{1+z^{-1}}$ ersetzt:

$$\underline{A}(z) = \cfrac{1}{1 + \sqrt{2} \cdot \cfrac{2f_S(1-z^{-1})}{2\pi f_g(1+z^{-1})} + \left(\cfrac{2f_S(1-z^{-1})}{2\pi f_g(1+z^{-1})}\right)^2}$$

$$= \cfrac{1+2z^{-1}+z^{-2}}{\left(1+\cfrac{\sqrt{2}f_S}{\pi f_g}+\cfrac{f_S^2}{\pi^2 f_g^2}\right) + \left(2 - 2\cfrac{f_S^2}{\pi^2 f_g^2}\right)z^{-1} + \left(1 - \cfrac{\sqrt{2}f_S}{\pi f_g}+\cfrac{f_S^2}{\pi^2 f_g^2}\right)z^{-2}}$$

$$= \frac{1+2z^{-1}+z^{-2}}{5,78382 - 3,06606z^{-1} + 1,28224z^{-2}}$$

b) $\tilde{f}_g = \dfrac{f_S}{\pi} \cdot \arctan(\pi f_g / f_S) = 17,8566\text{kHz}$

c) Es soll gelten: $\tilde{f}_g = 20\text{kHz}. \Rightarrow f_g = \dfrac{f_S}{\pi} \cdot \tan(\pi \tilde{f}_g / f_S) = 23,12657\text{kHz}$

Mit dem neuen Wert $f_g = 23,12657\text{kHz}$ werden die Filterkoeffizienten der Übertragungsfunktion neu berechnet. Es ergibt sich:

$$\underline{A}(z) = \frac{1+2z^{-1}+z^{-2}}{4,84092 - 1,78885z^{-1} + 0,94793z^{-2}}$$

Literaturverzeichnis

[1] Kuchling: *Taschenbuch der Physik*, Verlag Harri Deutsch, 1986

[2] H. Stöcker: *Taschenbuch der Physik*, Verlag Harri Deutsch, 4. Auflage 2000.

[3] W.-E. Büttner: *Grundlagen der Elektrotechnik 1*, Oldenbourg Verlag, München, 2004.

[4] R. Heinemann: *PSPICE*, Carl Hanser Verlag, München, 1999.

[5] Bronstein-Semendjajew: *Taschenbuch der Mathematik*, Verlag Harri Deutsch, 1999.

[6] U. Tietze, Ch. Schenk: *Halbleiter-Schaltungstechnik*, Springer-Verlag, Heidelberg, 9. Auflage 1990.

[7] Clausert, Wiesemann: *Grundgebiete der Elektrotechnik 1*, Oldenbourg Verlag, München, 6. Auflage 1993.

[8] Clausert, Wiesemann: *Grundgebiete der Elektrotechnik 2*, Oldenbourg Verlag, München, 6. Auflage 1993.

[9] Philippow: *Grundlagen der Elektrotechnik*, Verlag Technik GmbH, Berlin/München, 9. Auflage 1992.

[10] H. Weber: *Laplace-Transformation*, Teubner Verlag, Stuttgart/Leipzig/Wiesbaden, 7. Auflage 2003.

[11] B. Girold, R. Rabenstein, A. Stenger: *Einführung in die Systemtheorie*, Teubner Verlag, Stuttgart/Leipzig/Wiesbaden, 2. Auflage 2003.

[12] O. Föllinger: *Laplace-, Fourier- und z-Transformation*, Hüthig GmbH, Heidelberg, 7. Auflage 2000.

[13] R. Unbehauen: *Systemtheorie*, Oldenbourg Verlag, München, 7. Auflage 1997.

[14] Seyed Ali Azizi: *Entwurf und Realisierung digitaler Filter*, Oldenbourg Verlag, München, 1981.

Index

www.ingramcontent.com/pod-product-compliance
Lightning Source LLC
Chambersburg PA
CBHW081038220326
41598CB00038B/6916